高等学校“十二五”规划教材

物理化学

PHYSICAL CHEMISTRY

第二版

张玉军　主编
闫向阳　杨喜平　副主编

化学工业出版社
·北京·

本书全面而系统地介绍了物理化学的基本内容，全书包括：热力学第一定律及应用、热力学第二定律、多组分系统热力学与溶液、化学平衡、相平衡、电解质溶液理论、电池电动势与极化现象、基础化学反应动力学、复杂反应及特殊反应动力学、液体的表面现象、固体的表面现象、胶体分散系统、高分子溶液与凝胶共13章。本书叙述简明扼要，概念清楚，兼收讲授与自学的特点，适用性强。

本书可作为高等院校应用化学、化工、轻工、粮油食品、生物、材料、环境、农学、石油和纺织等专业的教材。

图书在版编目（CIP）数据

物理化学/张玉军主编．—2版．—北京：化学工业出版社，2014.1（2023.2重印）

高等学校"十二五"规划教材

ISBN 978-7-122-18944-8

Ⅰ.①物… Ⅱ.①张… Ⅲ.①物理化学-高等学校-教材 Ⅳ.①O64

中国版本图书馆CIP数据核字（2013）第265446号

责任编辑：宋林青　　装帧设计：关　飞

责任校对：徐贞珍

出版发行：化学工业出版社（北京市东城区青年湖南街13号　邮政编码100011）

印　　装：北京科印技术咨询服务有限公司数码印刷分部

787mm×1092mm　1/16　印张22¾　字数572千字　2023年2月北京第2版第3次印刷

购书咨询：010-64518888　　售后服务：010-64518899

网　　址：http://www.cip.com.cn

凡购买本书，如有缺损质量问题，本社销售中心负责调换。

定　　价：48.00元

编写人员名单

主　　编　张玉军

副 主 编　闫向阳　杨喜平

编写人员　（按姓氏笔画排序）

尹春玲　刘建平　闫向阳

许元栋　苗永霞　杨喜平

杨新丽　张玉军　曹晓雨

前 言

物理化学是化学、化工、轻工、粮油食品、生物、材料、环境等专业的一门重要基础课。本书主要内容是参照这些专业教学大纲的要求，并按我国量与单位的国家标准编写的。在编写过程中，参阅了部分国内外各种类型《物理化学》、《物理化学与胶体化学》、《胶体化学》教材，以求博取众家之长。

物理化学学科的快速发展，使得新的理论和技术不断涌现。《物理化学》作为近化学类专业本科生一门重要的基础理论课，不可能将物理化学学科的全方位介绍作为其教学工作的目标，而只能把重点放在基础理论、基础知识、基本技能上。本书力求在内容阐述方面，第一，深入浅出，简练清晰；第二，广泛联系化工、轻工、粮油食品、生物、材料等专业类的实际，同时又保证本学科的科学性、系统性和完整性。

本书还具有便于学生自学的特点，经验证明，在学生课前自学的基础上提纲挈领重点讲授，效果良好。作者认为，凡学生能看懂的内容，只需总结理顺，分清主次，明确其来龙去脉，再辅之以习题和讨论予以巩固，能收到较佳的教学效果，这一方面有利于提高学生自学和独立思考问题的能力，同时也可精简讲课学时，减轻学生课内负担，给学生更多的学习主动性。书末列出了一些参考书可供读者选读。

本书自2008年出版以来，经过五年的教学实践，结合网络精品课程建设对第一版进行了修订。修订的原则是以中、短学时物理化学教学要求为目的，对第一版的内容进行删减，考虑到中、短学时物理化学不需要讲授统计热力学内容，将原来六个部分，压缩为五个部分，即热力学、电化学、动力学、界面、胶体等，对界面和胶体部分进行重新编写，胶体部分由原来的5章缩编为2章，其他部分进行部分修订。本书第1章、第2章由杨喜平编写，第3章由刘建平编写，第4章由杨新丽编写，第5章由张玉军编写，第6章、第7章由曹晓雨、张玉军编写，第8章、第9章由闫向阳、苗永霞编写，第10章、第11章由尹春玲、苗永霞编写，第12章、第13章由许元栋、张玉军编写，全书由张玉军统稿。

本书在编写过程中，得到了河南工业大学教务部门的大力支持，还得到了河南工业大学应用化学优培专业建设项目的资助，在此表示衷心感谢！

由于编者水平有限，书中疏漏和不当之处在所难免，敬请广大读者批评指正。

张玉军

2013年8月于河南工业大学

第一版前言

物理化学是化学、化工、轻工、食品、生物、材料、环境等专业的一门重要基础课。本书主要内容是参照这些专业教学大纲的要求及我国量与单位的国家标准编写的。在编写过程中，参阅了部分国内外各种类型《物理化学》、《物理化学与胶体化学》、《胶体化学》教材，以求博取众家之长。本书适用于70～110学时的理论课教学要求，使用时也可按专业需要自行取舍教材内容。

本书在内容安排上，根据学科的发展和面向21世纪教学改革的要求，在注重化学热力学的基础上，适当加强了化学动力学、表面化学、胶体化学的内容，选材上力求反映本学科的发展水平。本书内容分三个层次：第一层次是基本教学内容；第二层次是深入提高的内容，用“*”标出，供教学中选用；第三层次是拓宽知识面的内容，用“**”标出供学生阅读参考。

在内容阐述方面，第一，深入浅出，简练清晰；第二，广泛联系化工、中药、轻工、食品、生物、材料等专业的实际，同时又保证本学科的科学性、系统性和完整性。

本书还具有便于学生自学的特点，经验证明，在学生课前自学的基础上提纲挈领重点讲授，收效较好。作者认为，凡学生能看懂的内容，只需总结理顺，分清主次，明确其来龙去脉，再辅之以习题和讨论予以巩固，能收到较佳的教学效果，这一方面有利于提高学生自学和独立思考的能力，同时也可精简讲课学时，减轻学生课内负担，给学生更多的学习主动性。书末列出了一些参考文献可供读者选读。

本书由热力学篇、动力学篇、电化学篇、界面篇、胶体篇、统计篇6个部分组成。张玉军任主编，闫向阳、杨喜平任副主编。杨喜平编写第1章，第2章；刘建平编写第3章；杨新丽、闫向阳编写第4章，第5章；闫向阳、杨新丽编写第6章，第7章；曹晓雨、张玉军编写第8章，第9章；尹春玲、张玉军编写第10章，第11章；徐三魁、曹晓雨、张玉军编写第12章，第13章，第14章；李文明（河南农业大学）、张玉军编写第15章，第16章，第17章，附录。本书由张玉军制定编写大纲，初稿由张玉军、闫向阳、杨喜平负责修改，最后由张玉军统读定稿。

在本书编写过程中，得到了河南工业大学、河南农业大学等学校有关领导和教务部门的大力支持，在此表示衷心感谢。

因时间仓促，编者水平有限，书中疏漏之处在所难免，敬请广大读者批评指正。

张玉军

2007. 10 郑州

本书所用符号一览表

1. 物理量符号名称

A　化学反应亲和势，指数前因子，亥姆霍兹函数

a　活度

B　任意物质，溶质，二组分系统中任一组分

b　物质B的质量摩尔浓度

C　热容

C_p　等压热容

C_V　等容热容

$C_{p,\mathrm{m}}$　等压摩尔热容

$C_{V,\mathrm{m}}$　等容摩尔热容

c　物质的量浓度，光速

D　光密度

d　直径

E　能量，电动势

e　自然对数的底，平衡，电子

F　法拉第常数

f　自由度，逸度，力

G　吉布斯函数，电导

g　重力加速度

H　焓

h　高度，普朗克常数

I　转动惯量，电流强度，离子强度，透射光强度

K　平衡常数，独立组分数

k　玻耳兹曼常数，反应速率常数

M_r　物质的相对分子质量

N　系统中的分子数

n　物质的量，反应级数

L　阿伏伽德罗常数

Q　热量，电量

p　压力

R　标准气体常数，电阻

r　半径，反应速率

S　熵，物种数，西门子

T　热力学温度

t　时间

$t_{1/2}$　半衰期

t_B　离子B的迁移数

U　热力学能，淌度

V　体积，偏摩尔体积

$V_{\mathrm{m,B}}$　物质B的摩尔体积

W　功

w_B　物质B的质量分数

X　任意热力学函数

x_B　物质B的物质的量分数

γ　$C_{p,\mathrm{m}}/C_{V,\mathrm{m}}$ 之比值，活度系数，界面张力

$\varGamma$　吸附量

δ　非状态函数的微小改变量

Δ　状态函数的变化量

ζ　电动电势

η　热机效率，黏度

ε　介电常数，能量，临界阈能

θ　接触角

κ　电导率

λ　波长

$\varLambda_\mathrm{m}$　摩尔电导率

μ　化学势，折合质量，偶极矩

ν　振动频率

ν_B　化学反应的计量系数

ξ　反应进度

π　渗透压，表面压

ρ　密度，电阻率

$\varPhi$　相数，量子效率

φ	电极电势
ω	角速度
ψ	表面电势

2. 常用的上、下标及其他有关符号名称

$\ominus$	标准态
*	纯物质
∞	无限稀释，饱和
b	沸腾
c	燃烧，临界
f	生成，凝固
g	气态
l	液态
s	固态，秒
mol	摩尔
e^-	原电荷
r	化学反应
aq	水溶液
fus	熔化
sln	溶液
sub	升华
vap	蒸发
$\pm$	离子平均
$\neq$	活化络合物或过渡状态
Π	连乘号
$\sum$	连加号
exp	指数函数

目　录

热力学篇

电化学篇

动力学篇

界面篇

胶体篇

热 力 学 篇

热力学是研究自然界一切能量（如热能、电能、化学能、表面能等）之间相互转化的规律和能量转化对物质性能影响的一门科学。

热力学的理论基础是热力学第一、第二和第三定律。这三个定律是人们生活、生产实践和科学实验的经验总结。它们既不涉及物质的微观结构，也不能用数学方法加以推导和证明，但它的正确性已被无数次的实验结果所证实。而且从热力学严格导出的结论都是非常精确和可靠的。热力学第一定律是有关能量守恒的规律，即能量既不能创造，也不能消灭，仅能由一种形式转化为另一种形式，它是定量研究各种形式能量［热、功（如机械功、电功、表面功等）］相互转化的理论基础。热力学第二定律是有关热和功等能量形式相互转化的方向与限度的规律，进而推广到有关物质变化过程的方向与限度的普遍规律。热力学第三定律主要阐明了规定熵的数值，解决物质变化过程的熵变大小。

将热力学原理应用于化学过程，形成了化学热力学，其研究和解决的问题是：

① 在化学变化或相变化过程中，吸收和放出多少热？环境消耗或得到多少功？即变化过程中的能量效应问题。

② 在一定条件下，一个变化过程发生的可能性，即变化的方向问题。

③ 在一定条件下，一个化学过程的产品产率有多少？怎样选择最佳工艺条件来提高产品的产率？即变化方向的限度问题。

第1章　热力学第一定律及应用

1.1　热力学方法及特点

热力学方法是从大量粒子表现出的宏观性质出发，以热力学第一、第二定律为基础，通过总结、归纳，引出或定义出热力学能（U）、焓（H）、熵（S）、亥姆霍兹函数（A）、吉布斯函数（G），加上由实验直接测定的 p、V、T 等共8个最基本的热力学函数，再应用演绎法，经过严密的理论和逻辑推理导出一系列的热力学公式或结论。进而用以解决物质的 pVT 变化、相变化和化学变化等过程的能量效应（功与热）及过程的方向与限度，即平衡问题。

热力学方法的特点是：

① 只研究物质变化过程中各宏观性质的关系，不考虑物质的微观结构；

② 只研究物质变化过程的始态和终态，不追究变化过程中的中间细节，也不研究变化过程的速率和完成过程所需要的时间；

③ 研究的对象是大量分子的集合体的性质，即大量分子集体表现出来的性质，因而所得结论具有统计意义，而不适用于个别分子、原子等微观粒子的单独行为。因此，热力学方法属于宏观方法。

尽管热力学方法有以上局限性，但热力学方法仍是进行物理化学研究的一种重要方法。其应用范围非常广泛，可用于化学、化工、材料、生物、粮油食品加工、医药等许多方面。

本章主要讨论热力学第一定律和某些推论及它们的应用。

1.2 热力学基本概念

1.2.1 系统与环境

在热力学中，将所研究的那部分物质和空间称为系统，而将系统以外的、与它密切相关的其余物质和空间称为环境。系统与环境之间有一个明显的或想象中的界面存在。根据系统与环境之间交换物质和能量情况的不同，将系统分为三种。

① 孤立系统　系统与环境之间既没有物质交换，也没有能量交换，环境与系统彼此不影响。

② 封闭系统　系统与环境之间可以通过界面交换能量，而没有物质的交换。但是，这并不意味着系统内部不能因发生化学反应而改变其组成。

③ 敞开系统　系统与环境之间可以通过界面进行能量和物质的交换。

例如，一个具有绝热盖子的保温瓶，内装有热水。现以瓶内的热水为系统，瓶加盖使水不能蒸发且保温良好，则形成孤立系统；瓶加盖使水不能蒸发，但保温性能不好，则形成封闭系统；打开盖子让瓶中的热水蒸发掉一些且保温性能也不好，则是敞开系统。

事实上，自然界并无绝对不传热的物质，所以孤立系统完全是一个理想化的模型，客观上并不存在。热力学上有时把系统和环境加在一起的整体看作孤立系统。

1.2.2 系统的宏观性质

热力学系统是大量分子、原子、离子等微观粒子组成的宏观集合体，这个集合体所表现出来的集体行为，如 p、V、T、U、H 等叫热力学系统的宏观性质，简称热力学性质。根据这些性质与系统内物质的量的关系，可分为两类。

① 广度性质（或容量性质）　此种性质的数值与系统中物质的量成正比，且具有加和性，例如质量、体积、热容、热力学能、焓等。整个系统的某一广度性质是系统中各部分的该性质之和。

② 强度性质　它是系统的本身特征，其数值与系统中物质的量无关，不具有加和性。例如温度、压力、密度、黏度等。

应当注意，若指定了系统中物质的量后，则广度性质变为强度性质。例如密度、摩尔体积、摩尔热容等就是强度性质。通常广度性质和强度性质之间存在着一定的关系：

$$\text{广度性质}\div\text{广度性质}=\text{强度性质}$$

$$\text{强度性质}\times\text{广度性质}=\text{广度性质}$$

例如：

$$\frac{\text{体积}(V)}{\text{物质的量}(n)}=\text{摩尔体积}(V_m)$$

$$\text{密度}(\rho)\times\text{体积}(V)=\text{质量}(m)$$

1.2.3 相的定义

系统中物理性质与化学性质相同且均匀的部分称为相。相可以由纯物质组成也可以由混合物和熔体组成，可以是气、液、固等不同形式的聚集态，相与相之间有明显的界面存在。

根据系统中所含相的数目，可分为均相系统和非均相系统。其中，均相系统（或叫单相系统）中只有一个相；非均相系统（或叫多相系统）中含有两个以上的相。

1.2.4 系统的状态和状态函数

系统的状态是系统物理性质和化学性质的综合表现。当系统的一切性质（如组成、温度、压力、体积、密度、黏度等）都具有一定的数值且不随时间而变化时，系统就处于一定的热力学状态。反之，若一个系统处于一定的热力学状态，则该系统的每一物理、化学性质都具有一个确定的数值，所以热力学将各种宏观性质称为状态函数。

系统的状态函数是相互关联的，通常只需要指定其中的几个，其余的随之而定。实验证明，对于一定量的单组分均相系统，只要指定了两个独立的强度性质，其他强度性质也就随之而定［如 $V_m=f(p,T)$］；如果再知道系统的总量，容量性质也就全部确定。对于多组分系统，还必须指定其组成。

随着对热力学的讨论不断深入，我们将逐步介绍一些新的状态函数（如热力学能、熵、焓等），所有的状态函数都具有如下特征：

① 系统的状态确定后，它的每一个状态函数都有单一的确定值，且与系统如何形成和将来怎样变化无关。

② 系统由始态变到终态时，状态函数的变化值取决于系统的始态和终态，与系统在两个状态间所经历的具体途径无关。

③ 若系统从某一状态出发，经过一系列变化后，又重新回到原来的状态（始态、终态相同），这种变化称为循环过程。显然经历循环过程之后，系统所有状态函数都恢复到原来的数值，即各个状态函数的变化值都等于零。

1.2.5　偏微分和全微分在描述系统状态变化上的应用

若 $X=f(x,y)$，则其全微分为

$$\mathrm{d}X=\left(\frac{\partial X}{\partial x}\right)_y \mathrm{d}x+\left(\frac{\partial X}{\partial y}\right)_x \mathrm{d}y \tag{1-1}$$

以 $V=f(p,T)$ 为例，得

$$\mathrm{d}V=\left(\frac{\partial V}{\partial p}\right)_T \mathrm{d}p+\left(\frac{\partial V}{\partial T}\right)_p \mathrm{d}T \tag{1-2}$$

式中，$\left(\frac{\partial V}{\partial p}\right)_T$ 为在系统的 pTV 状态下，当 T 不变而改变 p 时，V 对 p 的变化率；$\left(\frac{\partial V}{\partial T}\right)_p$ 为当 p 不变而改变 T 时，V 对 T 的变化率。全微分 $\mathrm{d}V$ 是当系统的 p 改变 $\mathrm{d}p$、T 改变 $\mathrm{d}T$ 时所引起的 V 变化值的总和。在物理化学中类似这种状态函数的偏微分和全微分是经常用到的。

还有以下两个常用到的偏导数关系。

① 状态函数偏导数的倒数关系，例如

$$\left(\frac{\partial p}{\partial T}\right)_V=\frac{1}{\left(\frac{\partial T}{\partial p}\right)_V} \tag{1-3}$$

② 状态函数偏导数的循环关系，如

$$\left(\frac{\partial p}{\partial T}\right)_V\left(\frac{\partial T}{\partial V}\right)_p\left(\frac{\partial V}{\partial p}\right)_T=-1 \tag{1-4}$$

1.2.6　热力学平衡态

如果系统的各种宏观性质不随时间而变化，则称该系统处于热力学平衡态。热力学平衡态必须同时包括下列几个平衡。

① 力平衡　在不考虑重力场的影响下，系统各部分之间及系统与环境之间，没有不平衡的力存在；宏观上看，边界不发生相对移动，系统各部分的压力都相等，这样的平衡称为力平衡。

② 热平衡　系统内各部分以及系统与环境的温度都相等，如果界面是绝热的，则可以

不考虑系统的温度是否与环境的温度相同，这样的平衡称为热平衡。

③ 相平衡　物质在各相之间的分布达到平衡时，其各相的组成和数量不随时间而改变，这样的平衡称为相平衡。

④ 化学平衡　当各物质之间有化学反应时，达到平衡后系统的组成和数量不随时间而改变，这样的平衡称为化学平衡。

热力学中的平衡是动态平衡，因为在平衡态时，每个分子都在不停地运动着，只是运动的某一些统计平均值不随时间改变，这样的平衡称为热动平衡。

1.2.7　系统的变化过程与途径

(1) 过程与途径

① 过程　在一定环境条件下，系统由始态变化到终态的经过。

② 途径　系统由始态变化到终态所经历的过程的总和。

系统的变化过程分为简单的 pVT 变化过程、相变化过程、化学变化过程。

(2) 几种主要的变化过程

① 等温过程　指系统状态发生变化时，系统的温度等于环境的温度且为常数，即 T(系)$=T$(环)＝常数的过程。如系统状态变化时，仅是系统的始态温度等于终态温度且等于环境的温度并为常数，即为等温过程。

② 等压过程　指 p(系)$=p$(环)＝常数的过程。如系统的始态压力 p(始) 及终态压力 p(终) 与环境的压力 p(环) 相等且维持定值，即为等压过程。还应指出，当系统状态改变时，环境压力恒定，即 p(环)＝常数，这样的过程称为反抗等外压过程。

③ 等容过程　指系统变化过程中体积始终保持不变的过程。

④ 绝热过程　指系统变化过程中与环境间没有热量交换的过程。

⑤ 循环过程　指系统经过一系列变化后，又回到原来的状态（始、终相同）的过程。

完成某一指定过程的具体步骤称为途径。例如，碳在氧气中燃烧生成二氧化碳可以一步完成：

$$C+O_2 \longrightarrow CO_2$$

也可分两步进行：

$$C+\frac{1}{2}O_2 \longrightarrow CO$$

$$CO+\frac{1}{2}O_2 \longrightarrow CO_2$$

这就是同一个过程的两种不同途径，虽然途径不同，但系统均由同样的始态变化至同样的终态，所以变化过程中的所有状态函数的变化值相同，状态函数的这一特性，在热力学上应用十分广泛。

⑥ 相变化过程　指化学组成不变，而聚集状态发生变化的过程。如气体的冷凝，液体的气化等。

⑦ 化学变化过程　是指系统的化学组成发生变化的过程。

1.2.8　热和功

当系统的状态发生变化时，可以有两种不同的方式与环境交换能量，一种为热，一种为功。

(1) 热

由于系统与环境间温度差的存在而引起的能量传递形式，称为热。热以符号 Q 表示，热是一种传递中的能量，它总是与过程相联系的，热不是系统的性质，也就不是状态函数。

我们不能说系统含有多少热，而只能说系统在某一过程中放出多少热或吸收多少热。

热力学中的“热”，与物体冷热的“热”具有不同的含义，后者是描述系统温度的高低，物体的温度反映物体内部质点无序运动的强弱。系统与环境的热交换，正是由于系统与环境中的质点无序运动的平均强度不同而引起的一种能量传递形式。

由于能量的传递具有方向性，热力学中以 Q 值的正或负来表示热的传递方向。习惯上规定系统吸热（即能量由环境传到系统）Q 值为正，系统放热 Q 为负值。对微小变化过程的热用符号 δQ 表示，它表示 Q 的无限小量，这是因为热 Q 不是状态函数，所以不能用全微分 $\mathrm{d}Q$ 表示。

(2) 功

系统与环境之间的能量传递形式除了热之外，其他的能量形式都称为功，功以符号 W 表示。与热一样，功是与过程相联系的量。所以，功也不是系统的状态函数。与热类似，微量的功用符号 δW 表示。

根据力学的定义，机械功是系统所受到的力乘以整个系统在力的方向上发生的位移。在热力学过程中，常将功分为体积功（$-p\mathrm{d}V$）和非体积功（$\delta W'$），即 $\delta W=-p\mathrm{d}V+\delta W'$，后者为除体积功外的各种功。与机械功相似，这些功的大小也是两项因素的乘积，其一为广义的力，它是做功的强度因素；另一项为广义位移，它是由于系统受到广义力而产生的容量因素的改变。表 1-1 列出了常见类型的功。

表 1-1 几种常见类型的功

功的种类	广义力(x)	广义位移 $\mathrm{d}y$	功 $\delta W=x\mathrm{d}y$
机械功	f(力)	$\mathrm{d}l$(位移)	$f\mathrm{d}l$
体积功	p(外压力)	$\mathrm{d}V$(体积的改变)	$-p\mathrm{d}V$
电功	E(电势差)	$\mathrm{d}Q$(通过电量)	$E\mathrm{d}Q$
表面功	γ(表面张力)	$\mathrm{d}A$(表面积的改变)	$\gamma\mathrm{d}A$

按照 IUPAC（国际纯粹与应用化学联合会）的规定，功的计量也以系统为准，W 为正值，表示环境对系统做功（环境以功的形式失去能量）；W 为负值，表示系统对环境做功（环境以功的形式得到能量）。

1.3 热力学第一定律

1.3.1 能量守恒原理——热力学第一定律

能量不能无中生有，也不能无形消灭，这一原理早为人们所知。但在 19 世纪中叶以前，能量守恒这一原理还只是停留在人们的直觉上，一直没有得到精确的实验证实。直到 1840 年，焦耳（Joule）和迈耶（Meyer）通过大量的实验，证明能量可以从一种形式转变为另一种形式，从一个物体传递给另一个物体，但在转化和传递过程中数量不变。

能量守恒原理是人类长期实践经验的总结，其使用范围极为广泛，到目前为止不论宏观世界还是微观世界都没有发现例外的情形。热力学第一定律就是宏观系统的能量守恒原理。热力学第一定律的说法很多，但都说明一个问题——能量守恒。其中一种说法是：“不供给能量而可连续不断做功的机器称为第一类永动机，经验告诉我们第一类永动机是不可能存在的。”第一定律的另一种说法是：“一个系统在确定的状态下有一定的能量，系统的状态发生变化时，其能量的变化完全由始态和终态确定，而与状态变化的具体途径无关。”这种说法实际上就是能量守恒。

1.3.2 热力学能

系统所包含的能量一部分与系统的位置（势能）和系统整体的运动（动能）有关，一部分与各种分子运动和内部运动有关，后者则称为系统的热力学能（旧称内能），即系统内部各种形式能量的总和，用 U 表示。热力学能包括分子的平动能、转动能、振动能、分子间势能、电子运动能、原子核能等。

热力学第一定律的直接结论就是热力学能是系统的状态函数。这就是说系统的状态一定，热力学能便具有确定的值。系统状态发生改变时，其热力学能的改变值 ΔU 只取决于系统的始态和终态，而与变化的途径无关。可用如下的反证法证明热力学能是系统的状态函数。

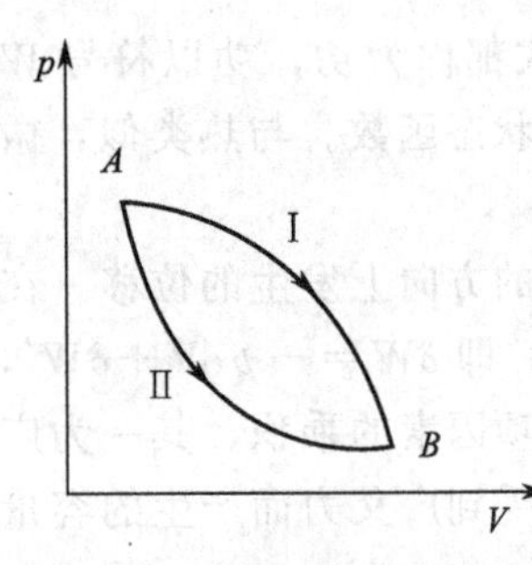

图 1-1 热力学能的改变量与途径无关

图 1-1 中，A、B 表示系统的两个状态，假设由 A 沿途径Ⅰ到 B 的热力学能变化值 ΔU_{I} 大于它由 A 沿途径Ⅱ到 B 的热力学能变化值 ΔU_{II}，即 $\Delta U_{\mathrm{I}} > \Delta U_{\mathrm{II}}$。如果这样，则由状态 A 沿途径Ⅰ到状态 B，然后再由 B 沿途径Ⅱ回到状态 A，系统恢复到原来状态，并完成一个循环过程，可是这个循环过程却获得了 $\Delta U_{\mathrm{I}} + (-\Delta U_{\mathrm{II}}) > 0$ 的能量，这就意味着经过一个循环，系统回到原始状态，并创造了能量。利用这种循环岂不是可以制成一部永动机吗？显然这是违背热力学第一定律的。因此，$\Delta U_{\mathrm{I}} > \Delta U_{\mathrm{II}}$ 的假定也是不能成立的。正确的结论只能是不论经过什么途径，系统由状态 A 变化到状态 B，其热力学能变化值 ΔU 是完全相同的，即 ΔU 只取决于系统的始态、终态，而与变化途径无关。所以热力学能是系统的状态函数，数学表达式如下：

$$\Delta U = \left(\int_A^B \mathrm{d}U\right)_{\mathrm{I}} = \left(\int_A^B \mathrm{d}U\right)_{\mathrm{II}} = U_B - U_A \tag{1-5}$$

和所有的状态函数一样，对于封闭系统，若选定 T、V 为独立变量，则热力学能可表述为 T、V 的函数，即

$$U = f(T,V) \tag{1-6}$$

倘若系统发生一微小变化，则热力学能的全微分为

$$\mathrm{d}U = \left(\frac{\partial U}{\partial T}\right)_V \mathrm{d}T + \left(\frac{\partial U}{\partial V}\right)_T \mathrm{d}V \tag{1-7}$$

而若选 T、p 为独立变量，则热力学能 $U = f(p,T)$，其全微分为

$$\mathrm{d}U = \left(\frac{\partial U}{\partial T}\right)_p \mathrm{d}T + \left(\frac{\partial U}{\partial p}\right)_T \mathrm{d}p \tag{1-8}$$

注意，$\left(\frac{\partial U}{\partial T}\right)_V \neq \left(\frac{\partial U}{\partial T}\right)_p$。

1.3.3 热力学第一定律的数学表达式

任何封闭系统的热力学能变化都是由于系统与环境间有热与功传递的结果。根据热力学第一定律，在任何变化过程中，系统热力学能的改变量 ΔU 等于变化过程中环境传递给系统的热和功的总和

$$\Delta U = Q + W \tag{1-9}$$

式(1-9) 就是热力学第一定律的数学表达式。对于微小变化，热力学第一定律可表示为

$$\mathrm{d}U = \delta Q + \delta W \tag{1-10}$$

对于孤立系统，$Q=0$ 和 $W=0$，则 $\Delta U=0$，即孤立系统的热力学能是不变的。

1.4 可逆过程与体积功

1.4.1 功与过程

热力学能是由状态决定的，而功与变化的具体途径有关。现以气体的膨胀为例给以说明。设在室温下将定量的气体置于截面积为 A 的活塞中，并假定活塞的质量可以忽略不计。筒内气体的压力为 p，外压力为 p(环)，如果 $p > p$(环)，则气体膨胀，设活塞向上移动 dl，由于系统在膨胀过程中要抵抗外力（或克服外界的阻力)，所以对外做了功。在这种情况下，系统所做膨胀功的大小与外压有关（图1-2)，即

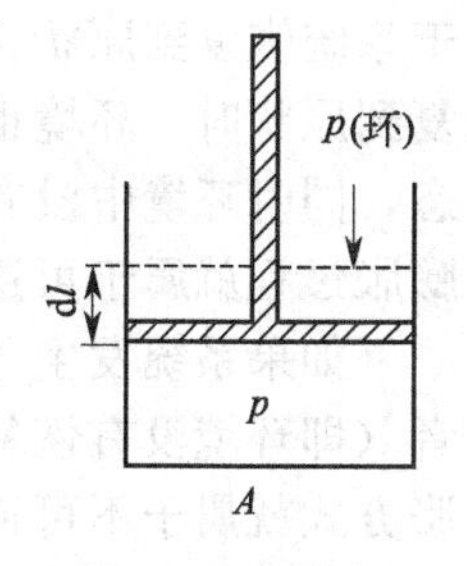

图1-2 膨胀功

$$\delta W = f\,dl = -p(\text{环})A\,dl = -p(\text{环})dV \tag{1-11}$$

dV 是系统的体积变化（$A\,dl = dV$）。

系统可以经由下列几种不同途径使体积从 V_1 膨胀到 V_2（与之对应的压力分别为 p_1，p_2）。则有

$$W = \int_{V_1}^{V_2} -p(\text{环})dV \tag{1-12}$$

① 自由膨胀过程（也称向真空膨胀过程）

若外压为零，这种过程称为自由膨胀。此时系统对外不做功，即 $W=0$。

② 外压保持恒定的过程

$$W = \int_{V_1}^{V_2} -p(\text{环})dV = -p(\text{环})\int_{V_1}^{V_2} dV = -p(\text{环})(V_2 - V_1)$$

③ 外压总是比内压小一个无限小量 [p(环)$=p-dp$] 的过程，则

$$W = \int_{V_1}^{V_2} -p(\text{环})dV = -\int_{V_1}^{V_2}(p-dp)dV = \int_{V_1}^{V_2} -p\,dV + \int_{V_1}^{V_2} dp\,dV$$

略去二级无穷小值（$dp\,dV$），且过程为理想气体的等温变化过程，则

$$W = \int_{V_1}^{V_2} -p\,dV = \int_{V_1}^{V_2} -\frac{nRT}{V}dV = -nRT\ln\frac{V_2}{V_1} = -nRT\ln\frac{p_1}{p_2} \tag{1-13}$$

由此可以看出，由同一始态变化到同一终态，环境所得功的数值并不一样，所以功与变化的途径有关。也就是说，功不是状态函数。

1.4.2 可逆过程与不可逆过程

在上述三种膨胀过程中，第三种过程是热力学中一种极为重要的过程。我们可以设想它是这样进行的：在活塞上放一堆很细的砂粒代表外压，每取下一粒砂子，外压就减少一个 dp，即降为 $p-dp$，这时，气体就膨胀一个 dV，依次取下砂粒，气体的体积就逐渐膨胀，直到 V_2 为止。在这个过程的每一瞬间，系统与环境都非常接近于平衡状态，即系统与环境的温度和压力相等。由于这种膨胀过程需要无限多次手续，故需要的时间也是无限长的。

如果将取下的砂子一粒粒重新加到活塞上，则其压缩过程中，外压始终只比活塞内系统的压力大一个 dp，直到回复到 V_1 为止。在此压缩过程中所做的功为

$$W = \int_{V_2}^{V_1} -p(\text{环})dV = \int_{V_2}^{V_1} -(p+dp)dV \approx \int_{V_2}^{V_1} -p\,dV \tag{1-14}$$

若系统为理想气体，$p = \dfrac{nRT}{V}$，则有

$$W=\int_{V_2}^{V_1}-p\,\mathrm{d}V=-nRT\ln\frac{V_1}{V_2}=-nRT\ln\frac{p_2}{p_1} \qquad (1\text{-}15)$$

比较式(1-13)与式(1-15)可知，这种无限缓慢的膨胀过程与无限缓慢的压缩过程所做的功，大小相等而符号相反。这就是说，当系统恢复到原来状态时，环境中没有功的得失。由于系统恢复到原状，总的 $\Delta U=0$，根据 $\Delta U=Q+W$，所以环境中也无热的得失，即系统恢复到原状时，环境也恢复到原状。这种能通过原来过程的反方向变化而使系统恢复到原来状态，同时环境中没有留下任何永久性变化的过程，称为热力学可逆过程。所以，上述第三种膨胀过程就属于可逆过程。

如果系统发生了某一变化，在使系统恢复到原状的同时，在环境中留下任何永久性变化者（即环境没有恢复原状），则此过程就称为热力学不可逆过程。像上述第一种、第二种膨胀方式就属于不可逆过程。

在上述三种等温膨胀过程中，始态、终态均相同，因此体积的变化都相同，$\Delta V=V_2-V_1$。根据膨胀功的定义，功的大小取决于 p(环)的数值，在可逆膨胀过程（第三种膨胀过程）中，系统抵抗了最大的外压（只比 p 差一个无限小量），所以系统对环境所做体积功最大。即系统在可逆变化过程中对环境所做的体积功为最大功。同样，在可逆压缩过程中，p(环)最小（只比 p 大一个无限小的数值），压缩时环境消耗的功最小，即在可逆变化过程中，环境对系统做了最小功。

由此可看出，热力学可逆过程具有以下特征：

① 可逆过程是由一连串连续的无限接近平衡的状态构成的，整个过程是无限缓慢的。

② 只要以相同手续沿着原来途径进行一个逆过程，可使系统和环境同时恢复原状。

③ 在等温的可逆过程中，系统对环境所做功为最大功，环境对系统所做功为最小功。

上述特征说明，可逆过程只是一个极限的理想过程，自然界中并不存在，实际过程只能无限接近于它。但与其他的理想概念一样，可逆过程有着重要的理论和实际意义。首先，作为所能达到的极限，可逆过程是实际过程分析比较的标准，以此确定提高实际过程效率的可能性。其次，可借助于它来计算对解决实际问题起着重要作用的热力学函数变化值。

【例 1-1】 1mol 理想气体在 373K 时做如下四种等温膨胀过程，始态体积 $V_1=2.5\times10^{-2}\,\mathrm{m^3}$，终态体积 $V_2=0.1\,\mathrm{m^3}$。

(1) 向真空膨胀；

(2) 外压恒定为终态压力 p_2 下膨胀，然后恒定为始态压力 p_1 下压缩到始态；

(3) 先在外压恒定为体积 $V(\text{中})=5\times10^{-2}\,\mathrm{m^3}$ 时的压力下由 V_1 膨胀到 V(中)，再在外压恒定终态压力 p_2 下膨胀到 V_2，然后沿上述途径反方向压缩至始态 V_1；

(4) 可逆膨胀与压缩。

计算上述过程的功，比较计算结果，其结果说明什么问题？

解 (1) 膨胀时 $p(\text{环})=0$，$W=-p(\text{环})\Delta V=0$

(2) 膨胀时 $W_1=-p(\text{环})(V_2-V_1)$

$$=-p_2(V_2-V_1)=-nRT_2\left(1-\frac{V_1}{V_2}\right)$$

$$=-1\text{mol}\times8.314\text{J}\cdot\text{K}^{-1}\cdot\text{mol}^{-1}\times373\text{K}\times\left(1-\frac{2.5\times10^{-2}\,\text{m}^3}{0.1\,\text{m}^3}\right)$$

$$=-2326\text{J}$$

压缩时 $p(\text{环})=p_1$

$$W_2=-p(环)(V_1-V_2)=-nRT_1\left(1-\frac{V_2}{V_1}\right)$$

$$=-1\text{mol}\times8.314\text{J}\cdot\text{K}^{-1}\cdot\text{mol}^{-1}\times373\text{K}\times\left(1-\frac{0.1\text{m}^3}{2.5\times10^{-2}\text{m}^3}\right)$$

$$=9303\text{J}$$

$$W_1+W_2=6977\text{J}$$

系统复原后，环境对系统净做了 6977J 的功而留下永久性变化（即环境未复原）。

(3) 膨胀时　$W_3=-p(中)[V(中)-V_1]-p_2[V_2-V(中)]$

$$=-nRT\left[2-\frac{V_1}{V(中)}-\frac{V(中)}{V_2}\right]$$

$$=-1\text{mol}\times8.314\text{J}\cdot\text{K}^{-1}\cdot\text{mol}^{-1}\times373\text{K}\times\left(2-\frac{2.5\times10^{-2}\text{m}^3}{5\times10^{-2}\text{m}^3}-\frac{5\times10^{-2}\text{m}^3}{0.1\text{m}^3}\right)$$

$$=-3101\text{J}$$

压缩时　$W_4=-p(中)[V(中)-V_2]-p_1[V_1-V(中)]$

$$=-nRT\left[2-\frac{V_2}{V(中)}-\frac{V(中)}{V_1}\right]$$

$$=-1\text{mol}\times8.314\text{J}\cdot\text{K}^{-1}\cdot\text{mol}^{-1}\times373\text{K}\times\left(2-\frac{0.1\text{m}^3}{5\times10^{-2}\text{m}^3}-\frac{5\times10^{-2}\text{m}^3}{2.5\times10^{-2}\text{m}^3}\right)$$

$$=6202\text{J}$$

环境净做功　$W_3+W_4=3101\text{J}$

(4) 膨胀时　$W_R=-nRT\ln\frac{V_2}{V_1}$

$$=-1\text{mol}\times8.314\text{J}\cdot\text{K}^{-1}\cdot\text{mol}^{-1}\times373\text{K}\times\ln\frac{0.1\text{m}^3}{2.5\times10^{-2}\text{m}^3}$$

$$=-4300\text{J}$$

压缩时　$W'_R=-nRT\ln\frac{V_1}{V_2}$

$$=-1\text{mol}\times8.314\text{J}\cdot\text{K}^{-1}\cdot\text{mol}^{-1}\times373\text{K}\times\ln\frac{2.5\times10^{-2}\text{m}^3}{0.1\text{m}^3}$$

$$=4300\text{J}$$

环境净做功 $W_R+W'_R=0$，系统与环境同时复原，环境未留下永久变化。

通过计算可得到如下结论：①同一始态、终态之间不同途径的过程，功值不相等，说明功不是状态函数；②过程(4)是可逆过程，该过程中系统对环境做功最大，而环境对系统做功最小；③在(1)至(4)的膨胀过程中，系统对外做功依次增加，而压缩过程中环境对系统的做功依次减小，在完成一个等温膨胀和等温压缩的循环过程后，环境对系统的净做功依次减小，可看作过程(1)至(4)可逆程度依次增加，以(1)的可逆性为最低，而(4)的可逆性最高。

1.5　热与过程

系统中进行的各种过程主要有等容过程、等压过程及绝热过程。在等容、等压过程中，若无非体积功，则过程的热分别称为等容过程热（Q_V）和等压过程热（Q_p）。

1.5.1　等容过程热 Q_V

系统经历了一个等容过程，因 $\Delta V=0$，故体积功为零。若没有非体积功，即 $W'=0$。则根据式(1-9) 可得

$$Q_V=\Delta U \quad (\Delta V=0, W'=0) \tag{1-16}$$

式中，Q_V 为等容过程热；ΔU 为系统终态与始态热力学能的改变值。对于一个微小的等容变化过程，式(1-16) 可表示为

$$\delta Q_V=\mathrm{d}U \quad (\mathrm{d}V=0, \delta W'=0) \tag{1-17}$$

式(1-17) 表明，只做体积功的封闭系统，在等容过程中，与环境交换的热量在数值上等于系统热力学能的改变值，变成了只由始态、终态决定，而与各具体途径无关的量。因此，我们可利用实验测定系统（气体、固体、液体物质）的 Q_V 来确定 ΔU 值。

1.5.2　等压过程热 Q_p 与焓

在等压过程中，若只做体积功，则

$$W=-p(环)\Delta V=-p(环)(V_2-V_1)$$

以 Q_p 表示等压过程热，按式(1-9) 有

$$\Delta U=Q_p+W$$

即

$$U_2-U_1=Q_p-p(环)(V_2-V_1)$$

因热力学所指系统的状态为平衡态，则等压过程具有 $p_1=p_2=p$（环）的关系，代入上式得

$$U_2-U_1=Q_p-(p_2V_2-p_1V_1)$$

整理上式可得

$$Q_p=(U_2+p_2V_2)-(U_1+p_1V_1) \quad (\Delta p=0, W'=0) \tag{1-18}$$

由于 U、p、V 均为系统的状态函数，故其组合（$U+pV$）仍是系统的状态函数，（$U+pV$）这一新的状态函数定义为焓，以符号 H 表示。即

$$H=U+pV \tag{1-19}$$

这样，式(1-18) 中的 Q_p 可改写为

$$Q_p=H_2-H_1=\Delta H \quad (\Delta p=0, W'=0) \tag{1-20}$$

对于微小的等压而无非体积功的变化过程，则得

$$\delta Q_p=\mathrm{d}H \quad (\mathrm{d}p=0, \delta W'=0) \tag{1-21}$$

由此可知，等压过程热（Q_p）与系统的焓（H）的改变量 ΔH（焓变）在数值上相等，而与实现上述过程的具体途径无关。但因 U 的绝对值无法确定，所以 H 的绝对值也无法确定。不过，我们可以通过在一定条件下系统与环境之间传递的热量来衡量系统热力学能和焓的变化。根据焓（H）的定义式(1-19)，焓具有能量单位，且因 U 与 V 是广度性质，故 H 也是一种广度性质的状态函数。把焓除以物质的量即 $H/n=H_m$，称为摩尔焓，H_m 为强度性质状态函数。ΔH_m 称为摩尔焓变，也是一个强度性质。它们的单位为 $\mathrm{J\cdot mol^{-1}}$ 或 $\mathrm{kJ\cdot mol^{-1}}$。

应当强调指出，上面的讨论是说明在特定条件下，Q 与 ΔU 和 ΔH 的关系，而不是说只有等容或等压过程才有 ΔU 和 ΔH。

1.5.3　热容

(1) 热容的定义

若一定量的物质在不发生相变化或化学变化的情况下，其温度由 T 升至 $T+\mathrm{d}T$，吸热 δQ，该 δQ 与 $\mathrm{d}T$ 的比值称为该物质的热容 C。

即
$$C=\frac{\delta Q}{dT} \tag{1-22}$$

热容的数值与物质的量成正比，具有广度性质。若物质的量为1mol，其热容称为摩尔热容，用符号 C_m 表示，其下标“m”表示1mol，单位为$J\cdot K^{-1}\cdot mol^{-1}$。

不同的过程中，Q 的值不同，系统的热容也有不同的数值。常用的两种热容为等压摩尔热容 $C_{p,m}$ 与等容摩尔热容 $C_{V,m}$。

(2) 等容摩尔热容 $C_{V,m}$ 与等压摩尔热容 $C_{p,m}$

① 等容摩尔热容　若1mol某物质在等容条件下由温度 T 升到 $T+dT$ 所吸收的热为 δQ_V，则等容摩尔热容为

$$C_{V,m}=\frac{\delta Q_V}{dT} \tag{1-23}$$

因为等容过程中，$\delta Q_V=dU_m$，所以

$$C_{V,m}=\frac{\delta Q_V}{dT}=\left(\frac{\partial U_m}{\partial T}\right)_V \tag{1-24}$$

这样 $n$mol该物质在等容条件下由温度 T_1 变化至 T_2 的过程热为

$$Q_V=\Delta U=\int_{T_1}^{T_2} nC_{V,m}dT \tag{1-25}$$

若 $C_{V,m}$ 在积分范围内视为常数，则式(1-25)可简化为

$$Q_V=\Delta U=nC_{V,m}(T_2-T_1) \tag{1-26}$$

② 等压摩尔热容　若1mol的某物质在等压条件下，由温度 T 升到 $T+dT$ 所吸的热为 δQ_p，则等压摩尔热容为

$$C_{p,m}=\frac{\delta Q_p}{dT} \tag{1-27}$$

又知等压过程中 $\delta Q_p=dH_m$，所以

$$C_{p,m}=\frac{\delta Q_p}{dT}=\left(\frac{\partial H_m}{\partial T}\right)_p \tag{1-28}$$

同理
$$Q_p=\Delta H=\int_{T_1}^{T_2} nC_{p,m}dT \tag{1-29}$$

若在积分范围内 $C_{p,m}$ 视为常数，则上式变为

$$Q_p=\Delta H=nC_{p,m}(T_2-T_1) \tag{1-30}$$

1.5.4　热容与温度的关系

一般物质如气体、液体和固体的热容与温度的关系常用下列经验关系式表示，即

$$C_{p,m}=a+bT+cT^2 \tag{1-31a}$$

或
$$C_{p,m}=a+bT+c'T^{-2} \tag{1-31b}$$

式中，a、b、c、c'为经验常数，对不同物质各不相同，均由大量实验数据归纳总结而得到，一般可在物理化学手册及热力学数据表中查到（见附录六）。

对于指定种类的物质，查到了常数 a、b、c、c'后，只要进行如下的计算就可求得等压变温过程的热 Q_p。

$$Q_p=\int_{T_1}^{T_2} nC_{p,m}dT=n\left[a(T_2-T_1)+\frac{1}{2}b(T_2^2-T_1^2)+\frac{1}{3}c(T_2^3-T_1^3)\right] \tag{1-32a}$$

或
$$Q_p=\int_{T_1}^{T_2} nC_{p,m}dT=n\left[a(T_2-T_1)+\frac{1}{2}b(T_2^2-T_1^2)-c'\left(\frac{1}{T_2}-\frac{1}{T_1}\right)\right] \tag{1-32b}$$

【例 1-2】 将 100g Fe_2O_3 在等压条件下从 300K 加热至 900K 时所吸的热为多少？已知 Fe_2O_3 的 $C_{p,m}=97.74+72.13\times10^{-3}T-12.9\times10^{5}T^{-2}$。

解 $$Q_p=\int_{T_1}^{T_2} nC_{p,m}\,dT$$

$$=\int_{T_1}^{T_2}\frac{100}{160}(97.74+72.13\times10^{-3}T-12.9\times10^{5}T^{-2})\,dT$$

$$=0.625\times\left[97.74\times(900-300)+36.07\times10^{-3}\times(900^2-300^2)+12.9\times10^{5}\left(\frac{1}{900}-\frac{1}{300}\right)\right]\text{J}\cdot\text{mol}^{-1}$$

$$=0.625\text{mol}\times(58644+25970-2867)\text{J}\cdot\text{mol}^{-1}$$

$$=51092\text{J}$$

1.6 理想气体热力学

1.6.1 焦耳实验

焦耳在 1843 年，做了如下实验。如图 1-3 所示，用活塞将两个较大且体积相等的 A、B 容器相连接，再将两个容器置于一个大的绝热水浴中。起始 A 容器内装有视为理想气体的空气（$10\times10^5\sim20\times10^5$Pa），B 容器抽成真空。当活塞打开以后，气体向真空自由膨胀，直到两容器内气体达到平衡为止，观察水浴温度并未发生变化（即气体自由膨胀前后温度相同）。若将整个容器视为系统，水浴为环境，则由实验结果可知 $dT=0$。这表明气体自由膨胀时系统与环境间没有热量交换，即 $\delta Q=0$；由于容器为刚性器壁，体积膨胀功没有传递到环境，同时又不做其他功，所以总功为零，即 $\delta W=0$。由热力学第一定律可知，此过程的 $dU=0$，由此得出“理想气体自由膨胀时，热力学能保持不变”的结论。

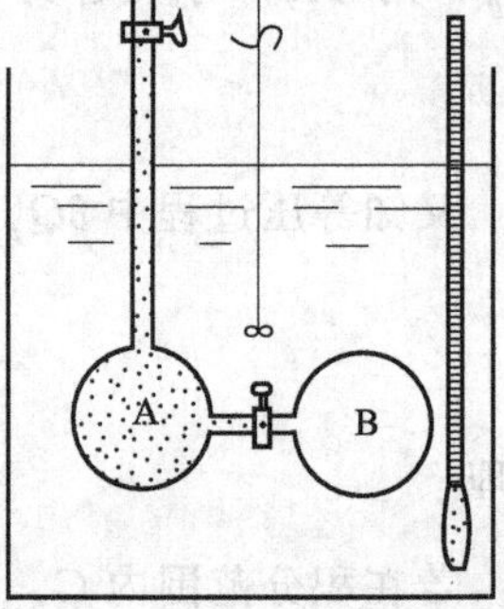

图 1-3 焦耳实验装置示意图

对单组分均相封闭系统，热力学能（U）由 p、V、T 中的任意两个独立变量来确定。设以 T、V 为独立变量，对 1mol 物质来说，$U_m=f(T,V)$，则

$$dU_m=\left(\frac{\partial U_m}{\partial T}\right)_V dT+\left(\frac{\partial U_m}{\partial V_m}\right)_T dV_m$$

因 $dT=0$，$dU_m=0$，故

$$\left(\frac{\partial U_m}{\partial V_m}\right)_T dV_m=0$$

而 $dV_m\neq0$，所以

$$\left(\frac{\partial U_m}{\partial V_m}\right)_T=0 \tag{1-33}$$

同理，若 $U_m=f(T,p)$，则 $dU_m=\left(\frac{\partial U_m}{\partial T}\right)_p dT+\left(\frac{\partial U_m}{\partial p}\right)_T dp$，

因为 $dT=0$，$dU_m=0$，$dp\neq0$，所以

$$\left(\frac{\partial U_m}{\partial p}\right)_T=0 \tag{1-34}$$

式(1-33) 及式(1-34) 表明理想气体的热力学能仅为温度的函数，而与 p、V 变化无关，即

$$U_m = f(T) \tag{1-35}$$

对于 1mol 理想气体，在等温条件下 $pV=$ 常数，$\left[\frac{\partial(pV_m)}{\partial p}\right]_T=0$，$\left[\frac{\partial(pV_m)}{\partial V_m}\right]_T=0$，所以根据焓的定义，则

$$\left(\frac{\partial H_m}{\partial p}\right)_T=\left[\frac{\partial(U_m+pV_m)}{\partial p}\right]_T=\left(\frac{\partial U_m}{\partial p}\right)_T+\left[\frac{\partial(pV_m)}{\partial p}\right]_T=0 \tag{1-36}$$

同理

$$\left(\frac{\partial H_m}{\partial V_m}\right)_T=0 \tag{1-37}$$

所以，理想气体的焓也仅为温度的函数，而与 p、V 变化无关，即

$$H_m=f(T) \tag{1-38}$$

将 $C_{V,m}=\left(\frac{\partial U_m}{\partial T}\right)_V$ 和 $C_{p,m}=\left(\frac{\partial H_m}{\partial T}\right)_p$ 分别代入 dU_m 及 dH_m 的全微分式，得

$$dU_m=\left(\frac{\partial U_m}{\partial T}\right)_V dT+\left(\frac{\partial U_m}{\partial V_m}\right)_T dV_m=C_{V,m}dT+\left(\frac{\partial U_m}{\partial V_m}\right)_T dV_m$$

$$dH_m=\left(\frac{\partial H_m}{\partial T}\right)_p dT+\left(\frac{\partial H_m}{\partial p}\right)_T dp=C_{p,m}dT+\left(\frac{\partial H_m}{\partial p}\right)_T dp$$

对于理想气体，$\left(\frac{\partial U_m}{\partial V_m}\right)_T=0$，$\left(\frac{\partial H_m}{\partial p}\right)_T=0$，故

$$\Delta U_m=\int_{T_1}^{T_2}C_{V,m}dT \tag{1-39a}$$

或

$$\Delta U=\int_{T_1}^{T_2}nC_{V,m}dT \tag{1-39b}$$

$$\Delta H_m=\int_{T_1}^{T_2}C_{p,m}dT \tag{1-40a}$$

或

$$\Delta H=\int_{T_1}^{T_2}nC_{p,m}dT \tag{1-40b}$$

不论过程是否等压或等容，式(1-39) 和式(1-40) 均可用于计算理想气体的热力学能和焓随温度的变化。对于实际气体，经过更加精确的实验证明，$\left(\frac{\partial U_m}{\partial V_m}\right)_T\neq0$，$\left(\frac{\partial U_m}{\partial p}\right)_T\neq0$，这是因为实际气体压力大时，分子间的吸引力加大，自由膨胀反抗内压而做功，故热力学能和焓有变化。

【例 1-3】 5mol 某理想气体（$C_{p,m}=29.36\text{J}\cdot\text{K}^{-1}\cdot\text{mol}^{-1}$）在绝热条件下由 273.15K、1.0MPa 膨胀到 203.6K、0.1MPa，该过程的 Q、W、ΔU 和 ΔH 为多少？

解　绝热过程 $Q=0$

由热力学第一定律知 $\Delta U=W$

因为理想气体的焓只是温度的函数，故

$$\Delta H=\int_{T_1}^{T_2}nC_{p,m}dT=nC_{p,m}(T_2-T_1)$$

$$=5\text{mol}\times29.36\text{J}\cdot\text{K}^{-1}\cdot\text{mol}^{-1}\times(203.6-273.15)\text{K}$$

$$=-10210\text{J}=-10.21\text{kJ}$$

因为 $H=U+pV$，所以 $\Delta H=\Delta U+\Delta(pV)$，于是

$$\Delta U = \Delta H - \Delta(pV) = \Delta H - nR(T_2 - T_1)$$
$$= -10.21\text{kJ} - 5\text{mol} \times 8.314\text{J} \cdot \text{K}^{-1} \cdot \text{mol}^{-1} \times (203.6 - 273.15)\text{K} \times 10^{-3}$$
$$= -7.319\text{kJ}$$

所以 $W = -7.319\text{kJ}$

因为 $C_{V,\text{m}} = \left(\frac{U_\text{m}}{\partial T}\right)_V$，$C_{p,\text{m}} = \left(\frac{\partial H_\text{m}}{\partial T}\right)_p$，所以由 $U_\text{m} = f(T)$ 和 $H_\text{m} = f(T)$ 可直接推出理想气体的 $C_{V,\text{m}}$ 和 $C_{p,\text{m}}$ 也只是温度的函数。

1.6.2 理想气体的 $C_{p,\text{m}}$ 与 $C_{V,\text{m}}$ 的关系

$C_{p,\text{m}}$ 与 $C_{V,\text{m}}$ 在数值上是不等的。等容时无体积功，所吸的热全部变成系统的热力学能；而等压时所吸的热，除增加热力学能外还要做体积功，因此 $C_{p,\text{m}}$ 的值大于 $C_{V,\text{m}}$，对于任意系统，则

$$C_{p,\text{m}} - C_{V,\text{m}} = \left(\frac{\partial H_\text{m}}{\partial T}\right)_p - \left(\frac{\partial U_\text{m}}{\partial T}\right)_V = \left\{\left[\frac{\partial(U_\text{m} + pV_\text{m})}{\partial T}\right]_p - \left(\frac{\partial U_\text{m}}{\partial T}\right)_V\right\}$$
$$= \left(\frac{\partial U_\text{m}}{\partial T}\right)_p + p\left(\frac{\partial V_\text{m}}{\partial T}\right)_p - \left(\frac{\partial U_\text{m}}{\partial T}\right)_V \tag{1-41}$$

对于 1mol 的纯物质，有 $U_\text{m} = f(T, V_\text{m})$，$V_\text{m} = f(T, p)$，所以

$$\text{d}U_\text{m} = \left(\frac{\partial U_\text{m}}{\partial T}\right)_V \text{d}T + \left(\frac{\partial U_\text{m}}{\partial V_\text{m}}\right)_T \text{d}V_\text{m}$$

$$\text{d}V_\text{m} = \left(\frac{\partial V_\text{m}}{\partial T}\right)_p \text{d}T + \left(\frac{\partial V_\text{m}}{\partial p}\right)_T \text{d}p$$

两式联立，得

$$\text{d}U_\text{m} = \left(\frac{\partial U_\text{m}}{\partial T}\right)_V \text{d}T + \left(\frac{\partial U_\text{m}}{\partial V_\text{m}}\right)_T \left[\left(\frac{\partial V_\text{m}}{\partial T}\right)_p \text{d}T + \left(\frac{\partial V_\text{m}}{\partial p}\right)_T \text{d}p\right]$$
$$= \left(\frac{\partial U_\text{m}}{\partial V_\text{m}}\right)_T \left(\frac{\partial V_\text{m}}{\partial p}\right)_T \text{d}p + \left[\left(\frac{\partial U_\text{m}}{\partial T}\right)_V + \left(\frac{\partial U_\text{m}}{\partial V_\text{m}}\right)_T \left(\frac{\partial V_\text{m}}{\partial T}\right)_p\right] \text{d}T$$
$$= \left(\frac{\partial U_\text{m}}{\partial p}\right)_T \text{d}p + \left[\left(\frac{\partial U_\text{m}}{\partial T}\right)_V + \left(\frac{\partial U_\text{m}}{\partial V_\text{m}}\right)_T \left(\frac{\partial V_\text{m}}{\partial T}\right)_p\right] \text{d}T \tag{1-42}$$

将该物质的热力学能写成 p 与 T 的函数时，$U_\text{m} = f(p, T)$，则

$$\text{d}U_\text{m} = \left(\frac{\partial U_\text{m}}{\partial p}\right)_T \text{d}p + \left(\frac{\partial U_\text{m}}{\partial T}\right)_p \text{d}T \tag{1-43}$$

比较式(1-42) 与式(1-43) 得

$$\left(\frac{\partial U_\text{m}}{\partial T}\right)_p = \left(\frac{\partial U_\text{m}}{\partial T}\right)_V + \left(\frac{\partial U_\text{m}}{\partial V_\text{m}}\right)_T \left(\frac{\partial V_\text{m}}{\partial T}\right)_p \tag{1-44}$$

将式(1-44) 代入式(1-41) 得

$$C_{p,\text{m}} - C_{V,\text{m}} = \left(\frac{\partial U_\text{m}}{\partial V_\text{m}}\right)_T \left(\frac{\partial V_\text{m}}{\partial T}\right)_p + p\left(\frac{\partial V_\text{m}}{\partial T}\right)_p = \left[p + \left(\frac{\partial U_\text{m}}{\partial V_\text{m}}\right)_T\right]\left(\frac{\partial V_\text{m}}{\partial T}\right)_p \tag{1-45}$$

等压及等容条件下升温都增加分子的动能，但等压条件下升温体积要膨胀，$\left(\frac{\partial V_\text{m}}{\partial T}\right)_p$ 是等压条件下升温时 V_m 随 T 的变化率，$p\left(\frac{\partial V_\text{m}}{\partial T}\right)_p$ 为系统膨胀时对环境做的功；$\left(\frac{\partial U_\text{m}}{\partial V}\right)_T$ 为等温条件下分子间势能随体积的变化率，所以 $\left(\frac{\partial U_\text{m}}{\partial V}\right)_T \left(\frac{\partial V_\text{m}}{\partial T}\right)_p$ 为等压条件下升温单位热力

学温度时分子间势能的增加值。式(1-45) 表明，等压条件下升温要比等容条件下升温多吸收两项热量。式(1-45) 适用于任何纯物质单相封闭系统，式中$\left(\frac{\partial V_m}{\partial T}\right)_p$为该物质的等压膨胀系数，可由实验或该物质的状态方程式求得。

对于 1mol 理想气体，$pV_m = RT$；$\left(\frac{\partial U_m}{\partial V_m}\right)_T = 0$；$\left(\frac{\partial V_m}{\partial T}\right)_p = \left[\frac{\partial\left(\frac{RT}{p}\right)}{\partial T}\right]_p = \frac{R}{p}$；代入式(1-45) 得

$$C_{p,m} - C_{V,m} = R \tag{1-46}$$

上式的物理意义是：1mol 理想气体在等压条件下温度升温 1K 时所做的体积功正好等于标准气体常数 R($R = 8.314\text{J} \cdot \text{K}^{-1} \cdot \text{mol}^{-1}$)。

根据气体分子运动论，可以证得理想气体的 $C_{V,m}$ 值为

单原子分子 $C_{V,m} = \frac{3}{2}R = 12.47\text{J} \cdot \text{K}^{-1} \cdot \text{mol}^{-1}$

双原子分子 $C_{V,m} = \frac{5}{2}R = 20.79\text{J} \cdot \text{K}^{-1} \cdot \text{mol}^{-1}$

非线性多原子分子 $C_{V,m} = 3R = 24.94\text{J} \cdot \text{K}^{-1} \cdot \text{mol}^{-1}$

实际气体由于分子间存在着相互作用力，所以 $C_{p,m} - C_{V,m} \neq R$。固体和液体的 $C_{p,m}$ 与 $C_{V,m}$ 相差不大，可视为 $C_{p,m} \approx C_{V,m}$，所以两者可以互用。

【例 1-4】 1mol 单原子理想气体，已知 $C_{p,m} = 20.90\text{J} \cdot \text{K}^{-1} \cdot \text{mol}^{-1}$，经如图 1-4 所示循环（由 $A \to B \to C$ 为可逆过程）。

(1) 试将该循环过程表示在 p-V 图上；

(2) 计算Ⅰ、Ⅱ、Ⅲ及整个循环过程的 Q、W、ΔU、ΔH；

(3) 对所得结果作必要讨论。

解 $V_A = \frac{nRT_A}{p_A} = \frac{1\text{mol} \times 8.314\text{J} \cdot \text{K}^{-1} \cdot \text{mol}^{-1} \times 273\text{K}}{0.1 \times 10^6\text{Pa}} \times 10^3$

$= 22.70\text{dm}^3$

$A \to B$ 为等温过程，则 B 点的体积 V_B 为

$$V_B = \left(\frac{p_A}{p_B}\right)V_A = \left(\frac{0.1\text{MPa}}{0.2\text{MPa}}\right) \times 22.70\text{dm}^3 = 11.35\text{dm}^3$$

$B \to C$ 为等压过程，则 C 点的体积 V_C 为

$$V_C = \left(\frac{T_C}{T_B}\right)V_B = \left(\frac{546\text{K}}{273\text{K}}\right) \times 11.35\text{dm}^3 = 22.70\text{dm}^3$$

由于 $V_C = V_A$，且为一直线，所以过程Ⅲ($C \to A$) 为等容过程。

(1) 该循环过程 p-V 图见图 1-5。

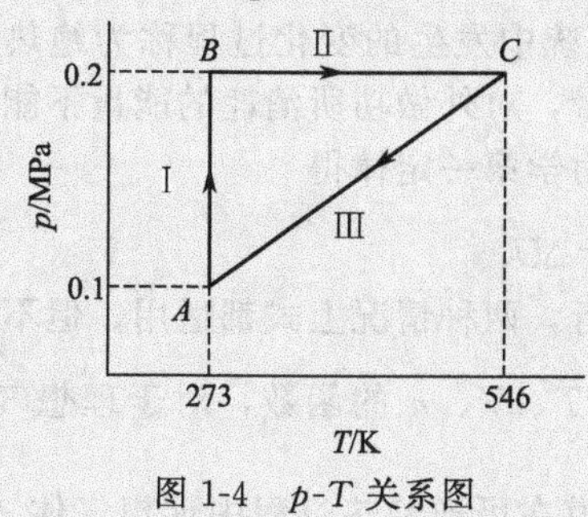

图 1-4 p-T 关系图

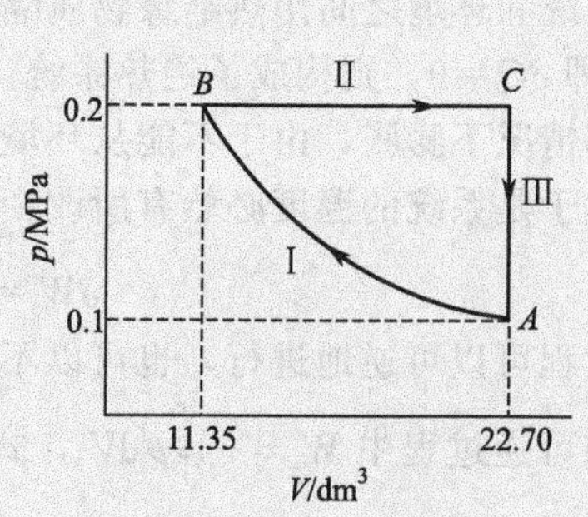

图 1-5 p-V 关系图

（2）过程Ⅰ($A\rightarrow B$）为理想气体等温可逆过程，$\Delta U_{\mathrm{I}}=0$，$\Delta H_{\mathrm{I}}=0$

$$W_{\mathrm{I}}=-\int_{V_A}^{V_B} p\,\mathrm{d}V=-\int_{V_A}^{V_B}\frac{nRT}{V}\mathrm{d}V=-nRT\ln\frac{V_{\mathrm{B}}}{V_{\mathrm{A}}}$$

$$=-1\mathrm{mol}\times 8.314\mathrm{J\cdot K^{-1}\cdot mol^{-1}}\times 273\mathrm{K}\times\ln\frac{11.35\mathrm{dm^3}}{22.70\mathrm{dm^3}}$$

$$=1573\mathrm{J}$$

所以　$Q_{\mathrm{I}}=-W_{\mathrm{I}}=-1573\mathrm{J}$

过程Ⅱ($B\rightarrow C$）为理想气体等压可逆过程

$$Q_{\mathrm{II}}=\Delta H_{\mathrm{II}}=nC_{p,\mathrm{m}}(T_C-T_B)$$

$$=1\mathrm{mol}\times 20.90\mathrm{J\cdot K^{-1}\cdot mol^{-1}}\times(546-273)\mathrm{K}=5706\mathrm{J}$$

$$\Delta U_{\mathrm{II}}=nC_{V,\mathrm{m}}(T_C-T_B)$$

$$=1\mathrm{mol}\times(20.90-8.314)\mathrm{J\cdot K^{-1}\cdot mol^{-1}}\times(546-273)\mathrm{K}=3436\mathrm{J}$$

$$W_{\mathrm{II}}=-p(\text{外})(V_C-V_B)=-p_C(V_C-V_B)$$

$$=-0.2\times 10^6\mathrm{Pa}\times(22.70-11.35)\times 10^{-3}\mathrm{m^3}=-2270\mathrm{J}$$

过程Ⅲ($C\rightarrow A$）为等容可逆过程，$W_{\mathrm{III}}=0$

$$Q_{\mathrm{III}}=\Delta U_{\mathrm{III}}=nC_{V,\mathrm{m}}(T_A-T_C)$$

$$=1\mathrm{mol}\times(20.90-8.314)\mathrm{J\cdot K^{-1}\cdot mol^{-1}}\times(273-546)\mathrm{K}$$

$$=-3436\mathrm{J}$$

$$\Delta H_{\mathrm{III}}=nC_{p,\mathrm{m}}(T_A-T_C)$$

$$=1\mathrm{mol}\times 20.90\mathrm{J\cdot K^{-1}\cdot mol^{-1}}\times(273-546)\mathrm{K}$$

$$=-5706\mathrm{J}$$

所以对整个循环过程，有

$$Q=Q_{\mathrm{I}}+Q_{\mathrm{II}}+Q_{\mathrm{III}}=-1573\mathrm{J}+5706\mathrm{J}+(-3436)\mathrm{J}=697\mathrm{J}$$

$$W=W_{\mathrm{I}}+W_{\mathrm{II}}+W_{\mathrm{III}}=1573\mathrm{J}-2270\mathrm{J}+0\mathrm{J}=-697\mathrm{J}$$

$$\Delta U=\Delta U_{\mathrm{I}}+\Delta U_{\mathrm{II}}+\Delta U_{\mathrm{III}}=0+3436\mathrm{J}-3436\mathrm{J}=0$$

$$\Delta H=\Delta H_{\mathrm{I}}+\Delta H_{\mathrm{II}}+\Delta H_{\mathrm{III}}=0+5706\mathrm{J}-5706\mathrm{J}=0$$

（3）由计算结果可以看出，整个循环过程 $\Delta H=0$，$\Delta U=0$，而 W、Q 不为零，但 $Q+W=0$。说明 U、H 是状态函数，而 W 和 Q 不是状态函数。

1.6.3 理想气体的绝热过程和绝热过程功

如果系统和环境之间用热绝缘物质隔开，使系统与环境之间不发生热交换（但可以有功的交换），即 $\delta Q=0$，则构成了绝热系统。在绝热系统中发生的变化过程称为绝热过程。气体若在绝热情况下膨胀，由于不能从环境中吸取热量，对外做功所消耗的能量不能从环境中得到补偿，于是系统的温度必然有所改变。根据热力学第一定律得

$$\delta W=\mathrm{d}U \text{ 或 } W=\Delta U \tag{1-47}$$

绝热过程可以可逆地进行，也可以不可逆地进行，两种情况上式都适用，但不能达到同一终态。在可逆过程中 $W=-\int p\mathrm{d}V$，式中，p 是 T、V、n 的函数，对于理想气体，$p=\dfrac{nRT}{V}$，而在绝热过程中温度也是变数，因此必须知道在可逆绝热过程中理想气体 pTV 的关

系，然后才能积分，也就是说要知道绝热过程方程式。

（1）可逆绝热过程方程式

对只做体积功的任意理想气体的无限小绝热可逆过程：

$$\delta W=-p\mathrm{d}V=\mathrm{d}U，即\ \mathrm{d}U+p\mathrm{d}V=0 \tag{1-48}$$

而 $\mathrm{d}U=nC_{V,\mathrm{m}}\mathrm{d}T$，$p=\dfrac{nRT}{V}$，代入式(1-48) 得

$$nC_{V,\mathrm{m}}\mathrm{d}T+\frac{nRT}{V}\mathrm{d}V=0$$

整理后得

$$\frac{\mathrm{d}T}{T}+\frac{R}{C_{V,\mathrm{m}}}\times\frac{\mathrm{d}V}{V}=0$$

前面已经证明，对于理想气体 $C_{p,\mathrm{m}}-C_{V,\mathrm{m}}=R$，令$\dfrac{C_{p,\mathrm{m}}}{C_{V,\mathrm{m}}}=\gamma$，则$\dfrac{R}{C_{V,\mathrm{m}}}=\dfrac{C_{p,\mathrm{m}}-C_{V,\mathrm{m}}}{C_{V,\mathrm{m}}}=\gamma-1$，所以

$$\frac{\mathrm{d}T}{T}+(\gamma-1)\frac{\mathrm{d}V}{V}=0$$

这就是理想气体在绝热可逆过程中的微分方程。式中 γ 称为热容比，也称绝热指数。在实际问题中各种气体的 γ 可以近似地认为是常数，所以上式积分后得

$$\ln T+(\gamma-1)\ln V=常数$$

或写成

$$TV^{\gamma-1}=常数=K \tag{1-49}$$

若将$\dfrac{pV}{nR}=T$ 代入式 (1-49)，则得

$$pV^{\gamma}=常数 \tag{1-50}$$

若将$\dfrac{nRT}{p}=V$ 代入式 (1-49)，即得

$$p^{1-\gamma}T^{\gamma}=常数 \tag{1-51}$$

式(1-49)、式(1-50) 和式(1-51) 是理想气体在绝热可逆过程中 pVT 之间的关系，称为理想气体的绝热可逆过程方程式。

（2）绝热可逆过程体积功 $W_{\mathrm{R,ad}}$ 的计算

因为在绝热可逆过程中 $pV^{\gamma}=K$，所以 $p=K/V^{\gamma}$，则

$$\begin{aligned}W_{\mathrm{R,ad}}&=\int_{V_1}^{V_2}-p\mathrm{d}V=-\int_{V_1}^{V_2}\frac{K}{V^{\gamma}}\mathrm{d}V\\&=\frac{-K}{1-\gamma}\left(\frac{1}{V_2^{\gamma-1}}-\frac{1}{V_1^{\gamma-1}}\right)=\frac{-(p_1V_1-p_2V_2)}{\gamma-1}\\&=-\frac{nR(T_1-T_2)}{\gamma-1}=-\frac{p_1V_1}{\gamma-1}\left[1-\left(\frac{V_1}{V_2}\right)^{\gamma-1}\right]\end{aligned} \tag{1-52}$$

$W_{\mathrm{R,ad}}$ 也可以按下式计算：

$$W_{\mathrm{R,ad}}=\Delta U=\int_{T_1}^{T_2}nC_{V,\mathrm{m}}\mathrm{d}T=nC_{V,\mathrm{m}}(T_2-T_1) \tag{1-53}$$

由于是绝热可逆过程，因此上式中的温度 T 遵循绝热可逆过程方程式。

对 $n$mol 理想气体封闭系统只做体积功的绝热不可逆过程，体积功可由下式计算：

$$W=\int_{V_1}^{V_2}-p(环)\mathrm{d}V=nC_{V,\mathrm{m}}(T_2-T_1) \tag{1-54}$$

式(1-54) 中的温度 T 不遵循绝热可逆过程方程式，但可由理想气体状态方程求得。

(3) 等温可逆与绝热可逆过程的比较

在 p-V 图上可以用相应的曲线表示等温可逆与绝热可逆两种过程，分别称为等温线和绝热线（图 1-6）。线上任何一点的状态（pVT）都符合理想气体状态方程。

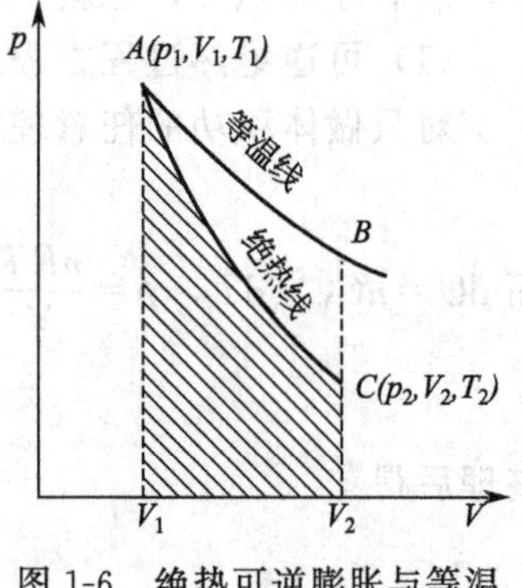

图 1-6 绝热可逆膨胀与等温可逆膨胀功的比较

比较等温线（AB）与绝热线（AC）在 A 点的斜率，等温线 pV=常数，两边同时微分得

$$p\mathrm{d}V+V\mathrm{d}p=0$$

所以 A 点的斜率 $\left(\dfrac{\mathrm{d}p}{\mathrm{d}V}\right)_T=-\dfrac{p_1}{V_1}$

绝热线 pV^{γ}=常数，则

$$p(\gamma)V^{\gamma-1}\mathrm{d}V+V^{\gamma}\mathrm{d}p=0$$

在 A 点的斜率 $\left(\dfrac{\mathrm{d}p}{\mathrm{d}V}\right)_{\mathrm{ad}}=-\gamma\left(\dfrac{p_1}{V_1}\right)$

两线在 A 点的斜率为负值，表明在等温或绝热过程中，气体的压力都是随体积膨胀而下降的。而 $\gamma>1$，所以 $\left|\left(\dfrac{\mathrm{d}p}{\mathrm{d}V}\right)_{\mathrm{ad}}\right|>\left|\left(\dfrac{\mathrm{d}p}{\mathrm{d}V}\right)_T\right|$。即在绝热过程中，压力随体积的增加而下降得更快。若从相同的始态 $A(p_1,V_1)$ 分别经过等温可逆过程与绝热可逆过程变化至体积为 V_2，等温过程所做的功较绝热过程多，其差值为图中曲边三角形 ABC 的面积。从以上所述可知，绝热线与等温线不可能有第二重合点（即始态相同，则终态一定不相同）。

【例 1-5】 $10.0\mathrm{dm}^3$ 氧气由 273K，1.00MPa 经过绝热可逆过程到达终态压力为 0.10MPa。求此过程所做的功。已知氧气的 $C_{p,\mathrm{m}}=29.36\mathrm{J}\cdot\mathrm{K}^{-1}\cdot\mathrm{mol}^{-1}$。

解 $n=\dfrac{pV}{RT}=\dfrac{1.00\times10^{6}\mathrm{Pa}\times10.0\times10^{-3}\mathrm{m}^3}{8.314\mathrm{J}\cdot\mathrm{K}^{-1}\cdot\mathrm{mol}^{-1}\times273\mathrm{K}}=4.41\mathrm{mol}$

$$\gamma=\frac{C_{p,\mathrm{m}}}{C_{V,\mathrm{m}}}=\frac{29.36\mathrm{J}\cdot\mathrm{K}^{-1}\cdot\mathrm{mol}^{-1}}{29.36\mathrm{J}\cdot\mathrm{K}^{-1}\cdot\mathrm{mol}^{-1}-8.314\mathrm{J}\cdot\mathrm{K}^{-1}\cdot\mathrm{mol}^{-1}}=1.395$$

由理想气体绝热可逆过程方程式得

$$\frac{T_2}{T_1}=\left(\frac{p_1}{p_2}\right)^{\frac{1-\gamma}{\gamma}}$$

故

$$T_2=273\mathrm{K}\times10^{-0.283}=142\mathrm{K}$$

绝热过程 $Q=0$

$$W=\Delta U=nC_{V,\mathrm{m}}(T_2-T_1)=n(c_{p,\mathrm{m}}-R)(T_2-T_1)$$
$$=4.41\mathrm{mol}\times(29.36-8.314)\times10^{-3}\mathrm{kJ}\cdot\mathrm{K}^{-1}\cdot\mathrm{mol}^{-1}\times(142-273)\mathrm{K}=-12.2\mathrm{kJ}$$

也可用公式 $W=\dfrac{nR\ (T_1-T_2)}{\gamma-1}$ 来计算此过程的功。

$$W=-\frac{4.41\mathrm{mol}\times8.314\times10^{-3}\mathrm{kJ}\cdot\mathrm{K}^{-1}\cdot\mathrm{mol}^{-1}\times(142-273)\mathrm{K}}{1.395-1}=-12.2\mathrm{kJ}$$

1.6.4 理想气体单纯 pVT 变化 ΔU 和 ΔH 的计算

因为理想气体的热力学能和焓只是温度 T 的函数，所以对于理想气体的任意单纯状态参量变化过程，都可用下述公式来计算 ΔU 和 ΔH：

$$\Delta U = nC_{V,m}(T_2 - T_1) \text{或} \Delta U = \int_{T_1}^{T_2} nC_{V,m}\mathrm{d}T$$

$$\Delta H = nC_{p,m}(T_2 - T_1) \text{或} \Delta H = \int_{T_1}^{T_2} nC_{p,m}\mathrm{d}T$$

【例 1-6】 1mol 某理想气体（$C_{V,m}=2.5R$），在 300K、100kPa 下经绝热可逆压缩至 400kPa，再经等容升温至 500K，最后经等压降温至 400K。求此过程的 Q、W、ΔU 和 ΔH。

解 （1）系统的始终态和过程如下：

$n=1\text{mol}$ $T_1=300\text{K}$ $p_1=100\text{kPa}$	①绝热可逆 →	$n=1\text{mol}$ $T_2=?$ $p_2=400\text{kPa}$	②等容 →	$n=1\text{mol}$ $T_3=500\text{K}$ $p_3=?$	③等压 →	$n=1\text{mol}$ $T_4=400\text{K}$ $p_4=p_3$

由于状态参量 T_2 尚未给出，因此应先求出。因过程①为理想气体绝热可逆过程，故

$$\gamma = \frac{C_{p,m}}{C_{V,m}} = \frac{C_{V,m}+R}{C_{V,m}} = 1.4$$

由绝热可逆过程方程式可知：

$$T_2 = \left(\frac{p_1}{p_2}\right)^{\frac{1-\gamma}{\gamma}} T_1 = \left(\frac{100\text{kPa}}{400\text{kPa}}\right)^{\frac{1-1.4}{1.4}} \times 300 = 445.8\text{K}$$

由于本题中不涉及 p_3 和 p_4 的计算，在此可不求出。

（2）求 ΔU 和 ΔH：由于 ΔU 和 ΔH 皆为状态函数的增量，其大小只取决于系统的始终态，因而可直接由始终态参量 T_1 和 T_4 求算，即

$$\Delta U = nC_{V,m}(T_4 - T_1) = 1\text{mol} \times 2.5 \times 8.314\text{J} \cdot \text{K}^{-1} \cdot \text{mol}^{-1} \times (400\text{K} - 300\text{K}) = 2079\text{J}$$

$$\Delta H = nC_{p,m}(T_4 - T_1) = 1\text{mol} \times 3.5 \times 8.314\text{J} \cdot \text{K}^{-1} \cdot \text{mol}^{-1} \times (400\text{K} - 300\text{K}) = 2910\text{J}$$

（3）求 Q 和 W：可先由具体过程求算 Q，再由热力学第一定律求算 W，即

$$\begin{aligned} Q &= Q_1 + Q_2 + Q_3 = 0 + \Delta U_2 + \Delta H_3 = nC_{V,m}(T_3 - T_2) + nC_{p,m}(T_4 - T_3) \\ &= 1\text{mol} \times 8.314\text{J} \cdot \text{K}^{-1} \cdot \text{mol}^{-1} \times [2.5 \times (500\text{K} - 445.8\text{K}) + 3.5 \times (400\text{K} - 500\text{K})] \\ &= -1783\text{J} \end{aligned}$$

因为　$\Delta U = Q + W$

所以　$W = \Delta U - Q = 2079\text{J} - (-1783\text{J}) = 3862\text{J}$

【例 1-7】 设在 273.2K 和 1010kPa 时 $1\times10^{-2}\text{m}^3$ 的理想气体经过下述三种不同的过程，其最后压力为 101kPa，分别计算各过程的 W、Q、ΔU 和 ΔH。设 $C_{V,m}=\frac{3}{2}R$ 且与温度无关。

（1）等温可逆膨胀；

（2）绝热可逆膨胀；

（3）将外压骤降为 101kPa，使气体进行等压绝热不可逆膨胀。

解 气体的物质的量为

$$n = \frac{p_1V_1}{RT_1} = \frac{1010 \times 10^3\text{Pa} \times 1 \times 10^{-2}\text{m}^2}{8.314\text{J} \cdot \text{K}^{-1} \cdot \text{mol}^{-1} \times 273.2\text{K}} = 4.45\text{mol}$$

（1）等温可逆膨胀：

$$\Delta U_T = 0 \quad \Delta H_T = 0$$

$$Q_T = -W_T = nRT\ln\frac{p_1}{p_2}$$

$$=4.45\text{mol}\times8.314\times10^{-3}\text{kJ}\cdot\text{K}^{-1}\cdot\text{mol}^{-1}\times273\text{K}\times\ln\frac{1010\text{kPa}}{101\text{kPa}}$$

$$=23.3\text{kJ}$$

$$W_T=-23.3\text{kJ}$$

(2) 绝热可逆膨胀：先求终态温度，由于

$$T_2=T_1\left(\frac{p_1}{p_2}\right)^{\frac{1-\gamma}{\gamma}}$$

而 $\gamma=\dfrac{C_{p,\text{m}}}{C_{V,\text{m}}}=\dfrac{C_{V,\text{m}}+R}{C_{V,\text{m}}}=\dfrac{\frac{3}{2}R+R}{\frac{3}{2}R}=\dfrac{5}{3}$，代入上式解得

$$T_2=108.8\text{K}$$

$$\Delta U_{\text{R,ad}}=nC_{V,\text{m}}(T_2-T_1)$$

$$=4.45\text{mol}\times\left(\frac{3}{2}\times8.314\times10^{-3}\right)\text{kJ}\cdot\text{K}^{-1}\cdot\text{mol}^{-1}\times(108.8-273.2)\text{K}$$

$$=-9.12\text{kJ}$$

$$\Delta H_{\text{R,ad}}=nC_{p,\text{m}}(T_2-T_1)=n(C_{V,\text{m}}+R)(T_2-T_1)$$

$$=4.45\text{mol}\times\left(\frac{3}{2}\times8.314+8.314\right)\times10^{-3}\text{kJ}\cdot\text{K}^{-1}\cdot\text{mol}^{-1}\times(108.8-273.2)\text{K}$$

$$=-15.2\text{kJ}$$

$$W_{\text{R,ad}}=\Delta U_{\text{R,ad}}=-9.12\text{kJ}\quad Q_{\text{R.ad}}=0$$

(3) 等外压绝热不可逆膨胀：

$$Q_{\text{IR,ad}}=0$$

$$W_{\text{IR,ad}}=-p(\text{环})(V_2-V_1)=-p_2\left(\frac{nRT_3}{p_2}-\frac{nRT_1}{p_1}\right)$$

而 $$W_{\text{IR,ad}}=\Delta U=nC_{V,\text{m}}(T_3-T_1)=\frac{3}{2}nR(T_3-T_1)$$

联立以上两式，得

$$\frac{3}{2}nR(T_3-T_1)=-nRp_2\left(\frac{T_3}{p_2}-\frac{T_1}{p_1}\right)$$

即 $$\frac{3}{2}(T_1-T_3)=T_3-\frac{p_2}{p_1}T_1$$

$$T_3=\left(\frac{3}{5}+\frac{2}{5}\times\frac{p_2}{p_1}\right)T_1=174.8\text{K}$$

所以 $$\Delta U_{\text{IR,ad}}=nC_{V,\text{m}}(T_3-T_1)$$

$$=4.45\text{mol}\times\left(\frac{3}{2}\times8.314\times10^{-3}\right)\text{kJ}\cdot\text{K}^{-1}\cdot\text{mol}^{-1}\times(174.8-273.2)\text{K}$$

$$=-5.46\text{kJ}$$

$$W_{\text{IR,ad}}=\Delta U_{\text{IR,ad}}=-5.46\text{kJ}$$

$$\Delta H_{\text{IR,ad}}=nC_{p,\text{m}}(T_3-T_1)=n\left(\frac{3}{2}R+R\right)(T_3-T_1)$$

$$=4.45\text{mol}\times\left(\frac{3}{2}\times8.314+8.314\right)\times10^{-3}\text{kJ}\cdot\text{K}^{-1}\cdot\text{mol}^{-1}\times(174.8-273.2)\text{K}$$

$$=-9.10\text{kJ}$$

由此可见，从同样的始态出发，终态的压力都相同，由于过程的不同，终态温度不同，所做的功也不同，$|W_T|>|W_{R,ad}|>|W_{IR,ad}|$，即等温可逆膨胀的功最大，绝热不可逆膨胀的功最小。

1.7 相变化过程热力学

1.7.1 相变热及相变化的 ΔH

系统发生聚集状态变化即为相变化，包括气化、熔化、升华及晶型转化等，相变化过程中吸收或放出的热，即为相变热。

相变化分为可逆和不可逆两种，或者说有正常相变化和非正常相变化两种，系统的相变化在等温、等压条件下进行，且 $W'=0$ 时发生可逆相变化，由式 $Q_p=\Delta H$ 可知，此时相变热在数值上等于系统的焓变，故可逆相变化的相变热，即相变焓，可表示为

$$Q_p=\Delta_\alpha^\beta H \tag{1-55}$$

通常蒸发焓用 $\Delta_{vap}H_m$ 表示，熔化焓用 $\Delta_{fus}H_m$ 表示，升华焓用 $\Delta_{sub}H_m$ 表示，晶型转变焓用 $\Delta_{trs}H_m$ 表示。

1.7.2 相变化过程的体积功

若系统在等温等压条件下由 α 相转变为 β 相，则过程的体积功为

$$W=-p(V_\beta-V_\alpha) \tag{1-56}$$

若 β 相为气相，α 相为凝聚相（液相或固相），因为 $V_\beta \gg V_\alpha$，所以

$$W=-pV_\beta$$

若气相可视为理想气体，则有

$$W=-pV_\beta=-nRT \tag{1-57}$$

1.7.3 相变化过程的 ΔU

根据热力学第一定律，当 $W'=0$ 时，等温等压下由 α 相转变为 β 相过程的 ΔU 为

$$\Delta U=Q_p+W$$

或

$$\Delta U=Q_p-p(V_\beta-V_\alpha) \tag{1-58}$$

若 β 为气相，又 $V_\beta \gg V_\alpha$，则

$$\Delta U=\Delta H-pV_\beta$$

若气相视为理想气体，则有

$$\Delta U=\Delta H-nRT \tag{1-59}$$

【例 1-8】 (1) 1mol 水在 100℃、101325Pa 等压下蒸发为同温同压下的蒸气（假设为理想气体）吸热 40.67kJ·mol^{-1}，问上述过程的 Q、W、ΔU、ΔH 值各为多少？

(2) 始态同上，当外界压力恒为 50kPa 时，将水等温蒸发，然后将此 1mol、100℃、50kPa 的水蒸气等温加压变为终态（100℃、101325Pa）的水蒸气，求此过程的总 Q、W、ΔU 和 ΔH。

(3) 如果将 1mol 水（100℃、101325kPa）突然移到恒温 100℃的真空箱中，水蒸气充满整个真空箱，测其压力为 101.325kPa，求过程的 Q、W、ΔU 及 ΔH。

最后比较这三种答案，说明什么问题。

解 (1) $Q_p=\Delta H=1\text{mol}\times 40.67\text{kJ}\cdot\text{mol}^{-1}=40.67\text{kJ}$

$$W=-p(外)(V_g-V_l)\approx p(外)V_g=nRT$$

$$=-1\text{mol}\times 8.314\times 10^{-3}\text{kJ}\cdot\text{K}^{-1}\cdot\text{mol}^{-1}\times 373.15\text{K}$$

$= -3.102\text{kJ}$

$\Delta U = Q + W = 40.67\text{kJ} - 3.102\text{kJ} = 37.57\text{kJ}$

（2）该过程可图示如下：

$$1\text{mol } H_2O(l),\ 373.15K,\ p_1 = 101.325kPa \xrightarrow[W]{\Delta H} 1\text{mol } H_2O(g),\ 373.15K,\ p_1 = 101.325kPa$$

$$\downarrow \Delta H_1,\ W_1 \qquad\qquad \uparrow \Delta H_2,\ W_2$$

$$1\text{mol } H_2O(g),\ 373.15K,\ p_2 = 50kPa$$

始态、终态和（1）一样，故状态函数变化也相同，即

$$\Delta H = 40.67\text{kJ},\ \Delta U = 37.57\text{kJ}$$

而 $W_1 = -p(\text{外})(V_g - V_1) \approx -p_2 V_g = -nRT$

$= -1\text{mol} \times 8.314 \times 10^{-3}\text{kJ}\cdot\text{K}^{-1}\cdot\text{mol}^{-1} \times 373.15\text{K}$

$= -3.102\text{kJ}$

$W_2 = -\int_{V_1}^{V_2} p\text{d}V = -nRT\ln\frac{p_2}{p_1}$（注，这里 p_2 为始态，p_1 为终态）

$= -1\text{mol} \times 8.314 \times 10^{-3}\text{kJ}\cdot\text{K}^{-1}\cdot\text{mol}^{-1} \times 373.15\text{K} \times \ln\frac{50\text{kPa}}{101.325\text{kPa}}$

$= 2.191\text{kJ}$

$W = W_1 + W_2 = -3.102\text{kJ} + 2.191\text{kJ} = -0.911\text{kJ}$

$Q = \Delta U - W = 37.57\text{kJ} - (-0.911)\text{kJ} = 38.48\text{kJ}$

（3）ΔU 及 ΔH 值同（1），这是因为（3）的始终态与（1）的始终态相同，所以状态函数的变化值也相同。

该过程实际为向真空闪蒸，故 $W=0$，$Q=\Delta U$

比较（1）、（2）、（3）的计算结果，表明三种变化过程的 ΔU 及 ΔH 均相同，因为 U、H 是状态函数，其改变量与过程无关，只取决于系统的始、终态。而三种过程的 Q 及 W 值均不同，因为它们不是系统的状态函数，是与过程有关的量，三种变化始态、终态相同，但所经历的过程不同，故 Q、W 也不相同。

1.8 化学反应热

化学反应常常伴随着吸热或放热现象，精确测定化学反应热效应，并研究它们的一般规律，形成了物理化学的一个分支，称为“热化学”。热化学是研究化学反应中热现象及其规律的科学，它是热力学第一定律在化学反应过程中的具体应用。通过热化学的研究对充分利用燃料及工业上合理地控制化学反应具有重要的实际意义，而且还可以利用反应热的数据计算其他热力学量。

系统发生化学反应时，若产物温度与反应物温度相同且不做非体积功，化学反应所吸收或放出的热量称为反应的热效应简称为“反应热”。由于大多数化学反应是在等压或等容条件下进行的，故反应热通常为等压反应热或等容反应热。

1.8.1 化学反应的等压反应热和等容反应热

（1）等压反应热 Q_p 和等容反应热 Q_V 的定义

在等温等压下，化学反应的反应热称为等压反应热，用符号 Q_p 表示。由热力学第一定律得

$$Q_p = \Delta H_p = \sum H_{\text{pr}} - \sum H_{\text{re}}$$

等压反应热等于产物（pr）的总焓（$\sum H_{pr}$）与反应物（re）的总焓（$\sum H_{re}$）之差，即等于无非体积功的封闭系统在等温等压下反应前后的焓变（ΔH_p）。

在等温等容条件下，化学反应的反应热称为等容反应热，用符号 Q_V 表示。由热力学第一定律知

$$Q_V = \Delta U_V = \sum U_{pr} - \sum U_{re}$$

也就是说，在等温等容无非体积功的封闭系统中反应前后热力学能的变化（ΔU_V），等于产物的总热力学能（U_{pr}）与反应物总热力学能（$\sum U_{re}$）之差，正好等于等容反应热。

（2）Q_p 与 Q_V 的关系

量热计所测的反应热一般是等容反应热（Q_V），而通常反应是在等压条件下进行的，因此需要知道它们两者之间的关系。

设由相同状态的反应物开始，分别经过等压过程和等容过程得到不同状态的产物，将等容过程所得产物再经等温过程，即可得到与等压过程相同状态的产物。可表示如下：

反应物 T，p，V —（1）等压等温反应，$Q_p = \Delta H_p$ → 产物 T，p，V

反应物 T，p，V —（2）等容等温反应，$Q_V = \Delta U_V$ → 产物 T，p，V —（3）等温过程，ΔU_T → 产物 T，p，V

过程（3）是一个没有化学变化和相变化的等温过程，其热力学能变化为 ΔU_T，因

$$\Delta H_p = \Delta(U + pV)_p = \Delta U_p + \Delta(pV)_p = \Delta U_p + p\Delta V$$

$$Q_p - Q_V = \Delta U_p + p\Delta V - \Delta U_V$$

又因为 $\Delta U_p = \Delta U_V + \Delta U_T$，所以上式变为

$$Q_p - Q_V = \Delta U_T + p\Delta V \tag{1-60}$$

式(1-60) 为两种反应热间的一般关系式，可视具体情况进一步简化。

① 反应系统为理想气体　当反应系统中各物质均为理想气体，因 $U = f(T)$，故 $\Delta U_T = 0$，而 $p\Delta V = \Delta nRT$，式中 Δn 为气体产物物质的量的总和与气体反应物物质的量的总和之差：

$$\Delta n = \sum n_{pr} - \sum n_{re}$$

结合式(1-60) 得

$$Q_p - Q_V = \Delta H_p - \Delta U_V = \Delta nRT \tag{1-61}$$

对于 $\Delta n = 0$ 的反应

$$Q_V = Q_p$$

② 反应系统为凝聚态　当反应物、产物中只有固体、液体的所谓凝聚态时，等温下凝聚态体积随压力的变化极小，$\Delta V \approx 0$，也就是 $p\Delta V \approx 0$，且 $\Delta U_T \approx 0$，所以

$$Q_p \approx Q_V \text{ 或 } \Delta U_p \approx \Delta U_V$$

③ 反应系统为多相系统　反应系统中的各物质中，既有理想气体，又有固体、液体。$\Delta U_T \approx 0$，忽略固体、液体体积变化后，$p\Delta V$ 只与反应前后气体物质的量的变化有关，应用式(1-61) 进行计算时，Δn 的含义为

Δn = 产物中气体物质的量的总和 − 反应物中气体物质的量的总和
　　= 产物中气体计量系数之和 − 反应物中气体计量系数之和

【例 1-9】 硫酸生产中，常压下 SO_2 氧化为 SO_3 时为放热反应。已知在 298.2K 时反应热为 $100.37\text{kJ}\cdot\text{mol}^{-1}$，求此化学反应的 ΔU。

解　常压下 298.2K 时反应为

$$SO_2(g) + \frac{1}{2}O_2(g) = SO_3(g)$$

$$\Delta n(g) = 1\text{mol} - 1.5\text{mol} = -0.5\text{mol}$$

$\Delta_r H_m = -100.37\text{kJ}\cdot\text{mol}^{-1}$

所以 $\Delta U_m = \Delta_r H_m - \Delta n(\text{g})RT$

$= -100.37\text{kJ}\cdot\text{mol}^{-1} - (-0.5)\text{mol} \times 8.314 \times 10^{-3}\text{kJ}\cdot\text{K}^{-1}\cdot\text{mol}^{-1} \times 298.2\text{K}$

$= -99.13\text{kJ}\cdot\text{mol}^{-1}$

1.8.2 标准摩尔反应热

如果系统中发生化学变化，将引起参加反应各物质量的变化，要计算和表示化学反应过程中 Q_p、Q_V、ΔU、ΔH 等的改变，必须准确掌握化学反应计量数、反应进度、物质标准状态的规定及标准摩尔反应热等基本概念。

(1) 化学反应计量数及反应进度

化学反应方程不仅表达了参加化学反应物质的种类，还说明了发生 1mol 反应时，参加反应的任一物质 B 所发生的物质的量的变化。例如化学反应

$$a\text{A} + b\text{B} = l\text{L} + m\text{M}$$

发生 1mol 反应就表示有 a mol A 与 b mol B 的始态物质反应生成 l mol L 和 m mol M 的终态。按照热力学表示状态函数增量惯用的（终态-始态）方式，上述方程应移项表示为

$$0 = l\text{L} + m\text{M} - a\text{A} - b\text{B}$$

或

$$0 = \sum \nu_B \text{B} \tag{1-62}$$

式中，B 为参与反应的任何物质，ν_B 为对应的化学计量数。

由式（1-62）可知产物的化学计量数为正值，即 $\nu_L = l$，$\nu_M = m$；反应物的化学计量数为负即 $\nu_A = -a$，$\nu_B = -b$。化学计量数 ν_B 的单位为 mol(B)/mol(反应)，是无量纲的量。

系统中化学反应进行程度的大小可以用反应进度 ξ 来表示，ξ 的数值由下列定义式获得：

$$n_B(\xi) = n_B(0) + \nu_B \xi \tag{1-63}$$

式中，$n_B(0)$ 及 $n_B(\xi)$ 分别为系统中任一物质 B 在反应开始时（$\xi = 0$）及反应进行到 ξ 时物质的量；ν_B 为 B 的化学计量数。所以

$$\xi = \frac{n_B(\xi) - n_B(0)}{\nu_B} = \frac{\Delta n_B}{\nu_B} \tag{1-64}$$

显然 ξ 的单位是 mol(B)/[mol(B)/mol(反应)]=mol(反应)。

如果系统内进行微量反应，因 $n_B(0)$为定值，式(1-63)微分可得

$$\text{d}\xi = \frac{\text{d}n_B}{\nu_B} \tag{1-65}$$

同一化学反应中任一物质的 $\Delta n_B/\nu_B$ 数值都相同，所以反应进度的值与选用何种物质的量的变化来进行计算无关。但应注意，同一化学反应如果方程写法不同，ν_B 数值就有差别，即进行 1mol 反应对各物质的量的变化会有区别，所以，在物质 B 有确定的 Δn_B 情况下，方程写法不同，必然导致 ξ 数值有别。例如，在含 N_2、H_2、NH_3 的合成氨系统中进行反应消耗了 0.5mol N_2，$\Delta n(N_2) = -0.5\text{mol}$；若方程写成 $N_2 + 3H_2 \rightleftharpoons 2NH_3$，则 $\Delta\xi = -0.5\text{mol } N_2/[-1\text{mol}(N_2)\cdot\text{mol}^{-1}(\text{反应})] = 0.5\text{mol}$（反应）；若方程写成 $\frac{1}{2}N_2 + \frac{3}{2}NH_3 \rightleftharpoons NH_3$，则 $\Delta\xi = -0.5\text{mol } N_2/[-0.5\text{mol}(N_2)\cdot\text{mol}^{-1}(\text{反应})] = 1\text{mol}(\text{反应})$。

(2) 物质标准态的规定

一些热力学量，如热力学能（U）、焓（H）、吉布斯函数（G）等的绝对值是不能测量的，能测量的仅是当 T、p 和组成等发生变化时这些热力学量的变化值 ΔU、ΔH、ΔG。因

此，需要为物质的状态定义一个基线，以便使同一种物质在不同的化学反应中能够有一个公共的参考状态，这便是热力学规定的物质的标准状态或简称标准态。按照 GB 3102.8—93 中的规定，标准状态时的压力即标准压力 $p^{\ominus}=100\text{kPa}$（是一精确值），右上角标“$_{\ominus}$”表示标准态的符号。

气体的标准态：不管是纯气体 B 或气体混合物中的任一组分 B，都是温度为 T、压力为 $p^{\ominus}$下并表现出理想气体特性的气体纯物质 B 的（假想）状态。

液体（或固体）的标准态：不管是纯液体（或固体）B 或是液体（或固体）混合物中的组分 B，都是温度为 T、压力 $p^{\ominus}$下液体（或固体）纯物质 B 的状态。

物质的标准态的温度 T 是任意的，未作具体规定，不过许多物质的标准态时的热物性数据是在 $T=298.15\text{K}$ 求得的。

有关溶液中溶剂 A 和溶质 B 的标准状态的规定将在第 3 章讨论。

（3）标准摩尔反应热（焓）

化学反应中任何物质均处于温度 T 的标准状态时，它的反应热（焓）就是标准摩尔反应热（焓），以 $\Delta_r H_m^{\ominus}(T)$ 表示，定义为

$$\Delta_r H_m^{\ominus}(T)=\sum \nu_B H_m^{\ominus}(B,\beta,T) \tag{1-66}$$

式中，$H_m^{\ominus}$（B，β，T）为参与反应的物质 B（反应物或生成物）单独存在，温度为 T、压力为 $p^{\ominus}$时的摩尔焓；β 为物质的相态。

对反应 $a\text{A}+b\text{B} = l\text{L}+m\text{M}$，则有

$$\begin{aligned}\Delta_r H_m^{\ominus}(T)&=lH_m^{\ominus}(L,\beta,T)+mH_m^{\ominus}(M,\beta,T)-aH_m^{\ominus}(A,\beta,T)-bH_m^{\ominus}(B,\beta,T)\\&=\sum \nu_B H_m^{\ominus}(B,\beta,T)\end{aligned} \tag{1-67}$$

因为任一物质 B 的 $H_m^{\ominus}$（B，β，T）（在 $p^{\ominus}$下物质的摩尔焓的绝对值）无法求得，所以式(1-66）或式(1-67）没有实际计算意义，仅仅是定义式。

1.8.3　热化学方程式

表示一个化学反应各物质间相互转化的数量关系，始、终态（T、p、聚集状态）及反应热的方程式叫热化学方程式。

热化学方程式的正确表示方法如下。

① 写出该反应的计量方程式。

② 标明各物质的相态，固体用 s 表示，液体用 l 表示，气体用 g 表示。如存在不同结晶，应标明晶型。

③ 以 $\Delta_r H_m$ 表示反应的摩尔等压反应热，并应标明反应温度，例如 $\Delta_r H_m$（500K）表示该反应在 500K 进行时的反应热，由于压力对反应热影响不大，故在一般情况下不标明压力。如果反应是由标准态下的反应物生成标准态下的产物，则在 ΔH 的右上角加“$^{\ominus}$”即 $\Delta_r H_m^{\ominus}$。

④ 在化学计量方程式后，写下 $\Delta_r H_m$ 及其数值单位，例如：

$$\text{C(石墨)}+O_2(g) = CO_2(g)\quad \Delta_r H_m^{\ominus}=-393.6\text{kJ}\cdot\text{mol}^{-1}$$

表示系统中各物质均处于标准状态下，反应进度发生了一个摩尔的变化（即 1mol 的 C 与 1mol 的 O_2 生成 1mol 的 CO_2）时系统焓值的改变量，相应的反应热为－393.6kJ。

1.8.4　赫斯定律

赫斯（Hess）从大量热化学反应实验数据总结得出：任一化学反应不管是一步完成还是分几步完成的，其反应热总是相同的，这就是赫斯定律。

赫斯定律是热力学第一定律运用于化学反应过程中的必然结果，因为对于等压反应热 $Q_p=\Delta H$，而对于等容反应热 $Q_V=\Delta U$。

赫斯提出的这个定律，奠定了热化学研究的基础。它的重要意义在于能使热化学方程式像普通代数方程一样进行运算，从而根据一些已经准确测定的反应热来计算另一些难以测量的反应热。

【例 1-10】 已知下列反应的反应热：

① $CO(g)+\frac{1}{2}O_2(g)$══$CO_2(g)$ $\Delta_r H^{\ominus}_{m,1}(298K)=-283.0kJ\cdot mol^{-1}$

② $H_2(g)+\frac{1}{2}O_2(g)$══$H_2O(l)$ $\Delta_r H^{\ominus}_{m,2}(298K)=-285.8kJ\cdot mol^{-1}$

③ $C_2H_5OH(l)+3O_2(g)$══$2CO_2(g)+3H_2O(l)$ $\Delta_r H^{\ominus}_{m,3}(298K)=-1370kJ\cdot mol^{-1}$

计算反应 $2CO(g)+4H_2(g)$══$H_2O(l)+C_2H_5OH(l)$ 的 $\Delta_r H^{\ominus}_m(298K)$。

解 ①×2+②×4−③，即可得到所求的反应方程式，故

$$\begin{aligned}\Delta_r H^{\ominus}_m(298K)&=2\times\Delta_r H^{\ominus}_{m,1}(298K)+4\times\Delta_r H^{\ominus}_{m,2}(298K)-\Delta_r H^{\ominus}_{m,3}(298K)\\&=2\times(-283.0kJ\cdot mol^{-1})+4\times(-285.8kJ\cdot mol^{-1})-(-1370kJ\cdot mol^{-1})\\&=-339.2kJ\cdot mol^{-1}\end{aligned}$$

1.8.5 标准摩尔反应热的计算

(1) 由物质 B 的标准摩尔生成热（焓）$\Delta_f H^{\ominus}_m(B,\beta,T)$计算

① $\Delta_f H^{\ominus}_m(B,\beta,T)$的定义　在温度 T 的标准态下，由稳定相态的单质生成 1mol β 相的化合物 B 的焓变称为化合物 B(β) 在温度 T 下的标准摩尔生成热（焓）$\Delta_f H^{\ominus}_m(B,\beta,T)$。符号中的下标 f 表示生成反应，括号中的 β 表示 B 的相态，$\Delta_f H^{\ominus}_m(B,\beta,T)$ 的单位是 $J\cdot mol^{-1}$ 或 $kJ\cdot mol^{-1}$。例如，$\Delta_f H_m(H_2O,l,298.15K)=-285.83kJ\cdot mol^{-1}$ 表示 $H_2(g)+\frac{1}{2}O_2(g)=H_2O(l)$ 反应在 298.15K 的标准态下的摩尔反应热（焓）。该温度下 H_2、O_2 的稳定相态均为气相。C(无定形)$+2H_2(g)$══$CH_4(g)$ 在 298.15K 的标准状态下的摩尔反应热（焓）不是 $\Delta_f H^{\ominus}_m(CH_4,g,298.15K)$，因为该温度下 C 的三种相态金刚石、石墨、无定形 C 中，只有石墨是稳定态。由 $\Delta_f H_m$ 的定义可知，稳定相态单质的标准生成热（焓）为零，非稳定相态的单质（如 298.15K 时的金刚石）的标准生成热（焓）不为零［磷除外，规定 $\Delta_f H^{\ominus}_m(P,s,白,T)=0$］。

由教材附录和手册可查得各种物质的 $\Delta_f H^{\ominus}_m(B,\beta,298.15K)$ 数据。

② 由 $\Delta_f H^{\ominus}_m(B,\beta,T)$ 计算 $\Delta_r H^{\ominus}_m(T)$　用以下图解的方式可以表示出在温度 T 的标准态下，生成热（焓）与反应热（焓）的关系。

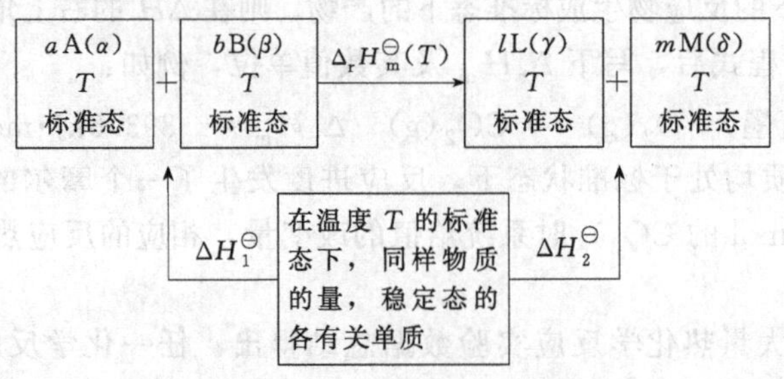

根据赫斯定律

$$\Delta H^{\ominus}_1+\Delta_r H^{\ominus}_m(T)=\Delta H^{\ominus}_2$$

即

$$\Delta_r H^{\ominus}_m(T)=\Delta H^{\ominus}_2-\Delta H^{\ominus}_1$$

其中
$$\Delta H_1^{\ominus}=a\Delta_f H_m^{\ominus}(A,\alpha,T)+b\Delta_f H_m^{\ominus}(B,\beta,T)$$
$$\Delta H_2^{\ominus}=l\Delta_f H_m^{\ominus}(L,\gamma,T)+m\Delta_f H_m^{\ominus}(M,\delta,T)$$

即
$$\Delta_r H_m^{\ominus}(T)=\sum\nu_B\Delta_f H_m^{\ominus}(B,\beta,T) \tag{1-68}$$

上式表明，温度 T 下标准摩尔反应热（焓）为同温度下参加反应各物质的标准摩尔生成热（焓）与化学计量数乘积的总和。由于 $\Delta_f H_m^{\ominus}(B,\beta,T)$ 的数据一般为 298.15K 的值，通过上式很容易得到 298.15K 时化学反应的 $\Delta_r H_m^{\ominus}(298.15K)$。

【例 1-11】 1kg C_2H_5OH (l) 于恒定 298.15K、100kPa 条件下与理论量的 $O_2(g)$ 进行下列反应，求过程的 Q_p。

$$C_2H_5OH(l)+3O_2(g)\xrightarrow{298.15K,p^{\ominus}}2CO_2(g)+3H_2O(g)$$

解 $Q_p=\Delta H$，因常压条件下的气体可视为理想气体，理想气体及 $C_2H_5OH(l)$ 的焓随压力的变化均可不予考虑。$C_2H_5OH(l)$ 与 $O_2(g)$ 之间，以及 $CO_2(g)$ 与 $H_2O(g)$ 之间均无混合热（焓），前者两相无溶解过程，后者因为是理想气体。所以 $Q_p=\Delta H=\Delta\xi\Delta_r H_m^{\ominus}(298.15K)$。

根据式(1-68) 得
$$\Delta_r H_m^{\ominus}(298.15K)=\sum\nu_B\Delta_f H_m^{\ominus}(B,\beta,298.15K)$$

由附录查出各物质的 $\Delta_f H_m^{\ominus}(B,\beta,298.15K)$，则
$$\begin{aligned}\Delta_r H_m^{\ominus}&=2\Delta_f H_m^{\ominus}(CO_2,g,298.15K)+3\Delta_f H_m^{\ominus}(H_2O,g,298.15K)-\\&\quad\Delta_f H_m^{\ominus}(C_2H_5OH,l,298.15K)-3\Delta_f H_m^{\ominus}(O_2,g,298.15K)\\&=[2\times(-393.51)+3\times(-241.82)-(-277.0)-3\times0]kJ\cdot mol^{-1}\\&=-1235kJ\cdot mol^{-1}\end{aligned}$$

$$\begin{aligned}\Delta\xi&=\frac{\Delta n(C_2H_5OH)}{\nu(C_2H_5OH)}\\&=\frac{(0-1)kg/M(C_2H_5OH)}{\nu(C_2H_5OH)}=\left(\frac{-1kg/0.04605mol\cdot kg^{-1}}{-1}\right)mol\\&=21.72mol\end{aligned}$$

所以
$$\begin{aligned}Q_p=\Delta H=\Delta\xi\Delta_r H_m^{\ominus}&=21.72mol\times(-1235)kJ\cdot mol^{-1}\\&=-2.683\times10^4kJ\end{aligned}$$

(2) 由物质 B 的标准燃烧热（焓）$\Delta_c H_m^{\ominus}(B,\beta,T)$计算

① $\Delta_c H_m^{\ominus}(B,\beta,T)$的定义　在温度 T 的标准态下，由 1mol β 相物质 B 完全氧化使所含各元素生成指定产物时的等压摩尔焓变，称为物质 B(β) 在温度 T 时的标准摩尔燃烧热（焓）$\Delta_c H_m^{\ominus}(B,\beta,T)$。符号中下标 c 即燃烧之意，$\Delta_c H_m^{\ominus}(B,\beta,T)$ 的常用单位为 $J\cdot mol^{-1}$ 或 $kJ\cdot mol^{-1}$。

在上述定义中，所谓指定产物，如 C、H 完全氧化的指定产物是 $CO_2(g)$ 和 $H_2O(l)$，对其他元素一般数据表上会注明，查阅时应加以注意（见附录八），根据 $\Delta_c H_m^{\ominus}(B,\beta,T)$ 的定义可知，$CO_2(g)$、$H_2O(l)$ 等化合物本身就是完全氧化的产物，它们不能再继续氧化，所以其 $\Delta_c H_m^{\ominus}(B,\beta,T)$ 在任何温度下均为零。

由物质 B 的标准摩尔生成热（焓）及标准摩尔燃烧热（焓）的定义可知，$H_2O(l)$ 的标准摩尔生成热（焓）与 $H_2(g)$ 的标准摩尔燃烧热（焓），$CO_2(g)$ 的标准摩尔生成热（焓）与 C（石墨）的标准摩尔燃烧热（焓）在数值上相等，但其物理意义不同。

② 由 $\Delta_c H_m^{\ominus}(B,\beta,T)$ 计算 $\Delta_r H_m^{\ominus}(T)$　与推导式(1-68) 的方法类似，可得

$$\Delta_r H_m^{\ominus}(T) = -\sum \nu_B \Delta_c H_m^{\ominus}(B,\beta,T) \tag{1-69}$$

标准摩尔燃烧热（焓）也是计算标准摩尔反应热（焓）的基础数据。

【例 1-12】 298.15K 时，气相丙烯加氢反应如下。

$$C_3H_6(g) + H_2(g) \longrightarrow C_3H_8(g)$$

的 $\Delta_r H_m^{\ominus} = -123.85 kJ \cdot mol^{-1}$。已知：该温度下，石墨与丙烷 $C_3H_8(g)$ 的 $\Delta_c H_m^{\ominus}$ 分别为 $-393.51 kJ \cdot mol^{-1}$ 和 $-2219.9 kJ \cdot mol^{-1}$，水的 $\Delta_f H_m^{\ominus}(H_2O,l)$ 为 $-285.83 kJ \cdot mol^{-1}$。试求该温度下丙烯的 $\Delta_c H_m^{\ominus}(C_3H_6,g)$ 和 $\Delta_f H_m^{\ominus}(C_3H_6,g)$。

解 本题是在指定温度（298.15K）下已知反应的 $\Delta_r H_m^{\ominus}$，欲求其反应物的 $\Delta_c H_m^{\ominus}$ 和 $\Delta_f H_m^{\ominus}$，三者的关系为

$$\Delta_r H_m^{\ominus}(298.15K) = \sum \nu_B \Delta_f H_m^{\ominus}(B,\beta,298.15K) = -\sum \nu_B \Delta_c H_m^{\ominus}(B, \beta, 298.15K)$$

（1）求 $\Delta_c H_m^{\ominus}(C_3H_6,g)$

题中给出的反应的 $\Delta_r H_m^{\ominus}$ 与各物质 $\Delta_c H_m^{\ominus}$ 的关系为

$$\Delta_r H_m^{\ominus} = \Delta_c H_m^{\ominus}(C_3H_6,g) + \Delta_c H_m^{\ominus}(H_2,g) - \Delta_c H_m^{\ominus}(C_3H_8,g)$$

式中，$\Delta_r H_m^{\ominus}$、$\Delta_c H_m^{\ominus}(C_3H_8,g)$ 已知，故只要求出 $\Delta_c H_m^{\ominus}(H_2,g)$ 后，即可求得 $\Delta_c H_m^{\ominus}(C_3H_6,g)$。

$H_2(g)$ 的燃烧反应为：$H_2(g) + \frac{1}{2}O_2(g) \longrightarrow H_2O(l)$，此即水 (H_2O,l) 的生成反应，因此，该反应的 $\Delta_r H_m^{\ominus} = \Delta_c H_m^{\ominus}(H_2,g) = \Delta_f H_m^{\ominus}(H_2O,l) = -285.83 kJ \cdot mol^{-1}$。

$$\begin{aligned}\Delta_c H_m^{\ominus}(C_3H_6,g) &= \Delta_r H_m^{\ominus} + \Delta_c H_m^{\ominus}(C_3H_8,g) - \Delta_c H_m^{\ominus}(H_2,g) \\ &= -123.85 kJ \cdot mol^{-1} + (-2219.9) kJ \cdot mol^{-1} - (-285.83) kJ \cdot mol^{-1} \\ &= -2057.92 kJ \cdot mol^{-1}\end{aligned}$$

（2）求 $\Delta_f H_m^{\ominus}(C_3H_6,g)$

$\Delta_f H_m^{\ominus}(C_3H_6,g)$ 是指下述生成反应的 $\Delta_r H_m^{\ominus}$：

$$3C(石墨) + 3H_2(g) \longrightarrow C_3H_6(g)$$

即

$$\begin{aligned}\Delta_f H_m^{\ominus}(C_3H_6,g) &= \Delta_r H_m^{\ominus} = 3\Delta_c H_m^{\ominus}(C,石墨) + 3\Delta_c H_m^{\ominus}(H_2,g) - \Delta_c H_m^{\ominus}(C_3H_6,g) \\ &= 3 \times (-393.51) kJ \cdot mol^{-1} + 3 \times (-285.83) kJ \cdot mol^{-1} \\ &\quad - (-2057.92) kJ \cdot mol^{-1} \\ &= 19.90 kJ \cdot mol^{-1}\end{aligned}$$

由此可见，在这类计算中，关键要清楚 $\Delta_f H_m^{\ominus}$、$\Delta_c H_m^{\ominus}$ 和 $\Delta_r H_m^{\ominus}$ 的定义及相互关系。在计算中，常用到以下两个关系式：

$$\Delta_c H_m^{\ominus}(C,石墨,T) = \Delta_f H_m^{\ominus}(CO_2,g,T)$$

$$\Delta_c H_m^{\ominus}(H_2,g,T) = \Delta_f H_m^{\ominus}(H_2O,l,T)$$

1.9 反应热与温度的关系——基尔霍夫定律

反应热（焓）可以从化合物的标准摩尔生成热（焓）或标准摩尔燃烧热（焓）的数据计算出来。但《物理化学数据手册》上所提供的都是某一个温度（一般为 298.15K）时的数据，然而化学反应可以在各种温度下进行，所以必须找出反应热（焓）与温度的关系，才能计算出其他温度下的反应热（焓）。

1.9.1　闭合环路法推导

$\Delta_r H_m^\ominus(T)$ 是温度的函数，这种函数的具体形式可采用闭合环路法推导。例如，已知下列反应的 $\Delta_r H_m^\ominus(298.15K)$，欲求温度 T 下的 $\Delta_r H_m^\ominus(T)$。设 298.15K→TK 范围的各物质不发生相变，则两温度的标准态下，反应的始态、终态之间可以用框图中竖线所示的单纯 pTV 过程连接而形成闭合环路。

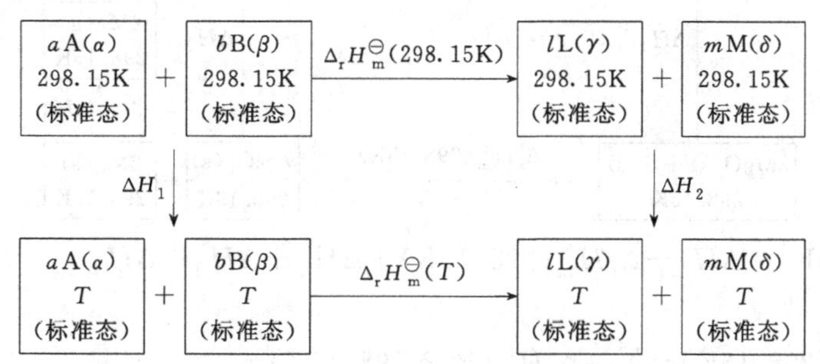

根据状态函数的特点，则

$$\Delta H_1+\Delta_r H_m^\ominus(T)=\!=\!=\Delta_r H_m^\ominus(298.15K)+\Delta H_2$$

式中
$$\Delta H_1=\int_{298.15K}^{T}[aC_{p,m}(A,\alpha)+bC_{p,m}(B,\beta)]dT$$

$$\Delta H_2=\int_{298.15K}^{T}[lC_{p,m}(L,\gamma)+mC_{p,m}(M,\delta)]dT$$

所以
$$\Delta_r H_m^\ominus(T)=\Delta_r H_m^\ominus(298.15K)+\int_{298.15K}^{T}\Delta_r C_{p,m}dT \tag{1-70}$$

式中
$$\Delta_r C_{p,m}=lC_{p,m}(L,\gamma)+mC_{p,m}(M,\delta)-aC_{p,m}(A,\alpha)-bC_{p,m}(B,\beta)$$

即
$$\Delta_r C_{p,m}=\sum\nu_B C_{p,m}(B,\beta) \tag{1-71}$$

若对式(1-70) 取微分形式，得

$$\frac{d\Delta_r H_m^\ominus(T)}{dT}=\Delta_r C_{p,m} \tag{1-72}$$

式(1-70) 及式(1-72) 分别描述 $\Delta_r H_m^\ominus(T)$ 随温度变化的积分形式与微分形式，常称为基尔霍夫 (Kirchhoff) 定律。式中用到的 $\Delta_r C_{p,m}$ 可根据反应系统中各物质的 $C_{p,m}(B)=f(T)$ 公式求得，也可在某些近似计算中用各物质的平均等压摩尔热容进行计算，该式只适用于 298.15K→TK 的温度范围内各物质不发生相变化的情况。至于在温度间隔中有某些物质发生相变化，可视具体情况画出闭合环路图，进行具体计算。

【例 1-13】 计算下列反应在 1000K 时的标准摩尔反应热（焓）：

$$2MgO(s)+Si(s) \rightleftharpoons \alpha\text{-}SiO_2(s)+2Mg(g)$$

已知金属镁在 298.15K 的升华热 $\Delta_{sub}H_m(298.15K)=151.3kJ\cdot mol^{-1}$

解　本题中生成物 Mg 为气态，从 298.15K→1000K，Mg 发生了相变化而不能直接套用基尔霍夫定律，需运用具体的闭合环路图分析和计算。所查数据列于表 1-2 中。

表 1-2　几种常见物质热力学数据

物　质	$\Delta_f H_m^\ominus(298.15K)/kJ\cdot mol^{-1}$	$C_{p,m}/J\cdot mol^{-1}\cdot K^{-1}$
Mg(g)	—	20.57
Mg(s)	0	$22.3+10.64\times10^{-3}(T/K)-0.42\times10^5(T/K)^{-2}$
α-SiO_2(s)	−859.3	$46.94+34.31\times10^{-3}(T/K)-11.3\times10^5(T/K)^{-2}$
Si(s)	0	$24.02+2.58\times10^{-3}(T/K)-4.23\times10^5(T/K)^{-2}$
MgO(s)	−601.24	$42.59+7.28\times10^{-3}(T/K)-6.19\times10^5(T/K)^{-2}$

反应的闭合环路图如下：

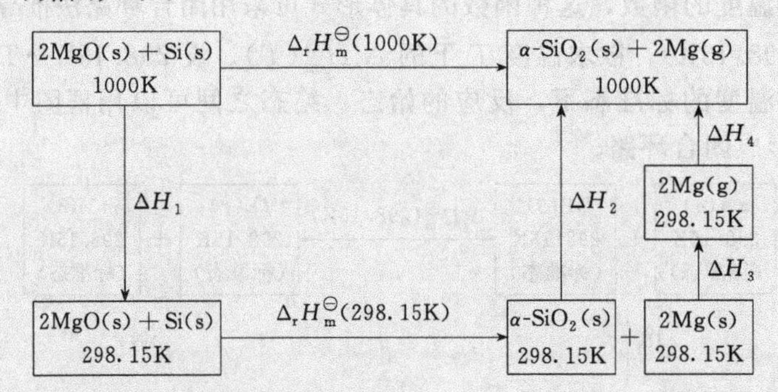

则 $\Delta_r H_m^{\ominus}(1000\text{K}) = \Delta H_1 + \Delta_r H_m^{\ominus}(298.15\text{K}) + \Delta H_2 + \Delta H_3 + \Delta H_4$

由式(1-68)，得

$$\begin{aligned}\Delta_r H_m^{\ominus}(298.15\text{K}) &= \sum \nu_B \Delta_f H_m^{\ominus}(\text{B},\beta,298.15\text{K}) \\ &= 1\times\Delta_f H_m^{\ominus}(\alpha\text{-SiO}_2,\text{s},298.15\text{K}) + 2\times\Delta_f H_m^{\ominus}(\text{Mg},\text{s},298.15\text{K}) - \\ &\quad 2\times\Delta_f H_m^{\ominus}(\text{MgO},\text{s},298.15\text{K}) - 1\times\Delta_f H_m^{\ominus}(\text{Si},\text{s},298.15\text{K}) \\ &= 1\times(-859.3)\text{kJ}\cdot\text{mol}^{-1} + 2\times 0\text{kJ}\cdot\text{mol}^{-1} - \\ &\quad 2\times(-601.24)\text{kJ}\cdot\text{mol}^{-1} - 1\times 0\text{kJ}\cdot\text{mol}^{-1} \\ &= 343.18\text{kJ}\cdot\text{mol}^{-1}\end{aligned}$$

$$\begin{aligned}&\Delta H_1 + \Delta H_2 + \Delta H_4 \\ &= \int_{298.15\text{K}}^{1000} [C_{p,m}(\alpha\text{-SiO}_2,\text{s}) + 2C_{p,m}(\text{Mg},\text{g}) - 2C_{p,m}(\text{MgO},\text{s}) - C_{p,m}(\text{Si},\text{s})]\text{d}T\end{aligned}$$

将有关的数值代入上式解得

$$\Delta H_1 + \Delta H_2 + \Delta H_4 = -5750\text{J}\cdot\text{mol}^{-1}$$

根据相变热（焓）的定义得

$$\text{Mg(s)} \xrightarrow{\Delta_{sub} H_m^{\ominus}(298.15\text{K})} \text{Mg(g)}$$

故升华过程 $2\text{Mg(s)} \xrightarrow{298.15\text{K}} 2\text{Mg(g)}$ 的相变热为

$$\Delta H_3 = 2\times\Delta_{sub} H_m^{\ominus}(298.15\text{K}) = 302.6\text{kJ}\cdot\text{mol}^{-1}$$

所以

$$\begin{aligned}\Delta_r H_m^{\ominus}(1000\text{K}) &= \Delta_r H_m^{\ominus}(298.15\text{K}) + \Delta H_1 + \Delta H_2 + \Delta H_3 + \Delta H_4 \\ &= 343.18\text{kJ}\cdot\text{mol}^{-1} + (-5750\times10^{-3})\text{kJ}\cdot\text{mol}^{-1} + 302.6\text{kJ}\cdot\text{mol}^{-1} \\ &= 640.03\text{kJ}\cdot\text{mol}^{-1}\end{aligned}$$

1.9.2 理论推导

基尔霍夫定律也可以通过理论推导得出。根据焓是状态函数的性质，一个化学反应的标准摩尔反应热（焓）等于参加化学反应各物质的标准摩尔焓与化学计量数乘积的总和，为温度的函数，即

$$\Delta_r H_m^{\ominus}(T) = \sum \nu_B H_m^{\ominus}(\text{B},T) = f(T)$$

将上式在压力不变时对温度求偏导数得

$$\left[\frac{\partial \Delta_r H_m^{\ominus}(T)}{\partial T}\right]_p = \left\{\frac{\partial\left[\sum \nu_B H_m^{\ominus}(\text{B},T)\right]}{\partial T}\right\}_p$$

对于任一化学反应，$a\text{A}(\alpha) + b\text{B}(\beta) = l\text{L}(\gamma) + m\text{M}(\delta)$

$$\left\{\frac{\partial\left[\sum\nu_B H_m^\ominus(B,T)\right]}{\partial T}\right\}_p$$
$$=l\left(\frac{\partial H_m^\ominus(L,T)}{\partial T}\right)_p+m\left(\frac{\partial H_m^\ominus(M,T)}{\partial T}\right)_p-a\left(\frac{\partial H_m^\ominus(A,T)}{\partial T}\right)_p-b\left(\frac{\partial H_m^\ominus(B,T)}{\partial T}\right)_p$$
$$=lC_{p,m}(L,\gamma)+mC_{p,m}(M,\delta)-aC_{p,m}(A,\alpha)-bC_{p,m}(B,\beta)$$
$$=\sum\nu_B C_{p,m}(B,\beta)=\Delta_r C_{p,m}$$

所以
$$\left[\frac{\partial\Delta_r H_m^\ominus(T)}{\partial T}\right]_p=\Delta_r C_{p,m} \tag{1-73a}$$

也可以写成
$$\frac{d[\Delta_r H_m^\ominus(T)]}{dT}=\Delta_r C_{p,m} \tag{1-73b}$$

对上式积分得
$$\Delta_r H_m^\ominus(T_2)-\Delta_r H_m^\ominus(T_1)=\int_{T_1}^{T_2}\Delta_r C_{p,m}dT \tag{1-74a}$$

或
$$\Delta_r H_m^\ominus(T_2)=\Delta_r H_m^\ominus(T_1)+\int_{T_1}^{T_2}\Delta_r C_{p,m}dT \tag{1-74b}$$

式(1-73)及式(1-74)也表示了等压反应热（焓）随温度变化的关系，与闭合环路法所得结果一样。

对于 $C_{p,m}=a+bT+cT^2$，则

$$\Delta_r H_m^\ominus(T_2)=\Delta_r H_m^\ominus(T_1)+\Delta a(T_2-T_1)+\frac{1}{2}\Delta b(T_2^2-T_1^2)+\frac{1}{3}\Delta c(T_2^3-T_1^3) \tag{1-75}$$

1.9.3 基尔霍夫定律的应用

在运用基尔霍夫定律进行计算过程的反应热（焓）时，强调一点，应注意到当从某一温度变化到另一温度时是否有物质的聚集状态（或晶型）发生改变，如果聚集状态有所改变，则还须考虑如下两点：

① 当聚集状态发生变化时，需考虑相变热（焓）；

② 当聚集状态发生变化时，热容会有突变。

【例 1-14】 试求反应 $H_2(g)+\frac{1}{2}O_2(g)$ ══ $H_2O(g)$ 在 673.15K 的标准摩尔反应热（焓）。

解 用示意图表示如下

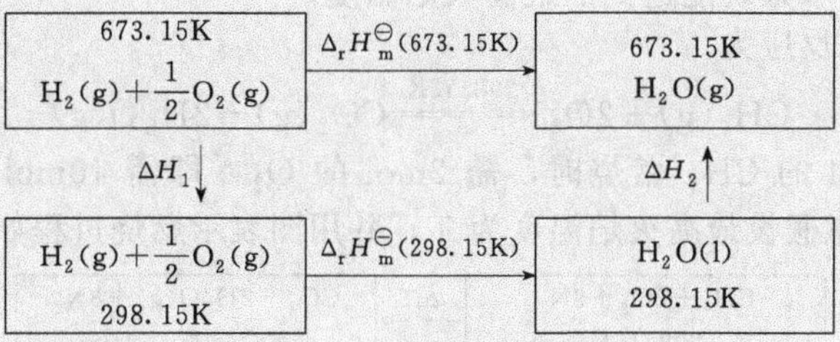

673.15K $H_2(g)+\frac{1}{2}O_2(g)$	$\xrightarrow{\Delta_r H_m^\ominus(673.15K)}$	673.15K $H_2O(g)$
$\Delta H_1\downarrow$		$\Delta H_2\uparrow$
$H_2(g)+\frac{1}{2}O_2(g)$ 298.15K	$\xrightarrow{\Delta_r H_m^\ominus(298.15K)}$	$H_2O(l)$ 298.15K

显然

$$\Delta_r H_m^\ominus(673.15K)=\Delta H_1+\Delta_r H_m^\ominus(298.15K)+\Delta H_2$$

ΔH_1 由 $H_2(g)$ 和 $O_2(g)$ 的热容 $C_{p,m}$ 查表求得；$\Delta_r H_m^\ominus$（298.15K）是水的标准摩尔生成热（焓），而计算 ΔH_2 时，要注意发生了聚集状态的变化，即

$$H_2O(l,298.15K)\xrightarrow{\Delta H_①}H_2O(l,373.15K)\xrightarrow{\Delta_{vap}H_m^\ominus}H_2O(g,373.15K)\xrightarrow{\Delta H_③}H_2O(g,673.15K)$$

因此
$$\Delta H_2=\Delta H_①+\Delta_{vap}H_m^\ominus+\Delta H_③=\int_{298.15K}^{373.15K}C_{p,m}(H_2O,l)dT+\Delta_{vap}H_m^\ominus+$$

$$\int_{373.15K}^{673.15K} C_{p,m}(H_2O,g)dT$$

所以

$$\Delta_r H_m^{\ominus}(673.15K) = \Delta_r H_m^{\ominus}(298K) + \int_{673.15K}^{298.15K}\left[C_{p,m}(H_2,g) + \frac{1}{2}C_{p,m}(O_2,g)\right]dT + \int_{298.15K}^{373.15K} C_{p,m}(H_2O,l)dT + \Delta_{vap}H_m^{\ominus} + \int_{373.15K}^{673.15K} C_{p,m}(H_2O,g)dT$$

查附表得

$$C_{p,m}(O_2,g) = [34.60 + 1.09\times10^{-3}T/K - 7.85\times10^5(T/K)^{-2}]J\cdot K^{-1}\cdot mol^{-1}$$

$$C_{p,m}(H_2,g) = (37.70 + 3.39\times10^{-3}T/K)J\cdot K^{-1}\cdot mol^{-1}$$

$$C_{p,m}(H_2O,l) = (46.86 + 30.00\times10^{-3}T/K)J\cdot K^{-1}\cdot mol^{-1}$$

$$C_{p,m}(H_2O,g) = [30 + 10.70\times10^3 T/K + 0.33\times10^5(T/K)^2]J\cdot K^{-1}\cdot mol^{-1}$$

又 $\Delta_{vap}H_m^{\ominus} = 40.6kJ\cdot mol^{-1}$

$$\Delta_r H_m^{\ominus}(298.15K) = \Delta_f H_m^{\ominus}(H_2O,l,298.15K) = -285.8kJ\cdot mol^{-1}$$

代入上式计算，得

$$\Delta_r H_m^{\ominus}(673.15K) = -247.2kJ\cdot mol^{-1}$$

通常化学反应热（焓）的计算，都是假定反应物与生成物的温度相同，即反应过程中所放出或吸收的热量能及时传递使温度保持不变的情况。

如果一个放热的化学反应在绝热条件下进行，例如，在绝热的反应器中进行，或者因反应进行得很快，所放出的热量不能及时传出的情况，都可视为绝热过程，此时反应系统将因反应放热而使温度升高。我们可以通过热化学计算求得系统所能达到的最高温度，称为最高反应温度。而燃烧反应所能达到的最高温度，则称为最高火焰温度。

理论上计算最高反应温度的方法很多。现举例说明如下。

【例 1-15】 100kPa、298.15K 时把甲烷与理论量的空气（O_2 : N_2 = 1 : 4）混合后，在等压条件下燃烧，求系统能达到的最高火焰温度。

解 甲烷燃烧的反应为

$$CH_4(g) + 2O_2 \xrightarrow{298.15K} CO_2(g) + 2H_2O(g)$$

由此看出，1mol 的 CH_4 燃烧时，需 2mol 的 O_2，即需 10mol 的空气（其中包括 8mol 的 N_2）。按题意假设最高火焰温度为 T，并用图表示燃烧过程如下。

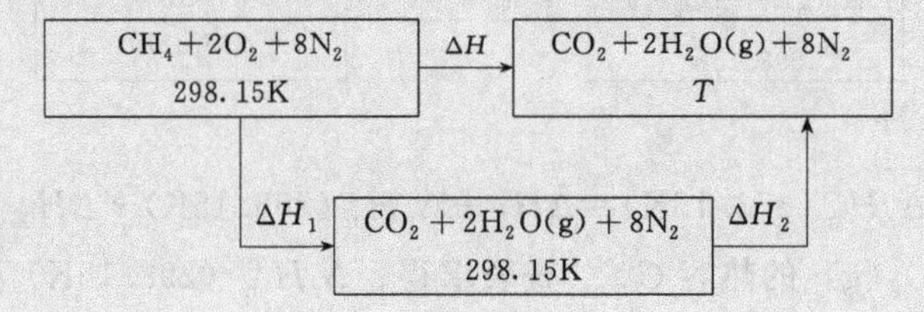

根据赫斯定律：

$$\Delta H = \Delta H_1 + \Delta H_2$$

由于是等压绝热过程，即 $\Delta H = Q_p = 0$，因此有 $\Delta H_1 + \Delta H_2 = 0$，$\Delta H_1$ 为 1mol 的 CH_4 完全燃烧时的焓变，其值可根据标准摩尔生成热（焓）或燃烧热（焓）计算得到，现给出结果为：

$$CH_4(g)+2O_2(g) \longrightarrow CO_2(g)+2H_2O(g)$$

$$\Delta H_1=-802.33\text{kJ}\cdot\text{mol}^{-1}$$

ΔH_2 是使系统温度升高的热量，可根据有关物质的热容数据求得，以下给出结果为

$$\Delta H_2=\int_{298.15\text{K}}^{T}[1\text{mol}\times C_{p,\text{m}}(CO_2)+2\text{mol}\times C_{p,\text{m}}(H_2O,g)+8\text{mol}\times C_{p,\text{m}}(N_2)]\text{d}T\ \text{J}\cdot\text{K}^{-1}\cdot\text{mol}^{-1}$$

$$=\int_{298.15\text{K}}^{T}\left\{[440.04+0.0425T/\text{K}+8.5\times10^{-6}(T/\text{K})^2]\right\}\text{d}T\,\text{J}\cdot\text{K}^{-1}\cdot\text{mol}^{-1}$$

$$=[-133027+440.04T/\text{K}+0.02125(T/\text{K})^2+2.8333\times10^{-6}(T/\text{K})^3]\text{J}\cdot\text{mol}^{-1}$$

因为

$$\Delta H_1+\Delta H_2=0$$

得 $-802.33\times1000-133027+440.04T/\text{K}+0.02125(T/\text{K})^2+2.8333\times10^{-6}(T/\text{K})^3=0$

整理后得：

$$440.04T/\text{K}+0.02125(T/\text{K})^2+2.8333\times10^{-6}(T/\text{K})^3=935358$$

用尝试法解得：

$$T\approx1909\text{K}$$

由计算所得到的火焰最高温度，都比实际的火焰温度为高，其原因是多方面的。例如，反应炉壁不可能完全绝热；燃烧不一定完全；在高温时有一部分产物分解需要吸热；还有一部分化学能转变为光能等。然而火焰最高温度的理论计算，对于衡量燃料的好坏及燃料选择是否恰当具有一定指导意义。

思 考 题

1-1　为什么本教材中热力学第一定律表达式是 $\Delta U=Q+W$，而有些老版教材中采用 $\Delta U=Q-W$，两者是否矛盾？

1-2　"稳定单质的焓值等于零"；"化合物的标准摩尔生成热就是 1mol 该物质具有的焓值" 对吗？为什么？

1-3　一定量 100℃，100kPa 下的液态水，蒸发为 100℃，100kPa 下的气态水，因温度不变，所以其热力学能不变。对吗？

1-4　使某一封闭系统由某一指定的始态变化到某一指定的终态。Q，W，$Q+W$，U 中哪些量确定，哪些量不能确定？为什么？

习 题

1-1　在 288.2K 及 99.99kPa 下，将 100g Zn 放入过量稀盐酸中，试计算产生的氢气逸出大气时所做的功。

1-2　理想气体经等温可逆膨胀，体积从 V_1 膨胀到 $10V_1$，对外做了 41.85kJ 的功，系统的起始压力为 202.650kPa。

(1) 求 V_1。

(2) 若气体物质的量为 2mol，试求系统的温度。

1-3　5mol 理想气体于始态 $T=298.15\text{K}$、$p_1=101.325\text{kPa}$，等温膨胀至终态，已知终态体积 $V_2=2V_1$。分别计算气体膨胀时反抗恒定外压 $p(\text{环})=0.5p_1$ 及进行可逆膨胀时系统所做的功，并在 p-V 图中绘出两种不同途径的功所对应的面积。

1-4　1mol 理想气体，始态体积为 25dm^3，温度为 373.2K，分别通过下列四个过程等温膨胀至终态体积为 100dm^3，求系统在下列变化过程中的 Q、W、ΔU 及 ΔH。

(1) 可逆膨胀过程；

(2) 向真空膨胀过程；

(3) 先在外压等于体积为 50dm^3 时气体的平衡压力下，使气体等温膨胀到 50dm^3，然后在等外压下膨胀至 100dm^3；

(4) 在外压等于终态压力条件下进行等温膨胀。计算结果说明了什么？

1-5 2.0×10^{-2}kg 乙醇在其沸点时蒸发为气体，已知乙醇的蒸发热（焓）为 $39.46\mathrm{kJ\cdot mol^{-1}}$，其蒸气的比容为 $0.607\mathrm{m^3\cdot kg^{-1}}$，求乙醇蒸发过程的 Q、W、ΔU 和 ΔH。

1-6 将 1mol 氧气在 10^5Pa 下等压加热，从 300K 变为 1000K，求过程的 Q、W、ΔU 及 ΔH。已知氧气的 $C_{p,\mathrm{m}}/\mathrm{J\cdot K^{-1}\cdot mol^{-1}}=31.46+3.39\times10^{-3}(T/\mathrm{K})-3.77\times10^5(T/\mathrm{K})^{-2}$（此式表示为一个数值方程，$C_{p,\mathrm{m}}/\mathrm{J\cdot K^{-1}\cdot mol^{-1}}$ 表示 $C_{p,\mathrm{m}}$ 的单位是 $\mathrm{J\cdot K^{-1}\cdot mol^{-1}}$ 的数值，T/K 表示温度 T 以 K 为单位的数值）。

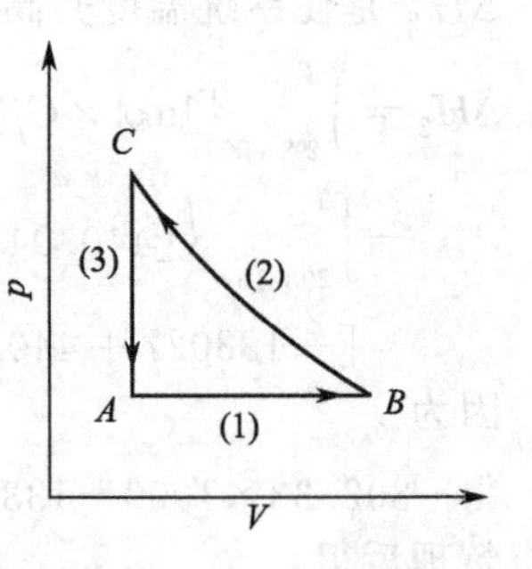

图 1-7 p-V 关系图

1-7 在 273K、101325Pa 下，$1.12\times10^{-2}\mathrm{m^3}$ 的双原子理想气体（取 $C_{p,\mathrm{m}}=29.4\mathrm{J\cdot K^{-1}\cdot mol^{-1}}$），连续地经过下列变化（假定过程是可逆的）（见图 1-7）：

(1) 首先等压升温到 546K；

(2) 再等温压缩使体积恢复为 $1.12\times10^{-2}\mathrm{m^3}$；

(3) 最后再等容降温到 273K。

试计算每个过程及整个循环过程的 W、Q、ΔU 及 ΔH。

1-8 1mol 理想气体于 300K、101.325kPa 下受某恒定外压等温压缩至一中间状态，再由该状态等容升温至 370K，则压力升到 1013.25kPa。求整个过程的 W、Q、ΔU 及 ΔH。已知该气体的 $C_{V,\mathrm{m}}$ 为 $20.92\mathrm{J\cdot K^{-1}\cdot mol^{-1}}$。

1-9 氢气从 $1.43\mathrm{dm^3}$、303.975kPa 和 298K，可逆绝热膨胀到 $2.86\mathrm{dm^3}$，氢气的 $C_{p,\mathrm{m}}=28.8\mathrm{J\cdot K^{-1}\cdot mol^{-1}}$，按理想气体考虑。

(1) 求气体膨胀后的温度和压力；

(2) 计算该过程的 ΔU 及 ΔH。

1-10 容积为 $200\mathrm{dm^3}$ 的容器中的某理想气体，$T_1=293.15\mathrm{K}$，$p_1=253.31\mathrm{kPa}$。已知其 $C_{p,\mathrm{m}}=1.4C_{V,\mathrm{m}}$。试求

(1) $C_{V,\mathrm{m}}$；

(2) 若该气体的摩尔热容近似为常数，试求等容下加热该气体至 $T_2=353.15\mathrm{K}$ 所需的热。

1-11 $10.6\mathrm{dm^3}$ 氧气由 273K，1.00MPa 经过 (1) 绝热可逆膨胀；(2) 对抗恒定外压 p(外) $=0.10$MPa 作绝热不可逆膨胀，使气体最后压力均为 0.10MPa，求两种情况所做的功（氧的 $C_{p,\mathrm{m}}=29.36\mathrm{J\cdot K^{-1}\cdot mol^{-1}}$）。

1-12 由实验测得下述反应：

$$C_7H_{16}(l)+11O_2(g)\longrightarrow 7CO_2(g)+8H_2O(l)$$

在 298.15K 时的 $Q_V=-4804\mathrm{kJ\cdot mol^{-1}}$，求反应的 Q_p。

1-13 始态为 298.15K、常压的萘 10g 置于一含 O_2 的容器中进行等容燃烧，最终产物为 298.15K 的 CO_2 及液态水，过程放热 401.727kJ。试求下列反应计量式的标准摩尔反应热（焓）$\Delta_r H_m^{\ominus}$(298.15K)。

$$C_{10}H_8(s)+12O_2(g)\longrightarrow 10CO_2(g)+4H_2O(l)$$

1-14 已知下列反应的热效应：

反应(1) $CH_3COOH(l)+2O_2(g)=\!=\!=2CO_2(g)+2H_2O(l)$

$\Delta_r H_{m,1}^{\ominus}(298.15\mathrm{K})=-870.3\mathrm{kJ\cdot mol^{-1}}$

反应(2) C(石墨)$+O_2(g)=\!=\!=CO_2(g)$ $\Delta_r H_{m,2}^{\ominus}(298.15\mathrm{K})=-393.4\mathrm{kJ\cdot mol^{-1}}$

反应(3) $H_2(g)+\frac{1}{2}O_2(g)=\!=\!=H_2O(l)$ $\Delta_r H_{m,3}^{\ominus}(298.15\mathrm{K})=-285.8\mathrm{kJ\cdot mol^{-1}}$

求反应 2C(石墨)$+2H_2(g)+O_2(g)=\!=\!=CH_3COOH(l)$ 的反应热（焓）$\Delta_r H_m^{\ominus}$(298.15K)。

1-15 试求反应 $CH_3COOH(g)\longrightarrow CH_4(g)+CO_2(g)$ 的标准摩尔反应热（焓）$\Delta_r H_m^{\ominus}$(1000K)。$CH_3COOH(g)$，$CO_2(g)$，$CH_4(g)$ 的平均等压摩尔热容 $\bar{C}_{p,\mathrm{m}}$ 分别为 $52.3\mathrm{J\cdot K^{-1}\cdot mol^{-1}}$，$31.4\mathrm{J\cdot K^{-1}\cdot mol^{-1}}$ 及 $37.7\mathrm{J\cdot K^{-1}\cdot mol^{-1}}$。

1-16 2mol、333.15K、100kPa 的液态苯在等压下全部变为 333.15K、24kPa 的蒸气，计算该过程的 ΔU、ΔH。（已知 313.15K 时，苯的蒸气压为 24.00kPa，汽化热为 $33.43\mathrm{kJ\cdot mol^{-1}}$，假定苯(l)及苯(g)的

摩尔等压热容可近似看作与温度无关，分别为 $141.5\mathrm{J\cdot K^{-1}\cdot mol^{-1}}$ 及 $94.12\mathrm{J\cdot K^{-1}\cdot mol^{-1}}$。

1-17　某理想气体由 298.15K、$5\mathrm{dm^3}$ 可逆绝热膨胀至 $6\mathrm{dm^3}$，温度则降为 278.15K，求该气体的 $C_{p,\mathrm{m}}$ 与 $C_{V,\mathrm{m}}$。

1-18　已知 298.15K 时，$\Delta_c H_m^\ominus(C_2H_5OH,l)=-1366.8\mathrm{kJ\cdot mol^{-1}}$；水和乙醇的摩尔蒸发热（焓）$\Delta_{vap}H_m$ 分别为 $44.01\mathrm{kJ\cdot mol^{-1}}$ 及 $42.6\mathrm{kJ\cdot mol^{-1}}$；$C_2H_4(g)$、$H_2O(g)$ 及 $CO_2(g)$ 的标准摩尔生成热分别为 $52.26\mathrm{kJ\cdot mol^{-1}}$、$-241.82\mathrm{kJ\cdot mol^{-1}}$ 及 $-393.15\mathrm{kJ\cdot mol^{-1}}$，试求下列反应：

$$C_2H_4(g)+H_2O(g)\longrightarrow C_2H_5OH(g)$$

在 298.15K 时的标准反应热（焓）。

1-19　已知反应 $CH_3COOH(l)+C_2H_5OH(l)\xrightarrow{298.15K}CH_3COOC_2H_4(l)+H_2O(l)$ 的摩尔反应热（焓）为 $-9.20\mathrm{kJ\cdot mol^{-1}}$，$C_2H_5OH(l)$ 的标准摩尔燃烧热（焓）为 $-1366.8\mathrm{kJ\cdot mol^{-1}}$，$CH_3COOH(l)$ 的则为 $-874.54\mathrm{kJ\cdot mol^{-1}}$，试求 $CH_3COOC_2H_5(l)$ 的标准摩尔生成热（焓）$\Delta_f H_m^\ominus(298.15K)$。

1-20　已知乙炔的燃烧反应为 $C_2H_2(g)+\frac{5}{2}O_2(g)\longrightarrow 2CO_2(g)+H_2O(g)$，在 298.15K 时上述反应的 $\Delta_r H_m=-1257\mathrm{kJ\cdot mol^{-1}}$，试求乙炔在理论量的空气中燃烧时火焰最高温度。已知 $CO_2(g)$、$H_2O(g)$、$N_2(g)$ 的平均摩尔等压热容 $\bar{C}_{p,m}$ 分别为 $54.36\mathrm{J\cdot K^{-1}\cdot mol^{-1}}$、$43.57\mathrm{J\cdot K^{-1}\cdot mol^{-1}}$ 及 $33.40\mathrm{J\cdot K^{-1}\cdot mol^{-1}}$。

1-21　已知 $\Delta_f H_m^\ominus(H_2O,l,298.15K)=-285.84\mathrm{kJ\cdot mol^{-1}}$，$C_{p,m}(H_2)=C_{p,m}(O_2)=29.1\mathrm{J\cdot K^{-1}\cdot mol^{-1}}$，$C_{p,m}(H_2O,g)=33.6\mathrm{J\cdot K^{-1}\cdot mol^{-1}}$，$C_{p,m}(H_2O,l)=75.3\mathrm{J\cdot K^{-1}\cdot mol^{-1}}$，$\Delta_l^g H_m(H_2O)=40.6\mathrm{kJ\cdot mol^{-1}}$，试计算 423.15K 时水蒸气的生成热。

1-22　在 273.15K 和 $p^\ominus$ 下，1mol 单原子理想气体沿着 $pT=$常数的可逆途径压缩至压力等于 $2p^\ominus$。

(1) 求气体的最终温度和体积；

(2) 求此过程的 Q、W、ΔU 和 ΔH。

1-23　反应 $CO(g)+2H_2(g)\rightleftharpoons CH_3OH(g)$ 分别在 298.15K 和 400.15K 等温等压（100kPa）下进行，试求上述两过程的 Q、W、$\Delta_r U_m$ 和 $\Delta_r H_m$。

已知数据如下：

	$CO(g)$	$H_2(g)$	$CH_3OH(g)$
$\Delta_f H_m^\ominus(298.15K)/\mathrm{kJ\cdot mol^{-1}}$	−110.52	0	−200.7
$\bar{C}_{p,m}/\mathrm{J\cdot K^{-1}\cdot mol^{-1}}$	29.12	28.82	43.89

第2章 热力学第二定律

热力学第一定律指出了系统变化过程中热力学能变化与热、功的定量关系。不管是物理变化还是化学变化，都可用热力学第一定律确定变化过程中的能量效应问题。

热力学所涉及的另一个具有重要意义的问题是变化过程的方向和限度，这是热力学第一定律所无法解决的。例如，反应C(石墨)⟶C(金刚石)与C(金刚石)⟶C(石墨)，热力学第一定律只能指出一定条件下这两个变化过程中的能量变化关系，至于哪个反应可以进行，进行到什么程度为止，热力学第一定律是不能回答的。变化过程向什么方向进行和进行到什么程度为止的问题，正是热力学第二定律所要解决的问题。

与热力学第一定律一样，热力学第二定律也是人们生产、生活实践和科学实验的经验总结。从热力学第二定律出发，经过归纳与推理，定义了状态函数——熵(S)，并用熵判据来解决系统变化过程中的方向和限度问题。

由于熵判据必须是孤立系统，而在实际过程中很少遇到这种系统，特别是对化学反应来说，大多数是在等温等压或等温等容条件下进行，所以人们通过热力学推导，进一步找到了特定条件下亥姆霍兹函数判据和吉布斯函数判据。

2.1 自发过程的方向和限度

在一定条件下，不需要外界供给能量就能自动发生的过程称为自发过程。相反，其逆过程需要通过外界以耗电、耗光等形式做功才能发生，称为非自发过程。实践告诉人们，自然界一切自发过程都有确定的方向和限度。例如：

① 气体的流动 气体总是自发地由高压区向低压区流动，直到各处气压相等为止。

② 水的流动 水自发流动的方向是由高水位向低水位，限度是两处水位差为零。

③ 热的传导 热总是自发地从高温物体向低温物体传导，直到两物体温度相等为止。

由上述的例子可知，自发过程的限度是在该条件下系统的平衡状态。例如，气体流动过程的限度是压力差为零，即力平衡；热传导过程的限度是热平衡；化学反应的限度是化学平衡。一切自发过程总是单向地朝着平衡状态进行，即任何系统若不受外界环境影响，总是单向地趋于平衡，这是自发过程的方向。

一切自发过程都有确定的方向和限度，并不是说一个热力学系统发生自发变化之后系统再也恢复不到原来的状态。自发过程发生之后，借助于外力，特别是借助于环境输入的功，可以使过程逆着原来的自发方向进行，从而使系统又恢复到原始状态。但是系统恢复到原始状态的同时，一定会以在环境中留下一些永久性的、不可消除的变化作为代价。也就是说，一个系统只要发生过自发变化之后就绝无可能再使系统和环境同时完全复原。例如以下两种情况。

(1) 理想气体向真空膨胀

这是一个自发过程。在理想气体向真空膨胀时，$Q=0$、$W=0$、$\Delta U=0$、$\Delta T=0$；如果要让系统恢复原状，只要经过一个等温压缩过程即可。但是在系统恢复原状的过程中，环境必须对系统做功W，同时系统对环境放热Q，而且二者量值相等，$W=-Q$。这表明，当系统恢复原状时，环境中有W的功变成了系统的热Q。那么，环境能否也恢复原状，即理想气体向真空膨胀能否成为一个可逆过程，取决于热能否全部转化为功而不引起其他变化。但是，实践经验证明这是不可能的。因此，理想气体向真空膨胀是不可逆过程。

(2) 热由高温物体传向低温物体

这是一个自发过程。要使系统恢复原状，只要消耗功开动冷冻机就可以迫使热量反向流动，有 W 的功全部转变成了热而使系统恢复原状。要使环境也恢复原状就取决于热能否全部转化为功而不引起其他变化。但实践经验告诉人们，热量完全转化为功而不留下其他影响也是不可能的。所以，热由高温物体传向低温物体的过程是不可逆过程。

对于其他的自发变化也有同样的结论。这说明一切自发过程能否成为热力学可逆过程，最终均可归结为“热能否全部转化为功而不引起其他变化”这样一个问题。人们的经验说明，热功转换是不可逆的，即“功可以自发地全部变为热，但热不可能全部转变为功而不引起其他变化”。所以，一切自发过程都是不可逆的，而且它们的不可逆性均可归结为热功转换的不可逆性，这就是自发过程的共同特征。

2.2 热力学第二定律

历史上，当人们从大量的实践中总结出热力学第一定律之后，就不再幻想设计不需要外界供给能量而不断循环做功的第一类永动机了。然而，当时有许多人在想，不供给热而能不断做功的机器固然不存在，但是，如果在不违背热力学第一定律的前提下设计出一种机器，它能从大海和空气这样巨大的、现成的单一热源中，源源不断地取出热转化为功，那么，功的得来也是很廉价的。因为像大海和空气这样巨大热源的供热，几乎是无穷无尽的，因此，不少人开始设计第二类永动机——能源源不断地从单一热源取热，全部转化为功而不产生其他影响的机器。经过千百次实验都以失败而告终。人们从失败中总结出，要想把热全部转化为功而不留下任何其他变化是办不到的。

功可以全部转变为热，而热不可能全部转化为功且不留下任何其他影响，也就是说，热功转换是不可逆的，这是人类经验的总结。基于此，人们总结出一切自发过程都是不可逆的。于是，人们就用某一个自发过程的不可逆性来反映同一个客观规律，这个客观规律就是热力学第二定律。热力学第二定律有两种经典说法：

克劳修斯 (Clausius) 说法 (1850 年)：“不可能把热从低温物体传到高温物体而不引起其他变化。”

开尔文 (Kelvin) 说法 (1851 年)：“不可能从单一热源取出热使之完全变为功而不引起其他变化。”或者表述为：“第二类永动机是不可能造成的。”

克劳修斯说法是指热从高温物体传向低温物体是一个自发过程，其逆过程是不可能自动进行的。如果将热从低温物体取出传到高温物体，必定以某种其他变化为代价。开尔文说法指出摩擦生热是一个自发过程，其逆过程不可能自动进行，即热不可能全部转化为功而不发生其他变化。但并不是说热不能变为功，也不是说热不能全部变为功。事实上，不是热不能完全变为功，而是在不引起其他变化的条件下热不能完全变为功。例如，理想气体的等温膨胀，从热源吸收的热就全部变为功，但系统的体积变大了。以上两种热力学第二定律的经典叙述方法，是用具体的自发过程的不可逆性概括了一切自发过程的逆过程是不可能自动进行的，所以，这两种说法是等效的。若违背其中的一种表述方法，也必然违背另一种表述方法。

由于所有的自发过程都是不可逆的，而且不同的自发过程的不可逆性是相关的，它们的不可逆性都与热功转换的不可逆性相关联。热力学第二定律的经典表述正是用热功转换的不可逆性概括了所有自发过程的共同特征。因此，利用热力学第二定律的经典叙述可以判定过程的方向和限度。但是利用经典叙述来判断过程的方向和限度比较抽象，使用起来也不方便。为此，需要寻找一个简单适用的判据。

2.3 卡诺循环与卡诺定理

2.3.1 卡诺循环

由于一切自发过程的方向性最后均可归结为热功转换的问题，故要寻找一个方便的判据来判断过程的方向和限度，也要从热功转化的关系中去寻找。

热功转换的问题是随着蒸汽机的出现而被人们重视的。蒸汽机是热机的一种，它是从高温热源吸收热量并将其中部分热量转化为功，同时将其余的热排入低温热源中（图 2-1）。随着蒸汽机的日益完善，热转化为功的比率在增大。热机能否将从高温热源所吸收的热量全部转化为功呢？这一问题在 18 世纪由法国工程师卡诺（Carnot）所解决。他提出一种工作在两个热源之间的理想热机，其工作物质为理想气体。设理想气体在两个热源之间依次经过图 2-2 所示的四步可逆过程构成循环，然后回到原来的状态。该循环过程称为卡诺循环。

① 等温可逆膨胀过程。将热机气缸与温度为 T_1 的高温热源接触，假定气缸中是物质的量为 n 的理想气体，从始态 $A(p_1,V_1,T_1)$ 等温可逆膨胀到 $B(p_2,V_2,T_1)$。

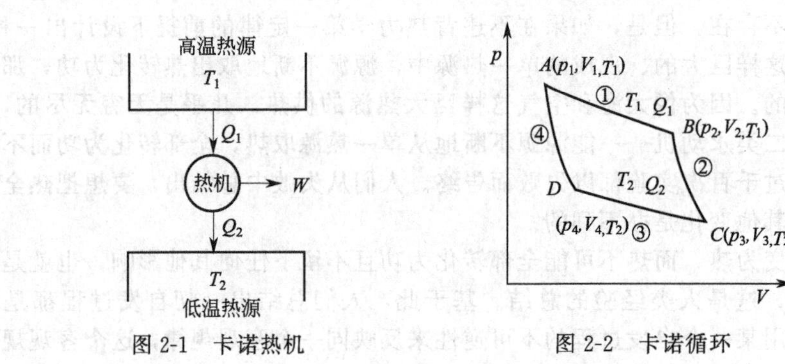

图 2-1 卡诺热机　　图 2-2 卡诺循环

在此过程中，系统从高温热源吸收了 $Q_{①}=Q_1$ 的热量，同时对环境做功为 $W_{①}(A\rightarrow B)$。

由于该过程为理想气体的等温可逆过程，$\Delta U_{①}=0$，故

$$Q_{①}=Q_1=-W_{①}=nRT_1\ln\frac{V_2}{V_1}$$

② 绝热可逆膨胀过程。将膨胀到状态 B 的理想气体接着进行绝热可逆膨胀到达状态 $C(p_3,V_3,T_2)$，由于该过程绝热，故 $Q_{②}=0$，$\Delta U_{②}=W_{②}$，即系统对环境做 $W_{②}$ 的功是消耗系统热力学能的结果，因此温度由 T_1 降至 T_2。即

$$W_{②}=\Delta U_{②}=nC_{V,\mathrm{m}}(T_2-T_1)$$

③ 等温可逆压缩过程。当气缸中的气体温度降至 T_2 时，将气缸与低温热源 T_2 接触，并将理想气体从状态 C 等温压缩至状态 $D(p_4,V_4,T_2)$，此时因 $\Delta U_{③}=0$，所以系统从环境得到 $W_{③}$ 的功，同时向低温热源放出 $Q_{③}=Q_2$ 的热。即

$$Q_{③}=Q_2=-W_{③}=nRT_2\ln\frac{V_4}{V_3}$$

④ 绝热可逆压缩过程。再将处于状态 D 的理想气体经绝热可逆压缩回到起始状态 $A(p_1,V_1,T_1)$。此过程系统从环境中得到 $W_{④}$ 的功，并使系统热力学能增加了 $\Delta U_{④}$，温度升至 T_1。因此

$$\Delta U_{④}=W_{④}=nC_{V,\mathrm{m}}(T_1-T_2)$$

对整个循环来说，若总功为 W，总热为 Q，因系统经过循环后又回到了原来状态，所以 $\Delta U=Q+W=0$，即

$$-W=Q$$

而　$$W=W_{①}+W_{②}+W_{③}+W_{④}$$

$$=-nRT_1\ln\frac{V_2}{V_1}+nC_{V,\mathrm{m}}(T_2-T_1)-nRT_2\ln\frac{V_4}{V_3}+nC_{V,\mathrm{m}}(T_1-T_2)$$

$$=-nRT_1\ln\frac{V_2}{V_1}-nRT_2\ln\frac{V_4}{V_3}$$

$$Q=Q_{①}+Q_{②}+Q_{③}+Q_{④}=Q_1+Q_2$$

所以　$$-W=Q=Q_1+Q_2=nRT_1\ln\frac{V_2}{V_1}+nRT_2\ln\frac{V_4}{V_3} \tag{2-1}$$

由于过程②和过程④都是理想气体的绝热可逆过程，根据理想气体绝热可逆过程方程式，$TV^{\gamma-1}$=常数，可列出

$$T_1V_2^{\gamma-1}=T_2V_3^{\gamma-1}\qquad T_1V_1^{\gamma-1}=T_2V_4^{\gamma-1}$$

前两式相除并开 $\gamma-1$ 次方，可得

$$\frac{V_2}{V_1}=\frac{V_3}{V_4} \tag{2-2}$$

将式(2-2) 代入式(2-1) 中，得

$$-W=Q=Q_1+Q_2=nR(T_1-T_2)\ln\frac{V_2}{V_1}$$

热机进行一次循环过程所做的功与从高温热源吸收的热量之比，定义为热机效率，用 $\eta=-\frac{W}{Q_1}$。W 为一次循环过程中热机所做的功，Q_1 为热机从高温热源吸收的热。于是，卡诺热机的效率为

$$\eta=-\frac{W}{Q_1}=\frac{Q_1+Q_2}{Q_1}=\frac{nR(T_1-T_2)\ln\frac{V_2}{V_1}}{nRT_1\ln\frac{V_2}{V_1}}=\frac{T_1-T_2}{T_1}=1-\frac{T_2}{T_1} \tag{2-3}$$

T 为热源的温度，当过程可逆时，即系统的温度。由上式可得出重要结论：卡诺热机的效率仅与两个热源的温度有关。两热源的温差越大，则热机效率越高。当 $T_2\to 0$ 或 $T_1\to\infty$时，$\eta\to 1$，但是这种情况是不可能出现的。因此，即使是由可逆过程组成的理想热机，其效率也不可能等于 1，这就是说，热不可能全部转化为功而不引起其他变化。

2.3.2　卡诺定理

卡诺在导出了可逆热机的效率之后，又建立了著名的卡诺定理。其内容是①在两个不同温度的热源之间工作的任意热机，以卡诺热机的效率为最大。②卡诺热机的效率只与两个热源的温度有关，而与工作物质无关。

卡诺定理可用热力学第二定律证明如下。

设在两个热源的温度 T_1、T_2 之间有一卡诺热机 R 和一个任意热机 I，见图 2-3 所示。如果任意热机 I 的效率比卡诺热机 R 的效率大，则同样从高温热源 T_1 吸收 Q_1 的热量时，热机 I 所做出的功 W_{I} 就将大于热机 R 所做的功 W_{R}，即 $|W_{\mathrm{I}}|>|W_{\mathrm{R}}|$。根据热力学第一定律可得，$|Q_2'|<|Q_2|$。

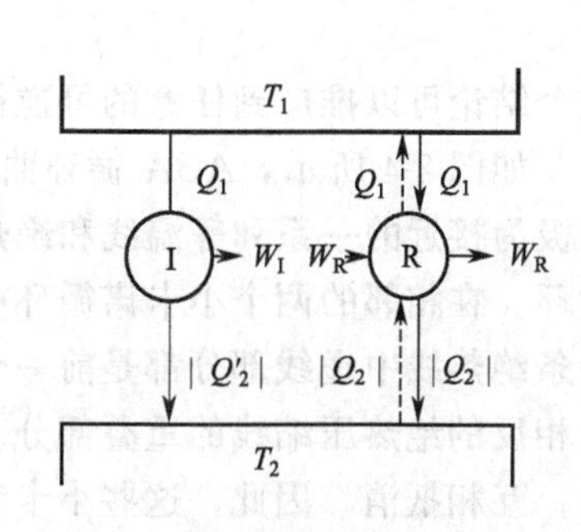

图 2-3　卡诺热机效率最大的证明

现将这两个热机联合起来组成一个新热机，其中以热机 I 从高温热源 T_1 吸热 Q_1 并做出 W_{I} 的功，同时有 Q_2' 的热量放到低温热源 T_2；然后从 W_{I} 的功中取出 W_{R} 的功对卡诺热机 R 做功，由于 R 是可逆热机，所以得到 W_{R} 的功

就可以从低温热源 T_2 中取出 $|Q_2|$ 的热量，同时有 Q_1 的热量放到高温热源 T_1 中。结果是高温热源 T_1 没变化，低温热源 T_2 损失了 $|Q_2|-|Q_2'|$ 的热，环境得 $|W_I|-|W_R|$ 的功。因为 $Q_1=|W_R|+|Q_2|=|W_I|+|Q_2'|$，所以 $|W_I|-|W_R|=|Q_2|-|Q_2'|$。这就是说，在没有任何其他变化的情况下，低温热源 T_2 所消耗的热全部变为功了。这就违背了热力学第二定律，由反证法原理可知，$\eta_I>\eta_R$ 的假设是错误的。因而可以证明，任意热机 I 的效率比卡诺热机 R 的效率大是不可能的。

用同样的方法也可证明，一切可逆热机的效率都和卡热机效率相同，这就说明卡诺热机的效率只与两个热源的温度有关，而与工作物质无关。

有了卡诺定理之后，可以把热机分为两类，第一类是卡诺热机，其循环过程为可逆循环，这类热机是可逆热机，其热机效率 $\eta_R=1-\dfrac{T_2}{T_1}$；另一类是其他热机，其循环过程为不可逆循环，这类热机是不可逆热机。由卡诺定理可知，不可逆热机的效率 $\eta_I<1-\dfrac{T_2}{T_1}$。所以，对于任意热机，其热机效率必须满足以下关系：

$$\eta_I \leqslant 1-\frac{T_2}{T_1} \tag{2-4}$$

根据式(2-3)，任意热机的效率可表示为

$$\eta_I=1+\frac{Q_2}{Q_1} \tag{2-5}$$

结合式(2-4) 和式(2-5) 可得

$$1+\frac{Q_2}{Q_1}\leqslant 1-\frac{T_2}{T_1}$$

即

$$\frac{Q_1}{T_1}+\frac{Q_2}{T_2}\leqslant 0 \tag{2-6}$$

式(2-6) 中 T_1 和 T_2 为热源温度，可逆时 T_1 和 T_2 为系统温度。对于可逆热机，两热源热温商之和等于零，即$\dfrac{Q_1}{T_1}+\dfrac{Q_2}{T_2}=0$；对于不可逆热机，两热源热温商之和小于零，即$\dfrac{Q_1}{T_1}+\dfrac{Q_2}{T_2}<0$。

利用式(2-6) 可以推导出过程方向和限度的判据，卡诺定理的重要意义也正在于此。

2.4 熵的概念——熵及熵增原理

2.4.1 可逆过程的热温商——熵函数的引出

在卡诺循环过程中，两个热源的热温商之和等于零，即

$$\frac{Q_1}{T_1}+\frac{Q_2}{T_2}=0$$

这个结论可以推广到任意的可逆循环中。

如图 2-4 所示，ABA 循环曲线代表一任意可逆循环。如果画出排列得极为接近的一系列等温线和绝热线，此可逆循环可分成许多小的卡诺循环。在相邻的两个小卡诺循环中，系统在经过那些绝热线时，其中每一条绝热线中虚线部分都是前一个循环的绝热膨胀线和后一个循环中方向相反的绝热压缩线的重叠部分。在前后两个循环中，重叠部分方向相反，互相抵消，因此，这些小卡诺循环的总和形成了一个沿着 ABA 的封闭折线。当小卡诺循环无限多时，这条折线就和 ABA 循环曲线完全

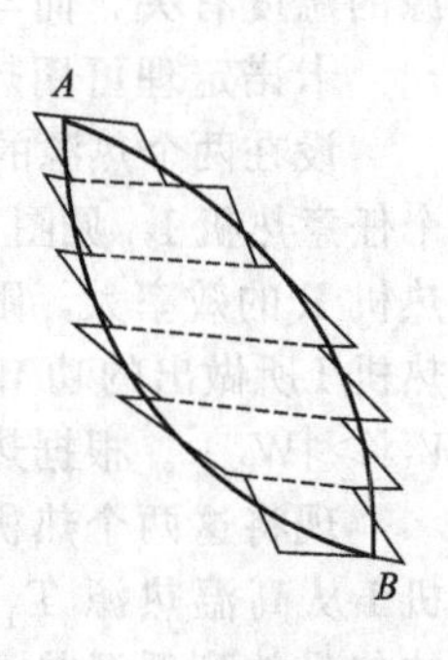

图 2-4 任意可逆循环过程

重叠。这表明任意可逆过程，都可以由无限多个小的等温可逆过程和绝热可逆过程组合而成，当然，任意一个可逆循环，都可由无限多个小卡诺循环之和来代替，对每个小卡诺循环，其热温商之和都等于零，即

$$\frac{\delta Q_1}{T_1}+\frac{\delta Q_2}{T_2}=0 \qquad \frac{\delta Q_1'}{T_1'}+\frac{\delta Q_2'}{T_2'}=0$$

$$\frac{\delta Q_1''}{T_1''}+\frac{\delta Q_2''}{T_2''}=0 \qquad \cdots$$

将上述各式相加得

$$\frac{\delta Q_1}{T_1}+\frac{\delta Q_2}{T_2}+\frac{\delta Q_1'}{T_1'}+\frac{\delta Q_2'}{T_2'}+\cdots=0$$

即

$$\sum\frac{\delta Q_{\mathrm{R}}}{T}=0 \tag{2-7}$$

式(2-7) 表明，任意可逆循环过程的热温商之和等于零，即无限多个小卡诺循环的热温商之和也为零。在极限条件下，式(2-7) 可写成

$$\oint\frac{\delta Q_{\mathrm{R}}}{T}=0 \tag{2-8}$$

符号$\oint$表示沿封闭曲线的环路积分。

现在讨论可逆过程的热温商。如图 2-5 所示，由 A 沿着可逆途径 $\mathrm{R_1}$ 到达 B，该可逆过程的热温商之和可用 $\int_A^B\left(\frac{\delta Q_{\mathrm{R}}}{T}\right)_1$ 表示。由 A 沿着可逆途径 $\mathrm{R_2}$ 达到 B 也是一个可逆过程，该过程的热温商之和可用 $\int_A^B\left(\frac{\delta Q_{\mathrm{R}}}{T}\right)_2$ 表示。

如果将图 2-5 中的曲线看作是由两个可逆过程 $A\rightarrow B$ 和 $B\rightarrow A$ 构成的循环，则式(2-8) 可看作两项积分之和，即

$$\oint\frac{\delta Q_{\mathrm{R}}}{T}=\int_A^B\left(\frac{\delta Q_{\mathrm{R}}}{T}\right)_1+\int_B^A\left(\frac{\delta Q_{\mathrm{R}}}{T}\right)_2=0$$

移项后可得

$$\int_A^B\left(\frac{\delta Q_{\mathrm{R}}}{T}\right)_1=-\int_B^A\left(\frac{\delta Q_{\mathrm{R}}}{T}\right)_2$$

即

$$\int_A^B\left(\frac{\delta Q_{\mathrm{R}}}{T}\right)_1=\int_A^B\left(\frac{\delta Q_{\mathrm{R}}}{T}\right)_2$$

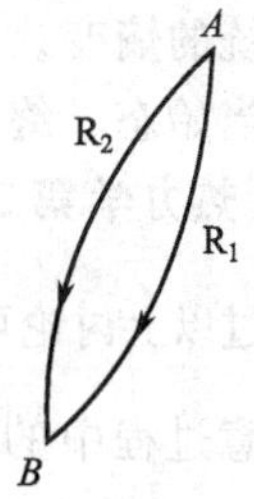

图 2-5　由 A 到 B 的任意两个可逆过程

此式表明，从 A 到 B 经由两个不同可逆过程 $\mathrm{R_1}$ 和 $\mathrm{R_2}$，它们各自的热温商总和相等。$\int_A^B\frac{\delta Q_{\mathrm{R}}}{T}$ 的值与 A、B 之间的可逆途径无关，仅由始态、终态决定，这说明该积分值代表着某个状态函数的改变量。人们将这个状态函数称为熵，用符号 S 表示，其单位是 $\mathrm{J\cdot K^{-1}}$。显然，熵是系统的容量性质。当系统的状态由 A 变到 B 时，熵的变化为

$$\Delta S=S_B-S_A=\int_A^B\frac{\delta Q_{\mathrm{R}}}{T} \tag{2-9a}$$

或

$$\Delta S=\sum\frac{\delta Q_{\mathrm{R}}}{T} \tag{2-9b}$$

如果这一变化为一无限小的变化，其熵变可写成微分形式

$$dS=\frac{\delta Q_R}{T} \tag{2-10}$$

式(2-9) 和式(2-10) 就是熵的定义式。由此可知，当系统发生变化时，熵的变化是用可逆变化过程中的热温商来衡量的。

2.4.2 不可逆过程的热温商

由卡诺定理可以推得，对于不可逆热机

$$\frac{Q_1}{T_1}+\frac{Q_2}{T_2}<0$$

将此结果推广到任意不可逆循环即为

$$\sum\frac{\delta Q_{IR}}{T}<0$$

下标“IR”代表不可逆。因此，一个不可逆循环的热温商之和小于零。

下面讨论任意不可逆过程的热温商。设有循环 ABA，如图 2-6 所示。系统经过不可逆过程 IR 由 $A\rightarrow B$，然后经过可逆过程 R 由 $B\rightarrow A$。整个循环过程为一个不可逆循环，所以

$$\sum\left(\frac{\delta Q_{IR}}{T}\right)_{A\rightarrow B}+\int_B^A\left(\frac{\delta Q_R}{T}\right)_{B\rightarrow A}<0$$

因为 $\int_B^A\left(\frac{\delta Q_R}{T}\right)_{B\rightarrow A}=S_A-S_B$，所以

$$\sum\left(\frac{\delta Q_{IR}}{T}\right)_{A\rightarrow B}+S_A-S_B<0$$

移项可得

$$S_B-S_A=\Delta S_{A\rightarrow B}>\sum\left(\frac{\delta Q_{IR}}{T}\right)_{A\rightarrow B} \tag{2-11}$$

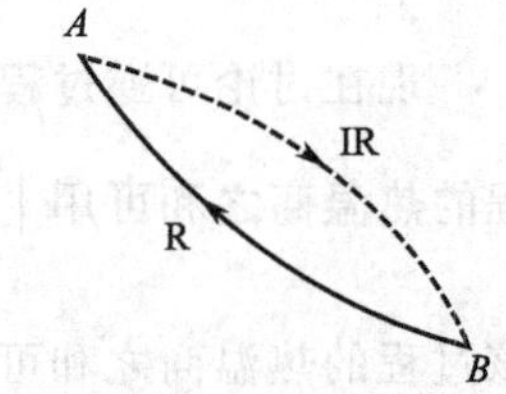

图 2-6 不可逆循环

式(2-11) 表明，系统由状态 A 经由不可逆过程变化到状态 B，该不可逆过程的热温商之和小于系统的熵变。所以，不可逆过程的熵变，不能通过不可逆过程的热温商来求。熵是状态函数，当始态、终态一定时，ΔS 有定值，它的数值由设计的可逆过程的热温商来求得。

2.4.3 热力学第二定律的数学表达式

通过以上讨论可知，可逆过程的熵变为 $\Delta S=\sum\frac{\delta Q_R}{T}$，不可逆过程的熵变满足 $\Delta S>\sum\frac{\delta Q_{IR}}{T}$，所以任意过程中的熵变与热温商存在如下关系：

$$\Delta S\geqslant\sum\frac{\delta Q}{T}\quad \begin{matrix}\text{不可逆}\\ \text{可逆}\end{matrix} \tag{2-12}$$

如果系统的变化过程为一无限小的过程，式(2-12) 可表示为

$$dS\geqslant\frac{\delta Q}{T}\quad \begin{matrix}\text{不可逆}\\ \text{可逆}\end{matrix} \tag{2-13}$$

式(2-12) 和式(2-13) 均可称为克劳修斯不等式。由于系统发生一个确定的变化，要么为可逆过程，要么为不可逆过程，不存在两类过程之外的第三类过程，因此，从克劳修斯不等式可以看出，封闭系统中不可能发生熵变小于热温商的过程。可以证明，这一叙述与第二类永动机不可能造成的说法是等效的，所以，克劳修斯不等式又常常称为热力学第二定律的数学表达式。

当系统发生状态变化时，只要设法求得该变化过程的熵变和热温商，通过比较二者的大小就可以知道该变化过程是否可能发生。因此，克劳修斯不等式可以作为封闭系统中任一过

程进行可能性的判据。

当 $\Delta S > \sum \frac{\delta Q}{T}$ 时，该过程是一个不违反热力学第二定律、有可能进行的不可逆过程；

当 $\Delta S = \sum \frac{\delta Q}{T}$ 时，该过程是一个可逆过程，由于可逆过程进行时，系统无限接近于平衡状态，$\Delta S = \sum \frac{\delta Q}{T}$ 也可作为系统已达到平衡的标志。

当 $\Delta S < \sum \frac{\delta Q}{T}$ 时，这是违反热力学第二定律的不可能进行的过程。

2.4.4　熵增原理与熵判据

(1) 熵增原理

如果将克劳修斯不等式应用于绝热系统，由于绝热系统的热温商之和 $\sum \frac{\delta Q}{T} = 0$，则式 (2-12) 变为

$$\Delta S(\text{绝热}) \geqslant 0 \tag{2-14}$$

式中等号表示在绝热可逆过程中熵值不变，大于号表示在绝热不可逆过程中熵值增加。此式表明绝热系统的熵值永不减少，称为熵增原理，是热力学第二定律的一个重要结论。

熵增原理表明，在绝热条件下，只可能发生 $\mathrm{d}S \geqslant 0$ 的过程，其中 $\mathrm{d}S = 0$ 表示可逆过程，$\mathrm{d}S > 0$ 表示不可逆过程；$\mathrm{d}S < 0$ 的过程是不可能发生的，但可逆过程毕竟是一个理想过程。因而，在绝热条件下，一切可能发生的实际过程都使系统的熵增大，直到达到平衡态。

(2) 熵判据

对于孤立系统，系统和环境之间没有热和功的交换，显然也是绝热的。因此，熵增原理也适用于孤立系统。这时，式(2-14) 可写为

$$\Delta S(\text{孤立}) \geqslant 0 \tag{2-15}$$

由于孤立系统中环境对系统没有干扰，其中的不可逆过程一定是自发过程。通常人们所说的过程的方向，就是指在一定条件下自发过程的方向，这样就可以根据 ΔS 的正负判断孤立系统中自发过程的方向。

由式(2-15) 可知，$\Delta S(\text{孤立}) > 0$ 的方向为孤立系统中自发过程的方向，即孤立系统中发生的过程总是自发地朝着熵增加的方向进行。当系统的熵值达到最大时，系统就达到了平衡状态，$\Delta S(\text{孤立}) = 0$，即系统的熵值不再改变，也就达到了过程的限度。至此，孤立系统中过程的方向和限度的判据——熵判据，已经找到了，即

若 $\Delta S(\text{孤立}) > 0$，为自发过程
若 $\Delta S(\text{孤立}) = 0$，为可逆过程或平衡态
若 $\Delta S(\text{孤立}) < 0$，为不可能进行的过程

如果遇到的系统不是孤立系统，如何判断过程的方向和限度呢？人们采用的方法是把系统和环境包括在一起看作一个特殊的孤立系统，这样就把问题归结为判断孤立系统中过程的方向和限度问题了。当系统和环境的熵变总和大于零时，则为自发过程；等于零时则为可逆过程，即达到了平衡态，也就是自发过程进行的限度。

2.5　熵变的计算

根据熵的定义式，熵变是可逆变化过程中的热温商，计算熵变必须通过可逆变化过程才

能求算。不可逆过程的热温商不等于熵变，欲求不可逆过程的熵变，必须在相同的始态和终态间设计适当的可逆过程来进行计算。

2.5.1　系统简单状态参量变化过程熵变的计算

（1）等温可逆过程

根据熵变定义，$\Delta S=\int_{T_1}^{T_2}\frac{\delta Q_R}{T}$

对等温可逆过程，有　$\Delta S=\int_{T_1}^{T_2}\frac{\delta Q_R}{T}=\frac{Q_R}{T}$

假定系统为理想气体，因为理想气体的热力学能只是温度的函数，当 $\Delta T=0$ 时，$\Delta U=0$，根据热力学第一定律，得

$$Q=-W=nRT\ln\frac{V_2}{V_1}$$

因而，理想气体等温可逆过程的熵变为

$$\Delta S=\frac{nRT\ln\frac{V_2}{V_1}}{T}=nR\ln\frac{V_2}{V_1}=nR\ln\frac{p_1}{p_2}\qquad(2\text{-}16)$$

（2）等压变温可逆过程

因 $\Delta p=0$，系统对外做的非体积功为零。根据热力学第一定律，$\delta Q=\mathrm{d}H=nC_{p,\mathrm{m}}\mathrm{d}T$，故

$$\Delta S=\int_{T_1}^{T_2}\frac{\delta Q_R}{T}=\int_{T_1}^{T_2}\frac{nC_{p,\mathrm{m}}\mathrm{d}T}{T}$$

若 $C_{p,\mathrm{m}}$=常数，则

$$\Delta S=\int_{T_1}^{T_2}\frac{nC_{p,\mathrm{m}}\mathrm{d}T}{T}=nC_{p,\mathrm{m}}\ln\frac{T_2}{T_1}\qquad(2\text{-}17)$$

在无相变化和化学变化的过程中，式(2-17) 对气态、液态、固态物质均适用。

若温度变化范围大，则 $C_{p,\mathrm{m}}$ 不是常数，不能直接积分，对 $C_{p,\mathrm{m}}$ 必须进行校正，其关系式一般为

$$C_{p,\mathrm{m}}=a+bT+cT^2$$

将其代入式(2-17)，可得

$$\Delta S=\int_{T_1}^{T_2}\frac{nC_{p,\mathrm{m}}\mathrm{d}T}{T}=\int_{T_1}^{T_2}\frac{n(a+bT+cT^2)}{T}\mathrm{d}T\qquad(2\text{-}18)$$

（3）等容变温可逆过程

因 $\Delta V=0$，没有非体积功，根据热力学第一定律，$\delta Q_V=\mathrm{d}U=nC_{V,\mathrm{m}}\mathrm{d}T$，故

$$\Delta S=\int_{T_1}^{T_2}\frac{\delta Q_R}{T}=\int_{T_1}^{T_2}\frac{nC_{V,\mathrm{m}}\mathrm{d}T}{T}$$

若 $C_{V,\mathrm{m}}$ 近似为常数，则有

$$\Delta S=\int_{T_1}^{T_2}\frac{nC_{V,\mathrm{m}}\mathrm{d}T}{T}=nC_{V,\mathrm{m}}\ln\frac{T_2}{T_1}\qquad(2\text{-}19)$$

式(2-19) 也适用于无相变化和化学变化的气态、液态、固态物质的状态变化。

（4）p,V,T 均发生变化的过程

对理想气体，状态由 $A(n\text{mol},p_1,V_1,T_1)$ 经不可逆过程到达 $B(n\text{mol},p_2,V_2,T_2)$，因不可逆过程的熵变不能用过程的热温商来度量，必须在始、终态间设计出可逆过程来计算。

由 $A\xrightarrow{\text{IR}}B$，其熵变的计算可设计如下几种可逆途径，其中每一过程均为可逆过程，即等温可逆、等压可逆、等容可逆过程中任意两个过程的组合。

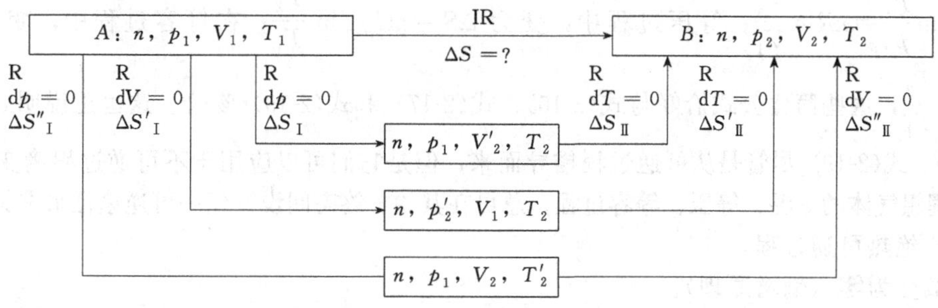

因为熵是状态函数，其改变量只与始、终态有关，即与过程（途径）没有关系。所以

$$\Delta S=\Delta S_{\text{I}}+\Delta S_{\text{II}}=\Delta S'_{\text{I}}+\Delta S'_{\text{II}}=\Delta S''_{\text{I}}+\Delta S''_{\text{II}}$$

将式(2-16)、式(2-17) 和式(2-19) 代入，得

$$\Delta S=\int_{T_1}^{T_2}\frac{nC_{p,\text{m}}\text{d}T}{T}+nR\ln\frac{p_1}{p_2}=nC_{p,\text{m}}\ln\frac{T_2}{T_1}+nR\ln\frac{p_1}{p_2} \tag{2-20}$$

$$\Delta S=\int_{T_1}^{T_2}\frac{nC_{V,\text{m}}\text{d}T}{T}+nR\ln\frac{V_2}{V_1}=nC_{V,\text{m}}\ln\frac{T_2}{T_1}+nR\ln\frac{V_2}{V_1} \tag{2-21}$$

$$\Delta S=\int_{T_1}^{T'_2}\frac{nC_{p,\text{m}}\text{d}T}{T}+\int_{T'_2}^{T_2}\frac{nC_{V,\text{m}}\text{d}T}{T} \tag{2-22a}$$

根据理想气体的性质，$\frac{pV}{T}=C$（常数），$C_{V,\text{m}}$、$C_{p,\text{m}}$ 也为常数，可以推导出：

$$\Delta S=\int_{T_1}^{T'_2}\frac{nC_{p,\text{m}}\text{d}T}{T}+\int_{T'_2}^{T_2}\frac{nC_{V,\text{m}}\text{d}T}{T}=nC_{p,\text{m}}\ln\frac{V_2}{V_1}+nC_{V,\text{m}}\ln\frac{p_2}{p_1}$$

证明如下：对理想气体来说，$C_{V,\text{m}}=$常数，$C_{p,\text{m}}=$常数，故

$$\Delta S=\int_{T_1}^{T'_2}\frac{nC_{p,\text{m}}\text{d}T}{T}+\int_{T'_2}^{T_2}\frac{nC_{V,\text{m}}\text{d}T}{T}=nC_{p,\text{m}}\ln\frac{T'_2}{T_1}+nC_{V,\text{m}}\ln\frac{T_2}{T'_2} \tag{2-22b}$$

根据理想气体状态方程 $pV=nRT$，若 V 一定，$\frac{p}{T}=C$（常数），故

$$\frac{p_1}{T'_2}=\frac{p_2}{T_2}\quad\text{或}\quad\frac{T_2}{T'_2}=\frac{p_2}{p_1} \tag{2-23}$$

若 p 一定，$\frac{T}{V}=C$(常数)，故

$$\frac{T_1}{V_1}=\frac{T'_2}{V_2}\quad\text{或}\quad\frac{T'_2}{T_1}=\frac{V_2}{V_1} \tag{2-24}$$

将式(2-23)、式(2-24) 代入式(2-22b)，得

$$\Delta S=nC_{p,\text{m}}\ln\frac{V_2}{V_1}+nC_{V,\text{m}}\ln\frac{p_2}{p_1} \tag{2-25}$$

由式(2-20)、式(2-21) 和式(2-25) 可知

$$\Delta S=nC_{p,\text{m}}\ln\frac{T_2}{T_1}+nR\ln\frac{p_1}{p_2}$$

$$=nC_{V,\text{m}}\ln\frac{T_2}{T_1}+nR\ln\frac{V_2}{V_1}$$

$$=nC_{p,\mathrm{m}}\ln\frac{V_2}{V_1}+nC_{V,\mathrm{m}}\ln\frac{p_2}{p_1} \tag{2-26}$$

式(2-26) 适用于理想气体任意状态参量变化过程中熵变的计算，可以作为通式来应用，而不管过程是否可逆。此外，在特定条件下该组公式可以进一步简化。例如在等温过程中，该式变为 $\Delta S=nR\ln\frac{p_1}{p_2}=nR\ln\frac{V_2}{V_1}$；等压过程中，变为 $\Delta S=nC_{p,\mathrm{m}}\ln\frac{T_2}{T_1}$；在等容过程中，变为 $\Delta S=nC_{V,\mathrm{m}}\ln\frac{T_2}{T_1}$，这些简化公式恰好与式(2-16)、式(2-17) 和式(2-19) 吻合。这也正说明式(2-16)、式(2-17)、式(2-19) 尽管是从可逆过程推导而来，但是它们可以应用于不可逆过程熵变的计算。因为对理想气体的等温、等压、等容过程，总可在其始、终态间设计任一可逆途径来求其熵变。

(5) 绝热可逆过程

其熵变为零（熵增原理）。

(6) 理想气体绝热不可逆过程

其熵变可用通式(2-26) 进行求算。

【例 2-1】 在 298K 时，将 1mol 单原子理想气体从压力为 10^6Pa 等温可逆膨胀到压力为 10^5Pa，然后在 10^5Pa 下，再将其温度从 298K 可逆升高到 398K，试求整个过程中理想气体的熵变。

解 方法一 整个过程中，理想气体的状态变化过程为

1mol，298K，10^6Pa $\xrightarrow[\text{等温可逆}]{\Delta S_1}$ 1mol，298K，10^5Pa $\xrightarrow[\text{等压变温可逆}]{\Delta S_2}$ 1mol，398K，10^5Pa

$$\Delta S_1=nR\ln\frac{p_1}{p_2}=1\mathrm{mol}\times 8.314\mathrm{J\cdot K^{-1}\cdot mol^{-1}}\times\ln\frac{10^6\mathrm{Pa}}{10^5\mathrm{Pa}}=19.14\mathrm{J\cdot K^{-1}}$$

$$\Delta S_2=nC_{p,\mathrm{m}}\ln\frac{T_2}{T_1}=1\mathrm{mol}\times\frac{5}{2}\times 8.314\mathrm{J\cdot K^{-1}\cdot mol^{-1}}\times\ln\frac{398\mathrm{K}}{298\mathrm{K}}=6.01\mathrm{J\cdot K^{-1}}$$

$$\Delta S=\Delta S_1+\Delta S_2=19.14\mathrm{J\cdot K^{-1}}+6.01\mathrm{J\cdot K^{-1}}=25.15\mathrm{J\cdot K^{-1}}$$

方法二 整个过程中，理想气体的始终态变化过程为：

1mol，298K，10^6Pa $\longrightarrow$ 1mol，398K，10^5Pa

直接运用公式(2-26)，可求得 ΔS，即

$$\Delta S=nC_{p,\mathrm{m}}\ln\frac{T_2}{T_1}+nR\ln\frac{p_1}{p_2}$$

$$=1\mathrm{mol}\times\frac{5}{2}\times 8.314\mathrm{J\cdot K^{-1}\cdot mol^{-1}}\times\ln\frac{398\mathrm{K}}{298\mathrm{K}}+1\mathrm{mol}\times 8.314\mathrm{J\cdot K^{-1}\cdot mol^{-1}}\times\ln\frac{10^6\mathrm{Pa}}{10^5\mathrm{Pa}}$$

$$=25.15\mathrm{J\cdot K^{-1}}$$

通过比较可知,运用方法二更能体现熵作为状态函数的特点,也较简洁。

(7) 理想气体混合过程

两种气体混合可在瞬间完成，是一个不可逆过程，可设计一个装置——用一个半透膜使混合过程在等温等压或等温等容的可逆过程中进行，混合过程 ΔS 的计算可分别由两种气体在混合过程中的 ΔS 加和而得，即 $\Delta S=\Delta S_\mathrm{A}+\Delta S_\mathrm{B}$。

【例 2-2】 在 273K 时，将一个 22.4$\mathrm{dm^3}$ 的盒子用隔板从中间隔开分成两个相等容积的小室。一室放 0.5mol O_2，另一室放 0.5mol N_2。抽去隔板后，两种气体均匀混合。试

求混合过程的熵变。

O_2	N_2

解 抽去隔板后，对 O_2 来说，相当于在等温条件下从 $11.2dm^3$ 自由膨胀到体积为 $22.4dm^3$，这是一个不可逆过程，可设计成可逆过程计算熵变。

O_2 0.5mol，$11.2dm^3$，273K —等温可逆过程 $\Delta S(O_2)$→ O_2 0.5mol，$22.4dm^3$，273K

$$\Delta S(O_2)=nR\ln\frac{V_2}{V_1}=0.5\text{mol}\times 8.314\text{J}\cdot\text{K}^{-1}\cdot\text{mol}^{-1}\times\ln\frac{22.4}{11.2}=2.88\text{J}\cdot\text{K}^{-1}$$

对 N_2 来说，同样可得

$$\Delta S(N_2)=nR\ln\frac{V_2}{V_1}=0.5\text{mol}\times 8.314\text{J}\cdot\text{K}^{-1}\cdot\text{mol}^{-1}\times\ln\frac{22.4}{11.2}=2.88\text{J}\cdot\text{K}^{-1}$$

故

$$\Delta_{\text{mix}}S=\Delta S(O_2)+\Delta S(N_2)=2.88\text{J}\cdot\text{K}^{-1}+2.88\text{J}\cdot\text{K}^{-1}=5.76\text{J}\cdot\text{K}^{-1}$$

因理想气体在等温自由膨胀时与环境没有物质和能量交换，该系统为孤立系统。由计算可知，混合过程是熵增加过程，也是自发的不可逆过程。

当每种气体单独存在时的压力都相等且等于混合气体的总压力时，两种理想气体的混合熵为

$$\Delta_{\text{mix}}S=n_AR\ln\frac{V_A+V_B}{V_A}+n_BR\ln\frac{V_A+V_B}{V_B}=-n_AR\ln x_A-n_BR\ln x_B \tag{2-27}$$

同理，当每种气体单独存在时的体积都相等且等于混合气体的总体积时，两种理想气体的混合熵为

$$\Delta_{\text{mix}}S=n_AR\ln\frac{p_A+p_B}{p_A}+n_BR\ln\frac{p_A+p_B}{p_B}=-n_AR\ln x_A-n_BR\ln x_B \tag{2-28}$$

式(2-27) 和式(2-28) 可用于宏观性质（如质量密度）不同的理想气体（如 N_2 和 O_2）的混合。对于两份隔开的气体无法凭任何宏观性质加以区别（如隔开的两份同种气体），则混合后观察不到宏观性质发生差异，可见系统的状态没有改变，则系统的熵也没有改变。

再举一个等容绝热混合过程的例子来说明理想气体混合过程熵变的计算。

【例 2-3】 如图所示，在一绝热密闭的刚性容器中，将 2mol、300K 的气体 A($\bar{C}_{V,m}=2.5R$) 和 3mol、400K 的气体 B($\bar{C}_{V,m}=1.5R$) 混合，求此过程的 Q、W、ΔU、ΔH 和 ΔS，并判断该过程是否可逆。

[2mol A(g)，300K，V | 3mol B(g)，400K，V] —抽去隔板 等容绝热混合过程→ [2mol A(g) +3mol B(g)，T、$2V$]

解 因为是等容绝热过程，所以

$$Q=0,\ W=0$$

$$\Delta U=\Delta U_A+\Delta U_B=0$$

即

$$n_A\bar{C}_{V,A}(T-300\text{K})+n_B\bar{C}_{V,B}(T-400\text{K})=0$$

$$2\text{mol}\times 2.5R(T-300\text{K})+3\text{mol}\times 1.5R(T-400\text{K})=0$$

解得 $T=347.4\text{K}$

同理可得

$$\Delta H=n_A\bar{C}_{p,A}(T-300\text{K})+n_B\bar{C}_{p,B}(T-400\text{K})$$

$$=8.314\mathrm{J\cdot K^{-1}\cdot mol^{-1}}\times[2\mathrm{mol}\times3.5\times47.4\mathrm{K}+3\mathrm{mol}\times2.5\times(-52.6\mathrm{K})]$$
$$=-521.3\mathrm{J}$$
$$\Delta S=\Delta S_A+\Delta S_B$$

这里因 A、B 两气体在混合时，既有温度变化，又有体积变化，可由式(2-26) 分别求得 ΔS_A 和 ΔS_B，即

$$\Delta S_A=n_A\bar{C}_{V,A}\ln\frac{2V}{V}+n_AR\ln\frac{347.4\mathrm{K}}{300\mathrm{K}}$$
$$=2\mathrm{mol}\times8.314\mathrm{J\cdot K^{-1}\cdot mol^{-1}}(2.5\ln2+\ln1.158)$$
$$=31.25\mathrm{J\cdot K^{-1}}$$
$$\Delta S_B=n_B\bar{C}_{V,B}\ln\frac{2V}{V}+n_BR\ln\frac{347.4\mathrm{K}}{400\mathrm{K}}$$
$$=3\mathrm{mol}\times8.314\mathrm{J\cdot K^{-1}\cdot mol^{-1}}(1.5\ln2+\ln0.8685)$$
$$=22.42\mathrm{J\cdot K^{-1}}$$
$$\Delta S=\Delta S_A+\Delta S_B=31.25\mathrm{J\cdot K^{-1}}+22.42\mathrm{J\cdot K^{-1}}=53.67\mathrm{J\cdot K^{-1}}>0$$

因该过程为孤立系统中 $\Delta S>0$ 的过程，所以其为可自动进行的不可逆过程。

2.5.2 系统相变化过程熵变的计算

相变化过程可分为可逆相变化和不可逆相变化，其熵变的计算也不同。

(1) 可逆相变化过程

在相平衡温度、压力条件下的相变化，是可逆相变化过程。因是等温，等压，且 $W'=0$，所以 $Q_p=\Delta H$，又因是等温可逆过程，故

$$\Delta S=\frac{n\Delta H_m(\text{相变热})}{T} \tag{2-29}$$

由于 $\Delta_{fus}H_m>0$，$\Delta_{vap}H_m>0$，故由式(2-29) 可知同一物质气、液、固三态的熵值 $S_m(s)<S_m(l)<S_m(g)$。

【例 2-4】 已知水在正常沸点 373.2K 下的 $\Delta_{vap}H_m=40.64\mathrm{kJ\cdot mol^{-1}}$，$H_2O$(l) 和 H_2O(g) 的 $\bar{C}_{p,m}$ 分别为 $75.38\mathrm{J\cdot K^{-1}\cdot mol^{-1}}$ 和 $33.60\mathrm{J\cdot K^{-1}\cdot mol^{-1}}$。试求 2mol 水蒸气在 (1) 373.2K，100kPa 下；(2) 363.2K 及水在该温度下的饱和蒸气压 70.11kPa 下全部冷凝为水时的 ΔS。

解 (1) 该过程为等温等压下的可逆相变，冷凝 $\Delta_g^lH_m=-\Delta_{vap}H_m$，所以

$$\Delta S=\frac{n\Delta_g^lH_m}{T}=-\frac{n\Delta_{vap}H_m}{T}=-\frac{2\mathrm{mol}\times40.64\times10^3\mathrm{J\cdot mol^{-1}}}{373.2\mathrm{K}}=-217.79\mathrm{J\cdot K^{-1}}$$

(2) 该过程虽然也是等温 (363.2K) 等压 (70.11kPa) 下的可逆相变，但 $\Delta_{vap}H_m$ 与正常相变温度不一致。须先利用基尔霍夫定律求得 363.2K 时的 $\Delta_{vap}H_m$。

$$\Delta_g^lH_m(363.2\mathrm{K})=\Delta_g^lH_m(373.2\mathrm{K})+\Delta\bar{C}_{p,m}(363.2-373.2)\mathrm{K}$$
$$=\Delta_{vap}H_m(373.2\mathrm{K})+[\bar{C}_{p,m}(\mathrm{l})-\bar{C}_{p,m}(\mathrm{g})]\times(-10)\mathrm{K}$$
$$=-40.64\mathrm{kJ\cdot mol^{-1}}+(75.38-33.60)\times10^{-3}\mathrm{kJ\cdot K^{-1}\cdot mol^{-1}}\times(-10)\mathrm{K}$$
$$=-41.06\mathrm{kJ\cdot mol^{-1}}$$

故

$$\Delta S(363.2\mathrm{K})=\frac{n\Delta_g^lH_m}{T}=-\frac{2\mathrm{mol}\times41.06\times10^3\mathrm{J\cdot mol^{-1}}}{363.2\mathrm{K}}=-226.10\mathrm{J\cdot K^{-1}}$$

（2）不可逆相变化过程

凡不在平衡条件下进行的相变化，均为不可逆相变化。计算不可逆相变化的熵变时，必须设计具有相同始态、终态的可逆过程，由可逆过程计算。

寻求可逆途径的依据有三个：①途径中的每一步必须可逆；②途径中每步 ΔS 的计算有相应的公式可利用；③有相应于每步 ΔS 计算所需的热力学数据，现举例说明。

【例 2-5】 在标准压力下，1mol、263K 的过冷水凝固为同温度的冰，求此过程的熵变。已知水的凝固热 $\Delta H_m^{\ominus}(273K)=-6008J\cdot mol^{-1}$，水和冰的等压摩尔热容分别为 $C_{p,m}(H_2O,l)=75.4J\cdot K^{-1}\cdot mol^{-1}$ 和 $C_{p,m}(H_2O,s)=37.1J\cdot K^{-1}\cdot mol^{-1}$。

解 此过程为不可逆相变化过程，可设计具有相同始态、终态的可逆过程进行计算。

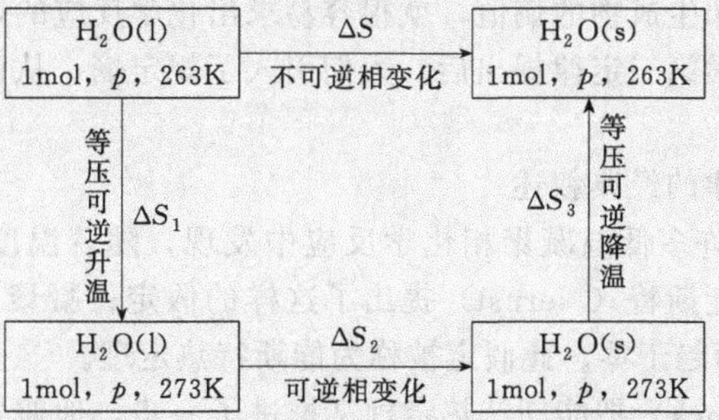

$H_2O(l)$ 1mol，p，263K	—— ΔS 不可逆相变化 ——→	$H_2O(s)$ 1mol，p，263K
↓ 等压可逆升温 ΔS_1		↑ 等压可逆降温 ΔS_3
$H_2O(l)$ 1mol，p，273K	—— ΔS_2 可逆相变化 ——→	$H_2O(s)$ 1mol，p，273K

$$\Delta S_1=nC_{p,m}(H_2O,l)\ln\frac{T_2}{T_1}=1mol\times75.4J\cdot K^{-1}\cdot mol^{-1}\times\ln\frac{273K}{263K}=2.8J\cdot K^{-1}$$

$$\Delta S_2=\frac{n\Delta H_m^{\ominus}}{T_f}=\left(\frac{-6008J}{273K}\right)=-22.0J\cdot K^{-1}$$

$$\Delta S_3=nC_{p,m}(H_2O,s)\ln\frac{T_1}{T_2}=1mol\times37.1J\cdot K^{-1}\cdot mol^{-1}\times\ln\frac{263K}{273K}=-1.4J\cdot K^{-1}$$

$$\Delta S=\Delta S_1+\Delta S_2+\Delta S_3=2.8J\cdot K^{-1}-22.0J\cdot K^{-1}-1.4J\cdot K^{-1}=-20.6J\cdot K^{-1}$$

由此可见，这类等温等压条件下不可逆相变化的熵变可以用下列公式来计算。

$$\Delta_\alpha^\beta S_m(T_2)=\Delta_\alpha^\beta S_m(T_1)+\Delta\bar{C}_{p,m}\ln\frac{T_2}{T_1}$$

通过计算，结果为负，但自然界中过冷水凝结成冰是自发过程，这是否与前面所讲熵增原理、熵判据矛盾？回答是否定的，这主要是没有考虑与系统有关的环境的熵变。

2.5.3 环境的熵变及孤立系统熵变的计算

欲判断一过程是否自发，首先应求出系统的熵变，还需求出环境的熵变，然后根据熵增原理来判断。在讨论物理变化或化学变化时，环境是指容器及容器以外的空气。在一般情况下，有限的热不致改变其温度，则 T 可视为常数。可以近似地认为环境与系统的热交换是在可逆条件下进行的，且环境所吸的热等于系统所放的热，则

$$\Delta S(环)=-\frac{Q(系)}{T}$$

上例中根据基尔霍夫定律可求得 263K 时系统凝固过程的热效应：

$$\Delta H_m^{\ominus}(263K)=\Delta H_m^{\ominus}(273K)+\int_{273K}^{263K}\Delta C_p\,dT$$

$$=-6008J\cdot mol^{-1}+(263K-273K)\times(37.1J\cdot mol^{-1}\cdot K^{-1}-75.4J\cdot mol^{-1}\cdot K^{-1})$$

$$=-5625J\cdot mol^{-1}$$

$$\Delta S(环)=-\frac{Q(系)}{T}=\left[-\frac{(-5625)}{263}\right]J\cdot K^{-1}=21.39J\cdot K^{-1}$$

故　　$\Delta S(\text{孤立})=\Delta S(\text{系})+\Delta S(\text{环})=-20.6\text{J}\cdot\text{K}^{-1}+21.39\text{J}\cdot\text{K}^{-1}=0.79\text{J}\cdot\text{K}^{-1}$

即 $\Delta S(\text{孤立})>0$。由熵增原理可知，该过程为自发的不可逆过程。

2.6 热力学第三定律及化学反应的熵变

通常的化学反应都是不可逆进行的，所以化学反应的熵变不能通过反应热（焓）除以反应温度来求。对于一个化学反应，

$$a\text{A}+b\text{B}\longrightarrow l\text{L}+m\text{M}$$

$$\Delta S=\sum S(\text{产物})-\sum S(\text{反应物})$$

如果知道了各种反应物和生成物的熵值，就很容易求出化学反应的熵变，但是各物质的熵的绝对值无法测出。热力学第三定律提出后，人们引入了规定熵，从而解决了这一问题。

2.6.1 热力学第三定律

（1）热力学第三定律的经典叙述

20世纪初，人们从许多低温凝聚相化学反应中发现，随着温度的降低，反应的熵变越来越小。在此基础上，能斯特（Nernst）提出了这样的假定；凝聚系统在等温过程的熵变，随着温度趋于绝对0K而趋于零。此假定被称为能斯特热定理。

后来，普朗克（Planck）把能斯特热定理又推进了一步，他假定0K时纯物质凝聚相的熵值为零。之后的研究又发现，普朗克的假定仅适用于纯物质完整晶体，对于玻璃态物质或有缺陷的晶体，它们的熵值在0K时不为零。所谓完整晶体是指晶体中的分子或原子只有一种排列方式。至此，热力学第三定律才完善起来。

热力学第三定律可表述为："0K时，任何纯物质的完整晶体的熵值为零。"

热力学第三定律的重要意义，就在于它为任意状态下物质的熵值提供了相对标准。

（2）热力学第三定律的数学表达式

按照普朗克修正说法，热力学第三定律可表述为：

$$S^{*}(\text{完整晶体},0\text{K})=0\text{J}\cdot\text{K}^{-1} \tag{2-30}$$

"*"为纯物质。

2.6.2 物质的规定熵和标准熵

根据热力学第二定律

$$\Delta S=S(T)-S(0\text{K})=\int_{0\text{K}}^{T}\frac{\delta Q_{\text{r}}}{T}=\int_{0\text{K}}^{T}\frac{C_{p,\text{m}}}{T}$$

而由热力学第三定律，$S(0\text{K})=0$，于是对于单位物质的量的物质B

$$S_{\text{m}}(\text{B},T)=\int_{0\text{K}}^{T}\frac{C_{p,\text{m}}}{T} \tag{2-31}$$

把 $S_{\text{m}}(\text{B},T)$ 叫物质B在温度 T 时的规定熵（也叫绝对熵），可表述为以第三定律规定的 $S(0\text{K})=0$ 为基础，求得1mol纯物质B在温度 T 时的熵值，称为该物质B在温度 T 时的规定熵。而标准状态（$p^{\ominus}=100\text{kPa}$）下的规定熵又叫标准熵，用 $S_{\text{m}}^{\ominus}(\text{B},\beta,T)$ 来表示。

纯物质任何状态下的标准熵可通过下述步骤求得：

$$S_{\text{m}}^{\ominus}(\text{B},\text{g},T)=\int_{0}^{10\text{K}}\frac{\alpha T^{3}}{T}\text{d}T+\int_{10\text{K}}^{T_{\text{f}}^{*}}\frac{C_{p,\text{m}}(\text{s},T)}{T}\text{d}T+\frac{\Delta_{\text{fus}}H_{\text{m}}^{\ominus}}{T_{\text{f}}^{*}}+$$

$$\int_{T_{\text{f}}^{*}}^{T_{\text{b}}^{*}}\frac{C_{p,\text{m}}(\text{l},\text{T})}{T}\text{d}T+\frac{\Delta_{\text{vap}}H_{\text{m}}^{\ominus}}{T_{\text{b}}^{*}}+\int_{T_{\text{b}}^{*}}^{T}\frac{C_{p,\text{m}}(\text{g},T)}{T}\text{d}T \tag{2-32}$$

式(2-32) 中，αT^3 是因为在 10K 以下，实验测定 $C_{p,\mathrm{m}}$ 难以进行，而用德拜 (Debye) 推出的理论公式

$$C_{V,\mathrm{m}}=\alpha T^3 \tag{2-33}$$

式(2-33) 中，α 为一物理常数，低温下晶体的 $C_{p,\mathrm{m}}$ 与 $C_{V,\mathrm{m}}$ 几乎相等。

通常在手册中可查到物质 B 的 298.15K 时的标准熵 $S_\mathrm{m}^\ominus(\mathrm{B},\beta,298.15\mathrm{K})$。

2.6.3 化学反应熵变的计算

化学反应的熵变就是指定温度下反应的标准摩尔熵变，可用符号 $\Delta_\mathrm{r}S_\mathrm{m}^\ominus(T)$ 表示。对于化学反应

$$a\mathrm{A}+b\mathrm{B}\longrightarrow l\mathrm{L}+m\mathrm{M}$$

在 298.15K 时，各反应物和生成物的标准熵从《物理化学数据手册》中查到后，可由下式计算该反应在 298.15K 时的标准摩尔反应熵变 $\Delta_\mathrm{r}S_\mathrm{m}^\ominus(298.15\mathrm{K})$，即

$$\Delta_\mathrm{r}S_\mathrm{m}^\ominus(298.15\mathrm{K})=[lS_\mathrm{m}^\ominus(\mathrm{L},298.15\mathrm{K})+mS_\mathrm{m}^\ominus(\mathrm{M},298.15\mathrm{K})]-[aS_\mathrm{m}^\ominus(\mathrm{A},298.15\mathrm{K})+bS_\mathrm{m}^\ominus(\mathrm{B},298.15\mathrm{K})]$$

即

$$\Delta_\mathrm{r}S_\mathrm{m}^\ominus(298.15\mathrm{K})=\sum\nu_\mathrm{B}S_\mathrm{m}^\ominus(\mathrm{B},\beta,298.15\mathrm{K}) \tag{2-34}$$

或

$$\Delta_\mathrm{r}S_\mathrm{m}^\ominus(T)=\sum\nu_\mathrm{B}S_\mathrm{m}^\ominus(\mathrm{B},\beta,T) \tag{2-35}$$

温度为 T 时，$\Delta_\mathrm{r}S_\mathrm{m}^\ominus(T)$ 也可由下式计算

$$\Delta_\mathrm{r}S_\mathrm{m}^\ominus(T)=\Delta_\mathrm{r}S_\mathrm{m}^\ominus(298.15\mathrm{K})+\int_{298.15\mathrm{K}}^{T}\frac{\sum\nu_\mathrm{B}C_{p,\mathrm{m}}(\mathrm{B})\mathrm{d}T}{T} \tag{2-36}$$

【例 2-6】 计算反应 $2\mathrm{CO(g)}+\mathrm{O_2(g)}\longrightarrow 2\mathrm{CO_2(g)}$ 在温度 500.15K 的 $\Delta_\mathrm{r}S_\mathrm{m}^\ominus(500.15\mathrm{K})$。已知 CO(g)、$\mathrm{O_2(g)}$、$\mathrm{CO_2(g)}$ 的 $C_{p,\mathrm{m}}$ 分别为 $29.29\mathrm{J\cdot K^{-1}\cdot mol^{-1}}$、$32.32\mathrm{J\cdot K^{-1}\cdot mol^{-1}}$、$49.96\mathrm{J\cdot K^{-1}\cdot mol^{-1}}$，查表得 298.15K 下 $S_\mathrm{m}^\ominus(\mathrm{CO,g})$、$S_\mathrm{m}^\ominus(\mathrm{O_2,g})$ 和 $S_\mathrm{m}^\ominus(\mathrm{CO_2,g})$ 分别为 $197.56\mathrm{J\cdot K^{-1}\cdot mol^{-1}}$、$205.03\mathrm{J\cdot K^{-1}\cdot mol^{-1}}$、$213.6\mathrm{J\cdot K^{-1}\cdot mol^{-1}}$。

解 根据式(2-34) 得所求反应在 298.15K 的 $\Delta_\mathrm{r}S_\mathrm{m}^\ominus$。

$$\begin{aligned}\Delta_\mathrm{r}S_\mathrm{m}^\ominus(298.15\mathrm{K})&=\sum\nu_\mathrm{B}S_\mathrm{m}^\ominus(\mathrm{B},\beta,298.15\mathrm{K})\\&=2S_\mathrm{m}^\ominus(\mathrm{CO_2,g},298.15\mathrm{K})-2S_\mathrm{m}^\ominus(\mathrm{CO,g},298.15\mathrm{K})-S_\mathrm{m}^\ominus(\mathrm{O_2,g},298.15\mathrm{K})\\&=2\times213.6\mathrm{J\cdot K^{-1}\cdot mol^{-1}}-2\times197.56\mathrm{J\cdot K^{-1}\cdot mol^{-1}}-205.03\mathrm{J\cdot K^{-1}\cdot mol^{-1}}\\&=-172.95\mathrm{J\cdot K^{-1}\cdot mol^{-1}}\end{aligned}$$

$$\begin{aligned}\Delta_\mathrm{r}C_{p,\mathrm{m}}&=\sum\nu_\mathrm{B}C_{p,\mathrm{m}}(\mathrm{B})\\&=2C_{p,\mathrm{m}}(\mathrm{CO_2,g})-2C_{p,\mathrm{m}}(\mathrm{CO,g})-C_{p,\mathrm{m}}(\mathrm{O_2,g})\\&=2\times49.96\mathrm{J\cdot K^{-1}\cdot mol^{-1}}-2\times29.29\mathrm{J\cdot K^{-1}\cdot mol^{-1}}-1\times32.32\mathrm{J\cdot K^{-1}\cdot mol^{-1}}\\&=9.12\mathrm{J\cdot K^{-1}\cdot mol^{-1}}\end{aligned}$$

$$\begin{aligned}\Delta_\mathrm{r}S_\mathrm{m}^\ominus(500.15\mathrm{K})&=\Delta_\mathrm{r}S_\mathrm{m}^\ominus(298.15\mathrm{K})+\int_{298.15\mathrm{K}}^{500.15\mathrm{K}}\frac{\sum\nu_\mathrm{B}C_{p,\mathrm{m}}(\mathrm{B})}{T}\mathrm{d}T\\&=-172.9\mathrm{J\cdot K^{-1}\cdot mol^{-1}}+9.12\times\ln\left(\frac{500.15}{298.15}\right)\mathrm{J\cdot K^{-1}\cdot mol^{-1}}\\&=-168.2\mathrm{J\cdot K^{-1}\cdot mol^{-1}}\end{aligned}$$

2.7 熵的物理意义简介

热力学系统是大量分子（或原子）的集合体，系统的宏观性质是大量分子微观性质的集

体体现。例如温度是分子平均动能的反映，热力学能是系统内部所有微观粒子的能量总和，那么状态函数熵又反映了系统内大量粒子的什么行为呢？通过各种过程熵变的计算以及热力学第三定律的讨论后，可给我们以下启示：

① 在单纯 pVT 变化过程中，在等温或等压条件下升温时，系统的熵增大。我们知道，系统温度升高，必然引起系统内物质分子的热动动程度加剧，即系统内物质分子的无序性增大，显然熵值增大与其无序度增大相关；

② 由式(2-29) 定义可看出，对同一物质，有 $S_m(s)<S_m(l)<S_m(g)$，众所周知，固体内部粒子排列紧密，粒子在其平衡位置附近振动，液体内部粒子排列比固体松散，可以流动，而气体分子自由性很大，可以充满空间，由固态、液态到气态的过程，是一个有序化向无序化转变的过程，即随着物质无序度增加，熵值增大；

③ 化学反应中如果反应后气体分子数增加，必然伴随熵值增加；

④ 热力学第三定律规定在 0K 时，任何物质完整晶体的熵值为零，完整晶体在 0K 时无序度最小，熵值为零。

归纳以上情况，可以得出结论：熵是系统内部物质分子无序度（或混乱度）的量度，系统的无序化愈大，则其熵值愈高。

2.8 亥姆霍兹函数与吉布斯函数

对于孤立系统，熵增原理可以作为自发过程方向和限度的判据。但是通常反应总是在等温等压或等温等容的条件下进行的，因而，人们希望得到在这两种条件下适用的判据。为此，亥姆霍兹（Helmholtz）和吉布斯（Gibbs）又定义了两个状态函数，即亥姆霍兹函数（A）和吉布斯函数（G），用这两个函数分别作为等温等压和等温等容条件下过程方向和限度的判据。

2.8.1 热力学第一定律和热力学第二定律的联合表达式

热力学第一定律的数学表达式为

$$\mathrm{d}U=\delta Q+\delta W=\delta Q-p(\text{外})\mathrm{d}V+\delta W'$$

式中 $\delta W'$ 为系统对外所做的非体积功。

热力学第二定律的数学表达式为

$$\mathrm{d}S\geqslant\frac{\delta Q}{T}$$

将热力学第一定律的数学表达式代入热力学第二定律的数学表达式，可得

$$T\mathrm{d}S-\mathrm{d}U-p(\text{外})\mathrm{d}V\geqslant-\delta W' \tag{2-37}$$

式(2-37) 即为热力学第一定律和热力学第二定律的联合表达式。其中大于号表示不可逆过程，等号表示可逆过程。

2.8.2 亥姆霍兹函数（A）及判据

将式(2-37) 应用于等温等容条件下系统所发生的变化时，由于 $p(\text{外})\mathrm{d}V=0$，$T\mathrm{d}S=\mathrm{d}(TS)$，所以

$$\mathrm{d}(TS)-\mathrm{d}U\geqslant-\delta W'$$

即

$$-\mathrm{d}(U-TS)\geqslant-\delta W' \tag{2-38}$$

定义

$$A=U-TS \tag{2-39}$$

A 称为亥姆霍兹函数，也称亥姆霍兹自由能，又称功函。因为 U、T、S 均是状态函数，A 也是状态函数。显然 A 是容量性质，其单位是 J 或 kJ。

将亥姆霍兹函数定义式代入式(2-38) 可得

$$-\mathrm{d}A_{T,V}\begin{matrix}>-\delta W' & \text{不可逆}\\ =-\delta W' & \text{可逆}\end{matrix} \tag{2-40a}$$

或

$$-\Delta A_{T,V}\begin{matrix}>-W' & \text{不可逆}\\ =-W' & \text{可逆}\end{matrix} \tag{2-40b}$$

式(2-40) 仅适用于等温等容过程，其中等号表示可逆，大于号表示不可逆。当系统在等温等容条件下从状态 A 变化到状态 B 时，若这一变化过程为可逆过程，系统亥姆霍兹函数的减少等于系统对外所做的非体积功；若这一变化过程为不可逆过程，系统亥姆霍兹函数的减少大于系统所做的非体积功。

亥姆霍兹函数是状态函数，其变化值 ΔA 只由系统的始态、终态所决定，而不管过程是否可逆。系统自状态 A 变化到状态 B 的过程中，经历可逆过程与不可逆可程，其 ΔA 是相同的，而 W'不相同。显然，在等温等容可逆过程中，系统所做的非体积功是最大的。因而可以说，在等温等容条件下，系统亥姆霍兹函数的减少等于系统所能做的最大非体积功。

正因为如此，在利用式(2-40b) 计算亥姆霍兹函数的变化时，只有通过可逆过程才可以进行。

将式(2-40b) 应用于等温等容且无非体积功的过程时 ($W'=0$)，则

$$\Delta A_{T,V}\begin{matrix}<0 & \text{不可逆}\\ =0 & \text{可逆}\end{matrix} \tag{2-41}$$

式(2-41) 就是等温等容且 $W'=0$ 的条件下过程方向和限度的判据。

它表明，在等温等容且 $W'=0$ 时，系统只能自发地向亥姆霍兹函数减少的方向进行，直到 $\Delta A_{T,V}=0$ 时，系统达到平衡。因此，在等温等容且 $W'=0$ 的条件下，只要计算出 ΔA 就可判断过程的方向和限度，即

① 若 $\Delta A<0$，为自发过程；

② 若 $\Delta A=0$，为可逆过程或平衡状态；

③ 若 $\Delta A>0$，为不可能自发进行的过程。

2.8.3　吉布斯函数 (G) 及判据

将式(2-37) 应用于等温等压条件下系统所发生的变化时，由于 $p(外)\mathrm{d}V=p\mathrm{d}V=\mathrm{d}(pV)$，$T\mathrm{d}S=\mathrm{d}(TS)$，所以

$$\mathrm{d}(TS)-\mathrm{d}U-\mathrm{d}(pV)\geqslant-\delta W'$$

即

$$-\mathrm{d}(H-TS)\geqslant-\delta W' \tag{2-42}$$

定义

$$G=H-TS \tag{2-43}$$

G 称为吉布斯函数，也称为吉布斯自由能，它是状态函数，是系统的容量性质，其单位为 J 或 kJ。

将吉布斯函数定义式代入式(2-42) 得

$$-\mathrm{d}G_{T,p}\begin{matrix}>-\delta W' & \text{不可逆}\\ =-\delta W' & \text{可逆}\end{matrix} \tag{2-44a}$$

或

$$-\Delta G_{T,p}\begin{matrix}>-W' & \text{不可逆}\\ =-W' & \text{可逆}\end{matrix} \tag{2-44b}$$

式(2-44) 仅适用于等温等压过程，其中等号表示可逆，大于号表示不可逆。当系统在等温等压条件下自状态 A 变化到状态 B 时，若这一变化过程为可逆过程，系统吉布斯函数的减少等于系统所做的非体积功；若这一化变过程为不可逆过程，吉布斯函数的减少大于系统所做的非体积功。

吉布斯函数是状态函数，其变化值 ΔG 仅由系统的始态、终态所决定，而不管过程

是否可逆。系统自状态 A 变化到状态 B 的过程中，经历可逆过程与不可逆过程，其 ΔG 是相同的，而 W' 不相同。显然，在等温等压可逆过程中，系统所做的非体积功是最大的。因而可以说，在等温等压条件下，系统吉布斯函数的减少等于系统所能做的最大非体积功。

正因为如此，在应用式(2-44b)计算吉布斯函数的变化时，与亥姆霍兹函数变化的计算相同，必须通过可逆过程才可以进行。

将式(2-44b)应用于等温等压且无非体积功的过程时（$W'=0$），则

$$\Delta G_{T,p} \begin{cases} <0 & \text{不可逆} \\ =0 & \text{可逆} \end{cases} \tag{2-45}$$

式(2-45)就是等温等压且 $W'=0$ 条件下过程方向和限度的判据。它表明，在等温、等压且 $W'=0$ 时，过程只能向吉布斯函数减少的方向进行，直到 $\Delta G_{T,p}=0$ 时，系统达到平衡。

因此，在等温等压且 $W'=0$ 的条件下，只要计算出 ΔG 就可判断过程的方向和限度，即

① 若 $\Delta G<0$，为自发过程；

② 若 $\Delta G=0$，为可逆过程或平衡态；

③ 若 $\Delta G>0$，为不可能自发进行的过程。

2.9 热力学的一些重要关系式

在热力学中，最常遇到的有以下八个状态函数：T、p、V、U、H、S、A、G，其中 p、T、V 是可以直接测定的，U、H、S、A、G 是不能直接测定的。用热力学方法处理问题时，通过热力学量之间的关系，尤其是可以直接测定的热力学函数与不可直接测定的热力学函数间的关系，就能用比较简单的实验或计算来代替那些较困难的实验或计算，这就需要明确一些热力学的重要关系式。

2.9.1 五个常见热力学函数之间的关系

由热力学第一定律和热力学第二定律的讨论得出了五个热力学函数 U、H、S、A、G。它们之间存如下关系：

$$H=U+pV$$

$$A=U-TS$$

$$G=H-TS=U+pV-TS=A+pV$$

这几个热力学函数的定义式可用图 2-7 形象地表示出来。

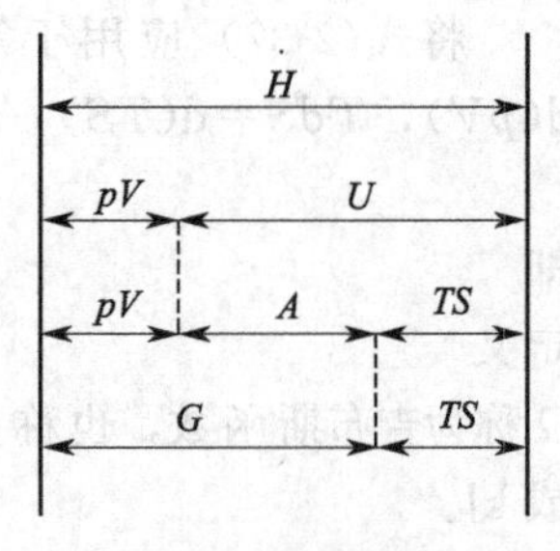

图 2-7 热力学函数间关系的示意图

2.9.2 热力学函数基本关系式

热力学第一定律和热力学第二定律的联合表达式为

$$T\mathrm{d}S-\mathrm{d}U-p(\text{外})\mathrm{d}V \geqslant -\delta W'$$

对于封闭系统不做非体积功的可逆变化过程，$\delta W'=0$，$p(\text{外})\mathrm{d}V=p(\text{系})\mathrm{d}V=p\mathrm{d}V$，则

$$\mathrm{d}U=T\mathrm{d}S-p\mathrm{d}V \tag{2-46}$$

由 H 的定义知，$H=U+pV$，因 $\mathrm{d}H=\mathrm{d}U+p\mathrm{d}V+V\mathrm{d}p$，将式(2-46)代入可得

$$dH=T\mathrm{d}S+V\mathrm{d}p \tag{2-47}$$

由 A 的定义知，$A=U-TS$，因 $\mathrm{d}A=\mathrm{d}U-T\mathrm{d}S-S\mathrm{d}T$，将式(2-46)代入可得

$$\mathrm{d}A=-S\mathrm{d}T-p\mathrm{d}V \tag{2-48}$$

由 G 的定义知，$G=U+pV-TS$，因 $\mathrm{d}G=\mathrm{d}U+p\mathrm{d}V+V\mathrm{d}p-T\mathrm{d}S-S\mathrm{d}T$，将式(2-46)

代入可得

$$dG = -SdT + Vdp \tag{2-49}$$

式(2-46)～式(2-49) 是由热力学第一定律和热力学第二定律联合得到的，常被称为热力学基本关系式。由上述的推导过程可知，热力学基本关系式只适用于封闭系统中无非体积功的可逆过程。从热力学基本关系式可以看出，U、H、A、G 的变化量只是两个变量的函数，因此，对于多于两个独立变量的封闭系统它们是不适用的。

如果系统发生不可逆的相变化或化学变化，则系统的组成就会发生不可逆的变化，两个变量就不够了，需要增加变量，因而热力学基本关系式不适用于不可逆的相变化或化学变化。如果系统发生可逆相变化或可逆化学变化，则系统的组成不发生变化，热力学基本关系式仍可适用。

如果系统中只发生单纯的 pVT 变化，由于 U、H、A、G 均为系统的状态函数，因此，当系统由状态 1 变化到状态 2 时，无论实际过程是否可逆，ΔU、ΔH、ΔA、ΔG 的数值均可用上述各式计算，且数值仅只由系统始态、终态决定，与变化过程无关。也就是说，对于单纯的 pVT 变化，不管具体过程是否可逆，热力学基本关系式均可适用。

由以上讨论可知，热力学基本关系式主要用于计算单纯 pVT 变化过程的 ΔU、ΔH、ΔA、ΔG，这是它们的主要用途之一。另外，根据热力学基本关系式还可以推导出许多有用的关系式。

2.9.3 对应系数关系式

利用全微分的性质，由热力学基本关系式还可得到对应系数关系式。由 $dG=-SdT+Vdp$ 可知，G 可表示为 T 和 p 的函数，即 $G=f(T,p)$，则 G 的全微分为

$$dG = \left(\frac{\partial G}{\partial T}\right)_p dT + \left(\frac{\partial G}{\partial p}\right)_T dp \tag{2-50}$$

将式(2-50) 与式(2-49) 对比，由于 T、p 为独立变量，故两式中 dT 和 dp 的系数分别相等，即得

$$\left(\frac{\partial G}{\partial T}\right)_p = -S \qquad \left(\frac{\partial G}{\partial p}\right)_T = V \tag{2-51}$$

同理，由另外三个热力学基本关系式可得到

$$\left(\frac{\partial U}{\partial S}\right)_V = T \qquad \left(\frac{\partial U}{\partial V}\right)_S = -p \tag{2-52}$$

$$\left(\frac{\partial H}{\partial S}\right)_p = T \qquad \left(\frac{\partial H}{\partial p}\right)_S = V \tag{2-53}$$

$$\left(\frac{\partial A}{\partial T}\right)_V = -S \qquad \left(\frac{\partial A}{\partial V}\right)_T = -p \tag{2-54}$$

式(2-51)～式(2-54) 中的八个关系式称为对应系数关系式，在分析、解决问题时经常用到。公式适用条件　①封闭物系统；②无非体积功；③可逆过程。

2.9.4 麦克斯韦 (Maxwell) 关系式

设 X 代表系统的任一状态函数，且 X 是两个变量 x 和 y 的函数，即 $X=f(x,y)$，则 X 的全微分为

$$dX = \left(\frac{\partial X}{\partial x}\right)_y dx + \left(\frac{\partial X}{\partial y}\right)_x dy = Mdx + Ndy$$

其中 $M=\left(\frac{\partial X}{\partial x}\right)_y$，$N=\left(\frac{\partial X}{\partial y}\right)_x$，都是 X 的一阶偏导数。如果求 X 的二阶偏导数，可得到

$$\frac{\partial^2 X}{\partial x\partial y}=\left(\frac{\partial M}{\partial y}\right)_x \qquad \frac{\partial^2 X}{\partial y\partial x}=\left(\frac{\partial N}{\partial x}\right)_y$$

由于状态函数对两个自变量的二阶偏导数与求偏导次序无关，因此

$$\left(\frac{\partial M}{\partial y}\right)_x=\left(\frac{\partial N}{\partial x}\right)_y$$

将此关系用于热力学基本关系式(2-49)，即

$$dG=-SdT+Vdp$$

比较得 $-S=\left(\frac{\partial G}{\partial T}\right)_p$，$V=\left(\frac{\partial G}{\partial p}\right)_T$，都是 G 的一阶偏导数，故

$$\left(\frac{\partial S}{\partial p}\right)_T=-\left(\frac{\partial V}{\partial T}\right)_p \tag{2-55}$$

同理，由其他几个热力学基本关系式可得

$$\left(\frac{\partial T}{\partial V}\right)_S=-\left(\frac{\partial p}{\partial S}\right)_V \tag{2-56}$$

$$\left(\frac{\partial T}{\partial p}\right)_S=\left(\frac{\partial V}{\partial S}\right)_p \tag{2-57}$$

$$\left(\frac{\partial S}{\partial V}\right)_T=\left(\frac{\partial p}{\partial T}\right)_V \tag{2-58}$$

式(2-55)～式(2-58) 称为麦克斯韦关系式。麦克斯韦关系式的一个重要用途，是可用容易实验测定的偏导数来代替那些不易直接测定的偏导数。例如，可以根据式(2-55)，由易测定的 $\left(\frac{\partial V}{\partial T}\right)_p$ 求出不易直接测定的 $\left(\frac{\partial S}{\partial p}\right)_T$。麦克斯韦关系式的重要意义正在于此。

【例 2-7】 试证明

(1) $\left(\frac{\partial U}{\partial V}\right)_T=T\left(\frac{\partial p}{\partial T}\right)_V-p$

(2) $\left(\frac{\partial U}{\partial p}\right)_T=-T\left(\frac{\partial V}{\partial T}\right)_p-p\left(\frac{\partial V}{\partial p}\right)_T$

并由此说明对理想气体而言，热力学能 U 只是温度 T 的函数。

解 (1) 根据热力学基本关系式

$$dU=TdS-pdV$$

等温条件下将上式两边同除以 dV 得

$$\left(\frac{\partial U}{\partial V}\right)_T=T\left(\frac{\partial S}{\partial V}\right)_T-p$$

由麦克斯韦关系式(2-58) 知

$$\left(\frac{\partial S}{\partial V}\right)_T=\left(\frac{\partial p}{\partial T}\right)_V$$

因此
$$\left(\frac{\partial U}{\partial V}\right)_T=T\left(\frac{\partial p}{\partial T}\right)_V-p$$

对理想气体而言，$pV=nRT$，则在等容条件下对 T 求偏导数可得 $\left(\frac{\partial p}{\partial T}\right)_V=\frac{nR}{V}$，代入上式即得

$$\left(\frac{\partial U}{\partial V}\right)_T = T\frac{nR}{V} - p = p - p = 0$$

(2) $dU = TdS - pdV$

等温条件下将上式两边同除以 dp 得

$$\left(\frac{\partial U}{\partial p}\right)_T = T\left(\frac{\partial S}{\partial p}\right)_T - p\left(\frac{\partial V}{\partial p}\right)_T$$

将麦克斯韦关系式(2-55) 代入上式可得

$$\left(\frac{\partial U}{\partial p}\right)_T = -T\left(\frac{\partial V}{\partial T}\right)_p - p\left(\frac{\partial V}{\partial p}\right)_T$$

对理想气体

$$\left(\frac{\partial V}{\partial T}\right)_p = \frac{nR}{p}$$

$$\left(\frac{\partial V}{\partial p}\right)_T = -\frac{nRT}{p}$$

同理可得

$$\left(\frac{\partial U}{\partial p}\right)_T = -T\frac{nR}{p} - p\left(-\frac{nRT}{p^2}\right) = -\frac{nRT}{p} + \frac{nRT}{p} = 0$$

由以上证明可知，理想气体的热力学能 U 只是温度的函数，与压力 p 和体积 V 无关。

2.10　ΔG 和 ΔA 的计算

前面讨论过，吉布斯函数作为等温等压条件下过程方向和限度的判据，在生产和科研实践中具有重要意义，因而 ΔG 的计算就显得特别重要。

由 G 的定义 $G=H-TS$ 出发，求 ΔG，对简单状态变化、相变化、化学变化都是适用的，而且不必考虑变化过程的可逆性。

2.10.1　简单变化过程 ΔG 和 ΔA 的计算

(1) 根据 G 的定义来计算

$$G = H - TS = U + pV - TS = A + pV$$

$$\Delta G = \Delta H - \Delta(TS) = \Delta A + \Delta(pV)$$

等温条件下，$\Delta(TS) = T\Delta S$

$$\Delta G = \Delta H - T\Delta S = \Delta A + \Delta(pV)$$

若系统为纯态理想气体，$\Delta(pV) = \Delta(nRT) = 0$，$\Delta H = 0$，$\Delta U = 0$，则

$$\Delta G = \Delta A = -T\Delta S = -nRT\ln\frac{V_2}{V_1} = nRT\ln\frac{p_2}{p_1} \tag{2-59}$$

(2) 根据热力学基本关系式来计算

在过程可逆、且 $W'=0$ 时，由热力学基本关系式(2-49) 知

$$dG = -SdT + Vdp$$

等温条件下

$$dG_T = Vdp$$

积分上式，得

$$\Delta G_T = \int_{p_1}^{p_2} Vdp \tag{2-60}$$

式(2-60) 适用于封闭系统，$W'=0$ 时，气、液、固等温、可逆简单 pV 变化过程的 ΔG 的计算。

若系统为理想气体，$V=\dfrac{nRT}{p}$，代入式(2-60)，得

$$\Delta G=\int_{p_1}^{p_2}V\mathrm{d}p=\int_{p_1}^{p_2}\frac{nRT}{p}\mathrm{d}p=nRT\ln\frac{p_2}{p_1}=nRT\ln\frac{V_1}{V_2} \tag{2-61}$$

式(2-61) 的应用条件是除式(2-60) 的全部条件外，还必须是理想气体系统。

(3) 根据 ΔG 的物理意义求 ΔG

在等温等压可逆过程中 $\Delta G=W'$，这种方法常用在电化学及表面化学中，在以后的有关章节中详细讨论。

【例 2-8】 300K 时，2mol 理想气体由 100 $p^{\ominus}$ 经①绝热自由膨胀；②等温可逆膨胀到 $1p^{\ominus}$，求 W、Q、ΔU、ΔH、ΔS、ΔG、ΔA。

解 ① 绝热自由膨胀，$W=0$，$Q=0$，所以 $\Delta U=0$，$\Delta H=0$（因膨胀后温度不变）。

$$\Delta S=nR\ln\frac{p_1}{p_2}=2\mathrm{mol}\times 8.314\mathrm{J\cdot K^{-1}\cdot mol^{-1}}\times\ln\frac{100}{1}=76.57\mathrm{J\cdot K^{-1}}$$

因为过程等温，则

$$\Delta G=\Delta H-T\Delta S=0-300\mathrm{K}\times 76.57\mathrm{J\cdot K^{-1}}=-22.97\mathrm{kJ}$$

$$\Delta A=\Delta U-T\Delta S=0-300\mathrm{K}\times 76.57\mathrm{J\cdot K^{-1}}=-22.97\mathrm{kJ}$$

② 等温可逆膨胀过程，$\Delta U=\Delta H=0$

$$W=-Q=-nRT\ln\frac{p_1}{p_2}=-22.97\mathrm{kJ}$$

$$\Delta S=nR\ln\frac{p_1}{p_2}=76.57\mathrm{J\cdot K^{-1}}$$

$$\Delta G=\Delta A=-22.97\mathrm{kJ}$$

2.10.2 相变化过程 ΔG 和 ΔA 的计算

(1) 等温、等压条件下可逆相变化过程中 ΔG 和 ΔA 的计算

由定义式 $G=H-TS$ 可知，对等温、等压条件下可逆相变化有 $\Delta G=\Delta H-T\Delta S$，并且 $\Delta H=T\Delta S$，则

$$\Delta G=0$$

在等温等压下，由凝固相变为蒸气相，且气相可视为理想气体时，由式(1-59) 可知

$$\Delta U=\Delta H-nRT \tag{2-62}$$

则
$$\Delta A=\Delta H-nRT-T\Delta S=-nRT \tag{2-63}$$

(2) 不可逆相变化过程中 ΔG 和 ΔA 的计算

计算不可逆相变化过程的 ΔG，与前面所述关于非平衡温度、压力下的不可逆相变化的熵变 ΔS 的计算方法一样，需要在始、终态间设计一条可逆途径进行计算，途径中包括可逆的 pVT 变化步骤和可逆的相变化步骤。

【例 2-9】 已知 268.15K 过冷水和冰的饱和蒸气压分别为 421Pa 和 401Pa，在 268.15K 时水和冰的密度分别为 $1.0\mathrm{g\cdot cm^{-3}}$ 和 $0.91\mathrm{g\cdot cm^{-3}}$，计算在 268.15K、100kPa 下 5mol 水凝结为冰的 ΔG 和 ΔA。

解 $p^{\ominus}=100\mathrm{kPa}$，$p_l^*=421\mathrm{Pa}$，$p_s^*=401\mathrm{Pa}$，设计计算途径如下：

5mol H_2O(l, 268.15K, $p^{\ominus}$) —— $\Delta G=?$ / $\Delta A=?$ ——→ 5mol H_2O(s, 268.15K, $p^{\ominus}$)

ΔG_1（液体等温降压）↓ ↑ ΔG_5（固体等温加压）

5mol H_2O(l, 268.15K, p_1^*) 5mol H_2O(s, 268.15K, p_s^*)

ΔG_2（等温、等压，可逆相变）↓ ↑ ΔG_4（等温、等压，可逆相变）

5mol H_2O(g, 268.15K, p_1^*) ——（气体等温膨胀）ΔG_3 ——→ 5mol H_2O(g, 268.15K, p_s^*)

$$\Delta G=\Delta G_1+\Delta G_2+\Delta G_3+\Delta G_4+\Delta G_5$$

$$\Delta G_2=0,\ \Delta G_4=0$$

对液体及固体，$\Delta G_T=\int V\mathrm{d}p=V\Delta p=n\dfrac{M}{\rho}\Delta p$，则

$$\Delta G_1=\frac{5\text{mol}\times 18\times 10^{-3}\text{kg}\cdot\text{mol}^{-1}}{1.0\times 10^3\text{kg}\cdot\text{m}^{-3}}\times(421\text{Pa}-1\times 10^5\text{Pa})$$
$$=-9.0\text{J}$$

$$\Delta G_5=\frac{5\text{mol}\times 18\times 10^{-3}\text{kg}\cdot\text{mol}^{-1}}{0.91\times 10^3\text{kg}\cdot\text{m}^{-3}}\times(1\times 10^5\text{Pa}-401\text{Pa})$$
$$=9.9\text{J}$$

对理想气体，由式(2-61)得

$$\Delta G_3=\int_{p_1^*}^{p_s^*}V\mathrm{d}p=nRT\ln\frac{p_s^*}{p_1^*}$$
$$=5\text{mol}\times 8.314\text{J}\cdot\text{K}^{-1}\cdot\text{mol}^{-1}\times 268.15\text{K}\times\ln\frac{401}{421}$$
$$=-542\text{J}$$

$$\Delta G=-9.0\text{J}+9.9\text{J}-542\text{J}=-541\text{J}$$

液体和固体的 $V\Delta p\ll$气体的 $\int V\mathrm{d}p$，并且 ΔG_1 和 ΔG_3 的正负号相反，所以有理由认为 $\Delta G_1+\Delta G_5\ll\Delta G_3$，得到

$$\Delta G\approx\Delta G_3=-542\text{J}$$

$$\Delta A=\Delta G-\Delta(pV)\xlongequal{\text{等压}}\Delta G-p\Delta V\approx\Delta G$$

2.10.3 化学反应 ΔG 的计算

关于等温条件下化学反应的 ΔG，可以用热力学数据分别计算反应的 $\Delta H^{\ominus}$ 及反应的 $\Delta S_m^{\ominus}$，然后根据 $\Delta G=\Delta H-T\Delta S$ 计算而得，在化学平衡一章中还要专门讨论化学反应 ΔG 的计算。

【例 2-10】 计算 298.15K 时，$N_2(g)+3H_2(g)\longrightarrow 2NH_3(g)$ 的 $\Delta G_m^{\ominus}$，倘若反应的 $\Delta H^{\ominus}$ 与 $\Delta S^{\ominus}$ 不随温度而变化，则该反应在标准态能自发进行的最高温度为多少？

解 查表知 298.15K 时，$\Delta_f H_m^{\ominus}(NH_3,g)=-46.19\text{kJ}\cdot\text{mol}^{-1}$；

$S_m^{\ominus}(NH_3,g)=192.95\text{J}\cdot\text{K}^{-1}\cdot\text{mol}^{-1}$；

$S_m^{\ominus}(H_2,g)=130.59\text{J}\cdot\text{K}^{-1}\cdot\text{mol}^{-1}$；

$S_m^{\ominus}(N_2,g)=191.49\text{J}\cdot\text{K}^{-1}\cdot\text{mol}^{-1}$。

所以 298.15K 时，上述反应

$$\Delta_r H_m^{\ominus}=\sum\nu_B\Delta_f H_m^{\ominus}(B,\beta)=2\Delta_f H_m^{\ominus}(NH_3,g)-0-0=-92.38\text{kJ}\cdot\text{mol}^{-1}$$

$$\Delta_r S_m^\ominus = \sum \nu_B S_m^\ominus(B,\beta)$$
$$= 2S_m^\ominus(NH_3,g) - S_m^\ominus(N_2,g) - 3S_m^\ominus(H_2,g)$$
$$= 2\times 192.95\text{J}\cdot\text{K}^{-1}\cdot\text{mol}^{-1} - 191.49\text{J}\cdot\text{K}^{-1}\cdot\text{mol}^{-1} - 3\times 130.59\text{J}\cdot\text{K}^{-1}\cdot\text{mol}^{-1}$$
$$= -197.36\text{J}\cdot\text{K}^{-1}\cdot\text{mol}^{-1}$$
$$\Delta_r G_m^\ominus = \Delta_r H_m^\ominus - T\Delta_r S_m^\ominus = -92380 - 298.15\times(-197.36)\text{J}\cdot\text{mol}^{-1}$$
$$= -33537\text{J}\cdot\text{mol}^{-1} = -33.54\text{kJ}\cdot\text{mol}^{-1}$$

如 $\Delta_r H_m^\ominus$ 与 $\Delta_r S_m^\ominus$ 不随温度变化，则 $\Delta_r G_m^\ominus$ 随温度变化的关系为

$$\Delta_r G_T^\ominus = -92380 + 197.36T$$

随着温度升高，$\Delta_r G_T^\ominus$ 由负向正转化。在 $T=\dfrac{92380}{197.36}=468\text{K}$ 时，$\Delta G^\ominus=0$。反之在标准态下能自发进行的最高温度为 468K。

2.10.4 ΔG 随温度 T 的变化关系

一定温度下，某个相变化或化学变化

$$A \longrightarrow B$$
$$\Delta G = G_B - G_A$$

根据式(2-51)，$\left(\dfrac{\partial G}{\partial T}\right)_p = -S$，在一定压力下，当温度发生变化时，A 和 B 的吉布斯函数 G_A、G_B 都要发生变化，因而 A ⟶ B 的 ΔG 也要随温度 T 的变化而变化。

已知在温度 T 时，$\Delta G = \Delta H - T\Delta S$，所以

$$\left[\frac{\partial(\Delta G)}{\partial T}\right]_p = -\Delta S = \frac{\Delta G - \Delta H}{T} \tag{2-64}$$

上式两边同除以 T 后移项可得

$$\frac{1}{T}\left[\frac{\partial(\Delta G)}{\partial T}\right]_p - \frac{\Delta G}{T^2} = -\frac{\Delta H}{T^2}$$

该式左端是 $\left(\dfrac{\Delta G}{T}\right)$ 对 T 的偏导数，因而

$$\left[\frac{\partial(\Delta G/T)}{\partial T}\right]_p = -\frac{\Delta H}{T^2} \tag{2-65}$$

对式(2-65) 从 $T_1 \to T_2$ 积分得

$$\frac{\Delta G(T_2)}{T_2} - \frac{\Delta G(T_1)}{T_1} = -\int_{T_1}^{T_2} \frac{\Delta H}{T^2}\mathrm{d}T \tag{2-66}$$

若 ΔH 不随温度而变化，则上式为

$$\frac{\Delta G(T_2)}{T_2} - \frac{\Delta G(T_1)}{T_1} = \Delta H\left(\frac{1}{T_2} - \frac{1}{T_1}\right) \tag{2-67}$$

同理，有

$$\left[\frac{\partial(\Delta A/T)}{\partial T}\right]_V = -\frac{\Delta U}{T^2} \tag{2-68}$$

$$\frac{\Delta A(T_2)}{T_2} - \frac{\Delta A(T_1)}{T_1} = \Delta U\left(\frac{1}{T_2} - \frac{1}{T_1}\right) \tag{2-69}$$

式(2-64)～式(2-69) 都称为吉布斯-亥姆霍兹方程。在等压条件下，根据吉布斯-亥姆霍兹方程可以由某一温度下相变化或化学变化的 ΔG_1 求算另一温度下的 ΔG_2。也可以根据该式计算系统在等压过程中 ΔG 随温度的变化，因而对以后讨论化学反应与原电池具有很重要的意义。

思考题

2-1 一理想气体系统自某一始态出发，分别进行恒温可逆膨胀和不可逆膨胀，能否达到同一终态？若自某一始态出发，分别进行可逆的绝热膨胀和不可逆绝热膨胀，能否达到同一终态？为什么？

2-2 试分别指出系统发生下列状态变化的 ΔU、ΔH、ΔS、ΔA、ΔG 中何者必定为零：

(1) 任何封闭系统经历一个循环过程；

(2) 在绝热封闭的刚性容器内进行的化学反应；

(3) 一定量的理想气体的组成及温度都保持不变，但体积和压力发生变化；

(4) 任何封闭系统经历任何可逆过程到达某一终态。

2-3 热力学基本方程 $dG=-SdT+Vdp$ 的应用条件是什么？

2-4 理想气体经可逆卡诺循环恢复到原态，列式表示每一步的 ΔS、ΔA、ΔG。

习题

2-1 某可逆热机工作于600K和300K两热源之间，当100kJ的热传向300K热源，问从600K热源吸热若干？做功若干？

2-2 $n$mol 理想气体从始态 T_1V_1 变化到终态 T_2V_2 可经两种不同的途径：

(1) 先等温可逆膨胀到 T_1V_2，然后等容可逆加热到 T_2V_2。

(2) 先等容可逆加热到 T_2V_1，然后再等温可逆膨胀到 T_2V_2。

请在 p-V 图上作出过程的示意图；求两种不同途径中的 Q、ΔS。

2-3 1mol 理想气体在恒定温度300K时，从 $50dm^3$ 膨胀至 $100dm^3$，试计算该过程的 Q、W、ΔU、ΔH 和 ΔS。

(1) 可逆膨胀；

(2) 实际膨胀功为可逆功的50%；

(3) 向真空膨胀。

2-4 10mol 理想气体由 $200dm^3$、300kPa 膨胀到 $400dm^3$、100kPa，计算过程的 ΔS。已知 $C_{p,m}=50.21J\cdot K^{-1}\cdot mol^{-1}$

2-5 某地下水的温度 $T_1=343K$，大气温度 $T_2=293K$，在两者之间设置一个卡诺可逆热机，从地下水吸热1000J。(1) 求热机效率 η；(2) 求热机做的功；(3) 求地下水、大气及整个孤立系统的熵变。

2-6 计算下列各等温过程的熵变：

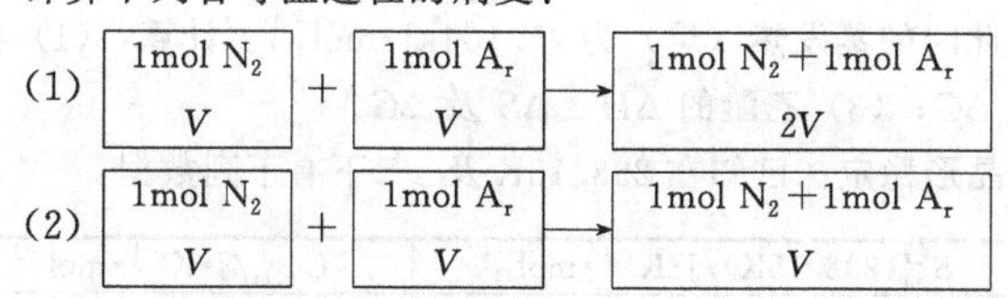

2-7 设 $O_2(g)$ 为理想气体，求下列各过程中 1mol $O_2(g)$ 的 ΔS。

(1) 等温可逆膨胀 $V\rightarrow 2V$；

(2) 等温自由膨胀 $V\rightarrow 2V$；

(3) 绝热可逆膨胀 $V\rightarrow 2V$；

(4) 绝热自由膨胀 $V\rightarrow 2V$。

2-8 在373K、1mol 液态水在真空瓶中挥发完，最终压力为30.398kPa，此过程吸热46.024kJ，试计算 W、ΔU、ΔH 和 ΔS [计算时水的 $\Delta(pV)$ 可忽略]。

2-9 试计算263K、100kPa时，1mol 过冷水变成冰这一过程的 ΔS(系) 和 ΔS(环)，并判断此过程是否自发进行。已知水和冰的热容分别为 $4.18J\cdot K^{-1}\cdot g^{-1}$ 和 $2.092J\cdot K^{-1}\cdot g^{-1}$，273K 时冰的熔化热（焓）$\Delta_{fus}H^{\ominus}=334.72J\cdot g^{-1}$

2-10 已知水蒸气的 $S_m^{\ominus}(298.15K)=188.74J\cdot K^{-1}\cdot mol^{-1}$，$C_{p,m}=[30.00+10.71\times10^{-3}(T/K)+0.33\times10^5(T/K)^{-2}]J\cdot K^{-1}\cdot mol^{-1}$，求水蒸气在393.15K的标准摩尔熵。

2-11 已知298.15K时 Br_2(l) 的蒸气压为28398Pa，蒸发热（焓）为 $32154J\cdot mol^{-1}$，若 $S_m^{\ominus}(Br_2, g,$

298.15K)＝247.3J·K^{-1}，试求298K、101325Pa下Br_2(l)的摩尔熵。

2-12 1mol单原子理想气体（$C_{p,m}=\frac{5}{2}R$）从473.15K加热到673.15K，并保持恒定压力$p^\ominus$，已知在298.15K时
$S_m^\ominus$＝126.06J·K^{-1}·mol^{-1}，计算ΔH、ΔS、ΔG，如果$\Delta G<0$，可否判断此过程为不可逆过程？

2-13 在298.15K下将1mol氧气从1 $p^\ominus$等温可逆压缩到6 $p^\ominus$，求此过程的Q、W、ΔU、ΔH、ΔA、ΔG以及ΔS(系)、ΔS（环）和ΔS(总)。

2-14 1mol（理想气体，$\gamma=1.67$）氦由273.15K、200kPa经绝热可逆膨胀至100kPa，已知$S_m^\ominus$(He，298.15K)＝126.06J·K^{-1}·mol^{-1}，求ΔH_m、ΔS_m和ΔG_m。

2-15 1mol单原子理想气体从273K、22.4dm^{3}的始态变到202.65Pa、303K的终态，已知系统始态的规定熵为83.68J·K^{-1}·mol^{-1}，$C_{V,m}$＝12.471J·K^{-1}·mol^{-1}，求此过程的ΔU、ΔH、ΔS、ΔA及ΔG。

2-16 今有1mol理想气体，始态为273K、1MPa，令其反抗恒定的0.1MPa外压，膨胀到体积为原来的10倍，压力等于外压。计算此过程的Q、W、ΔU、ΔH、ΔS及ΔG。已知$C_{V,m}$＝12.471J·K^{-1}·mol^{-1}。

2-17 0.5mol单原子理想气体，由298.2K、2.0×10^{-3}m^{3}绝热可逆膨胀到1.02×10^{5}Pa后，并在较低温度下，等温可逆压缩至体积为2.0×10^{-3}m^3。试计算整个过程的Q、W、ΔH、ΔS及ΔU。

2-18 5mol理想气体在298.15K下由1.000MPa膨胀到0.100MPa，计算下列过程的ΔA和ΔG：①等温可逆膨胀；②自由膨胀。

2-19 已知水在373.15K及100kPa下蒸发热（焓）为2259J·g^{-1}，求1mol 373.15K、100kPa的水变为373.15K、5×10^{4}Pa的水蒸气的ΔU、ΔH、ΔA和ΔG。

2-20 试计算268.15K、100kPa的1mol水变成同温同压的冰的ΔS、ΔH和ΔG，并判断此过程是否为自发过程。已知冰的熔化热（焓）为6.01kJ·mol^{-1}，熔化时等压热容差为37.3J·K^{-1}·mol^{-1}。

2-21 在268.15K时，过冷液体苯的蒸气压为2632Pa，而固态苯的蒸气压为2280Pa，已知1mol过冷液体苯在268.15K凝固时，ΔS_m＝－35.65J·K^{-1}·mol^{-1}，气体为理想气体，求该凝固过程的ΔG及ΔH。

2-22 在298.15K、100kPa下，若使1mol铅与醋酸铜溶液在可逆情况下作用，可得电功9183868J。同时吸收213635.04J的热。试计算ΔU、ΔH、ΔS、ΔA和ΔG。

2-23 将装有0.1mol乙醚的微小玻璃泡放入308.15K、100kPa、10dm^{3}的长颈瓶中，瓶中充满了$n$mol的N_2。将小泡打碎，乙醚完全气化，该过程表示如下：

0.1mol乙醚（l,308.15K）＋$n$mol N_2(g,10dm^3,308.15K)$\longrightarrow$理想混合气体（10dm^3,308.15K）

已知乙醚在100kPa时的沸点为308.15K，此时的蒸发热（焓）为25.104kJ·mol^{-1}。计算：(1)混合气中乙醚的分压；(2)氮气的ΔH、ΔS及ΔG；(3)乙醚的ΔH、ΔS及ΔG。

2-24 试判断283K及$p^\ominus$下，白锡和灰锡哪一种晶形稳定。已知在298.15K及$p^\ominus$下有下列数据：

	$\Delta_f H_m^\ominus$/kJ·mol^{-1}	$S_m^\ominus$(298.15K)/J·K^{-1}·mol^{-1}	$C_{p,m}$/J·K^{-1}·mol^{-1}
白锡	0	52.30	26.15
灰锡	－219.7	44.76	25.75

2-25 已知$\Delta_f H_m^\ominus$(CO，g，298.15K)＝－110.52kJ·mol^{-1}，$\Delta_f H_m^\ominus$(CH_3OH，g，298.15K)＝－201.2kJ·mol^{-1}，CO(g)，H_2(g)与CH_3OH(l)的标准摩尔熵$S_m^\ominus$分别为197.56J·K^{-1}·mol^{-1}、130.57J·K^{-1}·mol^{-1}与127J·K^{-1}·mol^{-1}，又知298.15K时甲醇的饱和蒸气压为1.659×10^{4}Pa，汽化热38.0kJ·mol^{-1}（蒸气视为理想气体），求$CO(g)+2H_2(g)\rightleftharpoons CH_3OH(g)$的$\Delta_r G_m^\ominus$。

2-26 苯在正常沸点353.15K下的$\Delta_{vap}H_m^\ominus$＝30.77kJ·mol^{-1}，苯(l)和苯(g)的$\bar{C}_{p,m}$分别为135.1J·K^{-1}·mol^{-1}和81.76J·K^{-1}·mol^{-1}。试求：下列过程中的Q、W、ΔU、ΔH及ΔS和过程(1)、(2)的ΔG，并判断过程(2)的方向。

(1) 将2mol苯(g)在353.15K、100kPa下全部等温等压冷凝为苯(l)；

(2) 将2mol苯(l)在300.15K、100kPa下全部等温等压蒸发为苯(g)；

(3) 将2mol、353.15K、100kPa下的苯(l)反抗恒外压1.5×100kPa全部蒸发为400.15K、1.5×100kPa下的苯(g)。

第3章　多组分系统热力学与溶液

前面两章所讨论的热力学系统是单组分系统或者是多组分但组成不变的系统，也就是各物质的组成都固定的系统，而实际上，人们在研究化学变化、相变化及溶液性质等问题时，常遇到的是多组分且组成可变的系统。为了用热力学原理来处理这类系统，还必须研究处理多组分系统的热力学方法。

本章首先介绍有关溶液组成的一些基本概念。然后引入两个新的热力学量——偏摩尔量和化学势，并进一步讨论它们在不同系统中的应用。

3.1　混合物和溶液

3.1.1　混合物和溶液的分类

含有一个以上组分的系统称为多组分系统。多组分系统可以是均相（单相）的，也可以是非均相（多相）的。多组分均相系统可以区分为混合物和溶液，并以不同的方法加以研究。对于混合物中的各组分不区分为溶剂和溶质，对各组分均选用同样的标准态；而对溶液中的各组分则区分为溶剂和溶质，并以不同的标准态加以研究。混合物有气态混合物、液态混合物和固态混合物；溶液也有气态溶液、液态溶液和固态溶液，本章把液态溶液简称为溶液。按溶液中溶质的导电性能来区分，液态溶液又分为电解质溶液和非电解质溶液（分子溶液）。本章仅讨论非电解质溶液。电解质溶液将在第6章讨论。

3.1.2　溶液组成的表示方法

溶液的组成是溶液系统的状态函数，是描述溶液的重要变量之一。溶液组成的表示方法很多，最常用的有以下四种：

（1）物质的量分数（也称摩尔分数）。溶液中物质B的物质的量分数定义为

$$x_B = \frac{n_B}{\sum_B n_B} \tag{3-1}$$

式中，B不仅指溶质，而且代表溶液中的任一物质。显然

$$\sum_B x_B = 1$$

（2）质量摩尔浓度。溶质B的质量摩尔浓度是指1kg溶剂中所溶解的B的物质的量：

$$b_B = \frac{n_B}{n_A M_A} \tag{3-2}$$

式中，M_A 是溶剂A的摩尔质量，$kg \cdot mol^{-1}$；质量摩尔浓度 b_B 的单位为 $mol \cdot kg^{-1}$。

（3）物质的量浓度。物质B的物质的量浓度是指 $1m^3$ 溶液中所含B的物质的量：

$$c_B = \frac{n_B}{V} \tag{3-3}$$

式中，V 是溶液的体积，m^3；物质的量浓度 c_B 的单位为 $mol \cdot m^{-3}$（常用 $mol \cdot dm^{-3}$ 表示）。

（4）质量分数。物质B的质量分数是指溶液中所含B的质量与溶液的总质量之比：

$$w_B = \frac{m_B}{\sum_B m_B} \tag{3-4}$$

$$\sum_B w_B = 1$$

浓度是溶液系统的强度性质，与溶液的量无关，这为同一溶液中各种不同标度的浓度之间进行换算提供了方便，只要取合适量的溶液就可以进行简捷换算。

【例 3-1】 (1) 试求 $x_B=0.0177$ 的乙醇水溶液的质量摩尔浓度 b_B；(2) 已知乙醇质量分数为 0.044 的溶液的密度 $\rho=992\text{kg}\cdot\text{m}^{-3}$，试求此水溶液的 c_B。

解 (1) 取 1mol 溶液，则其中含 B（即 C_2H_5OH）和 A（即 H_2O）分别为 0.0177mol 和 0.9823mol。

$$b_B=\frac{0.0177\text{mol}}{0.9823\text{mol}\times M_A}$$

$$=\frac{0.0177}{0.9823\times(18\times10^{-3})}\text{mol}\cdot\text{kg}^{-1}=1.00\text{mol}\cdot\text{kg}^{-1}$$

(2) 取 100g 溶液，则其中含 B 为 (4.4/46) mol，溶液体积为 (0.1/992) m^3，

$$c_B=\frac{4.4/46}{0.1/992}\text{mol}\cdot\text{m}^{-3}=949\text{mol}\cdot\text{m}^{-3}$$

当溶液很稀时，$n_A+n_B\approx n_A$，$n_B/n_A\approx x_B$，$\rho\approx\rho_A^*$，其中 ρ 和 ρ_A^* 分别代表溶液的密度和纯溶剂的密度，于是

$$b_B=\frac{n_B}{n_AM_A}\approx\frac{1}{M_A}x_B$$

$$c_B=\frac{n_B}{(n_BM_B+n_AM_A)/\rho}\approx\frac{n_B\rho_A^*}{n_AM_A}\approx\frac{\rho_A^*}{M_A}x_B$$

$$w_B=\frac{n_BM_B}{n_BM_B+n_AM_A}\approx\frac{n_BM_B}{n_AM_A}\approx\frac{M_B}{M_A}x_B$$

可见，在很稀的溶液中，各种浓度都与 x_B 成正比。

3.2 偏摩尔量

对于单组分系统来说，若系统的物质的量一定，要确定它的状态需要有两个状态变量，一般采用温度 T、压力 p。这时，系统的任意一种容量性质的热力学函数 X（如 U、H、S、A、G 等）只用二个独立变量 T、p 就可以确定其函数值，即

$$X=f(T,p)$$

若系统的温度 T、压力 p 一定，X 值的大小取决于物质的量 n 的大小。如果已知温度 T、压力 p 时单组分系统中物质的摩尔量 X_m（即 1mol 物质的对应热力学函数值，如摩尔热力学能 U_m，摩尔焓 H_m，摩尔亥姆霍兹函数 A_m，摩尔体积 V_m，摩尔吉布斯函数 G_m 等），则可算出物质的量为 n 时该物质的热力学函数值 X，即 $X=nX_m$（如 $V=nV_m$ 等）。

对于多组分系统，仅规定温度 T、压力 p 和系统总的物质的量 n，系统的状态仍不能确定，还必须规定系统中每种物质的量方可确定系统的状态，这是因为在多组分单相系统中，除了质量以外，系统的其他容量性质并不等于各物质在纯态时该容量性质之和。例如，乙醇与水混合形成的溶液是一个二组分单相系统。在 298.15K、$1p^\ominus$ 时，1g 乙醇的体积为 1.267cm^3，1g 水的体积为 1.004cm^3。若把乙醇和水以不同的比例混合而使溶液的总量为 100g 时，所得溶液的体积均不等于两组分在纯态时体积的加和值，并且所得溶液的体积随

其中乙醇和水的量的不同而不同。具体数据见表3-1所示。

表3-1 乙醇与水混合液的体积与浓度的关系

乙醇的质量百分浓度	V(乙醇)/cm^3	V(水)/cm^3	混合前的体积(相加量)/cm^3	混合后溶液的体积(实验值)/cm^3	ΔV/cm^3
10	12.67	90.36	103.03	101.84	1.19
20	25.34	80.32	105.66	103.24	2.42
30	38.01	70.28	108.29	104.84	3.45
40	50.68	60.24	110.92	106.93	3.99
50	63.35	50.20	113.55	109.43	4.12
60	76.02	40.16	116.18	112.22	3.96
70	88.69	36.12	118.81	115.25	3.56
80	101.36	20.08	121.44	118.56	2.88
90	114.03	10.04	124.07	122.25	1.82

由上例可以看出，要确定溶液的体积，不但需要指明温度 T、压力 p，而且需要指明水和乙醇的含量为多少。该系统的其他容量性质如 U、H、S、A、G 等也存在相同的结论。也就是说，多组分单相系统只确定了总质量和 T、p 两个状态参量，系统的状态还是无法确定。要确定一个多组分单相系统的状态，不但需要指明两个状态参量（一般为温度 T、压力 p），而且需要指明各个组分的含量为多少，即系统的容量性质不但是温度、压力的函数，而且是系统中各组分的物质的量的函数。因此为了表示单组分系统与多组分系统的差异，提出偏摩尔量的概念。

3.2.1 偏摩尔量的定义

对于一个由物质 $1,2,\cdots,k$ 所组成的多组分单相系统，其任意一种容量性质 X（如 U、H、S、A、G、V 等）可看作温度 T、压力 p 及各物质的量 $n_1,n_2,\cdots,n_k$ 的函数，即

$$X=f(T,p,n_1,n_2,\cdots,n_k) \tag{3-5}$$

当系统的状态发生一无限小量的变化时，则 X 也相应地有一微小的改变。

$$\mathrm{d}X=\left(\frac{\partial X}{\partial T}\right)_{p,n_1,n_2,\cdots,n_k}\mathrm{d}T+\left(\frac{\partial X}{\partial p}\right)_{T,n_1,n_2,\cdots,n_k}\mathrm{d}p+\left(\frac{\partial X}{\partial n_1}\right)_{T,p,n_2,n_3,\cdots,n_k}\mathrm{d}n_1+\left(\frac{\partial X}{\partial n_2}\right)_{T,p,n_1,n_3,\cdots,n_k}\mathrm{d}n_2+\cdots+\left(\frac{\partial X}{\partial n_\mathrm{B}}\right)_{T,p,n_{\mathrm{C}(\mathrm{C}\neq\mathrm{B})}}+\cdots+\left(\frac{\partial X}{\partial n_k}\right)_{T,p,n_1,n_2,\cdots,n_{k-1}}\mathrm{d}n_k \tag{3-6}$$

式中，$n_1,n_2,\cdots,n_k$ 表示所有组分的物质的量。

令 $X_1=\left(\frac{\partial X}{\partial n_1}\right)_{T,p,n_2,n_3,\cdots,n_k}$，$X_2=\left(\frac{\partial X}{\partial n_2}\right)_{T,p,n_1,n_3,\cdots,n_k}$ $\cdots$ $X_k=\left(\frac{\partial X}{\partial n_k}\right)_{T,p,n_1,n_2,\cdots,n_{k-1}}$，则在等温等压条件下，即 $\mathrm{d}T=0$，$\mathrm{d}p=0$ 时，式(3-6)可写成

$$\mathrm{d}X=X_1\mathrm{d}n_1+X_2\mathrm{d}n_2+\cdots+X_k\mathrm{d}n_k=\sum_{\mathrm{B}=1}^{k}X_\mathrm{B}\mathrm{d}n_\mathrm{B} \tag{3-7}$$

其中 $X_1,X_2,\cdots,X_k$ 分别称为物质 $1,2,\cdots,k$ 的偏摩尔量，所以系统中任一物质的偏摩尔量为

$$X_\mathrm{B}=\left(\frac{\partial X}{\partial n_\mathrm{B}}\right)_{T,p,n_{\mathrm{C}(\mathrm{C}\neq\mathrm{B})}} \tag{3-8}$$

式(3-8) 为物质B的偏摩尔量定义式。由此可以看出，偏摩尔量的物理意义是，在温度、压力及除物质B以外其余各物质的量均不变的条件下，由于物质B的物质的量发生了微小的变化，而引起系统容量性质 X 随物质B的物质的量的变化率。也可理解为，在等温、等压条件下，在各物质的量确定的巨大系统中，除物质B以外其他的物质的量都保持不变时，因加入 1mol 物质B而引起系统容量性质 X 的改变量。

只有系统的容量性质才有偏摩尔量，而强度性质是没有偏摩尔量的，因为只有容量性质才与系统中物质的量有关。由于 X 是代表系统的任意一种容量性质，因而对物质B来说，常用到的容量性质 V、U、H、S、A 和 G 的偏摩尔量分别为：

偏摩尔体积 $V_B=\left(\frac{\partial V}{\partial n_B}\right)_{T,p,n_{C(C\neq B)}}$

偏摩尔热力学能 $U_B=\left(\frac{\partial U}{\partial n_B}\right)_{T,p,n_{C(C\neq B)}}$

偏摩尔焓 $H_B=\left(\frac{\partial H}{\partial n_B}\right)_{T,p,n_{C(C\neq B)}}$

偏摩尔熵 $S_B=\left(\frac{\partial S}{\partial n_B}\right)_{T,p,n_{C(C\neq B)}}$

偏摩尔亥姆霍兹函数 $A_B=\left(\frac{\partial A}{\partial n_B}\right)_{T,p,n_{C(C\neq B)}}$

偏摩尔吉布斯函数 $G_B=\left(\frac{\partial G}{\partial n_B}\right)_{T,p,n_{C(C\neq B)}}$

定义式(3-8) 中，偏导数的下标是 T，p，$n_{C(C\neq B)}$，即只有等温等压下除B以外其他物质的量不变时，系统的容量性质与物质B的物质的量的偏导数才能称为偏摩尔量。任何其他条件下的偏导数均不能称为偏摩尔量，如 $\left(\frac{\partial X}{\partial n_B}\right)_{T,V,n_{C(C\neq B)}}$ 就不能称为偏摩尔量。由此可以看出，多组分单相系统的温度、压力、组成一定时，偏摩尔量有一定的值；当温度、压力或组成发生变化时，偏摩尔量的值也会发生变化。也就是说，偏摩尔量也是系统的状态性质，即 $X_B=f(T,p,n_1,n_2,\cdots,n_k)$。

由式(3-8) 可以看出，偏摩尔量为等温、等压条件下两容量性质变化率之比，故偏摩尔量是系统的一个强度性质，它与系统中总物质的量的大小无关。

对于纯物质，偏摩尔量 X_B 与摩尔量 $X_m^*(B)$ 相同，即纯物质的偏摩尔体积 V_B 就是摩尔体积 $V_m^*(B)$，偏摩尔吉布斯函数 G_B 就是摩尔吉布斯函数 $G_m^*(B)$，其余类推。

3.2.2 偏摩尔量的集合公式

若在等温、等压条件下，多组分单相系统由物质 $1,2,\cdots,k$ 所组成，物质的量分别为 $n_1,n_2,\cdots,n_k$。当向此系统中加入 $dn_1,dn_2,\cdots dn_k$ 的物质 $1,2,\cdots k$ 时，根据式(3-7)，系统的某个容量性质 X 的变化量为

$$dX=X_1dn_1+X_2dn_2+\cdots+X_kdn_k=\sum_{B=1}^{k}X_Bdn_B$$

因为系统的温度、压力、组成都固定，偏摩尔量 X_1，X_2，…，X_k 为定值，所以可将上式作如下积分，即

$$\int_0^X dX=X_1\int_0^{n_1}dn_1+X_2\int_0^{n_2}dn_2+\cdots+X_k\int_0^{n_k}dn_k=\sum_{B=1}^{k}X_B\int_0^{n_B}dn_B$$

$$X=X_1n_1+X_2n_2+\cdots+X_kn_k=\sum_{B=1}^{k}X_Bn_B \tag{3-9}$$

式(3-9) 称为偏摩尔量的集合公式。该式表明，在等温等压条件下，多组分单相系统的任意一个容量性质 X 的值，等于各物质的偏摩尔量与其物质的量的乘积的总和。由式(3-9) 可知，在等温、等压条件下的多组分单相系统中，只要知道各物质的偏摩尔量 X_B 和物质的量 n_B，就可确定系统的容量性质 X 的值。

在等温、等压条件下，若多组分单相系统由物质 1，2 两种物质所组成，则系统任一容量性质 X 可表示为

$$X=X_1n_1+X_2n_2 \tag{3-10}$$

3.2.3 吉布斯-杜亥姆方程

由物质偏摩尔量的定义可知，多组分单相系统中物质 B 的偏摩尔量不但随温度 T 和压力 p 而变化，而且随各物质的量而变化，因而在等温、等压条件下，多组分单相系统的组成发生变化时，各物质的偏摩尔量都要发生变化。

在 T、p 一定时，若系统组成发生变化，可对式(3-9) 作如下全微分

$$\begin{aligned}\mathrm{d}X&=n_1\mathrm{d}X_1+X_1\mathrm{d}n_1+n_2\mathrm{d}X_2+X_2\mathrm{d}n_2+\cdots+n_k\mathrm{d}X_k+X_k\mathrm{d}n_k\\&=\sum n_B\mathrm{d}X_B+\sum X_B\mathrm{d}n_B\end{aligned} \tag{3-11}$$

将此式与式(3-7) 比较可得

$$n_1\mathrm{d}X_1+n_2\mathrm{d}X_2+\cdots+n_k\mathrm{d}X_k=\sum n_B\mathrm{d}X_B=0 \tag{3-12}$$

式(3-12) 称为吉布斯-杜亥姆（Gibbs-Duhem）方程。此式表明在等温、等压条件下，系统的组成发生变化时，不同组分同一偏摩尔量所发生的变化并不是孤立的，而是相互制约、相互关联的。

吉布斯-杜亥姆方程经常用于两组分单相系统，这时式(3-12) 变为

$$n_1\mathrm{d}X_1+n_2\mathrm{d}X_2=0 \tag{3-13}$$

当两组分单相系统的组成变化时，若知道物质 1 的偏摩尔量的变化，用式(3-13) 就可求出物质 2 的偏摩尔量，因而，它是研究二组分溶液中溶剂和溶质相互关系的依据。

3.2.4 偏摩尔量的测定

多组分单相系统的有些偏摩尔量可以由实验测定，如偏摩尔体积。下面以两组分单相系统为例简单讨论偏摩尔体积的测定。

在一定温度和压力下，向固定量的物质 A 中逐次加入物质 B。当加入的物质 B 的物质的量 n_B 不同时，系统的体积 V 也不同。测量出一系列的 n_B 和 V 的对应值，然后作 V-n_B 图，如图 3-1 所示。曲线上任意一点的斜率 $\left(\frac{\partial V}{\partial n_B}\right)_{T,p,n_{C(C\neq B)}}$ 即为这个组成时该二组分单相系统中物质 B 的偏摩尔体积 V_B。物质 A 的偏摩尔体积 V_A 可用相同的方法作图求出，也可根据式(3-13) 求出。

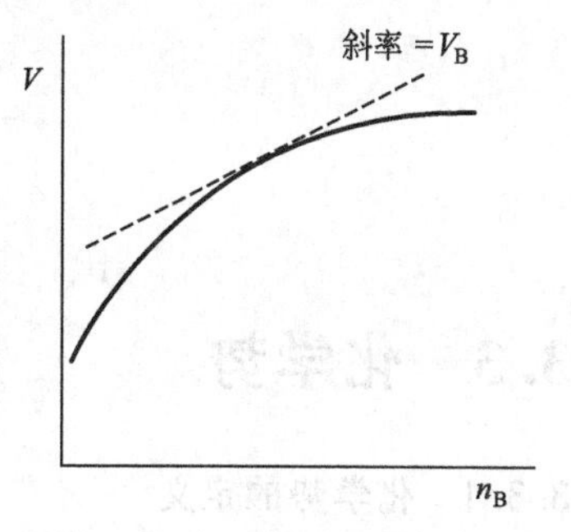

图 3-1 溶液体积 V 与组成 n_B 的关系

【例 3-2】 在 298K、$1p^{\ominus}$下，含有 1kg 水的 NaCl 水溶液的体积与溶液浓度 b_B 的关系为 $V/\mathrm{cm^3}=1002.93+23.189b_B/\mathrm{mol\cdot kg^{-1}}+2.197(b_B/\mathrm{mol\cdot kg^{-1}})^{\frac{3}{2}}-0.178(b_B/\mathrm{mol\cdot kg^{-1}})^2$，试求 $b_B=0.50\mathrm{mol\cdot kg^{-1}}$ 的溶液中 NaCl(B) 和 H_2O(A) 的偏摩尔体积 V_B 和 V_A。

解 上述函数关系式是等温、等压和相同 n_A 条件下的实验结果，其中 $n_A=\frac{1\mathrm{kg}}{M_A}$，($M_A$=18.01)。式中的 b_B 与 n_B 在数值上相等，所以

$$V_B/\text{cm}^3\cdot\text{mol}^{-1}=\left(\frac{\partial V}{\partial n_B}\right)_{T,p,n_A}$$

$$=23.189+\frac{3}{2}\times 2.197(b_B/\text{mol}\cdot\text{kg}^{-1})^{\frac{1}{2}}-2\times 0.178(b_B/\text{mol}\cdot\text{kg}^{-1})$$

当 $b_B=0.5\text{mol}\cdot\text{kg}^{-1}$ 时

$$V_B=\left(23.189+\frac{3}{2}\times 2.197\times 0.5^{\frac{1}{2}}-2\times 0.178\times 0.5\right)\text{cm}^3\cdot\text{mol}^{-1}$$

$$=25.341\text{cm}^3\cdot\text{mol}^{-1}$$

根据偏摩尔量的集合公式，$V=n_AV_A+n_BV_B$，则

$$V_A=\frac{V-n_BV_B}{n_A}$$

其中 $$V=[1002.93+23.189\times 0.5+2.197\times(0.5)^{\frac{3}{2}}-0.178\times(0.5)^2]\text{cm}^3$$

$$=1015.257\text{cm}^3$$

故 $$V_A=\frac{1015.257-0.5\times 25.341}{\frac{1000}{18.01}}=18.057\text{cm}^3\cdot\text{mol}^{-1}$$

3.2.5 偏摩尔量之间的函数关系

多组分系统中任一组分的不同偏摩尔量 V_B、U_B、H_B、S_B、A_B 和 G_B 等之间的关系类似于单组分系统中相应的公式且具有完全相同的形式，所不同的只是用偏摩尔量代替相应摩尔量。例如

$$H_B=U_B+pV_B \tag{3-14}$$

$$A_B=U_B-TS_B \tag{3-15}$$

$$G_B=U_B+pV_B-TS_B=H_B-TS_B \tag{3-16}$$

$$\left[\frac{\partial(G_B/T)}{\partial T}\right]_{p,n_1,n_2,\cdots,n_k}=-\frac{H_B}{T^2} \tag{3-17}$$

$$\left(\frac{\partial G_B}{\partial p}\right)_{T,n_1,n_2,\cdots,n_k}=V_B \tag{3-18}$$

3.3 化学势

3.3.1 化学势的定义

在所有偏摩尔量中，偏摩尔吉布斯函数 G_B 最重要，热力学上将它定义为化学势，用符号 μ_B 表示，单位为 J·mol^{-1}。因此，在多组分单相系统中，物质 B 的化学势为

$$\mu_B=G_B=\left(\frac{\partial G}{\partial n_B}\right)_{T,p,n_{C(C\neq B)}} \tag{3-19}$$

μ_B 的物理意义是，在等温、等压且除 B 以外其他物质的量均不改变的条件下，向一巨大均相系统中加入 1mol B 物质时，引起系统的吉布斯函数的变化，或在指定 T、p 和浓度的溶液中，μ_B 表示 1mol B 物质对溶液吉斯函数 G 的贡献的大小，显然，它也是具有强度性质的状态函数。

化学势的集合公式为

$$G=\sum_B n_B\mu_B \tag{3-20}$$

化学势在等温等压条件下的吉布斯-杜亥姆公式为

$$\sum_{B} n_{B} d\mu_{B}=0 \text{ 或 } \sum_{B} x_{B} d\mu_{B}=0 \tag{3-21}$$

3.3.2 多组分组成可变系统的热力学函数基本关系式

(1) 基本关系式

对于多组分均相系统

$$G=f(T,p,n_1,n_2,\cdots,n_k)$$

其全微分为

$$dG=\left(\frac{\partial G}{\partial T}\right)_{p,n_1,n_2,\cdots,n_k}dT+\left(\frac{\partial G}{\partial p}\right)_{T,n_1,n_2,\cdots,n_k}dp+\sum\left(\frac{\partial G}{\partial n_B}\right)_{T,p,n_{C(C\neq B)}}dn_B$$

因为 $\left(\frac{\partial G}{\partial T}\right)_{p,n_1,n_2,\cdots,n_k}=-S,\left(\frac{\partial G}{\partial p}\right)_{T,n_1,n_2,\cdots,n_k}=V,\left(\frac{\partial G}{\partial n_B}\right)_{T,p,n_{C(C\neq B)}}=\mu_B$

所以

$$dG=-SdT+Vdp+\sum\mu_B dn_B \tag{3-22}$$

吉布斯函数的定义式 $G=U+pV-TS$，两端取微分，得

$$dG=dU+pdV+Vdp-TdS-SdT$$

将上式与式(3-22) 作比较可得

$$dU=TdS-pdV+\sum\mu_B dn_B \tag{3-23}$$

同理也可得

$$dH=TdS+Vdp+\sum\mu_B dn_B \tag{3-24}$$

$$dA=-SdT-pdV+\sum\mu_B n_B \tag{3-25}$$

式(3-22)～式(3-25) 是适用于没有非体积功的多组分单相系统的四个热力学基本关系式，它们不仅适用于组成可变的均相封闭系统，也适用于敞开系统。对于组成不变的系统，$\sum\mu_B dn_B=0$，则式(3-22)～式(3-25) 应与第2章所讨论的热力学基本关系式相同。因此式(3-22)～式(3-25) 是具有更为普遍意义的四个热力学基本关系式。

(2) 化学势的其他表示形式

如果将 U 表示成如下函数关系，即

$$U=f(S,V,n_1,n_2,\cdots,n_k)$$

$$dU=\left(\frac{\partial U}{\partial S}\right)_{V,n_1,n_2,\cdots,n_k}dS+\left(\frac{\partial U}{\partial V}\right)_{S,n_1,n_2,\cdots,n_k}dV+\sum\left(\frac{\partial U}{\partial n_B}\right)_{S,V,n_{C(C\neq B)}}dn_B$$

因为 $\left(\frac{\partial U}{\partial S}\right)_{V,n_1,n_2,\cdots,n_k}=T,\left(\frac{\partial U}{\partial V}\right)_{S,n_1,n_2,\cdots,n_k}=-p$，所以

$$dU=TdS-pdV+\sum\left(\frac{\partial U}{\partial n_B}\right)_{S,V,n_{C(C\neq B)}}dn_B \tag{3-26}$$

将式(3-26) 与式(3-23) 比较可得

$$\mu_B=\left(\frac{\partial U}{\partial n_B}\right)_{S,V,n_{C(C\neq B)}} \tag{3-27}$$

如果将 H、A 分别表示成如下函数，即

$$H=f(S,p,n_1,n_2,\cdots,n_k) \quad A=f(T,V,n_1,n_2,\cdots n_k)$$

同样可得

$$\mu_B=\left(\frac{\partial H}{\partial n_B}\right)_{S,p,n_{C(C\neq B)}} \quad \mu_B=\left(\frac{\partial A}{\partial n_B}\right)_{T,V,n_{C(C\neq B)}} \tag{3-28}$$

由上面讨论可知

$$\mu_B=\left(\frac{\partial G}{\partial n_B}\right)_{T,p,n_{C(C\neq B)}}=\left(\frac{\partial U}{\partial n_B}\right)_{S,V,n_{C(C\neq B)}}=\left(\frac{\partial H}{\partial n_B}\right)_{S,p,n_{C(C\neq B)}}=\left(\frac{\partial A}{\partial n_B}\right)_{T,V,n_{C(C\neq B)}} \tag{3-29}$$

式(3-29) 中的四个偏导数都称为化学势，这是化学势的广义说法。在这四个偏导数中只有用偏摩尔吉布斯函数表示的化学势才是偏摩尔量，其余几种都不是偏摩尔量。

(3) 化学势与温度和压力的关系

化学势是温度、压力及各物质的量的函数，即 $\mu_B = f(T, p, n_1, n_2, \cdots, n_k)$。当各物质的量不变而温度或压力变化时，化学势也会发生变化。

① 化学势随压力的变化关系

在温度和组成不变时，将式(3-19) 对压力 p 求导数得

$$\left(\frac{\partial \mu_B}{\partial p}\right)_{T,n_1,n_2,\cdots,n_k} = \left[\frac{\partial}{\partial p}\left(\frac{\partial G}{\partial n_B}\right)_{T,p,n_{C(C\neq B)}}\right]_{T,n_1,n_2,\cdots,n_k} = \left[\frac{\partial}{\partial n_B}\left(\frac{\partial G}{\partial p}\right)_{T,n_1,n_2,\cdots,n_k}\right]_{T,p,n_{C(C\neq B)}}$$

$$= \left(\frac{\partial V}{\partial n_B}\right)_{T,p,n_{C(C\neq B)}} = V_B$$

即
$$\left(\frac{\partial \mu_B}{\partial p}\right)_{T,n_1,n_2,\cdots,n_k} = V_B \tag{3-30}$$

式(3-30) 中 V_B 就是多组分单相系统中物质 B 的偏摩尔体积。

② 化学势随温度的变化关系

在压力和组成不变时，将式(3-19) 对温度 T 求偏导数得

$$\left(\frac{\partial \mu_B}{\partial T}\right)_{p,n_1,n_2,\cdots,n_k} = \left[\frac{\partial}{\partial T}\left(\frac{\partial G}{\partial n_B}\right)_{T,p,n_{C(C\neq B)}}\right]_{p,n_1,n_2,\cdots,n_k} = \left[\frac{\partial}{\partial n_B}\left(\frac{\partial G}{\partial T}\right)_{p,n_1,n_2,\cdots,n_k}\right]_{T,p,n_{C(C\neq B)}}$$

$$= \left[\frac{\partial(-S)}{\partial n_B}\right]_{T,p,n_{C(C\neq B)}} = -S_B$$

即
$$\left(\frac{\partial \mu_B}{\partial T}\right)_{p,n_1,n_2,\cdots,n_k} = -S_B \tag{3-31}$$

式(3-31) 中 S_B 就是多组分单相系统中物质 B 的偏摩尔熵。

3.3.3 化学势判据

设系统是封闭的，但系统没有达到物质的平衡状态（包括相平衡和化学平衡），物质可以从一相迁移到另一相，也有些物质因发生化学反应增加或减少。对于处于热平衡和力平衡的多组分组成可变的多相系统，式(3-23) 可改写为

$$dU = TdS - pdV + \sum_\alpha \sum_B \mu_B^\alpha dn_B^\alpha \tag{3-32}$$

上式中 $\sum_\alpha$ 表示对各相的加和。若 $\delta W' = 0$，将热力学第一定律 $dU = \delta Q - pdV$ 代入上式，得

$$TdS - \delta Q + \sum_\alpha \sum_B \mu_B^\alpha dn_B^\alpha = 0$$

再将热力学第二定律 $TdS \geqslant \delta Q$ 代入上式，得

$$\sum_\alpha \sum_B \mu_B^\alpha dn_B^\alpha \leqslant 0 \quad \begin{matrix}\text{不可逆}\\ \text{可逆}\end{matrix} \tag{3-33}$$

式(3-33) 就是由热力学第一、第二定律得到的物质平衡判据，在此判据中化学势起到决定性的作用，因此上式通常称为化学势判据。

式(3-33) 表明，当系统未达物质平衡状态时，可发生 $\sum_\alpha \sum_B \mu_B^\alpha dn_B^\alpha < 0$ 的过程，直至 $\sum_\alpha \sum_B \mu_B^\alpha dn_B^\alpha = 0$ 时，达到物质平衡状态。将此判据分别应用于相平衡和化学平衡系统，可

得到相平衡条件和化学平衡条件。

(1) 化学势在相变过程中的应用

如果多组分系统有 α 和 β 两个相成两相平衡，在等温、等压条件下，若有 dn_B 的 B 物质从 α 相转移到 β 相，如图 3-2 所示。

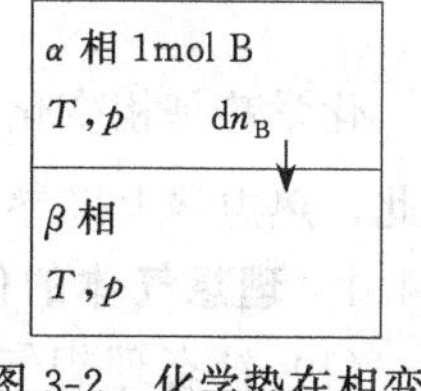

图 3-2　化学势在相变过程中的应用

由化学势判据式(3-33)可知，

$$\sum_{\alpha}^{\beta}\sum_{B}\mu_B dn_B \leqslant 0$$

因为 $dn_B^{\alpha}=-dn_B^{\beta}$，故

$$(\mu_B^{\alpha}-\mu_B^{\beta})dn_B^{\beta}\geqslant 0$$

因为 $dn_B^{\beta}>0$，故

$$\mu_B^{\alpha}-\mu_B^{\beta}\begin{matrix}>0 & \text{自发}\\ =0 & \text{平衡}\end{matrix} \tag{3-34}$$

式(3-34) 即为相平衡判据。该式表明，在一定 T、p 下，若 $\mu_B^{\alpha}=\mu_B^{\beta}$，则组分 B 在 α、β 两相中达到平衡。这就是相平衡条件。若 $\mu_B^{\alpha}>\mu_B^{\beta}$，则物质 B 有从 α 相转移到 β 相的自发趋势。也就是说，在等温、等压且无非体积功的条件下，物质总是自发地从化学势较高的相转移到化学势较低的相，直到两相中该物质的化学势相等为止。物质绝对不能自地发从化学势低的相转移到化学势高的相。因此，在等温、等压条件下，多组分系统相平衡的条件为，每一物质在各相中的化学势相等，即

$$\mu_1(\alpha)=\mu_1(\beta)=\cdots=\mu_1(\rho)$$
$$\mu_2(\alpha)=\mu_2(\beta)=\cdots=\mu_2(\rho)$$
$$\vdots$$
$$\mu_k(\alpha)=\mu_k(\beta)=\cdots=\mu_k(\rho)$$

(2) 化学势在化学变化过程中的应用

对于均相反应系统，化学反应 $0=\sum\nu_B B$，在等温、等压条件下，按照计量方程式发生了反应进度为 $d\xi$，则 $dn_B=\nu_B d\xi$，由化学势判据式(3-33)，得

$$\sum_B \mu_B dn_B=\sum_B \nu_B\mu_B d\xi \begin{matrix}<0 & \text{自发}\\ =0 & \text{平衡}\end{matrix}$$

对于化学反应 $d\xi>0$，则

$$\sum_B \nu_B\mu_B \begin{matrix}<0 & \text{自发}\\ =0 & \text{平衡}\end{matrix} \tag{3-35}$$

式(3-35) 即为化学反应平衡判据。式中 ν_B 为物质 B 的反应计量系数。此结论表明，在等温、等压且无非体积功的条件下，化学反应总是自发地朝着化学势降低的方向进行，直到反应物的化学势总和与产物的化学势总和相等为止。因此，在等温等压条件下，化学反应达到平衡的条件是反应物的化学势总和与产物化学势总和相等。

对于多组分均相系统，由于化学势的绝对值无法确定，因而不同物质的化学势不能进行比较，化学势虽然是多组分均相系统的性质，但它总是与某一个具体物质相对应，比如物质 B 的化学势 μ_B，物质 C 的化学势 μ_C，不能笼统地谈系统的化学势。对于多相系统，说某个相中某物质的化学势才有意义。

3.4 气体的化学势

化学势是相变化和化学变化过程方向和限度的判据，μ_B 决定物质 B 迁移的方向和限度，为此，热力学上推导出不同状态下物质 B 的 μ_B 的表达式，以利于比较不同状态下 μ_B 的大小。

3.4.1 理想气体的化学势

（1）纯态理想气体的化学势

对于纯物质来说，物质的偏摩尔体积等于该物质的摩尔体积，即

$$V_B = V_m^*(B)$$

所以，对纯态理想气体，在等温条件下式(3-30)变为

$$\left(\frac{\partial \mu_B^*}{\partial p}\right)_T = V_m^*(B) = \frac{RT}{p}$$

将上式移项后在标准压力 $p^\ominus$ 和任意压力 p 之间积分得

$$\int_{\mu_B^\ominus}^{\mu_B^*} d\mu_B = \int_{p^\ominus}^{p} \frac{RT}{p} dp$$

$$\mu_B^* - \mu_B^\ominus = RT\ln\frac{p}{p^\ominus}$$

即
$$\mu_B^*(T,p) = \mu_B^\ominus(T,p^\ominus) + RT\ln\frac{p}{p^\ominus} \tag{3-36}$$

通常把指定温度下、标准压力 $p^\ominus$ 时理想气体的状态规定为理想气体的标准态。理想气体标准态时的化学势 $\mu_B^\ominus(T, p^\ominus)$，称为理想气体的标准化学势，它仅是温度的函数。"$\ominus$"表示标准状态。

式(3-36) 就是纯态理想气体 B 的化学势表达式，它表示了纯态理想气体的化学势与相同温度下标准态化学势及气体压力间的关系。$\mu_B^*(T,p)$ 是温度和压力的函数。

（2）理想气体混合物中 B 组分的化学势

对于理想气体混合物，因各组分分子间无相互作用力，所以，其中任一组分气体的热力学性质不受其他组分气体存在的影响。因此，理想气体混合物中气体 B 的化学势表达式与它处于纯态时的表达式(3-36) 相似，只是以其分压 p_B 代替纯态物质的压力 p，即

$$\mu_B(T,p) = \mu_B^\ominus(T,p^\ominus) + RT\ln\frac{p_B}{p^\ominus} \tag{3-37}$$

式(3-37) 就是理想气体混合物中某种气体 B 的化学势表达式，其中 $\mu_B^\ominus(T,p^\ominus)$ 为理想气体 B 的标准态化学势。这个式子可以看做是理想气体混合物的热力学定义。

将道尔顿（Dalton）分压定律 $p_B = px_B$，代入式(3-37)，得

$$\mu_B(T,p) = \mu_B^\ominus(T,p^\ominus) + RT\ln\frac{px_B}{p^\ominus} = \mu_B^\ominus(T,p^\ominus) + RT\ln\frac{p}{p^\ominus} + RT\ln x_B$$

式中 $\mu_B^\ominus(T,p^\ominus) + RT\ln\frac{p}{p^\ominus}$ 是在 T、p 且 $x_B=1$ 的化学势，即纯态理想气体 B 在温度 T、压力 p 时的化学势，记作 $\mu_B^*(T,p)$。则上式可写为

$$\mu_B(T,p) = \mu_B^*(T,p) + RT\ln x_B \tag{3-38}$$

式中，x_B 是理想气体混合物中气体 B 的物质的量分数。该式是理想气体混合物中气体 B 的化学势表达式的另一种形式。

3.4.2 实际气体的化学势

（1）纯态实际气体的化学势

由于实际气体的行为与理想气体有较大的偏差，理想气体化学势的表达式不适用于实际气体。为了使实际气体的化学势也保持理想气体化学势的形式，1901年路易斯（Lewis）提出用逸度 f 来代替理想气体化学势表达式中的压力 p，把同温同压下实际气体与理想气体化学势的差别集中表现在对实际气体压力 p 的校正上来，从而使实际气体的化学势表达式与理想气体化学势表达式具有相同的简单形式，即

$$\mu_B^*(T,p)=\mu_B^\ominus(T,p^\ominus)+RT\ln\frac{f}{p^\ominus} \tag{3-39}$$

式中，逸度 f 定义为 $f=\gamma p$。校正因子 γ 称为逸度系数，它标志着实际气体与理想气体偏差的程度。当压力趋于零时，实际气体的行为接近于理想气体的行为，逸度系数 $\gamma=1$，即 $\lim\limits_{p\to 0}\frac{f}{p}=1$。

式(3-39) 就是适用于纯态实际气体的化学势表达式。其中 $\mu_B^\ominus(T,p^\ominus)$ 仍是理想气体在标准态时的化学势，即在实际气体的化学势表达式中，实际气体的标准态和理想气体的标准态一样，均为温度 T，压力为 $p^\ominus$下的理想气体。

欲用式(3-39) 表示实际气体的化学势，必须知道在压力 p 时该气体的逸度 f。由 $f=\gamma p$ 可知，逸度的求法可归结为逸度系数求算。

下面介绍一种求逸度系数的方法。

式(3-39) 可写作

$$\mu_B^*(T,p)=\mu_B^\ominus(T,p^\ominus)+RT\ln\frac{\gamma p}{p^\ominus}$$

等温条件下两端对 p 求偏导数

$$\left[\frac{\partial\mu_B^*(T,p)}{\partial p}\right]_T=\left[\frac{\partial\mu_B^\ominus(T,p^\ominus)}{\partial p}\right]_T+RT\left[\frac{\partial\ln\gamma}{\partial p}\right]_T+RT\left[\frac{\partial\ln p}{\partial p}\right]_T-RT\left[\frac{\partial\ln p^\ominus}{\partial p}\right]_T$$

对于纯态实际气体，$\left[\frac{\partial\mu_B^*(T,p)}{\partial p}\right]_T=V_m^*(B)$，因而上式为

$$V_m^*(B)=RT\left(\frac{\partial\ln\gamma}{\partial p}\right)_T+\frac{RT}{p}$$

$$\left(\frac{\partial\ln\gamma}{\partial p}\right)_T=\frac{V_m^*(B)}{RT}-\frac{1}{p}$$

$$\mathrm{d}\ln\gamma=\left[\frac{V_m^*(B)}{RT}-\frac{1}{p}\right]\mathrm{d}p$$

当 $p\to 0$ 时，$\gamma=1$。等温条件下将上式从0到任意压力 p 积分

$$\int_1^\gamma\mathrm{d}\ln\gamma=\int_0^p\left[\frac{V_m^*(B)}{RT}-\frac{1}{p}\right]\mathrm{d}p$$

$$\ln\gamma=\int_0^p\left[\frac{V_m^*(B)}{RT}-\frac{1}{p}\right]\mathrm{d}p$$

上式可写作

$$\ln\gamma=-\frac{1}{RT}\int_0^p\left[\frac{RT}{p}-V_m^*(B)\right]\mathrm{d}p$$

由于$\frac{RT}{p}$和 $V_m^*(B)$分别代表 T、p 状态下理想气体和实际气体的摩尔体积。令 $\alpha=\frac{RT}{p}-V_m^*(B)$，则上式为

$$\ln\gamma=-\frac{1}{RT}\int_0^p\alpha\,\mathrm{d}p \tag{3-40}$$

式中，α 是 T 和 p 的函数。根据等温条件下的实验数据可绘出 α-p 图，用图解积分法可求出 $\int_0^p \alpha \mathrm{d}p$ 值，从而可求出不同压力下的逸度和逸度系数。

逸度系数和逸度的求法还有多种，这里不再一一介绍。

(2) 实际气体混合物中气体 B 的化学势

按照路易斯的处理方法，只需将理想气体混合物中气体 B 的化学势表达式中的分压 p_B 改写为逸度 f_B，就成为实际气体混合物中气体 B 的化学表达式，即

$$\mu_B(T,p)=\mu_B^{\ominus}(T,p^{\ominus})+RT\ln\frac{f_B}{p^{\ominus}} \tag{3-41}$$

式中，$\mu_B^{\ominus}(T,p^{\ominus})$ 仍为理想气体标准化学势，可见实际气体混合物中气体 B 的标准态仍是指定温度 T、标准压力 $p^{\ominus}$ 时理想气体的状态，f_B 是实际气体混合物中气体 B 的逸度，可将它视为校正分压，其定义为 $f_B=\gamma_B p_B$。校正因子 γ_B 是实际气体混合物中气体 B 的逸度系数。当实际气体混合物的压力趋于零时成为理想气体混合物，即 $\lim\limits_{p\to 0}\gamma_B=1$。

实际气体混合物中气体 B 的逸度可根据路易斯-兰德尔（Lewis-Randoll）提出的近似规则计算，其数学表达式为

$$f_B=f_B^* x_B \tag{3-42}$$

式中，x_B 为气体 B 在实际气体混合物中物质的量分数；f_B 为实际气体混合物中气体 B 的逸度；f_B^* 为等温下纯态实际气体在其压力等于混合气体总压时的逸度。

3.5 稀溶液中两个经验定律

由于组成混合物或溶液的各组分分子大小不同，分子间作用力不同，将溶液分为理想溶液和非理想溶液，而理想稀溶液为非理想溶液中特殊的一类。

稀溶液中有两个重要的经验定律——拉乌尔定律和亨利定律，这两个定律都是经验的总结，它们在溶液热力学的发展过程中起着重要的作用。

3.5.1 拉乌尔定律

在一定温度下，当纯溶剂 A 的气液两相达到平衡时，对应的压力 p_A^* 称为 A 的饱和蒸气压，温度一定，纯溶剂的饱和蒸气压也为一定值。若在纯溶剂 A 中加入溶质 B，不论 B 是否挥发，溶剂 A 的蒸气压必然降低。1887 年，拉乌尔（Raoult）根据大量实验得出一定量规律：在一定温度下，稀溶液中溶剂的蒸气压等于纯溶剂的蒸气压与溶液中溶剂的物质的量分数的乘积。这一定量规律称拉乌尔定律，用公式表示为

$$p_A=p_A^* x_A \tag{3-43}$$

式中，p_A 为稀溶液中溶剂 A 在气相中的蒸气分压；p_A^* 为同温下纯溶剂 A 的蒸气压；x_A 为稀溶液中溶剂 A 的物质的量分数。

若稀溶液仅由 A、B 两种物质组成，由于 $x_A+x_B=1$，故拉乌尔定律又可写成

$$p_A=p_A^*(1-x_B)$$

即

$$\Delta p_A=p_A^*-p_A=p_A^* x_B \tag{3-44}$$

式(3-44) 是拉乌尔定律的另一种形式，它表明稀溶液中溶剂蒸气压的下降值（Δp_A）与稀溶液中溶质的物质的量分数成正比，比例系数为纯溶剂的蒸气压 p_A^*。

从拉乌尔定律可以看出，溶剂的蒸气压因加入溶质而降低，这可定性解释为：假若溶质分子和溶剂分子间相互作用的差异可忽略，则由于溶质的加入而减少了单位体积中溶剂分子

的数目，因而减少了单位时间内可能离开液相表面而进入气相的溶剂分子的数目，以致溶剂与其蒸气可在较低的溶剂蒸气压力时就可达到平衡。这就定性解释了溶液中溶剂的蒸气压比纯溶剂的蒸气压低的事实。

拉乌尔定律虽然最初由非挥发性溶质的溶液总结出来，但后来人们发现，对于挥发性溶质的溶液也是适用的。若溶质是挥发性物质，则溶液的蒸气压应等于溶剂的蒸气压与溶质的蒸气压之和。因此，当溶质不挥发时，p_A 为溶液的蒸气压；若溶质挥发，则 p_A 为溶剂A的分压。

此外，拉乌尔定律并不只限于二组分系统，也不受溶质挥发性大小的限制。

3.5.2 亨利定律

19世纪初，人们做了大量实验，测定气体在液体中的溶解度，发现在一定温度下，气体在液体中的溶解度与气体的平衡压力成正比。

1803年，亨利（Henry）在大量实验结果的基础上总结出稀溶液中各种挥发性溶质的浓度与该溶质在平衡共存的气相中的分压的关系，即在一定温度下，稀溶液中挥发性溶质在气相中的平衡分压与其在稀溶液中的物质的量分数成正比，此即为亨利定律，其数学表达式为

$$p_B = k_x x_B \tag{3-45}$$

式中，p_B 为稀溶液中挥发性溶质在气相中的平衡分压；x_B 为稀溶液中挥发性溶质的物质的量分数；k_x 为比例常数，称为亨利常数，单位为Pa。

从式(3-45) 可以看出，亨利定律的形式与拉乌尔定律一样，但是比例常数 k_x 不是纯溶质的蒸气压 p_B^*。k_x 的数值与溶剂、溶质的种类及温度、总压有关。表3-2列出了几种气体在298.15K时溶于水和苯中的 k_x 值。

表3-2 几种气体在298.15K时的亨利常数 k_x

气体	k_x/MPa		气体	k_x/MPa	
	以水为溶剂	以苯为溶剂		以水为溶剂	以苯为溶剂
H_2	7.12×10^3	3.67×10^2	CO	5.79×10^3	1.63×10^2
N_2	8.68×10^3	2.39×10^2	CO_2	1.67×10^3	1.14×10
O_2	4.40×10^3		CH_4	4.19×10^3	5.69×10

亨利定律最初是在气体溶解度实验中提出的，后来发现它适用于所有挥发性溶质的稀溶液。溶液越稀，挥发性溶质越能较好地服从亨利定律。这可解释为，在稀溶液中，溶质的浓度很小，溶质分子的周围绝大部分都是溶剂分子，这时溶质分子的逸出能力取决于溶质分子和溶剂分子之间的作用力。由于溶质分子与溶剂分子之间的作用力可看作常数，所以稀溶液中挥发性溶质的平衡分压正比于它在溶液中的物质的量分数。亨利常数 k_x 与溶剂分子和溶质分子间的作用力的大小有关。当溶剂分子与溶质分子之间的作用力相同时，亨利常数 k_x 与纯态挥发性溶质的蒸气压 p_B^* 相等，这时亨利定律与拉乌尔定律相同。

除了满足稀溶液的条件，应用亨利定律还须注意以下几点。

① 溶质在气相和在溶液中的分子状态必须相同。例如，氯化氢溶于苯、甲苯、氯仿或四氯化碳中，在气相和液相中都是呈HCl的分子状态，所以可以应用亨利定律。如果溶质分子在溶液中与溶剂形成了化合物或发生了聚合、电离，则亨利定律不再适用。

② 在压力不大时，混合气体溶于同一溶剂中，亨利定律可分别适用于每一种气体。

③ 由于稀溶液中溶质的量很少，可以认为溶质的物质的量分数 x_B 正比于溶质的质量摩尔浓度 b_B 和物质的量浓度 c_B。因此，亨利定律还可表示为

$$p_B = k_b \frac{b_B}{b^\ominus} \tag{3-46}$$

$$p_B = k_c \frac{c_B}{c^\ominus} \tag{3-47}$$

其中 $b^\ominus$ 和 $c^\ominus$ 分别称为标准质量摩尔浓度和标准物质的量浓度，习惯取 $b^\ominus = 1\text{mol}\cdot\text{kg}^{-1}$，$c^\ominus = 1000\text{mol}\cdot\text{m}^{-3}$（或 $c^\ominus = 1\text{mol}\cdot\text{dm}^{-3}$）。

亨利常数 k_b、k_c 的单位也都与 k_x 一样，为 Pa。显然 $k_x \neq k_b \neq k_c$，但可以相互换算。

式(3-45) 在外观上与拉乌尔定律相似，但 k_x 一般并不是 $x_B = 1$ 时的 p_B^*，即 $k_x \neq p_B^*$。这是由于当 x_B 接近 1 时，溶液已不服从亨利定律了，如图 3-3 所示，图中实线为溶液上方 B 组分的分压与溶液浓度 x_B 的关系，虚线为满足亨利定律要求曲线。

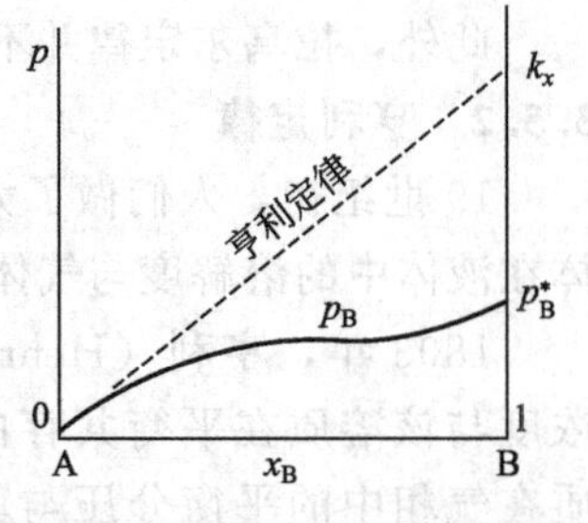

图 3-3　关于 k_x 与 p_B^* 的比较

【例 3-3】 已知在 370.26K 时，纯水的蒸气压为 91293.8Pa，在质量分数为 0.03 的乙醇水溶液上，蒸气的总压为 101325Pa。计算在乙醇物质的量分数为 0.02 的水溶液上：(1) 水的蒸气分压；(2) 乙醇的蒸气分压。

解 根据稀溶液性质可知，溶剂 A（水）服从拉乌尔定律，溶质 B（乙醇）服从亨利定律。所以

(1) $p_A = p_A^* x_A = 91293.8\text{Pa} \times (1-0.02) = 89467.9\text{Pa}$

(2) $p_B = k_x x_B = 0.02 k_x$

求亨利常数：已知物质的量分数为 0.03 的乙醇水溶液上的蒸气总压 p 为 101325Pa。因为

$$p = p_A^* x_A' + k_x x_B'$$

且

$$x_B' = \frac{\left(\frac{0.03}{46}\right)}{\left[\left(\frac{0.97}{18}\right)+\left(\frac{0.03}{46}\right)\right]} = 0.012$$

所以

$$k_x = \frac{(p - p_A^* x_A')}{x_B'} = \frac{[101325\text{Pa} - (91293.8\text{Pa}) \times (1-0.012)]}{0.012}$$
$$= 927227\text{Pa}$$

将 k_x 代入上式得：

$$p_B = 0.02 k_x = 0.02 \times 927227\text{Pa} = 18544.5\text{Pa}$$

3.6 溶液中各组分的化学势

3.6.1 理想溶液的定义及任意组分的化学势

(1) 理想溶液的定义

在一定温度下，溶液中任一组分 B 在全部浓度范围内都遵守拉乌尔定律，即 $p_B = p_B^* x_B$ 的溶液称为理想溶液（或理想液态混合物）。

从微观特征来说，理想溶液是指溶液内部各种分子之间的作用力完全相同，分子结构非常相似，分子大小基本一样的溶液。正因为如此，理想溶液中各种物质势必在各种浓度范围内都遵守拉乌尔定律。

和理想气体概念一样，理想溶液也是一个极限概念，实际上理想溶液是不存在的。但在有些情况下，如光学异构体的混合物、同位素化合物的混合物、立体异构体的混合物以及相邻同系物都可以看作理想溶液。例如，α-D葡萄糖和β-D葡萄糖的混合物、邻二甲苯和对二甲苯，间二甲苯的混合物等。尽管一般溶液大都不能作为理想溶液处理，但是因为理想溶液服从的规律比较简单，在许多情况下只要将理想溶液的公式作一些修正就能用于实际溶液，所以引入理想溶液的概念，不仅有理论价值，而且也有实际意义。

【例 3-4】 A、B两种纯液体形成理想溶液，在353.15K、容积为15dm^3的真空容器中，加入0.3mol A和0.5mol B，并处于气液两相平衡。已知该平衡系统的压力为102.656kPa，液相中物质B的物质的量分数$x_B=0.55$。假设气体为理想气体，容器中液相所占的体积与气相的体积比可忽略不计。试求两纯液体在353.15K时的饱和蒸气压p_A^*及p_B^*。

解 因气体可视为理想气体，故可利用理想气体状态方程，求出气相量n_g和液相量n_l，再根据液相组成$x_B=0.55$，求出气相组成y_A，并利用拉乌尔定律和分压定律计算p_A^*。

$$n_g=\frac{pV}{RT}=\frac{102.656\times10^3\text{Pa}\times15\times10^{-3}\text{m}^3}{8.314\text{J}\cdot\text{K}^{-1}\cdot\text{mol}^{-1}\times353.15\text{K}}=0.5245\text{mol}$$

$$n_l=0.3\text{mol}+0.5\text{mol}-0.5245\text{mol}=0.2755\text{mol}$$

液相中
$$x_A=1-x_B=0.45$$

故
$$n_{l,A}=0.2755\times0.45\text{mol}=0.1240\text{mol}$$

$$n_{g,A}=0.3\text{mol}-0.1240\text{mol}=0.1760\text{mol}$$

$$y_A=n_{g,A}/n_g=0.1760/0.5245=0.3356$$

根据拉乌尔定律和分压定律，必有

$$p_A=p_A^*x_A=py_A$$

$$p_A^*=\frac{py_A}{x_A}=\left(\frac{102.656\times0.3356}{0.45}\right)\text{kPa}=76.56\text{kPa}$$

$$p_B^*=\frac{p-p_A}{x_B}=\frac{p(1-y_A)}{x_B}=\left[102.656\times\frac{(1-0.3356)}{0.55}\right]\text{kPa}=124.0\text{kPa}$$

(2) 理想溶液中任意组分B的化学势

根据其组分在气-液两相平衡时化学势相等的原理及气体化学势表达式可以推导出理想溶液中任意组分B的化学势表达式。

在等温(T)、等压(p)条件下，当溶液与其蒸气平衡时，根据相平衡条件，溶液中任意一组分B在两相中的化学势相等，即

$$\mu_B(\text{l},T,p)=\mu_B(\text{g},T,p)$$

其中符号“l”表示液相，“g”表示蒸气相。若液面上的气体为理想气体，则根据式(3-37)得

$$\mu_B(\text{g},T,p)=\mu_B^\ominus(\text{g},T,p^\ominus)+RT\ln\frac{p_B}{p^\ominus}$$

所以

$$\mu_B(\text{l},T,p)=\mu_B^\ominus(\text{g},T,p^\ominus)+RT\ln\frac{p_B}{p^\ominus}$$

因为理想溶液中各组分在全部浓度范围都遵守拉乌尔定律，因而 $p_B = p_B^* x_B$，代入上式得

$$\mu_B(\mathrm{l}, T, p) = \mu_B^{\ominus}(\mathrm{g}, T, p^{\ominus}) + RT\ln\frac{p_B^*}{p^{\ominus}} + RT\ln x_B \tag{3-48}$$

当 $x_B = 1$ 时，理想溶液就成为纯液体，而此时 $\mu_B^{\ominus}(\mathrm{g}, T, p^{\ominus}) + RT\ln\frac{p_B^*}{p^{\ominus}}$ 代表温度为 T、压力为 p_B^* 的气体的化学势，记作 $\mu_B^*(\mathrm{g}, T, p_B^*)$，故

$$\mu_B(\mathrm{l}, T, p) = \mu_B^*(\mathrm{g}, T, p_B^*) + RT\ln x_B \tag{3-49}$$

由于 p_B^* 是纯液体 B 的饱和蒸气压，在纯态气-液两相达平衡时，

$$\mu_B^*(\mathrm{g}, T, p_B^*) = \mu_B^*(\mathrm{l}, T, p)$$

由于纯液体的饱和蒸气压 p_B^* 是 T、p 的函数，所以此式右端自变量为 T 和 p，将此式代入式(3-49) 得

$$\mu_B(\mathrm{l}, T, p) = \mu_B^*(\mathrm{l}, T, p) + RT\ln x_B \tag{3-50}$$

式(3-50) 就是理想溶液中任一物质 B 的化学势表达式。该式是理想溶液的热力学定义，即凡是溶液中任一物质 B 的化学势在全部浓度范围内都能用这个公式表示者，则该溶液就称理想溶液。

通常选温度 T、标准压力 $p^{\ominus}$ 下的纯液体的状态为纯液体的标准态。纯液体在标准态下的化学势称为纯液体的标准态化学势，记作 $\mu_B^{\ominus}(\mathrm{l}, T, p^{\ominus})$。显然，式(3-50) 中 $\mu_B^*(\mathrm{l}, T, p)$ 并不是纯液体的标准态化学势。$\mu_B^*(\mathrm{l}, T, p)$ 与 $\mu_B^{\ominus}(\mathrm{l}, T, p^{\ominus})$ 的关系可推导如下。

对于纯液体

$$\left(\frac{\partial \mu_B}{\partial p}\right)_{T, n_k} = V_m^*(\mathrm{B})$$

移项后在 $p^{\ominus}$ 和 p 之间积分得

$$\mu_B^*(\mathrm{l}, T, p) = \mu_B^{\ominus}(\mathrm{l}, T, p^{\ominus}) + \int_{p^{\ominus}}^{p} V_m^*(\mathrm{B})\mathrm{d}p \tag{3-51}$$

由于在通常情况下，溶液上方的压力 p 与标准压力 $p^{\ominus}$ 偏差不大，且液体体积受压力的影响很小，故可忽略式(3-51) 中的积分项，而认为 $\mu_B^*(\mathrm{l}, T, p) \approx \mu_B^{\ominus}(\mathrm{l}, T, p^{\ominus})$，于是式(3-50) 可近似表示为

$$\mu_B(\mathrm{l}, T, p) = \mu_B^{\ominus}(\mathrm{l}, T, p^{\ominus}) + RT\ln x_B \tag{3-52a}$$

该式又可简化为

$$\mu_B(\mathrm{l}) = \mu_B^{\ominus}(\mathrm{l}) + RT\ln x_B \tag{3-52b}$$

3.6.2 稀溶液中各组分的化学势

在一定温度和压力下，溶剂遵守拉乌尔定律，溶质遵守亨利定律的溶液称为理想稀溶液，简称稀溶液。在稀溶液中，溶质很少，每一个溶质分子周围几乎没有溶质分子而完全是溶剂分子，因此，溶剂遵守拉乌尔定律，溶质遵守亨利定律。

由于在稀溶液中，溶剂和溶质分别遵守不同的规律，因此它们的化学势表达式具有不同的含义。

(1) 稀溶液中溶剂的化学势

由于稀溶液中溶剂遵守拉乌尔定律，因而稀溶液中溶剂的化学势表达式与理想溶液中任一组分 B 的化学势表达式相同。即

$$\mu_A(\mathrm{l}, T, p) = \mu_A^{\ominus}(\mathrm{l}, T, p^{\ominus}) + RT\ln x_A + \int_{p^{\ominus}}^{p} V_m(\mathrm{A})\mathrm{d}p \tag{3-53}$$

当 p 与 $p^{\ominus}$ 相差不大时，可近似简化为

$$\mu_A(\mathrm{l}) = \mu_A^{\ominus}(\mathrm{l}) + RT\ln x_A \tag{3-54}$$

式(3-53)、式(3-54) 中各项符号含义同前。

(2) 稀溶液中溶质的化学势

在一定温度和压力下，当溶质在气、液两相中的分配达到平衡时，它在两相中的化学势是相等的。

$$\mu_B(l,T,p)=\mu_B(g,T,p)$$

若蒸气是理想气体，则

$$\mu_B(l,T,p)=\mu_B(g,T,p)=\mu_B^{\ominus}(g,T,p^{\ominus})+RT\ln\frac{p_B}{p^{\ominus}}$$

由于稀溶液中溶质服从亨利定律，$p_B=k_x x_B$，代入上式得

$$\mu_B(l,T,p)=\mu_B^{\ominus}(g,T,p^{\ominus})+RT\ln\frac{k_x}{p^{\ominus}}+RT\ln x_B \tag{3-55}$$

其中 $\mu_B^{\ominus}(g,T,p^{\ominus})$ 是 $p^{\ominus}$ 下纯气体 B 的化学势，因而 $\mu_B^{\ominus}(g,T,p^{\ominus})+RT\ln\frac{k_x}{p^{\ominus}}$ 代表温度为 T，压力为 k_x 的理想气体的化学势。而当 $x_B=1$ 时，稀溶液就成为纯溶质，纯溶质的化学势为 $\mu_B^{\ominus}(g,T,p^{\ominus})+RT\ln\frac{p_B^*}{p^{\ominus}}$；并且对稀溶中的溶质来说，$k_x\neq p_B^*$，因此，$\mu_B^{\ominus}(g,T,p^{\ominus})+RT\ln\frac{k_x}{p^{\ominus}}$ 不是纯溶质在 T、p 下的化学势。

如图 3-4 所示，假设稀溶液中溶质在 T、p 及 $x_B=1$ 时仍能服从亨利定律，则该溶质的蒸气压 $p_B=k_x$。

对于这种假想的纯溶质，在 T、p 时的化学势就等于 $\mu_B^{\ominus}(g,T,p^{\ominus})+RT\ln\frac{k_x}{p^{\ominus}}$，即 $\mu_B^*(l,T,p)=\mu_B^{\ominus}(g,T,p^{\ominus})+RT\ln\frac{k_x}{p^{\ominus}}$。因此式(3-55) 可写成

$$\mu_B(l,T,p)=\mu_B^*(l,T,p)+RT\ln x_B \tag{3-56}$$

式(3-56) 中 $\mu_B^*(l,T,p)$ 是在 T、p 和 $x_B=1$ 时仍服从亨利定律的假想状态溶质的化学势。由图 3-4 中的实验曲线可以看出，稀溶液中的溶质在 $x_B=1$ 时并不服从亨利定律，因而这个假想的状态溶质是不存在的。引入这个假想态是为了使稀溶液中溶质的化学势的表示形式具有简单形式。

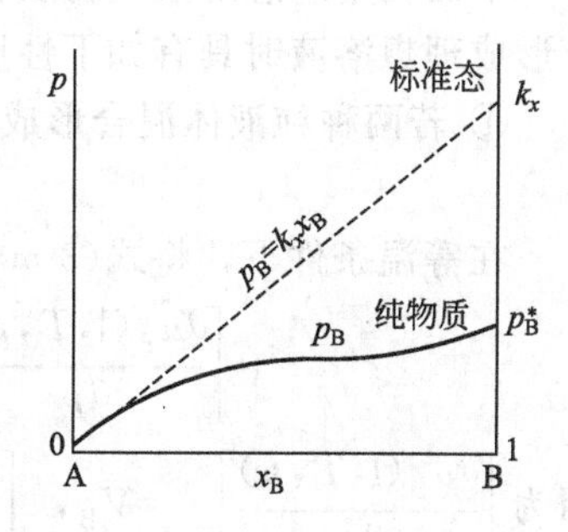

图 3-4　$x_B=1$ 且服从亨利定律的液体与纯 B 液体的区别

通常选一定温度 T、标准压力 $p^{\ominus}$ 和 $x_B=1$ 时服从亨利定律的假想状态溶质为稀溶液中溶质的标准态。这个标准态的化学势为稀溶液中溶质的标准态化学势，记作 $\mu_B^{\ominus}(l,T,p^{\ominus})$。式(3-56) 中的 $\mu_B^*(l,T,p)$ 与 $\mu_B^{\ominus}(l,T,p^{\ominus})$ 的关系为

$$\mu_B^*(l,T,p)=\mu_B^{\ominus}(l,T,p^{\ominus})+\int_{p^{\ominus}}^{p}V_B\,dp \tag{3-57}$$

当压力 p 与 $p^{\ominus}$ 相差不大时，$\mu_B^*(l,T,p)\approx\mu_B^{\ominus}(l,T,p^{\ominus})$，于是式(3-56) 可近似地表示为

$$\mu_B(l,T,p)=\mu_B^{\ominus}(l,T,p^{\ominus})+RT\ln x_B \tag{3-58}$$

式(3-58) 为稀溶液中溶质的化学势表达式，该式与稀溶液中溶剂的化学势表达式 (3-54) 具有完全相同的形式，但是溶质和溶剂标准态的意义不同。

若亨利定律表示为 $p_B=k_b\frac{b_B}{b^{\ominus}}$，则稀溶液中溶质的化学势表达式为

$$\mu_B(l,T,p)=\mu_B^{\triangle}(l,T,p)+RT\ln\frac{b_B}{b^{\ominus}} \tag{3-59}$$

式中 $\mu_B^{\triangle}(l,T,p)$ 是在 T、p 和 $b_B=1mol\cdot kg^{-1}$ 时仍服从亨利定律的假想状态溶质的化学势。相应地，通常选一定温度 T、标准压力 $p^{\ominus}$ 和 $b_B=1mol\cdot kg^{-1}$ 时仍服从亨利定律的假想状态溶质为稀溶液中溶质的标准态。这个标准态的化学势为稀溶液中溶质的标准态化学势，记作 $\mu_B^{\ominus}(l,T,p^{\ominus})$。同理，式(3-59) 可近似地表示为

$$\mu_B(l,T,p)=\mu_B^{\ominus}(l,T,p^{\ominus})+RT\ln\frac{b_B}{b^{\ominus}} \tag{3-60}$$

若亨利定律表示为 $p_B=k_c\frac{c_B}{c^{\ominus}}$，则稀溶液中溶质的化学势表达式为

$$\mu_B(l,T,p)=\mu_B^{\square}(l,T,p)+RT\ln\frac{c_B}{c^{\ominus}} \tag{3-61}$$

式中 $\mu_B^{\square}(l,T,p)$ 是在 T、p 和 $c_B=1mol\cdot dm^{-3}$ 时仍服从亨利定律的假想状态的化学势。相应地，通常选一定温度 T、标准压力 $p^{\ominus}$ 和 $c_B=1mol\cdot dm^{-3}$ 时仍能服从亨利定律的假想状态为稀溶液中溶质的标准态。这个标准态的化学势为稀溶液中溶质的标准态化学势，记作 $\mu_B^{\ominus}(l,T,p^{\ominus})$。同理，式(3-61) 可近似地表示为

$$\mu_B(l,T,p)=\mu_B^{\ominus}(l,T,p^{\ominus})+RT\ln\frac{c_B}{c^{\ominus}} \tag{3-62}$$

3.6.3 理想溶液的通性

下面利用理想溶液中物质化学势的表达式，证明在等温等压条件下将不同的纯液体相混合形成理想溶液时具有如下性质：

① 若两种纯液体混合形成理想溶液，则混合前后体积增量等于零，即

$$\Delta_{mix}V=0 \tag{3-63}$$

在等温条件下，将式(3-50) 对 p 求偏导数

$$\left[\frac{\partial\mu_B(l,T,p)}{\partial p}\right]_T=\left[\frac{\partial\mu_B^*(l,T,p)}{\partial p}\right]_T+\left[\frac{\partial(RT\ln x_B)}{\partial p}\right]_T$$

因为 $\left[\frac{\partial\mu_B(l,T,p)}{\partial p}\right]_T=V_B$，$\left[\frac{\partial\mu_B^*(l,T,p)}{\partial p}\right]_T=V_m^*(B)$，而 $\left[\frac{\partial(RT\ln x_B)}{\partial p}\right]_T=0$，所以

$$V_B=V_m^*(B)+0$$

即

$$V_B=V_m^*(B)$$

$$\Delta_{mix}V=V(混合后)-V(混合前)=\sum n_BV_B-\sum n_BV_m^*(B)=0$$

这就证明了等温、等压条件下将不同的纯液体相混合形成理想溶液时，混合前后体积没有变化。

② 若两种纯液体混合形成理想溶液，则混合前后焓增量等于零，即

$$\Delta_{mix}H=0 \tag{3-64}$$

用偏摩尔量代替相应的摩尔量可得多组分系统中物质B的吉布斯-亥姆霍兹方程的形式如下：

$$\left[\frac{\partial(\mu_B/T)}{\partial T}\right]_{p,n_1,n_2,\cdots,n_k}=-\frac{H_B}{T^2}$$

将式(3-50) 代入上式并求导可得

$$-\frac{H_B}{T^2}=\left[\frac{\partial(\mu_B/T)}{\partial T}\right]_{p,n_1,n_2,\cdots,n_k}=\left[\frac{\partial[\mu_B^*(l,T,p)/T]}{\partial T}\right]_{p,n_1,n_2,\cdots,n_k}+\left[\frac{\partial(RT\ln x_B/T)}{\partial T}\right]_{p,n_1,n_2,\cdots,n_k}$$

$$=-\frac{H_m^*(B)}{T^2}+0=-\frac{H_m^*(B)}{T^2}$$

即

$$H_B = H_m^*(B)$$

$$\Delta_{mix}H = H(\text{混合后}) - H(\text{混合前}) = \sum n_B H_B - \sum n_B H_m^*(B) = 0$$

这就证明了等温、等压条件下由纯液体混合形成理想溶液的过程中焓值不变，即等温等压条件下理想溶液形成过程中无热效应。

③ 若两种纯液体混合形成理想溶液，则混合前后熵增量大于零，即

$$\Delta_{mix}S = -R\sum n_B \ln x_B \tag{3-65}$$

由式(3-31) 知，$\left(\frac{\partial \mu_B}{\partial T}\right)_{p,n_1,n_2,\cdots,n_k} = -S_B$，将理想溶液中任一组分化学势的表达式(3-50)代入并求导得

$$-S_B = \left(\frac{\partial \mu_B}{\partial T}\right)_{p,n_1,n_2,\cdots,n_k} = \left[\frac{\partial \mu_B^*(l,T,p)}{\partial T}\right]_{p,n_1,n_2,\cdots,n_k} + \left[\frac{\partial (RT\ln x_B)}{\partial T}\right]_{p,n_1,n_2,\cdots,n_k}$$

$$= -S_m^*(B) + R\ln x_B$$

即　　$S_B = S_m^*(B) - R\ln x_B$

$$\Delta_{mix}S = S(\text{混合后}) - S(\text{混合前}) = \sum n_B S_B - \sum n_B S_m^*(B)$$

$$= \sum n_B [S_m^*(B) - R\ln x_B] - \sum n_B S_m^*(B)$$

$$= -R\sum n_B \ln x_B$$

由于 $x_B < 1$，故 $\Delta_{mix}S > 0$。由熵增原理可知，这个没有热效应的混合过程是一个自发过程。

④ 若两种纯液体混合形成理想溶液，则混合前后吉布斯函数增量小于零，即

$$\Delta_{mix}G = RT\sum n_B \ln x_B \tag{3-66}$$

等温条件下，$\Delta G = \Delta H - T\Delta S$，即

$$\Delta_{mix}G = \Delta_{mix}H - T\Delta_{mix}S = 0 + RT\sum n_B \ln x_B = RT\sum n_B \ln x_B$$

由于 $x_B < 1$，故 $\Delta_{mix}G < 0$，据此也可说明等温、等压条件下形成理想溶液的过程是一种自发过程。

从以上讨论可以看出，在等温等压条件下，不同纯液体混合形成理想溶液的过程中无体积效应、热效应、熵增加、吉布斯函数减少。这些混合理想溶液过程中表现出的性质，称为理想溶液的通性。理想溶液的通性是由其微观特征决定的。

3.6.4 非理想溶液中各组分的化学势

在实际工作中，只有少部分溶液可近似当作理想溶液。绝大部分溶液在通常浓度范围内不服从理想溶液中所遵守的拉乌尔定律，存在一定的偏差，本节主要讨论对非理想溶液的处理方法。

(1) 活度和活度系数

非理想溶液与理想溶液的差别可归结为其中物质对拉乌尔定律产生的偏差。以二组分非理想溶液为例，其中物质对拉乌尔定律的偏差常见的有两种情况：一种情况如图 3-5 所示。两种物质的蒸气压 p_A 和 p_B 都大于拉乌尔定律的计算值，这种情况称为该溶液对理想溶液具有正偏差；此时，非理想溶液中各物质的化学势大于同浓度理想溶液中各物质的化学势。另一种情况如图 3-6 所示，两种物质的蒸气压 p_A 和 p_B 都小于拉乌尔定律的计算值，这种情况称为该溶液对理想溶液的负偏差，此时非理想溶液中各物质的化学势小于同浓度理想溶液中各物质的化学势。从微观角度看，非理想溶液与理想溶液产生偏差的原因是非理想溶液中各种分子之间的作用力不同，各物质的分子所处的

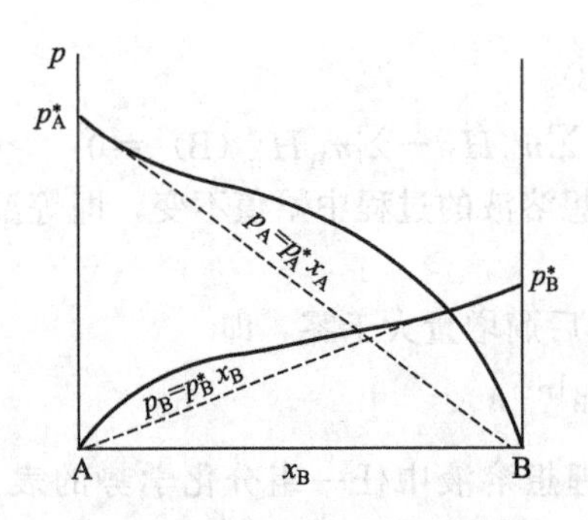

图 3-5 对于理想溶液具有正偏差的溶液

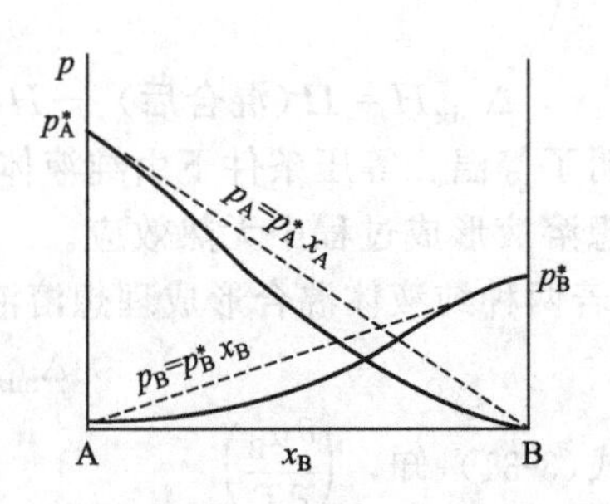

图 3-6 对于理想溶液具有负偏差的溶液

环境与其在纯态时大不相同。正是由于这个原因，非理想溶液在配制过程中常常伴随有体积变化和热效应。

由于非理想溶液不服从拉乌尔定律，所以前面推导的理想溶液中各组分化学势表达式不适合非理想溶液，为了使非理想溶液中物质化学势的表达式具有理想溶液中物质化学势表达式的简单形式，路易斯提出用活度 a_B 代替拉乌尔定律中的浓度项 x_B，用与拉乌尔定律相同的形式来表示非理想溶液中物质的蒸气压，即

$$p_B = p_B^* a_B \tag{3-67}$$

式中 a_B 称为物质 B 的活度，也称物质 B 的有效浓度或校正浓度，其定义为 $a_B=\gamma_B x_B$。校正因子 γ_B 称为活度系数，它标志着物质 B 的蒸气压对拉乌尔定律的偏差程度。

① $\gamma_B>1$，即 $p_B>p_B^* a_B$，正偏差，且 γ_B 越大表明正偏差越大；

② $\gamma_B<1$，即 $p_B<p_B^* a_B$，负偏差，且 γ_B 越小表明负偏差越大；

③ $\gamma_B=1$，即 $p_B=p_B^* a_B$，表明 B 服从拉乌尔定律。

(2) 非理想溶液中各组分的化学势

由于非理想溶液中物质的蒸气压可用式(3-67) 表示，这与拉乌尔定律形式是相同的，所以只要将理想溶液中各物质化学势表达式中的 x_B 改写成 a_B，便适用于非理想溶液。这样，非理想溶液中各物质的化学势表达式为

$$\mu_B(\mathrm{l},T,p)=\mu_B^*(\mathrm{l},T,p)+RT\ln a_B \tag{3-68}$$

式中 $\mu_B^*(\mathrm{l},T,p)$ 是在 T、p 且 $a_B=1$ 时的化学势，即在 T、p 时纯液体的化学势。$\mu_B^*(\mathrm{l},T,p)$ 与标准态化学势 $\mu_B^\ominus(\mathrm{l},T,p^\ominus)$ 的关系为

$$\mu_B^*(\mathrm{l},T,p)=\mu_B^\ominus(\mathrm{l},T,p^\ominus)+\int_{p^\ominus}^{p} V_B\mathrm{d}p \tag{3-69}$$

当压力 p 与 $p^\ominus$ 相差不大时，忽略积分项，$\mu_B^*(\mathrm{l},T,p)\approx\mu_B^\ominus(\mathrm{l},T,p^\ominus)$，于是式(3-68) 可近似地表示为

$$\mu_B(\mathrm{l},T,p)=\mu_B^\ominus(\mathrm{l},T,p^\ominus)+RT\ln a_B \tag{3-70}$$

上面是以理想溶液为基础，利用活度对非理想溶液进行修正，从而得到了非理想溶液中各物质的化学势表达式。同样的道理，也可以稀溶液为基础，利用活度对非理想溶液进行修正，得到非理想溶液中物质 B 的化学势。下面根据非理想溶液与稀溶液的偏差情况推导非理想溶液中各物质化学势的表达式。

稀溶液中的溶剂服从拉乌尔定律，而非理想溶液中溶剂对拉乌尔定律有偏差，因而可用前面的方法予以处理，得到的非理想溶液中溶剂的化学势表达式与式(3-68) 相同。

稀溶液中的溶质服从亨利定律，非理想溶液中的溶质对亨利定律有偏差，因此必须进行

如下修正：

$$p_B = k_x a_B(x) \tag{3-71}$$
$$p_B = k_b a_B(b) \tag{3-72}$$
$$p_B = k_c a_B(c) \tag{3-73}$$

式中溶质 B 的活度分别定义为：$a_B(x) = \gamma_b(x) x_b$，$a_B(b) = \gamma_B(b)\dfrac{b_B}{b^\ominus}$，$a_B(c) = \gamma_B(c)\dfrac{c_B}{c^\ominus}$。校正系数 $\gamma_B(x)$、$\gamma_B(b)$、$\gamma_B(c)$ 为溶质的活度系数。式(3-71)、式(3-72)、式(3-73)与亨利定律的形式是一样的，所以只要将稀溶液中溶质化学势表达式中的浓度项改为活度，便成为非理想溶液中溶质的化学势表达式，即

$$\mu_B(\mathrm{l}, T, p) = \mu_B^*(\mathrm{l}, T, p) + RT\ln a_B(x) \tag{3-74}$$
$$\mu_B(\mathrm{l}, T, p) = \mu_B^\triangle(\mathrm{l}, T, p) + RT\ln a_B(b) \tag{3-75}$$
$$\mu_B(\mathrm{l}, T, p) = \mu_B^\square(\mathrm{l}, T, p) + RT\ln a_B(c) \tag{3-76}$$

式(3-74)、式(3-75)、式(3-76) 中，$\mu_B^*(\mathrm{l}, T, p)$，$\mu_B^\triangle(\mathrm{l}, T, p)$，$\mu_B^\square(\mathrm{l}, T, p)$ 分别为 T、p 下，$x_B = 1$，$b_B = 1\mathrm{mol \cdot kg^{-1}}$、$c_B = 1\mathrm{mol \cdot dm^{-3}}$ 时仍服从亨利定律的假想状态的化学势。式(3-74)、式(3-75)、式(3-76) 可分别近似地表示为

$$\mu_B(\mathrm{l}, T, p) = \mu_{B(x)}^\ominus(\mathrm{l}, T, p^\ominus) + RT\ln a_B(x) \tag{3-77}$$
$$\mu_B(\mathrm{l}, T, p) = \mu_{B(b)}^\ominus(\mathrm{l}, T, p^\ominus) + RT\ln a_B(b) \tag{3-78}$$
$$\mu_B(\mathrm{l}, T, p) = \mu_{B(c)}^\ominus(\mathrm{l}, T, p^\ominus) + RT\ln a_B(c) \tag{3-79}$$

式(3-77)、式(3-78)、式(3-79) 中 $\mu_{B(x)}^\ominus(\mathrm{l}, T, p^\ominus)$、$\mu_{B(b)}^\ominus(\mathrm{l}, T, p^\ominus)$、$\mu_{B(c)}^\ominus(\mathrm{l}, T, p^\ominus)$ 分别为指定温度 T、标准压力 $p^\ominus$ 下，$x_B = 1$、$b_B = 1\mathrm{mol \cdot kg^{-1}}$、$c_B = 1\mathrm{mol \cdot dm^{-3}}$ 时仍服从亨利定律的假想状态的化学势，为标准化学势。

(3) 活度的求法

对于非理想溶液中溶剂的活度可按式(3-67) 求得，对于溶质的活度 a_B，可利用吉布斯-杜亥姆公式由溶剂的活度求出。

由吉布斯-杜亥姆方程知，在等温等压时

$$x_A \mathrm{d}\mu_A + x_B \mathrm{d}\mu_B = 0$$

将非理想溶液中溶质和溶剂的化学势表达式代入得

$$x_A \mathrm{d}\ln a_A + x_B \mathrm{d}\ln a_B = 0 \tag{3-80}$$

若已知溶剂的活度 a_A，则可用式(3-80) 求出溶质的活度 a_B。

【例 3-5】 在 298.15K 时，蔗糖水溶液的不同浓度和相应液面上水的蒸气压如下。

蔗糖浓度$(b)/\mathrm{mol \cdot kg^{-1}}$	0.000	0.200	0.500	1.000	2.000
水的蒸气压$(p)/\mathrm{Pa}$	3166.4	3154.4	3133.1	3103.7	3033.1

已知水的分子量为 $18.02\mathrm{g \cdot mol^{-1}}$，求溶剂水的活度和活度系数。

解 根据 $p_A = p_A^* a_A$ 求活度，由 $a_A = \gamma_A x_A$ 求活度系数。水的物质的量分数 x_A 从下式可求得

$$x_A = (1\mathrm{kg} \div 0.01802\mathrm{kg \cdot mol^{-1}}) \div [(1\mathrm{kg} \div 0.01802\mathrm{kg \cdot mol^{-1}}) + (b_B \times 1\mathrm{kg})]$$

把所求得的数值列于表 3-3。

根据表 3-3 中数据，由式(3-80) 可求出溶质的活度。

表 3-3 在 298.15K 时，不同浓度蔗糖溶液中水的活度

蔗糖浓度(b_B)/mol·kg^{-1}	0.000	0.200	0.500	1.000	2.000
x_A	1.000	0.996	0.991	0.982	0.965
a_A	1.000	0.996	0.989	0.980	0.958
γ_A	1.000	1.000	0.998	0.998	0.993

3.7 稀溶液的依数性

当溶质溶于溶剂中时，溶液的凝固点（指固态纯溶剂与溶液平衡共存的温度）将比纯溶剂的凝固点降低；把溶液和纯溶剂用半透膜隔开时会产生渗透压。如果是由非挥发性溶质形成的溶液，还会出现溶液的蒸气压与纯溶剂的蒸气压相比有所降低；溶液的沸点与纯溶剂的沸点相比有所升高。对稀溶液来说，蒸气压降低值、沸点升高值、凝固点降低值以及溶液的渗透压值只与溶液中溶质的质点数目有关，而与溶质的本性无关。因此，在稀溶液中这四种性质常被称为稀溶液的依数性。

3.7.1 蒸气压下降

对二组分稀溶液，溶剂的蒸气压下降的规律可表示为

$$\Delta p = p_A^* - p_A = p_A^* - p_A^* x_A = p_A^* - p_A^*(1 - x_B) = p_A^* x_B \tag{3-81}$$

即溶剂的蒸气压的降低值 Δp 只与溶质物质的量分数 x_B 成正比，而与溶质本性无关，该式适用于理想溶液和稀溶液。

3.7.2 凝固点降低

在一定压力下，液态物质冷却至开始析出固体时的平衡温度称为该物质的凝固点，在纯溶剂中加入溶质形成溶液后，稀溶液的凝固点 T_f 比纯溶剂的凝固点 T_f^* 低，实验结果表明，凝固点降低值与稀溶液中所含溶质的数量成正比，即

$$\Delta T_f = T_f^* - T_f = K_f b_B \tag{3-82}$$

式中，比例系数 K_f 叫做凝固点降低常数，它与溶剂性质有关而与溶质无关。式(3-82) 可用热力学方法推导如下：

设有一稀溶液，溶剂的物质的量分数为 x_A。该溶液在温度 T，压力 p 时，建立液固平衡，溶剂 A 在固相和溶液中化学势相等，即

$$\mu_A(\mathrm{l},T,p) = \mu_A^*(\mathrm{s},T,p)$$

因为 $\mu_A(\mathrm{l},T,p) = \mu_A^*(\mathrm{l},T,p) + RT\ln x_A$，所以

$$\mu_A^*(\mathrm{s},T,p) = \mu_A^*(\mathrm{l},T,p) + RT\ln x_A$$

上式移项，得

$$\ln x_A = \frac{\mu_A^*(\mathrm{s},T,p) - \mu_A^*(\mathrm{l},T,p)}{RT}$$

若用 $\Delta_f G_m^*(\mathrm{A})$ 表示由固态纯溶剂熔化为液态纯溶剂时的摩尔吉布斯函数变化量，则 $\Delta_f G_m^*(\mathrm{A}) = -[\mu_A^*(\mathrm{s},T,p) - \mu_A^*(\mathrm{l},T,p)]$，代入上式可得

$$\ln x_A = -\frac{\Delta_f G_m^*(\mathrm{A})}{RT}$$

在一定压力下将该式对 T 求偏导数后，应用吉布斯-亥姆霍兹方程，得

$$\left(\frac{\partial \ln x_A}{\partial T}\right)_p = \frac{1}{R}\left[\frac{\partial}{\partial T}\left(\frac{\Delta_f G_m^*(\mathrm{A})}{T}\right)\right]_p = \frac{\Delta_f H_m^*(\mathrm{A})}{RT^2}$$

式中 $\Delta_f H_m^*(A)$ 是纯固体 A 的摩尔熔化热。当组成由 1 变至 x_A 时，凝固温度由 T_f^* 变到 T_f，因为温度改变很小，可认为 $\Delta_f H_m^*(A)$ 是常数。在常压下，$\Delta_f H_m^*(A) \approx \Delta_f H_m^{\ominus}(A)$，因此，可将上式积分为

$$\ln x_A = -\frac{\Delta_f H_m^{\ominus}(A)}{R}\left(\frac{1}{T_f} - \frac{1}{T_f^*}\right) = -\frac{\Delta_f H_m^{\ominus}(A)}{R}\left(\frac{\Delta T_f}{T_f^* T_f}\right) \tag{3-83}$$

对于稀溶液，由于 x_B 很小，可作近似处理，$\ln x_A = \ln(1-x_B) \approx -x_B$，$T_f T_f^* \approx (T_f^*)^2$，于是，式(3-83) 可变为

$$x_B = \frac{\Delta_f H_m^{\ominus}(A)\Delta T_f}{R(T_f^*)^2}$$

故

$$\Delta T_f = \frac{R(T_f^*)^2}{\Delta_f H_m^{\ominus}(A)} x_B \tag{3-84}$$

若将稀溶液中溶质的物质的量分数 x_B 与质量摩尔浓度 b_B 关联，$x_B \approx \frac{n_B}{n_A} = b_B M_A$（其中 M_A 为以 $kg \cdot mol^{-1}$ 为单位的分子量），代入式(3-84) 可得到

$$\Delta T_f = \frac{R(T_f^*)^2}{\Delta H_m^{\ominus}(A)} M_A b_B \tag{3-85}$$

令 $K_f = \frac{R(T_f^*)^2}{\Delta_f H_m^{\ominus}(A)} M_A$，则式(3-85) 可写成

$$\Delta T_f = K_f b_B$$

上式就是稀溶液的凝固点降低公式。表 3-4 列出了一些常见溶剂的 K_f。

表 3-4　几种常见溶剂的 K_f 值

溶　剂	水	醋酸	苯	环已烷	萘	三溴甲烷
T_f^*/K	273.15	289.75	278.65	279.65	353.5	280.95
$K_f/K \cdot mol^{-1} \cdot kg$	1.86	3.90	5.12	20	6.9	14.4

稀溶液的凝固点降低性质常被用于测定溶质的分子量。

【例 3-6】 在 25.00g 苯中溶入 0.245g 苯甲酸，测得凝固点降低 $\Delta T_f = 0.2048K$。求凝固时析出纯固态苯，问苯甲酸在苯中以什么形式存在？

解　由表 3-4 查出苯的 $K_f = 5.12K \cdot mol^{-1} \cdot kg$

$$\Delta T_f = K_f b_B = K_f m_B/(M_B m_A)$$

所以

$$M_B = \frac{K_f m_B}{\Delta T_f m_A} = \frac{5.12K \cdot mol^{-1} \cdot kg \times 0.245g}{0.2048K \times 25.00g} = 245 \times 10^{-3} kg \cdot mol^{-1}$$

苯甲酸单体 C_6H_5COOH 的分子量为 $122 \times 10^{-3} kg \cdot mol^{-1}$，故它在苯中以二聚体 $(C_6H_5COOH)_2$ 形式存在。

稀溶液的凝固点降低性质还有许多实际应用。例如，往水中加入一定量的 $CaCl_2$ 可使溶液的冰点降低到 218K，所以工业上常用 $CaCl_2$ 水溶液作冷冻剂来冷却各种产品。汽油、润滑油等的防冻剂也是根据凝固点降低性质而制备的。凝固点降低性质还可用来鉴定物质的纯度。物质愈纯，凝固点下降愈少。

3.7.3 沸点升高

沸点是液体的蒸气压等于外压（通常为标准压力 $p^{\ominus}$）时的温度。如图 3-7 所示，当在纯溶剂中加入非挥发性溶质形成溶液时，溶液的蒸气压与原来纯溶剂的蒸气压相比有所降低。因而，溶液的沸点 T_b 比纯溶剂的沸点 T_b^* 有所升高。实验结果表明，在溶剂中加入不挥发性溶质 B 后，沸点升高值与稀溶液中溶质的数量成正比，即

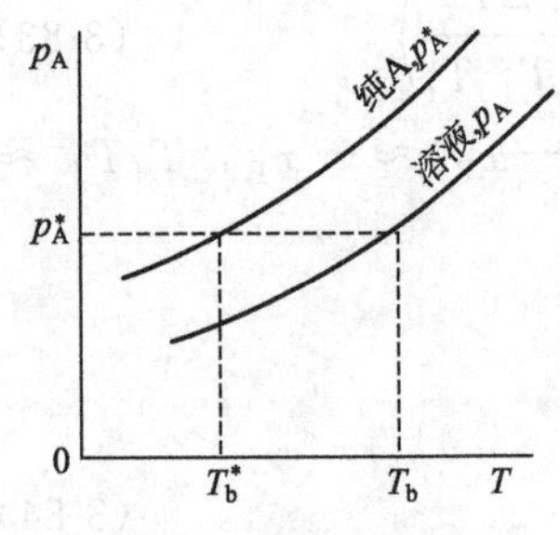

图 3-7 沸点升高示意图

$$\Delta T_b = T_b - T_b^* = K_b b_B \tag{3-86}$$

该式也可以由热力学方法推出，并且得到

$$K_b = \frac{R(T_b^*)^2}{\Delta_{vap} H_m^{\ominus}(A)} M_A \tag{3-87}$$

其中 K_b 称为沸点升高常数，它只与溶剂的性质有关，而与溶质的本性无关。表 3-5 列出了一些常见溶剂的 K_b 值。

表 3-5 几种常见溶剂的 K_b 值

溶 剂	水	乙酸	苯	苯酚	萘	四氯化碳	氯仿
T_b^*/K	373.15	391.05	353.25	454.95	491.15	349.87	334.35
K_b/K·mol^{-1}·kg	0.52	3.07	2.53	3.04	5.8	4.95	3.85

有时也利用式(3-87) 测定溶质 B 的分子量。

3.7.4 渗透压

有许多天然的或人造的膜对某些物质粒子的透过具有明显的选择性。例如亚铁氰化铜膜只允许水而不允许水中的糖分子透过，动物的膀胱可以让水分子透过，而不让分子量大的溶质或胶体粒子透过。具有上述特性的膜称为半透膜。

用只允许溶剂透过而不允许溶质透过的半透膜将纯溶剂与溶液（或者稀溶液与浓溶液）隔开时，溶剂分子会自动地从纯溶剂一边进入溶液一边（或者从稀溶液一边自动进入浓溶液一边），这种现象称为渗透现象。

现以糖水溶液与纯水被半透膜隔开为例说明渗透现象。如图 3-8 所示，实验开始时，膜两侧的温度和压力相同，由于纯溶剂水的化学势比溶液中溶剂水的化学势高，所以溶剂中水分子会自动地由化学势高的一侧向化学势低的溶液一侧渗透，使溶液体积不断增大。当溶液液柱上升到一定高度后，由于液柱的压力差使溶液中水分子进入溶剂的速度，等于纯溶剂中水分子进入溶液的速度，这时达到渗透平衡。渗透平衡时，溶剂液面与同一水平溶液截面上所承受的压力分别为 p 和 $p+\rho gh$，后者与前者之差称为渗透压，以 π 表示：

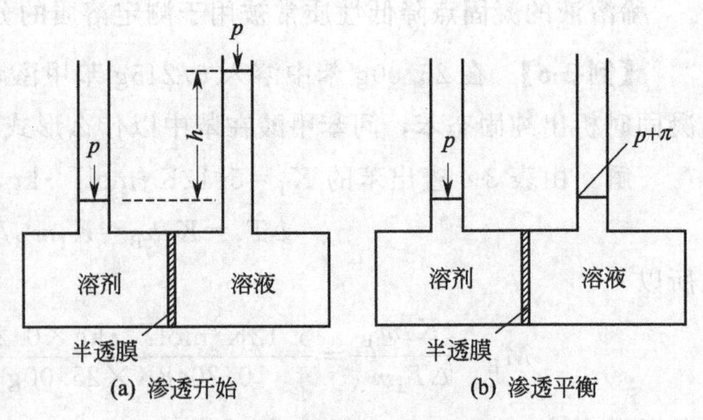

图 3-8 渗透平衡示意图

$$\pi = (p + \rho gh) - p = \rho gh$$

式中，ρ 为达到渗透平衡时溶液的密度；h 为达到渗透平衡时溶液与溶剂的液面的高度差；g 为重力加速度。

测定渗透压的另一种方法，是在溶液一侧的液面上施加一额外压力使其恰好达到渗透平

衡，此额外压力即是渗透压 π，如图 3-8(b) 所示。

渗透压的大小与溶液组成有关，应用热力学原理可求出二者之间的关系。在等温等压渗透平衡时，半透膜两侧溶剂的化学势相等，即

$$\mu_A^*(l,T,p)=\mu_A(l,T,p+\pi)$$

因为 $\mu_A(l,T,p+\pi)=\mu_A^*(l,T,p+\pi)+RT\ln x_A$，所以

$$\mu_A^*(l,T,p)=\mu_A^*(l,T,p+\pi)+RT\ln x_A$$

于是，

$$-RT\ln x_A=\mu_A^*(l,T,p+\pi)-\mu_A^*(l,T,p)$$

上式右端实际上是在温度 T，压力由 p 增至 $p+\pi$ 时，纯溶剂 A 的化学势的增加值。由式(3-51) 可知，此化学势增加值正好与 $\int_p^{p+\pi}V_m^*(A)dp$ 值相等，即 $\mu_A^*(l,T,p+\pi)-\mu_A^*(l,T,p)=\int_p^{p+\pi}V_m^*(A)dp$，代入上式得

$$-RT\ln x_A=\int_p^{p+\pi}V_m^*(A)dp$$

若纯溶剂的摩尔体积 $V_m^*(A)$ 在 $p\sim p+\pi$ 范围内变化很小，可视为常数，则

$$\ln x_A=-\frac{\pi V_m^*(A)}{RT} \tag{3-88}$$

对于稀溶液，$-\ln x_A=-\ln(1-x_B)\approx x_B\approx\frac{n_B}{n_A}$，于是

$$n_A\pi V_m^*(A)=RTn_B$$

因为稀溶液中，溶液体积 $V\approx n_AV_m^*(A)$，代入上式得

$$\pi V=n_BRT \tag{3-89}$$

或

$$\pi=c_BRT \tag{3-90}$$

式(3-89) 和式(3-90) 就是范特霍夫（Van't Hoff）提出的稀溶液渗透压公式，其中 $c_B=n_B/V$ 为稀溶液中溶质的物质的量浓度。由此二式可以看出，稀溶液渗透压的大小取决于稀溶液中溶质的浓度而与溶质的本性无关。从形式上看，稀溶液的渗透压公式与理想气体状态方程相似。但只有在半透膜存在时，溶液的渗透压才能体现出来。

测量物质的分子量也可用渗透压法，尤其是高分子化合物分子量的测定常用此方法。一般情况下，当溶液很稀时，其他几个依数性质往往数值很小，不易测定，而渗透压相对就大得多，因此，从理论上讲，测量溶质的分子量用渗透压法是最精确的。

【例 3-7】 测得 303K 时蔗糖水溶液的渗透压为 252.0kPa，试求：

(1) 溶液中蔗糖的质量摩尔浓度；

(2) 沸点升高值 ΔT_b；

(3) 凝固点降低值。

解 (1) $\pi=c_BRT$

$$c_B=\frac{\pi}{RT}=\left(\frac{252.0\times10^3}{8.314\times303}\right)mol\cdot m^{-3}=100mol\cdot m^{-3}$$

在 c_B 很小的情况下，$b_B\approx c_B/\rho$，其中 ρ 为溶液的密度，近似取溶剂水的密度 $\rho=1000kg\cdot m^{-3}$，则

$$b_B\approx\frac{c_B}{\rho}=\frac{100mol\cdot m^{-3}}{1000kg\cdot m^{-3}}=0.1mol\cdot kg^{-1}$$

(2) 查表 3-5 知水的沸点升高常数

$$K_b = 0.52\text{K}\cdot\text{mol}^{-1}\cdot\text{kg}$$

$$\Delta T_b = K_b b_B = (0.52\times0.1)\text{K} = 0.052\text{K}$$

（3）查表 3-4 知水的凝固点降低常数

$$K_f = 1.86\text{K}\cdot\text{mol}^{-1}\cdot\text{kg}$$

$$\Delta T_f = K_f b_B = (1.86\times0.1)\text{K} = 0.186\text{K}$$

在图 3-8(b) 中，若在溶液上方的额外压力超过渗透压，溶液中溶剂 A 的化学势将高于纯溶剂的化学势，纯溶剂非但不能渗透到溶液一边，反而使溶液中的溶剂反渗透到纯溶剂一边去，这种现象称为反渗透现象。反渗透技术是 20 世纪中期逐渐发展起来的，具有广泛的应用。人们利用反渗透法使溶液浓缩，这种方法比蒸发法浓缩经济、方便，并且产品不致因受热而分解，因此反渗透法在化工、医药、食品等部门的应用已在不断扩大，尤其是在环境工程方面，除海水淡化外，还用于地下水及河水的淡化、重金属的回收，也可用于处理被可溶物污染的废水。总之，反渗透技术具有十分广阔的发展前景。

应当指出，上述依数性与溶液浓度之间的定量关系不适用于浓溶液和电解质溶液。因为在浓溶液中，溶质分子间以及溶质与溶剂分子间的相互影响大大增强，情况变得复杂，而在电解质溶液中，由于发生了电离，使溶液中的溶质粒子数目增多，而且离子之间存在相互作用，故上述简单的依数关系也不适用。

3.8 分配定律及其应用

3.8.1 分配定律

实验表明，在等温、等压条件下若一种物质溶解在共存的两个不相互溶的液体里，达到平衡后，在低浓度范围内，该物质在两相中的浓度比等于常数。这个经验结论称为分配定律。若以 α 和 β 分别代表两种共存的互不相溶的溶剂，当溶质 B 在两相中达分配平衡时，两相中 B 的浓度分别为 $c_B(\alpha)$ 和 $c_B(\beta)$，则

$$\frac{c_B(\alpha)}{c_B(\beta)} = K \tag{3-91}$$

此式是分配定律的数学表达式，K 称为分配系数，它与 T、p 以及溶质和两种溶剂的性质有关。对于指定的 B、α 和 β，则 $K=f(T,p)$。K 值与 1 相差越大，表明 B 在两液体中的浓度相差越大，说明 B 在溶解时对两种溶剂具有高选择性。

实验表明，分配定律是稀溶液定律。即只有当溶液的浓度不大时，式(3-91) 才正确地与实验结果相符。例如，水与四氯化碳共存时，彼此完全不互溶。在 298.15K、100kPa 下，碘在两液体中达分配平衡后，分别测量 I_2 在两相中的浓度 $c(I_2, H_2O\text{ 中})$ 和 $c(I_2, CCl_4\text{ 中})$，表 3-6 列出实验结果。可以看出，在浓度很低时，K 值不随加入的碘量不同而改变。

表 3-6 298.15K，100kPa 时 I_2 在 H_2O 与 CCl_4 之间的分配

$c(I_2, H_2O\text{ 中})/\text{mol}\cdot\text{m}^{-3}$	$c(I_2, CCl_4\text{ 中})/\text{mol}\cdot\text{m}^{-3}$	$K=\dfrac{c(I_2, H_2O\text{ 中})}{c(I_2, CCl_4\text{ 中})}$
0.322	27.45	0.0117
0.503	42.9	0.0117
0.763	65.4	0.0117
1.15	101.0	0.0114
1.34	119.6	0.0112

应用分配定律时应该注意溶质在两相中是否有相同的分子形态。如果溶质分子在 α 相中是单分子的，在 β 相中有缔合、电离或化学反应等现象，式(3-91) 就不能应用。这时应设法计算出溶质在 β 相中以单分子状态存在的浓度，才能应用该式。

分配定律虽然是经验定律，但可以由热力学原理推导出这一结论。设在等温等压条件下 B 在 α、β 中达分配平衡

$$B(\alpha) \rightleftharpoons B(\beta)$$

则

$$\mu_B(\alpha)=\mu_B(\beta)$$

$$\mu_B^\ominus(\alpha)+RT\ln a_B(\alpha)=\mu_B^\ominus(\beta)+RT\ln a_B(\beta)$$

其中符号（α）和（β）分别代表 α 相和 β 相。此式整理后可写成

$$\frac{a_B(\alpha)}{a_B(\beta)}=\exp\left[\frac{\mu_B^\ominus(\beta)-\mu_B^\ominus(\alpha)}{RT}\right]$$

此式右端只是 T，p 的函数，即在等温等压条件下是一常数，若用 K 表示，则

$$\frac{a_B(\alpha)}{a_B(\beta)}=K$$

若溶液是稀溶液，则 $\gamma_B(\alpha)=1$，$\gamma_B(\beta)=1$，上式变为

$$\frac{c_B(\alpha)/c^\ominus}{c_B(\beta)/c^\ominus}=K \quad 即 \quad \frac{c_B(\alpha)}{c_B(\beta)}=K$$

此即式(3-91)。

3.8.2 分配定律的应用——萃取

利用一种与溶液不相混溶的溶剂，从该溶液中分离出某一溶质的操作称为萃取，所加入的溶剂称为萃取剂。萃取操作在科研及生产中都有着广泛的应用。例如从粮食、水果、植物、中药等天然产物中提取某些活性成分，或者精制产品，成分分析等方面的应用。利用分配定律可以计算有关萃取效率的问题。

设用体积为 V_2 的某萃取剂从体积为 V_1 并含有 $m$kg 溶质的溶液中萃取该溶质，设溶质在这两溶剂中不挥发，不起化学反应，并以单分子存在，当分配达到平衡后，溶质留在原溶液中的质量为 m_1，根据分配定律计算萃取效率。

$$K=\frac{溶质在原溶剂中的浓度}{溶质在萃取剂中的浓度}=\frac{m_1/V_1}{(m-m_1)/V_2}$$

整理上式得

$$m_1=m\frac{KV_1}{KV_1+V_2}$$

若用同样体积的萃取剂经过第二次萃取，则余留在原溶液中溶质的质量 m_2 应为

$$m_2=m_1\frac{KV_1}{KV_1+V_2}=m\left(\frac{KV_1}{KV_1+V_2}\right)^2$$

同理经过 n 次萃取，则余留在原溶液中溶质的质量应为

$$m_n=m\left(\frac{KV_1}{KV_1+V_2}\right)^n \tag{3-92}$$

从式(3-92) 看出，用一定量的萃取剂来萃取时，分成若干份进行多次萃取的效率要比用全部萃取剂作一次萃取的效率高。

【例 3-8】 在 293K 时，某有机酸在水和乙醚中的分配系数为 0.4。

(1) 有 5×10^{-3}kg 有机酸溶于 0.100dm^3 水中，若用 0.020dm^3 乙醚连续萃取两次，问水中还有多少有机酸？

（2）若一次用 0.040dm^3 乙醚，问水中剩下多少有机酸？

解 （1）设在 V_1 溶液中含 mg 溶质，每次用 V_2 新鲜溶剂萃取，萃取 n 次后，原溶液中剩余的溶质质量 m_n 克为

$$m_n = m\left(\frac{KV_1}{KV_1+V_2}\right)^n$$

代入公式

$$m_2 = 5\times10^{-3}\text{kg}\times\left(\frac{0.4\times0.100\text{dm}^3}{0.4\times0.100\text{dm}^3+0.020\text{dm}^3}\right)^2 = 2.22\times10^{-3}\text{kg}$$

（2）由公式 $m_1 = m\left(\frac{KV_1}{KV_1+V_2}\right)$，得

$$m_1 = 5\times10^{-3}\text{kg}\times\left(\frac{0.4\times0.100\text{dm}^3}{0.4\times0.100\text{dm}^3+0.040\text{dm}^3}\right) = 2.5\times10^{-3}\text{kg}$$

此例验证了分析化学中萃取时的“少量多次”原则。

思 考 题

3-1 如果 1000cm^3 水中加入 1mol 的 H_2SO_4，溶液的体积增加量 ΔV，则 H_2SO_4 的偏摩尔体积的数值是 ΔV 吗？为什么？

3-2 拉乌尔定律与亨利定律有何异同？

3-3 亨利常数对每一种物质是否是一个定值，它会随浓度、温度、溶剂性质而变吗？

3-4 标准态具有怎样的意义，溶剂与溶质的标准态有何异同？如果溶质也选用量分数为浓度单位，那么它的标准态是怎样一个状态？

3-5 在溶剂中一旦加入溶质就能使溶液的蒸气压降低，沸点升高，冰点降低并且具有渗透压。这句话是否准确？为什么？

3-6 你怎样从微观上理解只有理想溶液中的每一种组分才能在全组成范围内服从拉乌定律。

习 题

3-1 298.15K、9.47%的硫酸溶液，其密度为 $1.0603\times10^3\text{kg}\cdot\text{m}^{-3}$，求该硫酸溶液的质量摩尔浓度 b_B，体积摩尔浓度 c_B 及物质的量分数 x_B。

3-2 在 298.2K 时，有甲醇的物质的量分数为 0.40 的甲醇水溶液。若往大量的此种溶液中加 1mol 水，溶液体积增加 17.35cm^3；若往大量的此种溶液中加入 1mol 甲醇，溶液体积增加 39.01cm^3。试计算将 0.40mol 甲醇及 0.60mol 水混合成一溶液时，体积为若干？此混合过程中体积的变化为若干？已知 298.2K 时，甲醇和水的密度分别为 $0.7911\text{g}\cdot\text{cm}^{-3}$ 和 $0.9971\text{g}\cdot\text{cm}^{-3}$。

3-3 在乙醇-水溶液中，已知水的物质的量分数为 0.40，溶液的密度为 $849.4\text{kg}\cdot\text{m}^{-3}$，乙醇的偏摩尔体积为 $57.5\times10^{-3}\text{dm}^3\cdot\text{mol}^{-1}$，求水的偏摩尔体积。

3-4 在 288.15K、$1p^\ominus$ 的某一酒窖中发现有 10.0m^3 的酒，其中含 96%（质量百分数）乙醇，今欲加水使其变为含乙醇为 56%的酒，请问：

（1）应加多少水？

（2）能得到多少 56%的酒？已知该条件下水的密度为 $999.1\text{kg}\cdot\text{m}^{-3}$，水和乙醇的偏摩尔体积分别为：

乙醇的质量百分数	$V_{H_2O,m}/10^{-6}\text{m}^3\cdot\text{mol}^{-1}$	$V_{C_2H_5OH,m}/10^{-6}\text{m}^3\cdot\text{mol}^{-1}$
96%	14.61	58.01
56%	17.11	56.58

3-5 苯和甲苯混合后极似理想溶液。在 303.15K 时，纯苯及纯甲苯的饱和蒸气压分别为 15799Pa 及 4893Pa。若将相同物质的量的苯及甲苯混合成溶液，问 303.15K 平衡时，气相中各组分的物质的量分数为若干？

3-6 298.15K、$1p^\ominus$下，$n_2$mol 的 NaCl 溶于 1000g 水中所形成的溶液的体积 $V(cm^3)$ 与 n_2 的关系为

$$V=1001.38+16.6253n_2+1.7738n_2^{\frac{3}{2}}+0.1194n_2^2$$

(1) 求出偏摩尔体积 V_1，V_2 与 n_2 的关系式。V_1，V_2 分别为水及 NaCl 的偏摩尔体积。

(2) 求出 NaCl 的质量摩尔浓度 $b_B=0.5mol \cdot kg^{-1}$ 水溶液中的 V_1 和 V_2。

3-7 在 301.2K 和 $p^\ominus$下，使干燥空气 $0.025dm^3$ 通入水中，然后在水面上收集。若忽略空气在水中的溶解，已知 301.2K 时，水的饱和蒸气压为 3733Pa，试计算：

(1) 若收集的气体体积仍为 $0.025dm^3$，问其压力为多少？

(2) 若压力为 $p^\ominus$，问气体的体积为多少？

3-8 在 298.15K 时，由各为 0.5mol 的 A 和 B 混合形成理想溶液，试求混合过程的 $\Delta_{mix}V$、$\Delta_{mix}H$、$\Delta_{mix}S$ 和 $\Delta_{mix}G$。

3-9 在 333.15K 时，甲醇的饱和蒸气压是 86391Pa，乙醇的饱和蒸气压是 47015Pa，二者可形成理想溶液。若溶液组成为 50%（质量分数），求 333.15K 时此溶液的平衡蒸气组成（以物质的量分数表示）。

3-10 已知 303.15K 时甲苯和苯的饱和蒸气压分别为 4892.9Pa 及 15758.7Pa。设由甲苯和苯混合形成甲苯含量为 30%（以质量计）的溶液，求 303.15K 时该溶液的蒸气压和各物质的分压（设溶液为理想溶液）。

3-11 两液体 A、B 形成的溶液服从拉乌尔定律，在一定温度下溶液上的平衡蒸气压为 5.41×10^4Pa 时，测得蒸气中 A 物质的量分数为 $y_A=0.45$，而在液相中 A 物质的量分数 $x_A=0.65$。求该温度下两种液体的饱和蒸气压。

3-12 在 291.15K 下，$1dm^3$ 的水中能溶解 101.325kPa 的 O_2 0.045g，101.325kPa 的 N_2 0.02g，现将 $1dm^3$ 被 202.65kPa 空气所饱和了的水溶液加热至沸腾，赶出所溶解的 O_2 和 N_2，并干燥之，求此干燥气体在 101.325kPa，291.15K 下的体积及其组成。

3-13 293.15K 时乙醚的饱和蒸气压为 58.7kPa，在 0.1kg 乙醚中溶有相对分子质量为 $59.6\times10^{-3}kg \cdot mol^{-1}$ 的不挥发性溶质 5×10^{-3}kg，求该溶液在 293.15K 时的蒸气压。

3-14 试用吉布斯-杜亥姆方程证明在稀溶液中，若溶质服从亨利定律，则溶剂必然服从拉乌尔定律。

3-15 设某一新合成的有机化合物 B，其中含碳 63.2%，含氢 8.8%，其余为氧（均为质量百分数）。今有该化合物 0.0702g 溶于 0.804g 樟脑中，溶液凝固点下降了 15.3K，求 B 的分子量及化学式。已知樟脑的 $K_f=40K \cdot mol^{-1} \cdot kg$。

3-16 在 293.15K 时，乙醚的蒸气压为 58.95kPa，今有 0.1kg 乙醚中溶有某非挥发性有机物杂质 0.01kg，乙醚的蒸气压降低到 56.79kPa，试求该有机物的分子量。

3-17 (1) 求 4.4% 葡萄糖（$C_6H_{12}O_6$）的水溶液在 300.2K 时的渗透压（溶液密度为 $1.015\times10^3kg \cdot m^{-3}$）。

(2) 若溶液与水用半透膜隔开，试问在溶液一方需要加多高的水柱才能使之两边平衡。

3-18 某稀水溶液中含有非挥发性溶质，在 271.7K 凝固。

(1) 求该溶液正常沸点；

(2) 在 298.2K 时的蒸气压（此时纯水蒸气压为 3168Pa）；

(3) 在 298.2K 时的渗透压（假定理想溶液），已知水的 $K_f=1.86K \cdot kg \cdot mol^{-1}$，$K_b=0.52K \cdot kg \cdot mol^{-1}$。

3-19 三氯甲烷（A）和丙酮（B）形成的溶液，若液相的组成为 $x_B=0.713$，则在 301.4K 时的总蒸气压为 29.4kPa，在蒸气相中 $y_B=0.818$。已知在该温度时，纯三氯甲烷的蒸气压为 29.6kPa。试求：

(1) 混合液中三氯甲烷的活度；

(2) 三氯甲烷的活度系数。

3-20 海藻的水浸取液中，每立方米含 2.8×10^{-2}kg 碘，现用 $50dm^3$ 二硫化碳进行萃取，问一次萃取和分四次萃取的收率各为多少？291.15K 时碘在水和 CS_2 中的分配系数 $K=0.0024$。

第4章 化学平衡

4.1 化学平衡热力学原理

4.1.1 化学反应的方向和限度

对于一个化学反应，在给定条件（温度、压力、组成）下，反应向何方向进行？反应的最高限度是什么？如何控制反应条件，使反应朝着我们预期的方向进行以及进行到何种程度为止？这些问题都是我们在化工生产中需要解决的问题。对于这些问题的解决，依赖于热力学。把热力学原理和规律应用于化学反应就可以从理论上确定反应进行的方向，平衡条件和给定条件下反应达到的最高限度。例如在 900K、101325Pa 下，将乙苯蒸气与水蒸气以 1∶10（物质的量比）的混合气体，通入列管式反应器进行乙苯脱氢生产苯乙烯的反应：

$$C_6H_5C_2H_5(g) \rightleftharpoons C_6H_5C_2H_3(g) + H_2(g)$$

实验表明，反应主要向生成苯乙烯的方向进行，在给定条件下，乙苯的最高转化率（即平衡转化率）为 94.9%，这就是该反应在给定条件下的限度。不论反应多长时间都不可能超越这个限度；也不可能通过添加或改变催化剂种类来改变这个限度。只有通过改变反应条件（温度、压力及乙苯与水蒸气的物质的量比），才能在新的条件下达到新的限度。

4.1.2 化学反应的摩尔吉布斯函数变

设有一任意的封闭系统，在系统内发生了微小的变化（包括温度、压力和化学反应的变化），系统内各物质的量相应地也有微小的变化（在本章中均设无非体积功），则

$$dG = -SdT + Vdp + \sum_B \mu_B dn_B$$

如果变化是在等温、等压条件下进行的，则

$$dG = \sum_B \mu_B dn_B \tag{4-1}$$

设任意化学反应为

$$\nu_A A + \nu_B B = \nu_L L + \nu_M M \tag{4-2}$$

或写作

$$0 = \sum \nu_B B$$

由于反应式(4-2) 的限制，所以各物质的变化量，彼此不是独立的，应满足如下关系：

$$-\frac{dn_A}{\nu_A} = -\frac{dn_B}{\nu_B} = \frac{dn_L}{\nu_L} = \frac{dn_M}{\nu_M} = d\xi$$

或写作

$$d\xi = \frac{dn_B}{\nu_B},\ dn_B = \nu_B d\xi$$

式中，ξ 表示反应进行的程度，简称反应进度，当 $\xi=0$ 时，表示反应还没有进行；当 $\xi=1$ 时，表示有 ν_A 摩尔 A 和 ν_B 摩尔 B 完全反应生成了 ν_L 摩尔 L 和 ν_M 摩尔 M。也就是说 $\xi=1$ 的含意是按反应方程式中各计量系数所指示的物质的量完成了一次反应，也称为进行了一个单位化学反应。

将 $dn_B=\nu_B d\xi$ 代入式(4-1)，得

$$dG = \sum_B \nu_B \mu_B d\xi \tag{4-3}$$

对于ξ为微小的变化或为1mol时系统的吉布斯函数变为

$$\left(\frac{\partial G}{\partial \xi}\right)_{T,p}=\sum_{B}\nu_B\mu_B=\Delta_r G_m(T,p,\xi) \tag{4-4}$$

式中，$\left(\frac{\partial G}{\partial \xi}\right)_{T,p}$称为摩尔反应吉布斯函数随$\xi$的变化率，通常以$\Delta_r G_m$表示，它表示$T$、$p$、$\xi$一定时，即在一定的温度、压力和组成的条件下，把$d\xi$的微量反应折合成每摩尔反应时所引起的吉布斯函数变化。当然也等于反应系统为无限大量时1mol反应引起的吉布斯函数变化。

在等温、等压条件下，$-\Delta_r G_m$是化学反应的净推动力，称为化学反应亲和势，以A表示，即

$$A=-\Delta_r G_m=-\left(\frac{\partial G}{\partial \xi}\right)_{T,p} \tag{4-5}$$

4.1.3 化学反应的平衡条件

在等温、等压条件下，反应系统的吉布斯函数G随ξ的变化如图4-1所示。由图可看出，随着反应的进行，ξ逐渐增大，G逐渐减小，达到平衡时G为极小。化学亲和势$-\left(\frac{\partial G}{\partial \xi}\right)_{T,p}=A$为曲线在$\xi$处切线斜率的负值。可以看出随反应的进行，$A$逐渐减小，达到平衡时$A=0$，即斜率为零，这时反应失去推动力，因而达到反应的限度，即平衡状态。因此，等温等压下化学平衡的条件为

$$A=-\left(\frac{\partial G}{\partial \xi}\right)_{T,p}=0 \tag{4-6a}$$

或

$$\Delta_r G_m=\sum_{B}\nu_B\mu_B=0\text{（平衡）} \tag{4-6b}$$

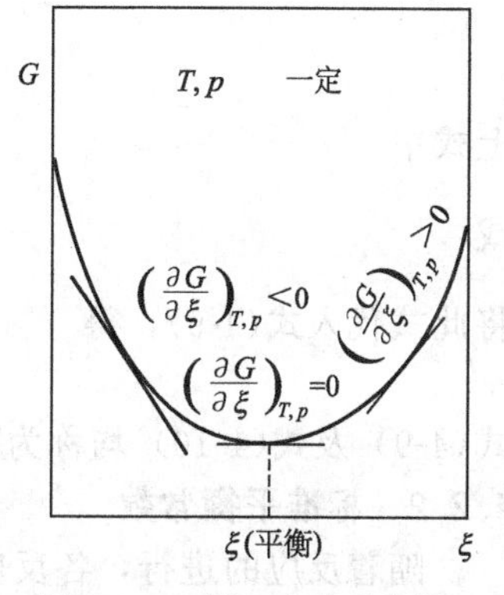

图4-1 G随ξ变化示意图

由图4-1还可以看出，ξ（平衡）为反应的限度，这时若反应仍继续进行，则斜率为正值，A为负值，显然在无非体积功的条件下是不可能发生反应的。但若加入非体积功（如电解），而且非体积功大于化学亲和势时反应则有可能进行。

4.2 化学反应的等温方程式和标准平衡常数

4.2.1 化学反应的等温方程式

为了便于掌握化学平衡的基本原理，下面主要以理想气体反应为对象进行讨论。基本原理掌握了以后再讨论其他反应系统就比较容易了。

前已证明，理想气体混合物中任一组分的化学势

$$\mu_B=\mu_B^{\ominus}(T)+RT\ln\left(\frac{p_B}{p^{\ominus}}\right)$$

将它代入式(4-6b)得

$$\Delta_r G_m=\sum_{B}\nu_B\mu_B=\sum_{B}\nu_B\left[\mu_B^{\ominus}+RT\ln\left(\frac{p_B}{p^{\ominus}}\right)\right]=\sum_{B}\nu_B\mu_B^{\ominus}+\sum_{B}\nu_B RT\ln\left(\frac{p_B}{p^{\ominus}}\right) \tag{4-7}$$

式中，$\sum_{B}\nu_B\mu_B^{\ominus}$为各反应组分均处于标准态（$p^{\ominus}=100\text{kPa}$的纯态理想气体）时每摩尔反应的吉布斯函数变，以$\Delta_r G_m^{\ominus}$表示，称为标准摩尔反应吉布斯函数变，即

$$\Delta_r G_m^{\ominus}=\sum_{B}\nu_B\mu_B^{\ominus}=\sum_{B}\nu_B G_B^{\ominus} \tag{4-8}$$

式中，$G_B^{\ominus}$ 为理想气体 B 在 $p^{\ominus}$ 下的标准摩尔吉布斯函数。ν_B 为各物质对应的计量系数，对反应物来说为负值，对产物来说为正值。

因此对任意的化学反应

$$aA+bB=lL+mM$$

则得

$$\Delta_r G_m=\Delta_r G_m^{\ominus}+RT\ln\frac{\left(\frac{p_L}{p^{\ominus}}\right)^l\times\left(\frac{p_M}{p^{\ominus}}\right)^m}{\left(\frac{p_A}{p^{\ominus}}\right)^a\times\left(\frac{p_B}{p^{\ominus}}\right)^b} \tag{4-9}$$

式中 $\left(\frac{p_L}{p^{\ominus}}\right)^l\left(\frac{p_M}{p^{\ominus}}\right)^m/\left(\frac{p_A}{p^{\ominus}}\right)^a\left(\frac{p_B}{p^{\ominus}}\right)^b$ 表示反应系统处于任意状态时，系统中产物分压之乘积与反应物分压之乘积的比值，称为压力商，以 $J^{\ominus}$ 表示：

$$J^{\ominus}=\frac{\left(\frac{p_L}{p^{\ominus}}\right)^l\times\left(\frac{p_M}{p^{\ominus}}\right)^m}{\left(\frac{p_A}{p^{\ominus}}\right)^a\times\left(\frac{p_B}{p^{\ominus}}\right)^b}=\frac{p_L^l p_M^m}{p_A^a p_B^b}(p^{\ominus})^{-\sum\nu_B}$$

上式中

$$\sum\nu_B=l+m-a-b$$

或

$$J^{\ominus}=\prod_B\left(\frac{p_B}{p^{\ominus}}\right)^{\nu_B}$$

将此式代入式(4-9)，得

$$\Delta_r G_m=\Delta_r G_m^{\ominus}+RT\ln J^{\ominus} \tag{4-10}$$

式(4-9) 及式(4-10) 均称为理想气体反应的等温方程式。

4.2.2 标准平衡常数

随着反应的进行，各反应气体的分压 p_B 在不断变化，$\Delta_r G_m$ 也将按式(4-10) 变化。反应达到平衡时 $\Delta_r G_m=0$，即

$$\Delta_r G_m^{\ominus}=-RT\ln J^{\ominus}\ (\text{平衡}) \tag{4-11}$$

由于理想气体的 $\mu_B^{\ominus}$ 仅是温度的函数，故 $\Delta_r G_m^{\ominus}$ 也只是温度的函数，在一定温度下，$\Delta_r G_m^{\ominus}$ 为一常数，因此式(4-11) 右边的 $J^{\ominus}$（平衡）也应为一常数，可用 $K^{\ominus}$ 表示，$K^{\ominus}$ 称为标准平衡常数。即

$$K^{\ominus}=\left\{\frac{\left(\frac{p_L}{p^{\ominus}}\right)^l\times\left(\frac{p_M}{p^{\ominus}}\right)^m}{\left(\frac{p_A}{p^{\ominus}}\right)^a\times\left(\frac{p_B}{p^{\ominus}}\right)^b}\right\}_{\text{平衡}}=\prod_B\left(\frac{p_B}{p^{\ominus}}\right)^{\nu_B}_{\text{平衡}} \tag{4-12}$$

将式 (4-12) 代入式(4-11) 得

$$\Delta_r G_m^{\ominus}=-RT\ln K^{\ominus} \tag{4-13}$$

上式表明，在一定温度下反应达到平衡时，各反应组分的平衡压力商等于 $K^{\ominus}$，与总压及气相组成无关，即 $K^{\ominus}$ 只是温度的函数。

在使用平衡常数时，应注意如下几点：

(1) $K^{\ominus}$ 为标准平衡常数，是无量纲的量；

(2) $K^{\ominus}$ 与计量式的书写方式有关，不写出计量式，$K^{\ominus}$ 没有确定的数值。

例如，理想气体反应

$$① \ 2SO_2+O_2 = 2SO_3$$

$$② \ SO_2+\frac{1}{2}O_2 = SO_3$$

此为同一反应的两种不同的反应方程式写法，因为

$$K_1^\ominus=\frac{\left[\frac{p(SO_3)}{p^\ominus}\right]^2}{\left[\frac{p(SO_2)}{p^\ominus}\right]^2\left[\frac{p(O_2)}{p^\ominus}\right]}\qquad K_2^\ominus=\frac{\left[\frac{p(SO_3)}{p^\ominus}\right]}{\left[\frac{p(SO_2)}{p^\ominus}\right]\left[\frac{p(O_2)}{p^\ominus}\right]^{\frac{1}{2}}}$$

所以 $K_1^\ominus \neq K_2^\ominus$，而是 $K_1^\ominus=(K_2^\ominus)^2$。

(3) 正、逆反应的平衡常数互为倒数关系。例如，理想气体反应

$$① \ H_2+I_2 \xlongequal{} 2HI \qquad ② \ 2HI \xlongequal{} H_2+I_2$$

①、②是同一系统的正、逆两个方向的反应，因为

$$K_1^\ominus=\frac{\left[\frac{p(HI)}{p^\ominus}\right]^2}{\left[\frac{p(H_2)}{p^\ominus}\right]\left[\frac{p(I_2)}{p^\ominus}\right]}\qquad K_2^\ominus=\frac{\left[\frac{p(H_2)}{p^\ominus}\right]\left[\frac{p(I_2)}{p^\ominus}\right]}{\left[\frac{p(HI)}{p^\ominus}\right]^2}$$

所以 $K_1^\ominus \neq K_2^\ominus$,而是 $K_1^\ominus=1/K_2^\ominus$。

4.2.3 化学反应方向和限度的判断

(1) 反应方向的判断

由式(4-10) 和式(4-13) 可知，化学反应等温方程式可改写为

$$\Delta_r G_m=-RT\ln K^\ominus+RT\ln J^\ominus \qquad (4\text{-}14)$$

若 $K^\ominus>J^\ominus$，则 $\Delta_r G_m<0$，反应可向右自发进行；

若 $K^\ominus=J^\ominus$，则 $\Delta_r G_m=0$，表示系统已处于平衡状态；

若 $K^\ominus<J^\ominus$，则 $\Delta_r G_m>0$，表示对所给定的反应不能向右自发进行。

所以，可由 $J^\ominus$ 与 $K^\ominus$ 的大小来判断反应的方向。

(2) 反应限度的判断

由于标准平衡常数 $K^\ominus$ 数值的大小可以衡量反应进行限度的深浅，所以要判断一个反应进行的限度有多深，实际上就是要判断 $K^\ominus$ 究竟有多大。解决这一问题可利用式(4-13)，即

$$\Delta_r G_m^\ominus=-RT\ln K^\ominus$$

若能得知反应的 $\Delta_r G_m^\ominus$ 等于多少，就可利用上式计算出 $K^\ominus$，进而可以推断反应进行的限度有多深。

习惯上，人们把 $\Delta_r G_m^\ominus<-40$kJ 和 $\Delta_r G_m^\ominus>+40$kJ 作为反应限度“深浅”的判断依据。若一个反应的 $\Delta_r G_m^\ominus<-40$kJ，则它的平衡常数 $K^\ominus$ 一定是一个很大的数值，表明平衡时，反应几乎能进行到底，该反应可被判断为“反应限度很深”。若一个反应的 $\Delta_r G_m^\ominus>40$kJ，则它的平衡常数 $K^\ominus\approx 0$，表示平衡组成中几乎没有产物，该反应可被判断为“反应限度很浅”。若一个反应的 $\Delta_r G_m^\ominus$ 介于-40kJ 和$+40$kJ 之间，则它的平衡常数 $K^\ominus$ 值大小居中，反应限度的深浅也居中等。此时，该反应所能达到的限度如何，要针对具体反应具体分析，然后才能作出判断。

要注意的是，上述判断反应限度深浅时所用的 $\Delta_r G_m^\ominus<-40$kJ 和 $\Delta_r G_m^\ominus>+40$kJ 这两个分界线，是相对的、人为选定的，对某些反应可能不适用。

化学平衡概念在生产中得到广泛的应用。例如温度一定，可通过改变 $J^\ominus$ 来提高反应产率。如甲烷转化反应

$$CH_4+H_2O \longrightarrow CO+3H_2$$

为了节约原料气 CH_4，可通过加入过量的廉价水蒸气，减小 $J^\ominus$ 使反应向右移动，以提高 CH_4 的转化率。又如某些反应生成物若能随时从反应系统中移走，也可减小 $J^\ominus$ 以提高产率。

【例 4-1】 反应

$$2SO_2(g)+O_2(g) = 2SO_3(g)$$

在 1000K 时，$K^{\ominus}=3.45$。

(1) 计算 SO_2、O_2、SO_3 分压分别为 20kPa、10kPa、100kPa 的混合气发生上述反应时的 $\Delta_r G_m$，并判断反应进行的方向。

(2) 若 SO_2 及 O_2 的分压仍为 20kPa 和 10kPa，SO_3 的分压必须低于多少时才能使反应向增加 SO_3 的方向进行？

解 (1) 该反应可看作是理想气体反应：

$$J^{\ominus}=\frac{\left[\dfrac{p(SO_3)}{p^{\ominus}}\right]^2}{\left[\dfrac{p(SO_2)}{p^{\ominus}}\right]^2\left[\dfrac{p(O_2)}{p^{\ominus}}\right]}=\frac{\left(\dfrac{100kPa}{100kPa}\right)^2}{\left(\dfrac{20kPa}{100kPa}\right)^2\times\left(\dfrac{10kPa}{100kPa}\right)}=250$$

$$\Delta_r G_m=-RT\ln K^{\ominus}+RT\ln J^{\ominus}=RT\ln\frac{J^{\ominus}}{K^{\ominus}}$$

$$=8.314\times10^{-3}kJ\cdot mol^{-1}\cdot K^{-1}\times1000K\times\ln\left(\frac{250}{3.45}\right)=35.61kJ\cdot mol^{-1}$$

因为 $\Delta_r G_m>0$，所以正向反应不能自发进行。反应向着 SO_3 减少的方向进行。

(2) 要使反应向着增加 SO_3 的方向进行需满足 $J^{\ominus}<K^{\ominus}$，即

$$\frac{\left[\dfrac{p(SO_3)}{100kPa}\right]^2}{\left(\dfrac{20kPa}{100kPa}\right)^2\times\left(\dfrac{10kPa}{100kPa}\right)}<3.45$$

解得，$p(SO_3)<11.75kPa$

4.3 平衡常数的各种表示方式

4.3.1 理想气体反应的平衡常数

气体混合物的组成可以用分压 p_B、浓度 c_B 或物质的量分数 y_B 表示，所以平衡常数表示方式也有相应的形式。

(1) 以分压表示的平衡常数 K_p，定义为

$$K_p=\prod_B(p_B)^{\nu_B}=\frac{p_L^l p_M^m}{p_A^a p_B^b} \tag{4-15}$$

K_p 的单位为 $[Pa]^{\Sigma\nu_B}$，如果 p 的单位采用 kPa，K_p 的单位为 $[kPa]^{\Sigma\nu_B}$。将式(4-15)与式(4-12)比较得

$$K^{\ominus}=K_p\times(p^{\ominus})^{-\Sigma\nu_B} \tag{4-16}$$

由式 (4-16) 可见，对于理想气体化学反应或低压下的气相反应，以分压表示的平衡常数 K_p 正比于标准平衡常数 $K^{\ominus}$。由于 $K^{\ominus}$ 依赖于反应本性和温度，所以 K_p 也只取决于反应的本性和温度，与总压以及各物质的平衡组成无关。

(2) 以物质的量浓度表示的平衡常数 K_c

以浓度表示的平衡常数 K_c，定义为

$$K_c=\prod_B(c_B)^{\nu_B}=\frac{c_L^l c_M^m}{c_A^a c_B^b} \tag{4-17}$$

式中，c_B 为平衡时组分 B 的浓度；K_c 的单位为 $[c]^{\Sigma\nu_B}$，如果 c 的单位采用 $mol \cdot dm^{-3}$，K_c 的单位即为 $(mol \cdot dm^{-3})^{\Sigma\nu_B}$。对于理想气体混合物，

$$p_B = n_B RT/V = c_B RT \tag{4-18}$$

将式(4-18) 代入式(4-15) 并与式(4-17) 比较得 K_p 与 K_c 的关系式。

$$K_p = K_c (RT)^{\Sigma\nu_B} \tag{4-19}$$

如果 K_p 中的压力单位是用 kPa（10^3Pa），K_c 中的体积单位选用 dm^3（$10^{-3}m^3$），则式(4-19) 中的 R 仍可使用 $8.314 J \cdot K^{-1} \cdot mol^{-1}$。将式(4-19) 代入式(4-16)，得

$$K^{\ominus} = K_c (RT/p^{\ominus})^{\Sigma\nu_B} \tag{4-20}$$

由式 (4-20) 可见，对于理想气体反应或低压下的气体反应，以浓度表示的平衡常数 K_c 也正比于标准平衡常数 $K^{\ominus}$。K_c 也只决定于反应本性和温度，与总压以及各物质的平衡组成无关。

(3) 以物质的量分数表示的平衡常数 K_y

以物质的量分数表示的平衡常数 K_y，定义为

$$K_y = \prod_B (y_B)^{\nu_B} = \frac{y_L^l y_M^m}{y_A^a y_B^b} \tag{4-21}$$

式中，y_B 为平衡时组分 B 的物质的量分数。对于理想气体的混合物

$$p_B = p y_B \tag{4-22}$$

将式(4-22) 代入式(4-15) 并与式(4-21) 比较，得 K_p 与 K_y 的关系式

$$K_p = K_y (p)^{\Sigma\nu_B} \tag{4-23}$$

将式(4-23) 代入式(4-16)，得

$$K^{\ominus} = K_y \left(\frac{p}{p^{\ominus}}\right)^{\Sigma\nu_B} \tag{4-24}$$

上式说明，K_y 受系统的总压影响显著。

(4) 以物质的量表示的平衡常数 K_n

以物质的量表示的平衡常数 K_n，定义为

$$K_n = \prod_B (n_B)^{\nu_B} = \frac{n_L^l n_M^m}{n_A^a n_B^b} \tag{4-25}$$

K_n 的单位为 $[mol]^{\Sigma\nu_B}$。

对于理想气体混合物

$$p_B = \frac{n_B}{\sum n_B} p \tag{4-26}$$

将式(4-26) 代入式(4-15) 并与式(4-25) 比较得 K_p 与 K_n 的关系式为

$$K_p = K_n \left[\frac{p}{\sum_B n_B}\right]^{\Sigma\nu_B} \tag{4-27}$$

将式(4-27) 代入式(4-16)，得

$$K^{\ominus} = K_n \left(\frac{p}{p^{\ominus} \sum_B n_B}\right]^{\Sigma\nu_B} \tag{4-28}$$

式(4-28) 说明 K_n 受到系统的总压力和混合气体的物质的量 $\sum n_B$ 的影响。

注意，当系统的 $\sum\nu_B = 0$ 时，上述几种平衡常数存在如下关系。

$$K^{\ominus} = K_p = K_c = K_y = K_n \tag{4-29}$$

4.3.2 实际气体反应的平衡常数

实际气体混合物中组分 B 的化学势可表示为

$$\mu_B=\mu_B^{\ominus}(g)+RT\ln\frac{f_B}{p^{\ominus}} \tag{4-30}$$

若采用类似理想气体反应平衡常数推导的方法可得到实际气体反应的标准平衡常数。

$$K^{\ominus}=\frac{\left(\frac{f_L}{p^{\ominus}}\right)^l\times\left(\frac{f_M}{p^{\ominus}}\right)^m}{\left(\frac{f_A}{p^{\ominus}}\right)^a\times\left(\frac{f_B}{p^{\ominus}}\right)^b}=\frac{f_L^l f_M^m}{f_A^a f_B^b}(p^{\ominus})^{-\Sigma\nu_B} \tag{4-31}$$

这里同样存在

$$\Delta_r G_m^{\ominus}=-RT\ln K^{\ominus} \tag{4-32}$$

(1) 用逸度表示的平衡常数 K_f

用逸度表示的平衡常数 K_f，定义为

$$K_f=\prod_B(f_B)^{\nu_B}=\frac{f_L^l f_M^m}{f_A^a f_B^b} \tag{4-33}$$

K_f 的单位为 $[Pa]^{\Sigma\nu_B}$，注意逸度的单位与压力相同，如果采用 kPa，K_f 的单位即为 $(kPa)^{\Sigma\nu_B}$。将式(4-33) 与式(4-31) 比较可得

$$K^{\ominus}=K_f(p^{\ominus})^{-\Sigma\nu_B} \tag{4-34}$$

由式 (4-34) 可见，对于实际气体化学反应，以逸度表示的平衡常数 K_f 正比于标准平衡常数 $K^{\ominus}$，K_f 只决定于反应本性和温度，与压力及各物质的平衡组成无关。

(2) 用分压表示的平衡常数 K_p

用实际气体的分压表示的平衡常数 K_p 定义为

$$K_p=\prod_B(p_B)^{\nu_B}=\frac{p_L^l p_M^m}{p_A^a p_B^b} \tag{4-35}$$

式 p_B 为实际气体混合物中组分 B 的分压。由于实际气体组分 B 的逸度可表示为

$$f_B=\gamma_B p_B \tag{4-36}$$

将式(4-36) 代入式(4-33) 并与式(4-35) 比较，得 K_f 与 K_p 之间的关系为

$$K_f=K_p K_\gamma \tag{4-37}$$

其中，$K_\gamma=\gamma_L^l\gamma_M^m/\gamma_A^a\gamma_B^b$，是各物质的逸度系数的组合，并不是平衡常数，将式(4-37) 代入式(4-34) 得

$$K^{\ominus}=K_p K_\gamma\ (p^{\ominus})^{-\Sigma\nu_B} \tag{4-38}$$

由于逸度系数是温度、压力和组成的函数，因此实际气体化学反应 K_p 并不像 K_f 那样只决定于反应的本性和温度，还依赖于压力和组成。当压力趋近于零，$\gamma_B=1$，$K_\gamma=1$，因此

$$K_f=\lim_{p\to 0}K_p \tag{4-39}$$

由式 (4-39) 看出，只有当混合气体的压力趋近于零时，以分压表示的平衡常数 K_p 才是由反应本性和温度决定的函数。

4.3.3 理想溶液反应的平衡常数

在理想溶液中，各组分化学势可表示为

$$\mu_B=\mu_B^{\ominus}(T)+RT\ln x_B$$

若采用类似于理想气体反应平衡常数推导的方法可得理想溶液中化学反应的标准平衡常数 $K_x^{\ominus}$，即

$$K_x^{\ominus}=\frac{x_L^l x_M^m}{x_A^a x_B^b}$$

由于理想溶液中各组分标准态的化学势 $\mu_B^{\ominus}(T)$ 只是温度的函数，所以指定理想溶液反应的 $K_x^{\ominus}$ 在等温下是确定的常数。同时，$K_x^{\ominus}$ 能满足下式，即

$$\Delta_r G_m^{\ominus}=-RT\ln K_x^{\ominus} \tag{4-40}$$

4.3.4 稀溶液反应的平衡常数

在稀溶液反应中，参加反应的物质大多是溶质。稀溶液中溶质化学势表达式可分别表示为

$$\mu_B=\mu_B^{\ominus}(c^{\ominus})+RT\ln\left(\frac{c_B}{c^{\ominus}}\right) \tag{4-41a}$$

$$\mu_B=\mu_B^{\ominus}(b^{\ominus})+RT\ln\left(\frac{b_B}{b^{\ominus}}\right) \tag{4-41b}$$

以上二式中，$\mu_B^{\ominus}(c^{\ominus})$ 是稀溶液中溶质在恒定温度 T 和压力 p 时，$c^{\ominus}=10^3\text{mol}\cdot\text{m}^{-3}$（或 $c^{\ominus}=1\text{mol}\cdot\text{dm}^{-3}$），而又遵守亨利定律的假想溶液标准态的化学势。$\mu_B^{\ominus}(b^{\ominus})$ 是稀溶液中溶质在恒定温度 T 和压力 p 时，$b^{\ominus}=1\text{mol}\cdot\text{kg}^{-1}$，而又遵守亨利定律的假想溶液标准态的化学势。采用类似于理想气体反应平衡常数推导的方法，可得稀溶液中反应的平衡常数。

若 μ_B 采用式（4-41a）的形式，即规定各物质标准态的 $c^{\ominus}=10^3\text{mol}\cdot\text{m}^{-3}$（或 $c^{\ominus}=1\text{mol}\cdot\text{dm}^{-3}$）时，

$$K_c^{\ominus}=\frac{\left(\frac{c_L}{c^{\ominus}}\right)^l\times\left(\frac{c_M}{c^{\ominus}}\right)^{-m}}{\left(\frac{c_A}{c^{\ominus}}\right)^a\times\left(\frac{c_B}{c^{\ominus}}\right)^b}=\frac{c_L^l c_M^m}{c_A^a c_B^b}(c^{\ominus})^{-\Sigma\nu_B} \tag{4-42}$$

若 μ_B 采用式（4-41b）的形式，即规定各物质标准态的 $b^{\ominus}=1\text{mol}\cdot\text{kg}^{-1}$ 时，

$$K_b^{\ominus}=\frac{\left(\frac{b_L}{b^{\ominus}}\right)^l\times\left(\frac{b_M}{b^{\ominus}}\right)^m}{\left(\frac{b_A}{b^{\ominus}}\right)^a\times\left(\frac{b_B}{b^{\ominus}}\right)^b}=\frac{b_L^l b_M^m}{b_A^a b_B^b}(b^{\ominus})^{-\Sigma\nu_B} \tag{4-43}$$

$K_c^{\ominus}$ 和 $K_b^{\ominus}$ 均为稀溶液反应中的标准平衡常数，且满足下列式。即

$$\Delta_r G_m^{\ominus}(c^{\ominus})=-RT\ln K_c^{\ominus} \tag{4-44a}$$

$$\Delta_r G_m^{\ominus}(b^{\ominus})=-RT\ln K_b^{\ominus} \tag{4-44b}$$

但是，要注意以上二式的 $\Delta_r G_m^{\ominus}$ 相当于稀溶液反应中各反应物和产物均处于标准态（并非是纯态）$c_B^{\ominus}=10^3\text{mol}\cdot\text{m}^{-3}$ 和 $b^{\ominus}=1\text{mol}\cdot\text{kg}^{-1}$ 时反应的标准吉布斯函数变。

4.3.5 非理想溶液反应的平衡常数

非理想溶液中的反应，参加反应的物质大多是溶质。溶质的化学势可表示为

$$\mu_B=\mu_B^{\ominus}(T,p)+RT\ln a_B \tag{4-45}$$

采用类似于理想气体反应平衡常数的推导方法，可得非理想溶液中反应的平衡常数，即

$$K_a^{\ominus}=\frac{a_L^l a_M^m}{a_A^a a_B^b} \tag{4-46}$$

$K_a^{\ominus}$ 就是非理想溶液中反应的平衡常数，也能满足下式，即

$$\Delta_r G_m^{\ominus}=-RT\ln K_a^{\ominus} \tag{4-47}$$

4.3.6 多相反应的平衡常数

对于有固体、液体和气体参加的多相反应，如果固体或液体为纯物质，气体可当作理想

气体，如下列反应：

$$a\mathrm{A(g)}+b\mathrm{B(l)}=\!=\!=l\mathrm{L(g)}+m\mathrm{M(s)}$$

则在常压下压力对凝聚态的影响忽略不计，故参加反应的纯凝聚相可认为处于标准态，即 μ_B（凝聚相）$=\mu_B^{\ominus}$，因此，

$$\Delta_r G_m=\sum_B \nu_B\mu_B=[(l\mu_L+m\mu_M)-(a\mu_A+b\mu_B)]$$

$$=l\left[\mu_L^{\ominus}+RT\ln\left(\frac{p_L}{p^{\ominus}}\right)\right]+m\mu_M^{\ominus}-a\left[\mu_A^{\ominus}+RT\ln\left(\frac{p_A}{p^{\ominus}}\right)\right]-b\mu_B^{\ominus}$$

$$=(l\mu_L^{\ominus}+m\mu_M^{\ominus}-a\mu_A^{\ominus}-b\mu_B^{\ominus})+RT\ln\frac{\left(\frac{p_L}{p^{\ominus}}\right)^l}{\left(\frac{p_A}{p^{\ominus}}\right)^a}$$

$$=\Delta_r G_m^{\ominus}+RT\ln J^{\ominus}\text{（气）}$$

式中，$J^{\ominus}$（气）只包含气体组分的分压，平衡时 $\Delta_r G_m=0$。上式简化为

$$\Delta_r G_m^{\ominus}=-RT\ln J^{\ominus}\text{(气,平衡)}$$

定义：$K^{\ominus}=J^{\ominus}\text{(气，平衡)}=\prod_B\left[\frac{p_B\text{(气，平衡)}}{p^{\ominus}}\right]^{\nu_B}$。例如上述反应 $K^{\ominus}=\frac{\left(\frac{p_L}{p^{\ominus}}\right)^{\nu_L}}{\left(\frac{p_A}{p^{\ominus}}\right)^{\nu_A}}$（平衡）则

$$\Delta_r G_m^{\ominus}=-RT\ln K^{\ominus} \tag{4-48}$$

因此，在有纯凝聚相参加的理想气体反应中，各气相组分的平衡压力商等于标准平衡常数 $K^{\ominus}$，其中不出现凝聚相。

例如，$CaCO_3$(s) 的分解反应

$$\mathrm{CaCO_3(s)\longrightarrow CaO(s)+CO_2(g)}$$

$$K^{\ominus}=\frac{p(\mathrm{CO_2})}{p^{\ominus}}$$

式中，$p(CO_2)$ 为该温度下 CO_2 的平衡压力，称为 $CaCO_3$(s) 的分解压力。煅烧石灰石生产石灰时，随着温度升高，$CaCO_3$(s) 的分解压力 $p(CO_2)$ 也升高，当 $p(CO_2)=p$(环) 时，$CaCO_3$(s) 发生明显的分解反应，这时的温度称为分解温度。101.325kPa 下 $CaCO_3$(s) 的分解温度为 1170K。不同温度下 $CaCO_3$(s) 的分解压力如表 4-1 所示。

表 4-1 碳酸钙的分解压力

T/K	773	873	973	1073	1170	1273	1373	1473
p/Pa	9.42	2.45×10^2	2.96×10^3	2.32×10^4	1.013×10^5	3.92×10^6	1.17×10^6	2.91×10^6

4.4 平衡常数的热力学计算

平衡常数是一个很重要的量，但是由实验直接测定平衡常数通常有一定的局限性，有些甚至是无法直接测定的，而由公式 $\Delta_r G_m^{\ominus}=-RT\ln K^{\ominus}$ 可看出，$\Delta_r G_m^{\ominus}$ 直接与化学反应标准平衡常数相联系，故我们可先求出标准摩尔反应吉布斯函数变 $\Delta_r G_m^{\ominus}$，然后由 $\Delta_r G_m^{\ominus}$ 再计算出 $K^{\ominus}$。

利用热力学数据 $\Delta_r G_m^{\ominus}$ 计算平衡常数通常用下面几种方法。

4.4.1 由 $\Delta_f G_m^{\ominus}$ 计算平衡常数

如果能够知道参加反应的各种物质的标准态的吉布斯函数（$G^{\ominus}$）的绝对值，则用简单的加减方法就能求得任意反应的 $\Delta_r G_m^{\ominus}$，但这是不可能的。因为热力学函数的绝对值都不知道。解决问题的办法是仿照化学反应热中用标准摩尔生成热（焓）$\Delta_f H_m^{\ominus}(B,\beta,T)$ 来计算标准摩尔反应热（焓）$\Delta_r H_m^{\ominus}$ 的方法，我们用标准摩尔生成吉布斯函数 $\Delta_f G_m^{\ominus}(B,\beta,T)$ 来计算标准摩尔反应吉布斯函数 $\Delta_r G_m^{\ominus}$。

定义：在一定温度和标准压力 $p^{\ominus}$ 下，由稳定的单质（包括纯的理想气体、纯的固体或液体）生成 1mol 化合物时反应的标准吉布斯函数变，称为该化合物的标准摩尔生成吉布斯函数，并用符号 $\Delta_f G_m^{\ominus}(B,\beta,T)$ 表示。"f"代表生成，上标"⊖"代表反应物和产物都各自处于标准压力 $p^{\ominus}$，但这里没有指定温度（对同一化合物 298.15K 和 1000K 的 $\Delta_f G_m^{\ominus}$ 是不一样的，但通常《物理化学数据手册》上所给的表值，大都是 298.15K 的数值）。根据这一定义，则稳定单质的标准摩尔生成吉布斯函数都等于零。即

$$\Delta_f G_m^{\ominus}(\text{稳定单质})=0$$

例如，在 298.15K 时，反应

$$\frac{1}{2}N_2(g,p^{\ominus})+\frac{3}{2}H_2(g,p^{\ominus})=\!=\!=NH_3(g,p^{\ominus})$$

已知合成 1mol NH_3(g) 反应的 $\Delta_r G_m^{\ominus}$ 为 $-16.635\text{kJ}\cdot\text{mol}^{-1}$。在 $p^{\ominus}$ 时，稳定单质 N_2 和 H_2 的 $\Delta_f G_m^{\ominus}$ 都为零，所以

$$\Delta_r G_m^{\ominus}=\Delta_f G_m^{\ominus}(NH_3)-0-0=-16.635\text{kJ}\cdot\text{mol}^{-1}$$

则

$$\Delta_f G_m^{\ominus}(NH_3)=\Delta_r G_m^{\ominus}=-16.635\text{kJ}\cdot\text{mol}^{-1}$$

在附录七中列出了一些化合物在 298.15K 时的 $\Delta_f G_m^{\ominus}(B,\beta,298.15\text{K})$。有了这些数据，就能很方便地计算任意反应在 298.15K 时的 $\Delta_r G_m^{\ominus}$ 值。

例如，对任意反应 $a\text{A}+b\text{B}=l\text{L}+m\text{M}$，则

$$\begin{aligned}\Delta_r G_m^{\ominus} &=[l\Delta_f G_m^{\ominus}(L)+m\Delta_f G_m^{\ominus}(M)]-[a\Delta_f G_m^{\ominus}(A)+b\Delta_f G_m^{\ominus}(B)]\\ &=\sum_B \nu_B \Delta_f G_m^{\ominus}(B,\beta,T)\end{aligned} \tag{4-49}$$

【例 4-2】 已知 298.15K 时，

$$\Delta_f G_m^{\ominus}(H_2O,g)=-228.60\text{kJ}\cdot\text{mol}^{-1}$$
$$\Delta_f G_m^{\ominus}(CO_2,g)=-394.38\text{kJ}\cdot\text{mol}^{-1}$$

计算反应

$$C(\text{石墨})+2H_2O(g)=\!=\!=CO_2(g)+2H_2(g)$$

在 298.15K 时的 $K^{\ominus}$。

解 由式(4-49) 得

$$\begin{aligned}\Delta_r G_m^{\ominus} &=[2\Delta_f G_m^{\ominus}(H_2)+\Delta_f G_m^{\ominus}(CO_2)-2\Delta_f G_m^{\ominus}(H_2O)-\Delta_f G_m^{\ominus}(C)]\\ &=[2\times0+(-394.38)-2\times(-228.60)-0]\text{kJ}\cdot\text{mol}^{-1}\\ &=62.82\text{kJ}\cdot\text{mol}^{-1}\end{aligned}$$

由式(4-13) 得

$$\ln K^{\ominus}=-\frac{\Delta_r G_m^{\ominus}}{RT}=-\frac{62.82\times10^3\text{J}\cdot\text{mol}^{-1}}{8.314\text{J}\cdot\text{K}^{-1}\cdot\text{mol}^{-1}\times298.2\text{K}}=-25.34$$

$$K^{\ominus}=9.89\times10^{-12}$$

4.4.2 利用 $\Delta_r H_m^\ominus$ 和 $\Delta_r S_m^\ominus$ 数值计算平衡常数

等温条件下按 G 的定义得

$$\Delta_r G_m^\ominus = \Delta_r H_m^\ominus - T\Delta_r S_m^\ominus$$

式中
$$\Delta_r H_m^\ominus = \sum \nu_B \Delta_f H_m^\ominus(B, \beta, T)$$

或
$$\Delta_r H_m^\ominus = -\sum \nu_B \Delta_c H_m^\ominus(B, \beta, T)$$

$$\Delta_r S_m^\ominus = \sum \nu_B S_m^\ominus(B, \beta, T)$$

故可由标准摩尔生成热（焓）$\Delta_f H_m^\ominus(B,\beta,T)$ 或标准摩尔燃烧热（焓）$\Delta_c H_m^\ominus(B,\beta,T)$ 及标准摩尔熵 $S_m^\ominus(B,\beta,T)$，计算标准摩尔吉布斯函数变 $\Delta_r G_m^\ominus$，然后再进一步计算出平衡常数。

但要注意，用这种方法时所采用的标准生成热（焓）、标准燃烧热（焓）、标准摩尔熵是什么温度下的数据，得出的 $\Delta_r G_m^\ominus$ 就是什么温度下的，计算出来的平衡常数也是该温度下的平衡常数。一般情况下，表中查得的 $\Delta_f H_m^\ominus(B,\beta,T)$、$\Delta_c H_m^\ominus(B,\beta,T)$、$S_m^\ominus(B,\beta,T)$ 是 298.15K 时的数据，计算出来的平衡常数就是 298.15K 时的值。

【例 4-3】 已知 298.15K 时下列物质的热力学数据如下：

物质	$\Delta_f H_m^\ominus(B,\beta,T)/kJ\cdot mol^{-1}$	$S_m^\ominus(B,\beta,T)/J\cdot K^{-1}\cdot mol^{-1}$
$CH_4(g)$	−74.848	186.19
$H_2O(g)$	−241.83	188.72
$CO_2(g)$	−393.51	213.67
$H_2(g)$	0	130.59

计算 298.15K 时反应

$$CH_4(g) + 2H_2O(g) = CO_2(g) + 4H_2(g)$$

的 $\Delta_r G_m^\ominus$ 和 $K^\ominus$ 值。

解
$$\begin{aligned}\Delta_r H_m^\ominus &= \sum \nu_B \Delta_f H_m^\ominus(B,\beta,T)\\ &= (-393.51) + 4\times 0 - (-74.848) - 2\times(-241.83)\,kJ\cdot mol^{-1}\\ &= 165.00\,kJ\cdot mol^{-1}\end{aligned}$$

$$\begin{aligned}\Delta_r S_m^\ominus &= \sum \nu_B S_m^\ominus(B,\beta,T)\\ &= 213.67 + 4\times 130.59 - 2\times 188.72 - 186.19\,J\cdot K^{-1}\cdot mol^{-1}\\ &= 172.40\,J\cdot K^{-1}\cdot mol^{-1}\end{aligned}$$

故
$$\begin{aligned}\Delta_r G_m^\ominus &= \Delta_r H_m^\ominus - T\Delta_r S_m^\ominus\\ &= 165.00\,kJ\cdot mol^{-1} - 298.15K\times 172.40\times 10^{-3}\,kJ\cdot mol^{-1}\cdot K^{-1}\\ &= 113.60\,kJ\cdot mol^{-1}\end{aligned}$$

由式(4-13) 得

$$K^\ominus = \exp\left(\frac{-\Delta_r G_m^\ominus}{RT}\right) = \exp\left(\frac{-113.60\times 10^3\,J\cdot mol^{-1}}{8.314\,J\cdot K^{-1}\cdot mol^{-1}\times 298.15K}\right) = 1.25\times 10^{-20}$$

4.4.3 利用几个有关化学反应的 $\Delta_r G_m^\ominus$ 值计算平衡常数

若所求的化学反应能够用几个已知 $\Delta_r G_m^\ominus$（或 $K^\ominus$）值的反应式通过运算而得到，就可求得该反应的 $K^\ominus$（或 $\Delta_r G_m^\ominus$）。

【例 4-4】　已知 1000K 时，反应

① C(石墨) + $O_2(g)$ ══ $CO_2(g)$　　$K_1^{\ominus} = 4.731 \times 10^{20}$；

② CO(g) + $\frac{1}{2}O_2(g)$ ══ $CO_2(g)$　　$K_2^{\ominus} = 1.659 \times 10^{10}$；

计算下述反应在 1000K 时的平衡常数。

③ C(石墨) + $CO_2(g)$ ══ 2CO(g)　　$K_3^{\ominus}$ =?

解　③ = ① − 2 × ②，故

$$\Delta_r G_{m,3}^{\ominus} = \Delta_r G_{m,1}^{\ominus} - 2\Delta_r G_{m,2}^{\ominus}$$

而
$$\Delta_r G_{m,1}^{\ominus} = -RT\ln K_1^{\ominus}, \Delta_r G_{m,2}^{\ominus} = -RT\ln K_2^{\ominus}$$

于是得
$$-RT\ln K_3^{\ominus} = -RT\ln K_1^{\ominus} + 2RT\ln K_2^{\ominus}$$

因此
$$K_3^{\ominus} = \frac{K_1^{\ominus}}{(K_2^{\ominus})^2} = \frac{4.731 \times 10^{20}}{(1.659 \times 10^{10})^2} = 1.719$$

除以上三种方法外，求算 $\Delta_r G_m^{\ominus}$ 还有其他方法，例如，还可利用电动势测定来计算，这将在第 7 章中介绍。

4.5　平衡常数的实验测定及平衡组成的计算

在一定的温度、压力和一定的原料配比的条件下，反应达到平衡时，就达到了反应的限度。若反应未达到平衡组成，则可通过加入催化剂等办法来加速反应，以缩短达到平衡的时间。但若反应已达到平衡，则在温度、压力以及原料配比不变的条件下，是无法超越此平衡的，但可改变条件，看在什么条件下可以提高此平衡的限度。这就是进行平衡计算的实际意义。

计算平衡组成的最基本的数据是平衡常数，前面已介绍了几种通过计算求出平衡常数的方法，下面介绍怎样由实验测定平衡常数。

4.5.1　平衡常数的实验测定

将待测反应进行化学实验，等反应达到了化学平衡时测定浓度、分压或其他有关数据。根据实验测出的数据，通过计算可得到平衡常数。根据测定浓度方式的不同，可采用物理或化学的方法。

(1) 物理方法

利用系统的某种物理性质的测定来间接地确定浓度，如测定系统的折射率、电导率、颜色、光的吸收、溶液 pH 值以及压力或体积的改变等。这种方法的优点，是在测定时不会扰乱或破坏系统的平衡状态。

(2) 化学方法

利用化学分析的方法可测定平衡系统中各物质的浓度。但是加入试剂往往会扰乱平衡，使所得的浓度并非平衡时的真正浓度。因此，必须设法在进行分析前就使平衡“冻结”。通常可以将系统骤然冷却，在较低的温度下进行化学分析，此时平衡的移动受分析试剂的影响较小，或可不予考虑。若反应需有催化剂才能进行，则可以除去催化剂使反应“停止”。对于在溶液中进行的反应，可以加入大量的溶剂把溶液冲淡，以降低平衡移动的速率。究竟使用哪一种方法，要针对具体问题，选取最适当、最简便的方法。

平衡测定的前提是所测的组成必须确保是平衡时的组成，达到平衡组成时应有如下特点：

① 系统若已达平衡，则在外界条件不变的情况下，无论再经历多长时间，系统中各物质的浓度均不再改变。

② 从反应物开始正向进行反应，或者从产物开始逆向进行反应，在达到平衡后，所得到的平衡常数应相等。

③ 任意改变参加反应各物质的最初浓度，达平衡后所得到的平衡常数相同。

【例 4-5】 含有 $SO_2(g)$ 和 $O_2(g)$ 各 1mol 的混合气体，在 903K、100kPa 下通过盛有铂催化剂的高温管后，反应

$$SO_2(g)+\frac{1}{2}O_2(g)=\!=\!=SO_3(g)$$

可达化学平衡态。将反应后流出的气体冷却，用 KOH 吸收 $SO_2(g)$ 和 $SO_3(g)$，然后测量剩余的 $O_2(g)$ 的体积，在 273K、100kPa 时为 $1.378\times10^{-2}m^3$，计算 908K 时 $SO_3(g)$ 解离反应的平衡常数 K_p。

解　$p(总)=p^{\ominus}=100kPa$

	$SO_3(g)$	$=\!=\!=$ $SO_2(g)$	$+$ $\frac{1}{2}O_2(g)$
初始 n_B/mol	0.000	1.000	1.000
平衡 n_B/mol	$2\times(1-0.6071)$ $=0.7858$	$1-2\times(1-0.6071)$ $=0.2142$	$\frac{100000\times1.378\times10^{-2}}{8.314\times273}$ $=0.6071$

平衡时气体总量/mol　$0.7858+0.2142+0.6071=1.6071$

平衡分压 p_B/Pa　$\frac{0.7858}{1.6071}\times p^{\ominus}$　$\frac{0.2142}{1.6071}\times p^{\ominus}$　$\frac{0.6071}{1.6071}\times p^{\ominus}$

$$K_p=\frac{\left[\frac{p(SO_2)}{p^{\ominus}}\right]\left[\frac{p(O_2)}{p^{\ominus}}\right]^{\frac{1}{2}}}{\frac{p(SO_3)}{p^{\ominus}}}=\frac{0.2142}{0.7858}\times\left(\frac{0.6071}{1.6071}\right)^{\frac{1}{2}}=0.1675$$

4.5.2 平衡转化率的计算

平衡转化率也称为理论转化率或最高转化率，是达到化学平衡以后反应物转化为产物的百分数。它与转化率的含义不同。转化率是指实际情况下，反应结束后反应物转化的百分数。由于实际情况常常不能达到平衡，所以实际的转化率常低于平衡转化率，而转化率的极限就是平衡转化率。转化率与反应进行的时间有关。例如，SO_2 的催化氧化，以 7%SO_2、11%O_2、82%N_2 为原料，在常压、748K 时，平衡转化率为 96.1%，而以 V_2O_5 催化剂接触 0.5s 时，转化率为 65%，接触 1.5s 时转化率为 85%。

$$平衡转化率=\frac{平衡时已转化掉的某反应物的量}{该反应物的投料量}\times100\%\qquad(4\text{-}50)$$

在进行有关平衡转化率的计算时，应正确地写出平衡混合物中各物质的含量。对于计量系数均为 1 的反应并无困难，若计量系数不全为 1 就要注意。例如，合成氨的反应。

(1) 若设 x 为 N_2 的转化率：

	N_2	$+$ $3H_2$	$=\!=\!=$ $2NH_3$
初始时 n_B/mol	1	3	0

平衡后 n_B/mol $1-x$ $3(1-x)$ $2x$

(2)若设 y 为平衡后 NH_3 的物质的量分数：

	N_2 +	$3H_2$ ═	$2NH_3$
初始时 n_B/mol	1	3	0
平衡后 n_B/mol	$\frac{1}{4}(1-y)$	$\frac{3}{4}(1-y)$	y

【例 4-6】 在 1000K 和 $p=1.520\times10^5$Pa 下，2mol 乙烷按下列方程式分解：

$$CH_3CH_3(g) \rightleftharpoons CH_2{=}CH_2(g)+H_2(g)$$

已知平衡常数 $K^{\ominus}=0.898$，求该反应中乙烷的平衡转化率。

解 设平衡时乙烯的量为 $n$mol，则平衡时各物质的量分数和分压如下：

	CH_3CH_3 ⇌	$CH_2{=}CH_2$ +	H_2
反应前 n_B/mol	2	0	0
平衡后 n_B/mol	$2-n$	n	n
总量 $\sum n_B$/mol	$2-n+n+n=2+n$		
平衡后物质的量分数 x_B	$\frac{2-n}{2+n}$	$\frac{n}{2+n}$	$\frac{n}{2+n}$
平衡分压 p_B/Pa	$\frac{2-n}{2+n}p$	$\frac{n}{2+n}p$	$\frac{n}{2+n}p$

$$K^{\ominus}=\frac{\left[\frac{p(CH_2CH_2)}{p^{\ominus}}\right]\left[\frac{p(H_2)}{p^{\ominus}}\right]}{\left[\frac{p(CH_3CH_3)}{p^{\ominus}}\right]}=\frac{\left(\frac{n}{2+n}\right)^2\times(1.520\times10^5\text{Pa})^2}{\frac{2-n}{2+n}\times1.520\times10^5\text{Pa}}\times\frac{1}{100000\text{Pa}}$$

将 $K^{\ominus}=0.898$ 代入上式得

$$1.5n^2=0.898(2+n)(2-n)=0.898(4-n^2)$$

解得

$$n=1.23\text{mol}$$

即平衡时已转化掉的乙烷的量为 1.23mol，所以乙烷的平衡转化率为

$$\frac{1.23}{2}\times100\%=61.5\%$$

4.5.3 平衡组成的计算

平衡常数之值可用来计算化学反应达到平衡时，反应系统混合物中产物或反应物的含量。

【例 4-7】 已知 298.2K 时，乙醇与乙酸混合后酯化反应的 $K_x=4.0$，若将 1mol 乙醇和 1mol 乙酸混合进行反应，计算达到平衡后将有多少摩尔的乙酸乙酯生成？

解 设平衡时乙酸乙酯的量为 $n$mol，则平衡时各物质的量及物质的量分数如下：

	$CH_3CH_2OH(l)$ +	$CH_3COOH(l)$ ⇌	$CH_3COOC_2H_5(l)$ +	$H_2O(l)$
初始量 n_B/mol	1	1	0	0
平衡量 n_B/mol	$1-n$	$1-n$	n	n
平衡时总量 $\sum n_B$/mol	$1-n+1-n+n+n=2$			
物质的量分数 x_B	$\frac{1-n}{2}$	$\frac{1-n}{2}$	$\frac{n}{2}$	$\frac{n}{2}$

$$K_x=\frac{\frac{n}{2}\times\frac{n}{2}}{\frac{1-n}{2}\times\frac{1-n}{2}}=\frac{n^2}{(1-n)^2}$$

$$4.0=\frac{n^2}{(1-n)^2}$$

整理解得 $n=0.67\text{mol}$（另一解 $n=2$ 不合理），即平衡时将有 0.67mol 的乙酸乙酯生成。

【例 4-8】 将一个容积为 1.0547dm^3 的石英容器抽空，在温度为 297.0K 时导入一氧化氮直到压力为 24136Pa。然后再引入 0.7040g 溴，并升温到 323.7K。达到平衡时压力为 30823Pa。求 323.7K 时反应

$$2NOBr(g) \longrightarrow 2NO(g)+Br_2(g)$$

的 $K^{\ominus}$（容器的热膨胀可忽略不计）。

解 由 $p_BV=n_BRT$ 可知，当 T、V 恒定，$p_B \propto n_B$ 时，反应中各 p_B 的变化亦比例于化学计量数。

故此题用 p_B 表示各物质的数量较方便。

由 $n(NO)=\frac{p_1V}{RT_1}=\frac{p_2V}{RT_2}$ 知，323.7K 时，NO 的原始分压为

$$p'(NO)=p_2=p_1\frac{T_2}{T_1}=24136\text{kPa}\times\left(\frac{323.7\text{K}}{297.0\text{K}}\right)=26306\text{Pa}$$

323.7K 时，Br_2 的原始分压为

$$p'(Br_2)=\frac{n(Br_2)RT}{V}=\frac{0.7040\text{g}}{159.8\text{g}}\times 8.314\text{J}\cdot\text{K}^{-1}\cdot\text{mol}^{-1}\times 323.7\text{K}\times\frac{1}{0.0010547}\text{m}^3$$

$$=11241\text{Pa}$$

若平衡时 NOBr 的分压为 xPa，则按化学反应方程

	$2NOBr(g)$	$\rightleftharpoons$	$2NO(g)$	+	$Br_2(g)$
开始 p'/Pa	0		26306		11241
平衡 p_B/Pa	x		$26306-x$		$11241-\frac{x}{2}$

总压 $=x+(26306-x)+\left(11241-\frac{x}{2}\right)=30823$

所以　平衡压 $p(NOBr)=x=13448\text{Pa}$

因此

$$K^{\ominus}=\frac{\left[\frac{p(NO)}{p^{\ominus}}\right]^2\times\left[\frac{p(Br_2)}{p^{\ominus}}\right]}{\left[\frac{p(NOBr)}{p^{\ominus}}\right]^2}=\frac{p^2(NO)p(Br_2)}{p^2(NOBr)}\times\frac{1}{p^{\ominus}}$$

$$=\frac{(26306-x)^2\left(11241-\frac{x}{2}\right)\text{Pa}}{x^2}\cdot\frac{1}{p^{\ominus}}$$

$$=\frac{(26306-13448)^2\times\left(11241-\frac{13448}{2}\right)\text{Pa}}{13448^2}\times\frac{1}{100000\text{Pa}}$$

$$=0.04129$$

4.6 温度对平衡常数的影响

平衡常数 $K^{\ominus}$ 是温度的函数。改变反应进行时的温度，$K^{\ominus}$ 值也要发生变化。前面已介绍过通过查手册计算出 $\Delta_r G_m^{\ominus}$，然后可求出 $K^{\ominus}$，但手册多为 298.15K 时的数据，由此得到的是 $K^{\ominus}$(298.15K)，因此，要想求得其他任意温度的 $K^{\ominus}(T)$，则需研究温度对 $K^{\ominus}$ 的影响。

根据吉布斯-亥姆霍兹方程可得出任一化学反应的 $\Delta_r G_m^{\ominus}$ 与 T 的关系式为

$$\left[\frac{\partial\left(\frac{\Delta_r G_m}{T}\right)}{\partial T}\right]_p = -\frac{\Delta_r H_m}{T^2}$$

若参加反应的物质均处于标准态，则应有

$$\left[\frac{\partial\left(\frac{\Delta_r G_m^{\ominus}}{T}\right)}{\partial T}\right]_p = -\frac{\Delta_r H_m^{\ominus}}{T^2}$$

把 $\Delta_r G_m^{\ominus} = -RT\ln K^{\ominus}$ 代入上式，得

$$\left[\frac{\partial\left(\frac{\Delta_r G_m^{\ominus}}{T}\right)}{\partial T}\right]_p = -R\left[\frac{\partial \ln K^{\ominus}}{\partial T}\right]_p = -\frac{\Delta_r H_m^{\ominus}}{T^2}$$

由于标准态规定了压力，因此 $K^{\ominus}$、$\Delta_r G_m^{\ominus}$ 只是温度的函数，故偏导数可改为导数，即

$$\frac{\mathrm{d}\ln K^{\ominus}}{\mathrm{d}T} = \frac{\Delta_r H_m^{\ominus}}{RT^2} \tag{4-51}$$

上式常称为范特霍夫（Van't Hoff）等压方程，它是计算 $K^{\ominus}$ 与 T 关系的基本方程。式中 $\Delta_r H_m^{\ominus}$ 是标准摩尔反应热（焓）。

由等压方程可得出如下结论：

① 对于吸热反应，$\Delta_r H_m^{\ominus} > 0$，$\frac{\mathrm{d}\ln K^{\ominus}}{\mathrm{d}T} > 0$，即 $K^{\ominus}$ 随温度的上升而增大，增加温度对正向反应有利。

② 对于放热反应，$\Delta_r H_m^{\ominus} < 0$，$\frac{\mathrm{d}\ln K^{\ominus}}{\mathrm{d}T} < 0$，即 $K^{\ominus}$ 随温度的上升而减小，升高温度对正向反应不利。

将公式(4-51) 积分，可分两种情况来讨论。

① 若温度变化范围不大，$\Delta_r H_m^{\ominus}$ 可看作常数，式(4-51) 在温度 T_1 和 T_2 之间定积分得

$$\ln\frac{K^{\ominus}(T_2)}{K^{\ominus}(T_1)} = -\frac{\Delta_r H_m^{\ominus}}{R}\left(\frac{1}{T_2} - \frac{1}{T_1}\right) \tag{4-52}$$

若进行不定积分，得

$$\ln K^{\ominus} = -\frac{\Delta_r H_m^{\ominus}}{RT} + I \tag{4-53}$$

式中 I 为积分常数。只要知道某温度下的 $K^{\ominus}$ 及 $\Delta_r H_m^{\ominus}$ 值，就能求出积分常数 I。

② 若温度的变化范围较大，则必须考虑 $\Delta_r H_m^{\ominus}$ 与 T 的关系。

已知

$$\begin{aligned}\Delta_r H_m^{\ominus}(T) &= \Delta H_0 + \int \Delta C_p \mathrm{d}T \\ &= \Delta H_0 + \Delta a T + \frac{1}{2}\Delta b T^2 + \frac{1}{3}\Delta c T^3 + \cdots\end{aligned}$$

ΔH_0 是积分常数，将上式代入式(4-51) 后得

$$\frac{\mathrm{d}\ln K^{\ominus}}{\mathrm{d}T}=\frac{\Delta H_0}{RT^2}+\frac{\Delta a}{RT}+\frac{\Delta b}{2R}+\frac{\Delta c}{3R}\times T+\cdots$$

移项积分，得

$$\ln K^{\ominus}=\left(-\frac{\Delta H_0}{R}\right)\frac{1}{T}+\frac{\Delta a}{R}\ln T+\frac{\Delta b}{2R}T+\frac{\Delta c}{6R}T^2+\cdots+I$$

式中，I 为积分常数。

【例 4-9】 由下列数据估算 100kPa 下碳酸钙分解制取氧化钙的分解温度。可假设 $\Delta_r H_m^{\ominus}$ 为常数。

物　质	$\Delta_f H_m^{\ominus}(298K)/kJ\cdot mol^{-1}$	$\Delta_f G_m^{\ominus}(298K)/kJ\cdot mol^{-1}$
$CaCO_3$(s,方解石)	-1206.8	-1128.8
CaO(s)	-635.09	-604.2
CO_2(g)	-393.51	-394.36

解 碳酸钙分解反应为

$$CaCO_3(s)\longrightarrow CaO(s)+CO_2(g)$$

因题给烧制石灰的条件是在 $p(环)\approx p^{\ominus}=100\mathrm{kPa}$ 下，因此若要石灰石开始快速分解，则须使此反应的 $p(CO_2，平衡)=p(环)=100\mathrm{kPa}$，即 $K^{\ominus}=p(CO_2,平衡)/p^{\ominus}=1$。

从题给数据求得 298K 时：

$$\Delta_r H_m^{\ominus}(298K)=\Delta_f H_m^{\ominus}(CaO,s)+\Delta_f H_m^{\ominus}(CO_2,g)-\Delta_f H_m^{\ominus}(CaCO_3,s)$$
$$=-635.09\mathrm{kJ\cdot mol^{-1}}-393.51\mathrm{kJ\cdot mol^{-1}}-(-1206.8)\mathrm{kJ\cdot mol^{-1}}$$
$$=178.2\mathrm{kJ\cdot mol^{-1}}$$

$$\Delta_r G_m^{\ominus}(298K)=\Delta_f G_m^{\ominus}(CaO,s)+\Delta_f G_m^{\ominus}(CO_2,g)-\Delta_f G_m^{\ominus}(CaCO_3,s)$$
$$=-604.2\mathrm{kJ\cdot mol^{-1}}-394.36\mathrm{kJ\cdot mol^{-1}}-(-1128.8)\mathrm{kJ\cdot mol^{-1}}$$
$$=130.2\mathrm{kJ\cdot mol^{-1}}$$

$\Delta_r G_m^{\ominus}$ 是个较大的正值，说明室温下此反应的 $K^{\ominus}$ 很小，碳酸钙是稳定的。但 $\Delta_r H_m^{\ominus}>0$，说明随着温度升高，此反应的 $K^{\ominus}$ 增加。作为粗略估算可设 $\Delta_r H_m^{\ominus}$ 为常数。

按式(4-52) $\ln\frac{K_2^{\ominus}}{K_1^{\ominus}}=-\frac{\Delta_r H_m^{\ominus}}{R}\left(\frac{1}{T_2}-\frac{1}{T_1}\right)$

$T_1=298\mathrm{K}$ 时，$\ln K_1^{\ominus}=-\Delta_r G_m^{\ominus}(298K)/(RT_1)$，$T_2$ 时，$K_2^{\ominus}=p(CO_2,平衡)/p^{\ominus}=1$，即 $\ln K_2^{\ominus}=0$，故 $-\ln K_1^{\ominus}=\frac{\Delta_r H_m^{\ominus}}{R}\left(\frac{1}{T_2}-\frac{1}{T_1}\right)=\frac{\Delta_r G_m^{\ominus}(298K)}{RT_1}$，所以

$$\frac{1}{T_2}=-\frac{\Delta_r G_m^{\ominus}(298K)}{T_1\Delta_r H_m^{\ominus}}+\frac{1}{T_1}=\frac{1}{T_1}\times\left[1-\frac{\Delta_r G_m^{\ominus}(298K)}{\Delta_r H_m^{\ominus}}\right]=\frac{1}{298}\times\left(1-\frac{130.2}{178.2}\right)\mathrm{K^{-1}}$$

解得

$$T_2=1106\mathrm{K}(833℃)$$

100kPa 下，石灰石的实际分解温度为 896℃。

【例 4-10】 若已知反应

$$CO(g)+H_2O(g)=\!=\!=CO_2(g)+H_2(g)$$

在 298.2K 时的 $K^\ominus=9.963\times10^4$，$\Delta_r H_m^\ominus=-41.16\text{kJ}$，各物质的等压摩尔热容 $C_{p,m}$（单位为 $J\cdot mol^{-1}\cdot K^{-1}$）与温度之间的关系为

$$C_{p,m}(CO,g)=26.537+7.683\times10^{-3}T-1.172\times10^{-6}T^2$$

$$C_{p,m}(H_2O,g)=29.16+14.49\times10^{-3}T-2.022\times10^{-6}T^2$$

$$C_{p,m}(CO_2,g)=26.75+42.258\times10^{-3}T-14.25\times10^{-6}T^2$$

$$C_{p,m}(H_2,g)=26.88+4.347\times10^{-3}T-0.3265\times10^{-6}T^2$$

求：(1) $K^\ominus$ 与温度 T 之间的关系式。

(2) 800K 时反应的 $K^\ominus$

解 (1) 根据等压方程 $\dfrac{d\ln K^\ominus}{dT}=\dfrac{\Delta_r H_m^\ominus}{RT^2}$，要知道 $K^\ominus$ 与温度 T 之间的关系，需先求出 $\Delta_r H_m^\ominus$ 的温度表达式。

由基尔霍夫公式知

$$\Delta_r H_m^\ominus=\int\Delta C_{p,m}dT+\Delta H_0$$

而

$$\Delta C_{p,m}=-2.067+24.432\times10^{-3}T-11.3825\times10^{-6}T^2$$

$$\Delta_r H_m^\ominus=-2.067T+12.216\times10^{-3}T^2-3.794\times10^{-6}T^3+\Delta H_0$$

将 $T=298.2\text{K}$，$\Delta_r H_m^\ominus=-41.16\times10^3\text{J}$ 代入上式并解得

$$\Delta H_0=-41.529\times10^3$$

故

$$\Delta_r H_m^\ominus=-2.067T+12.216\times10^{-3}T^2-3.794\times10^{-6}T^3-41.529\times10^3$$

将 $\Delta_r H_m^\ominus$ 代入式(4-51) 并积分得

$$\ln K^\ominus=-\frac{2.067}{R}\ln T+\frac{12.216\times10^{-3}}{R}T-\frac{3.794\times10^{-6}}{2R}T^2+\frac{41.529\times10^3}{RT}+I$$

将 $T=298.2\text{K}$，$K^\ominus=9.963\times10^4$ 代入上式并解得：

$$I=-4.243$$

所以 $K^\ominus$ 与 T 的关系为

$$\ln K^\ominus=-0.2486\ln T+1.469\times10^{-3}T-0.2282\times10^{-6}T^2+4.995\times10^3/T-4.243$$

(2) 当 $T=800\text{K}$ 时，代入上式得

$$K^\ominus=1.368$$

4.7 其他可控条件对化学平衡的影响

当一个化学反应达到平衡时，通过改变一些人为控制的反应条件，可以影响化学平衡，使平衡发生移动。例如，当反应系统温度发生变化以后，指定反应的平衡常数就发生改变，从而使反应的平衡状态发生移动。除了温度外，其他一些人为可控制条件，如压力、惰性气体等，都将影响化学平衡。但其他的人为可控制条件对平衡的影响与温度不同，它们一般只影响平衡（或者说只使平衡发生移动），而不影响平衡常数的大小。下面分别进行讨论。

4.7.1 压力对平衡的影响

(1) 对于理想气体反应

因为$K^{\ominus}$只是温度的函数，温度不变，$K^{\ominus}$不变，系统压力 p 的改变并不能改变$K^{\ominus}$的数值，因此，由公式 $K^{\ominus}=K_y\left(\frac{p}{p^{\ominus}}\right)^{\sum\nu_B}$ 可知，等温条件下：

① 对于$\sum\nu_B>0$ 的反应（如 $N_2O_4 = 2NO_2$），压力 p 增加，K_y 减小，即转化率 α 变小，反应向左移动。

② 对于$\sum\nu_B<0$ 的反应（如 $N_2+3H_2 = 2NH_3$），压力 p 增加，K_y 增大，即转化率 α 变大，反应向右移动。

③ 对于$\sum\nu_B=0$ 的反应（如 $CO_2+H_2 = CO+H_2O$），因为 $K^{\ominus}=K_y$，所以压力 p 改变，K_y 不变，对平衡无影响。故压力 p 的改变，只能影响$\sum\nu_B\neq0$ 的反应，对于$\sum\nu_B=0$ 的气相反应并不产生影响。

(2) 对于液相或固相等凝聚相反应

因为
$$\Delta_r G_m^{\ominus}=-RT\ln K^{\ominus},\quad \left(\frac{\partial \Delta_r G_m^{\ominus}}{\partial p}\right)_T=\Delta V$$

故
$$\left(\frac{\partial \ln K^{\ominus}}{\partial p}\right)_T=-\frac{\Delta V}{RT}$$

式中，ΔV 代表产物与反应物的体积之差。若 $\Delta V>0$，则增加压力对正向反应不利；若 $\Delta V<0$，则增加压力对正向反应有利；若 $\Delta V=0$，则改变压力对平衡没有影响。一般情况下，对于凝聚相反应来说，由于 ΔV 数值一般不大，所以在一定温度下，当压力变化不大时，反应的 $K^{\ominus}$可看作与压力无关。但若压力变化很大，压力的影响就不能忽略。

【例 4-11】 在 600K、100kPa 下，$N_2O_4(g)$ 有 50.2%解离。当压力增至 1000kPa 时，$N_2O_4(g)$ 有多少解离？

解 设开始时 $N_2O_4(g)$ 的量为 1mol，解离度为 α，则

	$N_2O_4(g) =$	$2NO_2(g)$
初始量 n_B/mol	1	0
平衡量 n_B/mol	$1-\alpha$	2α
总量$\sum n_B$/mol	$1-\alpha+2\alpha=1+\alpha$	
分压 p_B/Pa	$\frac{1-\alpha}{1+\alpha}p$	$\frac{2\alpha}{1+\alpha}p$

$$K^{\ominus}=\frac{p^2(NO_2)}{p(N_2O_4)}(p^{\ominus})^{\sum\nu_B}=\frac{\left(\frac{2\alpha}{1+\alpha}p\right)^2}{\frac{1-\alpha}{1+\alpha}p}\times(p^{\ominus})^{-1}=\frac{4\alpha^2}{1-\alpha^2}\times\frac{p}{p^{\ominus}}$$

当 $p=100\text{kPa}=p^{\ominus}$，$\alpha=0.502$ 时

$$K^{\ominus}=\frac{4\times0.502^2}{1-0.502^2}=1.348$$

当 $p=1000$kPa，由于温度不变，$K^{\ominus}$仍为 1.348

将 p 代入 $K^{\ominus}$表达式中，$K^{\ominus}=\frac{4\alpha'^2}{1-\alpha'^2}\times\frac{1000}{100}=1.348$

解得
$$\alpha'=0.1806=18.06\%$$

【例 4-12】 已知 C（金刚石）和 C（石墨）的 $\Delta_f G_m^{\ominus}(298K)$ 分别为 2.87kJ·mol^{-1} 和 0，又知 298K、100kPa 时二者的密度分别为 $3.513\times10^3 kg\cdot m^{-3}$ 和 $2.260\times10^3 kg\cdot m^{-3}$，问：

(1) 在 298K、100kPa 下，石墨和金刚石何者较为稳定？

(2) 在 298K 时，需要多大的压力才能使石墨转变为金刚石？

解 (1) C(石墨)⟶C(金刚石)

$$\Delta_r G_m^{\ominus}=2.87-0=2.87kJ>0$$

这就说明，在 298K、100kPa 下，石墨较为稳定。

(2) 因为 $\left(\frac{\partial \Delta_r G_m^{\ominus}}{\partial p}\right)=\Delta V$，则

$$\Delta_r G_m^{\ominus}(p)-\Delta_r G_m^{\ominus}(p^{\ominus}=100kPa)=\int_{p^{\ominus}}^{p}\Delta V dp=\Delta V(p-100000)$$

$$\Delta_r G_m^{\ominus}(p)=\Delta_r G_m^{\ominus}(p^{\ominus})+\Delta V(p-100000)$$

$$=2.87\times10^3+(12.011\times10^{-6}/3.513-12.011\times10^{-6}/2.260)\times(p-10000)$$

要使石墨转变为金刚石，须使 $\Delta_r G_m^{\ominus}(p)<0$，代入上式解得

$$p>1.514\times10^9 Pa$$

这就是说，只有压力大于 1.514×10^9 Pa（约相当于大气压力的 15000 倍），石墨才有可能转化为金刚石。

4.7.2 惰性气体对化学平衡的影响

所谓“惰性气体”是指反应系统中不参加反应的物质。例如，在合成氨的反应中，原料气中所含的甲烷和氩等气体，就是不参加反应的“惰性气体”。至于通常所说的惰性气体——周期表中的零族元素，则几乎是一切反应的惰性气体。这些惰性气体虽不参加化学反应，但却能影响平衡的移动。

对于理想气体或低压气体反应，由公式

$$K^{\ominus}=K_n\left[\frac{p}{p^{\ominus}\sum_B n_B}\right]^{\sum\nu_B}$$

可知，增加惰性气体，使气体物质的量 $\sum_B n_B$ 增大，在温度、总压恒定的条件下：

① 对于 $\sum\nu_B>0$ 的反应，如 $C_6H_5C_2H_5(g)\longrightarrow C_6H_5C_2H_3(g)+H_2(g)$，增加惰性气体，$\sum_B n_B$ 增大，则式中 K_n 增大，故平衡向产物方向移动，即增加惰性气体有利于气体物质的量增大的反应。

② 对于 $\sum\nu_B<0$ 的反应，如 $N_2+3H_2\longrightarrow 2NH_3$，增加惰性气体，$\sum_B n_B$ 增大，则式中 K_n 减小，故平衡向反应物方向移动，即增加惰性气体，不利于气体物质的量减小的反应。

比如，在合成氨反应中，原料气是循环使用的，当惰性气体 Ar 和甲烷积累过多时，就要影响氨的产率。因此每隔一定时间，就要对原料气做一定的处理（例如放空，同时补充新鲜原料气，或设法回收有用的惰性气体）。

【例 4-13】 100kPa 下，乙苯脱氢制苯乙烯的反应，已知 873K 时 $K^{\ominus}=0.178$。若原料气中乙苯和水蒸气的比例为 1∶9，求乙苯的最大转化率。若不添加水蒸气，则乙苯的转化率为多少？

解　在 873K 和标准压力 $p^{\ominus}$ 下，通入 1mol 乙苯和 9mol 水蒸气，并设 x 为乙苯转化掉的物质的量：

	$C_6H_5C_2H_5$	$C_6H_5CH{=}CH_2$	$+H_2$	H_2O
反应前/mol	1	0	0	9
平衡后/mol	$1-x$	x	x	9

平衡后的总物质的量 $=1-x+x+x+9=(10+x)$mol

$$K^{\ominus}=K_n\left[\frac{p}{p^{\ominus}\sum_{B}n_B}\right]^{\sum\nu_B}=\frac{x^2}{1-x}\left[\frac{p}{p^{\ominus}\sum_{B}n_B}\right]^{\sum\nu_B}$$

因为 $\sum\nu_B=1$，反应压力为 $p^{\ominus}$，所以

$$K^{\ominus}=\frac{x^2}{1-x}\times\left(\frac{1}{10+x}\right)=0.178$$

解得　$x=0.728\text{mol}$

$$\text{转化率 }\alpha=\frac{0.728}{1}\times100\%=72.8\%$$

如果不加水蒸气，则平衡后 $\sum n_B=1-x+x+x=1+x$，所以

$$K^{\ominus}=\frac{x^2}{1-x}\left(\frac{1}{1+x}\right)=\frac{x^2}{1-x^2}=0.178$$

解得　$x=0.389\text{mol}$

转化率　$\alpha=\frac{0.389}{1}\times100\%=38.9\%$

显而易见，加入水蒸气后，使苯乙烯的最大转化率从 38.9%增大到 72.8%。

4.7.3　原料配比对化学平衡的影响

对于化学反应

$$a\text{A}+b\text{B}=\!=\!=l\text{L}+m\text{M}$$

若原料气中只有反应物而无产物，令反应物配比为 $\frac{n_B}{n_A}=r$。其变化范围为 $0<r<\infty$。在维持总压力相同的情况下，随着 r 的增加，气体 A 的转化率增加，而气体 B 的转化率减少。但产物在混合气体中的平衡含量随着 r 增加，存在着一个极大值。可以证明，当配比 $b/a=r$ 即原料气中两种气体物质的量之比等于化学计量系数比时，产物 L、M 在混合气体中的含量（摩尔分数）为最大。

因此，在合成氨反应中，总是使原料气中氢与氮的体积比为 3∶1，以使氨的含量最高。

在 500℃、30.4MPa，平衡混合物中氨浓度的体积百分数与原料气配比 $\frac{n(H_2)}{n(N_2)}=r$ 关系见表 4-2 和图 4-2 所示。

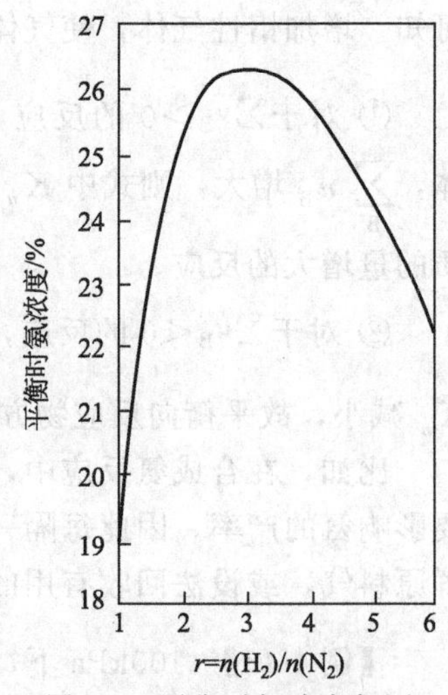

图 4-2　平衡时氨浓度与原料气配比之间的关系（500℃、30.4MPa）

如果两种原料气中，B 气体较 A 气体便宜，而 B 气体又容易从混合气体中分离，那么，根据平衡移动原理，为了充分利

用 A 气体，可以使 B 气体大大过量，以尽量提高 A 的转化率。这样做，虽然在混合气体中产物的含量低了，但经过分离便得到更多产物，在经济上还是有益的。

表 4-2　500C、30.4MPa 下，不同氢氮比时混合气中氨的平衡含量

原料配比	1	2	3	4	5	6
NH_3 含量/%	18.8	25.0	26.4	25.8	24.2	22.2

思　考　题

4-1　只有在等温等压下，才能用 $\Delta_r G_m$ 判断过程的方向，有些气相反应的压力随反应进度而变化，但仍然可用反应的 $\Delta_r G_m$ 判断自发变化进行的方向，如何理解？

4-2　标准平衡常数和热力学平衡常数有哪些区别？

4-3　化学反应达到平衡时的宏观特征和微观特征是什么？

4-4　化学反应达到稳态和平衡态有何区别？试以合成氨为例加以说明。

习　　题

4-1　1000K、100kPa 时反应 $2SO_3(g) \rlap{=}{=\!=} 2SO_2(g)+O_2(g)$ 的 $K^{\ominus}=3.45$。

(1) 求此反应 1000K 时的 K_c、K_y 和 $\Delta_r G_m^{\ominus}$；

(2) 求 1000K 时反应 $SO_3(g) \rlap{=}{=\!=} SO_2(g)+\frac{1}{2}O_2(g)$ 的 $K^{\ominus}$ 和 $\Delta_r G_m^{\ominus}$；

(3) 在同温时，若 $p(SO_2)=20kPa$，$p(O_2)=100kPa$，$p(SO_3)=20kPa$，反应的 $\Delta_r G_m$ 等于多少？反应向何方向进行？若 $p(SO_2)$ 和 $p(O_2)$ 不变，$p(SO_3)$ 应等于多少才能使反应向着生成 SO_3 的方向进行？

4-2　1000K 时，反应

$$C(s)+2H_2(g) \rightleftharpoons CH_4(g)$$

$\Delta_r G_m^{\ominus}=19397J \cdot mol^{-1}$。现有与碳反应的气体，其中含有 CH_4 10%、H_2 80%、N_2 10%（体积%）。试问：

(1) $T=1000K$、$p=101.325kPa$ 时，甲烷能否形成？

(2) 在 (1) 的条件下，压力须增加到若干，上述合成甲烷的反应才可能进行？

4-3　已知 298K 时，$\Delta_f G_m^{\ominus}(H_2O, l, 298K)=-237.19kJ \cdot mol^{-1}$，水的饱和蒸气压 $p^{\ominus}(H_2O)=3.167kPa$，若 $H_2O(g)$ 可视为理想气体，求 $\Delta_f G_m^{\ominus}(H_2O, g, 298K)$。

4-4　在一个抽空的容器中引入氯和二氧化硫，若它们之间没有发生反应，则在 375.3K 时的分压应分别为 47.836kPa 和 44.786kPa。将容器保持在 375.3K，经一定时间后，压力变为常数，且等于 86.096kPa。求反应 $SO_2Cl_2(g) \rightleftharpoons SO_2(g)+Cl_2(g)$ 的 $K^{\ominus}$。

4-5　已知反应 $C_2H_4(g)+H_2O(g) \longrightarrow C_2H_5OH(g)$，在 400K 时，$K^{\ominus}$ 为 0.1，若原料系由 1mol C_2H_4 和 1mol H_2O 所组成，计算在该温度及压力 $p=10p^{\ominus}$ 时 C_2H_4 的转化率，并计算平衡系统中各物质的量分数（气体可当做理想气体）。

4-6　五氯化磷分解反应

$$PCl_5(g) \rightleftharpoons PCl_3(g)+Cl_2(g)$$

在 473.15K 时的 $K^{\ominus}=0.312$，计算：

(1) 473.15K、200kPa 下 PCl_5 的离解度；

(2) 组成 1∶5 的 PCl_5 与 Cl_2 的混合物，在 473.15K、101.325kPa 下 PCl_5 的离解度。

4-7　在真空的容器中放入固态的 NH_4HS，于 298.15K 下分解为 NH_3 与 H_2S，平衡时容器内的压力为 66.66kPa。

(1) 当放入 $NH_4HS(s)$ 时容器中已有 39.99kPa 的 $H_2S(g)$，求平衡时容器中的压力；

(2) 容器中原有 6.666kPa 的 $NH_3(g)$，问需加多大压力的 $H_2S(g)$，才能形成固体 NH_4HS?

4-8 有均相液相反应

$$C_5H_{10}(l)+CCl_3COOH(l)=\!=\!=CCl_3COOC_5H_{11}(l)$$

在温度 373K 时，将 2.15mol 戊烯与 1.00mol 三氯乙酸混合，平衡时得 0.762mol 的酯，计算 7.13mol 戊烯与 1.00mol 三氯乙酸混合时将生成酯多少摩尔？该反应可近似为理想溶液反应。

4-9 已知 298.15K 反应 $CO(g)+H_2(g)=\!=\!=HCHO$，$\Delta_rG_m^{\ominus}(298.15K)=28.95kJ\cdot mol^{-1}$，而 p^*(HCHO，l,298.15K)=199.98kPa，求 298.15K 时，反应 $HCHO(g)=\!=\!=CO(g)+H_2(g)$ 的 $K^{\ominus}(298.15K)$。

4-10 通常钢瓶中装的氮气含有少量的氧气，在实验中为除去氧气，可将气体通过高温下的铜，使发生下述反应

$$2Cu(s)+\frac{1}{2}O_2(g)=\!=\!=Cu_2O(s)$$

已知此反应的 $\Delta_rG_m^{\ominus}/J\cdot mol^{-1}=-166732+63.01T/K$。今若在 873.15K 时反应达到平衡，问经此手续处理后氮气中剩余氧的浓度？

4-11 已知空气中含氧 21%（体积），各种物质热力学数据见下表。

	$Ag_2O(s)$	$Ag(s)$	$O_2(g)$
$\Delta_fH_m^{\ominus}(298.15K)/kJ\cdot mol^{-1}$	−30.59	0	0
$S_m^{\ominus}(298.15K)/J\cdot K^{-1}\cdot mol^{-1}$	121.71	42.69	205.029
$C_{p,m}/J\cdot K^{-1}\cdot mol^{-1}$	65.69	26.78	31.38

(1) 求 298.15K 时，Ag_2O 的分解压力；

(2) 纯 Ag 在 298.15K、100kPa 的空气中能否被氧化；

(3) 一种制备甲醛的工业方法是使 CH_3OH 与空气混合，在 773.15K、100kPa（总压）下自一种银催化剂上通过，此银渐渐失去光泽，并有一部分成粉末状，判断此现象是否因有 Ag_2O 生成所致？

4-12 FeO(s)在 3000K 时分解压力 $p(O_2)=3.3\times10^2Pa$，如反应

$$2FeO(s)=\!=\!=2Fe(s)+O_2(g)$$

的 $\Delta_rH_m(3000K)=512.5kJ\cdot mol^{-1}$，且不随温度而变。求：

(1) $\Delta G_m^{\ominus}(3000K)$；

(2) FeO(s) 在空气中分解的温度。(空气中氧的分压为 21kPa)。

4-13 已知反应 $(CH_3)_2CHOH(g)\longrightarrow(CH_3)_2CO(g)+H_2(g)$ 的 $\Delta C_{p,m}=16.72J\cdot K^{-1}\cdot mol^{-1}$，在 457.4K 时的 $K^{\ominus}$ 为 0.36，在 298K 时的 $\Delta_fH_m^{\ominus}$ 为 61.5kJ。

(1) 写出 $\lg K^{\ominus}=f(T)$ 的函数关系式；

(2) 求 500K 时的 $K^{\ominus}$ 值。

4-14 工业上用乙苯脱氢制苯乙烯：$C_6H_5C_2H_5(g)\rightleftharpoons C_6H_5C_2H_3(g)+H_2(g)$

如反应在 900K 下进行，其 $K^{\ominus}=1.51$。试分别计算在下列情况下，乙苯的平衡转化率：

(1) 反应压力为 100kPa；

(2) 反应压力为 10kPa；

(3) 反应压力为 101.325kPa，且加入水蒸气使原料气中水与乙苯蒸气的物质的量之比为 10∶1。

第5章 相平衡

相平衡与化学平衡一样也是热力学在化学化工领域中的重要应用之一，是化学热力学的主要研究对象。

各种类型的多相平衡可以从不同的角度来讨论。例如，液体的蒸发、固体的熔化或升华、气体或固体在液体中的溶解、物质在不同相之间的分布等，都是我们常遇到的多相平衡的例子。这些类型的多相平衡，均可采用相应的方法来研究它们的规律性。例如拉乌尔定律、亨利定律及其他一些经验规则。但是能用统一的观点来处理各类多相平衡的理论方法却是“相律”。相律是描述多相平衡共存的最基本的规律。根据实验绘制的能表示相律的几何图形称为相图。从相图上可以直观地看出多相平衡系统中各种聚集状态和它们所处的条件(如温度、压力、组成等)。

本章主要用相律来讨论一些基本的典型相图，以及这些相图在科学研究和生产实践中的应用。

5.1 基本概念

5.1.1 相与相数

系统中物理性质和化学性质完全均匀的部分称为相。相与相之间有一明显的界面，越过此界面，系统的性质就发生突变。系统中相的数目称为相数，用符号 Φ 来表示，最小数为1。

通常任何气体均能无限制混合，所以系统内不论有多少种气体都只有一个相。对系统中的液体来说，则由于不同液体的互溶程度不同，可以是一相、两相或更多的相。对系统中的固体来说，如果固体之间不形成固熔体（即固体溶液），一般来说，有多少种固体物质就有多少个相。

在多相系统中，相与相之间有时会发生物质从一相转移到另一相的过程，被转移的物质通过界面时，其性质必定发生突变。如液体蒸发为气体及固体升华为气体等现象，物质聚集状态发生的变化称为相变化。如果一个多相系统，在宏观上没有任何物质从一相转移到另一相的现象，就称为相平衡。

5.1.2 物种数和（独立）组分数

从系统中能单独分离出来并能长期独立存在的化学物质的数目称为物种数，用符号 S 表示。足以表示平衡系统中各相的组成（即浓度）所需要的最少独立物质的数目，称为（独立）组分数，用符号 K 表示。应该注意，系统中的物种数和组分数这两个概念是不同的。例如，由 PCl_5、PCl_3 和 Cl_2 三种气体所构成的单相系统中，若构成系统的各物质之间没有化学反应，则物种数等于组分数，$K=S=3$。若三者之间存在如下的化学平衡，即

$$PCl_5(g) \rightleftharpoons PCl_3(g) + Cl_2(g)$$

则系统成为二组分系统，因为某一组分可以由其他两个组分借助相互间的化学反应而产生出来，我们可以完全不加入这种组分但它必然存在于系统之中，它在平衡时的含量，可由其他两个组分的含量通过平衡常数而求得。我们可以任取“PCl_3 和 Cl_2”、“PCl_5 和 PCl_3”或“PCl_5 和 Cl_2”作为系统的（独立）组分。至于挑选哪一对，在原则上并没有区别。倘若系统

中 PCl_3 和 Cl_2 的浓度之间还有一定限制条件，例如二者的比例指定为 1∶1，即 $c(PCl_3)=c(Cl_2)$，在这种情况下，只用 PCl_5 一种物质就能通过上述平衡计算 PCl_3 和 Cl_2，系统就成为单组分系统。

从上述的示例来看，存在这样一个规则，即系统的组分数等于物种数减去各物种之间存在的独立的化学平衡关系式的数目(R)和浓度限制条件(R')，可用下式表示：

$$K=S-R-R' \tag{5-1}$$

所谓独立的化学平衡条件，要注意"独立"二字。例如在气相反应中：

① $CO(g)+H_2O(g)=\!=\!=CO_2(g)+H_2(g)$

② $CO(g)+\frac{1}{2}O_2(g)=\!=\!=CO_2(g)$

③ $H_2(g)+\frac{1}{2}O_2(g)=\!=\!=H_2O(g)$

三个反应同时存在，但只有两个是独立的，因为任何一个反应可由另外两个反应代数运算得到。如②=③+①。

对于浓度限制条件，必须是在某一相之中的几种物质的浓度之间存在着某种关系，有一个方程把它们联系起来才能作为浓度限制条件。例如，由 $CaCO_3(s)$、$CaO(s)$ 和 $CO_2(g)$ 三种物质构成的系统，即该系统是由 $CaCO_3(s)$ 分解而来的，$CaO(s)$ 和 $CO_2(g)$ 的物质的量一样多，但 $CaO(s)$ 处于固相，$CO_2(g)$ 处于气相，在 CO_2 分压和 CaO 的饱和蒸气压之间，没有公式把它们联系起来，所以该系统的组分数仍旧是二组分系统，即

$$K=S-R=3-1=2$$

5.1.3 自由度

系统独立变化的变量数目称为自由度，用符号 f 表示。这些独立变量，在一定范围内可以任意地改变，而不会引起相数的改变。例如，我们要表明一定量水的状态，需要指定水所处的温度和压力；如果只是指定温度，则水的状态就不能确定；如果指定了温度和压力，则水的状态就确定了，不能再任意指定其他性质（如体积、密度等）。因此，当系统中只有水存在时，则自由度 $f=2$。因为在一定的范围内，水的温度和压力是可以任意指定的，即系统中两个变量（即温度和压力）可任意改变而系统仍然为水一个相。但是应注意，所谓"任意改变"不是无限度的，而是有限度的。例如，在 100kPa 压力下水的温度只能在 0℃和 100℃之间任意变更，当温度改变到 0℃以下就会有冰析出，而到 100℃以上，水将变成水蒸气。同理，在某温度下，压力的改变不能小于此温度时水的饱和蒸气压，否则将有水蒸气产生，所以独立变量的任意改变不能导致系统中相数发生变化（即新相生成或旧相消失），否则系统的自由度将发生变化。

5.1.4 相律

假设一平衡系统中有 K 个组分、Φ 个相。如果 K 个组分在每一相中均存在，欲描述此系统的状态，则需要的独立变量数，即自由度应为多少呢？我们知道，当每个相中有 K 个组分时，则只要任意指定 $(K-1)$ 个组分的浓度（如物质的量分数或质量分数等），就可以表明该相的浓度，因为另一组分的浓度由其他组分的浓度所决定。例如，由 A、B 两种物质组成的一个相，用物质的量分数表示组成，$x_A+x_B=1$，$x_A=1-x_B$（或 $x_B=1-x_A$），即指定 $K-1=1$ 个组分的浓度即可表明该相浓度。当系统中有 Φ 个相时，需要指定 $\Phi(K-1)$ 个浓度，方能确定系统中各个相的浓度；又因平衡时各相的温度和压力均应相同，故应再加上两个变量（假设不考虑重力场、电场等因素）。因此，表明系统状态所需要的变量应为 $\Phi(K-1)+2$；但是，这些变量之间并不都是相互独立的，因为在多相平衡时，还必须有

"每一组分在各个相中的化学势相等"这样一个热力学条件，即 $\mu_B(\alpha)=\mu_B(\beta)$。有一个化学势相等的关系式，就应少一个独立变量数。K 个组分在 Φ 个相中总共有多少个这样的化学势相等的关系式呢？就每一个组分来说，在 Φ 个相中应有 $(\Phi-1)$ 个关系式，即有

$$\mu_B(1)=\mu_B(2) \quad \mu_B(1)=\mu_B(3) \quad \cdots \quad \mu_B(1)=\mu_B(\Phi)$$

共 $(\Phi-1)$ 个关系式，现在有 K 个组分，所以 K 个组分在 Φ 个相中总共有 $K(\Phi-1)$ 个化学势相等的关系式。也就是说，要说明系统的状态，应在上述式子中再减去 $K(\Phi-1)$ 个变量数，即系统中真正的独立变量数应为

$$f=\Phi(K-1)+2-K(\Phi-1)$$

$$f=K-\Phi+2 \tag{5-2}$$

式(5-2)就是相律的数学表达式。相律就是在平衡系统中自由度、独立组分数和相数及影响系统性质的外界因素（如温度、压力、重力场、磁场、表面能等）之间关系的规律。

在式(5-2)中，数字"2"是由于假定外界条件只有温度和压力可以影响系统的平衡状态而来的，对于某些系统，外压（或温度）已指定，因此相律公式可以改写为

$$f^*=K-\Phi+1 \tag{5-3}$$

f^* 称为系统的条件自由度。

在有些系统中，除温度、压力外，考虑到其他因素（如前所述磁场、重力场、电场等）的影响，因此可以用"n"代替"2"，n 是能够影响系统状态的外界因素的个数，这样可写出相律的一般表达式，即

$$f=K-\Phi+n \tag{5-4}$$

【例5-1】 试确定 $H_2(g)+I_2(g)=\!=\!=2HI(g)$ 的平衡系统中，在下述情况下的独立组分数：

(1) 反应前只有 $HI(g)$；

(2) 反应前 $H_2(g)$ 及 $I_2(g)$ 两种气体的物质的量相等；

(3) 反应前有任意量的 $H_2(g)$ 与 $I_2(g)$。

解 由式(5-1)，可知

$$K=S-R-R'$$

(1) 因为 $S=3$，$R=1$，$R'=1$，所以

$$K=3-1-1=1$$

(2) 因为 $S=3$，$R=1$，$R'=1$，所以

$$K=3-1-1=1$$

(3) 因为 $S=3$，$R=1$，$R'=0$，所以

$$K=3-1-0=2$$

5.2 单组分系统的相图

对于单组分系统，根据相律可得

$$f=K-\Phi+2=3-\Phi$$

当 $\Phi=1$ 时，$f=2$，称为双变量平衡系统（通常略去"平衡"二字，简称为双变量系统）。当 $\Phi=2$ 时，$f=1$，称为单变量系统。当 $\Phi=3$ 时，$f=0$，称为无变量系统。单组分系统不可能有四个相同时共存，并且 f 最多等于2，双变量系统的相平衡可以用平面图来表示。下

面以水的相图为例加以说明。

5.2.1 水的相图

图 5-1 是根据表 5-1 的实验结果所绘制的水的相图示意图。

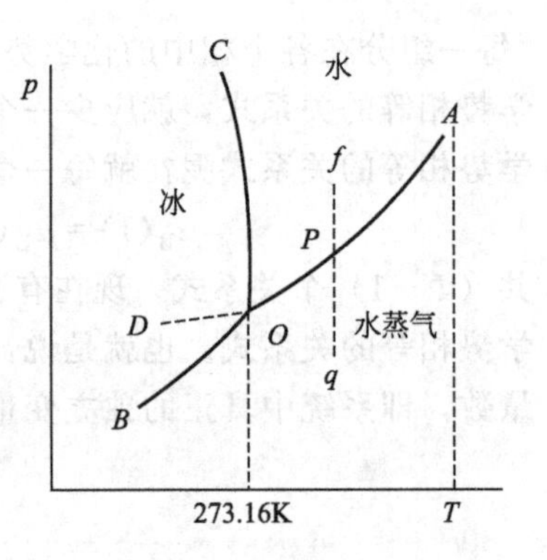

图 5-1　水的相图

① 在水、冰、水蒸气三个区域内，系统都是单相，$\Phi=1$，所以 $f=2$，在该区域内可以有限度地独立改变温度和压力，而不会引起新相的出现。必须同时指定温度和压力两个变量，系统的状态才能完全确定。

② 图中三条实线是两个区域交界线。在线上 $\Phi=2$，表示两相平衡，$f=1$，即指定了温度就不能再任意指定压力，压力应由系统自定。

表 5-1　水的相平衡数据

温度/K	系统的饱和蒸气压/Pa		平衡压力/Pa
	水⇌水蒸气	冰⇌水蒸气	水⇌冰
253.15	—	1.033×10^2	1.996×10^3
258.15	1.905×10^2	1.652×10^2	1.611×10^3
263.15	2.857×10^2	2.594×10^2	1.145×10^3
268.15	4.215×10^2	4.013×10^2	1.681×10^3
273.16	6.110×10^2	6.110×10^2	6.110×10^2
293.15	2.339×10^3	—	—
313.15	7.374×10^3	—	—
333.15	1.991×10^4	—	—
353.15	4.734×10^4	—	—
373.15	1.013×10^5	—	—
423.15	4.752×10^5	—	—
473.15	1.552×10^6	—	—
523.15	3.796×10^6	—	—
573.15	8.587×10^6	—	—
623.15	1.653×10^7	—	—
647.30	2.206×10^7	—	—

OA 线是水蒸气和水两相平衡曲线，即水在不同温度下的蒸气压曲线。*OB* 线是冰和水蒸气两相平衡线（即冰的升华线），*OB* 线在理论上可延长到绝对零度附近。*OC* 线为冰和水的两相平衡线，*OC* 线不能无限向上延长，大约从 2.0265×10^8 Pa 开始，相图变得比较复杂，有六种不同晶型的冰生成，*OA* 线也不能任意延长，它终止于临界点 *A*（647.3K、2.206×10^7 Pa）。在临界点液体的密度与蒸气密度相等，液态和气态之间的界面消失。如从 *A* 点对 *T* 轴作垂线，则垂线之左 *AO*、*OB* 线所围区域称为气体液化区（意味着气体可以加压或降温液化为水），而在垂线之右的区域则称为气相区，因为它高于临界温度，不可能用加压的方法使气体液化。

OA、*OB*、*OC* 三条曲线的任意点切线的斜率均可由克拉贝龙-克劳修斯（Clapeyron-Clausius）方程 5.2.2 求得。

③ 虚线 OD 是 OA 的延长线，是水和水蒸气的介稳平衡曲线，表示过冷水的饱和蒸气压与温度的关系曲线。OD 线在 OB 线之上，它的蒸气压比同温度下处于稳定状态的冰的蒸气压大，因为过冷的水处于不稳定状态，极易变成冰。

④ 在任一分界线上的点，例如 P 点，在该点可能有三种情况：a. 从 f 点起，在等温下使压力降低，在刚刚到达（无限接近）P 点时，气相尚未生成，系统仍是一个液相，系统有两个自由度，$f=1+2-1=2$。由于 P 点是液相区的一个边界点，若要维持液相，则允许升高压力和降低温度。b. 在 P 点上当有气相出现，蒸发过程正在进行时，系统两相平衡，$f=1+2-2=1$，即当两相共存时，指定一个温度相应地就有一定的饱和蒸气压。c. 当液体部分变成蒸气时，P 点成为气相区的边界点，若要维持气相则只允许降低压力和升高温度（$f=2$）。在 P 点虽有上述三种情况，但由于通常我们只注意相的转变过程，所以总是以第二种情况来代表边界线上的相变过程。

⑤ O 点是三条实线的交汇点，称为三相点，在该点水蒸气、水、冰三相平衡共存。$\Phi=3$，$f=0$。三相点的温度为 273.16K，压力为 610.48Pa，不能任意改变。

水的三相点不同于水的冰点 0℃（即 273.15K），并且当外压改变时，冰点也随着改变。这里有两点造成水的三相点和冰点的差异。第一，通常情况下的冰和水都已被空气所饱和，实际上成为多组分系统。由于空气的溶入，液相变为溶液，因而使冰点降低了 0.00242K。第二，在三相点时的外压为 610.48Pa，而通常情况下外压是 101325Pa。若外压从 610.48Pa 改变到 101325Pa，冰点又降低了 0.00747K。这两种效应之和为 0.00242K＋0.00747K＝0.00989K≈0.01K，所以通常所说的水的冰点比三相点低了 0.01K，即等于 273.15K（或 0℃）。

5.2.2 单组分系统两相平衡——克拉贝龙-克劳修斯方程

在一定的温度和压力下，单组分（纯物质）系统的两相平衡时，由相平衡条件可知，两相的摩尔吉布斯函数相等。即

$$G_m^*(B,\alpha,T,p)=G_m^*(B,\beta,T,p)$$

在两相平衡条件下，当系统的温度由 T 改变到 $T+dT$，压力由 p 增加到 $p+dp$，则 α 相的摩尔吉布斯函数由 $G_m^*(B,\alpha)$ 改变到 $G_m^*(B,\alpha)+dG_m^*(B,\alpha)$，$\beta$ 相的摩尔吉布斯函数从 $G_m^*(B,\beta)$ 改变到 $G_m^*(B,\beta)+dG_m^*(B,\beta)$，此时 α 相与 β 相达到新的平衡，故两相的摩尔吉布斯函数仍然相等，

即

$$G_m^*(B,\alpha)+dG_m^*(B,\alpha)=G_m^*(B,\beta)+dG_m^*(B,\beta)$$

又因 $G_m^*(B,\alpha)=G_m^*(B,\beta)$，故 $dG_m^*(B,\alpha)=dG_m^*(B,\beta)$

由热力学的基本关系式知 $dG_m^*(B)=-S_m^*(B)dT+V_m^*(B)dp$ 可得到

$$-S_m^*(B,\alpha)dT+V_m^*(B,\alpha)dp=-S_m^*(B,\beta)dT+V_m^*(B,\beta)dp$$

或

$$\frac{dp}{dT}=\frac{S_m^*(B,\beta)-S_m^*(B,\alpha)}{V_m^*(B,\beta)-V_m^*(B,\alpha)}=\frac{\Delta H_m^*(B)}{T\Delta V_m^*(B)}$$

即

$$\frac{dp}{dT}=\frac{\Delta H_m^*(B)}{T\Delta V_m^*(B)} \tag{5-5}$$

式(5-5) 称为克拉贝龙方程。式中，$S_m^*(B,\alpha)$、$V_m^*(B,\alpha)$ 和 $S_m^*(B,\beta)$、$V_m^*(B,\beta)$ 分别表示 α 相和 β 相中的摩尔熵和摩尔体积；$\Delta H_m^*(B)$ 为系统中物质 B 由 α 相转变到 β 相时的摩尔相变热（焓）；$\Delta V_m^*(B)$ 为相变时的摩尔体积变化值。此方程适用于任何纯物质的蒸发、

升华、熔化及晶型转变等两相平衡系统。

将克拉贝龙方程应用于液$\rightleftharpoons$气或固$\rightleftharpoons$气平衡系统，假设蒸气遵守理想气体状态方程，又因液相或固相的摩尔体积远小于气相的摩尔体积，所以$\Delta V_m^*(B)$可近似等于$V_m^*(B, g)$，这样式(5-5)就简化为

$$\frac{dp}{dT}=\frac{\Delta H_m^*(B)}{T\Delta V_m^*(B)}\approx\frac{\Delta H_m^*(B)}{TV_m^*(B,g)}=\frac{\Delta H_m^*(B)}{T(RT/p)}=\frac{p\Delta H_m^*(B)}{RT^2} \tag{5-6a}$$

或

$$\frac{d\ln p}{dT}=\frac{\Delta H_m^*(B)}{RT^2} \tag{5-6b}$$

式(5-6)称为克拉贝龙-克劳修斯方程，式中$\Delta H_m^*(B)$是液体蒸发时或固体升华时的摩尔相变热（焓）。

假定$\Delta H_m^*(B)$与温度无关，积分式(5-6b)可得

$$\ln p=-\frac{\Delta H_m^*(B)}{RT}+C' \tag{5-7a}$$

或

$$\ln p=-\frac{B}{T}+C \tag{5-7b}$$

式中，C'、C为积分常数。式(5-7)最初是一个经验公式，在这里我们得到了热力学上的证明。式(5-7a)表明，若以$\ln p$对$1/T$作图可得一直线，直线斜率为$-\Delta H_m^*(B)/R$，截距为C'，可用斜率计算实验温度范围内的$\Delta H_m^*(B)$。

对式(5-6)作定积分，则得

$$\ln\frac{p_2}{p_1}=-\frac{\Delta H_m^*(B)}{R}\left(\frac{1}{T_2}-\frac{1}{T_1}\right) \tag{5-8}$$

若已知两个温度下的蒸气压，应用式(5-8)可计算摩尔蒸发热（焓）。若已知摩尔蒸发热（焓）及一个温度下的蒸气压，则可计算另一温度下的蒸气压。

【例 5-2】 当温度从 372.65K 增加到 373.15K 时，水的饱和蒸气压增加了 1.807kPa。已知在 373.15K 时，水和水蒸气的摩尔体积分别为 $0.01877\times10^{-3}\mathrm{m^3\cdot mol^{-1}}$ 及 $30.20\times10^{-3}\mathrm{m^3\cdot mol^{-1}}$。试计算水在 373.15K 时 $\Delta_{vap}H_m^{\ominus}$。

解 由克拉佩龙方程式，得

$$\frac{dp}{dT}=\frac{\Delta_{vap}H_m^{\ominus}}{T[V_m(g)-V_m(l)]}$$

$$\int_{p_1}^{p_2}dp=\frac{\Delta_{vap}H_m^{\ominus}}{[V_m(g)-V_m(l)]}\int_{T_1}^{T_2}\frac{dT}{T}$$

（$\Delta_{vap}H_m^{\ominus}$视为与温度无关的常数）

则

$$\Delta p=\frac{\Delta_{vap}H_m^{\ominus}}{[V_m(g)-V_m(l)]}\ln\frac{T_2}{T_1}$$

得

$$\Delta_{vap}H_m^{\ominus}=\frac{\Delta p[V_m(g)-V_m(l)]}{\ln\dfrac{T_2}{T_1}}$$

$$=\frac{1.807\times10^3\,\mathrm{Pa}\times(30.20-0.01877)\times10^{-3}\,\mathrm{m^3\cdot mol^{-1}}}{\ln\dfrac{373.15\mathrm{K}}{372.65\mathrm{K}}}\times10^{-3}$$

$$=40.67\,\mathrm{kJ\cdot mol^{-1}}$$

【例 5-3】 有一种油，其沸点为 473.15K，摩尔蒸发热为 $4.16\times10^4\text{J}\cdot\text{mol}^{-1}$（与温度无关），求 293.15K 时该油的饱和蒸气压。

解　由式(5-8) 得知：

$$\ln\frac{p_2}{p_1}=-\frac{4.16\times10^4\text{J}\cdot\text{mol}^{-1}}{8.314\text{J}\cdot\text{K}^{-1}\cdot\text{mol}^{-1}}\left(\frac{1}{293.15\text{K}}-\frac{1}{473.15\text{K}}\right)=-6.4933$$

$$\frac{p_2}{p_1}=0.001514$$

所以 $p_2=151.4\text{Pa}$

5.3　二组分气-液平衡系统的相图

根据相律，二组分系统 $K=2$，则 $f=K-\Phi+2=4-\Phi$。

任何系统至少有一个相，所以二组分系统的最大自由度为 3。这三个变量是指温度、压力和浓度（常由物质的量分数表示）。描述三个变量系统，需用三个相互垂直的坐标，绘制成立体图形来表示。其立体图形不仅绘制麻烦，而且使用也不方便。所以在实际工作中，常常固定某一变量，讨论另外两个变量之间的关系，就变成平面图形。若固定温度，得蒸气压-组成图（即 p-x 相图）；若固定压力，得沸点-组成图（即 T-x 相图）；若固定组成，得温度-压力图（即 T-p 相图）。常用前两种图形来研究二组分系统的相变化情况。在此条件下相律的表达式可写为

$$f^*=K-\Phi+1=3-\Phi$$

5.3.1　二组分液态完全互溶理想溶液系统的蒸气压-组成图

两个纯液体可按任意的比例互相混溶的系统，称为完全互溶的双液体系统。根据“相似相溶”的原理，一般说来，两种结构很相似的化合物，例如，苯和甲苯、正己烷和正庚烷、邻二氯苯和对二氯苯或同位素的混合物、立体异构体的混合物等，都能以任意的比例混合，并形成理想溶液。

设液体 A 和液体 B 形成理想溶液系统。根据拉乌尔定律

$$p_{\text{A}}=p_{\text{A}}^*x_{\text{A}}\qquad p_{\text{B}}=p_{\text{B}}^*x_{\text{B}}=p_{\text{B}}^*(1-x_{\text{A}})$$

式中，p_{A}^*、p_{B}^* 分别为在该温度下纯 A、纯 B 的饱和蒸气压；x_{A} 和 x_{B} 分别为溶液中组分 A 和组分 B 的物质的量分数。

溶液的总蒸气压为 p，则

$$\begin{aligned}p&=p_{\text{A}}+p_{\text{B}}\\&=p_{\text{A}}^*x_{\text{A}}+p_{\text{B}}^*(1-x_{\text{A}})\\&=p_{\text{B}}^*+(p_{\text{A}}^*-p_{\text{B}}^*)x_{\text{A}}\end{aligned}$$

在一定温度下，以 x_{B} 为横坐标，以 p 为纵坐标，在 p-x（y）相图上可以分别表示出分压、总压和组成之间的关系（图 5-2）。

由于 A、B 两组分的蒸气压不同。所以当气液两相平衡时，气相的组成与液相的组成也不相同。显然蒸气压较大的组分，它在气相中的组成应比在液相中大。设蒸气符合道尔顿分压定律，气相的组成用 y 表示，则

$$y_{\text{A}}=\frac{p_{\text{A}}}{p}=\frac{p_{\text{A}}^*x_{\text{A}}}{p_{\text{B}}^*+(p_{\text{A}}^*-p_{\text{B}}^*)x_{\text{A}}}$$

$$y_{\text{B}}=1-y_{\text{A}}$$

由上式看出，只要知道一定温度下纯组分 A 的 p_A^* 和纯组分 B 的 p_B^*，就能从溶液的组成求出和它平衡共存的气相组成。又因

$$y_B=\frac{p_B}{p}=\frac{p_B^* x_B}{p}$$

则

$$\frac{y_A}{y_B}=\frac{p_A^* x_A}{p_B^* x_B}$$

设 B 为易挥发组分，$p_A^* < p_B^*$，故由上式得

$$\frac{y_A}{y_B}<\frac{x_A}{x_B}$$

由此可导出

$$y_B > x_B \text{ 及 } y_A < x_A$$

即易挥发组分在气相中的组成 y_B 大于它在液相中的组成 x_B，称为柯诺瓦洛夫（Konowalov）第一定律。如果把气相和液相组成画在一张图上，就得到图 5-3。图中气相线总是在液相线的下面。

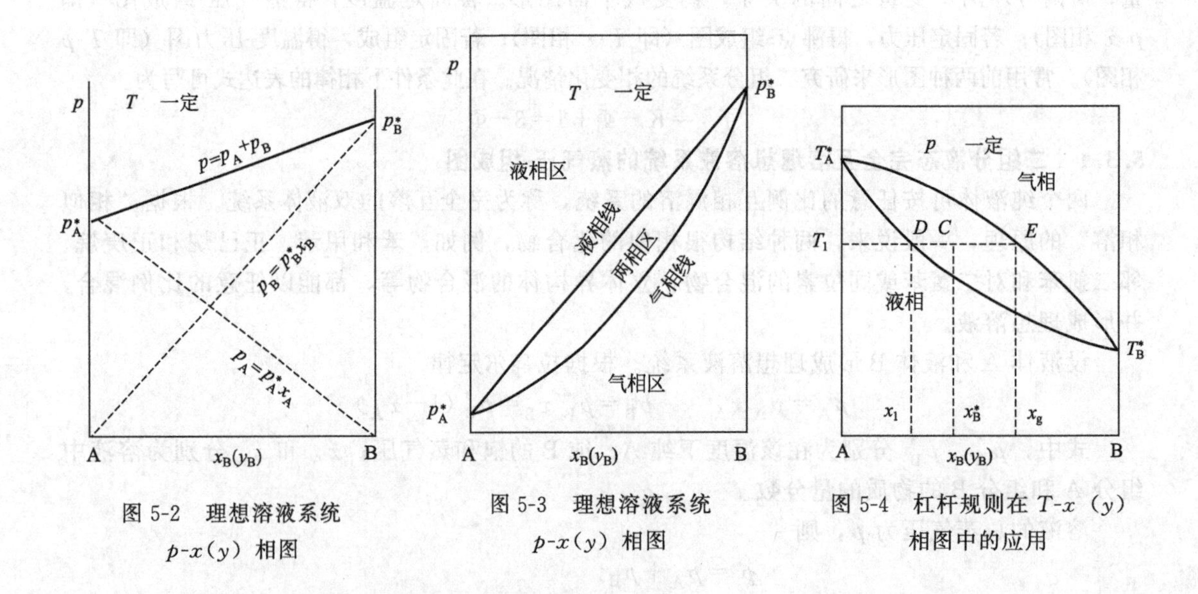

图 5-2 理想溶液系统 p-$x(y)$ 相图

图 5-3 理想溶液系统 p-$x(y)$ 相图

图 5-4 杠杆规则在 T-x（y）相图中的应用

5.3.2 二组分液态完全互溶理想溶液系统的沸点-组成图

在一定压力下，测定不同温度时气液两相平衡的组成，可作出等压条件下的沸点-组成图，即 T-$x(y)$ 相图。由于实际工作常在等压条件下进行，所以 T-$x(y)$ 相图更为有用。如工业生产、科学研究，尤其近代的药物精制等，常使用蒸馏或精馏的操作。

沸点-组成图可直接从实验数据绘制，也可通过蒸气压-组成图绘制，即利用两个纯组分在不同温度下的蒸气压的数据，通过计算可得出 T-$x(y)$ 相图，如图 5-4 所示。由 p-$x(y)$ 相图计算 T-$x(y)$ 相图较麻烦，这里省略。需要时可参考其他物理化学教材。p-$x(y)$ 相图与 T-$x(y)$ 相图不同，但有一定的联系，即蒸气压大的沸点低；反之，沸点高。同样，p-x(y) 相图中气相线在下面，但在 T-$x(y)$ 相图中气相线在上面，且液相线不是直线，而是曲线。

5.3.3 杠杆规则

如图 5-4 所示，在梭形区中气液两相平衡，两相的组成可分别由水平线 DE 的两端读出。设 n_A 为 A 物质的量，n_B 为 B 物质的量，混合后，B 的物质的量分数为 x_B，当温度为 T_1 时，系统点的位置在 C 点，C 点落在梭形区内，是气液两相平衡，其组成分别为 x_1 和 x_g。在气液两相中，A 物质、B 物质的总量分别为 n_1 和 n_g。就组分 B 来说，它存在于气液两相之中，即

$$nx_B^* = n_1x_1 + n_gx_g \qquad n = n_1 + n_g$$

$$(n_1 + n_g)x_B^* = n_1x_1 + n_gx_g \qquad n_1(x_B^* - x_1) = n_g(x_g - x_B^*)$$

或

$$n_1\overline{CD} = n_g\overline{CE} \tag{5-9}$$

可以把图中的 $\overline{DE}$ 比作一个以 C 为支点的杠杆。液相的量乘以 $\overline{CD}$，等于气相的量乘以 $\overline{CE}$，这个关系就称为杠杆规则。对于气-液、液-固、固-固的两相平衡区，杠杆规则都可以使用。如果作图时横坐标用质量百分数，可以证明杠杆规则仍适用，只是上式中气液两相的量改用质量，而不用物质的量。

5.3.4 二组分液态完全互溶非理想溶液系统的蒸气压-组成相图和沸点-组成相图

经常遇到的实际溶液，绝大多数都是非理想溶液系统，它们的行为与拉乌尔定律有一定的偏差。经验证明，绝大多数二组分系统，若组分 A 发生正偏差，则组分 B 也发生正偏差。反之，组分 A 与组分 B 都发生负偏差，但是不同的二组分系统所产生的偏差大小不同，可分两种情况。

（1）产生一般正、负偏差的非理想溶液系统

因溶液的蒸气压与拉乌尔定律产生了偏差，所以蒸气压与组成之间不是直线关系，而是曲线关系，如图 5-5 及图 5-6 所示。图中的虚线是符合拉乌尔定律的情况，实线代表实际情况。图 5-5 表示产生的正偏差；图 5-6 表示产生的负偏差。根据实验数据也可绘制二组分完全互溶的非理想溶液系统的 p-$x(y)$ 相图（图 5-7）和 T-$x(y)$ 相图（图 5-8）。图中实线和虚线以及两个图的关系等意义，与理想溶液系统的情况一样，只是实际数据与拉乌尔定律计算的数据不一样，而产生了偏差。产生偏差的原因通常解释为：

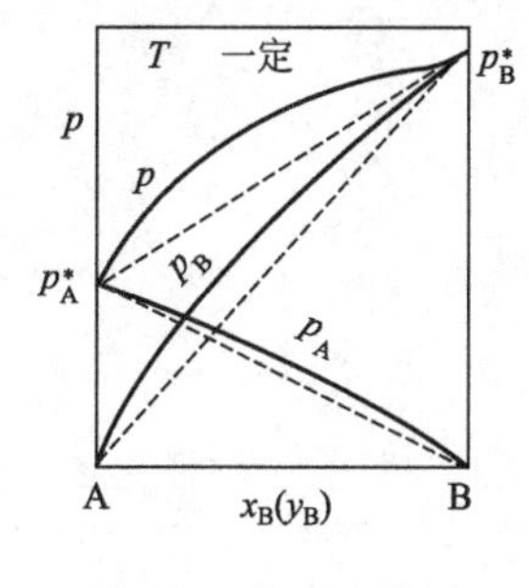

图 5-5 产生正偏差的 p-$x(y)$ 相图

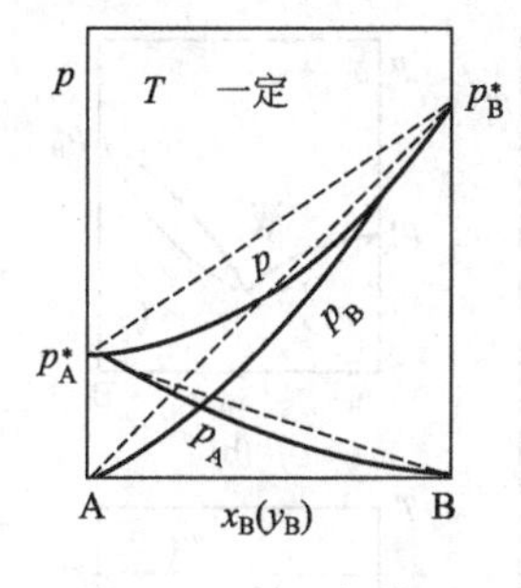

图 5-6 产生负偏差的 p-$x(y)$ 相图

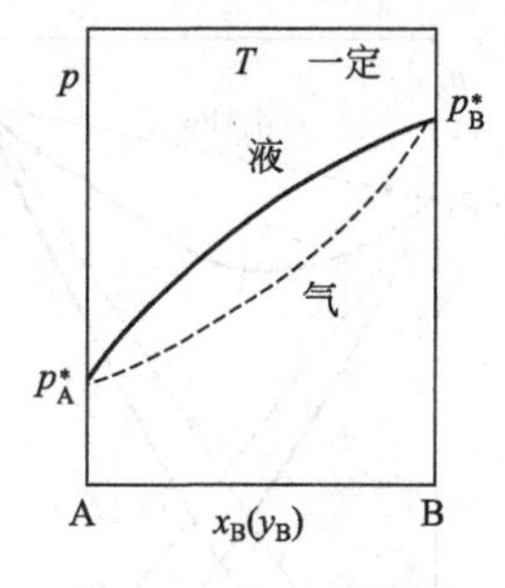

图 5-7 非理想溶液的 p-$x(y)$ 相图

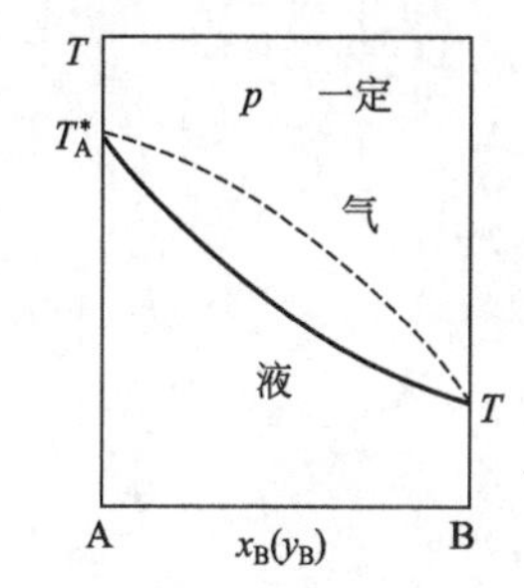

图 5-8 非理想溶液的 T-$x(y)$ 相图

① 同种分子的引力大于异种分子的引力，在 A 分子组成的系统中，把 B 分子加入后就会减少 A 分子所受到的引力，同时 B 分子的引力也会减少，因此组分 A 和组分 B 都变得容易逸出，所以 A 和 B 的蒸气压都产生正偏差，反之，都产生负偏差。

② 若组分 A 或组分 B 原为缔合分子，当组成溶液后，发生解离或缔合度减少，溶液中

A 分子或 B 分子的数目增加，蒸气压就增大，因而产生正偏差。

③ 若组分 A 及组分 B 混合后，生成化合物，溶液中组分 A、组分 B 的分子数都要减少，其蒸气压比用拉乌尔定律计算的要小，因而产生负偏差。

(2) 产生极大（或极小）正、负偏差的非理想溶液系统

对拉乌尔定律产生很大偏差的溶液，在一定浓度范围内，溶液的总蒸气压会大于任意一个纯组分的蒸气压，所以在 p-$x(y)$ 相图上会出现最高点［图 5-9(a)］。反之，在 p-$x(y)$ 相图上会出现最低点［图 5-10(a)］。图中虚线表示理想情况，实线代表实际情况，还可画出正偏差很大的系统，其总蒸气压的组成关系如图 5-9 中的(b) 所示。从图 5-9 中的(b) 也可看出最高蒸气压-组成相图，在 T-$x(y)$ 相图上其沸点最低，如图 5-9 中的(c) 所示。对拉乌尔定律产生很大负偏差的系统，其 p-$x(y)$ 相图与 T-$x(y)$ 相图所示的意义与上述情况相反，即在 p-$x(y)$ 相图上的蒸气压最低点的组成在 T-$x(y)$ 相图上沸点最高，如图 5-10 中的(b)、(c) 所示。

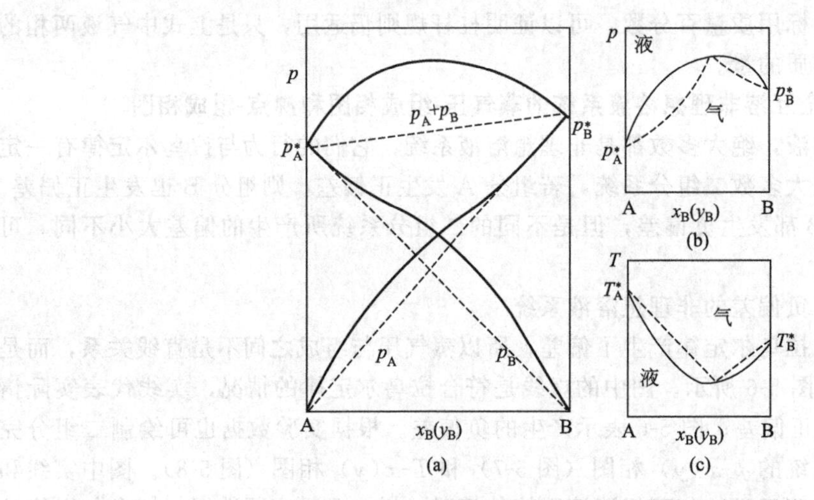

图 5-9　p-$x(y)$相图上具有最高点的非理想溶液系统

(a) 蒸气压-组成图；(b) 最大蒸气压-组成图；(c) 最低恒沸点-组成图

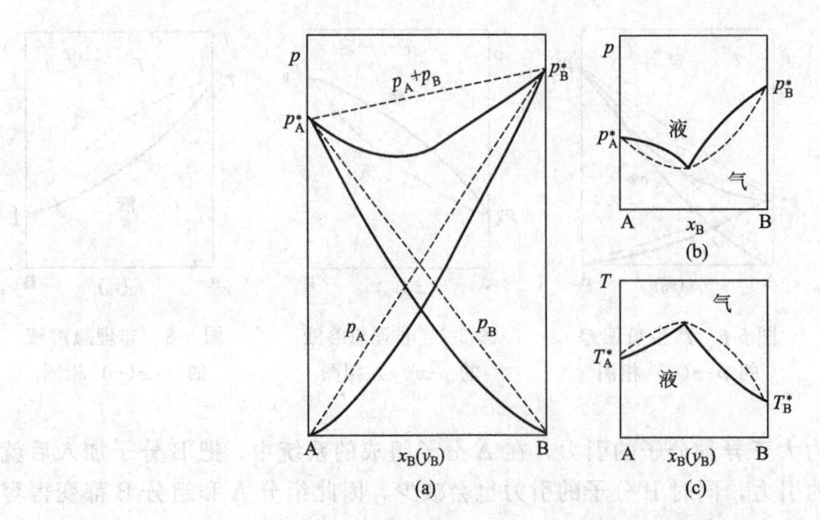

图 5-10　p-$x(y)$相图上具有最低点的非理想溶液系统

(a) 蒸气压-组成图；(b) 最小蒸气压-组成图；(c) 最高恒沸点-组成图

在 T-$x(y)$ 相图上出现的最高点或最低点称为恒沸点。因此恒沸点可分为最低恒沸点和最高恒沸点。在 p-$x(y)$ 相图和 T-$x(y)$ 相图上出现最高点或最低点，在该点，气相线与液相线相切，说明在此点气相的组成与液相的组成相同，此规则称柯诺瓦洛夫第二定律。与该点组成对应的溶液称为恒沸混合物。在工业生产和科学研究中常遇到的最高恒沸混合物有盐酸、硝酸、甲酸等的水溶液，最低恒沸物有乙醇、正丙醇等的水溶液。恒沸混合物具有以下特性：

① 恒沸混合物在一定压力下其组成特别稳定，根据这种性质，常可制备浓度精确的恒沸混合物溶液作为定量分析中的标准溶液。

② 恒沸混合物不是化合物，因外压变化时能影响它的组成，因而也就限制了恒沸混合物的使用范围。

常见的恒沸混合物列入表 5-2 及表 5-3 中。

表 5-2　具有最高恒沸点的恒沸混合物

（压力为 101325Pa）

组分 A	组分 B	最高恒沸点/K	组分 B 的质量分数
水	HNO_3	393.65	0.68
水	HCl	381.65	0.202
水	HBr	399.15	0.475
水	HI	400.15	0.57
水	HF	393.15	0.37
水	甲酸	380.25	0.77
氯仿	丙酮	337.85	0.20
吡啶	甲酸	422.15	0.18
盐酸	甲醚	271.65	0.40

表 5-3　具有最低恒沸点的恒沸混合物

（压力为 101325Pa）

组分 A	组分 B	最低恒沸点/K	组分 B 的质量分数
水	乙醇	351.30	0.9557
乙醇	苯	341.39	0.6763
乙酸	苯	353.20	0.98
二硫化碳	乙酸乙酯	319.25	0.03
吡啶	水	365.75	0.43
甲醇	苯	331.49	0.6045
乙醇	三氯甲烷	332.55	0.930
二硫化碳	丙酮	312.40	0.340
水	异丙醇	353.52	0.8790

5.3.5 精馏原理

将二组分溶液反复进行汽化和冷凝，使溶液中组分 A 和组分 B 达到分离的操作，称为精馏。精馏操作多在等压条件下进行，故应用沸点-组成图讨论精馏原理。根据溶液的沸点情况可分为三种类型讨论。

（1）不存在恒沸点的溶液

此二组分系统当气液两相平衡时，气相和液相的组成各不相同，因挥发性大的组分在气相中含量多，所以通过分馏可使两组分得到分离。分离过程如图 5-11 所示，将系统点为 a 的溶液在等压下加热，当温度升到气液两相平衡共存区域内的 s_1 点时，温度为 T_1，液相有部分汽化，又称为气液两相平衡，液相点为 l_1，气相点为 v_1。由图 5-11 看出，液相组成 x_1，小于原液相组成 x_0。

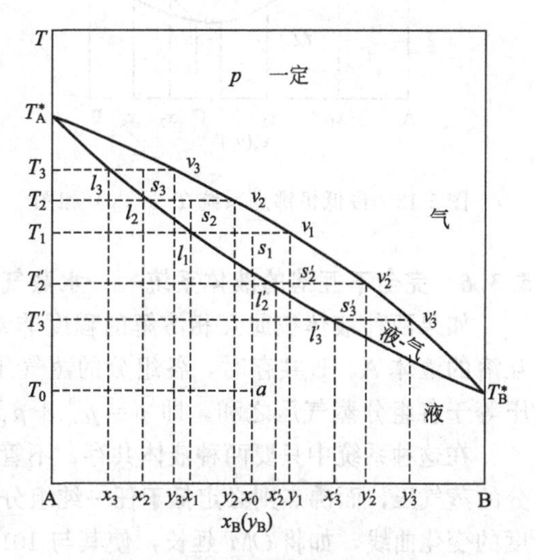

图 5-11　说明精馏原理的二组分系统的 T-$x(y)$ 图

将气液两相（v_1 和 l_1）分开，再将 l_1 点所表示的溶液加热，达到 s_2 点时，温度升到 T_2，液相又有部分汽化而变成气液平衡时的两相，即为 v_2 和 l_2，液相组成 x_2 小于 x_1。将 v_2 和 l_2 分开，再将 l_2 点代表的溶液加热，达到 s_3 点时，温度升到 T_3，液相又有部分汽化变成气液平衡的两相 v_3 和 l_3，液相组成 x_3 小于 x_2，依此类推，最后可得到 $x_B \rightarrow 0$ 时的纯组分 A。再讨论气相的变化，将第一次得到的气相 v_1 所对应组成为 y_1 的蒸气，冷却到 s_2' 点时，气相中有一部分冷凝为液体，又变成气液平衡的两相 v_2' 和 l_2'，气相组成 y_2' 大于 y_1，将 v_2' 和 l_2' 分开，把蒸气 v_2' 冷却到 s_3' 时，气相中又有一部分冷凝为液体，因而又变成气液平衡的两相 v_3' 和 l_3'，气相组成 y_3' 大于 y_2'。依此类推，最后可得到几乎不含组分 A 的蒸气，即纯组分 B。这样就把二组分混合溶液完全分离。

实际精馏操作常在精馏柱和精馏塔中进行，而且部分汽化和部分冷凝可以同时进行。

(2) 具有最低恒沸点的溶液

这一类型的二组分溶液，蒸馏结果只能得到一种纯物质和一种具有最低恒沸点的恒沸物。也就是说，用精馏的方法不可能分离出两种纯物质。精馏过程如图 5-12 所示。

设组成在 AC 之间如 x_1 所代表的溶液，进行蒸馏，先蒸发出来的气相组成为 x_2，由图看出 x_2 中含 B 较多，残留液中含组分 A 较多，若继续蒸馏，则残留液反复进行加热和冷凝，最后所得的蒸馏液为恒沸物 C。同理，组成若在 BC 之间的溶液，反复蒸馏，结果残留液为纯 B，蒸馏液仍是恒沸物 C。总之，两组分不能完全分离。

(3) 具有最高恒沸点的溶液

如图 5-13 所示，这一类型的二组分溶液，反复进行蒸馏，结果也是得到一种纯物质和一种具有最高恒沸点的恒沸物。

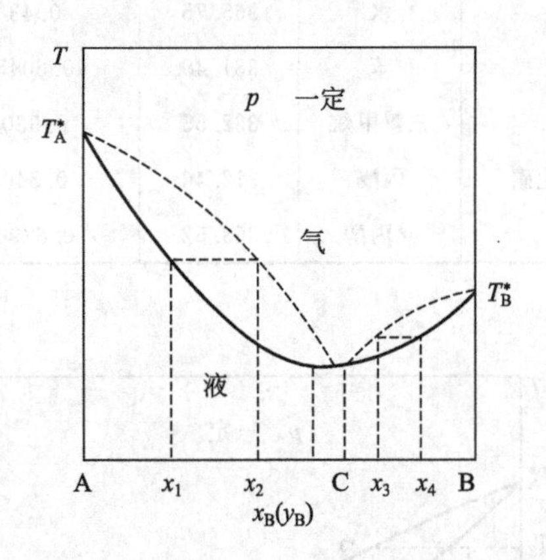

图 5-12　最低恒沸点系统 T-x（y）相图

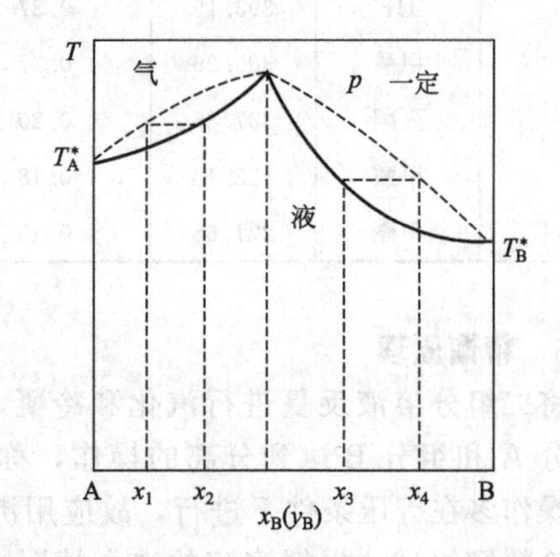

图 5-13　最高恒沸点系统 T-x（y）相图

5.3.6　完全不互溶的液体系统——水蒸气蒸馏原理

如果两种液体彼此互相溶解的程度非常小，以致可以近似地看成是不互溶的。当两种不互溶的液体 A、B 共存时，各组分的蒸气压力与单独存在时一样，混合溶液液面上总的蒸气压等于各组分蒸气压之和，即 $p = p_A^* + p_B^*$。

在这种系统中只要两种液体共存，不管其相对数量如何，系统的总蒸气压必定高于任一组分的蒸气压，而沸点则必定低于任一纯组分的沸点。如图 5-14 所示，*OM* 为氯苯的蒸气压随温度的变化曲线，如将 *OM* 延长，使其与 101325Pa 的水平线相交，就得到氯苯的正常沸点，其温度约为 463.15K。*ON* 是水的蒸气压曲线。如果把每一温度时氯苯和水的蒸气压相加，则得到 *OO'* 线，在 *OO'* 线上所代表的压力为 $p = p^*(H_2O) + p^*(C_6H_5Cl)$。*OO'* 线与 101325Pa 水平

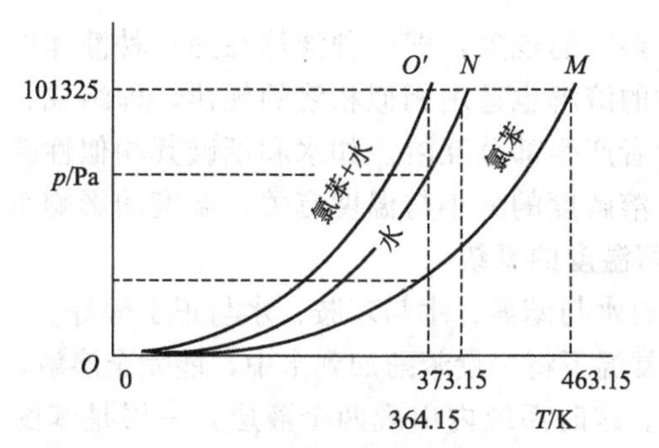

图 5-14　水-氯苯混合物系统的蒸气压曲线

线的相交点，所对应的温度约为 364.15K，也就是说，当水蒸气通入氯苯，加热到 364.15K，系统开始沸腾。氯苯与水同时馏出，由于二者不互溶，所以容易从馏出物中将它们分开。

馏出物中 A、B 两组分的物质的量比，可由下面方法求出：

$$p_A^* = py_A = p\frac{n_A}{n_A + n_B}$$

$$p_B^* = py_B = p\frac{n_B}{n_A + n_B}$$

p 是系统总蒸气压，n_A、n_B 为气相中 A、B 的物质的量。两式相除得

$$\frac{p_A^*}{p_B^*} = \frac{n_A}{n_B} = \left(\frac{m_A}{M_A}\right)\left(\frac{M_B}{m_B}\right)$$

$$\frac{m_A}{m_B} = \left(\frac{p_A^*}{p_B^*}\right)\left(\frac{M_A}{M_B}\right) \tag{5-10}$$

式中，m_A、m_B 分别为馏出物中 A、B 的质量；M_A、M_B 分别为 A、B 的分子量。一般而言，有机物（B）的分子量远比水（A）高，而蒸气压则一般较低。虽然 $p_A^* > p_B^*$，但因 $M_B > M_A$，所以水蒸气带出来的混合物中有机物的相对质量仍不会太低。由此可以看出，有机物 B 的饱和蒸气压越大，分子量越大，则蒸出一定量的有机物所需的水量越少。式中 m_A/m_B 称水蒸气消耗系数，即蒸出单位质量有机物所需水蒸气的量。随着真空技术的发展，实验室及生产中已广泛采用低压蒸馏的方法来提纯物质。但是水蒸气蒸馏由于设备廉价和操作简单，仍具有一定实际意义。

【例 5-4】 在压力为 101325Pa 时，溴苯（C_6H_5Br）和水的混合物系统的沸点为 368.15K，在此温度时，纯水的蒸气压为 8.4505×10^4Pa，纯溴苯的蒸气压为 1.6820×10^4Pa，如欲用水蒸气蒸馏法蒸出 1kg 溴苯，理论上需要多少千克水蒸气？

解　根据式(5-10) 知

$$m(H_2O) = 1\text{kg} \times \frac{18.02 \times 10^{-3}\text{kg} \times 8.4505 \times 10^4\text{Pa}}{157 \times 10^{-3}\text{kg} \times 1.6820 \times 10^4\text{Pa}} = 0.577\text{kg}$$

即需要 0.577kg 的水蒸气。

5.4　二组分液-液平衡系统的相图

如果两种液体的性质有明显的不同，当二者所形成的系统对拉乌尔定律有很大的正偏差

时，这时会发生“部分互溶”的现象，即一种液体在另一种液体中只能有限的溶解。实际上一种液体在另一种液体中的溶解也适用相似相溶的规律，即组成、结构、极性和分子大小相似者相溶；相似性差别大者产生部分互溶。如水和烟碱其相似性差别都较大，故产生部分溶解形成二个液相。然而，溶解度的大小与温度有关，温度的影响可分为三种情况。

5.4.1 具有最高临界溶解温度的系统

属于这种类型的系统有水与苯酚、水与苯胺、水与正丁醇等。现以水和苯酚构成的系统为例，说明温度的影响。在常温下将少量苯酚加到水中，能完全溶解，继续加苯酚，当浓度超过一定数量后，就不再溶解。这时系统内出现两个液层，一层是苯酚在水中的饱和溶液（称水层），另一层是水在苯酚中的饱和溶液（称苯酚层），这两个共存的平衡液相，称为共轭溶液。如图 5-15 中 a 和 b 所对应的两溶液。图 5-15 中的 c 点，两相组成完全相同、两液相的界面消失而成均匀的一个相。c 点称为临界溶解点或会溶点。相应于 c 点的温度 T_c 称为临界溶解温度或会溶温度。当温度在 T_c 以上时，苯酚和水可以按任何比例互溶成为一均匀液相。

图 5-15 中的曲线 acb 表示等压条件下水和苯酚两溶液的相互溶解度与温度的关系。acb 称为溶解度曲线。当系统点为图中的 d 点时，两个液相平衡共存，a 点和 b 点分别是共轭溶液的两个相点。ab 的连接线就是结线。平衡时两相的相对量可按杠杆规则计算。

在系统点由 d 点到 d' 点的过程中，随着温度的升高，两液相的相互溶解度增加，共轭溶液的两个相点分别沿 ac 和 bc 曲线改变。同时两个液相的相对量也在改变。苯酚层的量逐渐增多，水层的量逐渐减少。系统点为 f 点时水层消失，最后消失的水层如 g 点所示。温度再升高至 d' 点，系统变为均匀的一个液相。

系统点在 acb 曲线内右半部时（例如 d 点），在加热过程中水相消失。在 acb 左半部时，在加热过程中苯酚相消失。因此，acb 曲线以外的区域为单相区，acb 曲线以内为两相区。

5.4.2 具有最低临界溶解温度的系统

这类系统的相图与 5.4.1 介绍的相图相反，即两液体的互相溶解度随温度降低而增大，当温度达到某一数值时，两液体完全互溶，该温度称为最低溶解温度。例如，水和三乙胺构成的系统就属于这种类型，其最低临界溶解温度约为 291K，如图 5-16 所示。

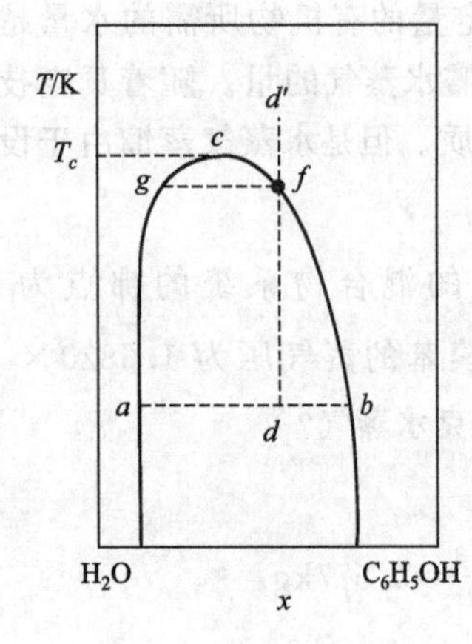

图 5-15　水-苯酚系统的溶解度图

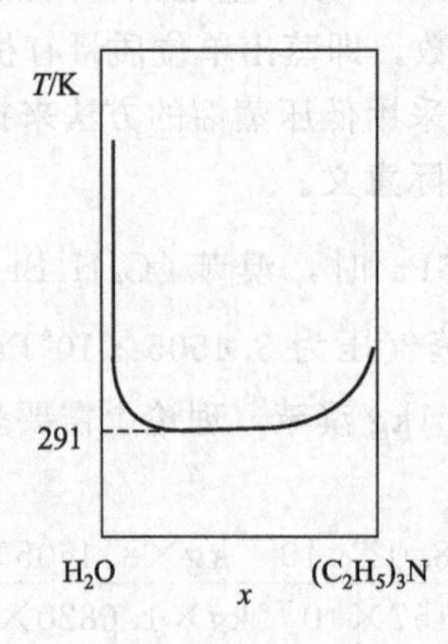

图 5-16　水-三乙胺系统的溶解度图

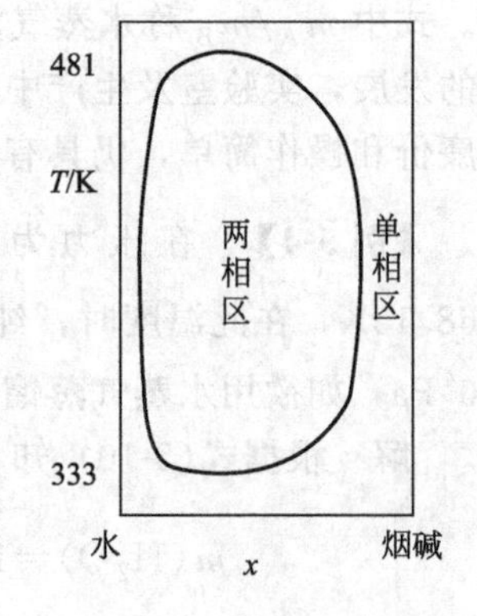

图 5-17　水-烟碱系统的溶解度图

5.4.3 同时具有两种临界溶解温度的系统

这类系统在一定的温度范围内，两种液体的相互溶解度在某一温度时，随着温度的升高而增大，而在另一温度范围内，相互溶解度又随着温度降低而增大，这样该系统在上述温度变化范围内，既出现最高临界溶解温度，又出现最低临界溶解温度。例如，水和烟碱构成的系统如图 5-17 所示。水和烟碱在 333K 以下完全互溶，在此温度以上部分互溶，分为两层，温度超过 481K 又成一个均匀液相。这种系统的相图是一个封闭的环形曲线。

5.5 二组分液-固平衡系统的相图

5.5.1 生成简单低共熔物的二组分系统

仅由液相和固相构成的系统称为凝聚系统。液态完全互溶而固态完全不互溶的二组分液-固平衡系统相图是二组分凝聚系统相图中最简单的一种，如图 5-18 所示。

设系统点为 x 的溶液，在总组成不改变的情况下冷却时，系统点将沿着 xx' 线移动，达到 P 点，纯固体开始自溶液中析出。继续冷却，纯 A 不断析出，与固体 A 平衡共存的溶液的相点沿 CE 线改变。显然，由于 A 的析出，溶液中 B 的相对量增加，即 x_B 增大。系统点为两相平衡区中的 Q 点时，固体 A 的相点为 s，与 A 平衡的溶液的相点为 m。二者数量之比可用杠杆规则计算。继续冷却系统点下降到 R 点时，溶液的相点为 E，相应的温度为 T_E，此时固体 B 与固体 A 同时析出。这种同时析出的混合物称为低共熔混合物。它是 A 与 B 两种不同结晶体的混合物。此混合物中 A 与 B 的相对量就是 E 点所示的组成。系统点在 R 点时，系统中有三个相（固体 A、固体 B 和溶液 E）平衡共存。因为压力已定，此系统的自由度为

$$f=K-\Phi+1=2-3+1=0$$

这是个无变量系统，温度和溶液的组成都保持不变，直到溶液 E 完全凝固后，温度才下降。所以 T_E 是液相能够存在的最低温度，称为低共熔点。温度 T_E 以下，系统内全为固体，即纯 A 与低共熔点混合物机械混合而成。

若系统点为 y 点，在总组成不改变的情况下冷却时，系统沿 yy' 线移动，至 F 点时，纯固体 B 开始自溶液中析出。继续冷却，B 不断析出，与 B 平衡的溶液相点沿 DE 线改变。系统点至 G 点，温度也为 T_E，系统内达到三相平衡，液相的组成 E，固相是由 A、B 形成的低共熔混合物，组成也是 E。这时再冷却，液相量减少，低共熔混合物的量增多，但温度与组成不变，直到液相消失，温度才下降。

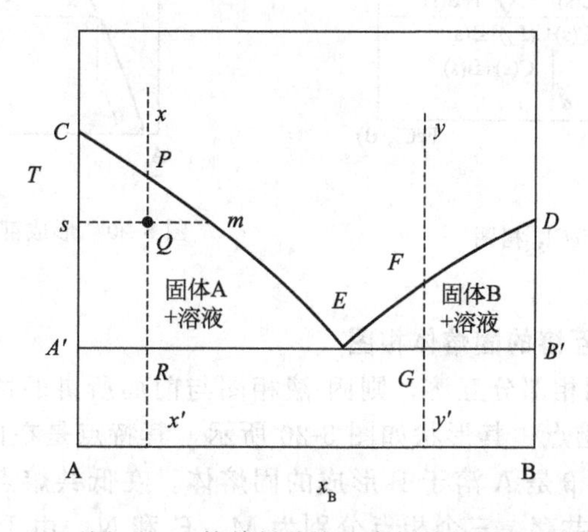

图 5-18 简单低共熔混合物的相图

CED 线以上是液相的单相区。其自由度数 $f=3-1=2$，即在一定范围内温度与组成都可任意改变。CE 线称为 A 的凝固点曲线，由于 B 的加入使 A 的凝固点降低，故 CE 线也表示析出固体的温度（凝固点）与溶液组成的关系，也称固体 A 的溶解度曲线。同理，DE 为 B 的凝

固点降低曲线或称B的溶解度曲线。在线上的自由度 $f=3-2=1$，即温度和组成只能改变一个，另一个由系统决定，否则会有相的消失。对应于 T_E 的水平线为三相（固体A、固体B和溶液 E）平衡线。CE 线与三相线之间的区域是固体A和溶液的两相平衡共存区，DE 线和三相线之间的区域是固体B和溶液的两相平衡共存区。三相平衡线以下的区域是固相区。

生成简单低共熔混合物的系统有水和氯化铵、水和硫酸铵、萘和苯等。

5.5.2　生成化合物的二组分系统

有些二组分系统，两个组成之间能以某种比例化合形成一种新的化合物。在相图中，化合物通常用符号C表示。如果形成的化合物在升温过程中能够稳定存在，直到其熔点都不分解，这种化合物称稳定化合物。显然，稳定化合物熔化后的溶液与化合物是同组成的。$CuCl\text{-}FeCl_3$ 系统就属于这类系统，它们生成稳定化合物 $CuCl\cdot FeCl_3$，如图5-19所示。图中 M 是化合物的熔点，各区域的相态已填于图上。这张相图可视为由两张具有简单低共熔混合物的相图组合而成的，其中 E_1 是 $CuCl$ 与 $CuCl\cdot FeCl_3$ 低共熔点，E_2 是 $FeCl_3$ 与 $CuCl\cdot FeCl_3$ 的低共熔点。

这类系统相图的意义和使用与简单低共混合物的相图相同。例如，系统点由 a 沿虚线下移至 d，起初，处于溶液单相区，随着冷却降温，达到 b 点时开始有化合物固体析出，系统变成溶液-化合物固体两相并存。此时 $f^*=2-2+1=1$，所以温度继续降低，化合物逐渐增多，同时溶液逐渐减少且浓度沿 bE_2 线变化。当降温至 c 时，又开始析出一个新的固相纯B，因此C(s)-l(E_2)-B(s) 三相共存。此时由于 $f^*=0$，温度及溶液浓度保持不变，直到液相消失系统变为C(s)-B(s) 两相，然后温度又下降。

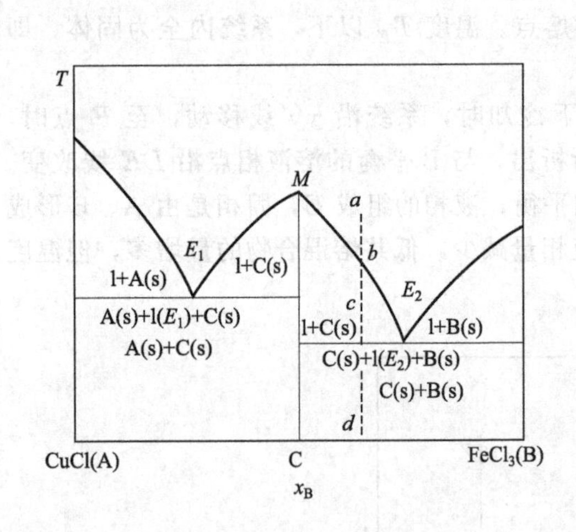

图5-19　$CuCl\text{-}FeCl_3$ 相图

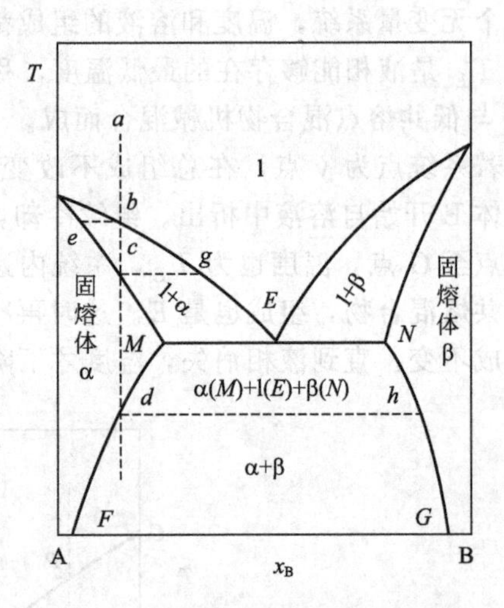

图5-20　形成部分互溶固熔体的相图

5.5.3　二组分系统部分互溶的固熔体相图

若液相完全互溶而固相部分互溶，则固-液相图与前面所讲的情况不同。其中许多系统的 $T\text{-}x$ 相图有一个低共熔点，其形状如图5-20所示，其特点是在两个固熔体单相区。α是B溶于A形成的固熔体，β是A溶于B形成的固熔体。在低共熔点为三相线，代表α固熔体、溶液、β固熔体三相共存。三个相点分别为 M、E 和 N，由于 $f^*=0$，此时三个相的浓度及温度均可不变，图中各区所代表的相态已在图中标出。

现以 a 点的溶液冷却为例，对系统的相变情况作热力学分析，当系统点到达 b 点时，开始析出以 e 点代表的固熔体α。继续冷却，固体逐渐增多，溶液逐渐减少，此时固熔体及溶液的浓度分别沿 ec 和 bg 变化，至 c 点溶液全部凝固。然后固熔体α降温至 d 点时，开始生

成组成为 h 的一个新固熔体β。此后，为α和β一对共轭固熔体共存，随温度继续降低α和β的组成分别沿 dF 和 hG 变化。可见固体A和B的相互溶解度均随温度降低而减小。

属于图5-20类型的相图有 KNO_3-$TiNO_3$、KNO_3-$NaNO_3$、AgCl-CuCl、Ag-Cu和Pb-Sb等。

还有一些形成部分互熔体的系统，如Hg-Cd其相图中没有低共熔点，如图5-21所示。其中 A 和 B 分别为Hg(s)和Cd(s)的熔点，ACB 是溶液的凝固点曲线，在455K时，有一条三相线，代表组成为 C 的溶液，组成为 D 的固熔体α和组成为 E 的固熔体β三相平衡共存。其他各区的意义已注于图上。由图5-21可以看出，Hg在Cd中的溶液（即组成 C 点之右的溶液）具有凝固点降低的性质，而Cd在Hg中溶液则是凝固点升高，这是此类相图与图5-20的主要区别。

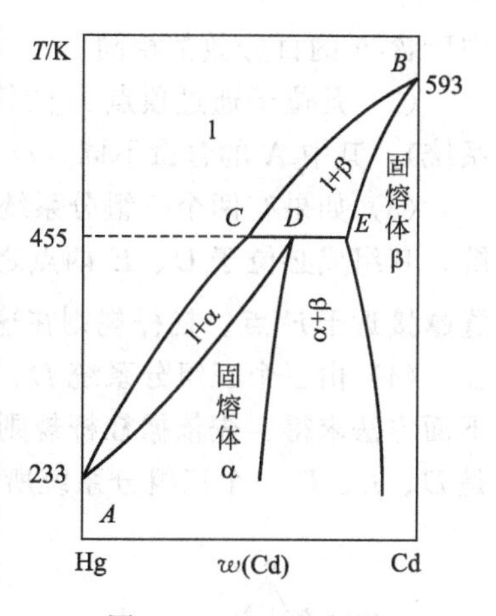

图5-21 Hg-Cd相图

固熔体的研究具有重要的理论意义和实践意义。自然界的许多物质都以固熔体形式存在，例如，矿物中的长石、云母、角闪石等。一般来说，金属都能形成固熔体，而且大多数是部分互溶的固熔体。一般纯金属的强度和硬度较小，但可塑性却很高。若把少量能与金属形成固熔体的物质加入到金属中，可使其强度和硬度明显增加而保持原有的可塑性，所以固熔体有高强度、高硬度、高可塑性的特点，这对于科学技术研究和生产实践具有重大意义。

5.6 三组分系统的相图简介

三相分系统 $K=3$，$f=K-\Phi+2=5-\Phi$，系统最多可能有四个自由度（即温度、压力和两个浓度），用三维空间的立体模型已不足以表示这种相图。若维持温度、压力不变，$f^*=K-\Phi$，$\Phi=1$，f^* 最多为2，其相图可用平面图表示。

5.6.1 三组分系统的组成表示方法

通常在平面图上是用等边三角形来表示各组分的浓度（图5-22所示），等边三角形的三个顶点分别代表纯组分A、纯组分B和纯组分C。AB 线上的点代表A和B所形成的二组分系统。BC 线上的点和 AC 线上的点分别代表B和C、A和C所形成的二组分系统。三角形内任一点都代表三组分系统。将三角形的每一边分为100份。通过三角形内任一点 O，引平行于各边的平行线，根据几何学的原理可知，a、b 及 c 的长度之和应等于三角形一边之长，即 $a+b+c=AB=BC=CA=100\%$。$a'+b'+c'=$任一边长$=100\%$。因此，O 点的组成可由这些平行线在各边长的截距 a'、b'、c' 来表示。通常是沿着反时针方向（也有用顺时针方向者），在三角形的三边上标出A、B、C三个组分的百分数，即从 O 点作 BC 的平行线，在AC线上得长度 a'，即为A的百分数；从 O 点作 AC 的平行线，在 AB 线上得长度 b'，即为B的百分数；从 O 点作 AB 的平行线，在BC线上得长度 c'，即为C的百分数。

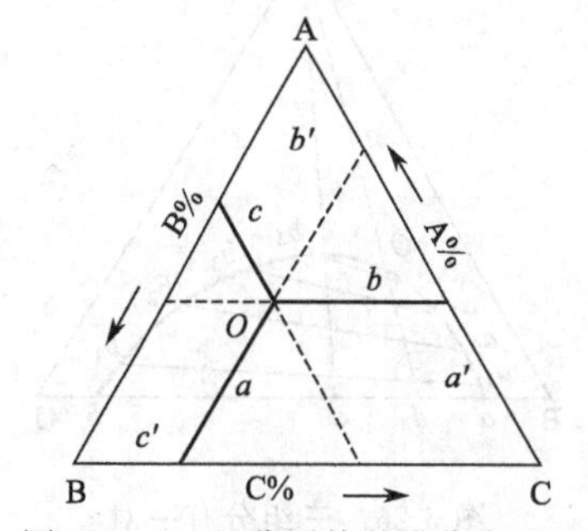

图5-22 三组分系统的成分表示法

用等边三角形表示组成，有下列几个特点：

(1) 如果有一组系统，其组成位于平行于三角形某一边的直线上，则这一组分系统所含由顶角所代表的组分的百分数都相等。例如，图5-23所示，代表三个不同系统的 d、e、f 三点都位于平行于底边 BC 的线上，这些系统中所含 A 的百分数都相同。

(2) 凡位于通过顶点 A 的任一直线的系统（例如，图 5-23 所示，D 和 D' 两点所代表的系统），其中 A 的含量不同（D 中含 A 比 D' 中少），但其他两组分 B 和 C 浓度比相同。

(3) 如果有两个三组分系统 D 和 E（图 5-24 所示），由这两个三组分系统所构成的新系统，其组成必位于 D、E 两点之间的连线上。E 的量越多，则代表新系统的系统点 O 的位置越接近于 E 点。杠杆规则在这里仍可使用，即 D 的量 $\times\overline{OD}=E$ 的量 $\times\overline{OE}$。

(4) 由三个三组分系统 D、E、F（图 5-25 所示）混合而成的混合物，其系统点可通过下面方法求得：先依据杠杆规则求出 G，由 G 和 F 所形成系统的系统点，得到 H，H 点就是 D、E、F 三个三组分系统所构成的混合物的系统点。

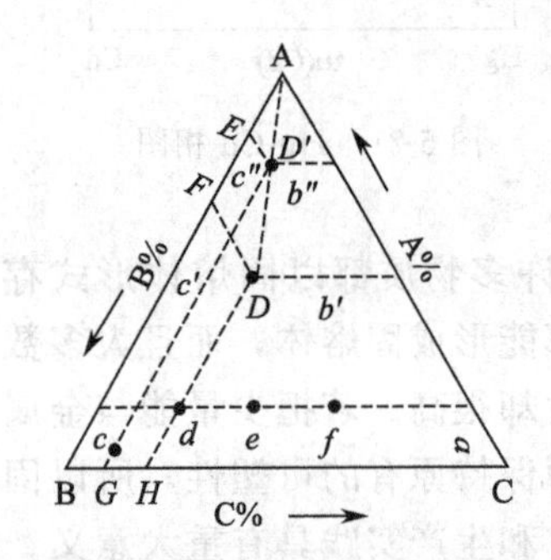

图 5-23 三组分系统表示法分析

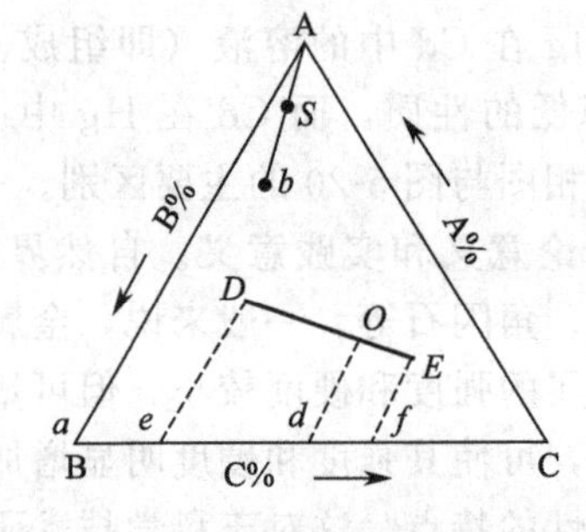

图 5-24 三组分系统的杠杆规则

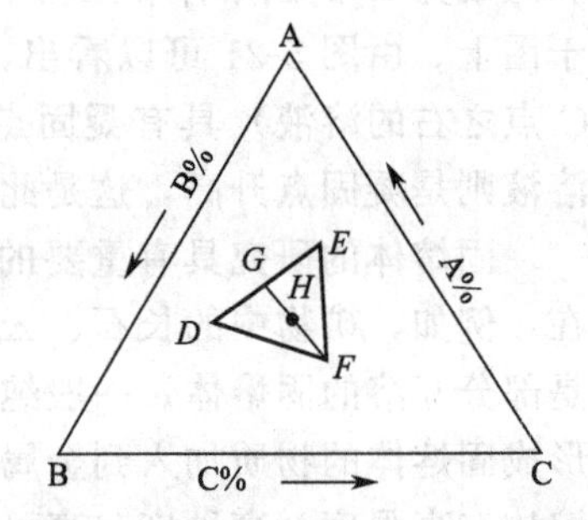

图 5-25 三组分系统的重心规则

(5) 设 S 为三组分液相系统，如果从液相 S 中析出纯组分 A 的晶体时（图 5-24 所示），则剩余液相的组成将沿 AS 的延长线变化。假定在结晶过程中，液相的浓度变化到 b 点，则此时晶体 A 的量与剩余液体之比，等于 bS 线段与 SA 线段之比（杠杆规则）。反之，倘若在液相 b 中加入组分 A，则系统点将沿 bA 的连线方向接近 A 的方向移动。

5.6.2 部分互溶三液体系统

在这类系统中，三对液体间可以是一对部分互溶、两对部分互溶或三对部分互溶。我们重点讨论一对部分互溶的三液体系统的相图。由乙酸（A）、氯仿（B）和水（C）所形成的系统就属于这一类型。其中 A 和 B、A 和 C 均能以任意的比例互溶，但 B 和 C 则只能有限度地互溶。如图 5-26 所示，B 和 C 的浓度在 Ba 和 bC 之间（如 c 点），系统分为两层，一层是水在氯仿中的饱和溶液（a 点），另一层是氯仿在水中的饱和溶液（b 点）。这对溶液互相称为共轭溶液。如在组成为 c 的系统中逐渐加入少量乙酸（A），由于乙酸在两层中并非等量分布，因此代表两层浓度的各对应的点 a_1、b_1、a_2、b_2 等的连线，不和底边 BC 平行。这些连线称连接线，如已知系统点，则可以根据连接线用杠杆规则求得共轭溶液的数量的比值。继续加入 A，系统点将沿 CA 线上升。由于醋酸的加入，使得 B 和 C 的相互溶解度增加。当系统点接近 b_4 时，含氯仿较多的一层（接近 a_4）数量渐减；最后该层将逐渐消失，系统全部成为单相。在帽形区以外为单相区；在帽形区内系统分为两相，其组成可由连接线的两端读出。由图可见，自下而上，连接线越来越短，两层溶液的组成逐渐靠近，最后缩为一点 O。此时两层溶液的浓度完全一样，两个共轭三组分溶液变成一个三组分溶液，O 点为临界点。

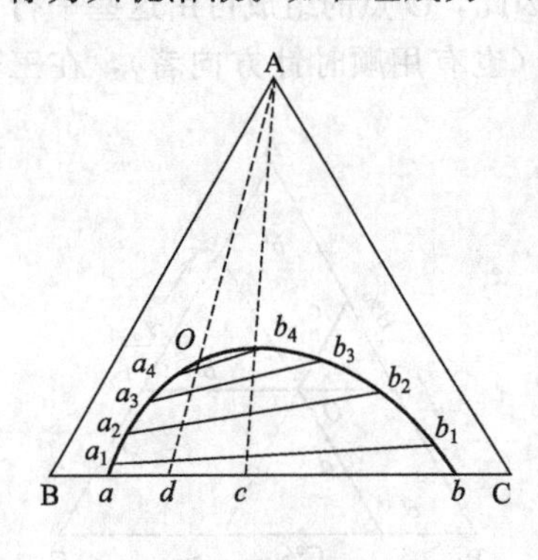

图 5-26 三组分有一对部分互溶相图

思考题

5-1 在沸点时液体沸腾的过程，下列各量何者不变？(1) 蒸汽压；(2) 摩尔汽化热；(3) 摩尔熵；(4) 摩尔热力学能；(5) 摩尔吉布斯函数。

5-2 水的三相点和冰点有何区别？

5-3 某两相在同一温度下但压力不等，这两相能否达到平衡？

5-4 双液系若形成共沸混合物，试讨论在共沸点时组分数、自由度和相数各为多少？

5-5 为什么具有最低共熔点组成的系统，其步冷曲线与该系统的纯物质相同？

习题

5-1 指出下列平衡系统中的组分数 K、相数 Φ 及自由度数 f。

(1) 水和水蒸气成平衡；(2) 在 100kPa 下，水和水蒸气成平衡；(3) $CaCO_3(s)$ 在高温下分解至平衡；(4) 固态的 NH_4HS 放入一抽空的容器中，并达到化学平衡；(5) 固态的 NH_4HS 与任意比例的 $H_2S(g)$ 和 $NH_3(g)$ 混合达到化学平衡。

5-2 已知水和冰的体积质量分别为 $0.9998g\cdot cm^{-3}$ 和 $0.9168g\cdot cm^{-3}$，冰在 273.15K 时的质量溶化热（焓）为 $333.5J\cdot g^{-1}$。试计算在 272.8K 下，要使冰溶化所需施加的最小压力为多少？

5-3 氢醌的蒸气压实验数据如下：

	固⇌气		液⇌气	
温度/K	405.6	436.7	465.2	489.7
压力/Pa	133.34	1333.43	5329.70	13334.37

求：(1) 氢醌的升华热（焓）、蒸发热（焓）、熔化热（焓）（设它们均不随温度而变）；(2) 气、液、固三相共存时的温度和压力；(3) 在 500K 沸腾时的外压。

5-4 水在 373.15K 蒸气压为 100kPa，汽化热（焓）为 $40.638kJ\cdot mol^{-1}$。试分别求出在下列各种情况下水的饱和蒸气压与温度关系式 $\ln p/Pa=f(T)$，并计算 353.15K 时水的蒸气压（实测值 0.473×10^4Pa）

(1) 设汽化热(焓) $\Delta H=40.638kJ\cdot mol^{-1}$ 为常数；

(2) $C_{p,m}(H_2O,g)=35.571J\cdot K^{-1}\cdot mol^{-1}$ 为常数，

$C_{p,m}(H_2O,l)=75.296J\cdot K^{-1}\cdot mol^{-1}$ 为常数；

(3) $C_{p,m}(H_2O,g)=30.12J\cdot K^{-1}\cdot mol^{-1}+11.30\times10^{-3}(J\cdot K^{-2}\cdot mol^{-1})T$，

$C_{p,m}(H_2O,l)=75.296J\cdot K^{-1}\cdot mol^{-1}$ 为常数。

5-5 固体 CO_2 的饱和蒸气压与温度的关系为：

$$\lg p/Pa=-\frac{1353}{T/K}+11.957$$

已知其熔化热（焓）$\Delta_{fus}H^{\ominus}_m=8326J\cdot mol^{-1}$，三相点温度为 216.55K。

(1) 求三相点的压力；(2) 在 100kPa 下 CO_2 能否以液态存在？(3) 找出液体 CO_2 的饱和蒸气压与温度的关系式？

5-6 图 5-27 为苯胺与水二组分系统的液-液及气-液两相平衡的 T-x 相图。

(1) 说明图中各个相区的相数；(2) 说明 c、d、e 各点所代表的系统相数；(3) 应用相律，计算 c、d、e 各点的自由度数，并解释之。

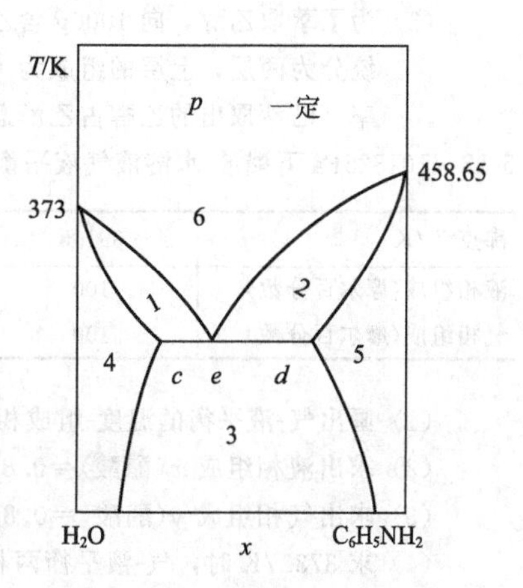

图 5-27 二组分的 T-x 相图

5-7 水和一种有机液体形成不互溶系统。此混合物在 97879.95Pa 下于 363.2K 沸腾，蒸馏液中含有机物 70%（质量百分数）。已知在 363.2K 时水的饱和蒸气压为 70116.9Pa，求：

（1）363.2K 时该有机物的饱和蒸气压；

（2）该有机物的分子量。

5-8　为了从含挥发性杂质的系统中提纯甲苯，在 86024.92Pa 下，用水蒸气蒸馏。已知在此压力下，水-甲苯系统的共沸点为 353.2K 时，水的饱和蒸气压为 47318.775Pa，求

（1）蒸气中甲苯的含量（物质的量分数）；（2）蒸出 100kg 甲苯需耗水蒸气多少千克？

5-9　用热分析法测得 Sb(A)-Cd(B) 系统步冷曲线的转折温度及停歇温度数据如下：

w(Cd)/%	0	20.5	37.5	50	58	70	93	100
转折温度 t/℃	—	550	460	419	—	400	—	—
停歇温度 t/℃	630	410	410	410	439	295	295	321

（1）由以上数据绘制步冷曲线（示意），并根据该组步冷曲线绘制 Sb(A)-Cd(B) 系统的熔点-组成图；

（2）由相图求 Sb—Cd 形成的化合物的最简分子式；（3）将各相区的相数及自由度数（f^*）列成表。

5-10　下表是由热分析法得到的 Cu(A)-Ni(B) 系统的数据：

w(Ni)/%	0	10	40	70	100
第一转折温度 t/℃	1083	1140	1270	1375	1452
第二转折温度 t/℃		1100	1185	1310	

（1）根据表中数据，描绘其步冷曲线，并由该组步冷曲线，描绘 Cu(A)-Ni(B) 系统的熔点-组成图。并标出各相区；

（2）今有 w(Ni)=50%的合金，使其从 1400℃冷却到 1200℃，问在什么温度下，有固体析出？最后一滴溶液凝结的温度为多少？此时液态溶液组成如何？

5-11　298.15K 时，乙醇-苯-水三组分系统的相互溶解度数据（质量百分数）如下：

苯	0.1	0.4	1.3	4.4	9.2	12.8	17.5	20	30
乙醇	19.9	29.6	38.7	45.6	50.8	52.2	52.5	52.3	49.5
水	80	70	60	50	40	35	30	27.7	20.5

苯	40	50	53	60	70	80	90	95
乙醇	44.8	39.0	37.2	32.5	25.4	17.7	9.2	4.8
水	15.2	11.0	9.8	7.5	4.6	2.3	0.8	0.2

（1）绘出三组分相图；

（2）在 1000g 乙醇中须加入多少质量比为 58：42 的水与苯的混合液，才能使系统达到浑浊，此时溶液的组成如何？

（3）为了萃取乙醇，向 1000g 含乙醇 40%，苯 60%（质量百分数）的溶液中加入 1000g 水。此时系统分为两层，上层的组成为：苯 95.7%；水 0.2%；乙醇 4.1%。问能萃取乙醇多少克？萃取效率（已萃取出的乙醇占乙醇总量的百分数）多大？

5-12　101325Pa 下醋酸-水溶液气液平衡数据如下：

沸点 T/K	391.3	387	380.7	377.6	373
液相组成(摩尔百分数)	100	90.0	70.0	50.0	0
气相组成(摩尔百分数)	100	83.3	57.5	37.4	0

（1）画出气-液平衡的温度-组成相图；

（2）求出液相组成 x(醋酸)=0.8 的泡点；

（3）求出气相组成 y(醋酸)=0.8 的露点；

（4）求 373.7K 时，气-液平衡两相的组成；

（5）问 30kg 醋酸与 9kg 水组成的溶液在 373.2K 达到平衡时，气相与液相的质量各是多少千克？

电 化 学 篇

电化学是研究化学能与电能之间相互转化时所遵循的基本规律的科学。它与化学热力学、化学动力学、表面化学、胶体化学以及物质结构等关系密切，在物理化学中占有重要地位。它涉及的领域极为广阔，从生产实践到自然科学的各个领域，几乎到处都存在着电化学问题。

电化学是从 19 世纪初开始发展的，1799 年伏特（Volta）发明了第一个原电池，到今天电化学理论及技术已被广泛地应用于湿法冶金、电解精炼、氯碱生产、化学电源、金属腐蚀、电化学合成、电化学分析及环境监测分析等方面。随着科学技术的发展，电化学与其他学科相互渗透，衍生出生物电化学、环境电化学等新领域，使电化学的研究内容更加丰富。

第 6 章　电解质溶液理论

6.1　导体的分类

凡是能传导电流的物质都称为导体，电化学研究离不开导体。按导电机理不同，导体可分为两类。

6.1.1　电子导体

此类导体依靠其晶格中自由电子的定向运动而导电，电流通过导体时，导体本身不发生任何化学变化，导电能力随温度升高而降低。这类导体称为电子导体（或称为第一类导体）。例如，金属、石墨和某些金属化合物属于此类。

6.1.2　离子导体

此类导体依靠导体中离子的定向运动（也称定向迁移）而导电，电流通过导体时，导体本身发生化学变化，导电能力随温度升高而增大。顾名思义，这类导体称为离子导体（或称为第二类导体）。例如，电解质溶液、熔融电解质等属于此类。

电子导体能够独立地完成导电任务，而离子导体则不能。要想让离子导体导电，必须有电子导体与之相连接。因此，在使离子导体导电时，不可避免地会出现两类导体相串联的界面。即为了使电流能通过这类导体，往往将电子导体作为电极浸入离子导体中。当电流通过这类导体时，在电极与溶液的界面上发生化学反应，与此同时，在电解质溶液中正、负离子分别向两极移动。

6.2　电解质溶液的导电性能

6.2.1　电解质溶液的导电机理

在电解质溶液中插入两个电极即构成电解池，如图 6-1 所示。当直流电源与两电极连接时，电子从外电源的负极通过外电路流向阴极，在阴极和溶液的界面上发生正离子与电子结合的还原反应；同时，在阳极和溶液的界面上发生负离子失去电子的氧化反应。氧化反应中放出的电子通过外电路流向电源的正极，与此同时，在外电场的作用下，溶液中的正离子向阴极迁移，负离子向阳极迁移。正离子和负离子移动方向虽然相反，但它们导电的方向却是一致的。这就是电解质溶液的导电机理。由此可见，电解质溶液中正、负离子的定向迁移和电极氧化、还原反应构成了电解质溶液的导电过程。

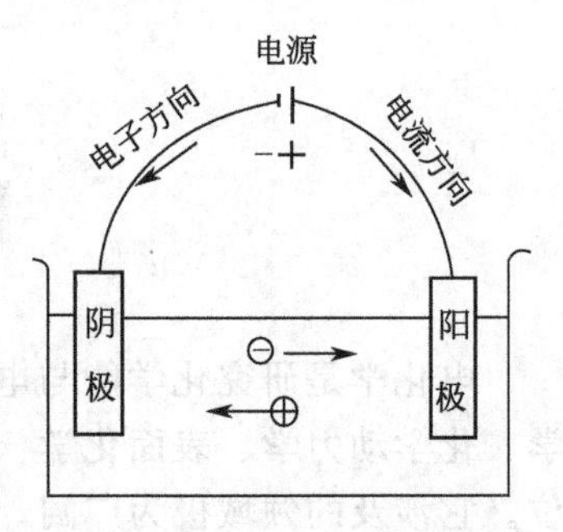

图 6-1　电解质溶液导电机理示意图

6.2.2　法拉第电解定律

借助电能使之发生化学反应的装置称为电解池，在电解池中电能转变为化学能。与此相反，利用化学反应使之产生电流的装置称为原电池，在原电池中化学能将转变为电能。它们又都被称为电化学装置。电化学中还规定，提供电子使物质发生还原反应的电极为阴极，失去电子使物质发生氧化反应的电极为阳极；根据电极电势的高低，将电极电势较高的电极称为正极，电极电势较低的电极称为负极。因此，电解池的阴极即为负极，而阳极为正极。但在原电池中，负极进行的是氧化反应，故为阳极，而正极则为阴极，进行着还原反应。习惯上对电解池常用阴、阳来命名，对原电池常用正、负极来命名，但在某些场合下，无论电解池或原电池，正、负极和阴、阳极可相提并论。为了便于区别，现将原电池和电解池中正、负极与阴、阳极之间的关系列于表 6-1 中。

表 6-1　原电池与电解池中正、负极与阴、阳极的对应关系

原电池	电解池
正极(阴极)	正极(阳极)
负极(阳极)	负极(阴极)

1833 年法拉第（Faraday）通过对酸、碱、盐溶液的电解实验研究，归纳出电解时电流产生的化学作用与电量之间的关系，得出一个规律，其内容为

(1) 电解时，在电极上起反应的物质的量与通过溶液的电量成正比。

(2) 当以相同的电量通过含有不同电解质溶液的电解槽时，在每个电极上发生反应的各种物质，其得（或失）电子的物质的量相等。此规律称为法拉第电解定律，表达式为

$$Q=ZF\zeta \tag{6-1}$$

式中，Q 是通入的电量（库仑）；Z 是 1mol 物质发生电化学反应时所需电子的数量（如 $Fe^{3+}+3e^{-} \longrightarrow Fe$，则所需电子为 3mol）；$F$ 是法拉第常数（$96484.6C \cdot mol^{-1} \approx 96500C \cdot mol^{-1}$），即 1mol 电子所带的电量，也称 1F。例如，将分别含有 1mol 熔融态的 NaCl 和 1mol $FeCl_2$ 水溶液的电解池串联后进行电解，通电 96500C，在阴极上分别得到 1mol 的 Na 和 0.5mol 的 Fe，在阳极上分别得到 0.5mol 的 Cl_2。

6.3　离子的电迁移现象与迁移数

6.3.1　离子的电迁移现象

离子的电迁移就是在外加电场的作用下，电解质溶液中正、负离子的定向移动。通电于电解质溶液之后，在电极上发生电解作用，在溶液中，负离子向阳极迁移，直接担任输送电子的任务，正离子向阴极迁移，相当于负电荷逆向流动，正、负离子共同担负着溶液中输送电荷的任务。由于电极上的电解作用，使得电解质溶液中的离子不断成为原子或分子析出，或新的离子的生成，所以电极附近的溶液中电解质的浓度发生了变化。可以用图 6-2 来说明

溶液中各部分浓度变化的情况。

这是一个假想的电解池：两个惰性电极间的池中装有 $18F$ 电量的 MA 电解质，溶液中有两个假想的界面 AB 和 $A'B'$，将电解质溶液分成阴极区、中间区和阳极区三个区域。在电解前每个区域内含有 $6F$ 电量的电解质（以“±”号表示）。以 u_+ 代表正离子的迁移速率，以 u_- 代表负离子的迁移速率。设电解时通过电解质溶液的总电量为 $4F$。当该电量通过溶液时，则在阳极必有 $4F$ 电量的 A^- 被氧化，即 $A^- \longrightarrow A + e^-$；而在阴极，也有 $4F$ 电量的 M^+ 被还原，即 $M^+ + e^- \longrightarrow M$。与此同时，溶液中的正、负离子也向两电极移动。下面分别来讨论当正、负离子的迁移速率相同和不同时离子的电迁移情况。

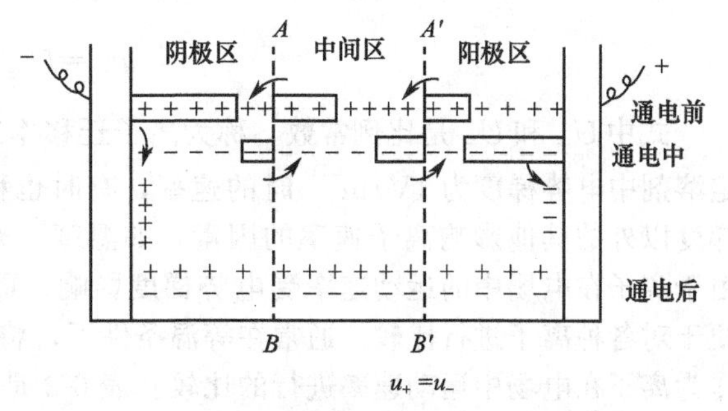

(a) 正离子迁移速率与负离子迁移速率相等

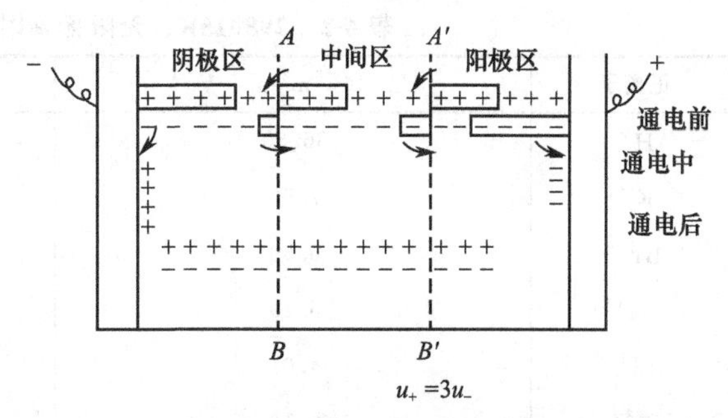

(b) 正离子迁移速率是负离子迁移速率的3倍

图 6-2　离子的电迁移情况

(1) 当正、负离子的迁移速率相同。在 AA' 平面上，有 $2F$ 的正离子及 $2F$ 的负离子通过，在 BB' 面上同样如此。通电完成之后，中部溶液的浓度不变，阳极区及阴极区的浓度彼此相同，但与原溶液的浓度不同，如图 6-2(a) 所示。

(2) 假定 $u_+=3u_-$，正离子的迁移速率等于负离子的 3 倍。如图 6-2(b) 所示，当通过电解质溶液的总电量仍为 $4F$，则电解时带有 $3F$ 电量的正离子从阳极区通过中间区迁移到阴极区，带有 $1F$ 电量的负离子由阴极区通过中间区迁向阳极区。通电之后，中间区电解质所带电量仍旧不变，阳极区减少了 $3F$ 电量的电解质，阴极区域减少了 $1F$ 电量的电解质，所以，正、负离子的速率之比正好等于阳极区和阴极区减少的电量之比（3∶1）。由以上分析可以看出：

① $$\frac{\text{阳极区电解质减少的法拉第数}}{\text{阴极区电解质减少的法拉第数}}=\frac{\text{正离子所传导的电量}(Q_+)}{\text{负离子所传导的电量}(Q_-)}=\frac{\text{正离子的迁移速率}(u_+)}{\text{负离子的迁移速率}(u_-)} \tag{6-2}$$

② 向两电极方向迁移的正、负离子所带电量总和等于通过电解质溶液的总电量。

上述讨论仅对惰性电极而言，若电极本身参加反应，阳、阴极区溶液浓度的变化情况要复杂一些。

6.3.2　离子的迁移数

(1) 离子迁移率

在外加电场的作用下，电解质溶液中的正、负离子分别向两极定向移动。离子的运动速率，除了与离子的大小及所带电荷、溶液浓度、溶剂性质和温度等因素有关外，还与电势梯度 $\frac{dE}{dL}$ 有关。这是因为推动离子运动的电场力取决于电势梯度。因此，正、负离子的迁移速率为

$$u_+=U_+\frac{dE}{dL} \tag{6-3a}$$

$$u_{-}=U_{-}\frac{\mathrm{d}E}{\mathrm{d}L} \tag{6-3b}$$

式中U_{+}和U_{-}是比例常数，称为离子迁移率或离子淌度。其物理意义是，一定离子在指定溶剂中电势梯度为$1\mathrm{V \cdot m^{-1}}$时的速率，有时也称为离子的绝对迁移速率。它包含着除电势梯度以外的其他影响离子速率的因素，如温度、离子本性、浓度等，其单位为$\mathrm{m^2 \cdot s^{-1} \cdot V^{-1}}$。由于离子在电场中的运动速率受电势梯度影响，而离子迁移率已指定电势梯度等于1，因此，便于对各种离子进行比较。通常在等温条件下，将溶液无限稀释时离子的迁移率（U_{+}^{∞}及U_{-}^{∞}）作为离子在电场中运动速率进行的比较。表6-2是298.15K、无限稀释溶液中几种正、负离子的迁移率。由表6-2可知，H^{+}和OH^{-}的迁移率比较大。

表6-2　298.15K、无限稀释时几种常见离子的迁移率

正离子	$U_{+}/10^{-8}\mathrm{m^2 \cdot s^{-1} \cdot V^{-1}}$	负离子	$U_{+}/10^{-8}\mathrm{m^2 \cdot s^{-1} \cdot V^{-1}}$
H^{+}	36.30	OH^{-}	20.52
K^{+}	7.62	Cl^{-}	7.91
Ba^{2+}	6.59	Br^{-}	8.12
Na^{+}	5.19	NO_3^{-}	7.40
Li^{+}	4.01	SO_4^{2-}	8.27
Ca^{2+}	6.16	HCO_3^{-}	4.61
Mg^{2+}	5.50		

（2）离子迁移数

当电流通过电解质溶液时，由于完成导电任务的是电解质溶液中的正、负离子，而正、负离子在电场中移动的速率不同，电荷不同，所以，正、负离子担当的导电分数也不同。这里把某一种离子所迁移的电量与通过电解质溶液的总电量之比称为该离子的迁移数，以符号t表示。若溶液中只有一种正离子和一种负离子，则可将正离子的迁移数t_{+}和负离子的迁移数t_{-}分别表示为

$$t_{+}=\frac{Q_{+}}{Q_{+}+Q_{-}}=\frac{Q_{+}}{Q} \tag{6-4a}$$

$$t_{-}=\frac{Q_{-}}{Q_{+}+Q_{-}}=\frac{Q_{-}}{Q} \tag{6-4b}$$

式中Q_{+}、Q_{-}分别表示正、负离子迁移的电量，Q为实验时通过电解质溶液的总电量。显而易见，离子迁移数是一个分数，故

$$t_{+}+t_{-}=1 \tag{6-5}$$

为找出离子迁移数与离子迁移速率之间的关系，设计一个实验装置，如图6-3所示。设有距离为l（m）的两个平行铂电极，将外电源的负极接在左边的电极板上，构成阴极，正极接在右边的电极板上构成阳极，在两电极间充以电解质溶液，外加电压为E(V)。假设u_{+}和u_{-}分别表示正、负离子的迁移速率（$\mathrm{m \cdot s^{-1}}$），Z_{+}和Z_{-}分别表示正、负离子的化合价，n_{+}和n_{-}分别表示正、负离子在单位体积内的数目，e表示电子所携带的电量。考虑到溶液中有任意的截面MM'，单位时间内通过该平面向阴极迁移的正离子数目，等于以截面积A为底、以u_{+}为高的圆柱体中正离子的数目，即$Au_{+}n_{+}$。因此，单位时间内通过MM'截面向阴极迁移的正离子所携带的电量为

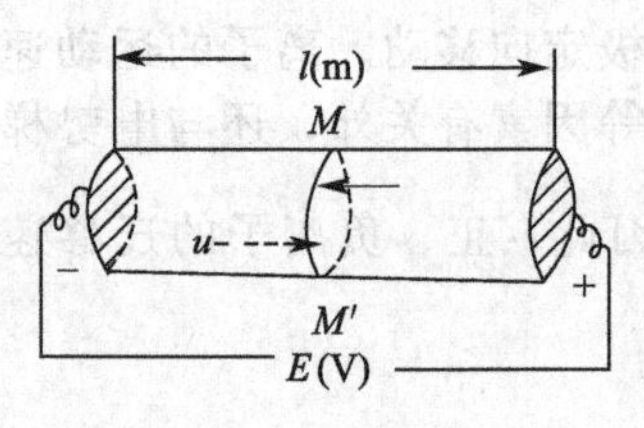

图6-3　离子的迁移

$$Q_+=I_+=Au_+n_+Z_+\text{e} \tag{6-6}$$

同理，在单位时间内通过截面 MM' 向阳极迁移的负离子所带的电量为

$$Q_-=I_-=Au_-n_-|Z_-|\text{e} \tag{6-7}$$

故单位时间内通过该平面的总电量应等于正、负离子迁移电量总和，即

$$Q=I=I_++I_-=n_+Au_+Z_+\text{e}+n_-Au_-|Z_-|\text{e} \tag{6-8}$$

因为溶液总是电中性的，故 $n_+Z_+=n_-|Z_-|$（国家标准规定，负离子的 Z_- 为负值，故取绝对值），代入上式后得

$$Q=I=An_+Z_+\text{e}(u_++u_-) \tag{6-9a}$$

或
$$Q=I=An_-|Z_-|\text{e}(u_++u_-) \tag{6-9b}$$

按照迁移数的定义，结合式(6-6)、式(6-7) 及式(6-9) 得离子迁移数与离子迁移速率之间的关系为

$$t_+=\frac{I_+}{I}=\frac{Q_+}{Q}=\frac{Au_+n_+Z_+\text{e}}{An_+Z_+\text{e}(u_++u_-)}=\frac{u_+}{u_++u_-} \tag{6-10a}$$

$$t_-=\frac{I_-}{I}=\frac{Q_-}{Q}=\frac{Au_-n_-|z_-|\text{e}}{An_-|Z_-|\text{e}(u_++u_-)}=\frac{u_-}{u_++u_-} \tag{6-10b}$$

由于正、负离子处在相同的电势梯度下，所以，结合式(6-3) 和式(6-10) 得到迁移数与离子迁移率的关系如下：

$$t_+=\frac{U_+}{U_++U_-} \tag{6-11a}$$

$$t_-=\frac{U_-}{U_++U_-} \tag{6-11b}$$

比较式(6-10) 和式(6-11) 可得

$$\frac{t_+}{t_-}=\frac{u_+}{u_-}=\frac{U_+}{U_-} \tag{6-12}$$

若溶液中的正、负离子不止一种时，则某种离子 B 的迁移数 t_B 为

$$t_\text{B}=\frac{Q_\text{B}}{Q}=\frac{n_\text{B}Z_\text{B}u_\text{B}}{\sum n_\text{B}Z_\text{B}u_\text{B}} \tag{6-13}$$

$$\sum t_\text{B}=\sum t_++\sum t_-=1 \tag{6-14}$$

当增加电解质溶液两极间的外加电压时，电势梯度发生改变，正、负离子的迁移速率均按相同比例增加，因此，不影响离子的迁移数。然而，当电解质溶液使用的溶剂均为水时，则溶液浓度和温度对不同离子的迁移速率有不同的影响，因此改变温度和溶液浓度，将改变离子的迁移数。表 6-3 和表 6-4 分别列出电解质溶液的浓度和温度对某些离子迁移数的影响。

表 6-3 298.15K 时水溶液中某些正离子的迁移数

浓度/mol·dm^{-3}	HCl	NaCl	KCl	KNO_3
0.01	0.8251	0.3918	0.4902	0.5084
0.05	0.8292	0.3876	0.4899	0.5093
0.1	0.8314	0.3854	0.4898	0.5103
0.2	0.8337	0.3821	0.4894	0.5120
0.5	—	—	0.4888	—

表 6-4　温度对于 0.01mol·dm^{-3} 溶液中正离子迁移数的影响

T/K	HCl	NaCl	KCl
273.15	0.846	0.387	0.493
293.15	0.833	0.397	0.496
303.15	0.822	0.404	0.498

由上述两表所列数据可知，浓度和温度对离子迁移数影响很明显，为此，在引用迁移数数据时，必须注意实验温度和溶液的浓度。

6.3.3　迁移数的测定方法

实验室中常用的测定离子迁移数的方法，有希托夫（Hittorff）法和界面移动法。

(1) 希托夫法

该法是电解法测定离子迁移数的方法。应用此法测定电解质溶液中离子的迁移数时，应使阴、阳两极区的溶液易于分开而不致相混。所用装置如图 6-4 所示。电解结束后夹紧管夹取出阳极管或阴极管中的溶液，测定溶液浓度的减少量，并由电量计测定通过溶液的总电量，即可求得 t_+ 或 t_-。令 Z_+ 为被测电解质正离子的电荷数，Z'_+ 为电路中串联的电量计中析出的金属的电荷数；n(始)、n(终) 分别表示电解前及电解后所取阴极（或阳极）区内含被测正离子的物质的量［同时，n(始)、n(终) 必须以相同溶剂质量，即电解结束后所取阴极（或阳极）区内全部溶剂的质量为基准计算］；n（电解）为电路中串联的电量计析出金属的物质的量。考虑到当用惰性电极进行电解实验时，由于离子的迁移使阴、阳两极溶液浓度降低，中间区的浓度不变，若阳极是可溶性的（即构成电极的金属在外电流作用下，可能被氧化而发生化学变化），则电解后，中间浓度不变，阴极区浓度降低，而阳极区浓度增加。因为电解后，电极附近溶液浓度变化是由于在电极上发生了反应和离子在溶液中迁移而引起的，所以针对不同情况，相应的求算离子迁移数的计算公式如下：

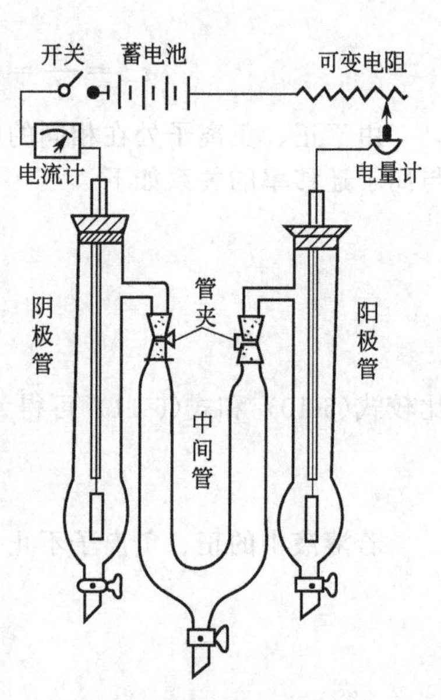

图 6-4　希托夫法测定迁移数的装置

$$t_+ = \pm\frac{Z_+[n(终)-n(始)]}{Z'_+ n(电解)} \tag{6-15}$$

（惰性电极或被测正离子不还原）

或

$$t_+ = \pm\left\{\frac{Z_+[n(终)-n(始)]}{Z'_+ n(电解)}\right\}+1 \tag{6-16}$$

（伴随有阳极溶解时）

$$\sum t_+ + \sum t_- = 1 \tag{6-17}$$

式中“＋”号用于电解前后阴极区浓度改变；“－”号用于电解前后阳极区浓度改变。

【例 6-1】 用铂电极电解硫酸铜水溶液，通电若干时间后，在阳极附近的溶液每 $0.100\times10^{-3}\,m^3$ 减少 0.29×10^{-3} kg 硫酸铜，与电解池串联的银电量计中有 0.7167×10^{-3} kg 银析出。求 Cu^{2+} 和 SO_4^{2-} 的迁移数。

解 因为此题属于阳极区浓度变化的惰性电极类型，故应用式(6-15)求解。

已知 $Z_+=2$，$Z'_+=1$

$$n(\text{电解})=\frac{0.7167\times10^{-3}\,kg}{107.9\times10^{-3}\,kg\cdot mol^{-1}}=6.642\times10^{-3}\,mol$$

$$n(\text{终})-n(\text{始})=\frac{-0.29\times10^{-3}\,kg}{159.55\times10^{-3}\,kg\cdot mol^{-1}}=-1.8176\times10^{-3}\,mol$$

所以

$$t(Cu^{2+})=-\frac{Z_+[n(\text{终})-n(\text{始})]}{Z'_+n(\text{电解})}=-\frac{2\times(-1.8176\times10^{-3}\,mol)}{1\times(6.642\times10^{-3}\,mol)}$$
$$=0.547$$

$$t(SO_4^{2-})=1-t(Cu^{2+})=1-0.547=0.453$$

【例 6-2】 在希托夫迁移管中装入浓度为 1kg 水中含有 $AgNO_3$ 0.0435mol 的溶液，阳极管和阴极管均插入银电极，通一定的电量后，分析银电量计上有 0.000723mol 银沉积。分析阳极区，得知在 23.14×10^{-3} kg 水中有 0.001390mol 的 $AgNO_3$，试计算银离子和硝酸根离子的迁移数。

解 由题意可知，此题属于阳极区浓度变化且伴随有阳极溶解的类型，所以应用式(6-16)求解。先计算 Ag^+ 的迁移数，已知 $Z_+=1$，$Z'_+=1$

$$n(\text{电解})=0.000723\,mol \qquad n(\text{终})=0.00139\,mol$$

$$n(\text{始})=23.14\times10^{-3}\,kg\times0.0435\,mol\cdot kg^{-1}=0.001007\,mol$$

所以

$$t(Ag^+)=-\left\{\frac{Z_+[n(\text{终})-n(\text{始})]}{Z'_+n(\text{电解})}\right\}+1$$
$$=-\left[\frac{1\times(0.001390\,mol-0.001007\,mol)}{1\times0.000723\,mol}\right]+1=0.470$$

故

$$t(NO_3^-)=1-t(Ag^+)=1-0.470=0.530$$

这一方法原理比较简单，但难免在操作中由于扩散、对流、振动等引起中部区与阴、阳极区界面不清，影响结果。

(2) 界面移动法

界面移动法简称界移法，是通过测定迁移管中溶液界面移动的距离来求算离子的迁移数。通常借助于溶液的颜色或折射率的不同来测定界面的移动距离。图 6-5 就是界面移动法测定的氢离子迁移数的一种装置。阳极用镉棒、阴极用铂片，两电极分别与外电源连接，为了便于调节电流和计算电量，在电路中连接可变电阻、电量计、毫安计等附件，迁移管的上部为 HCl 溶液，下部为 $CdCl_2$ 溶液，二者具有共同的负离子。实验开始时先装入 $CdCl_2$ 溶液，然

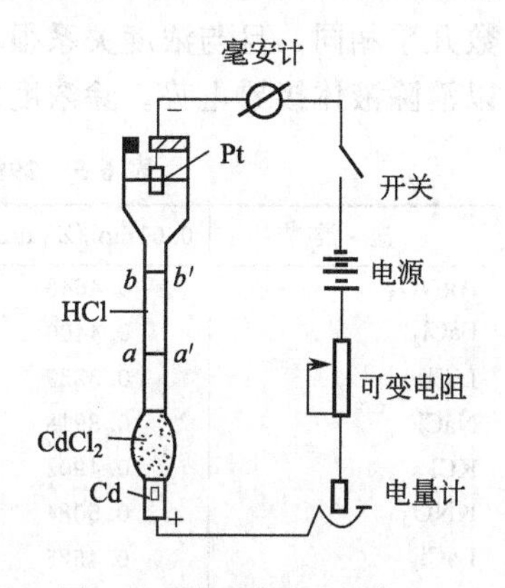

图 6-5　界面移动法测定迁移数的装置

后小心注入 HCl 溶液，使两种溶液之间有明显的分界面 aa'（因溶液密度差别而形成明显的分界面）。通电后，阳极镉溶解下来，氢气从阴极放出，溶液中 H^+ 向上面的阴极迁移，界面随之移动。

当通过溶液的电量为 QC 后，界面从 aa' 移动到 bb'，以 V（单位为 m^3）表示这两个界面间所包含的圆柱体体积，以 c（单位为 $mol \cdot m^{-3}$）表示 HCl 溶液的浓度。由于实验中，H^+ 迁移的电量等于此圆柱体体积内所含 H^+ 带有的电量，即 VcF，根据离子迁移数的定义得

$$t_- = \frac{VcF}{Q} \tag{6-18}$$

若溶液的浓度和迁移管直径已知，Q 可由电量计算出，所以只需由实验测出 aa'-bb' 间的距离（注意此实验成败关键是界面移动是否清晰），即可计算出 H^+ 的迁移数。其他各种离子的迁移数均可按上述相似的方法测定，代入式(6-18) 计算迁移数。

【例 6-3】 用 $0.010 \times 10^3 mol \cdot m^{-3}$ LiCl 溶液做界面移动法实验。所用迁移管的截面积为 $0.125 \times 10^{-4} m^2$，使用 1.80×10^{-3}A 的电流通电 1490s 后发现界面移动了 7.30×10^{-2}m。试计算 $t(Li^+)$。

解 已知 $V = 0.125 \times 10^{-4} m^2 \times 7.30 \times 10^{-2} m = 0.125 \times 7.30 \times 10^{-6} m^3$，$c = 0.010 \times 10^3 mol \cdot m^{-3}$，$F = 96484.6 C \cdot mol^{-1}$，$Q = It = 1.80 \times 10^{-3} A \times 1490s = 1.80 \times 1.49C$。将这些数据代入式(6-18) 得

$$t(Li^+) = \frac{VcF}{Q}$$

$$= \frac{0.125 \times 7.30 \times 10^{-6} m^3 \times 0.010 \times 10^3 mol \cdot m^{-3} \times 96484.6 C \cdot mol^{-1}}{1.80 \times 1.49C}$$

$$= 0.328$$

界面移动法测定离子迁移数的效果很好（可以达到精密度为 ±0.0002）。表 6-5 列出了 298.15K 时水溶液中一些正离子的迁移数可供参考使用。由表 6-5 可见，不同浓度的溶液对离子的迁移数有不同的影响。在较浓的溶液中，由于离子之间的相互吸引力较大，正、负离子的速率均会减慢。当正、负离子的价数相同时，所受影响大致相似。对表中 1-1 价型的电解质，如 KCl、NaCl、KNO_3 等几乎无影响。若正离子价数较大，所受影响较大，增加溶液浓度则高价正离子的迁移数显著减小。如 $BaCl_2$、$LaCl_3$ 等。但 K^+、Cl^- 及 NO_3^- 的迁移数几乎相同，且与浓度关系很小。正因为如此，常用 KCl 溶液或 KNO_3 溶液作为盐桥溶液，以消除液体接界电势。除浓度对迁移数有影响外，温度对迁移数也有影响。

表 6-5　298.15K 时不同浓度水溶液中一些正离子的迁移数

盐 类	$0.01 mol/Z_+ dm^3$	$0.05 mol/Z_+ dm^3$	$0.10 mol/Z_+ dm^3$	$0.50 mol/Z_+ dm^3$	$1.00 mol/Z_+ dm^3$
$AgNO_3$	0.4648	0.4664	0.4682		
$BaCl_2$	0.4400	0.4317	0.4253	0.3986	0.3792
LiCl	0.3289	0.3211	0.3168	0.3000	0.2870
NaCl	0.3918	0.3876	0.3854		
KCl	0.4902	0.4899	0.4898	0.4888	0.4882
KNO_3	0.5084	0.5093	0.5103		
$LaCl_3$	0.4625	0.4482	0.4375	0.3958	
HCl	0.8251	0.8292	0.8314		

注：Z_+ 表示正离子的电荷数。

6.4　电导、电导率和摩尔电导率

6.4.1　定义

（1）电导

通常我们将物体的导电能力用电阻 R 的倒数 $1/R$ 来表示，$1/R$ 称为电导，用符号 G 表示。根据欧姆定律，得

$$G=\frac{1}{R}=\frac{I}{E} \tag{6-19}$$

式中，I 为通过导体的电流，A；E 为电势差，V；R 为电阻，Ω；电导的单位是西门子（Siemens），符号为 S，$1S=1\Omega^{-1}$。

由式(6-19) 可知，当导体两端的电势差为 1V 时，则每秒钟通过导体的电量（C）在数值上等于它的电导（S）。由此看出，导体的电导越大，其导电能力越强；反之，导电能力越小。故电导可作为物质导电能力的量度。

（2）电导率

由电学原理可知，均匀导体的电阻与其导体的长度 l 成正比，而与导体的截面积 A 成反比，即

$$R=\rho\frac{l}{A} \tag{6-20}$$

式中，ρ 称为电阻率，它的物理意义是单位长度、单位截面积导体所具有的电阻，其单位为 Ω·m（欧·米）。

电阻率的倒数 $\frac{1}{\rho}$ 称为电导率，用符号 κ（Kappa）表示，则

$$G=\frac{1}{R}=\frac{1}{\rho}\times\frac{A}{l}=\kappa\frac{A}{l} \tag{6-21}$$

当 $A=1\text{m}^2$、$l=1\text{m}$ 时，$\kappa=G$。故电导率的物理意义为单位长度、单位截面积导体所具有的电导，其单位为 $\text{S}\cdot\text{m}^{-1}$。

对电解质溶液来说，电导率的物理意义是指相距 1m，电极面积为 1m^2 的两平行电极间放置 1m^3 的电解质溶液时所测得的电导。实验表明，电解质溶液的电导率不仅与电解质种类、溶液浓度有关，而且还与温度等因素有关。因此，只规定溶液的体积还不能作为电解质溶液导电能力大小的比较标准。为了更好地比较各种电解质溶液的导电能力，必须对电解质在溶液中的含量作出规定，从而引入一个新的概念——摩尔电导率。

（3）摩尔电导率

在相距 1m 的两个平行电极之间，放置 1mol 电解质的溶液所表现出来的电导（图 6-6），称为该溶液的摩尔电导率，用符号 Λ_m 表示，其单位为 $\text{S}\cdot\text{m}^2\cdot\text{mol}^{-1}$。由于电解质的量规定为 1mol，所以导电的电解质溶液体积将随溶液的浓度而变化。如果溶液的浓度为 c（$\text{mol}\cdot\text{m}^{-3}$），则含有 1mol 电解质的溶液体积 V 应为 c 的倒数，即 $V(\text{m}^3\cdot\text{mol}^{-1})=1/[c(\text{mol}\cdot\text{m}^{-3})]$。根据电导率和摩尔电导率的定义可以得到

$$\Lambda_m=V\kappa \text{ 或 } \Lambda_m=\frac{\kappa}{c} \tag{6-22}$$

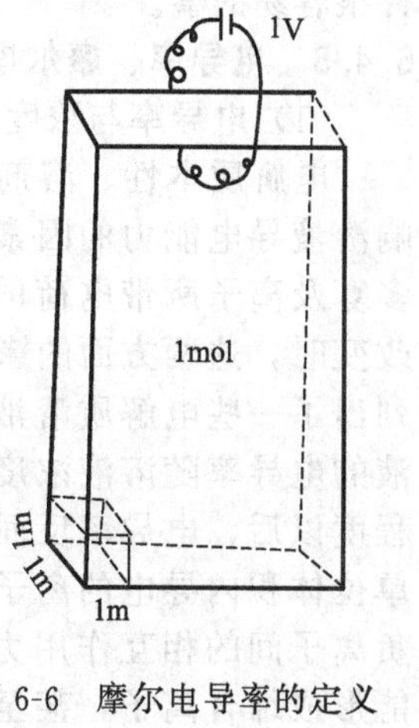

图 6-6　摩尔电导率的定义

应强调指出：在表示电解质溶液 Λ_m 时，必须指明其基本单

元。基本单元可能是分子、原子、离子、电子及其他粒子，或是这些粒子的特定组合。通常用元素符号和化学式指明基本单元。例如：

$$\Lambda_m(MgCl_2),\Lambda_m\left(\frac{1}{2}MgCl_2\right),\Lambda_m(KCl)$$

6.4.2 电解质溶液电导的测定

测定电解质溶液的电导通常采用惠斯顿（Wheatstone）电桥，先测溶液的电阻，然后换算出电导。实验所用电源为交流电源，以避免电导池内部产生极化现象，影响测量的准确性。指示电桥的平衡点应选用耳机或示波器（T）。在未知电阻的一臂，换上电导池（用来盛待测电解质溶液并具有两个固定铂电极的容器），为了减小电容效应所引起的误差，在电桥的另一臂并联一个可变电容器，以抵消电导池的电容。这种实验装置如图 6-7 所示。

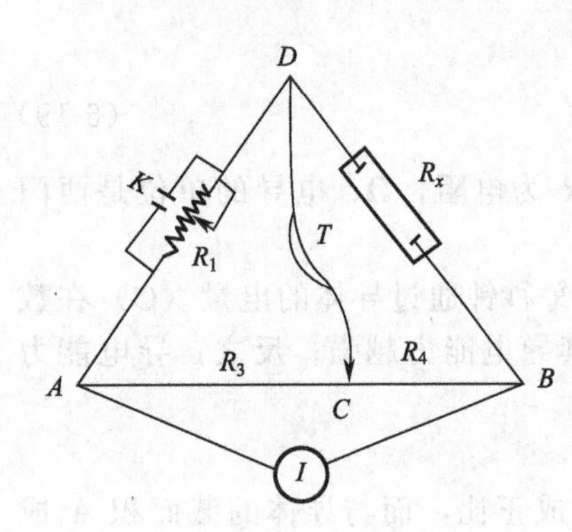

图 6-7　惠斯顿电桥测电解质溶液电阻示意图

测定时先将待测的电解质溶液装入电导池中，接通电源，选择一定的电阻 R_1，移动接触点 C，直到 CD 间的电流接近于零。此时，电桥平衡，下式成立：

$$\frac{R_1}{R_x}=\frac{R_3}{R_4} \tag{6-23}$$

因为 R_1、R_3、R_4 均为已知值，故可通过式(6-23) 求出 R_x 值，从而求算溶液的电导和电导率：

$$G_x=\frac{1}{R_x}=\frac{R_3}{R_4}\times\frac{1}{R_1}$$

$$\kappa=\frac{1}{R_x}\times\frac{l}{A} \tag{6-24}$$

l 和 A 对于一个固定的电导池来说都是定值，所以 l/A 为一常数，称为电导池常数。由于直接精确测定电导池常数比较困难，所以常采用间接法求得。即将一个已知电导率数值的电解质溶液盛于该电解池内，在一定温度下测定电阻，通过式(6-24) 计算出 l/A 的数值。然后再将待测电解质溶液放入此电导池中，在相同的温度下测其电阻，取电阻的导数乘以电导池常数即为待测电解质溶液的电导率。若已知此电解质溶液的浓度，可通过式(6-22) 计算出该溶液的摩尔电导率。

由于电化学测试技术的发展，通过专门的电导测试仪方便、快捷、准确的测出电导已是件很容易的事。

6.4.3 电导率、摩尔电导率与浓度的关系

(1) 电导率与浓度的关系

电解质本性、溶剂、温度、溶液的浓度等因素均对电导率有很大影响。分析起来，影响溶液导电能力的因素不外乎两类：一类是量的因素，指溶液中含有能导电的离子数量多寡及离子所带电荷的多少；另一类则是质的因素，即离子运动速率的快慢。溶液浓度改变时，这两方面的影响因素都在起作用。故溶液浓度对电导率的影响比较复杂。表 6-6 列出了一些电解质溶液在不同浓度时的电导率。由实验数据可见，在低浓度范围内，溶液的电导率随溶液浓度的增加而增大。但对有些电解质溶液，当溶液的浓度增加到一定程度以后，电导率反而随浓度的增加而降低。这是因为对稀溶液来说，随着浓度的增加，单位体积内导电的离子数目增加，故电导率随浓度的增加而增大。若溶液浓度过大，正、负离子间的相互作用力显著增强，使离子在溶液中的运动速率减小，有时正、负离子可能形成缔合离子，甚至可形成不导电的中性分子（如高浓度的 HCl、H_2SO_4 溶液中就可

能有中性分子形成)，故电导率反而随浓度增加而降低。不少电解质溶液的电导率与浓度关系中会出现极大值。

表 6-6 298.15K 时一些电解质溶液的电导率 κ /S·m^{-1}

浓度(质量百分数)	$AgNO_3$	$CaCl_2$	$CdCl_2$	H_2SO_4	NaOH	KI
5	2.56	6.43	1.67	20.85	—	3.38
10	4.76	11.41	2.41	39.15	30.93	6.80
20	8.72	17.28	2.99	65.27	32.84	14.55
30		16.58	2.82	73.88	20.74	23.03
40	15.65		2.21	68.00	12.06	31.68
50	—		1.37	54.05	8.20	
60	21.01			37.26		

(2) 摩尔电导率与浓度的关系

对于摩尔电导率，由于溶液中含有能导电的离子总量被固定下来了，电导只受电离度和离子运动速率的影响，这样就可以直接看出浓度对离子运动速率的影响。图 6-8 是一些电解质溶液的摩尔电导率与浓度的关系。实验结果表明，随着电解质溶液浓度的降低，摩尔电导率逐渐增大，但强电解质和弱电解质摩尔电导率变化情况不尽相同。强电解质溶液摩尔电导率随浓度降低曲线表现为平坦地上升。这是因为强电解质在溶液中几乎处于完全电离状态，即使在较浓的溶液中，其摩尔电导率值也较大，当溶液稀释时，离子间的距离增大，相互间作用力减弱，对电导的影响减小，离子的运动速率也就越大，摩尔电导率渐渐增大。当溶液稀释到一定程度后，摩尔电导率接近一个常数。当溶液无限稀释时，摩尔电导率达到最大值，此值称为该电解质溶液的无限稀释摩尔电导率或极限摩尔电导率，用 Λ_m^∞ 表示。这时电解质完全电离，且离子间相互作用力消失。

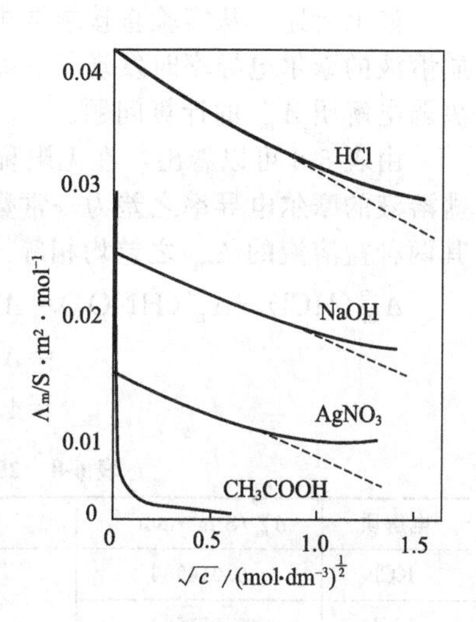

图 6-8 电解质的摩尔电导率与浓度的平方根关系图

柯尔劳施 (Kohlrausch) 根据大量的实验结果总结出，在很稀的强电解质溶液中，摩尔电导率与其溶液浓度的平方根呈线性关系。即

$$\Lambda_m = \Lambda_m^\infty - A\sqrt{c} \tag{6-25}$$

式中，A 在一定的温度下对于某一种电解质和一定的溶剂来说是一个常数，它可由实验数据求得。Λ_m^∞ 也是一个常数，可由 Λ_m 对$\sqrt{c}$作图外推到当 c 趋向于零时，直线在纵坐标轴上的截距就是 Λ_m^∞ 值。式(6-25) 只适用于强电解质稀溶液，对弱电解质稀溶液不适用。

对弱电解质来说，在溶液浓度降低的过程中，开始摩尔电导率随浓度改变的变化不大，但随着溶液进一步稀释时，其摩尔电导率急剧增大。这是因为随着溶液进一步稀释，弱电解质电离度大大增加，致使参加导电的离子数目急剧增多的结果。因此，不能用外推法来求弱电解质的 Λ_m^∞，需用后面讨论的离子独立运动定律。

表 6-7 列出 298.15K 时一些电解质水溶液的摩尔电导率数据。由表可看出强、弱电解质摩尔电导率随浓度变化的不同规律。

表 6-7　298.15K 时一些电解质水溶液的摩尔电导率 $\Lambda_m^\infty/S\cdot m^2\cdot mol^{-1}$

$c/mol\cdot dm^{-3}$	NaCl	KCl	HCl	NaAc	CH_3COOH	NaOH
约 0.000	0.012645	0.014986	0.042616	0.00910	0.03907	0.02714
0.0005	0.012450	0.014781	0.042274	0.00892	0.00677	0.0047
0.001	0.012374	0.014695	0.042136	0.00885	0.00492	0.0034
0.010	0.011851	0.014127	0.041200	0.008376	0.00163	0.00113
0.100	0.010674	0.012896	0.039132	0.007280		0.00036
1.00		0.01119	0.03328	0.00491		

由于 Λ_m^∞ 反映了离子之间没有引力时电解质所具有的导电能力，所以它是电解质溶液一个很重要的性质。

6.4.4　离子独立运动定律和离子电导率

(1) 离子独立运动定律

如上所述，从实验直接求弱电解质的 Λ_m^∞ 遇到了困难，柯尔劳施在研究大量极稀强电解质溶液的摩尔电导率时发现了一些规律，见表 6-8。由此提出了离子独立运动定律，用来解决弱电解质 Λ_m^∞ 的计算问题。

由表 6-8 可以看出，在无限稀释的不同电解质溶液中，具有相同正离子的氯化物和硝酸盐溶液的摩尔电导率之差为一常数，与正离子的本性无关。不论正离子是 H^+、Li^+ 或 K^+，其两种盐溶液的 Λ_m^∞ 之差均相等。即

$$\begin{aligned}\Lambda_m^\infty(HCl)-\Lambda_m^\infty(HNO_3)&=\Lambda_m^\infty(KCl)-\Lambda_m^\infty(KNO_3)\\&=\Lambda_m^\infty(LiCl)-\Lambda_m^\infty(LiNO_3)\\&=4.9\times10^{-4}\,S\cdot m^2\cdot mol^{-1}\end{aligned}$$

表 6-8　298.15K 时一些电解质的极限摩尔电导率

电解质	$\Lambda_m^\infty/S\cdot m^2\cdot mol^{-1}$	差　数	电解质	$\Lambda_m^\infty/S\cdot m^2\cdot mol^{-1}$	差　数
KCl	0.014986	34.83×10^{-4}	HCl	0.042616	4.9×10^{-4}
LiCl	0.011503		HNO_3	0.042130	
$KClO_4$	0.014004	35.06×10^{-4}	KCl	0.014986	4.9×10^{-1}
$LiClO_4$	0.010598		KNO_3	0.014496	
KNO_3	0.01450	34.9×10^{-4}	LiCl	0.011503	4.9×10^{-4}
$LiNO_3$	0.01101		$LiNO_3$	0.01101	

同样，具有相同负离子的钾盐和锂盐的摩尔电导率之差与负离子的本性无关。其他电解质也有同样规律，并且无论在水溶液或非水溶液中这个规律均成立。

根据实验事实，柯尔劳施认为：在无限稀释溶液中，各种离子彼此独立运动，互不影响，各种离子对溶液的电导都有固定的贡献，不受溶液中其他共存离子的干扰，因此它们具有自己独立的电导。故电解质的极限摩尔电导率为正、负离子的极限摩尔电导率之和。即

$$\Lambda_m^\infty=\Lambda_{m,+}^\infty+\Lambda_{m,-}^\infty \tag{6-26}$$

式(6-26) 称为柯尔劳施离子独立运动定律。其中 $\Lambda_{m,+}^\infty$ 和 $\Lambda_{m,-}^\infty$ 分别表示电解质正、负离子在相同温度、相同溶剂中的极限摩尔电导率。由此，可以方便地应用强电解质的极限摩尔电导率，间接计算出弱电解质的极限摩尔电导率。

【例 6-4】 已知在 298.15K 时，丙酸钠、氯化钠和盐酸的水溶液的极限摩尔电导率分别是 $0.859\times10^{-2}\mathrm{S\cdot m^2\cdot mol^{-1}}$、$1.2645\times10^{-2}\mathrm{S\cdot m^2\cdot mol^{-1}}$、$4.2615\times10^{-2}\mathrm{S\cdot m^2\cdot mol^{-1}}$。试计算在此温度下，丙酸水溶液的极限摩尔电导率。

解　已知 $\Lambda_\mathrm{m}^\infty(\mathrm{CH_3CH_2COONa})=0.859\times10^{-2}\mathrm{S\cdot m^2\cdot mol^{-1}}$，$\Lambda_\mathrm{m}^\infty(\mathrm{NaCl})=1.2645\times10^{-2}\mathrm{S\cdot m^2\cdot mol^{-1}}$，$\Lambda_\mathrm{m}^\infty(\mathrm{HCl})=4.2615\times10^{-2}\mathrm{S\cdot m^2\cdot mol^{-1}}$，求 $\Lambda_\mathrm{m}^\infty(\mathrm{CH_3CH_2COOH})$。

由式(6-26) 得到：

$$\begin{aligned}\Lambda_\mathrm{m}^\infty(\mathrm{CH_3CH_2COOH})&=\Lambda_\mathrm{m}^\infty(\mathrm{H^+})+\Lambda_\mathrm{m}^\infty(\mathrm{CH_3CH_2COO^-})\\&=\Lambda_\mathrm{m}^\infty(\mathrm{CH_3CH_2COONa})+\Lambda_\mathrm{m}^\infty(\mathrm{HCl})-\Lambda_\mathrm{m}^\infty(\mathrm{NaCl})\\&=0.859\times10^{-2}\mathrm{S\cdot m^2\cdot mol^{-1}}+4.2615\times\\&\quad10^{-2}\mathrm{S\cdot m^2\cdot mol^{-1}}-1.2645\times10^{-2}\mathrm{S\cdot m^2\cdot mol^{-1}}\\&=3.856\times10^{-2}\mathrm{S\cdot m^2\cdot mol^{-1}}\end{aligned}$$

(2) 离子的电导率

根据式(6-26)，如果能知道各种离子的极限摩尔电导率（又称离子摩尔电导率），就能求算任一种电解质的极限摩尔电导率。这里讨论的离子电导率就是极限摩尔电导率，其数值大小在很大程度上取决于该离子运动的速率，可从离子的迁移率求得。

电解质溶液在无限稀释时完全电离，即

$$\mathrm{M}_{\nu_+}\mathrm{A}_{\nu_-}\longrightarrow\nu_+\mathrm{M}^{Z_+}+\nu_-\mathrm{A}^{Z_+}$$

式中 Z_+ 和 Z_- 分别为正、负离子的电荷数，由于溶液保持电中性，即 $\nu_+Z_+=\nu_-|Z_-|$。现取 $(\mathrm{M}_{\nu_+}\mathrm{A}_{\nu_-})/(\nu_+Z_+)$ 作为电解质的基本单元；分别取 M^{Z_+}/Z_+ 和 $\mathrm{A}^{Z_-}/|Z_-|$ 作为正、负离子的基本单元，这样，1mol 的电解质完全电离成 1mol 的正离子和 1mol 的负离子，故 1mol 离子具有的电量（绝对值）等于 F。

根据式(6-19) 及式(6-21) 得到通过电解质溶液的电流为

$$I=GE=\kappa\frac{AE}{l}$$

将式(6-8) 代入上式得

$$\kappa\frac{AE}{l}=u_+An_+Z_+\mathrm{e}+u_-An_-|Z_-|\mathrm{e}$$

两边同时除以 AE/l，得

$$\kappa=\frac{u_+n_+Z_+\mathrm{e}}{\dfrac{E}{l}}+\frac{u_-n_-|Z_-|\mathrm{e}}{\dfrac{E}{l}}$$

设电解质溶液的浓度为 c（$\mathrm{mol\cdot m^{-3}}$），假定溶液很稀，电解质完全电离，则正、负离子的浓度均为 c，故 $n_+Z_+\mathrm{e}=n_-|Z_-|\mathrm{e}=cF$，设 U_+ 和 U_- 分别表示正、负离子在电势梯度 E/l 等于 $1\mathrm{V\cdot m^{-1}}$ 时的运动速率，即离子迁移率，则将这些关系代入上式，得

$$\kappa=cF(U_++U_-)\tag{6-27}$$

因为 $\Lambda_\mathrm{m}=\dfrac{\kappa}{c}$，所以

$$\Lambda_\mathrm{m}=F(U_++U_-)\tag{6-28}$$

对于弱电解质稀溶液来说，由于弱电解质溶液部分电离，设其电离度为 α，则式(6-27) 及式(6-28) 分别为

$$\kappa_c = c\alpha F(U_+ + U_-) \tag{6-29}$$

$$\Lambda_m = \alpha F(U_+ + U_-) \tag{6-30}$$

当溶液无限稀释时，$\alpha=1$，$\Lambda_m=\Lambda_m^\infty$，$U_+=U_+^\infty$，$U_-=U_-^\infty$，所以式(6-28) 及式(6-30) 均变为

$$\Lambda_m^\infty = F(U_+^\infty + U_-^\infty) \tag{6-31}$$

式中，U_+^∞、U_-^∞分别为无限稀释溶液的正、负离子的迁移率。

由于$\Lambda_m^\infty=\Lambda_+^\infty+\Lambda_-^\infty$，将此式与式(6-31) 相比较得

$$\Lambda_+^\infty = FU_+^\infty \tag{6-32a}$$

$$\Lambda_-^\infty = FU_-^\infty \tag{6-32b}$$

式(6-32) 表明，在无限稀释溶液中，离子摩尔电导率与离子迁移率成正比。

设无限稀释时电解质溶液中正、负离子的迁移数分别为 t_+^∞、t_-^∞，则式(6-11) 变为

$$t_+^\infty = \frac{U_+^\infty}{U_+^\infty + U_-^\infty} \tag{6-33a}$$

$$t_-^\infty = \frac{U_-^\infty}{U_+^\infty + U_-^\infty} \tag{6-33b}$$

将式(6-33) 代入式(6-32)，并结合式(6-31) 得

$$\Lambda_{m,+}^\infty = t_+^\infty \Lambda_m^\infty \tag{6-34a}$$

$$\Lambda_{m,-}^\infty = t_-^\infty \Lambda_m^\infty \tag{6-34b}$$

离子的迁移数（t_+^∞或t_-^∞）及Λ_m^∞ 均可由实验测得，则通过式(6-34) 就可计算无限稀释溶液的各种离子的摩尔电导率。

表 6-9 列出了 298.15K，无限稀释溶液的一些离子的摩尔电导率和离子迁移率数据。粒子在流体中的运动速率与粒子半径成反比，同时粒子还具有溶剂化作用，所以，离子极限摩尔电导率（或迁移率）应随离子的水化半径增加而减少。

表 6-9　298.15K、无限稀溶液的一些离子的摩尔电导率及迁移率

正离子	$\Lambda_{m,+}^\infty/10^{-4}$ $S\cdot m^2\cdot mol^{-1}$	$U_+^\infty/10^{-4}$ $m^2\cdot S^{-1}\cdot V^{-1}$	负离子	$\Lambda_{m,+}^\infty/10^{-4}$ $S\cdot m^2\cdot mol^{-1}$	$U_+^\infty/10^{-4}$ $m^2\cdot S^{-1}\cdot V^{-1}$
H^+	349.82	0.003620	OH^-	198.0	0.002050
Li^+	38.69	0.000388	Cl^-	76.34	0.000791
Na^+	50.11	0.000520	Br^-	78.4	0.000812
K^+	73.52	0.000762	I^-	76.8	0.000796
NH_4^+	73.4	0.000760	NO_3^-	71.44	0.000740
Ag^+	61.92	0.000642	CH_3COO^-	40.9	0.000411
$\frac{1}{2}Ca^{2+}$	59.50	0.000616	ClO_4^-	68.0	0.000705
$\frac{1}{2}Ba^{2+}$	63.64	0.000659	$\frac{1}{2}SO_4^{2-}$	79.8	0.000827
$\frac{1}{2}Sr^{2+}$	59.46	0.000616			
$\frac{1}{2}Mg^{2+}$	53.06	0.000550			
$\frac{1}{3}La^{3+}$	69.6	0.000721			

由表 6-9 可知，H^+ 和 OH^- 在溶液中的摩尔电导率及离子迁移率特别大，这说明在电场力的作用下，H^+ 和 OH^- 在水溶液中运动速率特别快，因此导电能力特别强。

6.5　电导测定的应用

6.5.1　弱电解质电离平衡常数测定

弱电解质在溶液中仅部分电离，溶液浓度越大，电离度越小，稀释溶液时，电离度增大。因弱电解质溶液在某一浓度时的摩尔电导率反映了弱电解质在部分电离时，离子之间存在着相互作用时的导电能力，所以，通过测定弱电解质溶液某一浓度时的摩尔电导率，就可以算出弱电解质的电离度及电离平衡常数。

以简单 1-1 型弱电解质 BA 为例进行讨论。设弱电解质溶液的起始浓度为 c，电离度为 α，则在一定温度下达到电离平衡时有

$$\underset{c(1-\alpha)}{BA} \rightleftharpoons \underset{c\alpha}{B^+} + \underset{c\alpha}{A^-}$$

则电离平衡常数为

$$K_c = \frac{c\alpha^2}{1-\alpha} \tag{6-35}$$

由于弱电解质的电离度很小，溶液中离子浓度不大，假定离子的运动速率受浓度的影响极小，即 $U_+ = U_+^\infty$，$U_- = U_-^\infty$，将式(6-30) 除以式(6-31) 得

$$\alpha = \frac{\Lambda_m}{\Lambda_m^\infty} \tag{6-36}$$

将式(6-36) 代入式(6-35) 得

$$K_c = \frac{c\Lambda_m^2}{\Lambda_m^\infty(\Lambda_m^\infty - \Lambda_m)} \tag{6-37}$$

式(6-37) 称为奥斯特瓦尔德（Ostwald）稀释定律。Λ_m^∞ 可从有关手册中查到，只要通过实验测得一定浓度 c 时的摩尔电导率 Λ_m，即可计算电离平衡常数 K_c。

【例 6-5】 在 298.15K 时，由实验测得 $10mol \cdot m^{-3}$ 磺胺水溶液的电导率为 $1.104 \times 10^{-3} S \cdot m^{-1}$，测得磺胺钠盐无限稀释时溶液的摩尔电导率为 $100.3 \times 10^{-4} S \cdot m^2 \cdot mol^{-1}$，试计算 $10mol \cdot m^{-3}$ 磺胺水溶液中磺胺的电离度和电离平衡常数。

解　$$\underset{c(1-\alpha)}{H_2NC_6H_4SO_2NH_2} + H_2O \rightleftharpoons \underset{c\alpha}{H_3O^+} + \underset{c\alpha}{H_2NC_6H_4SO_2NH^-}$$

查表得　$\Lambda_m^\infty(HCl) = 426.16 \times 10^{-4} S \cdot m^2 \cdot mol^{-1}$，

$\Lambda_m^\infty(NaCl) = 126.45 \times 10^{-4} S \cdot m^2 \cdot mol^{-1}$

所以根据离子独立运动定律，得

$$\begin{aligned}\Lambda_m^\infty(\text{磺胺水溶液}) &= \Lambda_m^\infty(\text{磺胺钠盐}) + \Lambda_m^\infty(HCl) - \Lambda_m^\infty(NaCl) \\ &= 100.3 \times 10^{-4} S \cdot m^2 \cdot mol^{-1} + 426.16 \times 10^{-4} S \cdot m^2 \cdot mol^{-1} - \\ &\quad 126.45 \times 10^{-4} S \cdot m^2 \cdot mol^{-1} \\ &= 400.01 \times 10^{-4} S \cdot m^2 \cdot mol^{-1}\end{aligned}$$

由公式 $\Lambda_m = \kappa / c$ 得磺胺水溶液的摩尔电导率为

$$\Lambda_m = \frac{1.104 \times 10^{-3} S \cdot m^{-1}}{10 mol \cdot m^{-3}} = 1.104 \times 10^{-4} S \cdot m^2 \cdot mol^{-1}$$

故磺胺水溶液的电离度和电离平衡常数分别为

$$\alpha=\frac{\Lambda_m}{\Lambda_m^\infty}=\frac{1.104\times10^{-4}\,S\cdot m^2\cdot mol^{-1}}{400.01\times10^{-4}\,S\cdot m^2\cdot mol^{-1}}=0.00276$$

$$K_c=\frac{c\alpha^2}{1-\alpha}=\frac{(0.00276)^2\times10}{1-0.00276}=7.64\times10^{-5}$$

6.5.2 水的纯度测定

水是最常用的溶剂之一，又是一种弱电解质，它可按下式微弱电离：

$$H_2O \rightleftharpoons H^+ + OH^-$$

因此水具有一定的导电能力，水的纯度越高，其电导率就越小。一般用水都具有相当大的电导率，这是因为混入了各种电解质杂质引起的。研究者用特制的蒸馏器具多次反复将水蒸馏，可得极纯的水，测其不同温度时的电导率，作为人们鉴定水的纯度标准（可查有关手册）。例如，在 298.15K 时测得电导率为 $0.55\times10^{-5}\,S\cdot m^{-1}$。

利用水的电导率，还可以测定水的离子积。例如，在 298.15K 时，根据式 $\Lambda_m=\kappa/c$ 得

$$\Lambda_m(H_2O)=\frac{0.55\times10^{-5}\,S\cdot m^{-1}}{c}$$

由离子独立运动定律得

$$\begin{aligned}\Lambda_m^\infty(H_2O)&=\Lambda_m^\infty(H^-)+\Lambda_m^\infty(OH^-)\\&=349.82\times10^{-4}\,S\cdot m^2\cdot mol^{-1}+198.0\times10^{-4}\,S\cdot m^2\cdot mol^{-1}\\&=547.82\times10^{-4}\,S\cdot m^2\cdot mol^{-1}\end{aligned}$$

将 $\Lambda_m^\infty(H_2O)$ 值代入上式得

$$\begin{aligned}c&=\frac{0.55\times10^{-5}\,S\cdot m^{-1}}{547.82\times10^{-4}\,S\cdot m^2\cdot mol^{-1}}=1.004\times10^{-4}\,mol\cdot m^{-3}\\&=1.004\times10^{-7}\,mol\cdot dm^{-3}\end{aligned}$$

故 298.15K 时纯水的离子积为

$$K_w=c(H^+)\cdot c(OH^-)=(1.004\times10^{-7})^2=1.01\times10^{-14}$$

6.5.3 难溶盐的溶解度测定

一些难溶盐，如 AgCl、AgI、$BaSO_4$ 等，在水中的溶解度很小，不能用普通的滴定方法测定浓度，但可以用电导法求得。由于难溶盐饱和溶液中离子浓度很小，实际上可近似看作无限稀释溶液，所以在该溶液中起导电作用的离子，不仅是难溶盐解离的正、负离子，而且水解离的 H_3O^+ 和 OH^- 参与的导电作用不能忽略。因此，在进行有关计算时，在一定温度下，某难溶盐电解质的电导率应该从该难溶盐溶液的电导率中减去相同温度下纯水（溶剂）的电导率。难溶盐溶液的摩尔电导率可用无限稀释的离子摩尔电导率求得，结合实验测得该溶液电导率，就可算出难溶盐的溶解度及溶度积。

【例 6-6】 在 298.15K 时，测得氯化银饱和溶液及配制此饱和溶液的纯水的电导率分别为 $3.41\times10^{-4}\,S\cdot m^{-1}$ 和 $1.60\times10^{-4}\,S\cdot m^{-1}$，试求氯化银 298.15K 时的溶解度和溶度积。

解 由题中已知数据得

$$\begin{aligned}\kappa(AgCl)&=\kappa(AgCl\,溶液)-\kappa(H_2O)\\&=3.41\times10^{-4}\,S\cdot m^{-1}-1.60\times10^{-4}\,S\cdot m^{-1}\\&=1.81\times10^{-4}\,S\cdot m^{-1}\end{aligned}$$

查表 6-9 得 $\Lambda_m^\infty(Ag^+)=61.92\times10^{-4}\,S\cdot m^2\cdot mol^{-1}$

$$\Lambda_m^\infty(Cl^-)=76.34\times10^{-4}S\cdot m^2\cdot mol^{-1}$$

代入式(6-26) 得

$$\Lambda_m^\infty(AgCl)=\Lambda_m^\infty(Ag^+)+\Lambda_m^\infty(Cl^-)$$
$$=61.92\times10^{-4}S\cdot m^2\cdot mol^{-1}+76.34\times10^{-4}S\cdot m^2\cdot mol^{-1}$$
$$=138.26\times10^{-4}S\cdot m^2\cdot mol^{-1}$$

所以
$$c(AgCl)=c(Ag^+)=c(Cl^-)=\frac{\kappa(AgCl)}{\Lambda_m^\infty(AgCl)}$$
$$=1.81\times10^{-4}S\cdot m^{-1}\div138.26\times10^{-4}S\cdot m^2\cdot mol^{-1}$$
$$=1.31\times10^{-2}mol\cdot m^{-3}=1.31\times10^{-5}mol\cdot dm^{-3}$$

故
$$K_{sp}(AgCl)=c^2(AgCl)=(1.31\times10^{-5})^2=1.71\times10^{-10}$$

6.5.4 电导滴定

利用滴定终点前后溶液的电导变化来确定滴定终点的方法称为电导滴定。电导滴定的系统都是电解质溶液。在一定温度下，电解质水溶液的电导与电解质溶液中离子的种类和浓度有关。在被滴定的电解质水溶液中，加入另一种与被滴定电解质溶液起中和、络合、沉淀或氧化还原等反应的电解质（常称滴定剂），由于反应后生成了电离度极小的电解质或沉淀，结果使溶液中原有的一种离子被另一种离子所取代，因而溶液中离子种类和浓度都要发生变化，由此导致溶液的电导发生改变。电导滴定就是根据这一基本原理进行的。

例如强酸强碱的滴定。用 NaOH 滴定 HCl 溶液，滴定前溶液中只有 HCl 这一种电解质，因 H^+ 的电导很大，所以溶液的电导很大。当滴入 NaOH 后，发生中和反应，使得溶液中的 H^+ 与 OH^- 结合生成 H_2O，这个过程可以看成是离子电导较小的 Na^+ 取代 H^+，所以整个溶液的电导随着 NaOH 的不断加入而逐渐减小。当加入的 NaOH 与 HCl 的物质的量相等（即中和反应完全）时，溶液的电导率为最小。当加入过量的 NaOH 后，由于 OH^- 的电导也很大，所以溶液的电导不断增大。如果以加入 NaOH 的体积作为横坐标，以所测溶液的电导值作为纵坐标作图，便得到两条相交的 V 形直线，交汇点 B 为滴定的终点，如图 6-9 所示。

若用强碱 NaOH 滴定是弱酸（如 CH_3COOH），如图 6-9 中所示的 $A'B'C'$ 曲线，由于弱酸导电能力小，所以滴定开始时溶液的电导很低，当加入 NaOH 后生成了强电解质 CH_3COONa，故溶液的电导缓慢地增加。超过终点后，过量的 NaOH 使溶液的电导迅速增大，其转折点 B' 即为滴定终点。

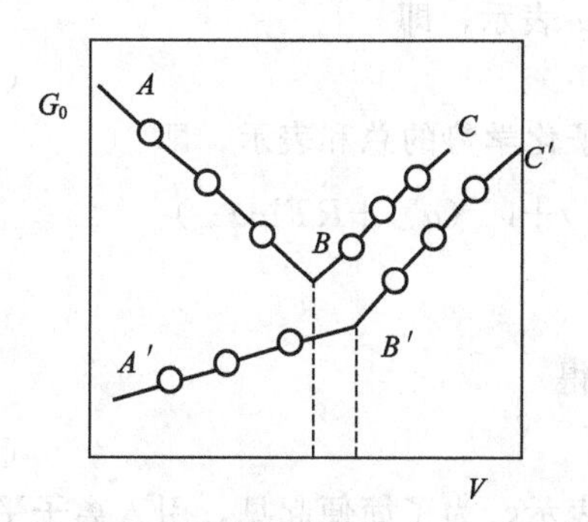

图 6-9　强碱滴定强酸（或弱酸）的电导滴定曲线

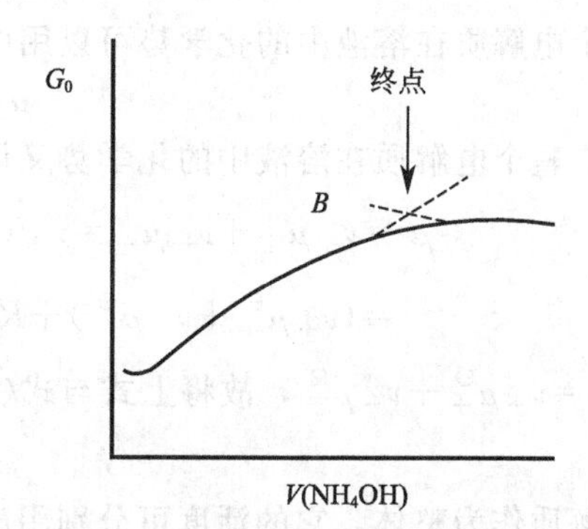

图 6-10　弱碱滴定弱酸的电导滴定曲线

图 6-10 中所示的电导滴定曲线为弱碱氨水滴定弱酸 CH_3COOH 的曲线。滴定前，由于 CH_3COOH 的电导较小，所以曲线的起点较低，当加入少量的 $NH_3 \cdot H_2O$ 后，生成少量的 NH_4^+ 和 CH_3COO^-，而 CH_3COO^- 由于同离子效应抑制了醋酸的电离，所以溶液的电导稍微减小，滴定曲线稍有下降，继续加入 $NH_3 \cdot H_2O$，生成较多的 NH_4^+ 和 CH_3COO^-，使得溶液电导增加，曲线上升，到达终点再加入氨水，CH_3COONH_4 抑制氨水的电离，所以溶液电导不再增大，曲线呈水平状，滴定终点即为转折处两边曲线的切线交点 B。

电导滴定也可用于沉淀反应，例如用 KCl 滴定 $AgNO_3$ 时，发生下列反应：

$$AgNO_3 + KCl = AgCl\downarrow + KNO_3$$

到达滴定终点前，溶液中的 Ag^+ 被 K^+ 所取代，由于这两种离子的电导差别不大，因而溶液的电导几乎不变，但超过终点后，由于溶液中有过量的 KCl 存在，溶液的电导迅速增大，因而可由电导滴定曲线的转折点来求得滴定终点。

电导滴定有其特殊的方便之处，应用极为广泛，在现代分析手段中占有十分重要的地位。

6.6 强电解质溶液的活度及活度系数

6.6.1 溶液中电解质的平均活度和平均活度系数

在电解质溶液中，由于电解质正、负离子之间及正、负离子与溶剂之间的强烈相互作用，使得溶液的性质大大偏离理想溶液。即使电解质溶液很稀，离子间距很大时，其溶液的性质对理想行为也会产生明显的偏差。对于电解质溶液可采用第 3 章中路易斯对非理想溶液提出的活度及化学势的概念来导出一些热力学公式，进而校正偏差。由于电解质溶液总是满足电中性条件，而且电解质溶液中正、负离子总是同时存在而无法将其分开，所以，测定离子的活度及活度系数时，只能得到正、负离子的平均活度和平均活度系数。

设 $M_{\nu_+}A_{\nu_-}$ 型电解质在溶液中完全电离，如下式所示：

$$M_{\nu_+}A_{\nu_-} = \nu_+ M^{Z+} + \nu_- A^{Z-}$$

设溶液中正、负离子的总个数为 ν，则 $\nu = \nu_+ + \nu_-$。如果我们用 μ_+、μ_- 代表正、负离子的化学势，a_+、a_- 代表正、负离子的活度，则正、负离子的化学势表示为

$$\mu_+ = \mu_+^{\ominus} + RT\ln a_+ \tag{6-38a}$$

$$\mu_- = \mu_-^{\ominus} + RT\ln a_- \tag{6-38b}$$

而整个电解质在溶液中的化学势可以用电解质的活度 a 表示，即

$$\mu = \mu^{\ominus} + RT\ln a \tag{6-39}$$

同时，整个电解质在溶液中的化学势又可以用各个离子化学势的总和表示，即

$$\begin{aligned}\mu &= \nu_+\mu_+ + \nu_-\mu_- = \nu_+(\mu_+^{\ominus} + RT\ln a_+) + \nu_-(\mu_-^{\ominus} + RT\ln a_-) \\ &= (\nu_+\mu_+^{\ominus} + \nu_-\mu_-^{\ominus}) + RT\ln(a_+^{\nu_+}a_-^{\nu_-})\end{aligned}$$

因 $\mu^{\ominus} = \nu_+\mu_+^{\ominus} + \nu_-\mu_-^{\ominus}$，故将上式与式(6-39) 相比较得

$$a = a_+^{\nu_+}a_-^{\nu_-} \tag{6-40}$$

即电解质作为整体，它的活度可分别用离子的活度来表示。为了简便起见，引入离子平均活度的概念，并定义电解质离子平衡活度 $a_\pm$ 为

$$a_\pm = (a_+^{\nu_+}a_-^{\nu_-})^{\frac{1}{\nu}} \tag{6-41}$$

将式(6-40)与式(6-41)相比较得

$$a=a_{\pm}^{\nu} \tag{6-42}$$

设b、b_+、b_-和γ、γ_+、γ_-分别代表电解质、正离子、负离子的质量摩尔浓度和活度系数。因为电解质的活度是其活度系数与浓度的乘积，所以

$$a_+=\gamma_+\left(\frac{b_+}{b^\ominus}\right) \tag{6-43a}$$

$$a_-=\gamma_-\left(\frac{b_-}{b^\ominus}\right) \tag{6-43b}$$

故按同样方式可定义离子的平均质量摩尔浓度（$b_\pm$）和平均活度系数（$\gamma_\pm$）为

$$b_\pm=(b_+^{\nu_+}b_-^{\nu_-})^{\frac{1}{\nu}} \tag{6-44}$$

$$\gamma_\pm=(\gamma_+^{\nu_+}\gamma_-^{\nu_-})^{\frac{1}{\nu}} \tag{6-45}$$

将式(6-44)、式(6-45)代入式(6-41)得

$$a_\pm=\gamma_\pm\left(\frac{b_\pm}{b^\ominus}\right) \tag{6-46}$$

若设溶液中的电解质的质量摩尔浓度为b，则$b_+=\nu_+b$，$b_-=\nu_-b$，代入式(6-44)得

$$b_\pm=[(\nu_+b)^{\nu_+}(\nu_-b)^{\nu_-}]^{\frac{1}{\nu}}=b(\nu_+^{\nu_+}\nu_-^{\nu_-})^{\frac{1}{\nu}} \tag{6-47}$$

若已知电解质的浓度b，则可通过式(6-47)求出离子的平均质量摩尔浓度（$b_\pm$），离子的平均活度系数（$\gamma_\pm$）可通过实验方法测出，再通过式(6-46)求出电解质离子的平均活度，结合式(6-42)便可求得电解质溶液的活度。

测定离子的平均活度系数的实验方法很多。例如，凝固点法、电动势法和溶解度法等。

不同价型的电解质溶液的活度、质量摩尔浓度与平均活度系数、平均质量摩尔浓度之间关系见表6-10所示。

表6-10 不同价型的电解质的a，b及$\gamma_\pm$、$b_\pm$之间的关系

价型	例子	$\gamma_\pm=(\gamma_+^{\nu_+}\gamma_-^{\nu_-})^{\frac{1}{\nu}}$	$b_\pm=(b_+^{\nu_+}\nu_-^{\nu_-})^{\frac{1}{\nu}}$	$a=a_\pm^{\nu}=(\gamma_\pm b_\pm)^{\nu}$
非电解质	蔗糖	—	—	γ_b
1-1	KCl			
2-2	$ZnSO_4$	$(\gamma_+\gamma_-)^{\frac{1}{2}}$	b	$b^2\gamma_\pm^2$
3-3	$LaFe(CN)_6$			
2-1	$CaCl_2$	$(\gamma_+\gamma_-^2)^{\frac{1}{3}}$	$(4)^{\frac{1}{3}}b$	$4b^2\gamma_\pm^3$
1-2	Na_2SO_4	$(\gamma_+^2\gamma_-)^{\frac{1}{3}}$	$(4)^{\frac{1}{3}}b$	$4b^3\gamma_\pm^3$
3-1	$LaCl_3$	$(\gamma_+\gamma_-^3)^{\frac{1}{4}}$	$(27)^{\frac{1}{4}}b$	$27b^4\gamma_\pm^4$
1-3	$K_3Fe(CN)_6$	$(\gamma_+^3\gamma_-)^{\frac{1}{4}}$	$(27)^{\frac{1}{4}}b$	$27b^4\gamma_\pm^4$
4-1	$Th(NO_3)_4$	$(\gamma_+\gamma_-^4)^{\frac{1}{5}}$	$(256)^{\frac{1}{5}}b$	$256b^5\gamma_\pm^5$
1-4	$K_4Fe(CN)_6$	$(\gamma_+^4\gamma_-)^{\frac{1}{5}}$	$(256)^{\frac{1}{5}}b$	$256b^5\gamma_\pm^5$
3-2	$Al_2(SO_4)_3$	$(\gamma_+^2\gamma_-^3)^{\frac{1}{5}}$	$(108)^{\frac{1}{5}}b$	$108b^5\gamma_\pm^5$

表6-11列出了298.15K时几种常见电解质的平均活度系数值，利用此表可计算出电解质的平均活度。

表 6-11　几种类型电解质的平均活度系数（298.15K，水溶液）

$b/\text{mol}\cdot\text{kg}^{-1}$	0.001	0.002	0.005	0.01	0.02	0.05	0.1	0.2	0.5	1.0	2.0	4.0
HCl	0.966	0.952	0.928	0.904	0.875	0.830	0.796	0.767	0.758	0.809	1.01	1.76
HNO_3	0.965	0.951	0.927	0.902	0.871	0.823	0.785	0.748	0.715	0.720	0.783	0.982
H_2SO_4	0.830	0.757	0.639	0.544	0.453	0.340	0.265	0.209	0.154	0.130	0.124	0.171
NaOH	—	—	—	—	—	0.82	—	0.73	0.69	0.68	0.70	0.89
$AgNO_3$	—	—	0.92	0.90	0.86	0.79	0.72	0.64	0.51	0.40	0.28	—
$CaCl_2$	0.89	0.85	0.785	0.725	0.66	0.57	0.515	0.48	0.52	0.71	—	—
$CuSO_4$	0.74	—	0.53	0.41	0.31	0.21	0.16	0.11	0.068	0.047	—	—
KCl	0.965	0.952	0.927	0.901	—	0.815	0.769	0.719	0.615	0.606	0.576	0.579
KBr	0.965	0.952	0.927	0.903	0.872	0.822	0.777	0.728	0.665	0.625	0.602	0.622
KI	0.965	0.951	0.927	0.905	0.88	0.84	0.80	0.76	0.71	0.68	0.69	0.75
LiCl	0.963	0.948	0.921	0.89	0.86	0.82	0.78	0.75	0.73	0.76	0.91	1.46
NaCl	0.966	0.953	0.929	0.904	0.875	0.823	0.780	0.730	0.68	0.66	0.67	0.78

由表 6-11 可知，电解质的平均活度系数 $\gamma_{\pm}$ 与溶液浓度有关。在稀溶液中，$\gamma_{\pm}$ 随浓度的增加而变小，但通过一个最小值后，随浓度的增加 $\gamma_{\pm}$ 又增大，这主要与离子的水化作用有关。另外，在稀溶液范围内，对相同价型的电解质而言，当浓度相同时，其 $\gamma_{\pm}$ 大致相等。而不同价型的电解质，虽然浓度相同，其 $\gamma_{\pm}$ 并不相同，高价型比低价型的 $\gamma_{\pm}$ 小。

【例 6-7】 已知 298.15K 时，浓度为 $0.05\text{mol}\cdot\text{kg}^{-1}$ 的 Na_2SO_4 溶液中 $\gamma_{\pm}=0.536$，求此溶液中电解质离子的平均活度及电解质的活度。

解 因为 Na_2SO_4 是 1-2 型电解质，$\nu_{+}=2$，$\nu_{-}=1$，$\nu=2+1=3$，所以

$$b_{\pm}=b(\nu_{+}^{\nu_{+}}\cdot\nu_{-}^{\nu_{-}})^{\frac{1}{3}}=(0.05\text{mol}\cdot\text{kg}^{-1})\times(2^2\times1^1)^{\frac{1}{3}}=0.079\text{mol}\cdot\text{kg}^{-1}$$

故
$$a_{\pm}=\gamma_{\pm}b_{\pm}=0.536\times0.079=0.042$$

则
$$a=(a_{\pm})^{\nu}=a_{\pm}^{3}=(0.042)^3=7.41\times10^{-5}$$

6.6.2 离子强度

大量的实验数据表明，影响离子平均活度系数 $\gamma_{\pm}$ 的主要因素是离子的浓度和离子所带电荷，电解质的化合价愈高，影响愈大。由此路易斯提出了离子强度的概念。离子强度（I）定义为

$$I=\frac{1}{2}\sum b_{B}Z_{B}^{2} \tag{6-48}$$

即存在于溶液中的每种离子的浓度（b_B）乘以该离子的电荷数（Z_B）的平方，所得各项之和的二分之一。在计算离子强度时，必须用离子的真实浓度（若为弱电解质时，此值可由其浓度乘以电离度）。

路易斯根据实验结果进一步总结出平均活度系数 $\gamma_{\pm}$ 与离子强 I 之间的经验关系式为

$$\lg\gamma_{\pm}=-A'\sqrt{\frac{I}{b^{\ominus}}} \tag{6-49}$$

式中 A' 是常数，与温度、溶剂种类有关，由此式可知，指定电解质处于离子强度相同的不同溶液中，即便该电解质在各溶液中浓度不一样，但 $\gamma_{\pm}$ 却相同。

6.7 强电解质溶液理论

6.7.1 离子氛模型

阿伦尼乌斯（Arrhenius）的部分电离理论应用到弱电解质上是成功的，但不适用强电解质溶液。德拜（Debye）和休格尔（Hückel）于 1923 年首先提出强电解质的离子互吸理论，他们认为：强电解质在溶液中完全电离，但由于离子浓度大，正负离子间的互吸作用不能忽略，而这种互吸作用影响到溶液的性质，造成强电质溶液与理想溶液之间的偏差。

德拜和休格尔从离子互吸和离子热运动的观点出发，建立了"离子氛"模型（图 6-11）。一方面正负离子间的静电引力使离子有规则地排列，而另一方面热运动又要使离子无序分布。两者相互作用，结果造成在一定时间间隔里，每个离子的周围，异电性离子的密度大于同电性离子的密度。也就是中心离子周围形成一个如同大气层一样的球形异电性"离子氛"，越接近中心离子，异电性离子越多。必须指出，溶液中每个离子既是中心离子，同时又是其他异电性离子的离子氛的组成部分。此外，由于离子处于不停地热运动之中，就使原有离子氛不断消失，新的离子氛不断形成，也就是说离子氛在不断地改组和变化着。

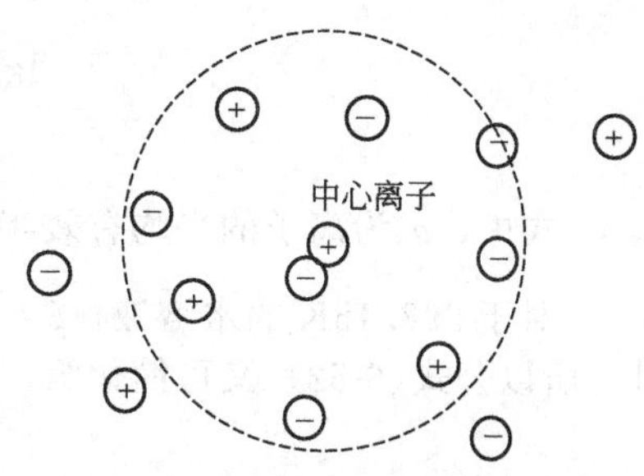

图 6-11 离子氛模型示意图

德拜和休格尔通过离子氛模型，形象地把电解质溶液中众多离子间复杂的相互作用归结为中心离子与离子氛之间的作用，这样就简化了进行理论方面的研究。

6.7.2 德拜-休格尔极限公式

中心离子与离子氛之间的静电吸引力，降低了电解质离子的活度系数。德拜-休格尔应用静电场理论结合离子互吸理论导出了电解质水溶液的平均活度系数与离子强度之间的函数关系式

$$\lg\gamma_{\pm}=-|Z_{+}Z_{-}|A\sqrt{\frac{I}{b^{\ominus}}} \tag{6-50}$$

式中，Z_{+}、Z_{-}分别为正负离子的价数（绝对值）；A 为与温度有关的常数，298.15K 时，$A=0.509$，故式(6-50) 变为

$$\lg\gamma_{\pm}=-0.509|Z_{+}Z_{-}|\sqrt{\frac{I}{b^{\ominus}}} \tag{6-51}$$

公式(6-50) 和公式(6-51) 都称为德拜-休格尔极限公式，它适用于稀的强电解质水溶液。上式表明，在一定温度的溶液中，某电解质溶液的平均活度系数，只与该电解质的价型和离子强度有关，与该电解质的本性无关，这一结论与前面介绍的路易斯经验规律完全符合。

【例 6-8】 计算 298.15K 时 1-1 价型电解质 NaCl 浓度为 $0.01\text{mol}\cdot\text{kg}^{-1}$ 时的平均活度系数。

解 $$I=\frac{1}{2}[(0.01\times1^{2})+(0.01\times1^{2})]=0.01$$

代入公式(6-51) 得

$$\lg\gamma_{\pm}=-0.509\times1\times1\times\sqrt{\frac{0.01}{1}}=-0.0509$$

故

$$\gamma_{\pm}=0.889\ (\text{实验值为}\ 0.904)$$

由于德拜-休格尔在推导他们的极限的公式时，做了一些简化的假定（如将离子看作点电荷），故该公式只能适用于极稀溶液的计算，当浓度达到 $0.005\sim0.01\text{mol}\cdot\text{kg}^{-1}$ 范围内时，$\lg\gamma_{\pm}$ 与 $\sqrt{\frac{I}{b^{\ominus}}}$ 不呈直线关系，出现较大偏差。在德拜-休格尔理论基础上，考虑到离子水合、缔合及离子的体积等因素可导出一个修正公式

$$\lg\gamma_{\pm}=\frac{-A|Z_{+}Z_{-}|\sqrt{\frac{I}{b^{\ominus}}}}{1+a\beta\sqrt{\frac{I}{b^{\ominus}}}} \tag{6-52}$$

式中，a 为离子的平均有效半径；A、β 为常数。

对于 298.15K 的水溶液，$\beta=0.33\times10^{10}\text{kg}^{\frac{1}{2}}\cdot\text{mol}^{\frac{1}{2}}\cdot\text{m}^{-1}$，$a=3.5\times10^{10}\text{m}$，故 $a\beta\approx1$，所以公式(6-52) 又可简化为

$$\lg\gamma_{\pm}=\frac{A|Z_{+}Z_{-}|\sqrt{\frac{I}{b^{\ominus}}}}{1+\sqrt{\frac{I}{b^{\ominus}}}} \tag{6-53}$$

此式适用范围较大，离子强度 $I<0.1\text{mol}\cdot\text{kg}^{-1}$ 的电解质溶液均可。

【例 6-9】 利用德拜-休格尔极限公式，计算 298.15K 时 $0.001\text{mol}\cdot\text{kg}^{-1}\ K_3Fe(CN)_6$ 的离子平均活度系数。

解

$$I=\frac{1}{2}\sum_{B}b_{B}Z_{B}^{2}$$

$$=\frac{1}{2}\times(0.001\times3\times1^{2}+0.001\times1\times3^{2})\text{mol}\cdot\text{kg}^{-1}$$

$$=0.006\text{mol}\cdot\text{kg}^{-1}$$

$$\lg\gamma_{\pm}=-A|Z_{+}Z_{-}|\sqrt{\frac{I}{b^{\ominus}}}$$

$$=-0.509\times1\times3\times\sqrt{0.006}=-0.1183$$

$$\gamma_{\pm}=0.7616$$

6.7.3 昂萨格（Onsager）理论

1927 年昂萨格把德拜-休格尔理论应用到有电场作用下的电解质溶液中，从而将柯尔劳施公式提高到新的水平。

在无限稀释的溶液中，离子距离很大，静电作用可以忽略，这样就可以认为无离子氛形成，溶液的摩尔电导率为 Λ_{m}^{∞}。在一般平衡状态下，离子氛以对称形式存在，即符号相同的电荷平均分配于中心离子的周围。而且离子氛的存在影响中心离子的移动速率，进而影响电解质的导电能力。这些影响因素可归结为以下两类。

(1) 弛豫力

以中心离子为例，在外加电场作用下正离子向负极移动，其周围异电荷离子氛部分地破坏。但静电引力使此中心离子有建立新的离子氛的趋势，正离子运动的前方要建立新的负离

子氛，而其后方旧离子氛有被破坏的趋势。这两种趋势均需要一定时间来完成，这时就形成了不对称的离子氛，见图6-12。这种不对称的离子氛对中心离子在电场中的运动产生阻力，这种阻力称为弛豫力。它使离子的运动速率变慢，从而降低了溶液的摩尔电导率。

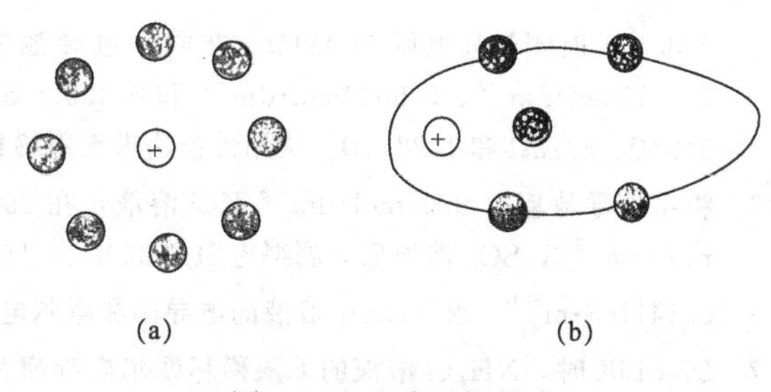

图6-12　弛豫时间效应

(a) 无外加电场的离子氛；(b) 有外加电场时在运动离子周围的不对称离子氛

(2) 电泳力

在外加电场的作用下，中心离子运动时，周围异电荷离子氛反向运动。由于离子是溶剂化的，众多异电荷离子带着大量溶剂分子反向移动，这使得离子的运动如逆水行舟。离子运动速率的下降，也降低溶液的摩尔电导率，这种阻力称为电泳力。

除上述两种阻力外，还有介质的摩擦力。当电场中离子运动达到稳定时，电场力与以上三种力的加和相等，昂萨格由此导出了德拜-休格尔-昂萨格（Debye-Hückel-Onsager）摩尔电导率公式，即

$$\Lambda_m=\Lambda_m^{\infty}(\alpha-\beta\Lambda_m^{\infty})\sqrt{c} \tag{6-54}$$

式中α、β均为与溶剂介电常数、黏度和温度有关的因子。α是电泳力产生的，β是弛豫力产生的，均为Λ_m的降低因子。此式的正确性已得到实验验证。

思考题

6-1　影响电解质溶液导电能力的因素有哪些？提出摩尔电导率概念主要是为了解决什么问题？

6-2　极限摩尔电导率是无限稀时电解质溶液的摩尔电导率，既然溶液浓度为无限稀，溶液的电导率应该无限小，请问这一结论是否正确，为什么？

6-3　一定温度时，在AgCl的饱和溶液中加入少量的KCl会使AgCl的溶解度减小，而加入少量的KNO_3反而会使AgCl的溶解度增加，为什么？

6-4　是否所有强电解质溶液的活度计算问题都可由德拜-休克尔极限公式得到解决？

6-5　为什么对于弱电解质电离度$\alpha=\dfrac{\Lambda_m}{\Lambda_m^{\infty}}$，而对于强电解质$\alpha\neq\dfrac{\Lambda_m}{\Lambda_m^{\infty}}$？

习　题

6-1　在电路中串联着两个电量计，一个为氢电量计，另一个为银电量计。当电路中通电1h后，在氢电量计中收集到的292K、99.19kPa的$H_2(g)$ 95cm^3；在银电量计中沉积Ag 0.8368g。计算电路中通过的电流为多少。

6-2　用银电极电解$AgNO_3$溶液。通电一定时间后，测知在阴极上析出1.15g的Ag，并知阴极区溶液中Ag^+的总量减少了0.605g。求$AgNO_3$溶液中离子的迁移数$t(Ag^+)$和$t(NO_3^-)$。

6-3　用银电极电解KCl水溶液。电解前每100g溶液中含KCl 0.7422g。阳极溶解下来的银与溶液中的Cl^-反应生成固体AgCl(s)，其反应可表示为$Ag\longrightarrow Ag^++e$，$Ag^++Cl^-\longrightarrow AgCl(s)$，总反应为$Ag+Cl^-\longrightarrow AgCl(s)+e$。通电一定时间后，测得银电量计中沉积了0.6136g Ag，并测知阳极区溶液重117.51g，其中含KCl 0.6659g。试计算KCl溶液中离子的迁移数$t(K^+)$和$t(Cl^-)$。

6-4　一根均匀的玻璃迁移管，截面积为3.25cm^2，底部放$CdCl_2$溶液，上部放0.0100mol·dm^{-3} HCl溶液，两溶液间有清晰的界面。当以3.00mA电流通电45min后，观察到界面向上移动了2.13cm，求氢离子的迁移数$t(H^+)$。

6-5　已知298.15K时0.01mol·dm^{-3}的KCl溶液的电导率为0.141S·m^{-1}。一电导池中充以此溶液，在

298.15K 时测知其电阻为 484Ω。在同一电导池中盛入同样体积的浓度分别为 $0.0005mol\cdot dm^{-3}$、$0.0010mol\cdot dm^{-3}$、$0.0020mol\cdot dm^{-3}$ 和 $0.0050mol\cdot dm^{-3}$ 的 NaCl 溶液，测出其电阻分别为 10910Ω、5494Ω、2772Ω 和 1128.9Ω。试用外推法求无限稀释时 NaCl 的摩尔电导率 $\Lambda_m^\infty(NaCl)$。

6-6 将某电导池盛以 $0.01mol\cdot dm^{-3}$ KCl 溶液，在 298.15K 时测得其电阻为 161.5Ω，换以 2.50×10^{-3} $mol\cdot dm^{-3}$ K_2SO_4 溶液后，测得电阻为 326Ω。已知 298.15K 时，$0.01mol\cdot dm^{-3}$ KCl 溶液的电导率为 $0.14114S\cdot m^{-1}$，求 K_2SO_4 溶液的电导率和摩尔电导率。

6-7 298.15K 时，NH_4Cl 溶液的无限稀释摩尔电导率为 $14.97\times10^{-3}S\cdot m^2\cdot mol^{-1}$，阳离子在无限稀释时的迁移数为 0.4907。试计算无限稀释时 NH_4^+ 和 Cl^- 的摩尔电导率和迁移率。

6-8 已知 298.15K 时 $0.05mol\cdot dm^{-3}$ CH_3COOH 溶液的电导率为 $3.68\times10^{-2}S\cdot m^{-1}$。计算 CH_3COOH 的解离度 α 及解离平衡常数 K_c（所需离子摩尔电导率的数据见表 6-9 所示）。

6-9 已知 298.15K 时水的离子积 $K_w=1.008\times10^{-14}$，NaOH、HCl 和 NaCl 的 Λ_m^∞ 分别等于 $0.024811S\cdot m^2\cdot mol^{-1}$、$0.042616S\cdot m^2\cdot mol^{-1}$ 和 $0.012645S\cdot m^2\cdot mol^{-1}$。求 298.15K 时纯水的电导率。

6-10 298.15K 时 AgBr 的饱和水溶液的电导率减去纯水的电导率等于 $1.174\times10^{-5}S\cdot m^{-1}$。求 AgBr 的溶解度和溶度积。298.15K 时无限稀释的溶液中 Ag^+ 和 Br^- 的摩尔电导率可查表 6-9。

6-11 试分别写出 $CuSO_4$、K_2SO_4、Na_3PO_4 溶液的离子平均质量摩尔浓度 $b_\pm$ 与电解质质量摩尔浓度 b 的关系式。

6-12 试计算质量摩尔浓度皆为 $0.025mol\cdot kg^{-1}$ 的下列各电解质水溶液的离子强度：(1) NaCl；(2) $ZnSO_4$；(3) $LaCl_3$。

6-13 应用德拜-休格尔极限公式，计算 298.15K 时 $0.002mol\cdot kg^{-1}$ $CaCl_2$ 溶液中 $\gamma(Ca^{2+})$、$\gamma(Cl^-)$ 和 $\gamma_\pm$。

第 7 章　电池电动势及极化现象

前已叙及，电化学是研究化学能与电能相互转化关系的科学，而电池就是将化学能转变为电能的一种装置。电池由正、负两个电极（分别称为半电池）和连接两个电极的电解质溶液组成。电池中的电化学反应是两个电极反应的总和。本章主要讨论可逆电池、可逆电池的电动势的测定方法及其应用。

7.1　可逆电池

7.1.1　原电池

将化学反应转变为一个能够产生电流的电池，首要条件是这个化学反应是一个氧化还原反应。其次必须给以适当的装置，使反应通过电极来完成。例如，把铜片和锌片分别插入硫酸铜和硫酸锌溶液中，两溶液中间用一多孔的隔膜隔开（图 7-1），这就构成铜锌电池，又称丹尼尔（Daniell）电池。

多孔隔膜的作用是允许离子通过，但防止两种溶液由于相互扩散而完全混合。如果用一根导线把铜片和锌片连接起来，则会自动发生反应，锌片逐渐溶解，以 Zn^{2+} 进入溶液中；硫酸铜溶液中的 Cu^{2+} 不断沉积在铜片上，若在导线中间接一检流计，则检流计的指针会发生偏转，这说明外电路中有电流通过，即有电子流动。这种利用氧化还原反应产生电流的装置称为原电池，简称电池；通过原电池可以实现化学能转变为电能的过程，这个过程又称为放电过程。

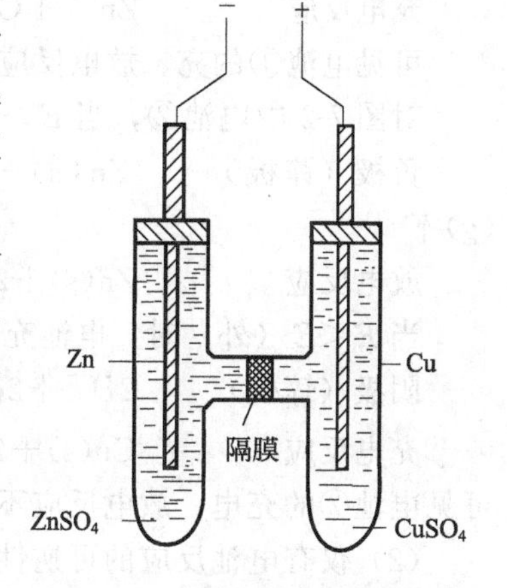

图 7-1　丹尼尔电池示意图

在上述铜锌原电池中，铜片和锌片称为电池的两个电极。在放电过程中，两极上分别发生的反应为

锌极　　氧化反应　　$Zn \longrightarrow Zn^{2+} + 2e^-$

铜极　　还原反应　　$Cu^{2+} + 2e^- \longrightarrow Cu$

在锌电极上锌原子放出电子而变成 Zn^{2+} 进入溶液，锌电极上积累的电子通过导线流向铜极，使溶液中的 Cu^{2+} 在铜极上得到电子还原为金属铜（由此可见，外电路中电子是从锌极流向铜极）。与此同时，为了保持溶液的电中性，正离子通过隔膜向硫酸铜溶液迁移，负离子向硫酸锌溶液迁移。这样溶液中正、负离子的迁移就和外电路构成了一个回路，使电流不断产生，反应不断进行，直到锌片完全溶解或硫酸铜溶液中的 Cu^{2+} 完全沉积为止。在这个放电过程中，自发进行着化学变化且通过电池把化学能转变为电能。

由铜锌原电池可以看出，锌极上的电子通过外导线流向铜极。物理学上规定电流的方向是电子流动的反方向，所以电流在导线上是从铜电极流向锌电极。电流是从高电势流向低电势，或从正极流向负极，因此，铜电极是正极，锌电极是负极。

7.1.2　可逆电池与不可逆电池

具有热力学意义上的可逆电池必须具备两个条件。

（1）电池中的化学反应必须是可逆的，也就是说，电池在放电时的反应和在充电时的反应必须互为可逆。

例如，在图 7-2 的电池①中，其中 E（外）为一可调节的外加电动势，当 $E>E$(外）时，电池放电。

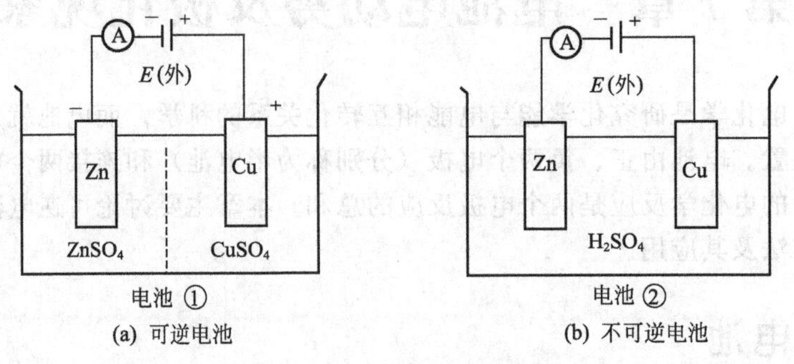

图 7-2 电池与外加电动势并联

负极（锌极） $Zn \longrightarrow Zn^{2+} + 2e^-$ 正极（铜极） $Cu^{2+} + 2e^- \longrightarrow Cu$

放电反应 $Zn + Cu^{2+} \longrightarrow Zn^{2+} + Cu$

当 $E<E$（外）时电池充电。

阴极（锌极） $Zn^{2+} + 2e^- \longrightarrow Zn$ 阳极（铜极） $Cu \longrightarrow Cu^{2+} + 2e^-$

充电反应 $Zn^{2+} + Cu \longrightarrow Zn + Cu^{2+}$

可见电池①的充、放电反应是互为可逆反应。

对图 7-2 中电池②，当 $E>E$（外）时，电池放电。

负极（锌极） $Zn(s) \longrightarrow Zn^{2+} + 2e^-$ 正极（铜极） $2H^+ + 2e^- \longrightarrow H_2(g)\uparrow$

放电反应 $Zn(s) + 2H^+ \longrightarrow Zn^{2+} + H_2(g)\uparrow$

当 $E<E$（外）时，电池充电。

阴极（锌极） $2H^+ + 2e^- \longrightarrow H_2(g)\uparrow$ 阳极（铜极） $Cu(s) \longrightarrow Cu^{2+} + 2e^-$

充电反应 $Cu(s) + 2H^+ \longrightarrow Cu^{2+} + H_2(g)\uparrow$

可见电池②的充电、放电反应不是互为可逆反应，因此电池②是不可逆电池。

(2) 仅有电池反应的可逆性是不够的，还必须要求电池在充电和放电时能量的转换是可逆的。这就要求电池在工作时（不论充电或放电）所通过的电流必须十分微小，即 E 与 E（外）相差无限小，电池必须在接近平衡状态下工作。此时放电时，电池做最大有用功；充电时，电解池消耗最小功。

换言之，如果能够把电池放电时所放出的电能全部储存起来，则用这些能量来充电，就恰好可以使系统和环境都恢复原来的状态，即能量的转化也是可逆的。

满足条件（1）、条件（2）的电池称为可逆电池。总的来说，可逆电池一方面要求电池反应必须是可逆的，另一方面要求电池的能量转换是可逆的，即电池上的反应（无论正向或反向）都是在无限接近于平衡状态下进行的，通过电池的电流为无限小。

研究可逆电池是十分重要的，因为从热力学看来，可逆电池所做的最大有用功是化学能转变为电能的极限，这就为我们改善电池性能提供了理论依据。

7.1.3 电动势的测定

原电池的电动势是组成电池的一系列相界面电势差的代数和，它等于没有电流通过时两极间的电势差。电动势 E 的数值是可以测量的。

我们不能用“毫伏计”或“伏特计”来直接测量电池的平衡电势（即电动势）。这是因为当把伏特计与电池接通后，即形成回路。一方面，由于电池中发生了化学变化，产生电流，电池中溶液的浓度不断变化，因而电动势也会有变化。另一方面，电池本身也有内阻，当有电流通过溶液时，这种内阻就分别产生相应的电势降，此时，用伏特计测出的电势差只是电池电动势与内电势降的差值，不能代表电池的真正电动势。

为了准确测定电池的电动势，通常我们用“电势差计”，采用对消法（或称补偿法）来测量。现对其原理简述如下：

在外电路上加一个和原电池电动势大小相等、方向相反的电动势，以对抗原电池的电动势。当两个电动势相等时，电路中没有电流通过，此时两极间的电势差就是电池电动势。

图 7-3 是对消法测定电动势的示意图。图中 AB 为粗细均匀并且有刻度的滑线电阻，工作电池 E_W 与可变电阻 R 经 AB 构成一个通路。在 AB 上产生均匀的电势降，D 是双臂开关，E_S 是已精确测得其电动势的标准电池，E_x 是待测电池。当 D 向下时与待测电池相通，D 向上时与标准电池 E_S 相通。K 是一单向开关，是控制整个电路的开关，C 为与 K 相连的可在 AB 上移动的接触点，KC 之间有一灵敏度较高的检流计。当测量回路中有 0.01～0.1μA 的电流通过时，检流计 G 就能觉察出来。测量时滑动接触点 C，往复寻找检流计 G 中刚好无电流通过时的对消位置 C'（当将 D 向上时）、C（当将 D 向下时），则

$$\frac{E_x}{AC}=\frac{E_S}{AC'} \qquad E_x=E_S\frac{AC}{AC'}$$

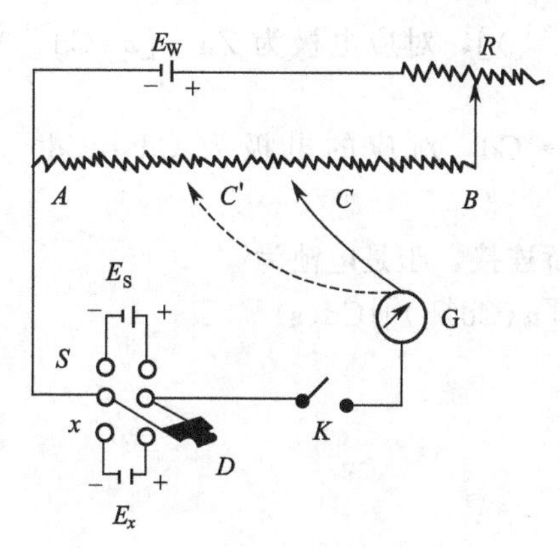

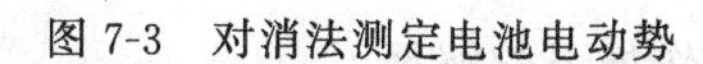
图 7-3　对消法测定电池电动势

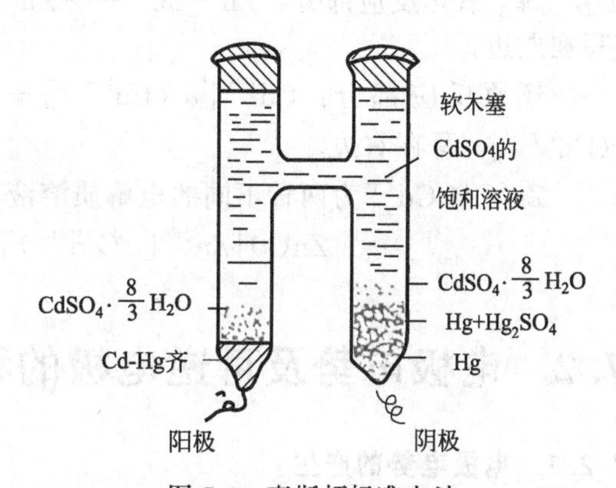

图 7-4　惠斯顿标准电池

标准电池的电动势是已知的，而且能保持恒定。通常采用饱和惠斯顿标准电池，其结构见图 7-4 所示，在 298.15K 时的电动势为 1.01830V。

如果使 $AC'=1.01830$，即 $E_S=AC'$，则 $E_x=AC$，即 AC 的刻度就等于待测电池的电动势 E_x。电势差计就是根据这个原理设计的。在电势差计中，滑线电阻 AB 的长度以伏为单位来标明。

7.1.4　电池的书面表达方法

为了方便，根据一般惯例，对电池规定如下书写方式：

（1）电池的负极写在左边，正极写在右边。

（2）组成电池的物质用化学式表示，并注明电极的状态。气体要注明分压和依附的不活泼金属，温度，所用的电解质溶液的活度等，如不写明，则指 298.15K、$p^{\ominus}$、$a=1\text{mol}\cdot\text{kg}^{-1}$。

（3）用单垂线“|”表示相界面（有时也用逗号“,”表示）。用双垂直线“‖”表示盐桥。

（4）在书写电极和电池反应时，必须遵守物料平衡和电荷平衡原则。

根据上述规定，铜锌电池表示为

$$Zn(s)|ZnSO_4(0.1\text{mol}\cdot\text{kg}^{-1})\|CuSO_4(0.1\text{mol}\cdot\text{kg}^{-1})|Cu(s)$$

左边为负极，起氧化作用，电极反应为

$$Zn(s) \longrightarrow Zn^{2+}[a(Zn^{2+})] + 2e^-$$

右边为正极，起还原作用，电极反应为

$$Cu^{2+}[a(Cu^{2+})] + 2e^- \longrightarrow Cu(s)$$

电池反应

$$Zn(s) + Cu^{2+}[a(Cu^{2+})] \longrightarrow Zn^{2+}[a(Zn^{2+})] + Cu(s)$$

【例 7-1】 写出所给电池发生的化学反应

$$Pt|H_2(p^{\ominus})|HCl(a=1)|AgCl(s)|Ag(s)$$

解 先写出电极反应，然后写出电池反应

负极 $\frac{1}{2}H_2(p^{\ominus}) \longrightarrow H^+[a(H^+)] + e^-$

正极 $AgCl(s) + e^- \longrightarrow Ag(s) + Cl^-[a(Cl^-)]$

电池反应 $\frac{1}{2}H_2(p^{\ominus}) + AgCl(s) \longrightarrow Ag(s) + HCl(a=1)$

【例 7-2】 将下列化学反应设计成电池

$$Zn(s) + Cd^{2+}[a(Cd^{2+})] \longrightarrow Zn^{2+}[a(Zn^{2+})] + Cd(s)$$

解 氧化反应部分：$Zn - 2e^- \longrightarrow Zn^{2+}[a(Zn^{2+})]$，对应电极为 $Zn \mid [a(Cd^{2+})]$，写在左边。

还原反应部分：$Cd^{2+}[a(Cd^{2+})] + 2e^- \longrightarrow Cd$，对应的电极为 $Cd \mid Cd^{2+}[a(Cd^{2+})]$，写在右边。

Zn^{2+} 与 Cd^{2+} 为两种不同的电解质溶液，用盐桥连接，于是电池为

$$Zn(s)|Zn^{2+}[a(Zn^{2+})] \| Cd^{2+}[a(Cd^{2+})]|Cd(s)$$

7.2 电极电势及可逆电极的种类

7.2.1 电极电势的产生

电极电势产生的微观机理是相当复杂的，我们可以作如下的解释。

以金属电极为例，当把金属电极插入该金属离子的水溶液中，金属晶格上的原子因受到溶液中水分子的极化、吸引，使一部分金属原子脱离原来的晶格，成为水合离子进入溶液，溶液中的离子也可能被吸附到金属表面上来。金属离子在两相间的转移倾向，由金属离子在电极相和在溶液相中的化学势来决定，它总是从化学势高的相向化学势低的相转移。当金属在两相中的化学势相等时则达到动态平衡。此时，若净结果是金属离子由电极相进入溶液相而把电子留在电极上，则电极相带负电，而溶液相带正电；若净结果是金属离子由溶液转移到电极上，则电极带正电，溶液带负电。无论哪种情况，都破坏了电极-溶液间界面处的电中性，使相间出现电势差。电极所带的电荷是分布在电极表面上，溶液中带相反电荷的离子，一方面由于库仑引力趋向于排列在紧靠电极表面附近的地方，另一方面由于热运动，这些离子又会向远离电极的方向扩散。当静电吸引与热扩散达到平衡时，在电极与溶液的界面上形成了一个扩散双电层。若规定溶液内部不带电处的电势为零，电极的电势为 ε，则电极与溶液间界面的电势差就是 ε。如图 7-5 所示。

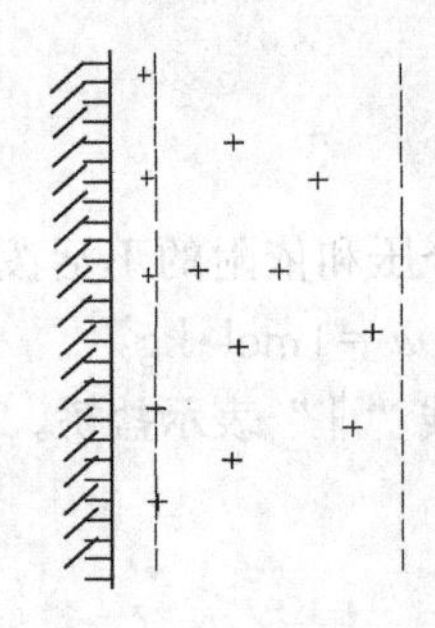

图 7-5 扩散双电层

7.2.2 电极电势与标准氢电极

一个电池的电动势应该是各个界面上电势差的代数和，其中主要包括电极-溶液界面电势，金属间接触电势及两种溶液间的液体接界电势。通常液体接界电势可用盐桥使其降低至最小，以致可以忽略不计。而接触电势一般也很小，通常不加以考虑。如下列电池：

$$\mathrm{Cu}|\mathrm{Zn(s)}|\mathrm{ZnSO_4}(a_1)\|\mathrm{CuSO_4}(a_2)|\mathrm{Cu}$$

$$\varepsilon(\text{触}) \quad \varepsilon_- \quad \varepsilon(\text{液}) \quad \varepsilon_+$$

$$E=\varepsilon_+-\varepsilon_-+\varepsilon(\text{触})+\varepsilon(\text{液})\approx\varepsilon_+-\varepsilon_- \tag{7-1}$$

如果能获得单个电极的 ε，那么电池的电动势就很容易求得。但是，现在还无法由实验测得单个电极的 ε，用电势差计只能测得两个电极电势的相对差值：

$$E=\varphi_+-\varphi_- \tag{7-2}$$

于是我们选定一相对标准，得出各电极的相对电极电势 φ 之值，就可用上式计算出任意电池的电动势。目前普遍是以标准氢电极作为标准电极。其结构如图 7-6 所示，把镀铂黑的铂片浸入 $a(\mathrm{H^+})=1$ 的溶液中，并以 $p(\mathrm{H_2})=100\mathrm{kPa}$ 的纯氢气不断冲击到铂电极上。规定在任意温度下标准氢电极的电极电势 $\varphi^\ominus(\mathrm{H^+}|\mathrm{H_2})=0$。其他电极的电极电势均是相对于标准氢电极而得到的数值。标准氢电极的还原反应为

$$2\mathrm{H^+}[a(\mathrm{H^+})=1]+2\mathrm{e}=\mathrm{H_2}(p^\ominus)$$

电极符号可表示为

$$\mathrm{H^+}[a(\mathrm{H^+})=1]|\mathrm{H_2}(\mathrm{g},100\mathrm{kPa})|\mathrm{Pt}$$

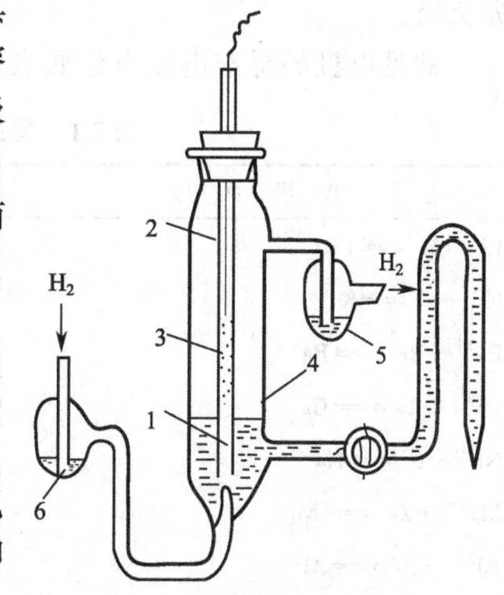

图 7-6 标准氢电极
1—铂片；2—玻璃管；3—汞；4—玻璃容器；5,6—液封

任何其他电极的电势，据国际上的规定是将标准氢电极作为氧化电极即负极，而将待定的电极作为还原电极即正极，组成电池：

$$\mathrm{Pt}|\mathrm{H_2}(\mathrm{g},100\mathrm{kPa})|\mathrm{H^+}[a(\mathrm{H^+})=1]\|\text{待定电极}$$

用电势差计测定该电池的电动势，这个电动势的数值和符号就是待定电极电势的数值与符号。

例如 298.15K 下要确定锌电极的电极电势，组成如下电池：

$$\mathrm{Pt}|\mathrm{H_2}(\mathrm{g},100\mathrm{kPa})|\mathrm{H^+}[a(\mathrm{H^+})=1]\|\mathrm{Zn^{2+}}[a(\mathrm{Zn^{2+}})=0.1]|\mathrm{Zn}$$

测此电池的电动势 $E=-0.792\mathrm{V}$，即

$$E=\varphi_+-\varphi_-=\varphi(\text{待定})-\varphi^\ominus(\mathrm{H^+}|\mathrm{H_2})=\varphi(\text{待定})$$

所以锌电极 $\mathrm{Zn}|\mathrm{Zn^{2+}}[a(\mathrm{Zn^{2+}})=0.1]$ 的电极电势等于 $-0.792\mathrm{V}$。

又如 298.15K 下要确定铜电极 $\mathrm{Cu}|\mathrm{Cu^{2+}}[a(\mathrm{Cu^{2+}})=0.1]$ 的电极电势，组成如下电池

$$\mathrm{Pt}|\mathrm{H_2}(\mathrm{g},100\mathrm{kPa})|\mathrm{H^+}[a(\mathrm{H^+})=1]\|\mathrm{Cu^{2+}}[a(\mathrm{Cu^{2+}})=0.1]|\mathrm{Cu}$$

测得该电池的电动势 E 为 0.307V，即是该铜电极的电极电势。

7.2.3 标准电极电势

若参与电极反应的物质的活度都等于 1，即各物质均处于标准状态时，按上述方法与标准氢电极组成电池，所测得的电动势即为标准电极电势，以 $\varphi^\ominus$ 表示。待定电极处于标准状态，作为正极与标准氢电极组成电池，若是自发电池 $\varphi^\ominus$ 为正，若是非自发电池 $\varphi^\ominus$ 为负。

例如求铜电极的标准电极电势，组成如下电池（298.15K）：

$$Pt|H_2(g,100kPa)|H^+[a(H^+)=1]\|Cu^{2+}[a(Cu^{2+})=1]|Cu$$

此时的电动势为电池的标准电动势，以 $E^\ominus$ 表示。298.15K，则得 $E^\ominus=0.337V$，即

$$\begin{aligned}E^\ominus&=\varphi_+^\ominus-\varphi_-^\ominus\\&=\varphi^\ominus(Cu^{2+}|Cu)-\varphi^\ominus(H^+|H_2)=\varphi^\ominus(Cu^{2+}|Cu)\\&=0.337V\end{aligned}$$

求锌的标准电极电势，组成如下电池（298.15K）：

$$Pt|H_2(g,100kPa)|H^+[a(H^+)=1]\|Zn^{2+}[a(Zn^{2+})=1]|Zn$$

测得电动势 $E^\ominus=-0.7628V$，则 $\varphi^\ominus(Zn^{2+}|Zn)=-0.7628V$。实际上组成自发电池锌极应为负极。

常见电极的标准电极电势如表 7-1 所示。

表 7-1 常见电极的标准电极电势 $\varphi^\ominus$(298.15K)

电极反应	$\varphi^\ominus$/V	电极反应	$\varphi^\ominus$/V
$Li^++e^-\rightleftharpoons Li$	−3.045	$AgCl+e^-\rightleftharpoons Ag+Cl^-$	0.2223
$K^++e^-\rightleftharpoons K$	−2.925	$H_2Cl_2+2e^-\rightleftharpoons 2Hg+2Cl^-$	0.2801
$Ba^{2+}+2e^-\rightleftharpoons Ba$	−2.906	$Cu^{2+}+2e^-\rightleftharpoons Cu$	0.3402
$Ca^{2+}+2e^-\rightleftharpoons Ca$	−2.866	$Cu^++e^-\rightleftharpoons Cu$	0.521
$Na^++e^-\rightleftharpoons Na$	−2.714	$I_2+2e^-\rightleftharpoons 2I^-$	0.5355
$Mg^{2+}+2e^-\rightleftharpoons Mg$	−2.363	$H_3AsO_4+2H^++2e^-\rightleftharpoons HAsO_2+2H_2O$	0.58
$Al^{3+}+3e^-\rightleftharpoons Al$	−1.662	$Hg_2SO_4+2e^-\rightleftharpoons 2Hg+SO_4^{2-}$	0.6158
$Mn^{2+}+2e^-\rightleftharpoons Mn$	−1.180	$O_2+2H^++2e^-\rightleftharpoons H_2O_2$	0.682
$Zn^{2+}+2e^-\rightleftharpoons Zn$	−0.7628	$C_6H_4O_2+2H^++2e^-\rightleftharpoons C_6H_4(OH)_2$	0.6992
$Cr^{3+}+3e^-\rightleftharpoons Cr$	−0.744	$Fe^{3+}+e^-\rightleftharpoons Fe^{2+}$	0.771
$S+2e^-\rightleftharpoons S^{2-}$	−0.51	$Hg_2^{2+}+2e^-\rightleftharpoons 2Hg$	0.788
$CdSO_4\cdot\frac{8}{3}H_2O+2e^-\rightleftharpoons Cd(Hg)+SO_4^{2-}+\frac{8}{3}H_2O$	−0.4346	$Ag^++e^-\rightleftharpoons Ag$	0.7991
		$Hg^{2+}+2e^-\rightleftharpoons Hg$	0.854
$Fe^{2+}+2e^-\rightleftharpoons Fe$	−0.4402	$2Hg^{2+}+2e^-\rightleftharpoons Hg_2^{2+}$	0.905
$Cd^{2+}+2e^-\rightleftharpoons Cd$	−0.4029	$NO_3^-+4H^++3e^-\rightleftharpoons NO+2H_2O$	0.96
$PbSO_4+2e^-\rightleftharpoons Pb+SO_4^{2-}$	−0.356	$Br_2+2e^-\rightleftharpoons 2Br^-$	1.0652
$PbCl_2+2e^-\rightleftharpoons Pb(Hg)+2Cl^-$	−0.262	$MnO_2+4H^++2e^-\rightleftharpoons Mn^{2+}+2H_2O$	1.23
$AgI+e^-\rightleftharpoons Ag+I^-$	−0.1519	$O_2+4H^++4e^-\rightleftharpoons 2H_2O$	1.229
$Sn^{2+}+2e^-\rightleftharpoons Sn$	−0.136	$Cr_2O_7^{2-}+14H^++6e^-\rightleftharpoons 2Cr^{3+}+7H_2O$	1.33
$Pb^{2+}+2e^-\rightleftharpoons Pb$	−0.126	$Cl_2+2e^-\rightleftharpoons 2Cl^-$	1.3595
$AgBr+e^-\rightleftharpoons Ag+Br^-$	0.0713	$MnO_4^-+8H^++5e^-\rightleftharpoons Mn^{2+}+4H_2O$	1.491
$Sn^{4+}+2e^-\rightleftharpoons Sn^{2+}$	0.15	$H_2O_2+2H^++2e^-\rightleftharpoons 2H_2O$	1.776
$Cu^{2+}+e^-\rightleftharpoons Cu^+$	0.153	$F_2+2e^-\rightleftharpoons 2F^-$	2.87
$SO_4^{2-}+4H^++2e^-\rightleftharpoons H_2SO_3+H_2$	0.20		

应该注意前面所述的电极-溶液界面电势 ε 与此处的 φ 是两个不同物理意义的量。前者又称绝对电极电势，目前还原无法直接测定。而 φ 是以标准氢电极为参考标准的相对电极电势。

另外，标准电极电势也是一个与温度有关的量。按上述规定的标准电极电势，实际上是标准还原电极电势，所以表 7-1 中 $\varphi^{\ominus}$ 值的大小表示当电极反应各物质的活度都为 1 时还原趋势的大小。$\varphi^{\ominus}$ 较大的还原趋势大。故当两标准电极组成电池时，$\varphi^{\ominus}$ 较大的为正极，$\varphi^{\ominus}$ 较小的为负极。而标准电极电势的数值愈负的电极，表明其被氧化的趋势愈大，而被还原趋势愈小。

7.2.4　可逆电极种类

电极上所进行的反应均为氧化还原反应，但按照氧化态、还原态物质状态的不同，一般可将电极分为三类。

(1) 第一类电极

这类电极一般是将金属插入含有该金属离子的溶液中，或者是吸附了某种气体的惰性金属（如 Pt）置于含有该气体离子的溶液中而构成。包括金属电极、氢电极，氧电极及卤素电极等。这类电极反应一般都较简单，例如

Ag 电极：　$Ag^{+}|Ag$，其电极反应为

$$Ag^{+}+e^{-}\longrightarrow Ag(s)$$

氯电极：　$Cl^{-}|Cl_2(g)|Pt$，其电极反应为

$$Cl_2+2e^{-}\longrightarrow 2Cl^{-}$$

碘电极：　$I^{-}|I_2(s)|Pt$，其电极反应为

$$I_2(s)+2e^{-}\longrightarrow 2I^{-}$$

在碱性介质中的氧电极：$OH^{-}|H_2O|O_2(g)|Pt$，其电极反应为

$$O_2(g)+2H_2O(l)+4e^{-}\longrightarrow 4OH^{-}$$

(2) 第二类电极

第二类电极包括金属-难溶盐电极和金属-难溶氧化物电极两种。

① 金属-难溶盐电极　这种电极是在金属上覆盖一层金属难溶盐，再浸入含有与该盐相同负离子的溶液中而构成的。常用的有甘汞电极和银-氯化银电极。

a. 甘汞电极。电极 $Hg|Hg_2Cl_2(s)|Cl^{-}(aq)$ 的结构如图 7-7 所示，是由 Hg，Hg_2Cl_2（甘汞）和 KCl 溶液组成的，其电极反应式为

$$Hg_2Cl_2(s)+2e^{-}\rightleftharpoons 2Hg+2Cl^{-}$$

由于所用 KCl 溶液的浓度不同，其电极电势也不同，常用的 KCl 溶液浓度有三种，它们相对于标准氢电极的电极电势如表 7-2 所示。

甘汞电极的特点是电极电势稳定，制备容易，使用方便。金属难溶盐电极，反应速率快，由于难溶盐可维持负离子的浓度不变，具有高度可逆性，常用来做参比电极。以氢电极作为标准电极测电动势时，氢电极的制备和纯化很复杂，并且很敏感，外界条件稍有变化，就会使氢电极电势波动，使用不方便，往往用甘汞电极来代替氢电极测其他电极的电极电势，甘汞电极就称为参比电极。它的电极电势可以与标准氢电极相比而精确测定。

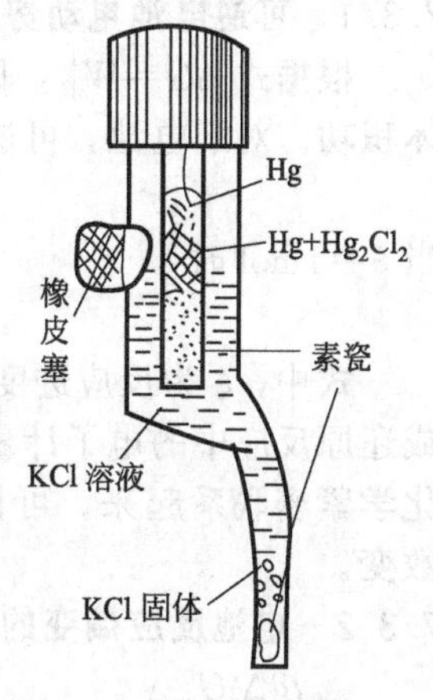

图 7-7　甘汞电极

b. 氯化银电极。氯化银电极的结构为

$$Cl^-(a=1)|AgCl(s)|Ag$$

电极反应是

$$AgCl(s)+e^- = Ag+Cl^-(a=1)$$

298.15K 时，$\varphi^\ominus=+0.2224V$。

表 7-2 几种常见参比电极的电极电势(298.15K)

电 极 名 称	电 极 组 成	电极电势/V
饱和甘汞电极	$Hg\|Hg_2Cl_2(s)\|KCl$(饱和溶液)	0.2415
$1mol\cdot dm^{-3}$ 甘汞电极	$Hg\|Hg_2Cl_2(s)\|KCl(1mol\cdot dm^{-3}$ 溶液)	0.2800
$0.1mol\cdot dm^{-3}$ 甘汞电极	$Hg\|Hg_2Cl_2(s)\|KCl(0.1mol\cdot dm^{-3}$ 溶液)	0.3338
氯化银电极	$Ag\|AgCl(s)\|KCl(0.1mol\cdot dm^{-3}$ 溶液)	0.290
氧化汞电极	$Hg\|HgO(s)\|NaOH(0.1mol\cdot dm^{-3}$ 溶液)	0.165
硫酸亚汞电极	$Hg\|Hg_2SO_4(s)\|SO_4^{2-}(a=1)$	0.6141
硫酸铅电极	$Pb(Hg)\|PbSO_4(s)\|SO_4^{2-}(a=1)$	−0.3505

氯化银电极就是将 AgCl 沉积在 Ag 金属片上，并插入含 Cl^- 的溶液中即可。

银-氯化银与甘汞电极类似，电势稳定，构造简单，使用方便。因此，也常用作参比电极。

② 金属-难溶氧化物电极　这种电极是金属表面上覆盖着一层金属氧化物。例如覆盖有一层三氧化锑的锑棒浸入含有 OH^- 的溶液中，就构成了锑-氧化锑电极，$Sb|Sb_2O_3|H_2O|OH^-(aq)$，其电极反应为

$$Sb_2O_3(s)+3H_2O+6e^- \longrightarrow 2Sb+6OH^-$$

(3) 氧化还原电极

惰性电极浸入含有某种氧化态和还原态物质的溶液中所构成的电极称为氧化还原电极。如 Pt 浸入 Fe^{3+} 和 Fe^{2+} 的溶液中所构成的电极

$$Pt|Fe^{3+}[a(Fe^{3+})]|Fe^{2+}[a(Fe^{2+})]$$

电极反应为

$$Fe^{3+}+e^- \longrightarrow Fe^{2+}$$

此外，醌-氢醌电极也属于氧化还原电极。

7.3 可逆电池热力学

7.3.1 可逆电池电动势与电池反应的吉布斯函数的关系

根据式 $\Delta G=W'_R$，即等温等压过程中，系统吉布斯函数的减少等于系统所做的最大非体积功。对于电池，可逆非体积功就是可逆电功。即

$$\Delta_r G_{T,p}=-\xi ZFE \tag{7-3}$$

当 $\xi=1mol$ 时

$$\Delta_r G_{T,p}=-ZFE \tag{7-4}$$

式中，ξ 为反应进度，mol；F 为法拉第常数；E 为可逆电池电动势；Z 为电极在氧化或还原反应中的电子计量系数。式(7-4) 是电化学中一个很重要的公式，该式把热力学与电化学紧密联系起来。可以通过对可逆电池电动势的测量推算出化学反应的摩尔吉布斯函数变。

7.3.2 电池反应熵变的计算

因 $\left(\frac{\partial \Delta_r G_m}{\partial T}\right)_p=-\Delta_r S_m$，将式(7-4) 两边对 T 求导数并代入前式得

$$\left(\frac{\partial \Delta_r G_m}{\partial T}\right)_p = -ZF\left(\frac{\partial E}{\partial T}\right)_p = -\Delta_r S_m \tag{7-5}$$

式中，$(\partial E/\partial T)_p$ 称为电动势的温度系数，它表示等压条件下电动势随温度的变化率，其值可由实验测定，再由式(7-5) 可计算电池反应的熵变。

7.3.3 电池反应焓变的计算

将式(7-4) 和式(7-5) 代入吉布斯-亥姆霍兹方程

$$\Delta_r G_m = \Delta_r H_m + T\left(\frac{\partial \Delta_r G_m}{\partial T}\right)_p$$

$$\Delta_r H_m = -ZFE + ZFT\left(\frac{\partial E}{\partial T}\right)_p \tag{7-6}$$

因此等压条件测定不同温度的电动势便可计算出电动势的温度系数，并由式(7-4)～式(7-6)可分别求得电池反应的 $\Delta_r G_m$、$\Delta_r S_m$ 和 $\Delta_r H_m$。应注意，此时的 $\Delta_r H_m$ 并不等于电池放电过程中的等压过程热，因为电池要做功，即非体积功不为零。因电池电动势能准确地测定，故式(7-6) 所得到的 $\Delta_r H_m$ 值，较用量热法测出的数值更为可靠。但因不可逆化学反应无法设计成可逆电池，故此法的应用尚有局限性。

7.3.4 电池反应热的计算

可逆电池放电时，反应过程的热效应为 Q_R，等温等压下，$Q_p = T\Delta S$，将式(7-5) 代入得

$$Q_R = ZFT\left(\frac{\partial E}{\partial T}\right)_p \tag{7-7}$$

这样，式(7-6) 可变为

$$\Delta_r H_m = -ZFE + Q_R \tag{7-8}$$

自发电池做电功的同时，和环境进行热交换。由 $(\partial E/\partial T)_p$ 的数值为正或负，可以确定可逆电池在工作时是放热还是吸热。

若 $(\partial E/\partial T)_p = 0$，$Q_R = 0$，电池工作时与环境没有热交换，因此 $-\Delta_r H_m = ZFE$，化学反应的反应热可全部转变成电功。

若 $(\partial E/\partial T)_p < 0$，$Q_R < 0$，电池工作时向环境放热，因此 $-\Delta_r H_m > ZFE$，即化学反应的反应热一部分转变为电功，另一部分以热的形式传给环境。如果在绝热系统中，电池会慢慢变热。

若 $(\partial E/\partial T)_p > 0$，$Q_R > 0$，电池工作时从环境吸收热量，因此 $-\Delta_r H_m < ZFE$，即化学反应的反应热比其所做的电功小，除反应热全部转变成电功外，电池还将从环境吸收一部分热来做电功。如果在绝热系统中，电池则会逐渐变冷。

【例 7-3】 298.15K 时电池

$$Ag|AgCl(s)|HCl(a)|Cl_2(g,100kPa)|Pt$$

的电动势 $E=1.136V$，电动势的温度系数 $\left(\frac{\partial E}{\partial T}\right)_p = -5.95\times10^{-4}\,V\cdot K^{-1}$。电池反应为

$$Ag + \frac{1}{2}Cl_2(g,100kPa) = AgCl(s)$$

试计算该反应过程的 $\Delta_r G_m$、$\Delta_r S_m$ 和 $\Delta_r H_m$ 及电池等温可逆放电时的可逆过程热 Q_R。

解 实现电池反应 $Ag + \frac{1}{2}Cl_2(g,100kPa) = AgCl(s)$ 在两电极上得失电子的化学计量系数 $Z=1$。

$$\Delta_r G_m(T,p) = -ZFE = -1\times 96484.6\text{C}\cdot\text{mol}^{-1}\times 1.136\text{V}\times 10^{-3}$$
$$= -109.6\text{kJ}\cdot\text{mol}^{-1}$$
$$\Delta_r S_m = ZF\left(\frac{\partial E}{\partial T}\right)_p = 1\times 96484.6\text{C}\cdot\text{mol}^{-1}\times(-5.95\times 10^{-4})\text{V}\cdot\text{K}^{-1}$$
$$= -57.41\text{J}\cdot\text{K}^{-1}\cdot\text{mol}^{-1}$$

等温条件下 $\Delta_r G_m = \Delta_r H_m - T\Delta_r S_m$，故

$$\Delta_r H_m = \Delta_r G_m + T\Delta_r S_m$$
$$= -109.6\text{kJ}\cdot\text{mol}^{-1} + 298.15\text{K}\times(-57.4\times 10^{-3})\text{kJ}\cdot\text{K}^{-1}\cdot\text{mol}^{-1}$$
$$= -126.7\text{kJ}\cdot\text{mol}^{-1}$$
$$Q_R = T\Delta_r S_m$$
$$= 298.15\text{K}\times(-57.4\times 10^{-3}\text{kJ}\cdot\text{mol}^{-1})$$
$$= -17.11\text{kJ}\cdot\text{mol}^{-1}$$

7.3.5 可逆电池的基本方程——能斯特方程

设电池反应为

$$a\text{A} + b\text{B} \longrightarrow l\text{L} + m\text{M}$$

由化学平衡可知，其等温方程式为

$$\Delta_r G_m = \Delta_r G_m^\ominus + RT\ln\frac{a_L^l a_M^m}{a_A^a a_B^b} \tag{7-9a}$$

或表示为

$$\Delta_r G_m = \Delta_r G_m^\ominus + RT\ln J_a \tag{7-9b}$$

式中，$J_a = \prod a_B^{\nu_B}$，此式适用于各类反应。

若系统中反应物和产物都处于各自标准态，活度为 1，则此时电池反应的吉布斯函数变就是反应的标准摩尔吉布斯函数变 $\Delta_r G_m^\ominus$，根据式(7-4) 应有

$$\Delta_r G_m^\ominus = -ZFE^\ominus \tag{7-10}$$

式中，$E^\ominus$ 为电池的标准电动势。

将式(7-4) 和式(7-10) 代入式(7-9b) 得

$$E = E^\ominus - \frac{RT}{ZF}\ln J_a \tag{7-11}$$

式(7-11) 称为能斯特方程，是可逆电池的基本方程，它表示在一定温度下，可逆电池电动势与反应的反应物和产物之间的关系。

由 $\Delta_r G_m^\ominus = -RT\ln K_a^\ominus$，结合式(7-10) 得

$$E^\ominus = \frac{RT}{ZF}\ln K_a^\ominus \tag{7-12}$$

式中，$K_a^\ominus$ 为反应标准平衡常数。

式(7-12) 为标准电动势 $E^\ominus$ 与电池反应平衡常数 $K_a^\ominus$ 之间的定量关系。

对于任意电极反应，参照电池电动势的能斯特方程，可直接写出电极电势的能斯特方程式，即

$$\varphi = \varphi^\ominus - \frac{RT}{ZF}\ln\frac{a(\text{还原态})}{a(\text{氧化态})} \tag{7-13}$$

其中 $\varphi^\ominus$ 是指电极反应中各物质的活度系数与活度均为 1 的标准电极电势。

【例 7-4】 已知电池

$$Zn(s)|Zn^{2+}[a(Zn^{2+})=1] \| Cu^{2+}[a(Cu^{2+})=1]|Cu(s)$$

在 298.15K 时的电动势 $E_1=1.1030V$，313.15K 时的电动势 $E_2=1.0961V$，设该电池在 298.15～313.15K 的 $\left(\frac{\partial E}{\partial T}\right)_p$ 为一常数。试求该电池反应在 298.15K 的 $\Delta_r G_m^{\ominus}$、$\Delta_r H_m^{\ominus}$、$\Delta_r S_m^{\ominus}$ 和标准平衡常数 $K^{\ominus}$ 各为若干？

解 因参加电池反应各物质的活度皆为 1，即皆处于标准状态，故电池的电动势为该电池的标准电动势，即 $E=E^{\ominus}$，故

$$\left(\frac{\partial E}{\partial T}\right)_p=\left(\frac{\partial E^{\ominus}}{\partial T}\right)_p=\frac{E_2^{\ominus}-E_1^{\ominus}}{T_2-T_1}=\frac{-0.0069V}{15K}=-4.6\times10^{-4}V\cdot K^{-1}$$

电池反应：

$$Zn(s)+Cu^{2+}\longrightarrow Zn^{2+}+Cu(s),Z=2$$

在 298.15K 时：

$$\Delta_r G_m^{\ominus}=-ZFE_1^{\ominus}=-2\times96484.6C\cdot mol^{-1}\times1.1030V\times10^{-3}$$
$$=-212.845kJ\cdot mol^{-1}$$

$$\Delta_r S_m^{\ominus}=ZF\left(\frac{\partial E}{\partial T}\right)_p$$
$$=2\times96484.6C\cdot mol^{-1}\times(-4.6\times10^{-4}V\cdot K^{-1})$$
$$=-88.766J\cdot K^{-1}\cdot mol^{-1}$$

$$\Delta_r H_m^{\ominus}=\Delta_r G_m^{\ominus}+T\Delta_r S_m^{\ominus}$$
$$=-(212.845kJ\cdot mol^{-1}+298.15K\times88.766\times10^{-3}kJ\cdot mol^{-1}\cdot K^{-1})$$
$$=-239.31kJ\cdot mol^{-1}$$

$$\ln K^{\ominus}=\frac{ZFE^{\ominus}}{RT_1}=\frac{2\times96484.6C\cdot mol^{-1}\times1.1030V}{8.314J\cdot mol^{-1}\cdot K^{-1}\times298.15K}=85.8655$$

所以 $K^{\ominus}=1.954\times10^{37}$

7.4 液体接界电势与浓差电池

7.4.1 液体接界电势

两个组成或浓度不同的电解质溶液相接触的界面间所存在的电势差，称为液体接界电势。

两种不同的电解质溶液相接触，形成的液体接界电势有三种情况：①组成相同，但浓度不同；②组成不同，而浓度相同；③组成和浓度均不相同。在这里我们仅以前两种情况为例，来讨论液体接界电势产生的原因。例如，两个浓度分别为 c_1 和 c_2 的 $AgNO_3$ 溶液相接触(图 7-8)。若 $c_1<c_2$，由于在两溶液的界面间存在着浓度梯度，因此 Ag^+ 和 NO_3^- 将由浓度为 c_2 的区域向浓度为 c_1 的区域扩散。已知 NO_3^- 的迁移率大于 Ag^+ 的迁移率，故在相同的浓度梯度下，NO_3^- 的扩散速率将大于 Ag^+ 的扩散速率，也就是说，在单位时间内通过界面的 NO_3^- 比 Ag^+ 多。因而在界面上形成了左负右正的双电层，出现了电势差。双电层的静电作用，使 NO_3^- 通过界面的速率降低，而 Ag^+ 通过界面的速率增大，最后达到一个稳定状态。Ag^+ 与 NO_3^- 以相同的速率通过界面，界面电势差达到一个的数值。这是个稳定状态，而不是平衡状态，因为扩散仍在

以一定的速率进行着，是一个不可逆的过程。这个稳定的电势差就是液体接界电势。

又如，浓度相同的 $AgNO_3$ 溶液与 HNO_3 溶液相接触（图 7-9）。这时界面两侧溶液中的 NO_3^- 浓度相同，因而不发生扩散，只是 H^+ 向 $AgNO_3$ 溶液中扩散，而 Ag^+ 向 HNO_3 溶液中扩散。因为 H^+ 的扩散速率比 Ag^+ 大得多，故在单位时间内通过界面的 H^+ 比 Ag^+ 要多。出现了界面左侧正离子过剩，右侧负离子过剩的局面，形成了双电层。双电层的静电作用，使 H^+ 通过界面的速率下降，而 Ag^+ 通过界面的速率增加。最后达到稳定状态，即 H^+ 与 Ag^+ 以相同的速率通过界面。在界面上形成了一个稳定的电势差，即液体接界电势。

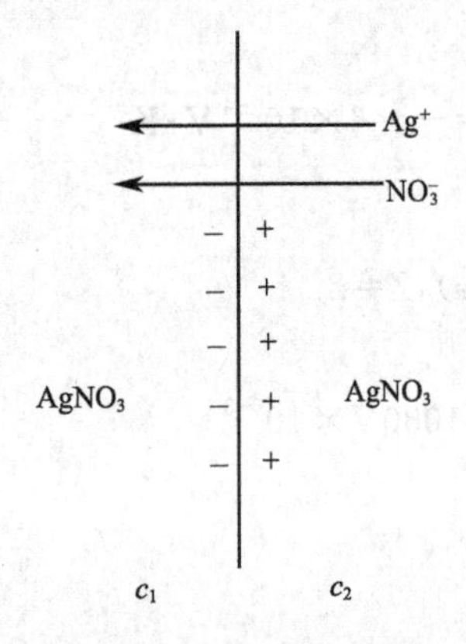

图 7-8 不同浓度 $AgNO_3$ 溶液接界处液体接界电势的形成

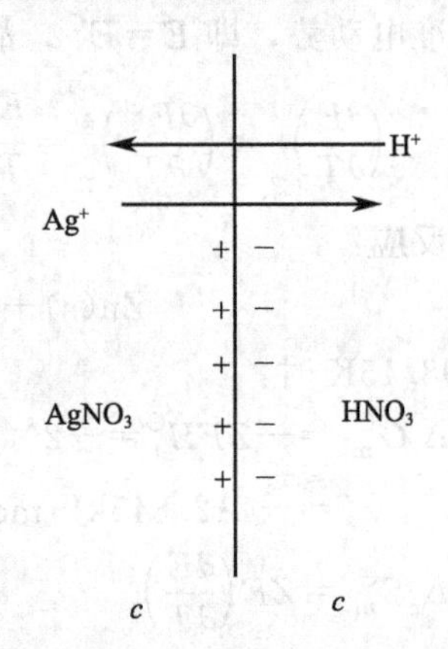

图 7-9 $AgNO_3$ 和 HNO_3 溶液接界处液体接界电势的形成

当两种不同的电解质溶液相接触时，无论电池中有无电流通过，在接界处都存在液体接界电势。但液体接界电势方程的导出是一个很复杂的问题。对于最简单的情况，即不同浓度的同一种电解质溶液相接触，电解质为对称二元电解质时有

$$\varphi_j = -\frac{RT}{F}(2t_+ - 1)\ln\frac{c_2}{c_1} \tag{7-14}$$

7.4.2 浓差电池

由于系统中的不同部分存在着浓度差而产生电动势的电池，称为浓差电池。浓差电池可以分为两种类型：第一类是材料和组成完全相同的两电极分别浸入组成相同而浓度不同的电解质溶液中；第二类为两个电极材料相同，但电极上的活性物质浓度不同，浸入同一种电解质溶液中。

(1) 第一类浓差电池

这种浓差电池还可根据两种电解质溶液是直接接触还是间接接触分为以下两种：

① 有迁移的浓差电池。两种浓度不同的电解质溶液直接接触，溶液中的离子可以直接穿过两溶液的界面，在界面上存在液体接界电势，称这种电池为有迁移的浓差电池。

例如

$$\mathrm{Ag|AgCl(s)|HCl}(a_1)\,\|\,\mathrm{HCl}(a_2)\mathrm{|AgCl(s)|Ag} \quad a_1 > a_2$$

$$\varphi(右) = \varphi^\ominus + \frac{RT}{F}\ln\frac{1}{a_2(\mathrm{Cl^-})} = \varphi^\ominus + \frac{RT}{F}\ln\frac{1}{a_{\pm,2}}$$

$$\varphi(左) = \varphi^\ominus + \frac{RT}{F}\ln\frac{1}{a_1(\mathrm{Cl^-})} = \varphi^\ominus + \frac{RT}{F}\ln\frac{1}{a_{\pm,1}}$$

$$\varphi_j = (1-2t_+)\frac{RT}{F}\ln\frac{a_{\pm,2}}{a_{\pm,1}}$$

电池的电动势为

$$E_t=\varphi(\text{右})-\varphi(\text{左})+\varphi_j$$

对于1-1价型电解质来说，

$$E_t=2t_+\frac{RT}{F}\ln\frac{a_{\pm,1}}{a_{\pm,2}} \tag{7-15}$$

电动势 E_t 中包括不可逆的液体接界电势，因而有迁移浓差电池的电动势是个不可逆的电动势。

② 无迁移的浓差电池。如果设法避免两种溶液直接接触，便可以消除液体接界电势，这种浓差电池就是无迁移的浓差电池。例如，可以用两个可逆的氢电极分别与上述电池的两极组成电池，并且将这两个新组成的电池反极串联，即

$$\underbrace{Ag|AgCl(s)|HCl(a_1)|H_2|Pt}_{\text{电池1}}-\underbrace{Pt|H_2|HCl(a_2)|AgCl(s)|Ag}_{\text{电池2}}\quad a_1>a_2$$

电池2中进行的反应为

$$AgCl+\frac{1}{2}H_2 = Ag+H^++Cl^-$$

$$E_2=E_2^{\ominus}-\frac{RT}{F}\ln a_2(H^+)a_2(Cl^-)$$

电池1中进行的反应为

$$Ag+H^++Cl^- = AgCl+\frac{1}{2}H_2$$

电池1中的反应不能自发进行，它实际上是靠电池2供给的电能进行电解反应。

$$E_1=E_1^{\ominus}-\frac{RT}{F}\ln\frac{1}{a_1(H^+)a_1(Cl^-)}$$

整个浓差电池的电动势为

$$E=E_1+E_2=\frac{RT}{F}\ln\frac{a_1(H^+)a_1(Cl^-)}{a_2(H^+)a_2(Cl^-)}=\frac{RT}{F}\ln\left(\frac{a_{\pm,1}}{a_{\pm,2}}\right)^2=\frac{2RT}{F}\ln\frac{a_{\pm,1}}{a_{\pm,2}} \tag{7-16}$$

(2) 第二类浓差电池

此类电池是可逆电池，常见的有以下两种。

① 由两个气体分压不同的气体电极构成的自发电池。例如，两个氢气分压不同的氢电极形成的电池。

$$Pt|H_2(p_1)|H^+[a(H^+)]|H_2(p_2)|Pt\quad p_1>p_2$$

阳极反应
$$\frac{1}{2}H_2(p_1)-e^- = H^+$$

阴极反应
$$H^++e^- = \frac{1}{2}H_2(p_2)$$

$$\begin{aligned}E&=\varphi_+-\varphi_-\\&=\left[\varphi^{\ominus}+\frac{RT}{F}\ln\frac{a(H^+)}{(p_1/p^{\ominus})^{\frac{1}{2}}}\right]-\left[\varphi^{\ominus}+\frac{RT}{F}\ln\frac{a(H^+)}{(p_2/p^{\ominus})^{\frac{1}{2}}}\right]\\&=\frac{RT}{2F}\ln\frac{p_1}{p_2}\end{aligned} \tag{7-17}$$

② 两个活度不同的汞齐电极浸入同一溶液中构成的电池。例如，两个锌汞齐电极形成的电池。

$$\mathrm{Zn(Hg)}(a')|\mathrm{ZnSO_4}|\mathrm{Zn(Hg)}(a'') \quad a'>a''$$

阳极反应 $\mathrm{Zn\text{-}Hg}-2e^- \longrightarrow \mathrm{Zn^{2+}}+\mathrm{Hg}$

阴极反应 $\mathrm{Zn^{2+}}+2e^-+\mathrm{Hg} \longrightarrow \mathrm{Zn\text{-}Hg}$

$$E=\varphi_+-\varphi_-$$

$$=\left[\varphi^{\ominus}+\frac{RT}{2F}\ln\frac{a(\mathrm{Zn^{2+}})a(\mathrm{Hg})}{a''}\right]-\left[\varphi^{\ominus}+\frac{RT}{2F}\ln\frac{a(\mathrm{Zn^{2+}})a(\mathrm{Hg})}{a'}\right]$$

$$=\frac{RT}{2F}\ln\frac{a'}{a''} \tag{7-18}$$

7.4.3 消除液体接界电势的方法

如前所述，液体接界电势的存在使得自发电池中所进行的过程成为不可逆的。自发电池电动势的数值中包括液体接界电势，则电动势的数值将丧失热力学意义。在实际工作中，若电化学装置不能避免两种溶液直接接触时，常常采取以下几种方法将液体接界电势消除或者减到最小的数值。

① 将有迁移的浓差电池改装成无迁移的浓差电池，这样可以完全消除液体接界电势。

② 采用盐桥来减小液体接界电势。所谓盐桥是能将电池中的两种不同的电解质溶液隔开的中间溶液。其中溶液的浓度要很高，且所含正离子与负离子的迁移数比较接近。可将盐桥连接在两种不同的电解质溶液间，例如

$$\mathrm{Ag}|\mathrm{AgCl(s)}|\mathrm{HCl}(a_1)\|\mathrm{HCl}(a_2)|\mathrm{AgCl(s)}|\mathrm{Ag}$$

其中高浓度的 KCl 溶液作为盐桥。当很浓的 KCl 溶液与两种活度不同的 HCl 溶液相接触时，接界处电势差的产生主要是由于 KCl 的扩散造成的。因为 K^+ 和 Cl^- 的迁移数很接近[例如，291.15K 下，KCl 的浓度在 0.1～3.0mol·dm^{-3} 范围内，$t(K^+)=0.515$；$t(Cl^-)=0.485$]，由式(7-14) 可知，液体接界电势的数值很小（表 7-3)。同时在两个界面上形成的液体接界电势的方向刚好相反，因此总的数值将更小。应当指出，盐桥中的溶液应不与电池中的溶液发生反应。通常可用来作盐桥的电解质还有 KNO_3 及 NH_4NO_3 等。

表 7-3 盐桥中 KCl 溶液的浓度对液体接界电势的影响

浓度/mol·dm^{-3}	电势差/mV	浓度/mol·dm^{-3}	电势差/mV
0.2	19.95	1.75	5.15
0.5	12.55	2.5	3.14
1.0	8.4	3.5	1.1

③ 在组成电池的两种溶液中分别加入数量相同的大量局外电解质，这样可以将电池中原有电解质的离子迁移数降低，从而降低液体接界电势。但是，加入大量局外电解质以后，会使原有电解质溶液的活度发生明显的变化，使电池电动势的数值也跟着改变，因此，需要借助一些方法求出不含局外电解质的电动势。即按原来的电解质溶液组成制备一系列的电池，然后向其中分别加入不同数量的局外电解质，并测出它们的电动势，作出局外电解质浓度与电动势的关系曲线，再用外推法求出局外电解质浓度为零时的电动势数值。

7.5 电动势的测定应用

7.5.1 pH 值的测定

测定溶液的 pH 值，对生物、化学工作者是经常性的工作，测定方法也有多种，电化学

方法中有使用氢电极、醌氢醌电极及玻璃电极进行测定的，pH 计就是用甘汞电极和玻璃电极配成电池达到测试目的的。

（1）使用氢电极测定 pH 值

如果采用电池

$$Pt|H_2(p=100kPa)|H^+(a=1)\parallel H^+(a=x)|H_2(p=100kPa)|Pt$$

因左电极是标准氢电极 $\varphi_{左}=0$，所以电池的电动势

$$E=\varphi_{右}$$

又知右电极的电极反应是

$$2H^+(a=x)+2e^- \rightleftharpoons H_2(p=100kPa)$$

故

$$E=\varphi_{右}=\varphi^{\ominus}+\frac{RT}{2F}\ln\frac{a^2(H^+)}{\frac{p(H_2)}{p^{\ominus}}}=0+\frac{RT}{F}\ln a(H^+)$$

即

$$E=\varphi_{右}=-0.0591pH \tag{7-19}$$

若 pH 值=7 时，则 $\varphi_{右}=-0.0591\times7=-0.414V$。

用氢电极测定溶液 pH 值在理论上是有价值的，但实践中并不选用，因为它使用的铂黑电极很容易中毒。

（2）使用醌氢醌电极测 pH 值

当溶液 pH 值<8 时，加入少量的醌氢醌粉末将产生等量的醌和氢醌，电极反应按下式进行：

$$O=C_6H_4=O+2H^++2e^- \rightleftharpoons HO-C_6H_4-OH$$

醌　　　　　氢醌

因为此电极反应涉及 H^+，且（氧化型）=（还原型），所以它的电极电势只是 pH 值的函数。

【例 7-5】 现取少量醌氢醌溶在酸性溶液中，温度为 298.15K，以甘汞电极作参考电极并与浸在溶液中的铂电极相连组成电池，测得电动势为 0.16V，甘汞电极是负极，计算溶液的 pH 值。

解　查表知在 298.15K 时标准醌氢醌电极电势是 0.700V，饱和甘汞电极电势是 0.244V。

电极反应可简写成

$$\underset{醌}{Q}+2H^++2e^- \rightleftharpoons \underset{氢醌}{QH_2}$$

$$\varphi=\varphi^{\ominus}+\frac{RT}{ZF}\ln\frac{a(Q)a^2(H^+)}{a(QH_2)}=0.7+\frac{RT}{2F}\ln\frac{a(Q)}{a(QH)_2}+\frac{RT}{F}\ln a(H^+)$$

$$=0.7-0.0591pH \tag{7-20}$$

组成的电池为

$$Hg|Hg_2Cl_2(s)|KCl(a)\parallel H^+(pH=x)|Q|QH_2|Pt$$

因　　$E=\varphi(正)-\varphi(负)$

所以　　$0.16=0.7-0.0591pH-0.244$

解之得　　$0.0591pH=0.296$

即　　$pH=5.0$

醌氢醌的溶解度很小，电势达到平衡快，不易“中毒”，但溶液 pH 值>8 时不宜使用，这是因为氢醌在 pH 值>8 时会发生解离的缘故。

7.5.2 平衡常数及溶度积的测定

电动势测定的应用极其广泛，如求电池反应的热力学函数 $\Delta_r G$、$\Delta_r H$ 和 $\Delta_r S$，判别反应可能进行的方向等。这里介绍其中两种。

(1) 求氧化还原反应的平衡常数

由式(7-12) 知

$$E^{\ominus}=\varphi^{\ominus}(\text{正})-\varphi^{\ominus}(\text{负})=\frac{RT}{ZF}\ln K_{a}^{\ominus} \tag{7-21}$$

由式(7-21) 知，从可逆电池的标准电动势可计算出该反应的平衡常数。许多化学反应，通过将它设计成可逆电池，利用表 7-1 而获得可逆电池的标准电动势，这样从 $E^{\ominus}$ 值就可以计算出这些反应的 $K_{a}^{\ominus}$。

【例 7-6】 试利用标准电极电势的数据，计算 298.15K 时反应

$$Zn+Cu^{2+} \rightleftharpoons Zn^{2+}+Cu$$

的平衡常数。

解 该反应的电池表示式为 $Zn \mid Zn^{2+} \parallel Cu^{2+} \mid Cu$，由表 7-1 查得 $\varphi^{\ominus}(Cu^{2+}|Cu)=0.3402V$，$\varphi^{\ominus}(Zn^{2+}|Zn)=-0.7628V$。

因

$$E^{\ominus}=\varphi^{\ominus}(Cu^{2+}|Cu)-\varphi^{\ominus}(Zn^{2+}|Zn)=\frac{RT}{2F}\ln K^{\ominus}$$

$$\ln K^{\ominus}=\frac{2\times 96484.6\times[0.3402-(-0.7628)]}{8.314\times 298.15}=85.88$$

故

$$K^{\ominus}=1.98\times 10^{37}$$

(2) 求难溶盐的溶度积

例如，求 298.15K AgCl 在水中的溶度积 $K_{sp}^{\ominus}$。设计电池如下：

$$Ag(s)|AgNO_3(a_1)\parallel KCl(a_2)|AgCl(s)|Ag$$

电池反应如下：

$$AgCl(s) \longrightarrow Ag^{+}+Cl^{-}$$

因

$$\Delta_r G_m^{\ominus}=-ZFE^{\ominus}=-RT\ln K_{sp}^{\ominus}$$

298.15K 查表计算 $E^{\ominus}$ 为

$$E^{\ominus}=\varphi^{\ominus}(\text{左})-\varphi^{\ominus}(\text{右})=0.2224V-0.7991V=-0.5767V$$

故

$$\lg K_{sp}^{\ominus}=\frac{ZFE^{\ominus}}{2.303RT}=\frac{-0.5767\times 96500}{2.303\times 8.314\times 298.15}=-9.75$$

AgCl(s) 的活度等于 1，则由上式求得

$$K_{sp}^{\ominus}=1.78\times 10^{-10}$$

7.5.3 电势滴定

把含有待分析离子的溶液当成电池溶液，里面放入一个能与该离子进行可逆反应的指示电极，再放入一个参比电极（如甘汞电极）组成电池。然后在待测溶液中滴加一种能与待测离子起反应的试剂，在不断滴加试剂的过程中，记录与所滴加试剂体积相对应的电池电动势之值。随着试剂的不断加入，待测离子的浓度也不断变化，因此电池电动势也随之不断变化。而接近滴定终点时，少量试剂的加入便可引起被测离子浓度改变很多倍，因此电池电动势也有一突变。我们可以用电池电动势的突变来指示滴定的终点，这种利用电动势突变来指示滴定终点的滴定方法，称为电势滴定法。根据电动势突变时所对应的加入试剂的体积和浓度，就可确定被

分析离子的浓度和含量。电势滴定可用于酸碱中和、沉淀生成及氧化还原等各类滴定反应。

电势滴定时通常用下面两种方法确定终点。

① 绘制 E-V 曲线法。以电池电动势 E 为纵坐标，以加入滴定试剂的体积 $V(\mathrm{cm}^3)$ 为横坐标，绘制 E-V 曲线。曲线上斜率最大的突变转折点即为滴定终点，如图 7-10 所示。

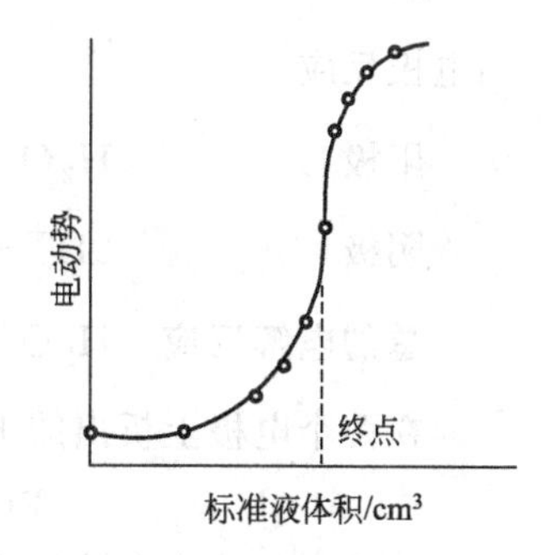

图 7-10　E-V 曲线

② 绘制 $\Delta E/\Delta V$-V 曲线法。以电势差计读数的连续变化 ΔE 与加入滴定试剂体积变化 ΔV 的比值 $\Delta E/\Delta V$ 为纵坐标，以加入滴定试剂的体积 $V(\mathrm{cm}^3)$ 为横坐标，绘制 $\Delta E/\Delta V$-V 曲线，曲线的最高点即为滴定终点，如图 7-11 所示。

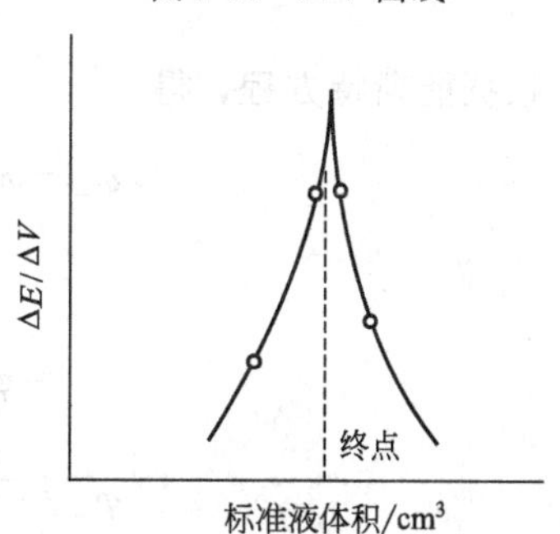

图 7-11　$\Delta E/\Delta V$-V 曲线

氧化还原滴定可用一根铂丝作指示电极；络合滴定和沉淀滴定则可用金属离子选择性电极。由于离子选择性电极的发展，电势滴定法得到了更为广泛的应用。电势滴定法使滴定操作自动化成为可能，近年来这方面得到了迅速的发展。

7.6　不可逆电极过程

前面所讨论的电极过程都是在无限接近平衡的条件下进行的，而实际上，不论是原电池放电或电解，都有一定大小的电流通过电池，电极过程是不可逆的，电极电势将偏离平衡时的电极电势，这种现象称为极化。这一节简要介绍有关极化作用的相关内容。

7.6.1　分解电压

在电解池上施加一外加电源，逐渐增大电压直到有明显的电流通过电解池，电极上发生反应，这就是电解。

在一烧杯中盛有 H_2SO_4 溶液，放入两个铂电极，按图 7-12 的装置与电源连接。图中 G 为安培计，V 为伏特计，R 为可变电阻。外加电压由零开始逐渐地增大。当外加电压很小时，电路中几乎没有电流通过；随着外加电压的增大，电流将缓慢地上升，由于数值较小，几乎没有电解发生。当电压达到某一数值以后，电流明显增大，电解才能以一定的速率进行。再增大电压，电流随之迅速线性增大。上述过程电流 I 与外电压 E 的关系如图 7-13 所示。图中 D 点所对应的电压，是使该电解质溶液发生明显电解作用时所需的最小外加电压，称为该电解质溶液的分解电压，并用 E_{d} 表示。

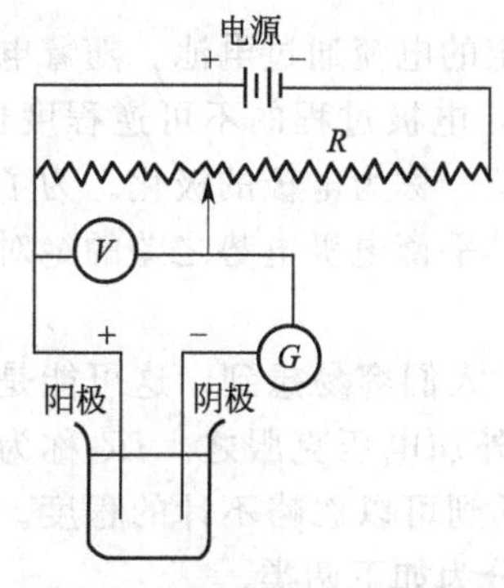

图 7-12　测定分解电压装置

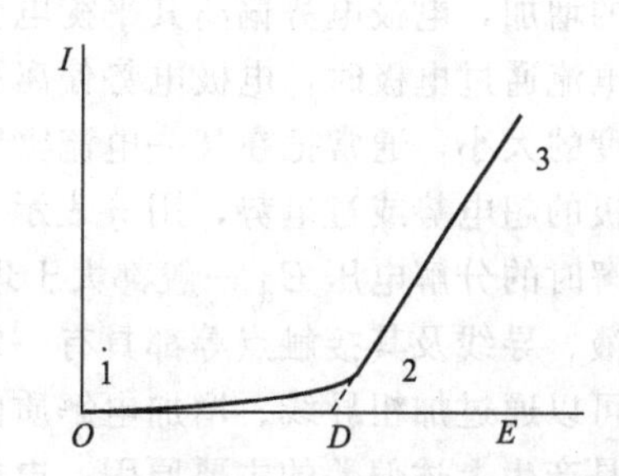

图 7-13　测定分解电压的电流-电压曲线

在外加电压的作用下，溶液中的正、负离子分别向电解池的阴、阳两极迁移，并发生下

列电极反应

阳极 $H_2O \longrightarrow 2H^+ + \frac{1}{2}O_2 + 2e^-$

阴极 $2H^+ + 2e^- \longrightarrow H_2$

总的电解反应 $H_2O \longrightarrow H_2(p^\ominus) + \frac{1}{2}O_2(p^\ominus)$

在两个电极上析出的 H_2 和 O_2，组成电池

$$Pt|H_2(p^\ominus)|H^+(1mol\cdot dm^{-3})|O_2(p^\ominus)|Pt$$

298.15K 时，这个电池的可逆电动势为

$$E_{i,d} = \varphi_+ - \varphi_-$$

根据能斯特方程，得

$$\varphi_+ = \varphi^\ominus(O_2|H_2O) - \frac{RT}{2F}\ln\frac{1}{\left[\frac{p(O_2)}{p^\ominus}\right]^{\frac{1}{2}} a^2(H^+)}$$

$$= \varphi^\ominus(O_2|H_2O) + \frac{RT}{F}\ln a(H^+)$$

$$\varphi_- = \frac{RT}{F}\ln a(H^+)$$

故 $$E_{i,d} = \varphi^\ominus(O_2|H_2O) \approx 1.23V$$

显然，欲使电解反应能顺利进行，外加电压至少须等于电解产物组成的电池可逆电动势 $E_{i,d}$，而且方向相反。该电压称为理论分解电压。上述电解反应的理论分解电压为 1.23V。表 7-4 列出了一些常见电解质溶液的分解电压。

表 7-4 几种电解质溶液的分解电压（298.15K，光亮铂电极）

电解质	浓度 c/mol·dm^{-3}	电解产物	实测分解电压 E_d/V	理论分解电压 $E_{i,d}$/V
HNO_3	1	H_2+O_2	1.69	1.23
H_2SO_4	0.5	H_2+O_2	1.67	1.23
NaOH	1	H_2+O_2	1.69	1.23
KOH	1	H_2+O_2	1.67	1.23
$CdSO_4$	0.5	$Cd+O_2$	2.03	1.26
$NiCl_2$	0.5	$Ni+Cl_2$	1.85	1.64

7.6.2 极化现象和超电势

（1）电极的极化

实际的电极过程都是在不可逆情况下进行的，都有一定的电流通过电池。随着电极上电流密度的增加，电极电势偏离其平衡电极电势的数值愈大，电极过程的不可逆程度也愈大。这里将电流通过电极时，电极电势偏离平衡电极电势的现象，称为电极的极化。为了表示不可逆程度的大小，通常把在某一电流密度下的电极电势与其平衡电极电势之差的绝对值，称为该电极的超电势或过电势，用 η 表示。

电解时的分解电压 E_d 一般都大于理论分解电压 $E_{i,d}$，人们容易想到，这可能是由于电解质溶液、导线及其接触点等都具有一定的电阻 R，必须外加电压克服之。IR 称为欧姆电势差，可以通过加粗导线、增加电解质的浓度，使 IR 降低到可以忽略不计的程度。电极的极化则是产生上述偏差的主要原因。电极的极化可简单地分为如下两类。

① 浓差极化

以锌电极上 $Zn+2e^- \longrightarrow Zn(s)$ 为例说明。

在外加电压的作用下，Zn^{2+} 在电解池的阴极上结合电子而沉积到阴极上。若 Zn^{2+} 从本体溶液（离电极较远、浓度均匀部分的溶液）向阴极表面电迁移的速率小，使电极表面液层中 Zn^{2+} 增加的速度小于电极反应消耗的速度，随着电解的进行，阴极表面液层中 Zn^{2+} 的浓度将迅速地降低，阴极电势变得更负。这种由于浓度差异而产生的极化称为浓差极化。有浓差极化产生的超电势称为浓差超电势。加强搅拌可减少浓差极化的影响，但由于电极表面滞流层的存在，不可能将其完全消除。

② 电化学极化

电极反应过程通常是按若干个具体步骤来完成的，其中最慢的一步将对整个反应过程起到控制作用。如果 Zn^{2+} 被还原的速率较慢，不能及时地消耗掉外电源输送来的电子，结果使阴极上积了多于平衡态时的电子，相当于使阴极电势变得更负。这种由于电化学反应本身的迟缓性而引起的极化，称为电化学极化。由此而产生的超电势称为电化学超电势或活化超电势。

综上所述，极化的结果使电解池阴极电势变得更负，以增加对正离子的吸引力，使还原反应的速率加快。同理可知，极化的结果，使电解池阳极电势变得更正，以增加对负离子的吸引力，使氧化反应的速率加快。电极电势的大小与电流密度有关，描述电流密度与电极电势关系的曲线，称为极化曲线。

(2) 极化曲线的测定方法

用图 7-14 所示的实验装置测定电极的极化曲线。在电池 A 内装有电解质溶液、搅拌器和两个表面积大小已知的电极。两电极通过开关 K、安培计 G 和可变电阻 R 与外电源 B 相连接。调节 R 可以改变通过电极的电流，电流的数值可由 G 读出。将通过的电流除以浸入溶液中待测电极的面积，即得到电流密度 J（$A\cdot m^{-2}$）。为了测定不同电流密度下电极电势的大小，还需在电解池中加入一个参比电极（通常用甘汞电极）。将待测电极与参比电极连在电位计上，测定出不同电流密度时的电动势。由于参比电极的电极电势是已知的，故可得到在不同电流密度下待测电极的电极电势。由此所得电解池的阳极和阴极的极化曲线如图 7-15(a) 所示。图中 E(阳，平) 和 E(阴，平) 分别为电解池阳极和阴极的平衡电极电势，E(平) 为电解池的理论分解电压，即电解时所形成原电池的电动势。

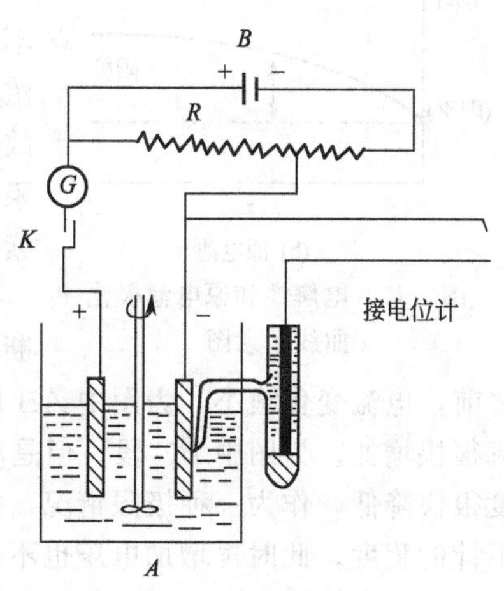

图 7-14　测定极化曲线的装置

$$E(\text{平})=E(\text{阳,平})-E(\text{阴,平})$$

η_+ 和 η_- 分别为电解池阳极和阴极在一定电流密度下的超电势。在一定电流密度下

$$\eta_+=E(\text{平})-E(\text{阳,平}) \tag{7-22a}$$

$$\eta_-=E(\text{阴,平})-E(\text{平}) \tag{7-22b}$$

在一定电流密度下，若不考虑欧姆电势降和浓差极化的影响，电解池的外加电压为

$$E(\text{外})=E(\text{阳})-E(\text{阴})=E(\text{平})+\eta_++\eta_- \tag{7-23}$$

影响超电势的因素很多，如电极材料、电极的表面状态、电流密度、温度、电解质溶液的性质和浓度，以及溶液中的杂质等。故超电压的测定常不能得到完全一致的结果。

1905 年，塔费尔（Tafel）根据实验总结出氢气的超电势 η 与电流密度 J 的关系式，即

$$\eta=a+b\lg J \tag{7-24}$$

式中，a 和 b 为经验常数。

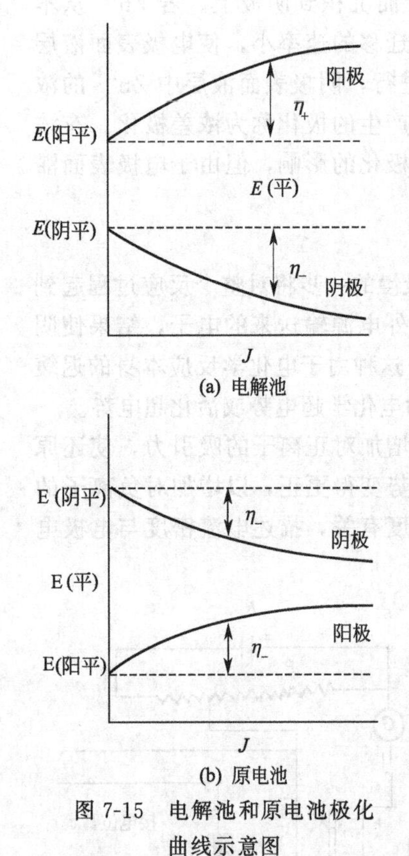

图 7-15 电解池和原电池极化曲线示意图

(3) 原电池的极化

原电池放电时，阴极为正极，阳极为负极。阴极电势大于阳极电势，故在电极电势-电流密度图中［图 7-15(b)］，阴极的极化曲线在阳极的极化曲线之上。极化的结果使阴极电势变得更负，即阴极电势降低；使阳极电势变得更正，即阳极电势变大。总的结果则表现为，随着原电池放电时电流密度的增加，原电池的工作电压（即两极之间的电势差）将明显降低。

7.6.3 极谱分析原理

极谱法是利用滴汞电极作阴极，对溶液进行电解时形成浓差极化，以完成定性和定量分析的一种电化学分析法。

图 7-16 是极谱分析的装置示意图；阳极是容器底部的金属汞；由于阳极面积很大，所以电流密度很小，极化可以忽略不计。甘汞电极可以认为是一种理想的不极化电极，也可以用作阳极。

阴极是毛细管滴汞电极，其截面积很小，工作时系统又不搅拌，故阴极附近溶液中离子浓度很快降低，造成很大的浓差极化。由于汞以一定速率滴下，使阴极的表面不断更新，故不致因电解反应产物析出而改变阴极的表面性状。而且在汞表面上，氢超电势很高，即使像 Na 和 K 这样的碱金属元素也能在阴极电解形成汞齐，而不会析出 H_2。

进行分析时，随着外加电压升高，通过电极的电流不断变化（图 7-17）。当外加电压达到被分析离子的分解电压之前，电流变化很小，为图中 AB 段。当电压增加到分解电压后，阴极上发生还原反应，电流很快增加，为图中 BC 段。但是滴汞电极表面积很小，又不搅拌，电极附近溶液中离子浓度很快降低，作为一种极限情况，如果滴汞电极表面附近溶液中离子的浓度降低到可以忽略不计的程度，此时再增加电压也不能使电流增大，为图中 CD 段。

由于本体溶液中离子的浓度比阴极表面附近溶液浓度高，造成很大的浓度差，本体溶液中的离子要向阴极表面扩散，扩散速率与浓度差成正比

$$r_{di}=K'(c_b-c_s) \tag{7-25}$$

式中，r_{di} 为扩散速率，K'为比例常数，c_b 和 c_s 分别为离子在本体溶液和阴极表面的浓度。

通过阴极的电流大小与在阴极表面发生还原反应的离子数目成正比，而这个离子的数目

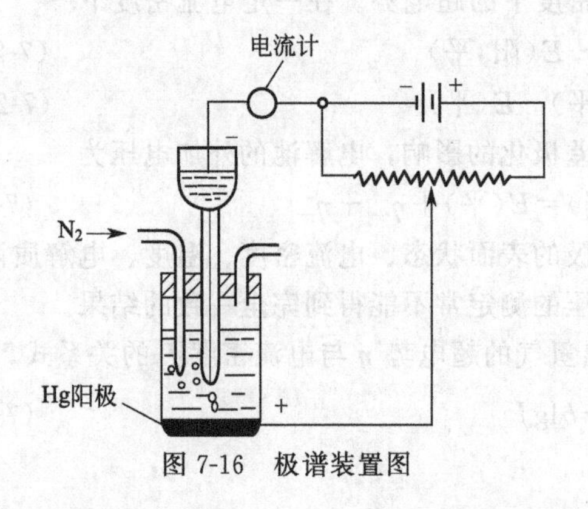

图 7-16 极谱装置图

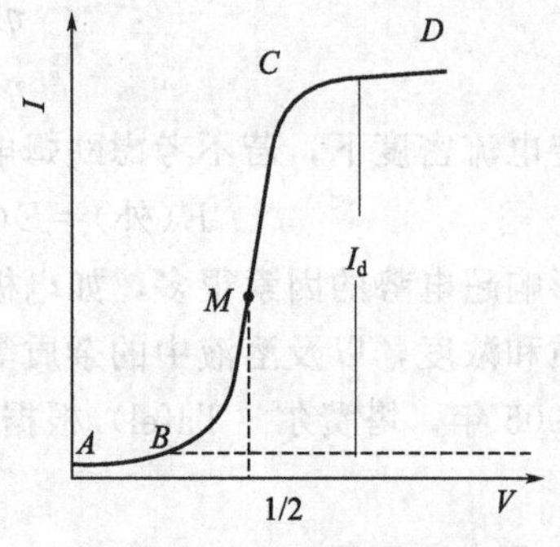

图 7-17 极谱波示意图

就是扩散到达阴极表面的数目；与扩散速率成正比，所以电流密度

$$I=K(c_b-c_s) \tag{7-26}$$

在图 7-17 的 C 点，阴极表面附近溶液中离子浓度很低，c_s 趋近于 0，此时的式(7-26)有极限情况

$$I_d=K(c_b-c_s)\approx Kc_b \tag{7-27}$$

I_d 为极限电流，它的大小只与本体溶液中离子的浓度有关（图 7-17）。这就是极谱法定量分析的基础。极谱分析中将电流对电压作图得的一条 S 形曲线称为一个极谱波，波高就代表极限电流 I_d。

在极谱波上任意一点的电流大小与还原产物汞齐的浓度成正比，即

$$I=K''c_{red} \text{ 或 } c_{red}=\frac{I}{K''} \tag{7-28}$$

式中，c_{red} 为还原产物汞齐的浓度；K''为比例常数。

从式(7-26) 和式(7-27) 可得

$$c_s=\frac{(I_d-I)}{K} \tag{7-29}$$

c_s 是阴极附近溶液中离子的浓度，即氧化态物质的浓度。若以浓度近似代替活度，将式(7-28) 和式(7-29) 代入能斯特公式，可得

$$\varphi=\varphi^{\ominus}-\frac{RT}{ZF}\lg\frac{\frac{I}{K''}}{\frac{I_d-I}{K}}=\varphi^{\ominus}-\frac{RT}{ZF}\ln\frac{K}{K''}-\frac{RT}{ZF}\ln\frac{I}{I_d-I} \tag{7-30}$$

当 $I=I_d/2$ 时，式(7-30) 中最后一项为零，此时的电势为常数，称为半波电势 $\varphi_{1/2}$。在极谱图上，$\varphi_{1/2}$ 就是波中点 M 处 $I=I_d/2$ 时的电势。半波电势的大小只取决于反应离子的本性，与浓度无关，与其他离子也无关，每种离子都有其特定的半波电势，这就是极谱法定性分析的基础。

极谱分析所用的仪器比较简单，测试速率快，灵敏度高。系统中若有几种物质，可以连续测定，不必事先分离，图 7-18 就是 Cu^{2+}、Tl^+、Zn^{2+} 连续测定的图形。极谱法应用范围很广，几乎能起氧化还原反应的所有物质，包括很多有机物，都可以用极谱法测定。在普通极谱分析的基础上，又发展出极谱催化波、溶出伏安法、扫描极谱、交流极谱、方波极谱、脉冲极谱等多种手段，使分析的灵敏度和准确度大为提高。

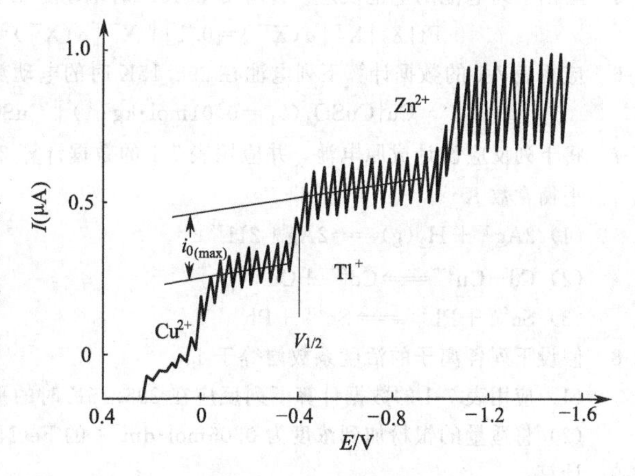

图 7-18　典型极谱法

思　考　题

7-1　电极电势 φ 与 $\varphi^{\ominus}$，电动势 E 与 $E^{\ominus}$ 的意义有何区别？它们与哪些因素有关？

7-2　电极电势 φ 与 $\varphi^{\ominus}$ 是怎样定义的，它是相对值还是绝对值？其正、负取值是如何规定的？

7-3　电极电势及电池电动势的数值与反应方程式的写法有关吗？请举例说明。

7-4　可逆电池的条件是什么？如何测量可逆电池的电动势？

7-5　化学电池与浓差电池有何区别，浓差电池一定不是化学电池吗？

习 题

7-1 电池 $Pb|PbSO_4(s)|Na_2SO_4 \cdot H_2O$(饱和溶液)$|Hg_2SO_4|Hg$，298.15K 时电动势 $E^{\ominus}=0.9647V$，电动势的温度系数 $(\partial E/\partial T)_p=1.74\times10^{-4}V \cdot K$。

(1) 写出电池反应。

(2) 计算 298.15K 时该反应的吉布斯函数变 $\Delta_r G_m$、熵变 $\Delta_r S_m$、焓变 $\Delta_r H_m$ 以及电池等温可逆放电时该反应的过程热 Q_R。

7-2 电池 $Pt|H_2(100kPa)|HCl(0.1mol \cdot kg^{-1})|Hg_2Cl_2(s)|Hg$ 电动势 E 与温度 T 的关系为

$$E/V=0.0694+1.881\times10^{-3}T/K-2.9\times10^{-6}(T/K)^2$$

(1) 写出电池反应。

(2) 计算 298.15K 时该反应的标准摩尔吉布斯函数变 $\Delta_r G_m^{\ominus}$、标准摩尔熵变 $\Delta_r S_m^{\ominus}$、标准摩尔焓变 $\Delta_r H_m^{\ominus}$ 以及电池等温可逆放电时该反应的过程热 Q_R。

7-3 电池 $Ag|AgCl(s)|KCl(aq)|Hg_2Cl_2(s)|Hg$ 的电池反应为 $Ag+\frac{1}{2}Hg_2Cl_2(s) \rightleftharpoons Ag(s)+Hg$，已知 298.15K 时，此电池反应的焓变 $\Delta_r H_m^{\ominus}=5435J \cdot mol^{-1}$，各物质的规定熵 $S_m^{\ominus}$ 分别为 Ag(s)，$42.55J \cdot K^{-1} \cdot mol^{-1}$；AgCl(s)，$96.2J \cdot K^{-1} \cdot mol^{-1}$；Hg(l)，$77.4J \cdot K^{-1} \cdot mol^{-1}$；$Hg_2Cl_2(s)$，$195.9J \cdot K^{-1} \cdot mol^{-1}$。计算 298.15K 时电池的电动势 E 及电动势的温度系数 $\left(\frac{\partial E}{\partial T}\right)_p$。

7-4 写出下列各电池的电池反应。应用表 7-1 的数据计算 298.15K 时各电池的电动势 E、各电池反应的摩尔吉布斯函数变 $\Delta_r G_m$ 及标准平衡常数 $K^{\ominus}$，并指明各电池反应能否自发进行。

(1) $Cd|Cd^{2+}[a(Cd^{2+})=0.01] \| Cl^-[a(Cl^-)=0.5]|Cl_2(g,100kPa)|Pt$

(2) $Pb|Pb^{2+}[a(Pb^{2+})=1] \| Ag^+[a(Ag^+)=1]|Ag$

(3) $Zn|Zn^{2+}[a(Zn^{2+})=0.0004] \| Cd^{2+}[a(Cd^{2+})=0.2]|Cd$

7-5 写出下列电池的电池反应。计算 298.15K 时电动势 E，并指明反应能否自发进行。

$$Pt|X_2|X^-[a(X^-)=0.1] \| X^-[a(X^-)=0.001]|X_2|Pt \text{(X 表示卤素)}$$

7-6 应用表 7-1 的数据计算下列电池在 298.15K 时的电动势。

$$Cu|CuSO_4(b_1=0.01mol \cdot kg^{-1}) \| CuSO_4(b_2=0.1mol \cdot kg^{-1})|Cu$$

7-7 将下列反应设计成原电池，并应用表 7-1 的数据计算 298.15K 时电池反应的标准吉布斯函数 $\Delta_r G_m^{\ominus}$ 及平衡常数 $K^{\ominus}$。

(1) $2Ag^+ + H_2(g) \rightleftharpoons 2Ag+2H^+$

(2) $Cd+Cu^{2+} \rightleftharpoons Cd^{2+}+Cu$

(3) $Sn^{2+}+Pb^{2+} \rightleftharpoons Sn^{4+}+Pb$

7-8 假设下列各离子的活度系数均等于 1：

(1) 应用表 7-1 的数据计算下列反应在 298.15K 时的平衡常数 $K^{\ominus}$，$Fe^{2+}+Ag^+ \rightleftharpoons Fe^{3+}+Ag$。

(2) 将适量的银粉加到浓度为 $0.05mol \cdot dm^{-3}$ 的 $Fe(NO_3)_3$ 溶液中，计算平衡时 Ag^+ 的浓度。

7-9 计算：

(1) 试利用水的标准摩尔生成吉布斯函数计算在 298.15K 于氢-氧燃料电池中进行 $H_2(g,100kPa)+\frac{1}{2}O_2(g,100kPa) \rightleftharpoons H_2O(l)$ 反应时电池的电动势。

(2) 应用表 7-1 的数据计算上述电池的电动势。

(3) 已知 $\Delta_r H_m^{\ominus}[H_2O(l)]=-285.83kJ \cdot mol^{-1}$，计算 298.15K 时上述电池电动势的温度系数。

7-10 已知 298.15K 时 AgBr 的溶度积 $K_{sp}=4.88\times10^{-13}$，$\varphi^{\ominus}(Ag^+|Ag)=0.7994V$，$\varphi^{\ominus}[Br_2(l)|Br^-]=1.065V$。试计算 298.15K 时：

(1) 银-溴化银电极的标准电极电势 $\varphi^{\ominus}[AgBr(s)|Ag]$。

(2) AgBr(s) 的标准生成吉布斯函数。

动 力 学 篇

化学动力学是研究化学反应速率和反应机理的科学。它的基本任务是研究各种化学反应的速率及相关的影响因素（如浓度、温度、介质和催化剂等）与反应的机理。

化学动力学和化学热力学不同。化学热力学只考虑反应系统的始态和终态，研究反应发生的可能性、方向和限度。化学动力学则要考虑时间因素，并研究反应快慢及反应进行的方式。例如，根据化学热力学可知，氢和氧化合成水，$\Delta G_m^\ominus=-237.20\text{kJ}\cdot\text{mol}^{-1}$；盐酸和氢氧化钠的中和反应，$\Delta_r G_m^\ominus=-79.91\text{kJ}\cdot\text{mol}^{-1}$。化学热力学认为这两个反应都能自发地进行，而且第一个反应比第二个反应自发进行的可能性还大。但化学动力学实验结果表明，在常温下，第一个反应进行得极慢，以致几年都观察不出来有反应发生的迹象；而第二个反应则进行得极快，瞬间即可完成。但是如果升高到873K左右，可使第一个反应以爆炸的方式进行。根据化学热力学判断有可能发生的反应，才需要进行化学动力学研究。因此，化学热力学与化学动力学在研究化学反应时，是相辅相成、不可缺少的两大基础理论学科。

通过化学动力学研究，可以知道如何控制反应条件，提高主反应的速率，抑制或减慢副反应的速率，提高产品的产量和质量，还可以提供如何避免危险品的爆炸、材料腐蚀、药物分解失效、产品的老化和变质等方面的知识。

第8章　基础化学反应动力学

8.1　反应速率与反应机理

8.1.1　反应速率的定义

反应速率是衡量化学反应进行快慢程度的物理量。其值越大，反应进行得越快，反之，则进行得越慢。

反应速率的定义有两种方式，可视所研究的具体情况加以选用。

（1）反应进度随时间的变化率称为反应的转化速率 $\dot{\xi}$：

$$\dot{\xi}=\frac{d\xi}{dt}=\frac{1}{\nu_B}\frac{dn_B}{dt} \tag{8-1}$$

反应速率 $\dot{\xi}$ 的SI单位为 $\text{mol}\cdot\text{s}^{-1}$，时间也可用min或h。

（2）单位体积反应进度随时间的变化率称为反应速率 r：

$$r=\frac{1}{V}\frac{d\xi}{dt}=\frac{1}{\nu_B V}\frac{dn_B}{dt}=\frac{\dot{\xi}}{V} \tag{8-2}$$

反应速率 r 的SI单位为 $\text{mol}\cdot\text{m}^{-3}\cdot\text{s}^{-1}$，其中体积也可用 dm^3，时间也可用min或h表示。由于 $n_B=c_B V$，$dn_B=Vdc_B+c_B dV$，式(8-2) 变为

$$r=\frac{1}{\nu_B}\frac{dc_B}{dt}+\frac{c_B}{\nu_B V}\frac{dV}{dt} \tag{8-3}$$

如果反应系统的体积在反应中恒定不变。例如一定体积的气相反应器，或体积变化可忽略的

液相反应，上式进一步简化为

$$r=\frac{1}{\nu_B}\frac{dc_B}{dt} \quad (V\text{恒定}) \tag{8-4}$$

由上述两种定义可知，$\dot{\xi}$ 或 r 均与所研究反应中物质B的选择无关，也就是说可选择任一个反应物或任一个产物来表达化学反应的速率。一般来说，由于反应速率 r 是强度性质，它比转化速率 $\dot{\xi}$ 更为常用。

在实际工作中还常用反应物或产物定义消耗速率或增长速率。

对于单相等容反应

$$aA+bB \longrightarrow lL+mM$$

则有

$$r=-\frac{1}{a}\frac{dc_A}{dt}=-\frac{1}{b}\frac{dc_B}{dt}=\frac{1}{l}\frac{dc_L}{dt}=\frac{1}{m}\frac{dc_M}{dt} \tag{8-5}$$

式(8-5) 中，$-\frac{dc_A}{dt}$、$-\frac{dc_B}{dt}$分别为反应物A、B的消耗速率，即单位时间、单位体积中，反应物A、B消耗的物质的量。

$$\left.\begin{aligned} r_A&=-\frac{dc_A}{dt} \\ r_B&=-\frac{dc_B}{dt} \end{aligned}\right\} \tag{8-6}$$

$\frac{dc_L}{dt}$、$\frac{dc_M}{dt}$分别为产物L、M的增长速率，即单位时间、单位体积中，产物L、M增长的物质的量。

$$\left.\begin{aligned} r_L&=\frac{dc_L}{dt} \\ r_M&=\frac{dc_M}{dt} \end{aligned}\right\} \tag{8-7}$$

8.1.2 反应机理

在化学反应过程中反应物分子变为产物分子所经历的途径称为反应机理。研究反应机理就是研究化学反应由哪些基元反应构成。同一反应在不同的条件下，可有不同的反应机理。例如，二氧化硫的氧化反应，在无催化剂时，反应进行得很慢，其反应机理为

$$2SO_2+O_2 \longrightarrow 2SO_3$$

若用NO作催化剂，则反应机理为

$$O_2+2NO \longrightarrow 2NO_2 \qquad NO_2+SO_2 \longrightarrow SO_3+NO$$

反应进行得很快。不同的反应有不同的反应机理。例如，在气相反应中氢分别与三种不同卤素元素（Cl_2、Br_2、I_2）反应，化学反应计量方程分别为

$$H_2+Cl_2 \longrightarrow 2HCl \quad H_2+Br_2 \longrightarrow 2HBr \quad H_2+I_2 \longrightarrow 2HI$$

这三个反应的化学方程式是相似的，但它们的反应机理却大不相同，分别为

$$\left\{\begin{aligned} &Cl_2 \longrightarrow 2Cl\cdot \\ &Cl\cdot+H_2 \longrightarrow HCl+H\cdot \\ &H\cdot+Cl_2 \longrightarrow HCl+Cl\cdot \\ &2Cl\cdot \longrightarrow Cl_2 \end{aligned}\right.$$

$$\begin{cases} Br_2 \longrightarrow 2Br\cdot \\ Br\cdot + H_2 \longrightarrow HBr + H\cdot \\ H\cdot + Br_2 \longrightarrow HBr + Br\cdot \\ H\cdot + HBr \longrightarrow H_2 + Br\cdot \\ 2Br\cdot \longrightarrow Br_2 \end{cases}$$

$$\begin{cases} I_2 \longrightarrow 2I\cdot \\ H_2 + 2I\cdot \longrightarrow 2HI \\ 2I\cdot \longrightarrow I_2 \end{cases}$$

有一些反应的机理通过实验已搞清楚，但是许多反应的机理至今仍不清楚。随着实验技术的发展，会有更多的反应机理被人们所认识。反应物分子一步直接变成产物分子的化学反应称为基元反应。例如，丁二烯与乙烯生成环已烯的反应

$$CH_2{=}CH{-}CH{=}CH_2 + CH_2{=}CH_2 \longrightarrow \text{(环己烯)}$$

由一个基元反应所构成的化学反应称为简单反应。由两个或两个以上的基元反应所构成的化学反应称为复杂反应（详见第 9 章）。基元反应的化学方程式说明了反应物和产物以及它们之间的计量关系，同时还说明了反应机理。复杂反应的化学方程式只能说明反应物和产物以及它们之间的计量关系，而不能说明反应机理。一个反应是基元反应，还是复杂反应，只能通过实验来确定，不能只从化学方程式来确定。能够引起基元反应发生所需要的最少的反应物分子的数目称为反应分子数。反应分子数可由基元反应的化学方程式看出，因此说它是理论值。反应分子数只能是一、二或三，因此基元反应可分为单分子反应、双分子反应和三分子反应。一个分子就能引起反应发生的基元反应称为单分子反应；两个分子碰撞而发生的基元反应称为双分子反应；三个分子同时碰撞而发生的基元反应，称为三分子反应。例如

$$C_4H_8 \longrightarrow 2C_2H_4$$

$$CH_3COOH + C_2H_5OH \longrightarrow CH_3COOC_2H_5 + H_2O$$

$$H_2 + 2I\cdot \longrightarrow 2HI$$

四个分子同时碰撞在一起的机会极少，所以至今还没有发现过四个及四个以上分子的反应。

8.1.3　反应速率的测定

只要知道不同时刻所对应的反应物或产物的浓度，就可以确定反应速率。因此测定反应速率，实际上就是测定一系列时间-浓度数据，即通过实验测定不同时刻所对应的物质浓度。按浓度的分析方法可分为化学法和物理法。化学法是用化学分析法来测定反应过程中某时刻物质的浓度。该法是定时从反应系统中取出样品，立即用急骤降温、冲稀、取走催化剂和加入阻化剂等方法，使化学反应停止进行，然后分析测定出浓度。此方法的优点是能直接测得不同时刻所对应的浓度的绝对值。缺点是实验操作比较费时费事。物理法是测量反应系统与浓度呈线性关系的某物理量，如反应系统压力、体积、黏度、旋光度、电动势和折射率等，有时还要借助于吸收光谱、质谱、色谱信号，然后间接计算出浓度。物理法的优点是可连续、迅速地测定浓度，便于自动控制和自动记录数据；缺点是使用仪器较多时所受干扰的因素也多，可能扩大实验误差。相比来说，物理法比化学法更为常用。

8.2　反应速率方程

8.2.1　速率方程

在一定的温度下，反应速率是反应系统中各物质浓度的函数，即

$$r=f(c_A, c_B, c_L, c_M, c_X)$$

式中，c_A、c_B、c_L 和 c_M 分别为反应物 A、B 和产物 L、M 的浓度；c_X 为除反应物、产物以外其他对反应速率有影响的物质浓度，c_X 只在一部分反应（例如均相催化反应等）的速率方程中出现。表示反应速率与浓度之间关系的方程式称为速率方程（微分式）。速率方程的具体形式可以通过实验加以确定，因此速率方程是经验式。在一定的温度下，反应速率通常只是反应物浓度的函数。例如，下列反应

$$aA+bB \longrightarrow lL+mM$$

速率方程式可表示为

$$r=kc_A^p c_B^q \tag{8-8}$$

式中 k、p、q 为常数，由实验测得，其中

$$p+q=n$$

对于基元反应，p 为 a、q 为 b，则

$$r=kc_A^a c_B^b$$

上式称为质量作用定律，其内容是：基元反应的速率与各反应物的浓度乘积成正比，其中各浓度的方次为化学方程式中各反应物的计量系数。质量作用定律对一切基元反应都适用，就是说，根据质量作用定律和实验得到的基元反应的速率方程是完全相同的。例如，下列基元反应

$$C_4H_8 \longrightarrow 2C_2H_4$$

根据质量作用定律和实验得到的速率方程都为

$$r=kc(C_4H_8)$$

质量作用定律对少数复杂反应也适用。例如，二叔丁基过氧化物在一定温度内的热分解为

$$(CH_3)_3COOC(CH_3)_3 \longrightarrow (CH_3)_2CO+(CH_3)_3COCH_3$$

根据质量作用定律和实验得到的速率方程均为

$$r=kc[(CH_3)_3COO(CH_3)_3]$$

质量作用定律对大多数复杂反应都不适用。例如，下列复杂反应

$$3ClO^- \longrightarrow ClO_3^- + 2Cl^-$$

根据质量作用定律写出的速率方程为

$$r=kc^3(ClO^-)$$

但是通过实验确定的速率方程为

$$r=kc^2(ClO^-)$$

可以看出，上述两个速率方程是不相同的。当根据质量作用定律写出的速率方程和实验确定的速率方程不一致时，实验测得的速率方程是唯一正确的。

8.2.2 反应级数

对于速率方程符合式(8-8) 的反应，才有反应级数的概念。式(8-8) 中的 p、q 分别称为对反应物 A、B 的分级数，$n=p+q$，n 称为反应总级数。例如反应

$$H_2+I_2 \longrightarrow 2HI$$

速率方程式为

$$r=kc(H_2)c(I_2)$$

反应对 H_2、I_2 来说都是一级反应，对整个反应系统来说为二级反应。n 可以是零、简单的正整数、负整数和分数。n 越大，表示浓度的变化对反应速率的影响越大；n 为负值，表示增加浓度反而抑制了反应的进行，使反应速率减小。反应级数是由实验测得的，是经验数值。知道了反应级数有助于探讨反应机理。对于速率方程式不符合式(8-8) 的反应，反应级

数无意义，不能说出它是几级反应，这类反应较少见。例如

$$H_2+Br_2 \longrightarrow 2HBr$$

通过实验测得其速率方程为

$$r=\frac{kc(H_2)c^{1/2}(Br_2)}{1+k'\frac{c(HBr)}{c(Br_2)}}$$

就无法确定其反应级数。

8.2.3　速率常数

式(8-8) 中的 k 称为速率常数。k 的物理意义是各反应物浓度的值都等于 1 时的反应速率。对于同一反应，k 与浓度无关，而与温度等因素有关。不同的反应，k 不同。如果已知某一复杂反应的机理，可以推导出 k 与各基元反应 k_i 的关系。例如，反应 $H_2+I_2 \longrightarrow 2HI$，由其反应机理可推导出 $k=k_1\left(\frac{k_2}{k_3}\right)$。

式中，k 为 $H_2+I_2 \longrightarrow 2HI$ 的速率常数；k_1 为 $I_2 \longrightarrow 2I\cdot$ 的速率常数；k_2 为 $H_2+2I\cdot \longrightarrow 2HI$ 的速率常数；k_3 为 $2I\cdot \longrightarrow I_2$ 的速率常数。

8.3　反应速率方程的积分形式

速率方程的微分式能明确地表示出反应物浓度对反应速率的影响程度，也便于对反应进行理论分析。但是在指定的反应时间内，某一反应组分的浓度将变为多少，或某反应物达到一定转化率，反应需要多长时间？要解决这类问题，则需要将速率方程的微分式变成积分式。本节只讨论具有简单级数反应的速率方程的积分式。

8.3.1　零级反应

反应速率与反应物浓度无关的反应称为零级反应。属于零级反应的有某些光化学反应、表面催化反应和电解反应等，其反应速率与浓度无关，但分别与光强度、表面状态及通过的电量等因素有关。

零级反应的速率方程可写成

$$-\frac{dc_A}{dt}=kc_A^0=k$$

将上式积分

$$-\int_{c_{A,0}}^{c_A} dc_A=k\,dt$$

可得其速率方程积分式

$$c_{A,0}-c_A=kt \tag{8-9}$$

从式(8-9) 可看出，零级反应的特征为：

① k 的量纲为浓度·时间$^{-1}$，单位 $mol\cdot m^{-3}\cdot s^{-1}$。

② c_A 与 t 之间为线性关系。c_A 对 t 作图得一直线，其斜率为$-k$。

③ 零级反应的半衰期与反应物的初始浓度成正比。反应物消耗一半$\left(即\ c_A=\frac{c_{A,0}}{2}\right)$时所需要的时间称为反应的半衰期。零级反应的半衰期公式为

$$t_{1/2}=\frac{1}{k}\left(c_{A,0}-\frac{1}{2}c_{A,0}\right)=\frac{c_{A,0}}{2k} \tag{8-10}$$

8.3.2　一级反应

反应速率与反应物浓度的一次方成正比的反应称为一级反应。属于一级反应的有分子内

重排反应、异构化反应、热分解反应、某些药物的分解反应、药物在体内的吸收等。

一级反应 A→B 的速率方程为

$$-\frac{dc_A}{dt}=kc_A$$

将上式积分可得速率方程积分式

$$\ln\frac{c_{A,0}}{c_A}=kt \tag{8-11a}$$

或

$$c_A=c_{A,0}\exp(-kt) \tag{8-11b}$$

式中，$c_{A,0}$ 表示时间 $t=0$ 时反应物 A 的浓度，称为初始浓度；c_A 为反应进行到 t 时刻反应物 A 的浓度。也可以用与浓度具有线性关系的物理量，如气体的体积、压力或旋光度等代替浓度。例如

$$p_A=p_{A,0}\exp(-kt) \tag{8-11c}$$

由式(8-11a) 可以看出一级反应的特征为：

(1) k 具有时间$^{-1}$ 的量纲，单位 s^{-1}。

(2) $\ln c_A$ 与 t 之间为线性关系。以 $\ln c_A$ 对 t 作图（图 8-1 所示）可得一直线，其斜率为 $-k$。

(3) 一级反应的半衰期与反应物初始浓度无关。一级反应的半衰期公式为

$$t_{1/2}=\frac{1}{k}\ln\frac{c_{A,0}}{c_{A,0}/2}=\frac{1}{k}\ln 2=\frac{0.693}{k} \tag{8-12}$$

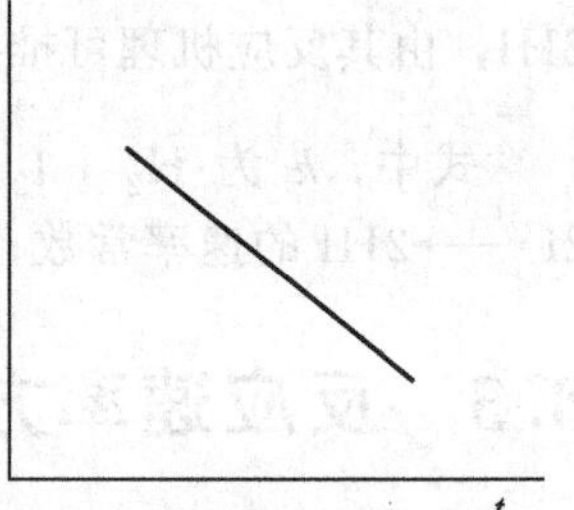

图 8-1　一级反应的直线关系

根据上述特征可以判断某反应是否为一级反应。某反应若符合上述一个特征，就可确定它为一级反应。

一般药物制剂含量损失掉原含量的 10%即可失效。药物含量降低到原含量的 90%所需要的时间称为药物制剂的有效期 $t_{0.9}$。

$$t_{0.9}=\frac{1}{k}\ln\frac{c_{A,0}}{0.9c_{A,0}}=\frac{0.1054}{k}$$

【例 8-1】 环氧乙烷的分解反应为一级反应。在 289.4K、$t=0$s 时，环氧乙烷的压力为 15533.39Pa；$t=1080$s 时，环氧乙烷的压力为 12352.32Pa。求该反应的速率常数和半衰期。

解　由式(8-11c)得，反应的速率常为

$$k=\frac{1}{t}\ln\frac{p_{A,0}}{p_A}=\frac{1}{1080\text{s}}\ln\frac{15533.39\text{Pa}}{12352.32\text{Pa}}=2.12\times10^{-4}\text{s}^{-1}$$

反应的半衰期为

$$t_{1/2}=\frac{0.693}{k}=\frac{0.693}{2.12\times10^{-4}}=3269(\text{s})$$

有些双分子反应 A+B ⟶ L+M，速率方程式为 $r=kc_Ac_B$，属于二级反应，由于反应物 B 保持大量过剩，则 B 的浓度可看作常数并与 k 合并，该二级反应可按一级反应处理，称为准一级反应。例如，蔗糖的水解反应是双分子反应

$$\underset{\text{蔗糖}}{C_{12}H_{22}O_{11}}+H_2O\longrightarrow\underset{\text{葡萄糖}}{C_6H_{12}O_6}+\underset{\text{果糖}}{C_6H_{12}O_6}$$

由于水量比蔗糖多，保持大量过剩。在反应过程中，水的浓度可看作常数，故该反应称

为准一级反应。

8.3.3 二级反应

反应速率与一种反应物浓度的二次方（或与两种反应物浓度的乘积）成正比的反应称为二级反应。属于二级反应的有烯烃加成反应、酯化反应和碘化氢的热分解反应等。

二级反应 $2A \longrightarrow P$ 和 $A+B \longrightarrow P$ 的速率方程分别为

$$-\frac{dc_A}{dt}=kc_A^2 \tag{8-13a}$$

$$-\frac{dc_A}{dt}=kc_Ac_B \tag{8-13b}$$

对于只有一种反应物或者有两种反应物，但两者的初始浓度相同，并且在反应过程中，$c_A=c_B$ 的二级反应，其速率方程都符合式(8-13a)，对式(8-13a) 积分

$$-\int_{c_{A,0}}^{c_A}\frac{dc_A}{c_A^2}=k\int_0^t dt$$

可得速率方程积分式

$$\frac{1}{c_A}-\frac{1}{c_{A,0}}=kt \tag{8-14}$$

将式(8-13b) 改写后积分

$$-\frac{dc_A}{dt}=-\frac{d(c_{A,0}-x)}{dt}=\frac{dx}{dt}=k(c_{A,0}-x)(c_{B,0}-x)$$

$$\frac{dx}{(c_{A,0}-x)(c_{B,0}-x)}=\frac{1}{(c_{A,0}-c_{B,0})}\left(\frac{1}{c_{B,0}-x}-\frac{1}{c_{A,0}-x}\right)dx=k\,dt$$

$$\frac{1}{c_{A,0}-c_{B,0}}\left[\int_0^x\frac{d(c_{A,0}-x)}{(c_{A,0}-x)}-\int_0^x\frac{d(c_{B,0}-x)}{(c_{B,0}-x)}\right]=k\int_0^t dt$$

可得速率方程积分式

$$\frac{1}{c_{A,0}-c_{B,0}}\ln\frac{c_{B,0}c_A}{c_{A,0}c_B}=kt \tag{8-15}$$

式中，$c_{A,0}$、$c_{B,0}$ 和 c_A、c_B 分别为反应物 A、B 的初始浓度和反应进行到 t 时刻的浓度。$c_A=c_{A,0}-x$，$c_B=c_{B,0}-x$，x 为反应进行到 t 时刻时反应物已经消耗掉的浓度。

由式(8-14)、式(8-15) 可看出，二级反应的特征为：

① k 具有浓度$^{-1}$·时间$^{-1}$ 的量纲，单位 $m^3 \cdot mol^{-1} \cdot s^{-1}$。

② $\frac{1}{c_A}$ $\left[\text{或}\ln\left(\frac{c_A}{c_B}\right)\right]$ 和 t 之间为线性关系。以 $\frac{1}{c_A}$ $\left[\text{或}\ln\left(\frac{c_A}{c_B}\right)\right]$ 对 t 作图得直线，其斜率为 k [或 $(c_{A,0}-c_{B,0})k$]，如图 8-2 所示。

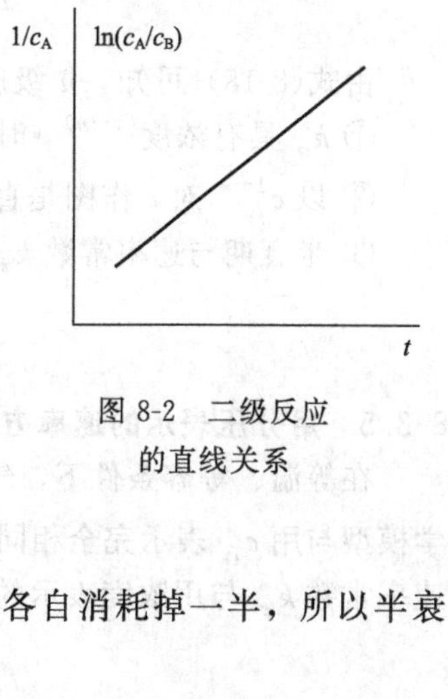

图 8-2 二级反应的直线关系

③ 对于符合式(8-13a) 的二级反应，其半衰期与反应物初始浓度成反比。

$$t_{1/2}=\frac{1}{k}\left(\frac{1}{c_{A,0/2}}-\frac{1}{c_{A,0}}\right)=\frac{1}{kc_{A,0}} \tag{8-16}$$

对于符合式(8-13b) 的反应，因为反应物 A 和 B 不能同时各自消耗掉一半，所以半衰期无意义。

【例 8-2】 由氯乙醇和碳酸氢钠制取乙二醇的反应

$$\begin{matrix} CH_2OH \\ | \\ CH_2Cl \end{matrix} + NaHCO_3 \longrightarrow \begin{matrix} CH_2OH \\ | \\ CH_2OH \end{matrix} + NaCl + CO_2(g)$$

为二级反应，反应在温度为 355K 的条件下进行，反应物的起始浓度 $c_{A,0}=c_{B,0}=1.2\text{mol}\cdot\text{dm}^{-3}$，反应经过 1.60h 取样分析测得 $c(NaHCO_3)=0.109\text{mol}\cdot\text{dm}^{-3}$。试求此反应的速率常数 k 及氯乙醇的转化率 $x_A=95.0\%$时所需时间 t 为若干？

解 对此二级反应

$$k=\frac{1}{t}\times\frac{c_{A,0}-c_A}{c_{A,0}c_A}$$

$$=\frac{1.20\text{mol}\cdot\text{dm}^{-3}-0.109\text{mol}\cdot\text{dm}^{-3}}{1.60\text{h}\times1.20\text{mol}\cdot\text{dm}^{-3}\times0.109\text{mol}\cdot\text{dm}^{-3}}$$

$$=5.21\text{mol}^{-1}\cdot\text{dm}^{3}\cdot\text{h}^{-1}$$

因 $x_A=\dfrac{c_{A,0}-c_A}{c_{A,0}}$，$c_A=c_{A,0}(1-x_A)$

故 $$t=\frac{x_A}{kc_{A,0}(1-x_A)}$$

$$=\frac{0.95}{5.21\text{mol}^{-1}\cdot\text{dm}^{3}\cdot\text{h}^{-1}\times1.20\text{mol}\cdot\text{dm}^{-3}\times(1-0.95)}$$

$$=3.04\text{h}$$

8.3.4 n 级反应

反应速率与反应物浓度的 n 次方成正比的反应称为 n 级反应。其速率方程的微分式为

$$-\frac{dc_A}{dt}=k_nc_A^n \tag{8-17}$$

对式(8-17) 积分，可得

$$\int_{c_{A,0}}^{c_A}-\frac{dc_A}{c_A^n}=k_n\int_0^t dt$$

可得速率方程积分式

$$t=\frac{1}{k_n(n-1)}\left(\frac{1}{c_A^{n-1}}-\frac{1}{c_{A,0}^{n-1}}\right),(n\neq1) \tag{8-18}$$

由式(8-18) 可知，n 级反应的特征为

① k_n 具有浓度$^{(1-n)}$·时间$^{-1}$ 的量纲，单位$(\text{mol}\cdot\text{m}^3)^{1-n}\cdot\text{s}^{-1}$。

② 以 c_A^{1-n} 对 t 作图是直线。

③ 半衰期与速率常数 k_n 和初始浓度 $c_{A,0}$ 的 $n-1$ 次方乘积成反比。

$$t_{1/2}=\frac{2^{n-1}-1}{(n-1)k_nc_{A,0}^{n-1}} \tag{8-19}$$

8.3.5 用分压表示的速率方程

在等温、等容条件下，气相反应的速率方程也可以用反应组分 A 的分压 p_A 表示，其数学模型与用 c_A 表示完全相同。下面我们推导在指定条件下的同一反应，用压力表示的反应速率常数 k_p 与用浓度表示的速率常数 k_c 之间的定量关系，假设反应物 A 为理想气体，则

$$p_A=c_ART$$

在 T、V 恒定时上式对 t 求导数，可得

$$-\frac{dp_A}{dt}=-RT\frac{dc_A}{dt}=RTk_c c_A^n$$

$$=RTk_c\left(\frac{p_A}{RT}\right)^n=(RT)^{1-n}k_c p_A^n$$

上式与 $-\frac{dp_A}{dt}=k_p p_A^n$ 相比较，可得

$$k_p=k_c(RT)^{1-n} \tag{8-20}$$

上式表明，除一级反应外，其他反应级数反应的 k_p 与 k_c 皆不相等。

8.4 反应级数与速率常数的确定

反应级数和速率常数都是通过实验测得的。知道了反应级数和速率常数，为建立速率方程提供了可靠的依据，并且对探讨反应机理的工作也有很大的帮助。

确定反应级数的方法主要有两类：积分法和微分法。用速率方程积分式确定反应级数的方法称为积分法。它对反应级数是简单的整数时，所得到的结果较为准确。积分法包括作图法、尝试法和半衰期法。用速率方程微分式确定反应级数的方法称为微分法。当反应级数是分数时，可用此法确定。对于没有级数的反应，也可用此法确定其速率方程。微分法由于作图求斜率时不易求得准确数值而受到影响，随着作图方法的改进，微分法在测定反应级数和速率常数的工作中将得到更多应用。

8.4.1 积分法

(1) 作图法

根据各级反应的特征，把实验测得的一系列时间-浓度数据，按一定的要求作图，得一直线，再根据反应的特征判断反应级数，由直线的斜率可求出速率常数。

如果以 c_A 对 t 作图得直线，为零级反应，斜率为 $-k$。

如果以 $\ln c_A$ 对 t 作图得直线，为一级反应，斜率为 $-k$。

如果以 $\frac{1}{c_A}$ 对 t 作图得直线，为二级反应，斜率为 k；如果以 $\ln\left(\frac{c_A}{c_B}\right)$ 对 t 作图，得一直线，也为二级反应。由斜率可求出 k，斜率为 $k(c_{A,0}-c_{B,0})$。

对于其他级数的反应，可按类似方法求出反应级数和速率常数。

(2) 尝试法

用实验测得的一系列时间-浓度数据，分别代入各级反应的速率方程式中求出速率常数，用哪一级反应的速率方程积分式求出的一系列的 k 为一常数，该反应的级数就为哪一级。这种方法简单容易，但如果实验的浓度范围不够大，则难以明确区别反应级数。

(3) 半衰期法

各级反应的半衰期与反应物的初始浓度有下述一般关系式：

$$t_{1/2}\propto\frac{1}{c_{A,0}^{n-1}}$$

式中 n 表示反应级数。

如果对同一反应以不同的初始浓度 $c_{A,0}$ 和 $c'_{A,0}$ 分别进行实验，由上式可得

$$\frac{t_{1/2}}{t'_{1/2}}=\left(\frac{c'_{A,0}}{c_{A,0}}\right)^{n-1}$$

将上式两边取对数，经整理后得

$$n=1+\frac{\ln t_{1/2}-\ln t'_{1/2}}{\ln c'_{\mathrm{A},0}-\ln c_{\mathrm{A},0}} \tag{8-21}$$

将 $c'_{\mathrm{A},0}$、$c_{\mathrm{A},0}$ 和 $t_{1/2}$、$t'_{1/2}$ 的具体数据代入式(8-21) 即可得反应级数。对于只有一种反应物或多种反应物初始浓度都相同的反应，用半衰期法求反应级数较方便；对于多种反应物初始浓度彼此不相等的反应，求反应级数则较困难。

8.4.2 微分法

对于只有一种反应物或多种反应物的初始浓度相等的反应，速率方程微分式为

$$r=-\frac{\mathrm{d}c_{\mathrm{A}}}{\mathrm{d}t}=kc_{\mathrm{A}}^{n}$$

将上式取对数得

$$\ln r=\ln\left(-\frac{\mathrm{d}c_{\mathrm{A}}}{\mathrm{d}t}\right)=\ln k+n\ln c_{\mathrm{A}} \tag{8-22}$$

以 $\ln\left(-\frac{\mathrm{d}c_{\mathrm{A}}}{\mathrm{d}t}\right)$ 对 $\ln c_{\mathrm{A}}$ 作图，得一直线，其斜率为反应级数，由截距可以算出反应的速率常数 k。在利用此式时，原则上也可由实验测定两个不同浓度时的消耗速率来决定反应级数和速率常数，按式(8-22)

$$\ln r_1=\ln k+n\ln c_{\mathrm{A},1},\ \ln r_2=\ln k+n\ln c_{\mathrm{A},2}$$

$$n=\frac{\ln\left(\frac{r_1}{r_2}\right)}{\ln\left(\frac{c_{\mathrm{A},1}}{c_{\mathrm{A},2}}\right)} \tag{8-23}$$

代入式(8-22) 即可求得 k。但由于所利用的实验信息较小，结果误差较大。由于 $r=-\frac{\mathrm{d}c_{\mathrm{A}}}{\mathrm{d}t}$必须由 c_{A}-t 曲线求导而得，故称为微分法。

(1) 一次法

该法是将被测反应做一次实验，取得一系列时间-浓度数据，将浓度对时间作图得一曲线，如图 8-3 所示。在不同浓度所对应的曲线上求取斜率，得到一系列浓度-反应速率数据。再以 $\ln\left(-\frac{\mathrm{d}c_{\mathrm{A}}}{\mathrm{d}t}\right)$ 对 $\ln c_{\mathrm{A}}$ 作图，得一直线，斜率就是反应级数。

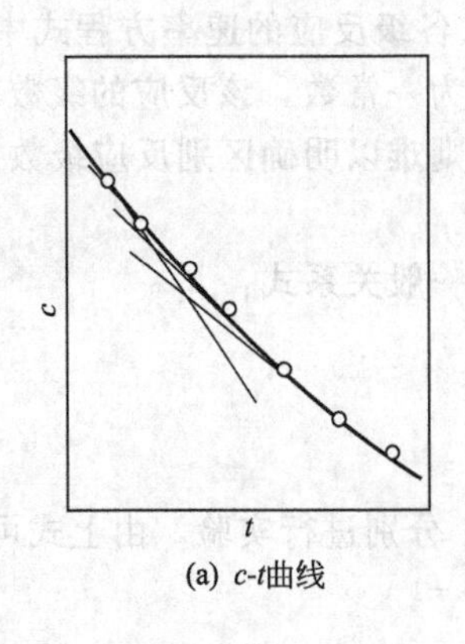

(a) c-t曲线

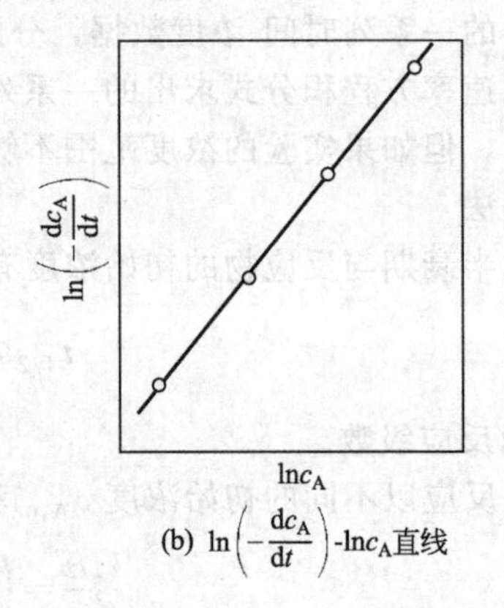

(b) $\ln\left(-\frac{\mathrm{d}c_{\mathrm{A}}}{\mathrm{d}t}\right)$-$\ln c_{\mathrm{A}}$直线

图 8-3 微分法求级数

（2）初始速率法

利用不同的初始浓度做多次实验，各自用所测得的时间-浓度数据，以浓度对时间作图，在各条曲线上求取 $t=0$ 时曲线的斜率，再以 $\ln\left(-\frac{dc_{A,0}}{dt}\right)$ 对 $\ln c_{A,0}$ 作图（见图 8-4 所示），得到直线的斜率就是所要求的反应级数。也可用任意两对 $\ln\left(-\frac{dc_{A,0}}{dt}\right)$-$\ln c_{A,0}$ 数据代入对数式求出反应级数。

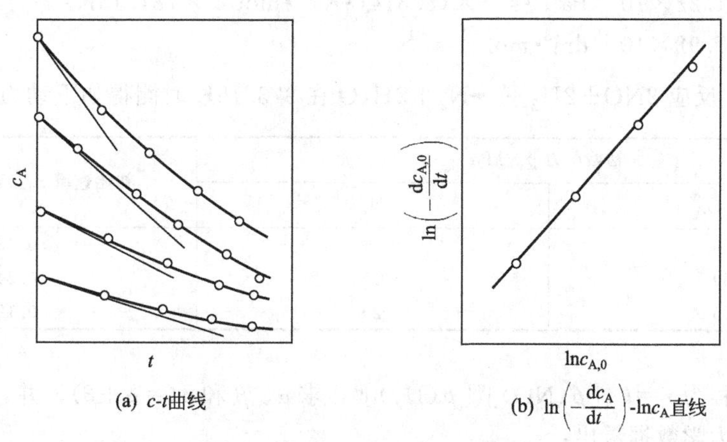

图 8-4　初始浓度微分法求级数

(3)孤立变数法

对于有两种(或两种以上)反应物,并且各反应物的初始浓度不相同的反应,其速率方程为

$$-\frac{dc_A}{dt}=kc_A^p c_B^q$$

求反应级数时,可先使反应物 B 大大过量,以保持在反应过程中浓度基本上不变。这时速率方程为

$$-\frac{dc_A}{dt}=k'c_A^p$$

式中，$k'=kc_B^q$，再用微分法求出反应对反应物 A 的分级数 p。然后使反应物 A 大大过量，以保持在反应过程中 A 的浓度基本不变，同样有

$$-\frac{dc_A}{dt}=k''c_B^q$$

式中，$k''=kc_A^p$。再根据微分法求出反应对反应物 B 的分级数 q。这样就可求出反应总级数。

$$n=p+q$$

【例 8-3】 已知反应 $2HI \longrightarrow I_2+H_2$，在 781.15K 下，HI 的初始压力为 10132.5Pa 时，半衰期为 135min；而当 HI 的初始压力为 101325Pa 时，半衰期为 13.5min。证明该反应为二级，并求出反应速率常数（以 $dm^3 \cdot mol^{-1} \cdot s^{-1}$ 及 $Pa^{-1} \cdot s^{-1}$ 表示）。

解　(1) 由式(8-21) 可求得

$$n=1+\frac{\ln t_{1/2}-\ln t'_{1/2}}{\ln c'_{A,0}-\ln c_{A,0}}=1+\frac{\ln\left(\frac{135}{13.5}\right)}{\ln\left(\frac{101325}{10132.5}\right)}=2$$

(2) $k_p=\dfrac{1}{t_{1/2}p_{A,0}}$

$$=\frac{1}{135\text{min}\times60\text{s}\cdot\text{min}^{-1}\times10132.5\text{Pa}}$$

$$=1.22\times10^{-8}\text{Pa}^{-1}\cdot\text{s}^{-1}$$

而 $k_c=k_p(RT)^{2-1}$

$$=1.22\times10^{-8}\text{Pa}^{-1}\cdot\text{s}^{-1}\times(8.314\text{J}\cdot\text{K}^{-1}\cdot\text{mol}^{-1}\times781.15\text{K})$$

$$=7.92\times10^{-5}\text{dm}^3\cdot\text{mol}^{-1}\cdot\text{s}^{-1}$$

【例 8-4】 反应 $2NO+2H_2 \longrightarrow N_2+2H_2O$ 在 973.15K 时测得如下动力学数据：

初始压力 p_0/kPa		初始速率 r_0/(kPa·min^{-1})
NO	H_2	
50	20	0.48
50	10	0.24
25	20	0.12

设反应速率方程为 $r=k_p[p(\text{NO})]^{\alpha}[p(\text{H}_2)]^{\beta}$，求 α、β 和 $n(=\alpha+\beta)$，并计算 k_p 和 k_c。

解 由动力学数据看出：

当 $p(\text{NO})$ 不变时，有

$$\beta=\frac{\ln\left(\dfrac{r_{0,1}}{r_{0,2}}\right)}{\ln\left(\dfrac{p_{0,1}}{p_{0,2}}\right)}=\frac{\ln\left(\dfrac{0.48}{0.24}\right)}{\ln\left(\dfrac{20}{10}\right)}=1$$

即该反应对 H_2 为一级，$\beta=1$。

当 $p(\text{H}_2)$ 不变时，有

$$\alpha=\frac{\ln\left(\dfrac{r_{0,1}}{r_{0,2}}\right)}{\ln\left(\dfrac{p_{0,1}}{p_{0,2}}\right)}=\frac{\ln\left(\dfrac{0.48}{0.12}\right)}{\ln\left(\dfrac{50}{25}\right)}=2$$

即该反应对 NO 为二级反应，$\alpha=2$，故总反应级数

$$n=\alpha+\beta=2+1=3$$

$$k_p=\frac{-\dfrac{dp}{dt}}{[p(\text{NO})]^2p(\text{H}_2\text{O})}=\frac{0.48\text{kPa}\cdot\text{min}^{-1}}{(50\text{kPa})^2\times20\text{kPa}}$$

$$=9.6\times10^{-6}\text{kPa}^{-2}\cdot\text{min}^{-1}=9.6\times10^{-12}\text{Pa}^{-2}\cdot\text{min}^{-1}$$

$$k_c=k_p(RT)^{3-1}$$

$$=9.6\times10^{-12}\text{Pa}^{-2}\cdot\text{min}^{-1}\times(8.3145\text{J}\cdot\text{mol}^{-1}\cdot\text{K}^{-1}\times973.15\text{K})^2$$

$$=6.28\times10^{-4}\text{m}^6\cdot\text{mol}^{-2}\cdot\text{min}^{-1}$$

$$=628\text{dm}^6\cdot\text{mol}^{-2}\cdot\text{min}^{-1}$$

8.5　温度对反应速率的影响

温度对反应速率有着明显的影响。就目前所知，温度对反应速率的影响相当复杂，大致可分为下列几种类型（见图 8-5）。

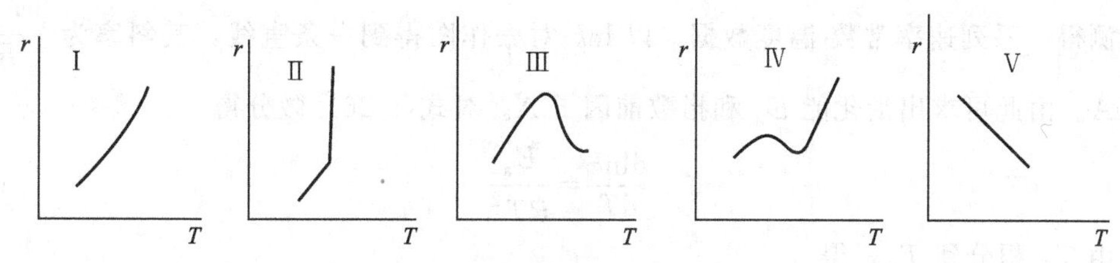

图 8-5　温度对反应速率的影响

Ⅰ. 绝大多数反应的速率随温度的升高而增大。

Ⅱ. 爆炸反应，在温度达到燃点时，速率突然增大。

Ⅲ. 某些催化反应，只有在某一温度时速率最大。

Ⅳ. 某些碳氢化合物的氧化反应，在一定的温度范围内，温度升高，反应速率增大；在另一温度范围内，温度升高，反应速率反而减小。

Ⅴ. 某些反应的反应速率随温度的升高而减小。对于这类反应，如果要用阿伦尼乌斯（Arrhenius）公式去描写它的动力学数据，则必须承认活化能有负值，这在物理意义上则是难以接受的。属于这种类型的反应是气相三级反应，例如 NO 与 O_2 的反应：

$$2NO + O_2 \longrightarrow 2NO_2$$

只有少数反应属于Ⅱ、Ⅲ、Ⅳ、Ⅴ类型，这些反应都是反应机理相当复杂的反应，大多数反应属于Ⅰ类型。本章着重讨论Ⅰ类型的反应。

8.5.1　范特霍夫规则

1884 年范特霍夫根据实验结果归纳出一个表示速率常数与温度关系的近似规则：温度每升高 10K，一般反应速率为原来的 2～4 倍，该规则可用下面的公式表示：

$$\frac{k(T+10\mathrm{K})}{k(T)} = \gamma = 2 \sim 4 \tag{8-24}$$

式中，γ 称为反应速率常数的温度系数；$k(T)$ 为温度为 T 时的速率常数，$k(T+10\mathrm{K})$ 为温度为 $T+10\mathrm{K}$ 时的速率常数。

范特霍夫规则虽然不太精确，但当数据缺乏或不需要精确的结果时，可根据上式近似地估计出温度对反应速率的影响。

8.5.2　阿伦尼乌斯公式

1889 年阿伦尼乌斯在归纳了大量的实验结果后，提出了一个表示速率常数与温度关系的经验公式：

$$k = A\exp\left(-\frac{E_a}{RT}\right) \tag{8-25}$$

式中，E_a 为活化能，$\mathrm{kJ \cdot mol^{-1}}$；$A$ 为指数前因子，其单位与速率常数的单位相同。

对于不同的反应，E_a、A 各不相同，例如，碘化氢气体分解反应的 $E_a = 184.1\mathrm{kJ \cdot mol^{-1}}$，$A = 7.31 \times 10^4 \mathrm{mol^{-1} \cdot dm^3 \cdot s^{-1}}$；五氧化二氮气体分解反应的 $E_a = 103.3\mathrm{kJ \cdot mol^{-1}}$，$A = 8.91 \times 10^5 \mathrm{mol \cdot dm^3 \cdot s^{-1}}$。对于同一个反应，在实验温度变化范围较小时，例如，

$\Delta T \leqslant 100\mathrm{K}$，$E_a$、$A$ 是与浓度、温度无关的常数；在温度变化范围较大时，例如，$\Delta T \geqslant 1000\mathrm{K}$，$E_a$、$A$ 是与浓度、温度有关。

将式(8-25) 取对数可得到直线方程式

$$\ln k = -\frac{E_a}{RT} + \ln A \tag{8-26}$$

由实验测得一系列速率常数-温度数据，以 $\ln k$ 对 $\frac{1}{T}$ 作图得到一条直线，其斜率为 $-\frac{E_a}{R}$，截距为 $\ln A$。由此可求出活化能 E_a 和指数前因子 A。对式(8-26) 微分得

$$\frac{\mathrm{d}\ln k}{\mathrm{d}T} = \frac{E_a}{RT^2} \tag{8-27}$$

对上式由 T_1 积分到 T_2，得

$$\ln\frac{k_2}{k_1} = -\frac{E_a}{R}\left(\frac{1}{T_2} - \frac{1}{T_1}\right) \tag{8-28}$$

式(8-25)、式(8-26)、式(8-27) 和式(8-28) 都可称为阿伦尼乌斯公式或分别称为阿伦尼乌斯公式的指数形式、对数形式、微分形式和积分形式。式(8-28) 中，k_1 表示温度为 T_1 时的速率常数；k_2 表示温度为 T_2 的速率常数。

阿伦尼乌斯公式适用于第一种类型的反应，这类反应的速率方程式都符合式(8-8)。

研究温度对反应速率的影响是研究反应机理的一个重要方面。相比较而言，对于速率常数和温度之间关系符合阿伦尼乌斯公式的反应，其反应机理比较简单；而速率常数与温度之间的关系不符合阿伦尼乌斯公式的反应，其反应机理比较复杂。

8.6 反应的活化能

8.6.1 活化能的物理意义

在阿伦尼乌斯公式中，活化能 E_a 出现在指数项上，对化学反应的影响非常大。

活化能的物理意义多年来有许多种解释，其中主要有碰撞理论解释方法、过渡状态理论解释方法、托尔曼（Tolman）解释方法等。碰撞理论和过渡状态理论都是针对某一具体模型的活化能的物理意义进行解释的，所以有一定的局限性。1925 年托尔曼用统计的方法，把实验测得的活化能看成是反应系统中大量分子的微观量的统计平均值。因此托尔曼的解释方法，是合理准确和普遍适用的。下面对此作以简介。

只有基元反应的活化能才有明确的物理意义。在通常条件下，反应系统都是由大量分子组成的，这些分子所具有的能量大小不一致，符合玻耳兹曼能量分布定律。在反应系统中，并不是所有的分子都能发生反应，只有那些具备某一平均能量的分子才能发生反应，这些分子称为活化分子。基元反应活化能的物理意义是活化分子的平均能量与反应物分子平均能量之差值。

$$E_a = \langle E^* \rangle - \langle E \rangle \tag{8-29}$$

式中，$\langle E \rangle$ 为反应物分子的平均摩尔能量；$\langle E^* \rangle$ 为活化分子的平均摩尔能量。所以，一般来说，要使普通分子变成活化分子，就是使普通分子获得活化能。

为什么只有活化分子才能发生化学反应呢。这是由于发生反应时，需要克服分子之间的斥力，破坏分子内的化学键，这些都需要足够的能量。而活化分子具有的能量足够满足这些需要，所以能发生反应。

对于下面的等容可逆反应

$$A+B \underset{k_2}{\overset{k_1}{\rightleftharpoons}} L+M$$

其正向、逆向反应均为基元反应。式中 k_1、k_2 分别表示正向、逆向反应的速率常数。

根据范特霍夫等容方程式

$$\frac{\mathrm{d}\ln K_c}{\mathrm{d}t}=\frac{\Delta U_{\mathrm{m}}^{\ominus}}{RT^2} \tag{8-30}$$

式中，K_c 为浓度平衡常数；$\Delta U_{\mathrm{m}}^{\ominus}$ 为反应的等容反应的摩尔热力学能（变）。当达到平衡状态时：

$$r_1=r_2 \text{ 或 } k_1c_Ac_B=k_2c_Lc_M$$

式中，r_1 为正向反应的速率；r_2 为逆向反应的速率。则有

$$K_c=\frac{c_Lc_M}{c_Ac_B}=\frac{k_1}{k_2}$$

由式(8-27) 可知，逆向反应的微分形式减去正向反应的微分形式得

$$\frac{\mathrm{d}\ln\left(\frac{k_1}{k_2}\right)}{\mathrm{d}T}=-\frac{(E_{a,2}-E_{a,1})}{RT^2} \tag{8-31}$$

式中，$E_{a,1}$ 为正向反应的活化能；$E_{a,2}$ 为逆向反应的活化能。式(8-30) 和式(8-31) 相比较可得

$$E_{a,1}-E_{a,2}=\Delta U_{\mathrm{m}}^{\ominus} \tag{8-32}$$

式(8-32) 的意义是正向、逆向反应的活化能之差等于正向反应的摩尔热力学能（变）。

对于复杂反应，由式(8-27) 得到的活化能称为表观活化能，它没有明确的物理意义。复杂反应的表观活化能与构成该复杂反应的各个基元反应的活化能有一定的关系。例如，复杂反应 $H_2+I_2 \longrightarrow 2HI$，其反应机理是

$$I_2 \underset{k_2}{\overset{k_1}{\rightleftharpoons}} 2I\cdot(\text{快}) \qquad 2I\cdot+H_2 \xrightarrow{k_3} 2HI(\text{慢})$$

由阿伦尼乌斯公式可知

$$k_1=A_1\exp\left(-\frac{E_{a,1}}{RT}\right) \quad k_2=A_2\exp\left(-\frac{E_{a,2}}{RT}\right) \quad k_3=A_3\exp\left(-\frac{E_{a,3}}{RT}\right)$$

因为

$$K_c=\frac{k_1}{k_2}=\frac{c^2(\mathrm{I}\cdot)}{c(\mathrm{I}_2)}$$

所以

$$c^2(\mathrm{I}\cdot)=\frac{k_1}{k_2}c(\mathrm{I}_2)$$

反应速率等于最慢的那个基元反应的速率，即

$$r=kc(\mathrm{H}_2)c(\mathrm{I}_2)=r_3=k_3c(\mathrm{H}_2)c^2(\mathrm{I}\cdot)=k_3\frac{k_1}{k_2}c(\mathrm{H}_2)c(\mathrm{I}_2)$$

令

$$A=A_3\frac{A_1}{A_2}$$

则

$$k=A_3\exp\left(-\frac{E_{a,3}}{RT}\right)\frac{A_1\exp\left(-\frac{E_{a,1}}{RT}\right)}{A_2\exp\left(-\frac{E_{a,2}}{RT}\right)}=A\exp\left(-\frac{E_{a,3}+E_{a,1}-E_{a,2}}{RT}\right)=A\exp\left(-\frac{E_a}{RT}\right)$$

即

$$E_a=E_{a,1}+E_{a,3}-E_{a,2}$$

由此可以看出，复杂反应的表观活化能是构成该复杂反应的各个基元反应的活化能的代数和。

8.6.2 活化能确定

(1) 实验测定

活化能 E_a 和指数前因子 A 都是重要的动力学参数，可以利用阿伦尼乌斯方程实验测得。

【例 8-5】 实验测得反应

$$N_2O_5 \longrightarrow N_2O_4 + \frac{1}{2}O_2$$

在不同温度时的反应速率常数，列入下表：

T/K	273.15	298.15	308.15	318.15	328.15	338.15
$k\times10^5/s^{-1}$	0.0787	3.46	13.50	49.80	150.00	487.00

求反应的活化能。

解 计算出有关数据，列入下表：

T/K	273.15	298.15	308.15	318.15	328.15	338.15
$10^3K/T$	3.66	3.36	3.25	3.14	3.05	2.96
$\ln k/s^{-1}$	−14.06	−10.27	−8.91	−7.61	−6.50	−5.32

① 作图法

以 $\ln k$ 对 $\frac{1}{T}$ 作图（见图 8-6）得一直线。求出斜率为 -12.3×10^3K。

$$E_a = 8.314\text{J·mol}^{-1}\text{K}^{-1}\times12.3\times10^3\text{K} = 1.02\times10^5\text{J·mol}^{-1}$$

② 数值计算法

取 $T_1=273.15$K，$T_2=338.15$K，代入下式中可得

$$E_a = R\left(\frac{T_1T_2}{T_2-T_1}\right)\ln\left(\frac{k_2}{k_1}\right)$$

$$=8.314\text{J·mol}^{-1}\text{·K}^{-1}\left(\frac{273.15\text{K}\times338.15\text{K}}{338.15\text{K}-273.15\text{K}}\right)\ln\left(\frac{4.87\times10^{-3}\text{s}^{-1}}{7.87\times10^{-7}\text{s}^{-1}}\right)$$

$$=1.03\times10^5\text{J·mol}^{-1}$$

取 $T_1=273.15$K、$T_2=318.15$K；

同理可算出

$$E_a=1.03\times10^5\text{J·mol}^{-1}$$

取 $T_1=298.15$K、$T_2=328.15$K；

同理得

$$E_a=1.02\times10^5\text{J·mol}^{-1}$$

取 $T_1=273.15$K、$T_2=328.15$K；

同理得

$$E_a=1.02\times10^5\text{J·mol}^{-1}$$

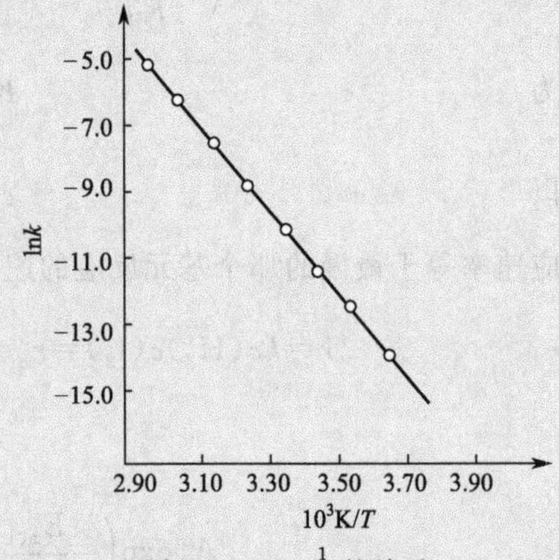

图 8-6 $\ln k$-$\frac{1}{T}$ 的关系

平均值为

$$E_a = \frac{1}{4}(1.03\times10^5+1.03\times10^5+1.02\times10^5+1.02\times10^5)\text{J·mol}^{-1}$$

$$=1.03\times10^5\text{J·mol}^{-1}$$

对于符合阿伦尼乌斯公式的反应，无论是基元反应，还是复杂反应，其活化能都可以用实验测定法求得。

（2）活化能的估算

对于一些基元反应，特别是有自由基生成或消失的基元反应，可利用反应所涉及的化学键的键能来估算反应的活化能。虽然有些估算方法还只能是经验性的，所得到的结果比较粗糙，但在缺乏数据时仍有一定的用处。

① 分子裂解为自由基的基元反应，其活化能就是被断裂的化学键的键能。

例如 $Cl_2 \longrightarrow 2Cl\cdot$

$E_a=\varepsilon(\text{Cl}-\text{Cl})=243\text{kJ}\cdot\text{mol}^{-1}$。

② 自由基之间复合为分子的基元反应，由于自由基的活性大，故反应时活化能等于零。

$$2Cl\cdot + M \longrightarrow Cl_2 + M$$

$$E_a=0$$

③ 自由基与分子之间的基元反应

$$A\cdot + BC \underset{\text{吸热 } E_{a,2}}{\overset{\text{放热 } E_{a,1}}{\rightleftharpoons}} AB + C\cdot$$

实验表明，放热反应的基元反应

$$A\cdot + BC \longrightarrow AB + C\cdot$$

其活化能约为被改组化学键键能的5.5%。

$$E_{a,1}=0.055\varepsilon_{B-C} \tag{8-33}$$

但吸热方向的逆反应的活化能不按 $0.055\varepsilon_{A-B}$ 来估算，只能由下式求得：

$$E_{a,2}=E_{a,1}+\Delta U_m^{\ominus} \tag{8-34}$$

④ 分子之间的基元反应

$$AB + CD \longrightarrow AC + BD$$

式中，A、B、C和D为不同的原子。在基元反应中，需要破坏的化学键是A—B、C—D，反应所需要的活化能约等于被破坏的化学键键能总和的30%：

$$E_a=0.30\times(\varepsilon_{A-B}+\varepsilon_{C-D}) \tag{8-35}$$

例如

$$2HI \longrightarrow H_2 + 2I\cdot$$

$$\begin{aligned} E_a &= 0.30\times[\varepsilon(\text{H}-\text{I})+\varepsilon(\text{H}-\text{I})] \\ &= 0.30\times2\times297\text{kJ}\cdot\text{mol}^{-1}=178\text{kJ}\cdot\text{mol}^{-1} \end{aligned}$$

8.6.3 求反应的最适宜温度

在化工生产中，温度控制是相当重要的操作条件，它直接影响到反应的速率、产量、副反应、能量消耗等一系列问题。

（1）简单反应

现在要使某一反应在一定的时间内达到一定的转化率，应如何控制反应温度。可以将阿伦尼乌斯公式直接代入速率方程而求得。若速率方程为

$$-\frac{dc_A}{dt}=kc_A^n$$

以 $k=A\mathrm{e}^{-E_a/RT}$ 代入得

$$-\frac{\mathrm{d}c_A}{\mathrm{d}t}=A\mathrm{e}^{-E_a/RT}c_A^n$$

$$-\int_{c_{A,0}}^{c_A}\frac{\mathrm{d}c_A}{c_A^n}=\int_0^t A\mathrm{e}^{-E_a/RT}$$

$$\frac{1}{n-1}\left(\frac{1}{c_{A,0}^{n-1}}-\frac{1}{c_A^{n-1}}\right)=A\mathrm{e}^{-E_a/RT}\times t \tag{8-36}$$

指定在规定的时间 t 内所应达到的转化率，如果再知道反应的级数 n 以及 A 和 E_a，就能根据式(8-36) 来求得所需要的温度。

【例 8-6】 溴乙烷的分解为一级反应，该反应的活化能为 229.7kJ·mol^{-1}。已知在 650K 时 $k=2.14\times10^{-4}\mathrm{s}^{-1}$。现在要使此反应的转化率在 10min 时达到 90%，试问此反应的温度应控制在多少？

解 需要先求出指前因子 A，已知 $E_a=229.7\mathrm{kJ\cdot mol^{-1}}$，并知 $T=650\mathrm{K}$ 时，$k=2.14\times10^{-4}\mathrm{s}^{-1}$，由阿伦尼乌斯公式可知

$$2.14\times10^{-4}=A\mathrm{e}^{\frac{-229.7\times10^3}{8.314\times650}}$$

解得

$$A=6.16\times10^{14}$$

所以

$$k=6.16\times10^{14}\mathrm{e}^{\frac{-229700}{RT}}$$

对一级反应

$$\ln\frac{1}{1-x}=kt=A\mathrm{e}^{\frac{-E_a}{RT}}\times t=6.16\times10^{14}\mathrm{e}^{-\frac{229700}{8.314T}}\times t$$

令 $t=600\mathrm{s}$，$x=0.90$，解得

$$T=697\mathrm{K}$$

(2) 复杂反应

对于复杂反应（参见第 9 章），我们可以根据温度对竞争反应速率的影响的一般规则，即高温有利于活化能较高的反应、低温有利于活化能较低的反应，来寻找适宜的操作温度。

如对一级连串反应

$$\mathrm{A}\xrightarrow[k_1]{(1)}\underset{产物}{\mathrm{B}}\xrightarrow[k_2]{(2)}\mathrm{D}$$

如反应(2) 是我们不希望有的，应尽量抑制它，即$\frac{k_1}{k_2}$越大越有利于产物的生成。因此

① 如 $E_{a,1}>E_{a,2}$，则适宜于用较高的温度；

② 如 $E_{a,1}<E_{a,2}$，则适宜于用较低的温度；

又如对一级平行反应

$$\mathrm{A}\begin{cases}\xrightarrow[k_1]{(1)}\mathrm{B}\ 产物\\ \xrightarrow[k_2]{(2)}\mathrm{D}\ 副产物\end{cases}$$

则选择温度希望 k_1/k_2 尽可能大，这样反应(1) 就得到促进，反应(2) 就得到抑止。因此

① 如 $E_{a,1}>E_{a,2}$，则适宜于用较高的温度；

② 如 $E_{a,1}<E_{a,2}$，则适宜于用较低的温度。

8.7 反应速率理论

人们通过实验得出了化学反应的速率方程和阿伦尼乌斯公式。为了对这些宏观的、经验上的动力学规律进行微观的、理论上的解释，尤其是希望从理论上也能够得到在指定条件下的速率常数，人们已经做了许多研究工作，建立了一些反应速率理论，如简单碰撞理论、过渡状态理论、单分子反应的林德曼理论、分子反应动态学等。因为任何化学反应都是由基元反应构成的，所以如果基元反应的速度常数可以从理论上计算，则可节省用于实验上的人力物力，并且为研究和控制反应速率提供理论基础。反应速率理论的主要内容是在基元反应中分子如何反应？基元反应的速率常数如何计算？到目前为止，反应速率理论还不够完善，有时根据这些理论得到的结果和实际情况有相当大的差距。反应速率理论仍处在不断发展完善之中。本节简要介绍简单碰撞理论和过渡状态理论。

8.7.1 简单碰撞理论

(1) 碰撞理论的基本假定

简单碰撞理论是在阿伦尼乌斯关于“活化状态”和“活化能”概念的基础上，应用气体分子运动论，在 1918 年由路易斯建立起来的。简单碰撞理论的基本假设如下。

① 气体分子是刚性球状粒子，当分子 A 和分子 B 发生反应时，先决条件是必须经过碰撞。

② 只有那些超过一般分子的平均能量的活化分子间的碰撞，即碰撞动能 ε 大于或等于其临界能 ε_c 的碰撞，并且能满足一定空间配置的几何条件的，才能发生化学反应。

③ 在反应进行中，气体分子的速率总是保持着平衡的分布。

从以上三点假设可知，活化分子在单位体积、单位时间内的碰撞次数即为反应速率。若设双分子基元反应为

$$\mathrm{A}+\mathrm{B}\longrightarrow \text{产物}$$

故反应速率可表示为

$$-\frac{\mathrm{d}n_{\mathrm{A}}}{\mathrm{d}t}=Z_{\mathrm{AB}}q \tag{8-37}$$

式中，Z_{AB} 为 A、B 分子在单位体积、单位时间内的碰撞次数，即碰撞频率；q 为分子的有效碰撞次数在总碰撞次数中所占的分数，称为有效碰撞分数。由此可知，只要能求出 Z_{AB} 和 q 便可以求出反应速率。

(2) 碰撞频率 Z_{AB} 的求算

根据气体分子运动论可导出 A、B 两分子的碰撞频率为

$$Z_{\mathrm{AB}}=(r_{\mathrm{A}}+r_{\mathrm{B}})^2\left(\frac{8\pi kT}{\mu}\right)^{\frac{1}{2}}n_{\mathrm{A}}n_{\mathrm{B}} \tag{8-38}$$

式中，r_{A}、r_{B} 分别为 A、B 分子的半径；k 为玻耳兹曼 (Boltzmann) 常数，$k=1.38\times 10^{-23}\mathrm{J\cdot K^{-1}}$；$n_{\mathrm{A}}$、$n_{\mathrm{B}}$ 分别为单位体积内 A、B 的分子数目；T 为热力学温度；μ 为 A、B 分子的折合质量，即

$$\mu=\frac{m_A m_B}{m_A+m_B}=\frac{M_A M_B}{(M_A+M_B)L}$$

式中，m_A、m_B 和 M_A、M_B 分别为 A、B 分子的质量和摩尔质量，L 为阿伏伽德罗常数。

如果碰撞在同类分子间进行，即 A=B，则碰撞频率 Z_{AA} 为

$$Z_{AA}=16r_A^2\left(\frac{\pi kT}{m_A}\right)^{\frac{1}{2}}n_A^2 \tag{8-39}$$

（3）有效碰撞分数 q 的求算

碰撞理论认为，决定有效碰撞的主要因素是分子碰撞时所获得的那份活化能。根据玻耳兹曼能量分布定律可知，有效碰撞分数为

$$q=\exp\left(-\frac{E_c}{RT}\right) \tag{8-40}$$

式中的 $\exp\left(-\frac{E_c}{RT}\right)$ 称玻耳兹曼因子，E_c 表示活化能。应当说明，这里活化能的概念与阿伦尼乌斯公式中的活化能 E_a 是不同的。碰撞理论认为，活化能是发生有效碰撞分子较一般分子所高出的平动能量，但该理论本身不能预言活化能的数值，还须通过实验测得数据，借助于阿伦尼乌斯公式求算出活化能的数值，最后方可求出 q，这也是碰撞理论的一个缺陷。

（4）碰撞理论基本公式

将式(8-40) 代入式(8-37) 可得

$$-\frac{dn}{dt}=Z_{AB}\exp\left(-\frac{E_c}{RT}\right)=(r_A+r_B)^2\left(\frac{8\pi kT}{\mu}\right)^{\frac{1}{2}}\exp\left(-\frac{E_c}{RT}\right)n_A n_B=k'n_A n_B \tag{8-41}$$

式中的速率常数 $k'=(r_A+r_B)^2\left(\frac{8\pi kT}{\mu}\right)^{\frac{1}{2}}\exp\left(-\frac{E_c}{RT}\right)$。将式(8-41) 两端同除以阿伏伽德罗常数的平方（L^2），即可用体积摩尔浓度表示的速率方程，即

$$-\frac{dc}{dt}=Lk'c_A c_B=k''c_A c_B$$

故

$$k''=Lk'=L(r_A+r_B)^2\left(\frac{8\pi kT}{\mu}\right)^{\frac{1}{2}}\exp\left(-\frac{E_c}{RT}\right)=Z\exp\left(-\frac{E_c}{RT}\right) \tag{8-42}$$

式中的 $Z=L(r_A+r_B)^2\left(\frac{8\pi kT}{\mu}\right)^{\frac{1}{2}}$，称为碰撞频率因子。式(8-42) 与阿伦尼乌斯公式 $k''=A\exp\left(\frac{-E_a}{RT}\right)$ 的形式完全相同。

如果是同类分子的二级反应，则

$$k''=16r_A^2 L\left(\frac{\pi kT}{m_A}\right)^{\frac{1}{2}}\exp\left(-\frac{E_c}{RT}\right) \tag{8-43}$$

通过前面讨论，可以看出质量作用定律是碰撞理论的必然结果。

（5）E_c 与 E_a 的关系

式(8-42) 可写成 $k''=A'T^{\frac{1}{2}}\exp\left(-\frac{E_c}{RT}\right)$，将此式两边取对数后再对 T 求导数，可得

$$\frac{\mathrm{d}\ln k''}{\mathrm{d}T}=\frac{1}{2T}+\frac{E_c}{RT^2}=\frac{E_c+\frac{1}{2}RT}{RT^2}$$

上式与阿伦尼乌斯活化能 E_a 的定义式$\frac{\mathrm{d}\ln k''}{\mathrm{d}T}=\frac{E_a}{RT^2}$相比较可得

$$E_a=E_c+\frac{1}{2}RT$$

上式中的 E_c 为碰撞理论中的活化能，又称为临界能或阈能，其值与温度无关。$E_c=N_0\varepsilon_c$，N_0 为活化分子的数目。E_a 是与温度有关的物理量。对于一般的反应，因在温度不太高时 $E_c\gg RT/2$，故 $RT/2$ 可以忽略不计，而把 E_a 近似看作与 T 无关的常数。事实也是如此，多数反应在温度变化范围不大时，以 $\ln k''$对$\frac{1}{T}$作图可得一直线。但在温度很高时，E_a 随温度的变化就比较明显，以 $\ln k''$对$\frac{1}{T}$作图不能得到很好的直线。

【例 8-7】 反应

$$H_2+Ar \longrightarrow H\cdot+H\cdot+Ar$$

实验测得在 2530K 时，速率常数 $k''=1.13\times10^3\,\mathrm{mol\cdot dm^{-3}\cdot s^{-1}}$，活化能为 $4.015\times10^5\,\mathrm{J\cdot mol^{-1}}$，已知 H_2 和 Ar 的半径分别为 1.24×10^{-10} m 和 1.43×10^{-10} m。试用碰撞理论中的速率常数公式计算出速率常数，将理论值与实验值加以比较。

解　$(r_A+r_B)^2=(1.24\times10^{-10}+1.43\times10^{-10})^2\,\mathrm{m}=7.13\times10^{-20}\,\mathrm{m}$

$$\frac{M_AM_B}{M_A+M_B}=\frac{2\times40\times10^{-6}\,\mathrm{kg^2\cdot mol^{-2}}}{(2+40)\times10^{-3}\,\mathrm{kg\cdot mol^{-1}}}=1.90\times10^{-3}\,\mathrm{kg\cdot mol^{-1}}$$

$$-\frac{E_c}{RT}=-\frac{4.015\times10^5\,\mathrm{J\cdot mol^{-1}}}{8.314\,\mathrm{J\cdot K^{-1}\cdot mol^{-1}}\times2530\,\mathrm{K}}=-19.09$$

$$k''=(r_A+r_B)^2L\left[\frac{8\pi RT}{\frac{M_AM_B}{M_A+M_B}}\right]^{\frac{1}{2}}\exp\left(-\frac{E_c}{RT}\right)$$

$$=7.13\times10^{-20}\,\mathrm{m}\times6.023\times10^{23}\,\mathrm{mol^{-1}}\times\left[\frac{(8\times3.14\times8.314\,\mathrm{J\cdot K^{-1}\cdot mol^{-1}}\times2530\,\mathrm{K})}{1.90\times10^{-3}\,\mathrm{kg\cdot mol^{-1}}}\right]^{\frac{1}{2}}\times\exp(-19.09)$$

$$=3.67\,\mathrm{mol^{-1}\cdot m^3\cdot s^{-1}}$$

$$=3.67\times10^3\,\mathrm{mol^{-1}\cdot dm^3\cdot s^{-1}}$$

速率常数的计算值与实验值 $1.13\times10^3\,\mathrm{mol^{-1}\cdot dm^3\cdot s^{-1}}$ 比较接近。

人们发现，对于反应物分子结构极其简单的基元反应，速率常数的理论计算值与实验值比较接近；对于大多数反应，其反应物分子结构较为复杂，速率常数的计算值与实验值相差较远，其原因在于碰撞理论采用了刚性球体作为反应物的分子模型。为了弥补这个缺陷，将速率常数公式改为

$$k''=PA\exp\left(-\frac{E_c}{RT}\right) \tag{8-44}$$

式中的 P 称为 P 因子或方位因子，其值可为从 0 到 1 之间，它的值需要由实验求得，碰撞理论不能提出 P 的计算方法和物理意义。

碰撞理论认为，基元反应的本质在于活化分子的有效碰撞；提出了基元反应的直观、简明的图像，自然地得出了质量作用定律和阿伦尼乌斯公式一致的结果；指出了活化能与温度的关系，即较高温度下，活化能与温度有关，也指出了阿伦尼乌斯公式中的 $\exp\left(-\frac{E_c}{RT}\right)$ 是有效碰撞分数；同样指出了指前因子与单位浓度时的碰撞频率有关。这些都是碰撞理论的成功之处。其不足之处是它没有提出计算活化能的方法，需要用实验测得的活化能数据，结果使该理论不能完全脱离实验数据，成为半经验理论；碰撞理论中的 P 因子的数据只能从实验中得到，是一个经验校正系数。产生这些不足的原因是碰撞理论假设分子是刚性球体，不考虑分子的内部结构和内部运动，单纯地认为只要碰撞能量高于活化能就能发生反应。实际上反应时除了考虑活化能以外，还应考虑许多其他因素，例如，碰撞的部位或能起反应的部位附近的原子基团的大小，如果碰撞的部位不对，可能使碰撞无效，而使真正的有效碰撞次数减少。

8.7.2 过渡状态理论

过渡状态理论又称活化络合物理论或者绝对反应速率理论，它是在 1935 年以后由爱林 (Eyring) 等人在统计力学和量子力学的基础上发展起来的。过渡状态理论的主要内容是：在基元反应过程中，反应物必须先经过一种过渡状态才能变成产物；基元反应的速率等于反应物经过过渡状态的速率。即在基元反应进行的过程中，反应物先形成一种活化络合物。活化络合物一方面与反应物之间存在着化学平衡，另一方面又以一定速率分解成为产物。基元反应的速率等于活化络合物变成产物的速率，对于双分子反应 $A+BC \longrightarrow AB+C$，则有

$$A+BC \rightleftharpoons [A\cdots B\cdots C] \longrightarrow AB+C$$

式中，A、B、C 表示三个原子，BC、AB 表示分子；[A…B…C] 表示活化络合物。

(1) 活化络合物

在 [A…B…C] 活化络合物中，A…B 表示 A 原子和 B 原子之间将要形成化学键而又没有完全形成，B…C 表示 B 原子和 C 原子之间的化学键将要断开而又没有完全断开，这样就形成了类似络合物的构型 [A…B…C]。在基元反应中，反应物生成活化络合物和活化络合物分解成为反应物的步骤均很快；而活化络合物分解成产物为慢步骤。根据热力学理论，则有

$$K_{\neq}=\frac{c_{\neq}}{c_A c_{BC}} \tag{8-45}$$

式中，$K_{\neq}$ 为活化络合物和反应物之间反应的平衡常数；$c_{\neq}$ 为活化络合物的浓度；c_A、c_{BC} 分别为反应物 A、BC 的浓度。根据质量作用定律和式(8-45) 可知

$$r_{\neq}=k_{\neq}c_{\neq}=k_{\neq}K_{\neq}c_A c_{BC} \tag{8-46}$$

式中，$r_{\neq}$、$k_{\neq}$ 分别表示活化络合物离解成产物的反应速率和速率常数。

(2) 势能面与过渡状态理论中的活化能

过渡状态理论的物理模型是反应系统的势能面。对于由 A、B、C 三个原子组成的反应系统，其势能 U 是三个原子间距离的函数。

$$U=f(r_{AB},r_{BC},r_{AC})$$

或者说 U 是 r_{AB}、r_{BC} 和 AB、BC 之间的夹角 θ 的函数

$$U=f(r_{AB},r_{BC},\theta)$$

如果以 U 对 r_{AB}、r_{BC}、θ 作图，则要制成四维图形，这是不易画出的。因此，一般规定 θ 为常数，即规定出原子 A 与分子 BC 趋近的方向。

$$U=f(r_{AB},r_{BC})$$

根据量子力学理论或经验公式可计算出 U，以 U 对 r_{AB}、r_{BC} 作图。显然给定一个 θ 值，

就应有一个相应的势能面。对于线性三个原子系统，$\theta=\pi$，以 U 对 r_{AB}、r_{BC} 作图得到的是三维图形，如图 8-7 所示，图中的曲面称为势能面。图 8-7 是一个立体图，如果没有模型，看起来很不方便。因此常以 r_{AB}、r_{BC} 为坐标，作势能的等值线图（图 8-8），此图也称为势能面图。图中相同的势能用曲线连接起来称为等势能线。曲线上的数字代表势能，数字越大，表示势能越高。图中 a 表示反应系统始态（A+BC）的势能，c 表示活化络合物的势能，b 表示反应系统终态（AB+C）的势能，a、b、c 还表示三原子 A、B、C 之间的距离。c 点还称为马鞍点，因为 c 点周围的势能面看起来好像是一个马鞍。从图 8-7 和图 8-8 均可看出，反应系统沿 $a\rightarrow c\rightarrow b$ 途径是所需翻过的势能峰最低的，说明它是可能性最大的途径。因此 $a\rightarrow c\rightarrow b$ 称反应坐标或反应途径。以反应系统的势能对反应坐标作图，由该图我们会很容易得出结论，过渡状态理论中活化能的物理意义为活化络合物的势能与普通的反应物分子的势能之差。多于三个原子的反应系统的势能图非常复杂，不易画出。但上面得出的反应坐标、马鞍点、活化能的概念对它们仍是适用的。

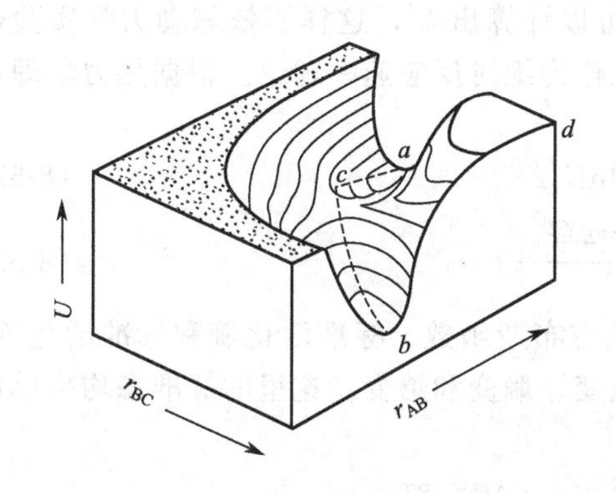

图 8-7　势能面的立体示意图

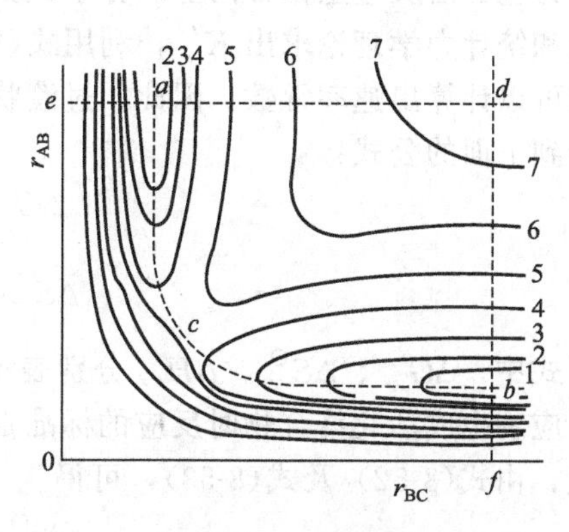

图 8-8　势能等值线图

（3）过渡状态理论的基本公式

活化络合物分子沿反应坐标方向上振动一次，就有一个活化络合物分子分解成为产物分子。单位时间内活化络合物分子沿反应坐标方向上振动的次数称为振动频率或分解频率 $\nu_{\neq}$，其单位为 s^{-1}；单位时间单位体积内活化络合物分解成产物的物质的量称为活化络合物分解成产物的速率 $r_{\neq}$。根据过渡状态理论，则有

$$r=r_{\neq}=\nu_{\neq}c_{\neq}=\nu_{\neq}K_{\neq}c_{A}c_{BC} \tag{8-47}$$

根据质量作用定律，则有

$$r=k'c_{A}c_{BC} \tag{8-48}$$

将式(8-47) 与式(8-48) 相比较，则得

$$k'=\nu_{\neq}K_{\neq}$$

根据统计力学理论可得

$$K_{\neq}=\frac{q_{\neq}}{q_{A}q_{BC}}e^{\Delta U_0/RT} \tag{8-49}$$

式中，$q_{\neq}$、q_{A}、q_{BC} 分别为活化络合物、A 原子、BC 分子在标准状态下单位体积的分子配分函数；ΔU_0 为活化络合物的标准摩尔零点能与反应物的标准摩尔零点能之差，即温度为 0K 时的活化能。式(8-49) 中 $q_{\neq}$ 可表示为

$$q_{\neq}=\frac{kT}{h\nu_{\neq}}q'_{\neq}$$

式中，k 为玻耳兹曼常数；h 为普朗克常数；$\nu_{\neq}$ 为振动频率；$q'_{\neq}$ 为 $q_{\neq}$ 中除去沿反应坐标方向的在标准状态下单位体积内分子配分函数以外的同条件下单位体积内的分子配分函数，因此

$$k'=\nu_{\neq}\frac{kT}{h\nu_{\neq}}\times\frac{q'_{\neq}}{q_{\mathrm{A}}q_{\mathrm{BC}}}\mathrm{e}^{-\Delta U_0/RT} \tag{8-50}$$

令

$$K'_{\neq}=\frac{q'_{\neq}}{q_{\mathrm{A}}q_{\mathrm{BC}}}\mathrm{e}^{-\Delta U_0/RT}$$

式中 $K'_{\neq}$ 称为准平衡常数。则得

$$k'=\frac{kT}{h}K'_{\neq} \tag{8-51}$$

式(8-50) 和式(8-51) 都称为过渡状态理论基本公式。式(8-51) 中，$K'_{\neq}$ 与 $K_{\neq}$ 的差别在于前者为包含沿反应坐标方向上的分子配分函数，但两者常可以一样看待。原则上根据热力学理论和统计力学理论求出 $K'_{\neq}$，利用式(8-51) 就可以计算出 k'，这样不依靠动力学实验数据就可以计算出速率常数。因此，过渡状态理论又称为绝对反应速率理论。根据热力学理论可得到下面的公式：

$$\Delta G^{\ominus}_{\neq}=-RT\ln K'_{\neq} \tag{8-52}$$

$$\Delta S^{\ominus}_{\neq}=\frac{\Delta H^{\ominus}_{\neq}-\Delta G^{\ominus}_{\neq}}{T} \tag{8-53}$$

式中，$\Delta G^{\ominus}_{\neq}$、$\Delta S^{\ominus}_{\neq}$、$\Delta H^{\ominus}_{\neq}$ 分别表示标准活化吉布斯函数、标准活化熵和标准活化焓，即反应物生成活化络合物时反应的标准吉布斯函数变、熵变和焓变。这里的标准态均指单位浓度，由式(8-52) 及式(8-53)，可得

$$K'_{\neq}=\mathrm{e}^{-\Delta G^{\ominus}_{\neq}/RT}=\mathrm{e}^{\Delta S^{\ominus}_{\neq}/R}\cdot\mathrm{e}^{-\Delta H^{\ominus}_{\neq}/RT}$$

故

$$k'=\frac{kT}{h}\mathrm{e}^{\Delta S^{\ominus}_{\neq}/R}\cdot\mathrm{e}^{-\Delta H^{\ominus}_{\neq}/RT} \tag{8-54}$$

将式(8-54) 与阿伦尼乌斯公式相比较，并近似得到 $\Delta H^{\ominus}_{\neq}=E_{\mathrm{a}}$，则有

$$A=\frac{kT}{h}\mathrm{e}^{-\Delta S^{\ominus}_{\neq}/RT}$$

由此可见，指数前因子 A 与标准活化熵有关。

由于实验技术等问题，大部分活化络合物的结构还不清楚，势能面也无法准确获得，也有人对过渡状态理论中反应物与活化络合物之间存在化学平衡的假设提出了疑问。过渡状态理论还有待进一步的发展和完善。

思 考 题

8-1 某基元反应 $\mathrm{A}+2\mathrm{B}\xrightarrow{k}2\mathrm{P}$，试分别用各种物质随时间的变化率表示反应的速率方程式？

8-2 如果某二级反应的速率常数 k 值为 $1.0\mathrm{mol^{-1}\cdot m^{-3}\cdot s^{-1}}$，若单位用 $\mathrm{mol^{-1}\cdot dm^{-3}\cdot h^{-1}}$ 和 $\mathrm{mol^{-1}\cdot dm^{-3}\cdot s^{-1}}$ 表示，则的数值为若干？

8-3 根据 IUPAC（国际纯粹及应用化学联合会）推荐反应速率的定义为 $r=\frac{1}{\nu_B V}\frac{\mathrm{d}n_B}{\mathrm{d}t}$，当恒容时 $r=\frac{1}{\nu_B}\frac{\mathrm{d}c_B}{\mathrm{d}t}$，它与传统的化学反应速率定义 $r=\pm\frac{\mathrm{d}c_B}{\mathrm{d}t}$ 相比有什么优点？举例说明。

8-4 根据一级反应和二级反应的特征，你如何区别某简单反应是一级反应还是二级反应？

8-5 乙酸乙酯皂化反应 $\mathrm{CH_3COOC_2H_5}+\mathrm{NaOH}\longrightarrow\mathrm{CH_3COONa}+\mathrm{C_2H_5OH}$ 是二级反应，当反应物初浓

度相等时，(1) 叙述用电导法测反应活化能的实验原理；(2) 需要测定哪些实验数据？如何处理数据？(3) 实验需要注意哪些问题？为什么？

8-6　某总反应速率常数 k 与各基元反应速率常数的关系为 $k=k_1\left(\frac{k_1}{k_3}\right)^{1/2}$，则该反应的表观活化能和指前因子的关系如何？

习　题

8-1　某药物的分解 A ⟶ B 为一级反应，已知反应完成 40% 所需的时间为 50min。试求：

(1) 反应的速率常数；

(2) 此反应完成 80% 所需要的时间；

(3) 该药物的有效期；

(4) 反应的半衰期。

8-2　298.15K 时，蔗糖转化反应

$$C_{12}H_{22}O_{11}+H_2O \longrightarrow C_6H_{12}O_6+C_6H_{12}O_6$$

（蔗糖）　　　　（葡萄糖）　（果糖）

实验测得蔗糖浓度(c_A)-时间(t)数据如下：

$t/(10^3 s)$	0	1.8	3.6	5.4	7.8	10.8
$c_A/10^3 mol\cdot m^{-3}$	1.0023	0.9022	0.8077	0.7253	0.6297	0.5047

试计算：

(1) 反应的速率常数；

(2) 反应的半衰期。

化学反应式中有 H_2O，而反应却是一级反应，试解释其原因。

8-3　反应

$$SO_2Cl_2 \longrightarrow SO_2+Cl_2$$

为一级反应，593.15K 时，速率常数为 $2.2\times10^{-5}s^{-1}$。试计算在 593.15K 时，加热 5400s，SO_2Cl_2 分解的百分数为多少？

8-4　反应

$$CH_3NNCH_3(g) \longrightarrow C_2H_6(g)+N_2(g)$$

为一级反应，在 560K 时，一密闭容器中 CH_3NNCH_3（偶氮甲烷）初始压力为 21331.6Pa，1000s 后总压力为 22731.5Pa。试计算：

(1) 反应的速率常数；

(2) 反应的半衰期。

8-5　H_2O_2 的催化分解反应为一级反应，水溶液中的 H_2O_2 浓度可用 $KMnO_4$ 溶液滴定后确定，因而 H_2O_2 的浓度正比于滴定所消耗的 $KMnO_4$ 的体积。试从下述实验数据计算 H_2O_2 分解反应的速率常数。

t/min	0	5	10	20	30	50
V/cm^3	46.1	37.1	29.8	19.6	12.3	5.0

8-6　对硝基苯甲酸乙酯与 NaOH 在丙酮水溶液中的反应为

$$NaOH+NO_2C_6H_4COOC_2H_5 \longrightarrow NO_2C_6H_4COONa+C_2H_5OH$$

两种反应物的初始浓度相等。在不同时刻测得 NaOH 浓度数据如下：

t/s	0	120	180	240	330	530	600
$c_A/mol\cdot m^{-3}$	50.00	33.53	29.13	25.60	20.98	15.50	14.83

(1) 试用作图法和尝试法计算反应级数；

(2) 试计算反应的速率常数；

(3) 试计算反应的半衰期。

8-7 氰酸铵在水溶液中转化为尿素的反应为

$$NH_4OCN \longrightarrow CO(NH_2)_2$$

测得下列数据：

初始浓度 $c_{A,0}$/mol·m^{-3}	50	100	200
$t_{1/2}$/s	133308	68940	34020

试计算反应级数。

8-8 某溶液中的反应 A+B ⟶ G，A 与 B 的初始浓度相等，反应开始时没有产物 G，1h 后，A 的转化率为 75%。试计算 2h 后，反应物 A 剩下的百分数。假设反应分别为：

(1) 一级反应；

(2) 二级反应。

8-9 环氧乙烷的分解反应为一级反应，653.16K 的半衰期为 363min，反应的活化能为 217.57kJ·mol^{-1}。试求该反应在 723.15K 条件下完成 75%需要的时间。

8-10 在 300K 时，某一级反应 A ⟶ G+H 完成 20%需要的时间为 756s，在 340K 时需要 192s，试计算其活化能。

8-11 假定下列对峙反应的正向、逆向反应是基元反应，正向、逆向反应速率常数分别为 k 与 k'：

$$2NO + O_2 \underset{k'}{\overset{k}{\rightleftharpoons}} 2NO_2$$

实验测得如下数据（正反应为三级反应，逆反应为二级反应）：

T/K	600	645
k/dm^6·mol^{-2}·min^{-1}	6.63×10^5	6.52×10^5
k'/dm^3·mol^{-1}·min^{-1}	8.39	40.7

试求：

(1) 600K 及 645K 反应的平衡常数 K_c；

(2) 正向反应的 $\Delta_r U_m$ 和 $\Delta_r H_m$；

(3) 正向、逆向反应的活化能 E_a、E'_a。

8-12 反应 A ⟶ G+H 在 651.15K 时，如果反应物 A 的初始浓度为 1000mol·m^{-3} 时，反应的半衰期为 21780s；如果 A 的初始浓度为 2000mol·m^{-3}，反应的半衰期不变。已知反应的活化能为 217.57kJ·mol^{-1}，求反应在 723.15K 时 A 反应 75%所需要的时间。

8-13 在不同温度时，测得丙酮二羧酸 $CO(CH_2COOH)_2$，在水溶液中分解时，反应的速率常数数据如下：

T/K	273.15	293.15	313.15	333.15
k/10^{-5}s^{-1}	2.46	47.50	576.00	5480.00

(1) 以数值计算法或作图法求反应的活化能；

(2) 试求指数前因子。

8-14 在 338.15K 时，N_2O_5 气相分解反应

$$2N_2O_5 \longrightarrow 4NO_2 + O_2$$

的速率常数为 4.87×10^{-3}s^{-1}，活化能为 103.3kJ·mol^{-1}。试求 353.15K 时反应的速率常数。

8-15　在乙醇溶液中进行的反应

$$CH_3CH_2I+OH^- \longrightarrow C_2H_5OH+I^-$$

实验测得的有关数据如下：

T/K	288.98	305.17	332.90	363.76
$k/10^{-6}m^3 \cdot mol^{-1} \cdot s^{-1}$	0.0503	0.368	6.71	119

试求反应的活化能。

8-16　反应

$$H_2+I_2 \longrightarrow 2HI$$

实验测得有关数据如下：

T/K	556	576	629	666	700	781
$k/dm^3 \cdot mol^{-1} \cdot s^{-1}$	4.45×10^{-5}	1.32×10^{-4}	2.52×10^{-3}	1.41×10^{-2}	6.34×10^{-1}	1.34

试用作图法和数值计算法求反应的活化能，并求反应在 563.15K 及 715.15K 时的速率常数。

第9章 复杂反应及特殊反应动力学

在本章中，主要介绍典型复杂反应及链反应、溶液中的反应、光反应和催化反应等特殊反应的化学动力学规律。

9.1 典型复杂反应

两个或两个以上的基元反应以各种方式联系起来可组成复杂反应。我们只讨论以最简单方式组合的复杂反应——对峙反应、平行反应和连串反应。

9.1.1 对峙反应

在正、逆两个方向均能进行的反应叫对峙反应（或叫对行反应）。原则上讲，任何反应都是对峙反应。最简单的例子是正向、逆向反应均是一级的对峙反应。即

$$\mathrm{A} \underset{k_{-1}}{\overset{k_1}{\rightleftharpoons}} \mathrm{B}$$

正向反应速率 $r_1=k_1c_\mathrm{A}$，逆向反应速率 $r_{-1}=k_{-1}c_\mathrm{B}$，总反应速率是正向、逆向反应速率的代数和。

$$-\frac{\mathrm{d}c_\mathrm{A}}{\mathrm{d}t}=k_1c_\mathrm{A}-k_{-1}c_\mathrm{B} \tag{9-1}$$

若 $t=0$ 时，$c_\mathrm{A}=c_{\mathrm{A},0}$，$c_\mathrm{B}=0$，则 $t=t$ 时，$c_\mathrm{B}=c_{\mathrm{A},0}-c_\mathrm{A}$，代入上式得

$$-\frac{\mathrm{d}c_\mathrm{A}}{\mathrm{d}t}=k_1c_\mathrm{A}-k_{-1}(c_{\mathrm{A},0}-c_\mathrm{A})=(k_1+k_{-1})c_\mathrm{A}-k_{-1}c_{\mathrm{A},0} \tag{9-2}$$

将式（9-2）积分得

$$\ln\frac{c_{\mathrm{A},0}}{c_{\mathrm{A},0}-\left(\dfrac{k_1+k_{-1}}{k_1}\right)c_\mathrm{B}}=(k_1+k_{-1})t \tag{9-3}$$

平衡时，反应物浓度为 $c_{\mathrm{A,e}}$，产物浓度为 $c_{\mathrm{B,e}}=c_{\mathrm{A},0}-c_{\mathrm{A,e}}$，由于正向、逆向反应速率相等，则

$$k_1c_{\mathrm{A,e}}=k_{-1}c_{\mathrm{B,e}}=k_1(c_{\mathrm{A},0}-c_{\mathrm{B,e}})$$

$$c_{\mathrm{A},0}=\frac{k_1+k_{-1}}{k_1}c_{\mathrm{B,e}}$$

将 $c_{\mathrm{A},0}$ 代入式(9-3) 整理得

$$\ln\frac{c_{\mathrm{A},0}-c_{\mathrm{A,e}}}{c_\mathrm{A}-c_{\mathrm{A,e}}}=(k_1+k_{-1})t \tag{9-4}$$

由式(9-4) 可见，$\ln(c_\mathrm{A}\text{-}c_{\mathrm{A,e}})\text{-}t$ 呈直线关系，从直线斜率可求得 (k_1+k_{-1})，再由平衡常数 K_c，求得 k_1/k_{-1}，将二式联立，即可解出 k_1 和 k_{-1}。

将 A 和 B 的浓度对时间 t 作图，可得图 9-1。由图 9-1 可以看出，对峙反应的特征是经过足够长的时间，反应物和产物分别趋于它们的平衡浓度。图 9-1 还表明，对峙反应与第 8 章讨论的反应不同，在 $t\to\infty$ 时，这类反应不能进行到 $c_\mathrm{A}=0$ 或 $c_\mathrm{B}=c_{\mathrm{A},0}$ 的限度，只能进行到反应速率等于零的平衡状态。但应当指出的是，某些对峙反应的平衡常数 K_c 很大，平衡态大大偏向产物一边，即逆反应速率常数很小，与正反应速率常数比较可略去不计。即当

$k_1 \gg k_{-1}$ 时，式(9-1) 可简化为

$$-\frac{dc_A}{dt}=k_1 c_A$$

这时，该反应在动力学上可作为“单向反应”处理，前面讨论的简单级数反应就属于此类情况。如果反应的平衡常数不大，就应按对峙反应处理。

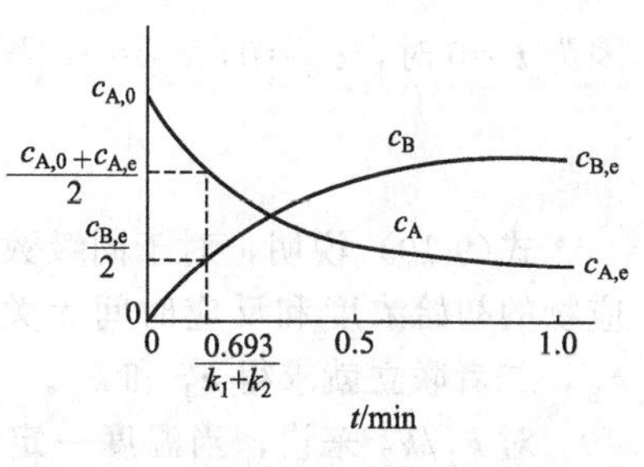

图 9-1　一级对峙反应的 c-t 关系

9.1.2　平行反应

反应物同时平行地进行几种不同的反应称为平行反应。例如，乙醇在一定条件下脱水和脱氢反应同时进行，即

$$C_2H_5OH \begin{cases} \xrightarrow{k_1} C_2H_4 + H_2O \\ \xrightarrow{k_2} CH_3CHO + H_2 \end{cases}$$

此反应为平行反应。下面仍以两个一级反应为例，来讨论其特征。

设两个平行反应均为一级反应，不同时刻 t 时 A 物质、B 物质和 C 物质浓度分别为

	A	B	C
$t=0$	$c_{A,0}$	0	0
$t=t$	c_A	c_B	c_C

对于一级反应，因反应系统是封闭系统，故有

$$\frac{dc_B}{dt}=k_1 c_A \tag{9-5}$$

$$\frac{dc_C}{dt}=k_2 c_A \tag{9-6}$$

$$c_A+c_B+c_C=c_{A,0} \tag{9-7}$$

将式(9-7) 对 t 求导数，得

$$\frac{dc_A}{dt}+\frac{dc_B}{dt}+\frac{dc_C}{dt}=0$$

故

$$-\frac{dc_A}{dt}=\frac{dc_B}{dt}+\frac{dc_C}{dt}=k_1 c_A+k_2 c_A$$

即

$$-\frac{dc_A}{dt}=(k_1+k_2)c_A \tag{9-8}$$

对上式积分得

$$-\int_{c_{A,0}}^{c_A}\frac{dc_A}{c_A}=\int_0^t (k_1+k_2)dt$$

即

$$\ln\frac{c_{A,0}}{c_A}=(k_1+k_2)t \tag{9-9}$$

可以看出，反应物 A 的反应速率符合一级反应规律，速率常数为 (k_1+k_2)。

将式(9-5) 除以式(9-6) 得

$$\frac{dc_B}{dc_C}=\frac{k_1}{k_2}$$

因为 $t=0$ 时，$c_B=0$，$c_C=0$，积分上式可得

$$\frac{c_B}{c_C}=\frac{k_1}{k_2} \tag{9-10}$$

式(9-10) 说明，对于同级数的平行反应，产物的浓度之比等于速率常数之比，而与反应物的初始浓度和反应时间无关。由式(9-9) 可求得 (k_1+k_2)，由式(9-10) 可求得 k_1/k_2，二者联立就求得 k_1 和 k_2。

对 k_1/k_2 来讲，当温度一定时它为定值。若想提高某产物的产量，就要求改变 k_1/k_2 的值。一种方法是向反应系统中加入具有高选择性催化性能的催化剂，从而改变 k_1/k_2 的值；另一种方法是通过改变系统温度来改变 k_1/k_2 的值。平行反应活化能不同，温度升高利于活化能大的反应，温度降低利于活化能小的反应。实验结果表明，低温下 303～323K 用 $FeCl_3$ 作催化剂，主要是苯环上取代；高温 393～403K 下用光激发，则主要是在甲基上取代。

上面介绍的是两个平行反应的情形。容易看到，具有三个以上平行的一级反应所得到的结果将类似于式(9-9)，即

$$\ln\frac{c_{A,0}}{c_A}=(k_1+k_2+k_3+\cdots)t$$

若 $t=0$ 时，所有生成物的浓度均为零，相似地

$$c_B:c_C:c_D:\cdots=k_1:k_2:k_3\cdots$$

9.1.3 连串反应

许多反应是经过连续几步才能完成，前一步的生成物是下一步的反应物，这种连续进行的反应称为连串反应，又称为连续反应。三烯脂肪酸氢化可得二烯脂肪酸，二烯脂肪酸进一步氢化可得一烯脂肪酸和饱和脂肪酸的反应以及多元酸酯的逐级皂化，就是连串反应的典型例子。最简单的连串反应是两个连续进行的一级反应，即

$$A\xrightarrow{k_1}B\xrightarrow{k_2}C$$

下面讨论 A 物质、B 物质和 C 物质浓度随时间的变化关系，假设

	A	B	C
$t=0$	$c_{A,0}$	0	0
$t=t$	c_A	c_B	c_C

对一级反应，有

$$-\frac{dc_A}{dt}=k_1c_A \tag{9-11}$$

$$\frac{dc_B}{dt}=k_1c_A-k_2c_B \tag{9-12}$$

又因反应系统是封闭系统，故有

$$c_A+c_B+c_C=c_{A,0} \tag{9-13}$$

对式(9-11) 积分，得

$$\ln\frac{c_{A,0}}{c_A}=k_1t \text{ 或 } c_A=c_{A,0}e^{-k_1t} \tag{9-14}$$

将式(9-14) 指数形式代入式(9-12)，则

$$\frac{dc_B}{dt}=k_1c_{A,0}e^{-k_1t}-k_2c_B \text{ 或 } \frac{dc_B}{dt}+k_2c_B=k_1c_{A,0}e^{-k_1t} \tag{9-15}$$

上式是一个 $\frac{dy}{dx}+Py=Q$ 型一次线性微分方程，其解为

$$c_B=\frac{k_1c_{A,0}}{k_2-k_1}(e^{-k_1t}-e^{-k_2t})\tag{9-16}$$

由式(9-13) 知

$$c_C=c_{A,0}-c_B-c_A$$

将式(9-14)、式(9-16) 代入上式，得

$$c_C=c_{A,0}\left[1-\frac{1}{k_2-k_1}(k_2e^{-k_1t}-k_1e^{-k_2t})\right]\tag{9-17}$$

根据式(9-14)、式(9-16)、式(9-17) 绘图，得到图 9-2。从图中可看出，A 的浓度总是随时间延长而单调降低，C 的浓度总是随时间延长单调增大，而 B 的浓度开始随时间延长单调增大，经一极大值，反而减小。中间产物 B 的浓度出现极大值是合理的。因为 c_B 与两个反应有关，A 生成 B 的同时，B 又生成 C。反应的前期，c_A 较大，c_B 较小，因而生成 B 的速率较快，B 的数量不断增加。随着反应进行，c_A 减小，相应地生成 B 的速率减慢，同时，由于 c_B 增大，消耗 B 生成 C 的速率加快，因而 B 的数量反而下降。当生成 B 的速率和消耗 B 的速率相等时，c_B 出现极大值。这是连串反应的一个重要特征。

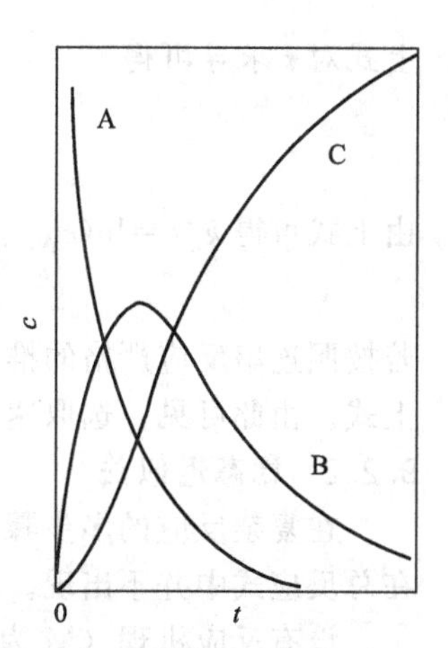

图 9-2　一级连串反应的 c-t 关系

对一般的连串反应，反应时间延长，得到最终产物也会增多。但是，如果我们需要的是中间产物，反应时间就不应超过达到该中间产物浓度最大的反应时间。因为超过这个时间，反而引起所需物质浓度的降低和副产物数量增加。通过 c_B 对时间求导，并令其等于零，可得 c_B 达最大值时间 t_{max} 与速率常数的关系式：

$$\frac{dc_B}{dt}=0$$

即

$$\frac{k_1c_{A,0}}{k_2-k_1}(k_2e^{-k_2t}-k_1e^{-k_1t})=0$$

$$t_{max}=\frac{\ln k_2-\ln k_1}{k_2-k_1}=\frac{\ln\frac{k_2}{k_1}}{k_2-k_1}\tag{9-18}$$

将式(9-18) 代入式(9-16)，则

$$c_{B,max}=c_{A,0}\left(\frac{k_1}{k_2}\right)^{\frac{k_2}{k_2-k_1}}\tag{9-19}$$

9.2　复杂反应速率的近似处理法

一般反应是上节讨论的三种典型反应之一，或是它们的组合。可以想象，随着反应步骤和反应组分的增加，求解速率方程将十分困难，有的甚至无法求解。因此，一般采用近似方法来处理。常用的近似方法有以下几种。

9.2.1　选取速率控制步骤法

对于连串反应，若其中某一步反应速率最慢，对总的反应起到控制作用，此步骤称为反应速率的控制步骤。连串反应的总速率等于最慢一步的速率。选取这种方法来处理连串反应

速率方程，称为选取控制步骤法。控制步骤的速率与其他各个串联步骤的速率相差的倍数越大，所得结果就越准确。例如连串反应：

$$A \xrightarrow{k_1} B \xrightarrow{k_2} C$$

若第一个反应的速率很慢，第二个反应速率很快，即 $k_2 \gg k_1$，第一个反应产生的 B 会被第二个反应立即消耗掉，中间产物 B 不可能出现积累，在反应过程中，c_B 与 c_A 或 c_C 相比较完全可以忽略不计，即

$$c_{A,0}=c_A+c_B+c_C \approx c_A+c_C$$

上式对 t 求导可得

$$\frac{dc_C}{dt}=-\frac{dc_A}{dt}=k_1c_A$$

由上式可得 $k_1t=\ln(c_{A,0}/c_A)$，再将此式改写成 $c_A=c_{A,0}e^{-k_1t}$，故

$$c_C \approx c_{A,0}-c_A=c_{A,0}(1-e^{-k_1t})$$

若按照连串反应严格的推导方法，先导出式(9-17)，根据 $k_2 \gg k_1$，也可将式(9-17) 简化成上式。由此可见，选取速率控制步骤法可大大简化连串反应动力学方程的求解过程。

9.2.2 稳态近似法

在复杂反应的多步骤反应机理中，较常见的是存在一个或几个中间物。而这些中间物，在总反应式中并不出现。现举例说明如下：

设有反应机理（M 为中间物）

$$A \underset{k_{-1}}{\overset{k_1}{\rightleftharpoons}} M+C(\text{快}) \qquad M+B \xrightarrow{k_2} D(\text{慢})$$

总反应式为

$$A+B \longrightarrow C+D \tag{9-20}$$

根据质量作用定律，可分别写出三个基元反应的速率方程为

$$r_1=k_1c_A \qquad r_{-1}=k_{-1}c_Mc_C \qquad r_2=k_2c_Mc_B$$

若要将上述速率方程组合成一个总反应的速率方程，数学处理上是很困难的。但是，通过研究发现，如果 M 是活泼的中间态，它一旦生成，就立即经第二步反应掉，而且相对于反应物或产物而言，其浓度很低，又不易测定。若以反应物或产物的浓度来代替，则便于处理。根据这一特点，提出了稳态近似法的基本假定，即考虑到反应进行了一段时间以后，系统基本上处于稳定状态，此时，中间态的浓度基本上保持不变，这样就容易找出这些活泼中间态与反应物或产物之间的浓度关系。设前述反应中 M 的生成速率为 r_1，消耗速率为 r_{-1} 和 r_2，则

$$\frac{dc_M}{dt}=k_1c_A-k_{-1}c_Mc_C-k_2c_Mc_B$$

根据稳定态假设 $\frac{dc_M}{dt}=0$，可得

$$c_M=\frac{k_1c_A}{(k_{-1}c_C+k_2c_B)} \tag{9-21}$$

由于整体反应的速率为反应步骤中最慢的一步所控制，故总反应速率为

$$r_2=k_2c_Mc_B \tag{9-22}$$

将式(9-21) 代入式(9-22)，则 r_2 为

$$r_2=\frac{k_1k_2c_Ac_B}{k_{-1}c_C+k_2c_B}$$

由于 $k_{-1}c_C \gg k_2c_B$，则上式可改写为

$$r_2=\frac{k_1k_2c_Ac_B}{k_{-1}c_C}=k\frac{c_Ac_B}{c_C} \tag{9-23}$$

式中 $k=\frac{k_1k_2}{k_{-1}}$，k 称为表观速率常数。

利用稳定态近似法，可大大简化速率方程的求解过程。例如，在上一节讨论的连串反应

$$A\xrightarrow{k_1}B\xrightarrow{k_2}C$$

若 $k_2\gg k_1$，即 B 很活泼，按稳态近似法处理，则

$$\frac{dc_B}{dt}=k_1c_A-k_2c_B=0$$

$$c_B=\left(\frac{k_1}{k_2}\right)c_A \tag{9-24}$$

即可找出 c_B 与 c_A 的关系，否则，须先求如式(9-16) 所示的精确解，然后结合条件 $k_2\gg k_1$，才能得到该结果。

9.2.3 平衡态近似法

假定反应机理中包含有一个可逆反应，在可逆反应之后紧跟着一个速率较慢的速率决定步骤，即

$$A+B\underset{k_{-1}}{\overset{k_1}{\rightleftharpoons}}C\underset{慢}{\overset{k_2}{\longrightarrow}}D$$

快

由于最后一步为慢步骤，因而前面的可逆反应能随时维持平衡，即

$$\frac{c_C}{c_Ac_B}=\frac{k_1}{k_{-1}}=K_c \text{ 或 } c_C=K_cc_Ac_B \tag{9-25}$$

因为慢反应为速率控制步骤，总反应速率应该由最后一步决定，则反应的总速率

$$\frac{dc_D}{dt}=k_2c_C=k_2K_cc_Ac_B \tag{9-26}$$

上述动力学的处理方法称为平衡态近似法。

【例 9-1】 反应

$$2N_2O_5(g)=\!=\!=4NO_2(g)+O_2(g)$$

实验测得其速率方程为 $r=kc(NO_2)$，是一级反应，它的反应机理被认为包括下列几个步骤：

① $N_2O_5\underset{k_{-1}}{\overset{k_1}{\rightleftharpoons}}NO_2+NO_3$(快速平衡)

② $NO_2+NO_3\xrightarrow{k_2}NO+O_2+NO_2$(慢)

③ $NO+NO_3\xrightarrow{k_3}2NO_2$(快速反应)

(1) 试分别用稳态近似法和平衡态近似法处理，求出速率方程。

(2) 在什么条件下两种方法求得的速率方程相等。

解 (1) 因为 NO 和 NO_3 是反应中间态，应用稳态近似法：

$$\frac{dc(NO_3)}{dt}=k_1c(N_2O_5)-(k_{-1}+k_2)c(NO_2)c(NO_3)-k_3c(NO)c(NO_3)=0 \tag{9-27}$$

$$\frac{dc(NO)}{dt}=k_2c(NO_2)c(NO_3)-k_3c(NO)c(NO_3)=0 \tag{9-28}$$

$$c(NO)=\left(\frac{k_2}{k_3}\right)c(NO_2) \tag{9-29}$$

将式(9-29)代入式(9-27)得

$$c(NO_3)=\frac{k_1c(N_2O_5)}{(2k_2+k_{-1})c(NO_2)} \tag{9-30}$$

N_2O_5 的分解速率按第一步是

$$r_1=-\frac{dc(N_2O_5)}{dt}=k_1c(N_2O_5)-k_{-1}c(NO_2)c(NO_3) \tag{9-31}$$

将式(9-30)代入式(9-31)得

$$r_1=k_1c(N_2O_5)-\frac{k_1k_{-1}c(NO_2)c(N_2O_5)}{(2k_2+k_{-1})c(NO_2)} \tag{9-32}$$

式(9-32)中

$$k=\frac{2k_1k_2}{(2k_2+k_{-1})}$$

应用平衡态近似法

$$K_c=\frac{c(NO_2)c(NO_3)}{c(N_2O_5)}=\frac{k_1}{k_{-1}}$$

则

$$c(NO_3)=\frac{k_1c(N_2O_5)}{k_{-1}c(NO_2)} \tag{9-33}$$

由于反应②为速率控制步骤，则

$$r_2=\frac{dc(O_2)}{dt}=k_2c(NO_2)c(NO_3) \tag{9-34}$$

将式(9-33) 代入式(9-34) 得

$$r_2=\frac{k_1k_2}{k_{-1}}c(N_2O_5) \tag{9-35}$$

因为

$$-\frac{1}{2}\frac{dc(N_2O_5)}{dt}=\frac{dc(O_2)}{dt}$$

所以

$$r_1=2r_2=\frac{2k_1k_2}{k_{-1}}c(N_2O_5)=kc(N_2O_5) \tag{9-36}$$

上式中 $k=\frac{2k_1k_2}{k_{-1}}$。

(2) 由于式(9-32) 中 $k=2k_1k_2/(2k_2+k_{-1})$，式(9-36) 中 $k=2k_1k_2/k_{-1}$，当 $k_2 \ll k_{-1}$，即反应②确实很慢时，两式中的 k 才相等，两种方法所得到的反应速率方程相同，这可预言是一级反应，并和实测的相符，证实机理是正确的。

通常稳态近似法比平衡态近似法更容易求出较为复杂的速率方程。对于一个给定的反应来说，有时只能应用其中一种处理方法，有时两种方法都能处理。只要速率控制步骤前的反应步骤相同，就能得到相同的结果。实测的速率方程也是决定于速率控制步骤和此步骤前的可逆步骤。

【例 9-2】 反应 α-葡萄糖$\underset{k_{-1}}{\overset{k_1}{\rightleftharpoons}}$$\beta$-葡萄糖是一对峙反应，正逆反应均为一级，试证明：

$$\frac{dc_\beta}{dt}=-(k_1+k_{-1})(c_\beta-c_{\beta,e})$$

式中，c_β，$c_{\beta,e}$ 分别为时刻 t 及反应平衡时 β-葡萄糖的浓度。

证 α-葡萄糖$\rightleftharpoons$$\beta$-葡萄糖

$$t=0 \qquad c_{\alpha,0} \qquad 0$$

$$t=t \qquad c_{\alpha,0}-c_{\beta} \qquad c_{\beta}$$

$$r_1=k_1(c_{\alpha,0}-c_{\beta});r_{-1}=k_{-1}c_{\beta}$$

故

$$r=\frac{dc_{\beta}}{dt}=k_1(c_{\alpha,0}-c_{\beta})-k_{-1}c_{\beta}$$

$$=k_1c_{\alpha,0}-(k_1+k_{-1})c_{\beta}$$

平衡时

$$\frac{dc_{\beta}}{dt}=0,\ c_{\beta}=c_{\beta,e}$$

$$k_1c_{\alpha,0}-(k_1+k_{-1})c_{\beta,e}=0$$

即

$$k_1c_{\alpha,0}=(k_1+k_{-1})c_{\beta,e}$$

则

$$\frac{dc_{\beta}}{dt}=(k_1+k_{-1})c_{\beta,e}-(k_1+k_{-1})c_{\beta}$$

得

$$\frac{dc_{\beta}}{dt}=-(k_1+k_{-1})(c_{\beta}-c_{\beta,e})$$

【例 9-3】 平行反应

$$A+B\begin{cases}\xrightarrow{k_1}C\\ \xrightarrow{k_2}D\end{cases}$$

两反应对 A 和 B 均为一级，若反应开始时 A 和 B 的物质的量浓度均为 $0.5\text{mol}\cdot\text{dm}^{-3}$，则 30min 后有 15%的 A 转化为 C，25%的 A 转化为 D，求 k_1 和 k_2 的值。

解

$$\frac{k_1}{k_2}=\frac{c_C}{c_D}=\frac{0.5\text{mol}\cdot\text{dm}^{-3}\times0.15}{0.5\text{mol}\cdot\text{dm}^{-3}\times0.25}=0.6 \qquad ①$$

$$(k_1+k_2)=\frac{1}{t}\ln\frac{c_{A,0}}{c_A}=\frac{1}{t}\ln\frac{1}{(1-x_A)}$$

$$=\frac{1}{30\text{min}}\ln\frac{1}{0.5\text{mol}\cdot\text{dm}^{-3}\times(1-0.15-0.25)}$$

$$=0.0401\text{dm}^3\cdot\text{mol}^{-1}\cdot\text{min}^{-1} \qquad ②$$

将①与②联立求解，得

$$k_1=0.0150\text{dm}^3\cdot\text{mol}^{-1}\cdot\text{min}^{-1}$$

$$k_2=0.0250\text{dm}^3\cdot\text{mol}^{-1}\cdot\text{min}^{-1}$$

【例 9-4】 连串反应 $A\underset{①}{\xrightarrow{k_1}}B\underset{②}{\xrightarrow{k_2}}C$，若反应指数前因子 $A_1<A_2$，活化能 $E_{a,1}<E_{a,2}$；回答下列问题。

(1) 在同一坐标图中绘制两个反应的 $\ln k$-$\frac{1}{T}$关系示意图；

(2) 说明：在低温及高温时，总反应各由哪一步（指①和②）控制？

解 (1) 由阿伦尼乌斯方程可知，对反应①和②分别有

$$\ln k_1 = -\frac{E_{a,1}}{RT} + \ln A_1$$

$$\ln k_2 = -\frac{E_{a,2}}{RT} + \ln A_2$$

因为 $A_1 < A_2$，$E_{a,1} < E_{a,2}$，则上述两直线在坐标图上相交，如图 9-3，实线为 $\ln k_1$-$\frac{1}{T}$，虚线为 $\ln k_2$-$\frac{1}{T}$。

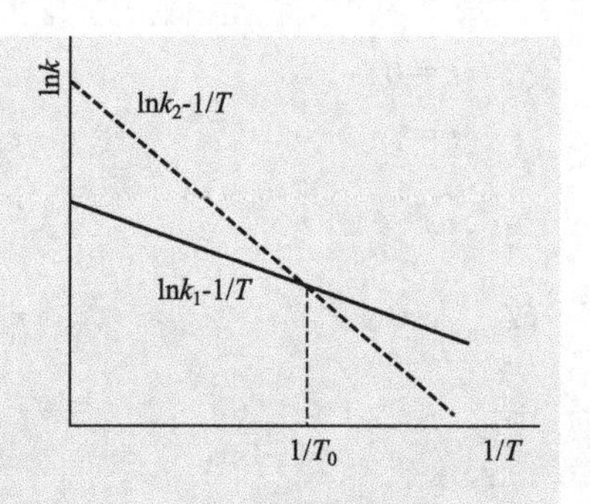

图 9-3　连串反应的 $\ln k$-$\frac{1}{T}$ 关系图

(2) 化学反应速率一般由慢步骤即 k 小的步骤控制。所以从图可以看出：当 $T > T_0$ 时，即高温时，$k_2 > k_1$，则总反应由①控制；当 $T < T_0$ 时，即在低温时，$k_2 < k_1$，总反应由②控制。

9.3　链反应

链反应是一类具有自身特殊规律的反应，只要用任何方式使这类反应引发，就能发生一系列的连续反应，使反应自发地进行下去。在这类反应中有活泼的自由原子或自由基参与。许多重要的化工工艺过程，例如合成橡胶、塑料、纤维、石油裂解、碳氢化合物的氧化等，均与链反应有关。随着化学工业的发展，链反应动力学日趋完善，成为化学动力学的重要分支。

链反应刚开始时要先引发出自由基或自由原子，自由基在链反应中具有重要作用。一方面，当外界扰动产生自由基后，由于自由基具有较高的化学反应活性，它与饱和分子间的反应非常活泼，反应的活化能小，为 0～167kJ·mol^{-1}；另一方面，自由基与饱和分子反应时，自由基消失，产生新的自由基，而新自由基又可引发另一个反应，这样像链条一样，一环扣一环，使链反应继续下去，构成链反应。同时，自由基自身也可结合成为正常分子，使链反应中断。

据此，链反应一般应有三个步骤组成，即

① 链引发：就是由起始分子生成自由基的反应。目前引发产生自由基的方法有热引发、引发剂引发和辐射引发等。

② 链增长：即自由基与饱和分子相互作用产生一个（或几个）自由基的步骤。这个步骤比较容易进行，可形成很长的反应链。

③ 链终止：当自由基被销毁时，由原始传递物引发的这条反应链就被中断。

按照链反应中链增长这一步的机理，可将链反应分为直链反应和支链反应。凡是一个自由基消失的同时，只产生一个新自由基，即自由基随反应的进行数目不变。这样的链反应不产生“分支”，称为直链反应。凡是一个自由基消失的同时，产生两个或两个以上的自由基，即自由基数目随反应进行不断增加，这样的链反应产生“分支”，链的数目增多，称为支链反应。

9.3.1　直链反应的特征及速率方程

1913 年，波登斯坦（Bodenstein）研究了由 H_2 和 Cl_2 化合生成 HCl 的光化学反应，该反应具有链反应的特点。研究结果表明，用光引发（活化）一个分子可形成约 10 万个 HCl 分子，而非链反应中，活化一个分子，只能进行一个反应。这个反应总结果为

$$H_2 + Cl_2 \longrightarrow 2HCl$$

实验证实，生成 HCl 的速率与 $c^{1/2}(Cl_2)$ 和 $c(H_2)$ 成正比，即

$$\frac{dc(HCl)}{dt}=kc^{1/2}(Cl_2)c(H_2)$$

反应显然不是简单级数反应，人们提出了如下反应机理：

① $Cl_2 \xrightarrow{k_1} 2Cl\cdot$　　$E_{a,1}=243kJ\cdot mol^{-1}$　链引发

② $Cl\cdot + H_2 \xrightarrow{k_2} HCl + H\cdot$　　$E_{a,2}=25kJ\cdot mol^{-1}$　链增长

③ $H\cdot + Cl_2 \xrightarrow{k_3} HCl + Cl\cdot$　　$E_{a,3}=12.6kJ\cdot mol^{-1}$

……

④ $2Cl\cdot \xrightarrow{k_4} Cl_2$　　$E_{a,4}=0$　链终止

从以上机理可看出，每消失一个自由基则有一个新自由基生成，这个反应为直链反应。链引发过程，要断裂分子中的化学键，因此所需活化能 $E_{a,1}$ 与断裂化学键所需要能量在同一数量级。链增长过程，所需活化能较小，这一过程的反应容易进行。反应④为自由基的消除过程，自由基都有未配对的电子，具有较高的能量，当它与器壁或者能量低的第三者碰撞时，释放出能量变成稳定的普通分子，活化体被纯化。

此反应的化学反应速率可用 HCl 的生成速率表示。因为在反应②和反应③中均有 HCl 分子，所以

$$\frac{dc(HCl)}{dt}=k_2c(Cl\cdot)c(H_2)+k_3c(H\cdot)c(Cl_2) \tag{9-37}$$

上式中自由基的浓度可通过稳态近似法用 $c(H_2)$ 和 $c(Cl_2)$ 来替换。由于自由基浓度很低，反应过程中寿命很短，可认为处于稳态。则

$$\frac{dc(Cl\cdot)}{dt}=0 \qquad \frac{dc(H\cdot)}{dt}=0$$

Cl·自由基在反应①、③中生成，在反应②、④中销毁，则

$$\frac{dc(Cl\cdot)}{dt}=2k_1c(Cl_2)+k_3c(H\cdot)c(Cl_2)-k_2c(Cl\cdot)c(H_2)-2k_4c^2(Cl\cdot)=0 \tag{9-38}$$

H·自由基在反应②中生成，反应③中销毁，则

$$\frac{dc(H\cdot)}{dt}=k_2c(H_2)c(Cl\cdot)-k_3c(H\cdot)c(Cl_2)=0$$

即

$$k_2c(H_2)c(Cl\cdot)=k_3c(H\cdot)c(Cl_2) \tag{9-39}$$

将式(9-39) 代入式(9-38)，得

$$k_1c(Cl_2)=k_4c^2(Cl\cdot)$$

故

$$c(Cl\cdot)=\left[\frac{k_1}{k_4}c(Cl_2)\right]^{\frac{1}{2}} \tag{9-40}$$

根据式(9-39) 的结论，式(9-37) 可写作

$$\frac{dc(HCl)}{dt}=2k_2c(Cl\cdot)c(H_2)$$

将式(9-40) 代入上式，得

$$\frac{dc(HCl)}{dt}=2k_2\sqrt{\frac{k_1}{k_4}}c^{\frac{1}{2}}(Cl_2)c(H_2)=kc(H_2)c^{\frac{1}{2}}(Cl_2) \tag{9-41}$$

上式与实验所得的速率公式一致，为 1.5 级反应。

由阿伦尼乌斯公式可知

$$k_1=A_1\mathrm{e}^{E_{a,1}/RT}\text{；}k_2=A_2\mathrm{e}^{E_{a,2}/RT}\text{；}k_4=A_4\mathrm{e}^{E_{a,4}/RT}$$

式中，A_1、A_2、A_4 为频率因子；$E_{a,1}$、$E_{a,2}$、$E_{a,4}$ 为活化能。由式(9-41) 得

$$k=2k_2\left(\frac{k_1}{k_4}\right)^{\frac{1}{2}}=\left[2A_2\left(\frac{A_1}{A_4}\right)^{\frac{1}{2}}\right]\mathrm{e}^{-\left[\frac{E_{a,2}+\frac{1}{2}(E_{a,1}-E_{a,4})}{RT}\right]}=A\mathrm{e}^{\frac{-E_a}{RT}}$$

因此，该链反应的表观活化能 $E_a=E_{a,2}+\frac{1}{2}(E_{a,1}-E_{a,4})=25\mathrm{kJ\cdot mol^{-1}}+\frac{1}{2}(243\mathrm{kJ\cdot mol^{-1}}-0)$ $=146.5\mathrm{kJ\cdot mol^{-1}}$，$A$ 为表观频率因子。

又如，$H_2+Br_2 \longrightarrow 2HBr$ 的反应也为直链反应。有人在 100kPa、478～575K 范围内测定其速率方程为

$$\frac{\mathrm{d}c(\mathrm{HBr})}{\mathrm{d}t}=\frac{kc(\mathrm{H_2})c^{\frac{1}{2}}(\mathrm{Br_2})}{1+k'\frac{c(\mathrm{HBr})}{c(\mathrm{Br_2})}}$$

式中 k 和 k' 均为常数。由速率方程可看出，产物 HBr 对反应有阻碍作用，并且这个阻碍作用又被 Br_2 存在所减缓；Br_2 的浓度项出现平方根，说明可能不是 Br_2 参加反应，而应是 Br· 参加反应。据此，可拟出下列反应机理

① $Br_2 \xrightarrow{k_1} 2Br\cdot$ 　　链引发

② $Br\cdot+H_2 \xrightarrow{k_2} HBr+H\cdot$ 　　链增长

③ $H\cdot+Br_2 \xrightarrow{k_3} HBr+Br\cdot$ 　　链增长

④ $H\cdot+HBr \xrightarrow{k_4} H_2+Br\cdot$ 　　链阻碍

⑤ $2Br\cdot \xrightarrow{k_5} Br_2$ 　　链终止

有了以上直链反应机理，根据质量作用定律和稳态近似法可导出速率方程，结果证明，由机理导出的速率方程与实验得到的吻合。推导过程留给读者。

许多合成高分子化合物的聚合反应也为直链反应。首先应在反应系统中通过引发剂引发出自由基 X·，X·同有机化合物进行链的增长过程：

$$X\cdot+RCH=CH_2 \longrightarrow XRCHCH_2\cdot$$

$$XRCHCH_2\cdot+RH=CH_2 \longrightarrow XRCHCH_2RCHCH_2\cdot$$

增长过程进行多次可得到分子量大于普通分子的聚合物。自由基间相互结合使链反应中断。

9.3.2 爆炸反应

爆炸是一种超快速的化学反应。引起爆炸的原理有两种，即热爆炸和链爆炸反应。若放热反应在一有限的小空间进行，放出的热量来不及散出，使温度急剧上升，而温度的上升又使反应速率按指数规律加快，又放出更大量的热量，温度就升高得更快，如此恶性循环，当反应速率在瞬间无法控制时就引起了爆炸，这种爆炸为热爆炸。链爆炸反应是发生爆炸的一种更为重要的原因。所谓的链爆炸反应就是在链的传递过程中，自由基数目不断增多，促使反应剧烈进行，如图 9-4 所示。而直链反应中，自由基数目在传递过程中不变，反应能稳步进行。

支链链爆炸反应通常都有一定的爆炸区，在爆炸区范围以外，反应仍能平稳地进行。现以 H_2 和 O_2 的混合物（分子比 2∶1）为例，说明温度和压力对支链爆炸反应的影响，见图 9-5 所示。在 673K 以上，H_2 和 O_2 反应比较平稳，不发生爆炸。而在 873K 以上，几乎在

所有的压力均能发生爆炸。在 673～873K，是否发生爆炸要由混合气体的压力来定。如在 773K 时，压力只要不超过 200Pa，就不会爆炸，当压力为 200～6666Pa 时就发生爆炸反应，但是当压力高于 6666Pa 时又不发生爆炸，从图中看出，当压力再升至一定程度还会引起爆炸，有人认为这时的爆炸为热爆炸。

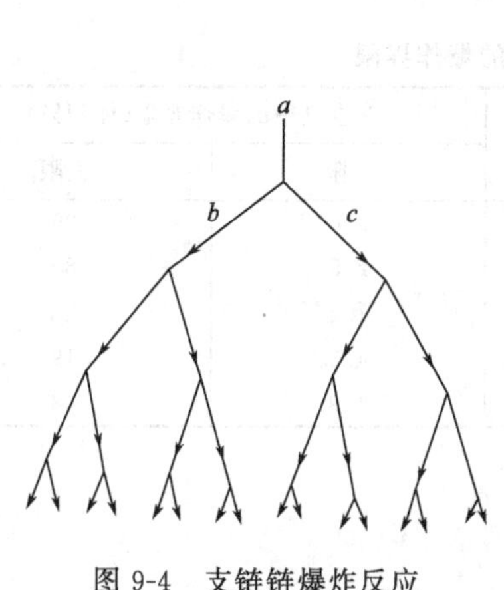

图 9-4　支链链爆炸反应

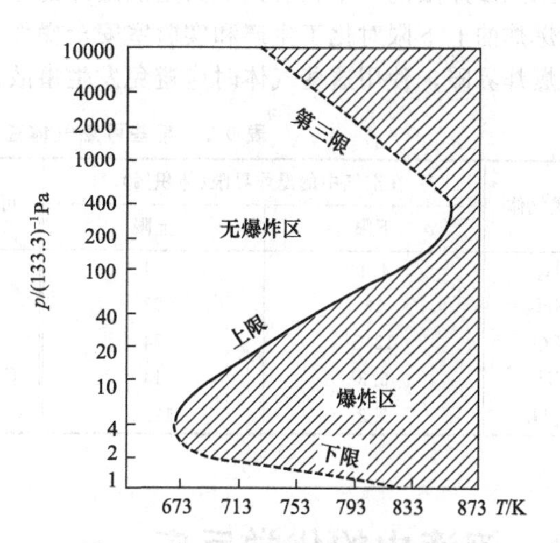

图 9-5　H_2 和 O_2 混合物的爆炸界限

根据上面分析，我们把 200Pa 称为 773K 爆炸的下限，6666Pa 称为 773K 爆炸的上限，压力再升高的爆炸，则为第三爆炸限，迄今为止，第三爆炸限的反应为 H_2 和 O_2 的反应系统所特有，其他系统尚未发现。从图 9-5 中还可看出，随着系统温度升高，爆炸界限增宽，并且爆炸上限对温度更为敏感。

为了说明上述三个爆炸限，考虑下列 H_2 和 O_2 反应的机理：

① $H_2+O_2 \xrightarrow{k_1} 2HO\cdot$　链引发

② $OH\cdot+H_2 \xrightarrow{k_2} H_2O+H\cdot$(快)　链增长

③ $H\cdot+O_2 \xrightarrow{k_3} HO\cdot+O\cdot$(慢)　链分支

④ $O\cdot+H_2 \xrightarrow{k_4} HO\cdot+H\cdot$(快)

⑤ $H\cdot \xrightarrow{k_5}$ 器壁(低压)　链终止

⑥ $H\cdot+O_2+M \xrightarrow{k_6} HO_2\cdot+M$(高压)

从上面的机理可看出，链的传递分为链增长和链分支，链增长过程自由基数目不变，链分支过程自由基数目成倍增加。其中反应③活化能较高，而反应④进行很快，通过反应③、反应④可再生出 H·，即可重新进行链分支反应。不难看出，链是否出现分支，即能否发生爆炸，关键决定于 H·发生分支反应和 H·的销毁(反应⑤) 哪一个更占优势。当压力很低时，H·利于向器壁扩散，并且 $c(O_2)$ 较小，不利于反应③，不发生爆炸；当压力增高时，利于反应③，当进行到一定程度时，反应③占优势就会发生爆炸，即出现爆炸的下限。由于下限与自由基在容器表面销毁有关，下限受容器的大小和形状以及表面性质等因素影响。

反应⑥中 M 为系统中任一气体分子，它能带走反应中过剩的能量以利于生成不饱和的 $HO_2\cdot$，$HO_2\cdot$扩散到器壁生成 H_2O_2 和 O_2。反应⑥也能使 H·销毁，尽管压力较高时，利于反应③，但同时也利于反应⑥，并且反应⑥为三级，反应③为二级，压力增高更利于 H·的销毁，当压力增高到一定程度，反应⑥较反应③更占优势，即自由基 H·销毁占优势，就又不发生爆炸，这就出现了爆炸上限。反应⑥不需活化能，而反应③进行得较慢，活化能较大，所以升温利于反应③，也即升高温度爆炸上限压力可更高一些。

第三爆炸限的产生，有人认为是热爆炸的原因。

爆炸的上下限对化工生产和实验室安全操作均具有重要意义。表 9-1 列出了某些可燃气体的爆炸界限，使用这些气体时应避免发生事故。

表 9-1　某些可燃气体在空气中的爆炸界限

可燃气体	在空气中的爆炸界限(体积%)		可燃气体	在空气中的爆炸界限(体积%)	
	下限	上限		下限	上限
H_2	4.1	74	C_2H_4	3.0	29
NH_3	16	27	C_2H_2	2.5	80
CO	12.5	74	C_6H_6	1.4	6.7
CH_4	5.3	14	C_2H_5OH	4.3	19
C_2H_6	3.2	12.5	$(C_2H_5)_2O$	1.9	48

9.4 溶液中的化学反应

同气相反应不同，溶液中的反应要受溶剂分子的影响，它的动力学研究会更复杂一些。溶剂可能仅作为反应的介质只影响反应分子碰撞的机会，也可能由于分子极性而影响反应物的性质，溶剂分子本身也可能参与化学反应。下面按反应组分和溶剂分子间的相互作用情况，分别给予讨论。

9.4.1 溶剂与反应组分无明显相互作用的情况

在溶液反应中，反应分子是在溶剂分子包围之中，起反应的分子要穿过周围相隔溶剂进行扩散，才能彼此接近而发生接触，进行反应。生成物分子也要穿过溶剂分子通过扩散而离开。溶液中的反应速率应取决于扩散和反应两步骤中最慢的一步。每一步均需要一定的活化能，如果反应的活化能较小，反应速率较快，扩散的速率较慢，称为扩散控制。如自由基的复合反应、水溶液中的离子反应等，这些溶液中反应的扩散速率决定整个反应速率。如果反应的活化能较大，反应速率较慢，扩散的速率较快，则称为反应控制。一般来讲，多数反应的活化能为几百千焦，而扩散活化能不超过 21 千焦。因此，多数反应的扩散作用不会影响总的反应速率。

在溶剂与反应组分无明显相互作用的情况下，反应控制的溶液反应与气相反应相似，有以下特点：

① 由于溶剂与反应组分无明显作用，溶剂对活化能的影响不大，与气相反应在同一数量级。

② 大量溶剂分子存在，使反应分子被溶剂分子包围，就好像反应分子处于笼子之中，笼内分子不能自由运动，只能在笼中振动。一方面，笼内反应分子与溶剂分子的碰撞限制了反应分子作远距离运动，使它与远距离分子碰撞机会减少。另一方面，笼内包围的近距离分子，在未扩散之前，彼此碰撞的机会增多。当然，笼中的反应分子也可跃出这个笼子，进入另一个笼子中，但是，对无相互作用的分子来说，在没有偶然跃出笼子之前，估计就要发生 100～1000 次碰撞（水溶液中）。因此，溶液中的碰撞与气体碰撞不同，后者为连续的，前者是分批的。溶剂对碰撞频率的影响不大。

③ 溶剂分子与反应分子的碰撞不会使活化分子形成的几率降低。尽管这些碰撞使某些活化分子失活，但同时也使未活化的分子通过这些碰撞得以活化。

从以上的分析可看出，如果溶剂分子与反应分子无明显作用，一般来讲碰撞理论对溶液反应也是适用的。对于同一反应，无论是在气相或液相中进行，它的频率因子和活化能大体具有同样的数量级，因而化学反应速率也应大体相同。

9.4.2 溶剂与反应组分有明显相互作用的情况

当溶剂分子与反应物分子存在明显相互作用时，溶剂对化学反应速率产生较显著的影响。例如，苯甲醛在溶液中的溴化反应，常可借助溶剂使其中一种反应的速率变得较快，使某种产品的数量增多。又如苯酚的酰化反应

$$CH_3COCl + C_6H_5OH \longrightarrow \begin{cases} HO\text{—}C_6H_4\text{—}COCH_3 & \text{对位} \\ C_6H_4(OH)COCH_3 & \text{邻位} \end{cases}$$

若溶剂为硝基苯，则只加速第一个反应，速率控制的主要产物为对位。若以 CS_2 为溶剂，则只加速第二个反应，速率控制的主要产物为邻位。有时甚至在气相中不能进行的反应，在溶液中可借助溶剂使其能够发生反应。

在溶液中反应选择适当的溶剂是很重要的，溶剂对反应速率的影响较为复杂，下面介绍一些定性规律。

① 溶剂的介电常数对有离子参加的反应的影响。溶剂的介电常数大，减弱了异号电荷间的引力，因此，介电常数较大的溶剂不利于异号电荷间的化学反应，而利于解离为正、负离子的反应。

② 溶剂的极性对反应速率的影响。若生成物的极性比反应物大，则在极性溶剂中生成产物的速率较大，反之，则反应速率较小。一般来说，生成离子化合物的反应为极性较大的反应，因此，极性大的溶剂有利于产生离子的反应。例如，生成季铵盐的反应

$$C_2H_5I + (C_2H_5)_3N \longrightarrow (C_2H_5)_4N^+I^-$$

若在不同极性的溶剂中进行，由于生成物是一种盐，极性远大于反应物，所以，随着溶剂极性增加，反应速率必然变快。

③ 溶剂化作用对反应速率的影响。实验表明，在有些反应加入少量水，能大大促进反应进行，而介电常数和极性不会有太大改变，这是由于溶剂化的作用。一般来讲，反应物和生成物在溶剂中均能形成一定的溶剂化物，若溶剂分子与反应物生成比较稳定的化合物，则一般常使反应活化能增高，而减慢反应速率。如果活化络合物溶剂化后能量降低，则降低了反应的活化能，反应速率加快。

④ 离子强度对反应速率的影响——原盐效应。溶液的离子强度对反应速率是有影响的。由于加入第三种电解质改变了溶液的离子强度，因而化学反应速率也随之改变，这就称为原盐效应。

在稀溶液中，布耶伦（Bjerrum）曾假设在 A^{Z_A} 和 B^{Z_B} 之间的反应，可用下式表示

$$\underset{\text{作用物}}{A^{Z_A} + B^{Z_B}} \rightleftharpoons \underset{\text{活化络合物}}{[(A\cdot B)^{Z_A+Z_B}]} \xrightarrow{k'} \text{生成物}$$

式中，Z_A、Z_B 和 Z_A+Z_B 分别为物质 A、物质 B 与活化络合物的电荷数，并且反应速率与活化络合物的浓度成正比。

若设 c_X 为时间 t 时活化络合物的浓度，则反应速率为

$$\frac{dc_X}{dt} = k'c_X \tag{9-42}$$

因物质 A 和物质 B 同活化络合物之间存在快速平衡，且离子间存在相互作用，为非理想溶液，故

$$K_{\neq}=\frac{a_X}{a_A a_B}=\frac{c_X\gamma_X}{c_A\gamma_A c_B\gamma_B}$$

即 $$c_X=K_{\neq}c_A c_B\frac{\gamma_A\gamma_B}{\gamma_X}$$

将上式代入式(9-42) 中，得

$$\frac{dc_X}{dt}=k'K_{\neq}c_A c_B\frac{\gamma_A\gamma_B}{\gamma_X}=\left(k_0\frac{\gamma_A\gamma_B}{\gamma_X}\right)c_A c_B \quad (9\text{-}43)$$

式中 $k_0=k'K_{\neq}$，该反应速率的实验公式应为

$$\frac{dc_X}{dt}=kc_A c_B$$

与式(9-43) 对比可知，$k=k_0\frac{\gamma_A\gamma_B}{\gamma_X}$ 或 $\lg\frac{k}{k_0}=\lg\gamma_A+\lg\gamma_B-\lg\gamma_X$

将德拜-休克尔极限公式 $\lg\gamma_B=-AZ_B^2\sqrt{I}$ 代入上式得

$$\lg\frac{k}{k_0}=-A[Z_A^2+Z_B^2-(Z_A+Z_B)^2]\sqrt{I}=2Z_A Z_B A\sqrt{I} \quad (9\text{-}44)$$

可见，$\lg k$ 或 $\lg\left(\frac{k}{k_0}\right)$-$\sqrt{I}$ 应为直线关系。298.15K 时，$A=0.509$，因此，直线的斜率 $2Z_AZ_BA$ 近似为 Z_AZ_B。离子强度对反应速率的影响分作三种情况，见图 9-6 所示。

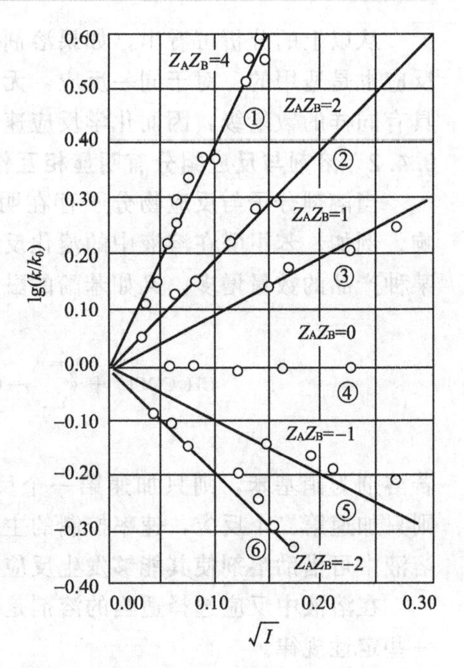

图 9-6　离子强度与速度常数的关系

① $[Co(NH_3)_5Br]^{2+}+Hg^{2+}+H_2O \longrightarrow [Co(NH_3)_5(H_2O)]^{3+}+HgBr^+$

② $S_2O_8^{2-}+2I^- \longrightarrow 2SO_4^{2-}+I_2$

③ $[NO_2OCOOC_2H_5]^-+OH^- \longrightarrow N_2O+CO_3^{2-}+C_2H_5OH$

④ 蔗糖$+OH^- \longrightarrow$转化

⑤ $H_2O_2+2H^++2Br^- \longrightarrow 2H_2O+Br_2$

⑥ $[Co(NH_3)_5Br]^{2+}+OH^- \longrightarrow [Co(NH_3)_5(OH)]^{2+}+Br^-$

第一种情况，当 Z_A 和 Z_B 同号，Z_AZ_B 为正值，反应速率随离子强度的增加而增加，产生正的原盐效应。如图中的反应①、反应②和反应③。

第二种情况，当 Z_A 和 Z_B 异号，Z_AZ_B 为负值，反应速率随离子强度的增加反而减小，产生负的原盐效应。如图中的反应⑤和反应⑥。

第三种情况，当有一个反应物不带电荷时，Z_AZ_B 为零，反应速率与离子的强度无关。如图中反应④。应指出的是，在稀溶液中这个结论正确，浓度较大时就不正确了。

9.4.3　溶液中快速反应的处理方法——弛豫法

对一些溶液反应，如酸碱中和反应等，反应速率非常快，传统的测定反应速率的方法已不适用，就需要建立特殊的实验方法。目前已用弛豫法测定 $H^++OH^- \rightleftharpoons H_2O$ 这样快速反应的速率常数（$k=1.4\times10^{11}\,mol^{-1}\cdot dm^3\cdot s^{-1}$）。所谓弛豫法是先让一个反应达到平衡，然后通过外界因素的微扰，使其稍稍偏离平衡，用光谱等物理方法观测再恢复到平衡的过程。假定一级快速对峙反应为

$$A \underset{k_{-1}}{\overset{k_1}{\rightleftharpoons}} B+C$$

设 a 为物质 A 的起始浓度，x 为任意时间 t 反应掉的浓度，则

$$\frac{dx}{dt}=k_1(a-x)-k_{-1}x^2$$

若让系统在某温度下达成平衡，然后让温度发生一突跃，使系统不再平衡，系统向新条件下平衡转移。若新平衡条件下物质 A 消耗掉的浓度为 x_e，则

$$k_1(a-x_e)-k_{-1}x_e^2=0 \tag{9-45}$$

在系统未达到平衡时，令偏离平衡浓度差 $\Delta x=x-x_e$，则

$$\frac{dx}{dt}=\frac{d\Delta x}{dt}=k_1(a-x)-k_{-1}x^2$$

将 $x=x_e+\Delta x$ 代入上式，并考虑式(9-45)，得

$$\frac{d\Delta x}{dt}=-k_1\Delta x-k_{-1}(\Delta x)^2-2k_{-1}\Delta x x_e$$

由于 Δx 很小，略去 $(\Delta x)^2$ 项，则

$$\frac{d\Delta x}{dt}=-(k_1+2k_{-1}x_e)\Delta x \tag{9-46}$$

设 $t=0$ 时，$\Delta x=\Delta x_0$；$t=t$ 时，$\Delta x=\Delta x_t$，积分上式得

$$\ln\frac{\Delta x_0}{\Delta x_t}=(k_1+2k_{-1}x_e)t \tag{9-47}$$

若令 $1/(k_1+2k_{-1}x_e)=\tau$，则当 $\ln(\Delta x)_0/\Delta x_t=\ln e=1$ 时，$\tau=t$，此时的 τ 即为 Δx 达到 Δx_0 的 1/e 时所需时间，这个时间称为弛豫时间。可用实验方法精确测定弛豫时间，得 $\tau=(k_1+2k_{-1}x_e)^{-1}$，再由平衡常数求 k_1/k_{-1}，二者联立就可得 k_1 和 k_{-1}。

快速扰动可用脉冲激光使反应系统在 10^{-6}s 内升高几度，或者用突然改变压力或浓度等方法。近代的实验手段，如核磁共振、电子自旋共振等，都能在极短时间内反映出系统信息。

【例 9-5】 水的电离反应为 $H_2O \underset{k_{-1}}{\overset{k_1}{\rightleftharpoons}} H^+ + OH^-$，用微波脉冲辐射突然使温度由 288.15K 升至 298.15K，测定其弛豫时间 $\tau=36\mu s$，已知 298.15K 时，$K_w=1\times10^{-14}$，试计算该反应的 k_1、k_{-1}。

解 $\tau=\dfrac{1}{k_1+2k_{-1}x_e}=\dfrac{1}{k_1c(H^+)}$

$$K_c=\frac{c(H^+)c(OH^-)}{c(H_2O)}=\frac{k_1}{k_{-1}}=\frac{10^{-14}(mol\cdot dm^{-3})^2}{55.5mol\cdot dm^{-3}}=1.8\times10^{-16}mol\cdot dm^{-3}$$

$$c(H^+)=\sqrt{K_w}=1.0\times10^{-7}mol\cdot dm^{-3}$$

消去 k_1，代入得

$$\tau=\frac{1}{k_{-1}[K_c+2c(H^+)]}=\frac{1}{k_{-1}(1.8\times10^{-16}+2\times10^{-7})}=36\times10^{-6}s$$

得

$$k_{-1}=1.4\times10^{11}mol\cdot dm^{-3}\cdot s^{-1}$$

$$k_1=K_ck_{-1}=2.5\times10^{-5}s^{-1}$$

9.5 光化学反应

在光的照射下，利用光的能量引起一系列化学反应，称为光化学反应。对光化学反应有效的光是可见光和紫外光，红外光由于能量较低，不足以引起化学反应。

普通的化学反应（称为热化学反应）是通过分子碰撞后活化而引起的，在等温等压条件下，热化学反应总是向系统吉布斯函数降低的方向进行。从电子能级来讲，热化学反应研究的

是电子能量处于最低能级的基态反应。光化学反应的活化能来源于光子的能量，原子或分子吸收了足够能量的光子后变成激发态的原子或分子，它们在激发态下更易进行反应，因此，光化学反应研究的是能量处于较高能级的激发态反应。由于光的辐射能传入反应系统，许多光化学反应朝着吉布斯函数增加的方向进行。若将光源切断，反应仍向系统吉布斯函数减小的方向进行。

在光化学反应中，被活化的分子数与强度有关，活化分子的浓度正比于照射反应物的光强度，所以在足够强的光源下，常温就可达到热反应在高温下才能达到的速率。由于光活化与温度无关，且活化体与其他分子反应的活化能又不大，所以一般光化学反应的温度系数较小，温度每升高 10K，速率仅增加 0.1～1 倍，而热反应的速率受温度影响较大，一般每升高 10K，反应速率增加 2～4 倍。反应温度降低，往往能抑制副反应的发生，若再选择适当波长的光进行光化反应，可提高反应的选择性。

9.5.1 光化学反应的基本定律

(1) 光化学定律

光化学第一定律：格罗图斯（Grotthus）和德雷珀（Draper）指出，只有被分子吸收的光才能引起分子的光化学反应。这个定律也称为格罗图斯-德雷珀定律。因此，光化学反应可分作两个过程，反应物吸收光的过程，称为初级过程；反应物吸收光后又继续进行的过程，称为次级过程。

光化学第二定律：在光化学反应初级过程中，一个反应物分子吸收一个光子而被活化。这个定律是 20 世纪由爱因斯坦（Einstein）提出来的，又叫爱因斯坦光化学当量定律。据此定律，活化 1mol 的分子要吸收 1mol 的光子。1mol 的光子能量称为 1 爱因斯坦（E），即

$$1\mathrm{E} = Lh\nu = Lh\frac{c}{\lambda}$$

$$= 6.02\times10^{23}\,\mathrm{mol^{-1}}\times6.63\times10^{-34}\,\mathrm{J\cdot s}\times\frac{3.0\times10^{8}\,\mathrm{m\cdot s^{-1}}}{\lambda}$$

$$= \frac{0.1197\mathrm{m}}{\lambda}\mathrm{J\cdot mol^{-1}}$$

式中，波长 λ 的单位为 m。

应用光化学当量定律时应注意二点，一是此定律只适用初级过程，即一个光子能使一个分子活化，而不见得使一个分子反应，因为一个活化分子可能引起多个分子反应（如链反应），也可能放出光子而失活。二是该定律适用的光源强度为 10^{14}～10^{18} 光子 · s^{-1}，大多数光源强度在此范围内，但激光强度超出了这个范围，在激发态寿命较长情况下，某些分子可吸收 2 个或更多个光子。

(2) 量子产率

为了度量所吸收的光子对光化学反应所起的作用，引入量子产率的概念。定义为：吸收一个光子所能发生反应的反应物分子个数，用 φ 表示。

$$\varphi = \frac{\text{发生反应的反应物分子数目}}{\text{吸收的光子数目}} \tag{9-48}$$

对光化学反应的初级过程来说，量子产率 φ 应等于 1，但初级过程活化的分子会进一步发生次级反应，次级反应是复杂的，它可以引起其他反应，也可失活变成原来的分子。例如，对 HI 的光解反应：

初级过程：　$HI + h\nu \longrightarrow H\cdot + I\cdot$

次级过程：　$H\cdot + HI \longrightarrow H_2 + I\cdot \qquad 2I\cdot \longrightarrow I_2$

总过程：　$2HI \longrightarrow H_2 + I_2$

反应的总结果是一个光子引起2个HI的离解，光解的量子产率等于2。不难理解，若次级过程为链反应，则φ可能更大，若次级过程中有消除活化作用，则φ可以小于1。

9.5.2 光化学反应机理及速率方程

若以I_a表示单位时间、单位体积反应物所吸收的光量子数，则反应速率可表示为

$$r=\varphi I_a \tag{9-49}$$

光化学反应视量子产率的大小，有链反应和非链反应两种机理，这里仅介绍前者。典型的例子是在$\lambda<480\text{nm}$的光照下，氢与氯迅速反应生成氯化氢，其量子产率可高达$10^3\sim10^6$。1918年能斯特为解释此种现象提出如下机理：初级过程为氯分子吸收光子而分解成氯的自由基，即

$$① \quad Cl_2+h\nu \xrightarrow{\varphi_1 I_a} 2Cl\cdot$$

相应的次级过程为

$$② \quad H_2+Cl\cdot \xrightarrow{k_2} HCl+H\cdot$$

$$③ \quad H\cdot+Cl_2 \xrightarrow{k_3} HCl+Cl\cdot$$

$$④ \quad Cl\cdot \xrightarrow{k_4} \frac{1}{2}Cl_2\text{(墙面销毁)}$$

按稳态近似法处理，假设$c(H\cdot)$和$c(Cl\cdot)$不随时间而变化，则

$$\frac{dc(H\cdot)}{dt}=k_2c(Cl\cdot)c(H_2)-k_3c(H\cdot)c(Cl_2)=0 \tag{9-50}$$

$$\frac{dc(Cl\cdot)}{dt}=2\varphi_1 I_a-k_2c(Cl\cdot)c(H_2)+k_3c(H\cdot)c(Cl_2)-k_4c(Cl\cdot)=0 \tag{9-51}$$

由式(9-50) 和式(9-51) 可得

$$2\varphi_1 I_a-k_4c(Cl\cdot)=0,\ c(Cl\cdot)=2\varphi_1 I_a/k_4 \tag{9-52}$$

式中，φ_1为初级过程①的量子产率。

由于总反应$H_2+Cl_2 \longrightarrow 2HCl$的速率可用HCl的生成速率表示，

$$\begin{aligned} r&=\frac{dc(HCl)}{dt}=k_2c(Cl\cdot)c(H_2)+k_3c(H\cdot)c(Cl_2)\\ &=2k_2c(Cl\cdot)c(H_2)\\ &=\frac{4k_2}{k_4}\varphi_1 I_a c(H_2) \end{aligned} \tag{9-53}$$

与式(9-49) 比较，可得总反应HCl的量子产率为

$$\varphi=4k_2\varphi_1 c(H_2)/k_4 \tag{9-54}$$

若链终止步骤是两个氯原子与气相中第三个惰性分子相撞后失去能量而成为稳定的氯分子，即

$$⑤ \quad Cl\cdot+Cl\cdot+M \xrightarrow{k_5} Cl_2+M$$

则有

$$r=2k_2\left(\frac{\varphi_1 I_a}{k_5 c_M}\right)^{\frac{1}{2}}c(H_2) \tag{9-55}$$

在大多数情况下，反应④和⑤都对链终止有贡献，此时反应速率取决于I_a^n，n介于$\frac{1}{2}$和1之间。此反应对微量杂质很敏感，特别是氧能作为阻化剂与氢自由基化合而使量子产率显著下降。

9.6 催化反应

某种物质（一种或几种）能显著地改变化学反应速率，而本身在反应前后没有数量和化学性质的变化，这种物质称为催化剂，有催化剂参加的反应称为催化反应。当催化剂的作用是加快反应速率时，称为正催化剂，反之，则称为负催化剂。由于负催化剂用得极少，通常所说的催化剂都是指正催化剂而言。

据统计，目前化学工业产品的生产中有 80%以上离不开催化剂的使用，而拟投入工业生产的新工艺流程中，估计有 90%将采用催化的方法，因此，催化剂在化学工业中的应用越来越广泛，同时也正是工业的发展推动了催化剂的研究。但是，由于催化作用涉及的问题较复杂，催化理论的研究还远远满足不了实际的需要。

9.6.1 催化作用概述

(1) 催化剂如何加快反应速率

原则上讲，从反应物变化到产物可以有许多途径实现，但化学反应沿着活化能较低的途径进行。催化剂之所以能加快反应速率，是由于改变了反应途径，降低了反应的活化能，或者增大了频率因子。下面以催化作用的一般机理来说明。

设催化剂 K 能加速反应 $A+B \longrightarrow AB$，其机理为

$$A+K \underset{k_{-1}}{\overset{k_1}{\rightleftharpoons}} AK$$

$$AK+B \xrightarrow{k_2} AB+K$$

若第一个反应能较快达到平衡，则

$$\frac{c_{AK}}{c_A c_K}=\frac{k_1}{k_{-1}}$$

总反应速率为

$$\frac{dc_{AB}}{dt}=k_2 c_{AK} c_B=k_2\frac{k_1}{k_{-1}}c_K c_A c_B=kc_A c_B$$

上式中，表观速率常数 $k=k_2\frac{k_1}{k_{-1}}c_K$，由阿伦尼乌斯公式，则得

$$k=\frac{A_1 A_2}{A_{-1}}c_K\exp\left(-\frac{E_{a,1}+E_{a,2}-E_{a,-1}}{RT}\right)$$

故催化反应的表观活化能 $E_a=E_{a,1}+E_{a,2}-E_{a,-1}$，能峰的示意图如图 9-7 所示。可以看出，非催化反应需克服活化能为 $E_{a,0}$ 的较高能峰，而催化反应由于机理的改变，只要克服活化能为 $E_{a,1}$ 和 $E_{a,2}$ 的两个较小能峰，如果频率因子变化不大时，反应速率显然增加。由于活化能是在指数项上，所以活化能较小的降低会引起反应速率有较大增加。例如，通常条件下，若 E_a 降低 $2kJ\cdot mol^{-1}$，速率常数 k 增大约 2 倍；若 E_a 降低 $80kJ\cdot mol^{-1}$，k 增大约 10^7 倍。

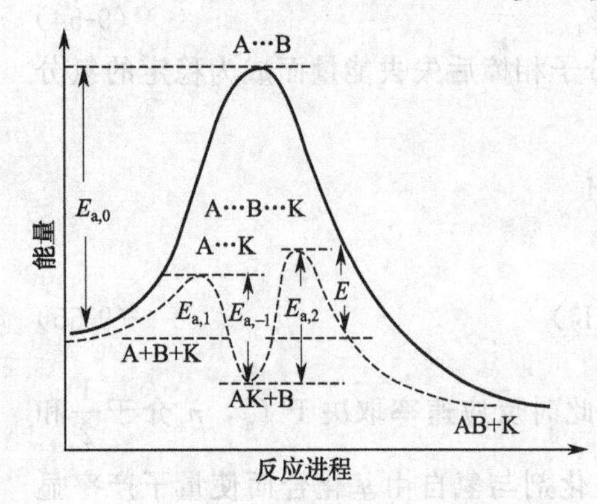

图 9-7 活化能与反应的途径

有些催化反应，活化能降低不多，而反应速率增加较大；还有些催化反应，在不同催化剂上进行反应时，活化能相差不大，而反应速率差别较大，这是指

数前因子增加的缘故。如在 W 和 Pt 催化剂上分别进行乙烯氢化反应，二者活化能相同，但由于在 Pt 上的活化熵增大，致使指数前因子增大，使在 Pt 上氢化反应速率增大。

(2) 催化剂的特征

如上所述，催化剂改变反应机理，降低了反应活化能，并且反应前后数量和化学性质没有改变，这些是催化剂的基本特征。除此之外，催化剂还有以下几个特征：

① 催化剂不影响化学平衡。从热力学观点来看，由于催化剂不改变反应系统的始态、终态，因而反应的 ΔG 和 ΔH 不变。一方面，对于热力学上不能发生的反应，催化剂不能启动，它只对 $\Delta G<0$ 的反应可能有加速作用。另一方面，由于 $\Delta_r G_m^{\ominus}=-RT\ln K^{\ominus}$，因此，催化剂不改变平衡常数，只能缩短达到平衡的时间，平衡点不变。

由 $K^{\ominus}=k_1/k_{-1}$ 知，催化剂若加速正反应速率，则必然加速逆反应速率，或者说催化剂对正、逆反应的催化作用等同，使二者速率按相同比例增加。这个原则可为我们寻找催化剂提供方便，如水合反应的催化剂也为脱水反应的催化剂等。同时，催化剂也不会改变反应的反应热。

② 催化剂对反应的加速具有选择性。一定的反应有其专属催化剂，而不同的催化剂可使反应按不同的方向进行。例如，乙醇的分解反应

$$C_2H_5OH \xrightarrow[Cu]{473\sim523K} CH_3CHO+H_2$$

$$C_2H_5OH \xrightarrow[Al_2O_3]{623\sim633K} C_2H_4+H_2O$$

$$2C_2H_5OH \xrightarrow[ZnO,Cr_2O_3]{673\sim723K} CH_2=CH-CH=CH_2+2H_2O+H_2$$

催化剂的这种严格分工，在生命现象中表现得尤其突出，催化剂（如酶）和反应物可比作钥匙和锁，一把钥匙只能开一把锁。

③ 催化剂在反应前后化学性质不变，但常有物理性质的变化。例如，催化 $KClO_3$ 分解的 MnO_2，反应后从块状变为粉状。

④ 有些反应速率和催化剂的浓度成正比。对于固-气相反应，若增加催化剂的用量或增加催化剂的比表面，都将增加反应速率。

⑤ 催化剂中（或反应系统中）常用加入少量杂质而使催化作用增强或降低，前者杂质起助催化作用，而后者杂质使催化剂“中毒”。

另外，负催化剂在实验中也有应用。如油脂中加入生育酚可阻止油脂氧化而酸败，在橡胶和塑料生产中加入防老化剂等。

9.6.2 均相催化反应

反应物和催化剂同处一相的催化反应称为均相催化。均相催化反应的特点是反应物和催化剂能够充分均匀接触，活性及选择性较高，反应条件温和，但催化剂的分离和回收较为困难。

均相催化反应有两类，一类为气相催化反应。如乙醛的气相热分解反应，百分之几的碘蒸气可使分解速率增加几千倍。气相催化反应多数为链反应机理。另一类是液相催化反应，液相催化反应中最普通的是酸碱催化反应，它在工业中的应用很多，如 H_2SO_4 催化下乙烯与水合成乙醇，环氧氯丙烷碱性催化下生成甘油。酸碱催化反应的特征是质子转移，其机理一般表示为

$$S(\text{反应物})+HA(\text{酸催化剂}) \longrightarrow SH^{+}+A^{-}$$

$$SH^{+}+A^{-} \longrightarrow \text{产物}+HA$$

或 $$S(\text{反应物}) + B(\text{碱催化剂}) \longrightarrow S^- + HB^+$$
$$S^- + HB^+ \longrightarrow \text{产物} + B$$

若反应必须同时考虑 H^+ 和 OH^- 的催化效应和无催化剂的速率，则速率方程式可一般地写为

$$\frac{dc_S}{dt} = k_0 c_S + k_A c(H^+) c_S + k_b c(OH^-) c_S$$

式中，k_0 为没有催化剂的速率常数；k_A 和 k_b 分别为酸和碱催化的速率常数。因为在通常温度下，$c(H^+)c(OH^-) = K_w = 10^{-14}$，若 $k(H^+) = k(OH^-)$，则在 0.1mol·dm^{-3} 的强酸溶液中，上式最后一项比第二项小很多，可略去不计，在这样的条件下速率方程可以简化。

实验表明，不仅酸和碱有催化作用，而且凡能接受质子的物质（称广义碱）或能放出质子的物质（称广义酸），也具有催化作用。如亚硝基胺可以在 OH^- 催化下分解：

$$NH_2NO_2 + OH^- \longrightarrow H_2O + NHNO_2^- \text{(质子转移)}$$
$$NHNO_2^- \longrightarrow N_2O + OH^-$$

也可以在广义碱 CH_3COO^- 催化下分解：

$$NH_2NO_2 + CH_3COO^- \longrightarrow CH_3COOH + NHNO_2^- \text{(质子转移)}$$
$$NHNO_2^- \longrightarrow H_2O + OH^- \qquad CH_3COOH + OH^- \longrightarrow CH_3COO^- + H_2O$$

在酸碱催化反应中，质子转移的活化能较低，且生成正（或负）离子不稳定，易分解，因而反应速率加快。还应说明的是，不同的酸（广义酸）和碱（广义碱）的 k_a 和 k_b 有较大差别，与酸和碱的强度有关。布朗斯特（Brφnsted）的研究结果说明，k_a 和 k_b 与酸和碱的离解常数 K'_a 和 K'_b 的关系为

$$k_a = G_a K'^{\alpha}_b \quad k_b = G_b K'^{\beta}_b$$

其中 α、β、G_a、G_b 为特性常数，决定于反应类型和条件。当酸（或碱）离解（或接受）多于一个质子时，上式应稍加修正。

近 20 年来，一类新型的均相催化反应得到迅速发展，这就是络合催化。所谓的络合催化就是指催化剂与反应基团构成配键，形成中间络合物，使反应基团活化，从而使反应易于进行。络合催化是均相催化进展的主流，在化学工业的某些过程中，如加氢、脱氢、氧化、异构化、高分子聚合等已成功地得到应用。络合催化的机理一般表示为

$$-\underset{\square}{M}-Y + X \underset{}{\overset{\text{配位}}{\rightleftharpoons}} -\underset{X}{M}-Y \overset{\text{插入反应}}{\rightleftharpoons} -\underset{\square}{M}-X-Y$$

空位中心　　　　　　　　　　空位中心

式中，M 为中心金属原子；X 为反应分子；Y 为配体。首先是 X 与配位数不饱和的络合物配位，然后配位体 X 转移插入到相邻的 M—Y 键中（M—Y 为不稳定配键），同时留下空位中心（空价轨道），形成 M—X—Y 键。

下面以乙烯氧化制乙醛为例说明络合催化机理。此反应于 1959 年被工业化，目前仍不失为工业生产乙醛的好方法，总反应式为

$$C_2H_4 + \frac{1}{2}O_2 \xrightarrow{PdCl_2-CuCl_2} CH_3CHO$$

其反应机理大致如下：

① $PdCl_2$ 在足够高的 Cl^- 浓度下，以 $[PdCl_4]^{2-}$ 存在，它能与 C_2H_4 强烈作用形成 π-

络合物，即

$$[PdCl_4]^{2-}+C_2H_4 \rightleftharpoons [PdCl_3(C_2H_4)]^-+Cl^-$$

② 此 π-络合物发生水解反应：

$$[PdCl_3(C_2H_4)]^-+H_2O \longrightarrow [PdCl_2(OH)(C_2H_4)]^-+H^++Cl^-$$

③ 水解产物发生插入反应，转化为 σ-络合物

$$\left[\begin{array}{c}\text{Cl} \\ | \\ \text{Cl—Pd}\cdots\begin{array}{c}\text{CH}_2\\ \| \\ \text{CH}_2\end{array} \\ | \\ \text{OH}\end{array}\right] \rightleftharpoons \left[\begin{array}{c}\text{Cl} \\ | \\ \text{Cl—Pd—CH}_2\text{CH}_2\text{OH} \\ | \\ \square\end{array}\right]$$

④ 此 σ-络合物不稳定，迅速发生重排生成乙醛

$$\left[\begin{array}{c}\text{Cl} \\ | \\ \text{Cl—Pd—CH}_2\text{CH}_2\text{OH} \\ | \\ \square\end{array}\right] \xrightarrow{\text{重排}} CH_3CHO+Pd+H^++2Cl^-$$

⑤ 经下列反应构成循环，使催化剂反复使用

$$Pd+2CuCl_2 \longrightarrow PdCl_2+2CuCl$$

$$2CuCl+\frac{1}{2}O_2+2HCl \longrightarrow 2CuCl_2+H_2O$$

从①、②和③不难看出，反应速率对 Pd(Ⅱ) 的浓度和 $c(C_2H_2)$ 是一级阻化，而 $c(Cl^-)$ 是二级阻化，$c(H^+)$ 为一级阻化，这与实验得到的速率方程是吻合的。

9.6.3　多相催化反应

催化剂与反应物处于不同相的反应，叫多相催化反应也称为非均相催化反应。如油脂的硬化，反应物 H_2 为气相，油脂为液相，而催化剂 Ni 为固相。由于多相催化反应可将催化剂填充到反应器中，反应物连续通过其中进行反应，产物可不断从反应器送出，因此多相催化反应具有重要的实际意义。

(1) 固体催化剂的分类

目前使用的固体催化剂种类繁多，可用于固-液、固-气、固-液-气多相反应的催化，可大体分为：

① 金属催化剂。如 Fe、Ni、Pt、Pd 等，主要用于加氢、脱氢反应，这些催化剂均为导体。

② 金属氧化物或硫化物。如 NiO、CuO、WS_2 等，主要用于氧化、还原等反应，均为半导体。

③ 金属氧化物。如 Al_2O_3、MgO 等，主要用于脱水、异构化等反应，该类催化剂都是绝缘体。

因为金属容易将氢分子解离为氢原子而吸附在金属表面，使氢活性大大提高，所以金属催化剂利于加氢、脱氢反应。第二类催化剂对热不稳定，加热时晶格中能得到或失去氧，使其化学计量关系有偏差，具有半导体性质。也正是氧的不稳定性，使其成为氧化、还原催化剂。第三类催化剂无 d 电子，与水有较好的亲和力，是有效的脱水催化剂。

(2) 多相催化理论概述

迄今，关于多相催化的本质认识还很不充分。曾经提出了不少理论，如活化络合物理论、多位理论和半导体理论等，但它们各有其适用范围。这些理论均认为催化剂固体表面有活性中心，反应分子与活性中心作用形成表面络合物，从而使分子活化而反应，具体活化过程随各种理论而不同。

金属催化剂多半是由过渡金属组成。多位理论认为，只有活性中心的结构和反应分子的

结构相匹配时，才能形成合适的配位络合物，使反应易于进行。因此，金属催化剂的性能应与金属晶体的几何结构、电子结构和晶体缺陷等因素有关。

半导体催化理论用于解释半导体催化剂的性能获得较满意的结果。这一理论认为，半导体催化剂的活性中心是自由电子（N型）或自由空穴（P型），这些活性中心吸附反应分子生成活性吸附态或游离离子、原子和基团，使反应分子得以活化。

对于绝缘体催化剂的活性，一般认为是由于这些物质具有酸性所致，酸性中心就是活性中心。因而，这类催化剂是通过给出质子或接受质子，使反应分子活化的。

(3) 多相催化反应的几个步骤

多相催化反应中，反应是在固体表面上进行的，即反应分子须在催化剂表面上吸附，然后发生反应，同时产物离开催化剂表面。因此，反应物分子要进行表面上反应，须经下面几个步骤：

① 反应物从本体扩散到催化剂表面；

② 反应物在催化剂表面吸附；

③ 反应物在催化剂表面发生反应生成产物；

④ 产物从催化剂表面脱附；

⑤ 脱附后产物扩散到本体相中。

这五步是连续进行的，整个反应速率是由其中最慢的一步决定。若扩散最慢，则①和⑤控制反应速率；若吸附最慢，则②为速控步骤；若表面化学反应速率最慢，则③控制整个反应速率。由于吸附、扩散和化学反应各自服从不同规律，因此，不同的控制步骤便有不同的动力学方程。

(4) 助催化剂、载体和催化剂中毒

工业上所用的固体催化剂往往不是单一物质，是由多种物质组成。其中表现催化性能的主要成分为主催化剂。而所说的助催化剂是指单独使用时本身没有或有很小的催化活性，它与主催化剂组合后能显著地改变催化剂的活性、选择性或延长催化剂寿命，如合成氨所用的Fe催化剂，加入少量 Al_2O_3 和 K_2O，催化性能显著改变。

在工业上常常将催化剂吸附在一些多孔物质上作为催化剂的骨架，这种多孔物质称为载体，如硅胶、活性炭、分子筛等。载体可增加催化剂的表面积，利于表面反应，同时也增加了催化剂的机械强度，延长了催化剂的寿命。

有些反应系统中或催化剂中，加入少量的杂质能显著地降低甚至破坏催化剂活性的现象称为催化剂中毒。如 O_2、H_2O（气）、CO、CO_2 等杂质可使合成 NH_3 的铁催化剂中毒。

总的来讲，多相催化剂具有催化剂易分离和回收、可连续操作等特点，但与均相催化剂比较，其活性及选择性有一定的限制。近期资料表明，可以把均相催化剂（络合物）通过化学键固定到载体上，这就是所谓的担载催化剂。这样的催化剂兼有均相和多相催化剂的优点，为催化学科展示了无限广阔的应用前景。

9.7 酶催化反应

酶是具有特殊催化功能的生物催化剂。有的酶是蛋白质，如脲酶、胃蛋白酶等。大多数酶是结合蛋白质，如脱氢酶、过氧化氢酶等。结合蛋白质是由称为酶蛋白的蛋白质部分和称为辅基的非蛋白部分结合成的。有些酶中酶蛋白与辅基结合比较紧密，有些则结合得比较松弛，结合得松弛的辅基常称为辅酶。辅酶的摩尔质量一般比蛋白质的摩尔质量低得多，可以用渗析的方法将辅酶与蛋白质分离。

酶在生物体的新陈代谢活动中有重要作用。据估计人体内约有三万多种不同的酶，每种酶都是某种特定反应的有效催化剂。这些反应包括食物消化，蛋白质、脂肪……的合成，释放人体活动所需的能量。作为催化剂的酶缺乏或过剩，都会引起人体代谢功能的失调或紊乱，引起疾病。

9.7.1 酶催化反应的特点

酶是一种特殊的生物催化剂，除了一般催化剂的特点，酶催化反应还有以下特点：

(1) 催化效率高。酶对化学反应的催化效率比一般无机物或有机物催化剂的效率高得多，有时高出 $10^6 \sim 10^{14}$ 倍。例如1mol乙醇脱氢酶在室温下，1s内可使720mol乙醇转化为乙醛。而同样的反应，在工业生产中用Cu作催化剂，在200℃以下1mol Cu只能催化0.1～1mol的乙醇转化。可见酶的催化效率是一般的催化剂无法比拟的。

(2) 反应条件温和。一般化工生产，常用高温或高压条件、强酸性或强碱性介质、相当高的反应物浓度等。例如生产上使用金属催化剂完成合成氨反应，温度需要高达770K以上、压力需要 3×10^5Pa以上及特殊设备，而且合成效率只有7%～10%。酶催化反应所需条件温和，一般在常温常压条件下进行，介质也是中性或是近中性，反应物的浓度也往往比较低。

例如植物的根瘤菌或其他固氮菌，可以在常温、常压下固定空气中的氮，使之转化为氨态氮。

(3) 高度选择性。酶催化反应具有很高的选择性。在酶催化反应中，能与酶结合并受酶催化作用的反应物分子，称为酶的底物。某些酶对底物的要求不太严格，例如转氨酶、蛋白水解酶、肽酶等，可以催化某一类底物的反应，选择性不高。某些酶对底物的要求则很专一，例如脲酶只专一催化尿素的水解反应，对别的底物不起作用。

9.7.2 酶催化反应动力学

在酶催化反应动力学研究中，由于反应机理复杂，为避免产物聚集或pH值变化等因素的影响，通常是测定反应的初始速率 r_0。

酶催化反应的机理，最先由布朗（Brown）和亨利（Henry）提出，后来为米恰利斯（Michaelis）和门顿（Menten）证实和引申。他们认为在酶催化反应中，酶（E）与底物（S）先形成一种中间体——酶底物复合物（ES），这一步是快反应。然后酶底物复合物（ES）再进一步分解得到产物（P），并重新释放出酶（E），这是一步慢反应。可表示为

$$E+S \underset{k_{-1}}{\overset{k_1}{\rightleftharpoons}} ES \xrightarrow{k_2} P+E$$

由于第二步反应速率很慢，控制着整个反应的速率，采用稳态法处理可得

$$\frac{dc_{ES}}{dt}=k_1c_Ec_S-k_{-1}c_{ES}-k_2c_{ES}=0$$

故

$$c_{ES}=\frac{k_1c_Ec_S}{k_{-1}+k_2} \tag{9-56}$$

根据物料平衡，$c_E=c_{E,0}-c_{ES}$，$c_{E,0}$ 为酶的起始总浓度。代入式(9-56)可得

$$c_{ES}=\frac{c_{E,0}c_S}{c_S+\dfrac{k_{-1}+k_2}{k_1}}=\frac{c_{E,0}c_S}{c_S+K_m} \tag{9-57}$$

式中 $K_m=(k_{-1}+k_2)/k_1$，称为米恰利斯常数。故反应速率

$$r=\frac{dc_P}{dt}=k_2c_{ES}=\frac{k_2c_{E,0}c_S}{c_S+K_m} \tag{9-58}$$

(1) 当底物浓度 c_S 很大时，$c_S \gg K_m$，则

$$r=k_2c_{E,0} \tag{9-59}$$

酶催化反应的速率与酶的总浓度 $c_{E,0}$ 成正比，而与底物的浓度 c_S 无关。此时对底物来说是一个零级反应，反应速率有最大值，即

$$r_{max}=k_2c_{E,0} \tag{9-60}$$

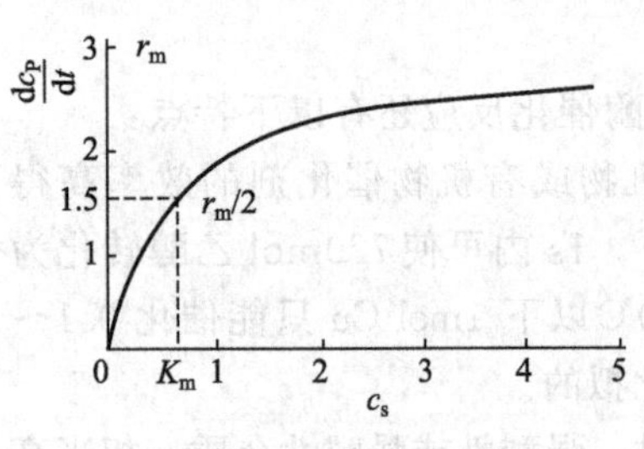

图 9-8　酶催化反应的 r-c_S 图

代入式(9-58) 可得

$$\frac{r}{r_{max}}=\frac{c_S}{(c_S+K_m)} \tag{9-61}$$

当反应速率为最大速率的一半时，从式(9-61) 得

$$c_S=K_m \tag{9-62}$$

反应速率 r 与底物 c_S 的关系见图 9-8 所示。可以用测定最大速率的方法测定米恰利斯常数。

(2) 当底物浓度 c_S 很小时，$c_S \ll K_m$，此时 $c_S+K_m \approx K_m$，代入式(9-58) 可得

$$r=\frac{k_2c_{E,0}c_S}{c_S+K_m}\approx\frac{k_2c_{E,0}c_S}{K_m}=kc_{E,0}c_S \tag{9-63}$$

即此时反应对于底物是一级的。

由于反应的最大速率 r_{max} 不易测准，故常用其他方法求 K_m 值。

兰维弗（Lineweaver）和伯克（Burk）提出以 $1/r$ 对 $1/c_S$ 作图求 K_m。将式(9-61) 重排可得

$$\frac{1}{r}=\frac{K_m}{r_{max}}\frac{1}{c_S}+\frac{1}{r_{max}} \tag{9-64}$$

以$\frac{1}{r}$对$\frac{1}{c_S}$作图得一条直线，直线的斜率为 K_m/r_{max}，直线的截距为 $1/r_{max}$，二者联立可得 K_m 及 r_{max}。

【例 9-6】 某一酶催化反应，从最大反应速率的 10%增加到 90%，试用式(9-58) 计算 c_S 的变化，如果要求增加到最大速率的 95%需要有怎样的进一步变化？

解 令 $r_1=0.1r_m$，则

$$\frac{c_{S,1}}{K_m+c_{S,1}}=0.1$$

即
$$c_{S,1}=\frac{K_m}{9}$$

令
$$r_2=0.9r_m$$

则求得
$$c_{S,2}=9K_m$$

所以
$$c_{S,2}=81c_{S,1}$$

即要求 c_S 有 81 倍的变化。

令 $r=0.95r_m$ 求得 $c_S=19K_m$，与 r_2 比较，$c_{S,3}=2.11c_{S,2}$，即进一步求得 c_S 有 2.11 倍的变化。

9.7.3 温度和 pH 对酶催化反应速率的影响

酶催化反应一般只能在比较小的温度范围内发生（273K～323K）。在此范围内，随着温度上升，酶催化反应的速率一般先增大，后降低，表现为有一最适宜的温度。这是由于一方面反应速率随温度升高而加快；另一方面随温度升高，酶的变性作用加快，活性降低。

许多蛋白质，包括各种酶，在温度高于 40～50℃时发生不可逆变性作用。而且固定在某一温度下，随时间的延长，蛋白质变性的部分逐渐增加，酶的活性也不断减少。故只说酶

的最适温度是无意义的，必须先测定酶（以及底物）的耐热性。

酶也只能在很窄的pH范围内有催化活力，一般有一个明显的最适pH值，这个值通常接近于7。但也有少数几种酶例外，如胃蛋白酶的最适pH值为2，精氨酸酶的最适pH值为10。

在最适的pH值两边，酶的催化活性下降，这可能与蛋白质的部分变性有关。与温度的影响相似，酶的活性也与其处在不适宜的pH条件下时间的长短有关。

9.7.4　酶催化反应的应用和模拟

酶催化反应用于工业生产，因其特点可以简化工艺过程、降低能耗、节省资源、减少污染等。生产酒、抗生素、有机酸等的酿造工业已是一项重要的产业，生物过滤法和活性污泥处理污水是环境工程中应用酶催化反应的例证。

由于酶与普通催化剂之间有广泛的共性，一些酸碱催化剂、配位催化剂等实质上是对酶的某种基团、或酶的空间构型的一种简单模拟。但要全面模拟某种酶，必须解决酶的多功能协同作用，合成有序的立体构象，以及自动调节和控制其催化活性等方面的问题。

我国科学家卢嘉锡、蔡启瑞等早在1973年就在国际上最早提出原子簇结构的固氮酶活性中心模型和ATP驱动的生物固氮电子传递机理，为我国化学模拟生物固氮研究处于世界前列做出了重要贡献。

随着仿生科学的不断发展，促使簇酶（蛋白）活性中心的生物化学模拟研究进入一个新的阶段，将使生物分子活性结构的再现成为可能，也将使建立在分子水平上再现某种生物功能的化学系统成为可能。用模拟酶取代普通催化剂，将引发意义深远的技术革新。

思　考　题

9-1　丙烯直接氧化制丙酮是一个连串反应

$$\text{丙烯}\xrightarrow{k_1}\text{丙酮}\xrightarrow{k_2}\text{醋酸}\xrightarrow{k_3}CO_2$$

(1) 设为一级连串反应，画出在一定温度下各物质浓度与时间关系的示意图。(2) 在生产中若要提高丙酮的产率，你认为用什么方法比较好？

9-2　对一级平行反应

$$A\begin{cases}\xrightarrow[k_1]{(1)} B(\text{主产物})\\ \xrightarrow[k_2]{(2)} C(\text{副产物})\end{cases}$$

欲想提高产物B的产量，应怎样控制反应温度？

9-3　对一级连串反应

$$A\xrightarrow{k_1}B\xrightarrow{k_2}C$$

欲想提高产物B的产量，应怎样控制反应时间？

9-4　溶剂对反应速率的影响具体表现在哪些方面？

9-5　原盐效应与离子所带电荷和离子强度有何关系？

9-6　为什么酶催化反应越来越受到人们的重视，并广泛应用于工业上？

9-7　光化反应与热反应相比有哪些不同之处？

9-8　催化反应与非催化反应相比，催化反应有哪些不同之处？

习　题

9-1　有正、逆反应各为一级对峙反应

$$D—R_1R_2R_3CBr \underset{k_{-1}}{\overset{k_1}{\rightleftharpoons}} L—R_1R_2R_3CBr$$

已知两个半衰期均为 10min，今从 $D—R_1R_2R_3CBr$ 的物质的量为 1.00mol 开始，试计算 10min 后，可得 $L—R_1R_2R_3CBr$ 若干？

9-2　某可逆反应 $A \underset{k_{-1}}{\overset{k_1}{\rightleftharpoons}} B$，其中 $k_1=0.006\text{min}^{-1}$，$k_{-1}=0.002\text{min}^{-1}$，如果开始时为纯 A，试问：

(1) A 和 B 的浓度达到相等需要多少时间？

(2) 100min 时，A 和 B 的浓度比为多少？

9-3　某平行反应 $A\begin{cases}\xrightarrow{①k_1} B\\ \xrightarrow{②k_2} C\end{cases}$，反应①和②的频率因子分别为 $10^{13}\,s^{-1}$ 和 $10^{11}\,s^{-1}$，其活化能分别为 $120kJ\cdot mol^{-1}$ 和 $80kJ\cdot mol^{-1}$。试求欲使反应①速率大于反应②的速率，需控制温度最低为若干？

9-4　当碘作为催化剂时，氯苯（C_6H_5Cl）与氯在 CS_2 溶液中有如下反应：

$$C_6C_5Cl + Cl_2 \xrightarrow{k_1} HCl + 邻\text{-}C_6H_4Cl_2$$

$$C_6H_5Cl + Cl_2 \xrightarrow{k_2} HCl + 对\text{-}C_6H_4Cl_2$$

设在温度和碘浓度一定时，C_6H_5Cl 和 Cl_2 的起始浓度均为 $0.5mol\cdot dm^{-3}$，30min 后有 15% 的 C_6H_5Cl 转化为邻-$C_6H_4Cl_2$，有 25% 的 C_6H_5Cl 转化为对-$C_6H_4Cl_2$，试计算反应的速率常数 k_1 和 k_2。

9-5　某连串反应 $A \xrightarrow{k_1} B \xrightarrow{k_2} C$，其中 $k_1=0.1\text{min}^{-1}$，$k_2=0.2\text{min}^{-1}$，在 $t=0$ 时，$c_B=c_C=0$，$c_A=1mol\cdot dm^{-3}$，试计算：

(1) B 浓度达到最大的时间。

(2) 该时刻 A、B、C 的浓度为若干？

9-6　光气热分解的总反应为 $COCl_2 = CO+Cl_2$。其机理为

① $Cl_2 \rightleftharpoons 2Cl\cdot$

② $Cl\cdot+COCl_2 \longrightarrow CO+Cl_3$

③ $Cl_3 \rightleftharpoons Cl_2+Cl\cdot$

其中反应②是速控步骤，反应①和反应③是快速对峙反应，试证明反应速率方程为

$$\frac{dx}{dt}=kc(COCl_2)c^{\frac{1}{2}}(Cl_2)$$

9-7　醛的离解反应

$$CH_3CHO = CH_4+CO$$

由下列几步构成：

$$CH_3CHO \xrightarrow{k_1} CH_3\cdot+CHO\cdot \qquad CH_3\cdot+CH_3CHO \xrightarrow{k_2} CH_4+CH_3CO\cdot$$

$$CH_3CO\cdot \xrightarrow{k_3} CH_3\cdot+CO \qquad 2CH_3\cdot \xrightarrow{k_4} C_2H_6$$

试用稳态近似法导出 $\frac{dc(CH_4)}{dt}=k_2\left(\frac{k_1}{2k_4}\right)^{\frac{1}{2}}c^{\frac{3}{2}}(CH_3CHO)$。

9-8　在高温下，反应

$$H_2+I_2 = 2HI$$

的机理为

$$I_2(g) \underset{k_2}{\overset{k_1}{\rightleftharpoons}} 2I\cdot(快)$$

$$H_2(g)+2I\cdot \xrightarrow{k_2} 2HI(慢)$$

证明此反应速率方程为 $\frac{dc(H_2)}{dt}=kc(H_2)c(I_2)$。

9-9 设乙醛热分解是按照下面给出的反应历程进行

$$CH_3CHO \xrightarrow{k_1} CH_3\cdot + CHO\cdot \quad ①$$

$$CH_3\cdot + CH_3CHO \xrightarrow{k_2} CH_4 + CH_3CO\cdot \quad ②$$

$$CH_3CO\cdot \xrightarrow{k_3} CH_3\cdot + CO \quad ③$$

$$CH_3\cdot + CH_3\cdot \xrightarrow{k_4} C_2H_6 \quad ④$$

(1) 试推出以甲烷生成速率来表示的速率方程。

(2) 写出该反应的表观活化能表达式。

9-10 在 $H_2(g)+Cl_2(g)$ 的光化反应中，应用波长为 480nm 的光照射、量子产率约为 1×10^6，试计算每吸收 4.18J 辐射能产生 HCl(g) 若干？

9-11 葡萄糖与 ATP 间的酶催化反应为

$$葡萄糖 + ATP \xrightarrow{酶} 6\text{-}磷酸葡萄糖 + ADP$$

在一定条件下测得不同葡萄糖浓度时的反应速率如下：

c(葡萄糖)/10^{-6}mol·dm^{-3}	10	20	40	50	100
$r/10^{-6}$mol·dm^{-3}·min^{-1}	0.010	0.017	0.027	0.030	0.040

(1) 作 r-c（葡萄糖）图。

(2) 计算上述数据的$\frac{1}{r}$与底物葡萄糖浓度的倒数$\frac{1}{c_S}$，并以$\frac{1}{r}$对$\frac{1}{c_S}$作图。

(3) 确定米恰利斯常数 K_m 和最大速率 r_{max}。

(4) 参考 (1) 的图形，说明 K_m 和 r_{max} 的物理意义。

界 面 篇

界面科学是研究相界面上发生各种物理化学过程的科学。相与相之间的接触面称为相界面，如液-气、固-气、液-固、液-液、固-固界面。习惯上把两相接触时，一相为气体的界面称为表面，则有液体的表面、固体的表面。严格说来，任意两相之间的界面并非是几何平面，而是约几个分子厚度的薄层，故将界面称为界面层更为确切。与界面相邻的两个均匀的相称为体相。在界面上发生的一切物理化学现象称为界面现象（或表面现象）。如液体表面的蒸发、固体表面的吸附与润湿等。

第 10 章　液体的表面现象

10.1　表面吉布斯函数与表面张力

10.1.1　表面功与表面吉布斯函数

物质表面层的分子与内部分子周围的环境不同。任何一个处于体相内的分子与表面层的分子受力情况是不同的，如图 10-1 所示，以液体和其蒸气所形成的界面为例。体相内任何一个分子受周围邻近相同分子的作用力是对称的，各个方向的力彼此抵消，合力为零，分子在液体内部移动不需要做功。但处于表面层的分子，它的下方受到邻近液体分子的引力，上方受到气体分子的引力。由于气体分子间的作用力小于液体分子间的作用力，所以表面层分子所受的力是不对称的，合力指向液体内部。气液界面上的分子受到指向液体内部的拉力，液体表面都有自动缩小的趋势。

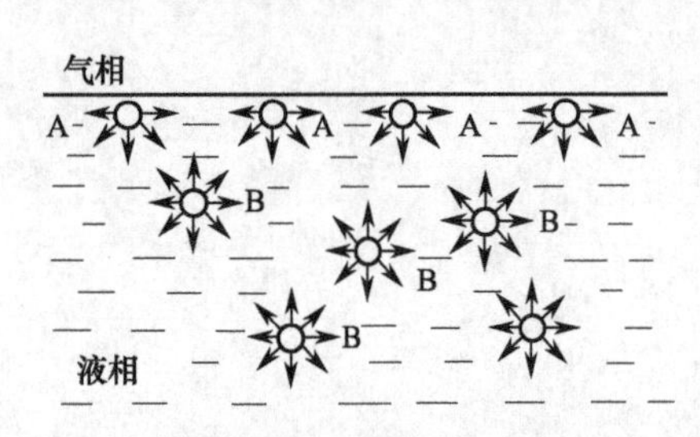

图 10-1　表面相与体相分子受力情况

由于表面层分子的状况与体相中的不同，因此如果要把一个分子从相内部迁移到界面，就必须克服系统内部分子间的吸引力而对系统做功。处在系统界面或表面层上的分子，其能量应比体相内部分子的能量高。所有一切界面现象都是由于界面分子与系统内部分子的能量不同而引起的。当增加系统的界面或表面积时，相当于把更多的分子从内部迁移到表面上来，系统的能量同时增加，外界因此消耗了功。在温度、压力和组成恒定时，可逆地使表面积增加 dA 所需对系统做的功，叫做表面功，可以表示为

$$\delta W' = \gamma \mathrm{d}A \tag{10-1}$$

式（10-1）中 γ 是比例常数，它在数值上等于在 T、p 及组成恒定的条件下，增加单位表面积时对系统所做的可逆非体积功。

根据热力学第二定律，在等温等压条件下，可逆非体积功等于系统的吉布斯函数变，即

$$\mathrm{d}G_{T,p,n_\mathrm{B}} = \delta W' \tag{10-2}$$

将式（10-2）与式（10-1）联立，得

$$\mathrm{d}G_{T,p,n_\mathrm{B}} = \gamma \mathrm{d}A \tag{10-3}$$

式（10-3）可改写为

$$\gamma=\left(\frac{\partial G}{\partial A}\right)_{T,p,n_B} \tag{10-4}$$

由此可知，γ 是在 T、p，n_B 不变的情况下，每增加单位表面积时，系统吉布斯函数的增加值。或者说是当以可逆方式形成新表面时，环境对系统所做的表面功变成了单位表面层分子的吉布斯函数了。因此 γ 称为比表面吉布斯（Gibbs）函数，其单位为 $J\cdot m^{-2}$。从另一角度来理解，单位表面层上的分子比内部分子具有更高的能量，这多出的能量即为表面吉布斯函数。

10.1.2　表面张力

早在表面吉布斯函数的概念提出之前的一个世纪，就有人提出了表面张力的概念。液膜自动收缩、液滴自动缩成球形以及毛细现象等，都使人们确信有一种作用在液体表面的力，如图 10-2 所示。把一个系有丝线圈的金属环在肥皂液中浸一下，然后取出，这时金属环中便有液膜形成，膜中丝线圈的形状是任意的，如图 10-2（a）所示。若把线圈内的液膜刺破，丝线圈即被弹开形成圆形，就好像液面对丝线圈沿着环的半径方向有向外的拉力一样，如图 10-2（b）中箭头所示。由此可以推知，当液膜未被刺破时，丝线也受到同样的拉力，只是由于丝线内外两侧都有液膜，液膜对丝线各部分产生的净拉力为零；当线圈内的液膜被刺破，由于丝线圈上任一点两边的作用力不再平衡，丝线圈即弹开而呈圆形，上述现象说明在液体表面存在一种使液面自动收缩的力，称为表面张力。表面张力作用的结果使外圈肥皂膜的面积收缩至最小。

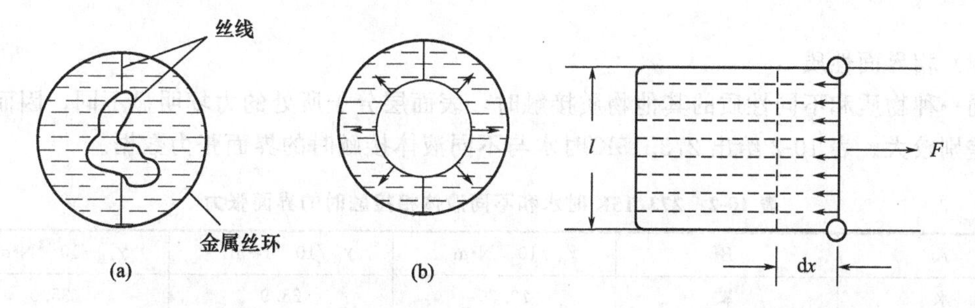

图 10-2　表面张力的作用　　　　图 10-3　做表面功示意图

另一个例子如图 10-3 所示。在一个金属框上装有可以滑动的金属丝，丝的长度为 l，将此框浸入肥皂水中，然后取出，即可在整个框中形成一层肥皂水薄膜。然后再缓慢地（即可逆地）将金属丝在力 F 的作用下移动距离 dx，使肥皂膜的表面积增加 dA。因为液膜具有正反两个表面，所以共增加面积为 $dA=2l\,dx$。在此过程中，环境对液膜所做的表面功为

$$\delta W'=F\,dx \tag{10-5}$$

该能量储存于液膜表面成为表面吉布斯函数。即

$$\delta W'=F\,dx=\gamma\,dA=\gamma\cdot 2l\,dx$$

故

$$\gamma=\frac{F}{2l} \tag{10-6}$$

因液膜有正反两个表面，相当于总长度为 $2l$。可见，比表面吉布斯函数 γ 在数值上等于在液体表面上垂直作用于单位长度线段上的表面紧缩力，故 γ 又称为表面张力。对于平面液面来说，表面张力的方向与液面平行；对于曲面来说，表面张力的方向与液面的切线方向一致。可以看出，比表面吉布斯函数和表面张力是分别用热力学和力学的方法讨论同一个表面现象时所采用的物理量，是同一现象的两种不同表达方式，虽然被赋予的物理意义不同，但它们是完全等价的，具有等价的量纲和相同的数值。

表面张力是普遍存在的，是表面化学中最重要的物理量，是产生一切表面现象的根源。

10.1.3 影响表面张力的因素

表面张力是一种强度因素，其值主要与物质种类、共存另一相物质的性质以及温度等因素有关。现分述如下：

(1) 物质本性

物质的本性决定了表面张力的大小，物质分子间的作用力愈大，表面张力也愈大。一般说来，极性液体有较大的表面张力，而非极性液体的表面张力就小得多。表 10-1 给出了一些液体在 273.15K 时的表面张力数据。

表 10-1 273.15K 时一些液体的表面张力

液体	$\gamma/10^{-3}N\cdot m^{-1}$	液体	$\gamma/10^{-3}N\cdot m^{-1}$
水	72.8	四氯化碳	26.9
硝基苯	41.8	丙酮	23.7
二硫化碳	33.5	甲醇	22.6
苯	28.9	乙醇	22.3
甲苯	28.4	乙醚	16.9

(2) 相界面性质

同一种物质和不同性质的其他物质接触时，表面层分子所处的力场明显不同，因而表面张力差别较大。表 10-2 给出 273.15K 时水与不同液体接触时的界面张力数据。

表 10-2 273.15K 时水和不同液体相接触时的界面张力

A	B	$\gamma_A/10^{-3}N\cdot m^{-1}$	$\gamma_B/10^{-3}N\cdot m^{-1}$	$\gamma_{AB}/10^{-3}N\cdot m^{-1}$
水	苯	72.75	28.9	35.0
水	四氯化碳	72.75	26.8	45.0
水	正辛烷	72.75	21.8	50.8
水	正己烷	72.75	18.4	51.1
水	汞	72.75	470.0	375.0
水	辛醇	72.75	27.5	8.5
水	乙醚	72.75	17.0	10.7
水	二硫化碳	72.75	31.4	48.4

(3) 温度

表 10-3 给出不同温度下液体的表面张力。随着温度的升高，液体的表面张力一般都会下降。当温度趋于临界温度时，气-液界面逐渐消失，表面张力最终降为零。可以从两个方面解释温度对表面张力的影响：一是温度对液体分子间相互作用力的影响，随着温度升高，分子热运动加剧，动能增加，分子间引力减弱，从而使液体分子由内部迁移到表面所需的能量减少；二是温度变化对表面两侧体相密度的影响，温度升高，液体的饱和蒸气压增大，气相中分子密度增加，因此气相分子对液体表面分子的吸引力增加。这两种效应均使液体的表面张力减小。表面张力随温度变化的经验方程

表 10-3 不同温度下液体的表面张力 γ 单位：$10^{-3}N \cdot m^{-1}$

液体	273.15K	293.15K	313.15K	333.15K	353.15K	373.15K
水	75.64	72.75	69.56	66.18	62.61	58.85
乙醇	24.05	22.27	20.60	19.0	—	—
甲醇	24.5	22.6	20.9	—	—	15.7
四氯化碳	—	26.8	24.3	21.9	—	—
丙酮	26.2	23.7	21.2	18.6	16.2	—
甲苯	30.74	28.43	26.13	23.81	21.53	19.39
苯	31.6	28.9	26.3	23.7	21.3	—

是由拉姆齐（Ramsay）和谢尔德（Shield）提出的，其关系为

$$\gamma = K(T_c - T - 6.0)V_m^{-2/3} \tag{10-7}$$

式中，V_m为液体的摩尔体积；K 为经验常数；T_c 为临界温度；对大多数非极性液体，$K=2.2\times10^{-7}J \cdot K^{-1} \cdot mol^{-2/3}$。

(4) 压力

气相的压力对液体表面张力的影响要比温度对液体表面张力的影响复杂得多。首先气相压力的增加使气相分子的密度增加，有更多的气体分子与液面接触，从而使液体表面分子所受到的两相分子的吸引力不同程度地减小，导致液体表面张力下降。但液体表面张力随气相压力变化并不太大，气相压力增加 10 个标准压力，液体的表面张力仅下降约 $1mN \cdot m^{-1}$。例如在 100kPa 下，水和四氯化碳的 γ 分别为 $72.8mN \cdot m^{-1}$ 和 $26.8mN \cdot m^{-1}$，而在 1000kPa 时分别为 $71.8mN \cdot m^{-1}$ 和 $25.8mN \cdot m^{-1}$。另外气相压力增加，气相分子有可能被液面吸收，溶解于液体中改变液相成分使液体表面张力发生变化，这些因素均会导致液体表面张力降低。

10.1.4 分散度与比表面

把物质分散成细小颗粒的程度，称为分散度。对一定量的物质系统而言，分散程度越高，其比表面积越大。通常用比表面表示物质分散程度的大小。所谓比表面积是指单位体积或单位质量物质所具有的总表面积，单位分别为 m^{-1} 或 $m^2 \cdot kg^{-1}$，可表示为

体积比表面 $$S_V = \frac{A_S}{V} \tag{10-8}$$

质量比表面 $$S_m = \frac{A_S}{m} \tag{10-9}$$

式中，A_S 为体积为 V（或质量为 m）的物质所具有的总表面积，对于边长为 l 的立方体颗粒，其比表面积可按下式进行计算：

$$S_V = \frac{A_S}{V} = \frac{6l^2}{l^3} = \frac{6}{l} \tag{10-10}$$

$$S_m = \frac{A_S}{m} = \frac{6l^2}{\rho l^3} = \frac{6}{\rho l} \tag{10-11}$$

式 (10-11) 中 ρ 为视密度，$kg \cdot m^{-3}$。

可见，比表面 S_V（或 S_m）与边长成正比，l 越小，物质的分散程度越高，其比表面积也越大。

10.2 弯曲液面的特性

10.2.1 弯曲液面下的附加压力

(1) 附加压力

大面积的水面看起来总是平坦的，而一些小面积的液面却都是曲面。如毛细管中的液面，气泡、露珠的液面等。造成这种现象的原因是液体表面存在着表面张力，它总是力图收缩液体的表面，在体积相同的条件下球形的表面积最小，所以小液面往往成弯曲状。弯曲液面下的压力和平面液面下的压力是不同的。用玻璃管吹一肥皂泡，将管口堵住，气泡可以较长时间存在，若松开管口，气泡很快缩小成一液滴。这一现象说明，肥皂泡液膜内外存在压力差，这种压力差正是由于弯曲液面引起的。

如图 10-4 所示，(a) 和 (b) 分别为凸液面和凹液面，p_g 为大气压，p_l 为弯曲液面内的液体所承受的压力。在凸液面上任取一个小截面 ABC [如图 10-4 (a)]，沿截面 ABC 周界线以外的表面对周界线有表面张力的作用。表面张力的作用点在周界线上，方向垂直于周界线且沿周界与液滴的表面相切，总的合力指向液体内部，即对截面下的液体产生压力的作用，使弯曲液面下的液体所承受的压力 p_l 大于液面外大气的压力 p_g。定义弯曲液面内外的压力差为附加压力 Δp，则凸液面下液体所承受的压力为

$$p_l = p_g + \Delta p \tag{10-12}$$

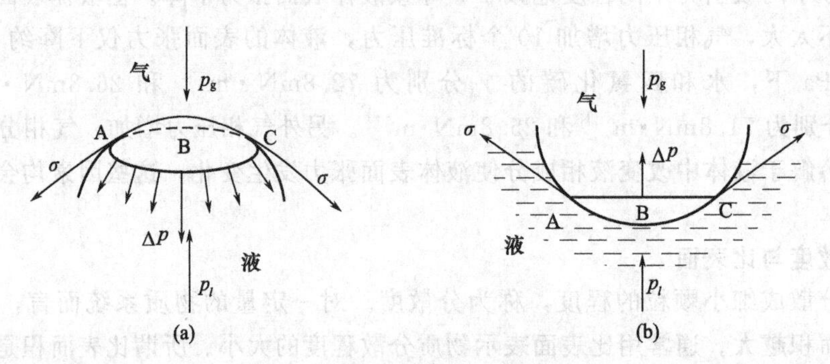

图 10-4 弯曲液面的附加压力

这种情况下，曲面好像紧压在液体上，使液体受到正的附加压力。

对于凹液面 [如图 10-4 (b) 所示]，表面张力产生的附加压力 Δp 的方向则是指向液体外部，结果减小了外界对液面内液体的压力。凹液面下液体所承受的压力为

$$p_l = p_g - \Delta p \tag{10-13}$$

这时曲面好像要被拉出液面，使液体受到负的附加压力。

(2) 附加压力与表面曲率半径的关系

如图 10-5 所示，设有一毛细管，管内充满液体，管端有半径为 r 的球状液滴与之平衡，外压为 p_g，附加压力为 Δp，液滴所受总压为 $p_g + \Delta p$。假设在毛细管上方安装一个理想活塞，对活塞稍加压力，改变毛细管中液体的体积，使液滴体积增加 $\mathrm{d}V$，其相应的表面积增加 $\mathrm{d}A$。在此过程中，环境对系统所做的功转变为系统的表面能，即环境所消耗的功和液滴可逆地增加的表面积的吉布斯函数变化相等，故

$$\Delta p\,\mathrm{d}V = \gamma\,\mathrm{d}A \tag{10-14}$$

对于球形液滴，表面积 $A = 4\pi r^2$，则 $\mathrm{d}A = 8\pi r\,\mathrm{d}r$；体积 $V = \frac{4}{3}\pi r^3$，则 $\mathrm{d}V = 4\pi r^2\,\mathrm{d}r$，故

$$\Delta p \cdot 4\pi r^2 \mathrm{d}r = \gamma \cdot 8\pi r \mathrm{d}r$$

$$\Delta p = \frac{2\gamma}{r} \tag{10-15}$$

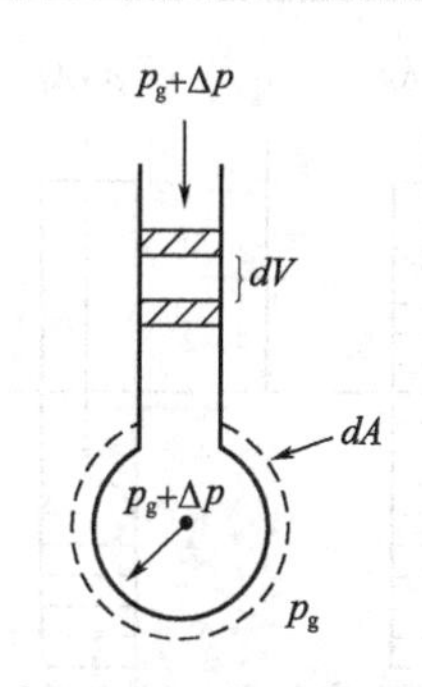

图 10-5　拉普拉斯公式图解

式（10-15）称为拉普拉斯（Laplace）公式，它描述了附加压力与曲率半径的关系，可用于计算附加压力的大小。

由式（10-15）可知：

① 附加压力 Δp 与曲率径 r 成反比，即液滴越小，所产生的附加压力越显著，液滴内部压力越大。

② 附加压力 Δp 与表面张力 γ 成正比，表面张力越小，附加压力越小，如果没有表面张力，也就不存在附加压力。

③ 对于平面液面，$r=\infty$，$\Delta p=0$，没有附加压力；对于凸液面，$r>0$，$\Delta p>0$，Δp 为正值，指向液体；对于凹液面，$r<0$，$\Delta p<0$，Δp 为负值，指向气体。总之，附加压力的方向总是指向曲面的球心。

对于由液膜构成的气泡，例如肥皂泡，因为有内、外两个表面，均产生指向球心的附加压力，所以泡内的附加压力应为

$$\Delta p = \frac{4\gamma}{r} \tag{10-16}$$

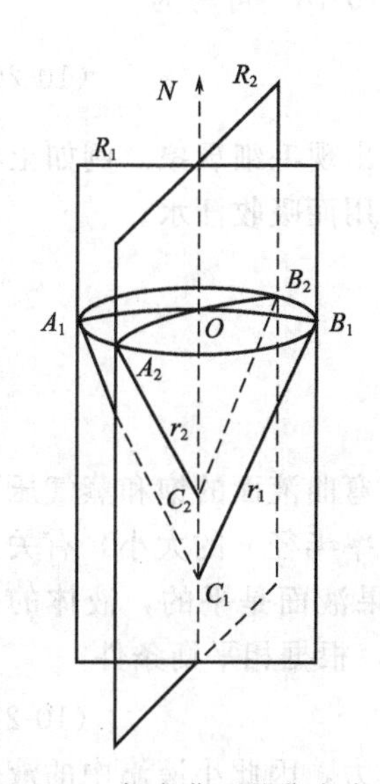

图 10-6　任意曲面的曲率半径

若液面不是球面，而是任意曲面，情况又是如何？对于一个任意的曲面，需要两个曲率半径来描述。如图 10-6 所示，O 为曲面上的任意一点，通过 O 点的法线可做两个相互垂直的截面 R_1 和 R_2，R_1 和 R_2 分别在曲面上截出弧 A_1B_1 和弧 A_2B_2，这两条弧线的曲率半径 r_1 和 r_2 就是曲面在 O 点的曲率。可以证明

曲面在 O 点的附加压力和曲率半径的关系为

$$\Delta p = \gamma\left(\frac{1}{r_1} + \frac{1}{r_2}\right) \tag{10-17}$$

通过弯曲液面附加压力的讨论，可以解释许多表面现象，如若忽略重力影响，液滴总是自动地呈球形，如图 10-7 所示。若液滴具有不规则的形状，则在表面上的不同部位曲面弯曲方向及其曲率不同，所具有的附加压力的方向和大小也不同。在凸面处附加压力指向液滴的内部，而凹面的部位则指向相反的方向。这种不平衡的力，必将迫使液滴呈现球形，因为只有球面上的点，各点的曲率才相同，各处的附加压力的大小也才相等，液滴才能稳定存在。同理，分散在水中的油滴或气泡也是如此。

10.2.2　毛细现象

在了解弯曲液面具有附加压力及其大小与液面形状的关系之后，就可以解释毛细现象了。当把玻璃毛细管插入水中时，管中的水柱表面会呈凹形曲面，致使水柱上升到一定高度。这是由于在凹面下液体所受到的压力小于平面上液体所受的压力，因此管外液体被压入管内，如图 10-8（a）所示，直到在 AB 平面处液柱的静压力与（a）凹面的附加压力相等后才达到平衡。当把玻璃毛细管插入汞中

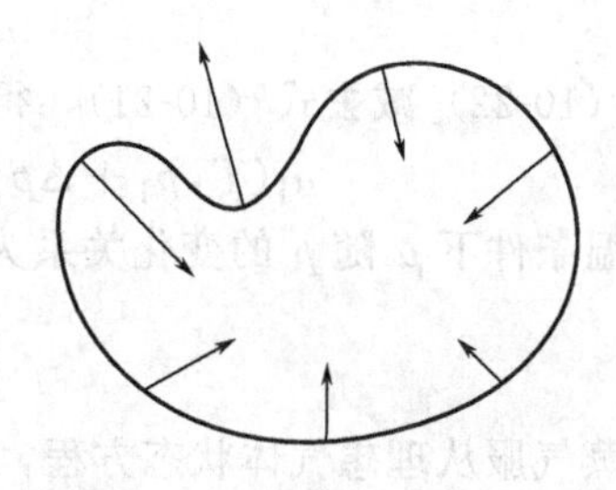
图 10-7　不规则液滴上的附加压力

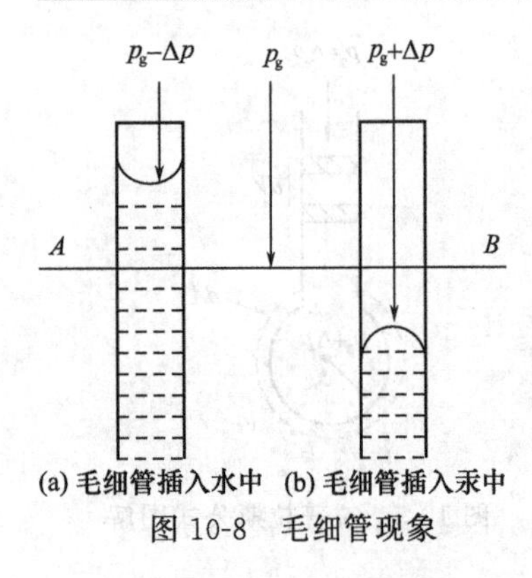

(a) 毛细管插入水中 (b) 毛细管插入汞中

图 10-8 毛细管现象

时，如图 10-8（b）所示，(b) 管内汞面呈凸形。同理可以解释管内汞面下降的现象。用毛细管法测定液体的表面张力就是根据这个原理而进行的。

毛细管内液柱上升或下降的高度 h 可近似用如下方法进行计算。如液体能润湿毛细管，液面呈弯月凹面。设弯月面呈半球状，弯月面的曲率半径为 r'，当液面在毛细管中上升达到平衡时，管中液柱静压力 p_h($p_h=\rho gh$) 等于弯曲液面的附加压力，即

$$\Delta p=\frac{2\gamma}{r'}=\Delta\rho gh \tag{10-18}$$

$\Delta\rho$ 是液相和气相的密度差，$\Delta\rho=\rho_1-\rho_g$，通常 $\rho_1\gg\rho_g$，则式（10-18）可写为

$$h=\frac{2\gamma}{r'g\rho_1} \tag{10-19}$$

如果液体不能润湿毛细管，则液面下降呈凸面，设凸面为半球面，则仍可用式（10-19）计算出液面下降的高度。

更一般的情形是液体与管壁之间的接触角是某一 θ 值，则自简单的几何证明得到毛细管半径（r）与曲率半径（r'）之间的关系为 $r'=r/\cos\theta$，所以式（10-18）可写为

$$\frac{2\gamma\cos\theta}{r}=\Delta\rho gh \tag{10-20}$$

毛细现象不仅发生在毛细管内，物料堆积产生的毛细间隙也会出现毛细现象。例如土壤中的水分会沿着毛细间隙上升至地表，棉布纤维的间隙由于毛细作用而吸收汗水。

10.3 开尔文方程

10.3.1 微小液滴的饱和蒸气压

水平液面的饱和蒸气压只与物质的本性、温度及压力有关，而弯曲液面的饱和蒸气压不仅与物质的本性、温度及压力有关，而且还与液面的弯曲程度（曲率半径 r 的大小）有关。

设温度为 T 时，某纯液体（l）与其蒸气（g）达到平衡，如果液面是平的，液体的压力 p_1 等于蒸气的压力 p_g，饱和蒸气压为 p^*，则 $p_1=p_g=p^*$，根据相平衡条件

$$\mu_1(T,p^*)=\mu_g(T,p^*) \tag{10-21}$$

如果把液体分散成半径为 r 的小液滴，由于弯曲液面受到了附加压力，因此小液滴中的液体受到的压力不同于水平液面下的液体受到的压力，蒸气压也随之改变。此时小液滴中液体的压力为 $p_1+\Delta p$，气体的压力为小液滴的饱和蒸气压 $p_g=p_r^*$。建立新的平衡后，气相和液相的化学势仍然相等。

$$\mu_1(T,p_1+\Delta p)=\mu_g(T,p_r^*) \tag{10-22}$$

式（10-22）减去式（10-21），得

$$\mu_1(T,p_1+\Delta p)-\mu_1(T,p^*)=\mu_g(T,p_r^*)-\mu_g(T,p^*) \tag{10-23}$$

恒温条件下 μ 随 p 的变化关系为 $d\mu=V_m dp$，代入上式，整理可得

$$\int_{p^*}^{p_1+\Delta p}V_{m,1}dp_1=\int_{p^*}^{p_r^*}V_{m,g}dp_g \tag{10-24}$$

设蒸气服从理想气体状态方程，则蒸气的摩尔体积 $V_{m,g}=RT/p_g$，并设恒温下液体的摩尔体积 $V_{m,1}$ 不随压力而变，代入上式并积分，得

$$V_{m,l}\int_{p^*}^{p_l+\Delta p} dp_l = RT\int_{p^*}^{p_r^*} d\ln p_g \tag{10-25}$$

定积分结果为

$$\frac{M}{\rho}\Delta p = RT\ln\frac{p_r^*}{p^*} \tag{10-26}$$

式中，M 为液体的摩尔质量；ρ 为液体的密度。若液滴为球形，$\Delta p=\frac{2\gamma}{r}$，代入得

$$RT\ln\frac{p_r^*}{p^*}=\frac{2\gamma M}{\rho r} \tag{10-27}$$

式 (10-27) 称为开尔文方程，该式描述了在一定温度和压力下液体的蒸气压和曲率半径之间的关系。

由开尔文方程可以看出，液滴的蒸气压随半径的变小而增大。对于液滴（凸面，$r>0$），其半径愈小，蒸气压反而愈大；而对于蒸气泡（凹面，$r<0$），其半径愈小，液体在泡内的蒸气压愈低，比平面液体更难蒸发。为了验证这一事实，可取洁净玻璃板一块，在其上喷些水雾，再洒上几滴大水滴，密罩恒温。经过一段时间后，将发现雾滴会变得更细甚至消失，而大水滴却凝结得更大了。这种现象恰恰说明小水滴的蒸气压确实比大水滴的蒸气压大。在同一温度下，对大液滴虽已达到气液平衡，但对小液滴而言，则气相仍未达到饱和，小液滴将继续蒸发并不断地转移到大液滴上面去。

很多现象可以通过开尔文方程得到解释。如土壤、纤维织物等物质，都含有很多的毛细管孔隙，因水在毛细管中润湿呈凹液面，对于平面液体尚未饱和的蒸气，在毛细管中可能就开始凝结了，这就解释了为什么土壤的毛细结构具有保持水分的能力。类似的结论对于固体物质也能适用，亦即微小晶体的饱和蒸气压大于同温度下一般晶体的饱和蒸气压，所以微小晶体的熔点比大块的低一些，而在溶液中，其溶解度更大一些。

【例 10-1】 在 298.15K 时，水的密度为 $998.2\text{kg}\cdot\text{m}^{-3}$，表面张力为 $72.75\times10^{-3}\text{N}\cdot\text{m}^{-1}$。试用开尔文方程计算半径在 $10^{-5}\sim10^{-9}$m 范围变化的球形液滴或气泡的相对蒸气压 p_r^*/p^*。

解　对于小液滴，凸形液面 $r=10^{-5}$m，代入公式 (10-27) 得

$$\ln\frac{p_r^*}{p^*}=\frac{2\gamma M}{RT\rho r}=\frac{2\times72.75\times10^{-3}\text{m}\cdot\text{N}^{-1}\times18.01\times10^{-3}\text{kg}\cdot\text{mol}^{-1}}{8.314\text{J}\cdot\text{mol}^{-1}\cdot\text{K}^{-1}\times298.15\text{K}\times998.2\text{kg}\cdot\text{m}^{-3}\times10^{-5}\text{m}}$$

$$=1.059\times10^{-4}$$

$$\frac{p_r^*}{p^*}=1.0001$$

对于小气泡，凹形液面 $r=-10^{-5}$m

$$\ln\frac{p_r^*}{p^*}=-1.059\times10^{-4},\ \frac{p_r^*}{p^*}=0.9999$$

计算结果列于表 10-4。

表 10-4　液滴（气泡）半径与蒸气压比关系

r (m)		10^{-5}	10^{-6}	10^{-7}	10^{-8}	10^{-9}
$\frac{p_r^*}{p^*}$	小液滴	1.0001	1.001	1.011	1.112	2.883
	小气泡	0.9999	0.9989	0.9895	0.8995	0.3468

从表中数据可以看出，当液体的曲率半径较大时，蒸气压的改变并不明显；当曲率半

径小于 10^{-8} m 时，蒸气压的弯曲化效应超过 10%；当曲率半径减小至 10^{-9} m 时，蒸气压的变化已有三倍之多。

10.3.2 亚稳状态与新相生成

在自然界或实验室中，常常遇到处于亚稳状态的物质，如过饱和蒸气、过热液体，过冷液体、过饱和溶液等。系统中形成新相时，往往是少数分子形成聚集体，再以此为中心长大成新相种子，然后新相种子逐渐长大成为新相。亚稳态的存在主要是因为最初形成的新相微粒极为细小，其化学势远远大于普通颗粒的化学势，所以新相难以产生。现用开尔文方程分别加以讨论。

(1) 过饱和蒸气

恒温下将不饱和的蒸气加压，若压力超过该温度下液体的饱和蒸气压 p^* 仍不出现液体，这种蒸气就称为过饱和蒸气。当蒸气凝结成液体时，刚出现的液体必然是微小的液滴，液面呈凸面，根据开尔文方程，微小液滴的饱和蒸气压比水平液面下的液体的饱和蒸气压高，且液滴半径越小，蒸气压越高。压力为 p^* 时，对于平面液体，蒸气压已达饱和，但对小液滴并未饱和，故小液滴不会出现，只有继续增加蒸气的压力（$>p^*$），小液滴才有可能出现，凝结现象才会发生。

当蒸气中有灰尘存在或容器的内表面粗糙时，这些物质可成为蒸气的凝结中心，有利于液滴核心生成及长大，使蒸气在过饱和程度较小的情况下就开始凝结。人工降雨的原理，就是当云层中的水蒸气达到饱和或过饱和状态时，在云层中用飞机喷洒微小的 AgI 颗粒，此时 AgI 颗粒就成为水蒸气的凝结中心，使水滴生成时所需的过饱和程度大大降低，云层中的水蒸气就容易凝结成水滴而下落。

(2) 过热液体

恒定外压 p_g 下在开口容器中加热液体，若温度超过 p_g 下液体的沸点 T_b 仍不发生沸腾，这种液体就称为过热液体。沸腾时，液体生成的微小气泡，液面呈凹面。根据开尔文方程，气泡中的液体饱和蒸气压比平面液体的小，且气泡越小，蒸气压越低。另外，由拉普拉斯公式可知，微小气泡上还承受着很大的附加压力。所以，必须继续升高液体温度（$>T_b$），使气泡凹液面的饱和蒸气压等于外界压力时，才能使液体沸腾。

蒸馏时液体的过热常造成暴沸。为防止暴沸，可加入一些沸石、素烧瓷片或一端封闭的玻璃毛细管。因其内孔中已有曲率半径较大的气泡存在，加热时，能直接从中产生较大气泡而避免生成微小气泡。另外，气泡半径较大，使附加压力 Δp 也降低，凹液面的蒸气压较容易达到外界压力，避免液体过热。

(3) 过冷液体

在恒定外压 p_g 下冷却液体，若温度低于 p_g 下液体的凝固点 T_f 仍不发生凝结，这种液体就称为过冷液体。液体凝固时刚出现的固体必然是微小晶体，根据开尔文方程，它的饱和蒸气压大于同温度下一般晶体的饱和蒸气压。在 T_f 时，液体的饱和蒸气压等于一般晶体的饱和蒸气压，但小于微小晶体的饱和蒸气压，此时，微小晶体很难生成。只有继续降低液体温度（$<T_f$），直至液体的蒸气压与微小晶体的蒸气压相等，这时微小晶体才有可能生成，凝固现象才会发生。

过冷液体也很常见，很纯的水冷却到 −40℃仍可呈液态而不结冰。在用重结晶方法提纯物质时，为避免过冷现象，常加入这种物质的小晶体作为“晶种”，它们成为凝固的核心，使液体在过冷程度很小时即能结晶或凝固。剧烈的搅拌或用玻璃棒摩擦器壁常可破坏过冷状态，可能是因为搅拌带入空气中的灰尘或摩擦时产生的玻璃微粒成了结晶的核心。

(4) 过饱和溶液

将溶质浓度为 c_B 的不饱和溶液冷却，当温度等于 T 时达到饱和成为饱和溶液，若温度低于 T 而仍无溶质晶体析出，这种溶液就称为过饱和溶液。溶液结晶时刚出现的溶质固体必然是微小晶体，根据前面的理由，同样可解释过饱和溶液的存在。

在结晶操作中，如过饱和程度太大，生成的晶体就很细小，不利于过滤和洗涤。为获得大颗粒晶体，可在过饱和程度不太大时投入晶种。从溶液中结晶出来的晶体往往大小不均一，此时溶液对小晶体是不饱和的，对大晶体是过饱和的，采用延长保温时间的方法可使微小晶体不断溶解而消失，大晶体则不断长大，粒子逐渐趋向均一，这一过程称为陈化。

10.4 溶液表面的吸附

10.4.1 表面张力与溶液浓度的关系

在一定温度、压力下，纯液体的表面张力是一定值。而溶液的表面张力不仅与温度、压力有关，还与溶质的种类及其浓度有关。

例如，在一定温度的纯水中，分别加入不同种类的溶质，将各种不同浓度溶液的表面张力与对应浓度作图，所得曲线称为溶液表面张力等温线。常见的曲线有三种类型。如图 10-9 所示。

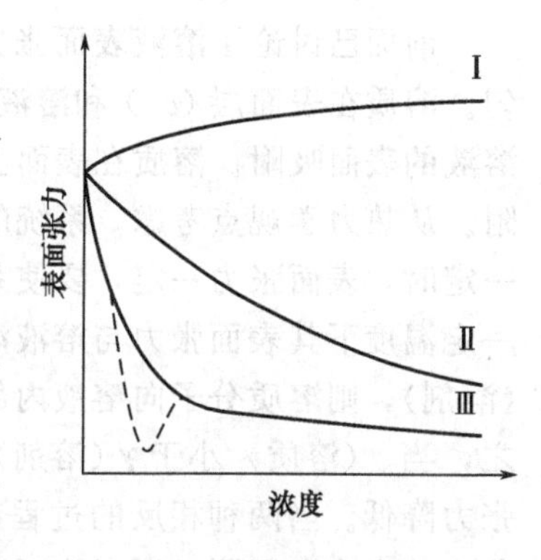

图 10-9 表面张力与浓度关系图

曲线Ⅰ表明：溶液的表面张力随溶质浓度的增加以近似直线的关系上升。属于这类的溶质有无机盐类（如 NaCl）、不挥发性酸（如 H_2SO_4）、碱（如 KOH）以及含有多个—OH 基的化合物（如蔗糖、甘油等）。

曲线Ⅱ表明：溶液的表面张力随溶液浓度的增加起初降得较快，而后下降趋势减缓。大部分的短碳链脂肪酸、醇、醛、酯、胺等有机物的水溶液皆属此类。

曲线Ⅲ表明：溶液的表面张力随浓度的增大，开始急剧下降，达到一定浓度后，表面张力趋于恒定，几乎不再随浓度的增大而改变。直链有机酸、碱的金属盐，长碳链磺酸盐（如十二烷基苯磺酸钠）等皆属于此类化合物。这类曲线有时会出现如图中所示的虚线部分，这可能是由于使用不纯的物质而引起的。

一般说来，凡能使溶液表面张力增加的物质，统称为非表面活性物质；凡能使溶液表面张力降低的物质，统称为表面活性物质，但习惯上只把那些溶入少量就能显著降低溶液表面张力的物质，称为表面活性物质或表面活性剂，曲线Ⅲ所属的物质即是表面活性剂，它们是由亲水性的极性头基和憎水性的非极性链尾（碳氢链）所组成两亲物质，这类物质具有很大的实用价值。

对于许多有机同系物的水溶液，γ-c 的关系常可用希施柯夫斯基（Syszkowski）经验公式描述，即

$$\frac{\gamma_0-\gamma}{\gamma_0}=b\ln\left(\frac{c_B/c^{\ominus}}{a}+1\right) \tag{10-28}$$

式中，γ_0、γ、c_B、$c^{\ominus}$ 分别表示溶剂和溶液的表面张力、浓度和标准浓度，a 和 b 是经验常数。

对同系物来说，常数 b 随物质种类变化很小，但常数 a 随化合物而变化。

当 c_B 很小时，式（10-28）变为

$$\frac{\gamma_0-\gamma}{\gamma_0}=b\left(\frac{c_B/c^\ominus}{a}\right) \tag{10-29}$$

上式表示 $\frac{\gamma_0-\gamma}{\gamma_0}$ 与浓度 c_B 呈直线关系，即浓度对表面张力影响显著。

当浓度很大时，$\left(\frac{c_B/c^\ominus}{a}+1\right)\approx\frac{c_B/c^\ominus}{a}$，式（10-28）变为

$$\frac{\gamma_0-\gamma}{\gamma_0}=b\ln\frac{1}{a}+b\ln\frac{c_B}{c^\ominus}=K+b\ln\frac{c_B}{c^\ominus} \tag{10-30}$$

上式说明，当溶液浓度很大时，$\frac{\gamma_0-\gamma}{\gamma_0}$ 随浓度变化不大。上述两种情况由图 10-9 中的线Ⅲ可以看出。

10.4.2　溶液表面的吸附现象与吉布斯吸附等温式

(1) 表面吸附现象

前面已讨论了溶液表面张力随溶液浓度的变化规律。其原因是溶质在溶液中分布不均匀。溶质在表面层（c_γ）和溶液内部浓度（c_B）不同，从而引起溶液表面张力变化的现象称为溶液的表面吸附。溶质在表面上的浓度大于溶液内部浓度的现象称为正吸附，反之则为负吸附。从热力学观点考虑，系统的稳定性取决于表面吉布斯函数减少。对纯液体来说，当温度一定时，表面张力一定，要使系统的表面吉布斯函数减少，只有缩小表面积。但对溶液，在一定温度下其表面张力与溶液浓度有关。若溶质表面张力 γ（溶质）大于溶剂的表面张力 γ（溶剂），则溶质分子向溶液内部分散，以减少溶液表面浓度，从而使溶液表面张力增加；反之，当 γ（溶质）小于 γ（溶剂）时，溶质分子将向表面浓集以增加表面浓度，使溶液的表面张力降低。当两种相反的过程趋于平衡后，即呈现出溶液的表面和内部浓度不同的两种现象。前者为负吸附，后者为正吸附。

表面吸附现象早在 20 世纪 30 年代就得到实验证实。McBain 及其学生精心设计了一个装置，可以从溶液表面上刮下一层约 0.1mm 厚的溶液，然后测定其浓度 c_γ，结果发现 $c_\gamma\neq c_B$，从而证明了吸附现象的存在。

(2) 吉布斯吸附等温式

为了定量描述溶液的表面吸附，必须引入吸附量以表达吸附的程度。设任一溶液系统表面积为 A，其达到吸附平衡时表面相中含溶质 B 的物质的量为 $n_B(\gamma)$，含溶剂为 $n_A(\gamma)$，而同样多的溶剂 $n_A(\gamma)$ 在体相中所溶解的 B 的量为 n_B。由于表面相的浓度与体相不同，所以同样多的溶剂在表面相所溶解的溶质的量与体相不同，即 $n_B(\gamma)\neq n_B$，令 $\Delta n_B=n_B(\gamma)-n_B$，并定义

$$\Gamma=\frac{\Delta n_B}{A} \tag{10-31}$$

其中 Γ 叫做表面吸附量。可见表面吸附量实际上是 $1m^2$ 表面上所含溶质的量超出体相中同量溶剂所溶解的溶质的量。因此 Γ 也常叫做“表面超量”或“表面过剩量”。但应注意的是：① Γ 是过剩量；② Γ 的单位是 $mol\cdot m^{-2}$，与普通浓度不同；③ Γ 值可正可负，正值为正吸附，负值为负吸附。因此，Γ 不仅能表明吸附的性质，而且其值还能说明表面吸附的程度。当 $\Gamma=0$ 时，表明无吸附现象；当 Γ 值远离 0 时，远离得越多，表明吸附程度越大。

1878 年，吉布斯用热力学方法推导出在一定温度下溶液的浓度（c_B）、表面张力（γ）和吸附量（Γ）之间的定量关系式，即著名的吉布斯吸附等温式。

$$\Gamma = -\frac{c_B}{RT}\left(\frac{\partial \gamma}{\partial c_B}\right)_T \tag{10-32}$$

吉布斯吸附等温式是表面物理化学的重要公式之一，它不仅适用于溶液表面，同时也适用于任意两相界面。在应用于其它界面时，要注意公式中的各物理量要换成相应系统和界面的数据。

根据吉布斯公式可以得知：

当$\left(\frac{\partial \gamma}{\partial c_B}\right)_T > 0$时，$\Gamma < 0$，即溶质的浓度增加，溶液的表面张力随之增大时，溶液的表面吸附量为负，溶质在表面层的浓度小于体相浓度，是负吸附。

当$\left(\frac{\partial \gamma}{\partial c_B}\right)_T < 0$时，$\Gamma > 0$，即溶质的浓度增加，溶液的表面张力反而下降时，溶液的表面吸附量为正，溶质在表面层的浓度大于体相浓度，是正吸附。

(3) 吉布斯吸附等温式的应用

在运用吉布斯吸附等温式计算溶质在溶液表面的吸附量时，$\left(\frac{\partial \gamma}{\partial c_B}\right)_T$一般可通过两种方法求取：①是利用经验公式，如希施柯夫斯基的经验公式。②是直接测定多个不同浓度溶液的γ，绘制γ-c_B图，再用图解法求出所绘表面张力等温线各指定浓度点切线的斜率，即为该浓度下的$\left(\frac{\partial \gamma}{\partial c_B}\right)_T$。

例如，将希施柯夫斯基公式对c_B微分得

$$-\left(\frac{\partial \gamma}{\partial c_B}\right)_T = \frac{b\gamma_0}{c_B + ac^{\ominus}} \tag{10-33}$$

将式（10-33）代入式（10-32），并令常数$a' = ac^{\ominus}$，得

$$\Gamma = \frac{b\gamma_0}{RT} \cdot \frac{c_B}{c_B + a'} \tag{10-34}$$

一定温度下$b\gamma_0/RT$是一个常数，令$\Gamma_\infty = b\gamma_0/RT$，则式（103-4）改写为

$$\Gamma = \frac{\Gamma_\infty c_B}{c_B + a'} \tag{10-35}$$

在稀溶液范围内，c_B值很小，即$c_B + a' \approx a'$，此时式（10-34）变为

$$\Gamma = \Gamma_\infty \frac{c_B}{a'} \tag{10-36}$$

即Γ-c_B呈直线关系；在浓溶液中，c_B值很大，$c_B + a' \approx c_B$，此时式（10-35）为

$$\Gamma = \Gamma_\infty \tag{10-37}$$

式（10-37）表明：当浓度很大时，表面吸附量为常数，即其不再随浓度而变化，表明吸附已达到饱和，所以Γ_∞通常叫做饱和吸附量或最大吸附量。图10-10给出了Γ-c_B关系图，即吸附等温线。实验表明，许多极性有机物在水溶液表面上的吸附等温线与该图相符。

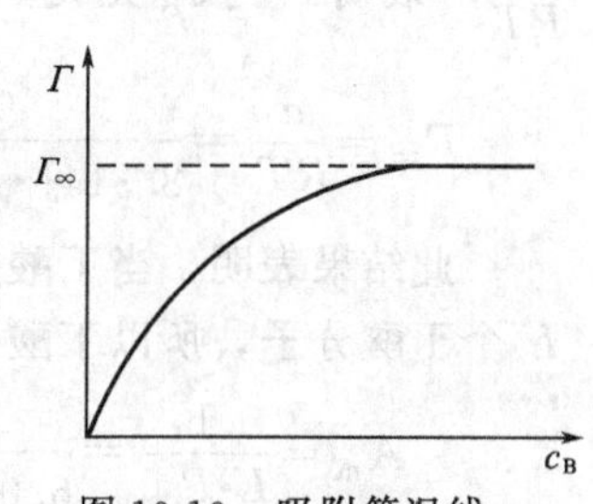

图10-10 吸附等温线

饱和吸附量Γ_∞可用来求算分子的截面积。例如，由前述已知，表面活性物质具有两亲性结构，在水溶液中很容易吸附于溶液的表面。当溶液浓度较低时，表面吸附量Γ较小，分子平躺于溶液表面；随着溶液浓度的增加，分子随着Γ的增大而逐渐站立起来；当达到饱和吸附量Γ_∞时，分子以极性端插入水中非极性端伸向空气的垂直站立姿势紧密排列于溶液的表面，形成表面膜（单分子膜），如图10-11所示。

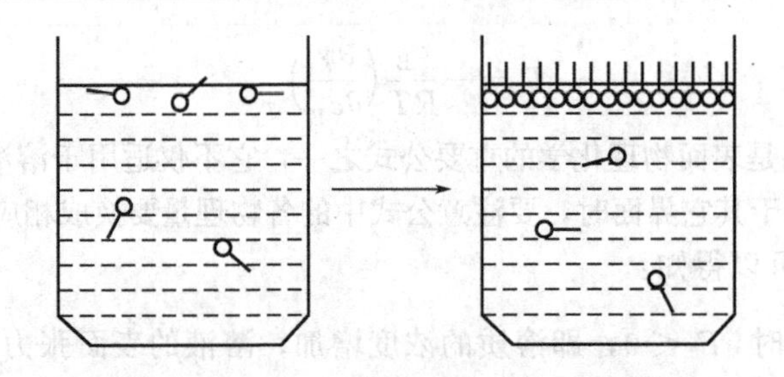

图 10-11 表面活性物质在溶液表面的吸附

当表面活性物质在表面层达到饱和吸附时，它在表面层中的浓度远远大于体相内的浓度。此时，虽然 Γ 定义为表面超量，但饱和吸附量 Γ_∞ 可视为单位表面上溶质的总物质的量，从而可以计算出定向排列时每个表面活性物质分子在表面层中所占据的面积，即分子截面积 A_m

$$A_m = \frac{1}{L \cdot \Gamma_\infty} \tag{10-38}$$

式中，L 为阿伏伽德罗（Avogadro）常数。

【例 10-2】 292.15K 时丁酸水溶液的表面张力可以表示为 $\gamma=\gamma_0 - a\ln(1+bc_B)$，其中 γ_0 是纯水的表面张力，a 和 b 为常数。试求：(1) 丁酸的表面吸附量 Γ 与浓度 c_B 的关系；(2) 若 $a=0.0131\text{N}\cdot\text{m}^{-1}$，$b=0.01962\text{m}^3\cdot\text{mol}^{-1}$，计算 $c_B=200\text{mol}\cdot\text{m}^{-3}$ 时的 Γ；(3) 求饱和吸附量 Γ_∞，若此时表面层的丁酸分子成单分子吸附，试计算丁酸分子在液面上的截面积。

解：(1) 在等温等压条件下

$$\gamma=\gamma_0 - a\ln(1+bc_B)$$

则 $\left(\frac{\partial \gamma}{\partial c_B}\right)_T = -\frac{ab}{1+bc_B}$，代入吉布斯吸附等温式，得

$$\Gamma = -\frac{c_B}{RT}\left(\frac{\partial \gamma}{\partial c_B}\right)_T = \frac{abc_B}{RT(1+bc_B)}$$

(2) 当 $c_B=200\text{mol}\cdot\text{m}^{-3}$ 时

$$\Gamma = \frac{0.0131\text{N}\cdot\text{m}^{-1}\times 0.01962\text{m}^3\cdot\text{mol}^{-1}\times 200\text{mol}\cdot\text{m}^{-3}}{8.314\text{J}\cdot\text{mol}^{-1}\cdot\text{K}^{-1}\times 292.2\text{K}\times(1+0.01962\text{m}^3\text{mol}^{-1}\times 200\text{mol}\cdot\text{m}^{-3})}$$
$$=4.30\times 10^{-6}\text{mol}\cdot\text{m}^{-2}$$

(3) 对于 $\Gamma=\frac{abc_B}{RT(1+bc_B)}$，当 c_B 很大时，$bc_B \gg 1$，即 $(1+bc_B)\approx bc_B$，此时 $\Gamma=\frac{a}{RT}$，表明 Γ 与 c_B 无关，即为饱和吸附，所以

$$\Gamma_\infty = \frac{a}{RT} = \frac{0.0131\text{N}\cdot\text{m}^{-1}}{8.314\text{J}\cdot\text{mol}^{-1}\cdot\text{K}^{-1}\times 292.2\text{K}} = 5.39\times 10^{-6}\text{mol}\cdot\text{m}^{-2}$$

此结果表明，当丁酸分子在液面上恰好盖满一层时，1m^2 表面上将有 $5.39\times 10^{-6}\times L$ 个丁酸分子，所以丁酸分子的截面积为：

$$A_m = \frac{1}{L\cdot\Gamma_\infty} = \frac{1}{6.023\times 1023\text{mol}^{-1}\times 5.39\times 10^{-6}\text{mol}\cdot\text{m}^{-2}} = 3.08\times 10^{-19}\text{m}^2$$

10.5　表面活性剂

10.5.1　表面活性剂的结构与分类

(1) 表面活性剂的结构

有些物质当它们以低浓度存在于一系统中时，可被吸附在该系统的表面（界面）上，使这些表面的表面能发生明显降低，这些物质被称为表面活性剂。由于工农业生产上主要是使用水溶液，所以通常的表面活性剂是一类能够显著降低水的表面张力的物质，其特点加入很少的量就能显著降低水的表面张力。

表面活性剂分子结构的特点是具有不对称性。表面活性剂分子的一端是具有亲水性的极性基团（亲水基）而另一端是具有憎水性的非极性基团（亲油基）。它的非极性憎水基团一般是 8～18 碳的直链烃，也可能是环烃。图 10-12 是脂肪酸钠（即肥皂）的分子，它的一端是非极性的碳氢链，而另一端是可以电离的极性基团。

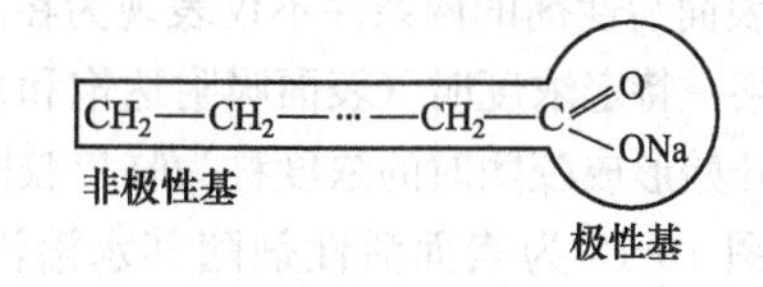

图 10-12　表面活性剂分子的不对称结构

(2) 表面活性剂的分类

表面活性剂的分类方法很多，但较常用的是按表面活性剂的结构特点进行分类。当表面活性剂溶于水时，凡能电离生成离子的称为“离子型表面活性剂”，而不能电离的则称为“非离子型表面活性剂”。离子型表面活性剂按亲水基所带电荷性质又可分为“阴离子表面活性剂”、“阳离子表面活性剂”和“两性表面活性剂”等三种类型。如表 10-5 所示。除此以外还有一些特殊的表面活性剂，如高分子表面活性剂、氟表面活性剂、硅表面活性剂等。

表 10-5　表面活性剂的分类

类别		举　例
离子型表面活性剂	阴离子表面活性剂	羧酸盐 $RCOO^- M^+$，硫酸酯盐 $ROSO_3^- M^+$，磺酸盐 $RSO_3^- M^+$，磷酸酯盐 $ROPO_3^- M^+$
	阳离子表面活性剂	伯胺盐 $RNH_3^+X^-$，季铵盐 $RN^+(CH_3)_3X^-$，吡啶盐 RN(吡啶环)$^+$ X^-
	两性表面活性剂	氨基酸型 $RN^+CH_2CH_2COO^-$，甜菜碱型 $RN^+(CH_3)_2CH_2COO^-$
非离子型表面活性剂		聚氧乙烯醚 $RO(CH_2CH_2O)_nH$ 聚氧乙烯酯 $RCOO(CH_2CH_2O)_nH$ 多元醇型 $RCOOCH_2C(CH_2OH)_3$

注：R 一般为 C_8～C_{18} 的碳氢长链的烃基；M^+ 为金属离子或简单的阳离子，如 Na^+、K^+ 或 NH_4^+；X^- 为简单阴离子，如 Cl^-、CH_3COO^-。

阴离子表面活性剂一般为长链有机酸的盐类。这类表面活性剂水溶性好，降低表面张力的能力强，应用广泛，多用于洗涤剂、乳化剂、润湿剂等。阳离子表面活性剂大部分为含氮的化合物，最常用的为季铵盐。这类表面活性剂易吸附于固体表面，并且多有毒性，常用作矿物浮选剂、抗静电剂、杀菌剂等。两性表面活性剂的性质随 pH 的变化而改变，作用比较柔和。非离子型表面活性剂的亲水部分是由一定数量的含氧基团组成的，一般为聚氧乙烯醚或多元醇。这类表面活性剂毒性较小，常用于食品和医药。高分子表面活性剂的分子量在 2000～3000 以上，这类表面活性剂降低表面张力的能力较小，乳化能力强，毒性小，甚至无毒。

10.5.2 表面活性剂溶液的性质

（1）表面活性剂在溶液表面定向排列

由于表面活性剂的两性分子结构特征，决定了它的两亲性，因此这种分子具有一部分可溶于水，而另一部分易自水中逃逸的双重性，结果造成表面活性剂分子在其水溶液中很容易被吸附于溶液表面上形成定向排列的单分子膜。正是由于表面活性剂在溶液表面（或界面）的定向吸附这一特性，使得表面活性剂具有很多特有的表面活性，如：能显著降低水的表面张力；改变固体表面的润湿性，具有乳化、破乳、起泡、消泡、洗涤、分散与絮凝、抗静电和润滑等多种功能。

（2）表面活性剂在溶液内部形成胶团

表面活性剂的两亲性不仅表现为在溶液表面上的定向排列，还表现为当表面活性剂在溶液中超过某一特定浓度时（表面吸附达饱和）会缔合形成分子有序聚集体，这种聚集体称为“胶团”，而把开始形成胶团时的浓度称为临界胶团浓度（Critical Micelle Concentration 简写为 CMC）。

图 10-13 为表面活性剂随其水溶液的浓度变化在溶液中生成胶团的过程。当溶液中表面活性剂溶液浓度极低时即溶液极稀时，如图 10-13（a），空气和水几乎是直接接触着，水的表面张力下降不多，接近纯水状态。如果稍微增加表面活性剂的浓度，它会很快聚集到水面，使水和空气的接触面减少，水的表面张力急剧下降。同时，水中的表面活性剂也三三两两地聚集在一起，互相把憎水基靠在一起，形成二聚体或三聚体，如图 10-13（b）所示。当表面活性剂的浓度进一步增大，溶液达到饱和吸附形成紧密排列的单分子膜，如图 10-13（c）所示。此时溶液的浓度达到表面活性剂的临界胶团浓度，溶液的表面张力降至最低值，溶液中开始有胶团出现。当溶液的浓度达到临界胶团浓度之后，若浓度再继续增加，溶液的表面张力几乎不再下降，只是溶液中的胶团数目或胶团聚集数增加。

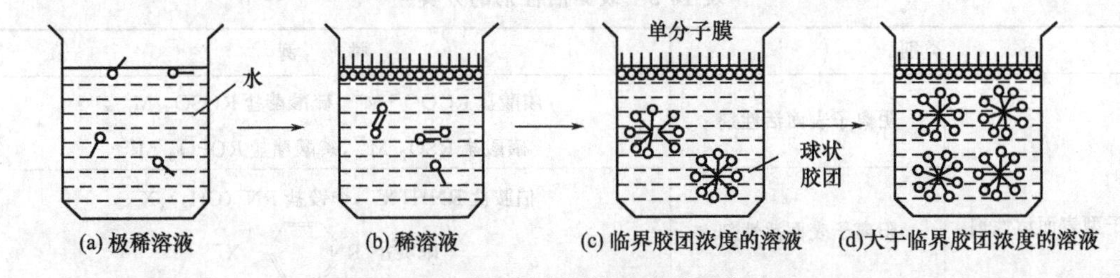

图 10-13 表面活性剂溶液的胶团化过程

表面活性剂在水溶液中聚集形成胶团，这种胶团是一种以憎水基朝向内，而亲水基朝向外的分子有序聚集结构。当表面活性剂浓度较低时，胶团呈球形，随着浓度的增加，胶团的形状变得复杂，可能生成棒状（腊肠状）或层状胶团，胶团形状如图 10-14 所示。

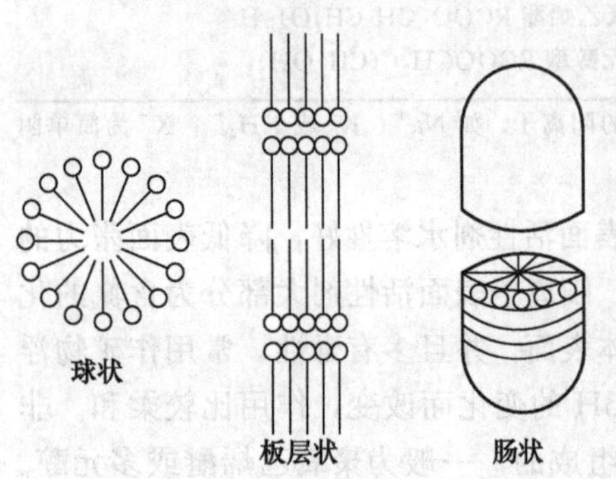

图 10-14 胶团形状

当表面活性剂溶液达到临界胶团浓度后，不仅表面张力不再下降，还有许多和表面活性剂单个分子相关的溶液性质也发生了明显的改变。如图 10-15 所示，溶液的电导率、渗透压、蒸气压、去污能力等随浓度的变化关系曲线都有一个明显的转折点。显然，我们可以利用这些物理化学性质的突变来测定临界胶团浓度 CMC，而在这些性质中以表面张力的测定最为方便准确，因此由表面张力求 CMC 是应用最为广泛的方法。

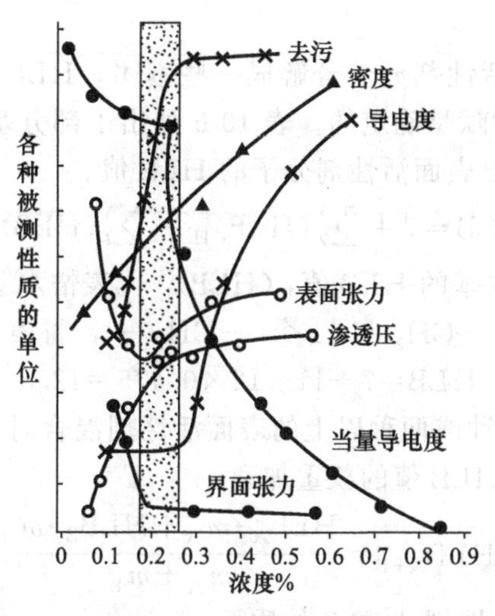

图 10-15　胶团形成前后溶液各种性质的变化

10.5.3　表面活性剂的 HLB 值

表面活性剂的种类繁多，实际应用中，对于一定的系统应采用哪种表面活性剂比较合适、效率最高，目前尚缺乏理论指导。一般认为，比较表面活性剂分子中的亲水基团的亲水性和憎水基团的憎水性是一项衡量效率的重要指标，亲水基团的亲水性和憎水基团的憎水性有两种类型的简单比较方法。

① 表面活性剂的亲水性＝亲水基的亲水性－憎水基的憎水性

② 表面活性剂的亲水性$=\dfrac{\text{亲水基的亲水性}}{\text{憎水基的憎水性}}$

方法①属差值法，方法②属比值法。

每一个表面活性剂都包含亲水基和憎水基两部分，亲水基的亲水性代表表面活性剂溶于水的能力，憎水基的憎水性代表溶于油的能力。在表面活性剂中这两种性能完全不同的基团，既互相作用、互相联系又互相制约。因此，如能找出亲水性和憎水性之比，就能用来表示表面活性剂的亲水性。问题在于如何衡量亲水性和憎水性。

戴维斯（Davies）和格里芬（Griffin）分别从差值法和比值法建立了用 HLB 值（Hydrophile-Lipophile Balance）即“亲水亲油平衡值”来表示表面活性剂的亲水性的方法。

表 10-6　某些基团的 HLB 值

基团名称	HLB 值	基团名称	HLB 值
$-OSO_3Na$	38.7	－OH（失水山梨醇环）	0.5
－COOK	21.1	$-(C_2H_4O)-$	0.33
－COONa	19.1	－CH	−0.475
$-SO_3Na$	11	$-CH_2-$	−0.475
－N（叔胺）	9.4	$-CH_3$	−0.475
酯（自由的）	2.4	＝CH－	−0.475
－COOH	2.1	$-(C_3H_6O)-$	−0.15
－OH（自由的）	1.9	$-CF_3$	−0.87
－O－	1.3	$-CF_2-$	−0.87

（1）戴维斯法

戴维斯认为可以把表面活性剂分子分解成一些基团，HLB 值是这些基团各自作用的总和，这些基团对 HLB 值的贡献是确定的。表 10-6 列出了部分基团的 HLB 值。将这些数据代入下面的公式就可以计算出表面活性剂分子的 HLB 值。

$$HLB=7+\sum(HLB)_H-\sum(HLB)_L \tag{10-39}$$

式中，$(HLB)_H$ 代表亲水基的 HLB 值，$(HLB)_L$ 代表憎水基的 HLB 值。例如十二烷基磺酸钠可分解为 $-SO_3Na$ 、$-CH_3$ 和 11 个 $-CH_2-$，将表 10-6 中的数据代入，可得

$$HLB=7+11-12\times0.475=12.3$$

HLB 值具有加和性，两种或两种以上的表面活性剂混合时，混合后的表面活性剂 HLB 值等于被混合的表面活性剂 HLB 值的权重加和。

$$HLB_{A+B}=\frac{HLB_A\cdot m_A+HLB_B\cdot m_B}{m_A+m_B} \tag{10-40}$$

m_A 和 m_B 分别为表面活性剂 A 和 B 的质量。

戴维斯法所能提供的数据（HLB 值）不多，故其应用有一定的局限性，但其对阐明构成表面活性剂分子的各原子基团的结构与其亲媒性（亲水性及亲油性）作用的定量关系有一定指导意义。

（2）格里芬法

格里芬法属于比值法。格里芬提出的计算公式为：

$$HLB=20\times\frac{M_H}{M}=20\times\frac{M_H}{M_H+M_L} \tag{10-41}$$

式中，M_H、M_L 和 M 分别为亲水基部分、憎水基部分和表面活性剂的分子量。

这一计算方法最早用于聚乙二醇型和多元醇型非离子型表面活性剂 HLB 值的求算。石蜡完全没有亲水基，所以其 HLB=0，而完全是亲水基的聚乙二醇 HLB=20，故非离子型表面活性剂的 HLB 值介于 0～20 之间，若在 10 附近，则亲水亲油能力均衡。后来又将这一方法扩展至离子型表面活性剂，并增加了一个标准：十二烷基硫酸钠的 HLB=40。

表 10-7 列举了壬烷基酚和环氧乙烷的各种加成物的 HLB 值。从其在油及水中的溶解变化规律可以看出 HLB 值与表面活性剂的亲水（亲油）性关系，HLB 值愈大则亲水性愈强，HLB 值愈小则亲油性愈强。

表 10-7　壬烷基酚和环氧乙烷加成物的 HLB 值

环氧乙烷数 m	HLB	溶解度	
		矿物油	水
1	3.3	极易溶解	不溶
4	8.9	易溶解	稍为分散
5	10	可溶	白色乳浊分散
7	11.7	稍难溶	分散乃至溶解
9	12.9	难溶乃至不溶	易溶解

表中 HLB 值的求算以 $m=4$ 为例，因为 $M_{壬基酚}=220$，$M_{环氧乙烷}=44$，

故 $$HLB=20\times\frac{4\times M_{环氧乙烷}}{M_{壬基酚}+M_{环氧乙烷}}=20\times\frac{4\times44}{220+4\times44}=8.9$$

不同 HLB 值的表面活性剂具有不同的用途。表 10-8 列举了 HLB 值与其相应用途的数

据以供参考。由于 HLB 值的计算或测定均是经验性的，故在应用中选择乳化剂、润湿剂、增溶剂和洗涤剂时，HLB 有一定的指导意义，但不能作为唯一的理论依据，最好结合实际效果进行筛选。

表 10-8　HLB 范围及适当用途

表面活性剂的 HLB 范围	应　用
1～3	消泡剂
3～6	W/O 型(油包水)乳化剂
7～9	润湿剂
8～18	O/W 型(水包油)乳化剂
13～15	洗涤剂
15～18	增溶剂

10.5.4　表面活性剂的应用

表面活性剂的品种繁多，在生产、科研和日常生活中应用极为广泛。如在洗涤剂、化妆品、制药、纺织、化学纤维、制革、食品、塑料、橡胶、金属加工、石油、采矿、建筑等工业部门中以及在化学研究领域中，表面活性剂都起到了极为重要的作用，因此表面活性剂被形象地喻为“工业味精”。下面仅就几个方面的应用进行简单的说明。

(1) 润湿作用

表面活性剂分子能定向地吸附在固液界面上，降低固液界面张力，改善润湿程度。如给植物喷洒农药时，由于植物的叶表面是非极性的，不能被农药液体所润湿，达不到杀虫效果。若在农药中加入少量的表面活性剂（润湿剂），可改进药液对植物表面的润湿程度。由于表面吸附作用使农药液滴表面被一层表面活性剂分子所覆盖，且憎水基朝外，使液滴表面成为非极性表面。这样由极性表面改变为非极性表面的液滴落在非极性表面的植物叶子上就能铺展开来，待水分蒸发后，在叶子表面上留下均匀的一薄层药剂，从而大大提高杀虫效果。

冶金工业中的浮游选矿，是首先将粗矿磨碎成小颗粒，倾入水池中，结果矿苗颗粒与无用岩石一起沉入水底（图 10-16）。在水池中加入合适的表面活性剂（作为捕集剂和起泡剂），矿苗是极性的亲水表面，表面活性剂吸附在矿苗的表面上，极性基朝向矿苗表面，非极性基朝向水中。不断加入表面活性剂，固体表面的憎水性随之增强，最后达到饱和吸附，矿苗颗粒相当于一个个非极性憎水颗粒。再从水池底部通入气泡，由于泡内气体的极性小，矿苗颗粒附着在气泡上，并上升到水面上，最后在水面上进行收集、灭泡和浓缩。岩石、泥沙等无用物质则留在水底被除去。

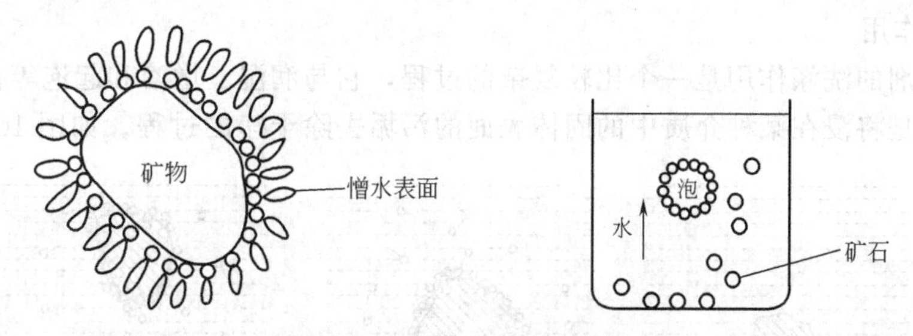

图 10-16　浮游选矿的基本原理

润湿作用广泛应用于药物制剂。表面活性剂作为外用软膏基质使药物与皮肤油脂能很好地润湿，增加接触面积，有利于药物吸收。在片剂中加入表面活性剂可以使药物颗粒表面易被润湿，利于颗粒的结合和压片。此外，常在针剂安瓿内壁涂上一薄层防水材料（表面活性剂），使玻璃内壁成为憎水表面，当用针筒抽吸针剂时药液就不易残留黏附在玻璃内壁上。

(2) 增溶作用

室温下苯在水中的溶解度很小，如果在水中加入适当的表面活性剂，苯的溶解度将大大提高，例如 $100cm^3$ 含 10%油酸钠的水溶液可溶解苯约 $10cm^3$。许多非极性碳氢化合物在水中的溶解也有类似的现象。表面活性剂的这种作用叫做增溶作用，能够起增溶作用的表面活性剂称为增溶剂，被增溶的有机物称为增溶物。

研究表明增溶作用是通过胶团实现的。当溶液中形成胶团以后，胶团内部相当于非极性"液相"，为非极性有机溶质提供了"溶剂"，可见增溶作用实际上是增溶物分子溶于胶团内部，而在水中的浓度并没有增加。X-射线衍射结果表明，增溶过程中球状胶团和棒状胶团的直径变大，层状胶团的厚度变大，说明以上增溶机理的正确性。

制药工业中常用吐温类、聚氧乙烯蓖麻油等作增溶剂。如维生素 D_2 在水中基本不溶，加入 5%的聚氧乙烯蓖麻油类表面活性剂后，溶解度可达 $1.525mg \cdot cm^{-3}$。其他如脂溶性维生素、甾体激素类、磺胺类、抗生素类以及镇静剂、止痛剂等均可通过增溶作用而制成具有较高浓度的澄清液供内服、外用甚至注射用。增溶在中药提取物制剂中也有重要意义。一些生理现象也与增溶作用有关，例如小肠不能直接吸收脂肪，但却能通过胆汁对脂肪的增溶而将其吸收。

(3) 起泡作用

泡沫是气体高度分散在液体中所形成的系统。由于气-液界面张力较大，气体的密度比液体低，气泡很容易破裂。若在液体中加入表面活性剂，再向液体中鼓气就可形成比较稳定的泡沫，这种作用称为起泡，所用的表面活性剂叫做起泡剂。起泡剂能降低气-液界面张力，使泡沫系统相对稳定，同时在包围气体的液膜上形成双层吸附，如图 10-17 所示，其中亲水基在液膜内形成水化层，使液相黏度增加，使液膜稳定并具有一定的力学强度。起泡作用常用于泡沫灭火、矿物的浮选分离及水处理工程中的离子浮选。此外，医学上用起泡剂使胃充气扩张，便于 X 射线透视检查。

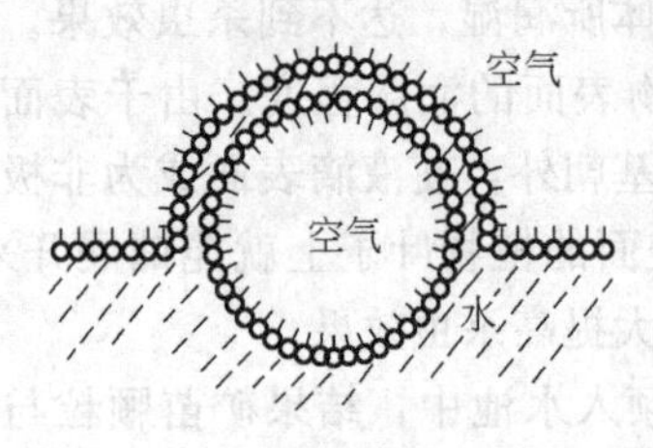

图 10-17　表面活性剂的起泡作用

有时，泡沫的存在是不利的。例如医药工业中在发酵或中草药提取、蒸发过程中经常会产生大量泡沫，给生产带来很大的危害。因此需要进行消泡。消泡有很多种方法。比如，在溶液中加入少量的消泡剂（如乙醚、硅油、异戊醇、辛醇、磷酸三丁酯等），这些消泡剂不能使泡沫形成牢固的表面膜，且能挤掉原来泡沫上的起泡剂，促使泡沫破灭。

(4) 洗涤作用

表面活性剂的洗涤作用是一个比较复杂的过程，它与润湿、增溶和起泡等作用都有关。洗涤作用是将浸在某种介质中的固体表面的污垢去除干净的过程。如图 10-18 所示。当

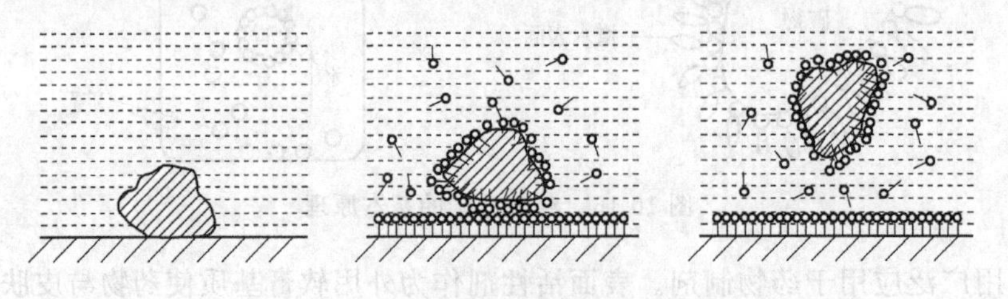
图 10-18　表面活性剂的洗涤作用

水中加入洗涤剂后，洗涤剂中的憎水基团吸附在污物和固体表面，从而降低了污物与水及固体与水的界面张力，然后用机械搅拌等方法使污物从固体表面脱落。洗涤剂分子在污物周围形成吸附膜而悬浮在溶液中，洗涤剂分子同时也在洁净的固体表面形成吸附膜而防止污物重新在表面上沉积。

最早用作洗涤剂的是肥皂（高级脂肪酸钠盐），肥皂是一种良好的洗涤剂，但在酸性溶液中会形成不溶性脂肪酸，在硬水中会与 Ca^{2+}、Mg^{2+} 等离子生成不溶性的脂肪酸盐，降低了去污性能，且污染了织物表面。近几十年来，合成洗涤剂工业迅速发展，用烷基硫酸盐、烷基芳基磺酸盐及聚氧乙烯型非离子表面活性剂等原料制成的各种去污能力比肥皂强的合成洗涤剂，而且克服了肥皂的上述缺点，可制成片剂、粉剂或洗涤液，便于在用机械搅拌去污的洗涤过程中使用。

思　考　题

10-1　如图 10-19 所示，在玻璃管的两端有两个半径不同的肥皂泡，若打开旋塞，使它们联通，两泡的大小将如何变化？最后达到平衡时的情况是怎样的？

10-2　有三根内径相同的玻璃管 a，b 和 c，将 a 垂直插入水中，管内水面升高为 h，弯月面半径为 r，若如图 10-20 所示，将 b 和 c 垂直插入水中，问管内水面上升的高度及弯月面半径将如何变化？

10-3　有一根玻璃毛细管插入水中，管内水面升高，若水面上的水蒸气与液体水达到平衡，图 10-21 中四点（点 2，3 处于同一高度）处的水蒸气压力大小应如何排列？

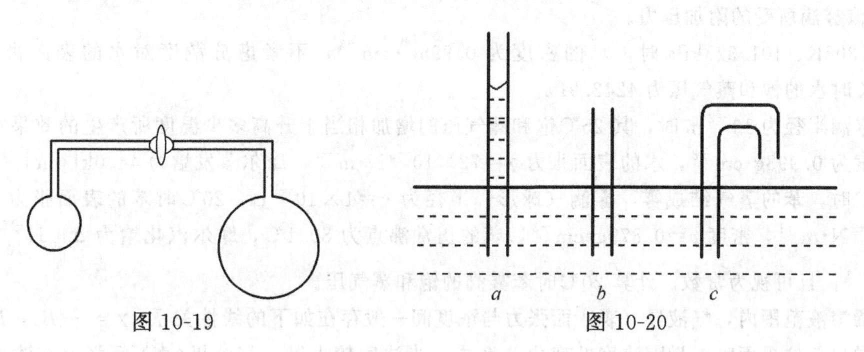

图 10-19　　图 10-20

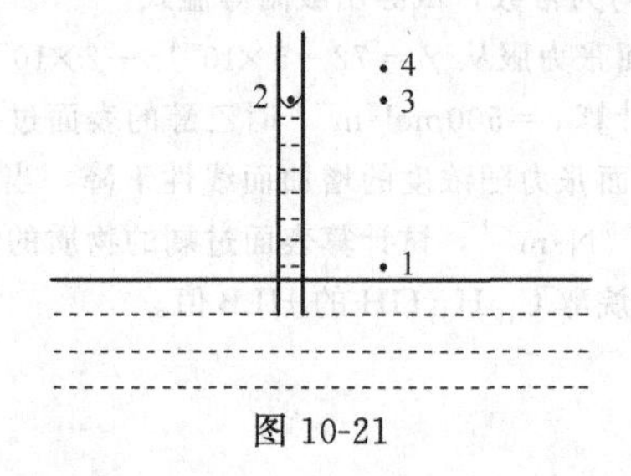

图 10-21

10-4　二平板玻璃间夹一层水为何不易被拉开？若夹水银情况又是如何？

10-5　表面吸附量、表面浓度、表面过剩（超）量是否同一个概念？

10-6　什么是表面活性剂的 HLB 值？它有何用处？

习　　题

10-1　试求 25℃时，1g 水形成一个球形水滴时的表面积和表面吉布斯函数，已知 25℃时水的表面张力为 $72\times10^{-3}\,N\cdot m^{-1}$。

10-2　已知水的表面张力 $\gamma=(75.64-0.0495T/K)\times10^{-3}\,N\cdot m^{-1}$，试计算在 283K，标准压力 $p^{\ominus}$ 下可逆地使

一定量的水的表面积增加 $10^{-4}m^2$（设体积不变）时，系统的 ΔU、ΔH、ΔS、ΔA、ΔG、Q、W。

10-3 用玻璃管蘸肥皂水吹一半径为 1cm 的气泡，计算泡内外压差。肥皂水的表面张力为 $\gamma=40\times10^{-3}N\cdot m^{-1}$。

10-4 用毛细管上升法测定某液体的表面张力，已知液体密度为 $0.790g\cdot cm^{-3}$，在半径 $2.46\times10^{-4}m$ 的玻璃毛细管中上升的高度为 $2.50\times10^{-4}m$，假设液体能很好地润湿玻璃，求此液体的表面张力。

10-5 已知毛细管的半径 $r=1\times10^{-4}m$，水的表面张力 $\gamma=72\times10^{-3}N\cdot m^{-1}$，水的密度为 $1.0g\cdot cm^{-3}$，接触角 $\theta=60°$，求毛细管中水面上升的高度 h。

10-6 298K 时，平面水面上的饱和蒸气压为 $3.168\times10^{-3}Pa$，已知 298K 时水的表面张力为 $72\times10^{-3}N\cdot m^{-1}$，密度为 $1.0g\cdot cm^{-3}$，试求该温度下，半径为 $10^{-6}m$ 的小水滴上水的饱和蒸气压。

10-7 293K 时，苯蒸气凝结成雾，其液滴半径为 $1\mu m$，求液滴界面内外的压力差，并计算液滴饱和蒸气压比平面液体饱和蒸气压增加的百分率。已知 293K 时液体苯的密度为 $0.879g\cdot cm^{-3}$，表面张力 $\gamma=28.9\times10^{-3}N\cdot m^{-1}$。

10-8 在 373K 时，水的表面张力为 $58.9\times10^{-3}N\cdot m^{-1}$，密度为 $0.9584g\cdot cm^{-3}$，问直径为 $1\times10^{-7}m$ 气泡内（即球形凹面上），在 373K 时水蒸气压力为多少？在 101.325Pa 外压下，能否从 373K 的水中蒸发出直径为 $1\times10^{-7}m$ 的蒸气泡？

10-9 水的表面张力与温度的关系为 $\gamma=(75.64-0.14t/℃)\times10^{-3}N\cdot m^{-1}$，今将 10kg 纯水在 303K 及 101.325kPa 条件下定温定压可逆分散成半径 $r=1\times10^{-8}m$ 的球形液滴，试计算：

(1) 环境所消耗的非体积功；

(2) 小雾滴的饱和蒸气压；

(3) 该雾滴所受的附加压力。

已知 303K、101.325kPa 时，水的密度为 $0.995g\cdot cm^{-3}$，不考虑分散度对水的表面张力的影响，303K 时水的饱和蒸气压为 4242.9Pa。

10-10 当水滴半径为 $10^{-8}m$ 时，其 25℃饱和蒸气压的增加相当于升高多少温度所产生的效果？已知水的密度为 $0.998g\cdot cm^{-3}$，水的表面张力 $\gamma=72\times10^{-3}N\cdot m^{-1}$，摩尔蒸发焓为 $44.0kJ\cdot mol^{-1}$。

10-11 20℃时，苯的蒸气结成雾，雾滴（球形）半径为 $r=1\times10^{-6}m$，20℃时苯的表面张力 $\gamma=28.9\times10^{-3}N\cdot m^{-1}$，密度 $\rho=0.879g\cdot cm^{-3}$，苯的正常沸点为 80.1℃，摩尔汽化焓为 $\Delta_{vap}H_m^{\ominus}=33.9kJ\cdot mol^{-1}$，且可视为常数。计算 20℃时苯雾滴的饱和蒸气压。

10-12 在稀溶液范围内，气液界（表）面张力与浓度间一般存在如下的线性关系：$\gamma=-Bc$，B 为常数，试导出单位界面吸附量随浓度的变化关系式。当浓度较大时，气液界（表）面张力与浓度间的关系为：$\gamma=A-B\ln c$，A、B 均为常数，试导出吸附等温式。

10-13 298K 时，乙醇水溶液的表面张力服从 $\gamma=72-5\times10^{-4}c+2\times10^{-7}c^2$，$\gamma$ 的单位为 $mN\cdot m^{-1}$，c 为乙醇的浓度（$mol\cdot m^{-3}$），试计算 $c=500mol\cdot m^{-3}$ 时乙醇的表面过剩量。

10-14 某表面活性剂的稀溶液，表面张力随浓度的增加而线性下降，当表面活性剂的浓度为 $0.1mol\cdot m^{-3}$ 时，表面张力下降了 $3\times10^{-3}N\cdot m^{-1}$，试计算表面过剩的物质的量 Γ。

10-15 试用戴维斯差值法计算十六烷醇 $C_{16}H_{33}OH$ 的 HLB 值。

第 11 章 固体的表面现象

固体物质广泛存在于自然界，它与气、液、固等物体接触，构成各种各样的系统。如环绕地球的大气层，弥漫于空气中的烟尘，化学反应器中的催化剂，药物加工、粮油食品加工中的各种物料等。发生在固体表面上的各种现象更是不胜枚举。吸附、润湿、催化等都与固体表面密切相关。本章就发生在固-液界面和固-气界面上的各种现象进行讨论。

11.1 固体表面的特征

11.1.1 固体表面的不均匀性

根据形状和大小可把固体分为普通固体、纤维状固体、粉末及粒径在 10^{-6}m 以下的胶粒。

固体表面与液体表面不同，肉眼看上去十分光滑的表面，若将其放大 1000 倍，就会看到沿加工方向出现的沟槽和裂纹，在高倍显微镜下观察光滑的塑料表面，其形貌恰似起伏的山峦或波涛汹涌的大海。这种凸凹不平对吸附、润湿、催化等，都是极为重要的影响因素。定性了解表面粗糙程度的工具是光学显微镜、电子显微镜。定量表示粗糙程度的常用方法之一，是用探针法观察垂直切分表面时的断面，并用图形表示出来（图 11-1），把所绘出的图形进一步数值化处理，取其平均高度来表示表面的粗糙程度，即

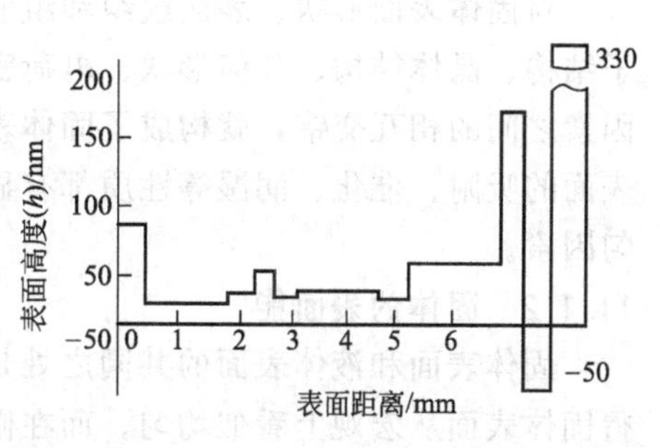

图 11-1 云母解理面的切面

$$\bar{h}=\frac{1}{n}\sum_{i=1}^{n}h_i \tag{11-1}$$

表 11-1 为利用上述处理方法得到的一些机械加工金属表面的平均粗度。

固体表面上的各种性质不像固体内部那样均匀一致，而是随加工方式和环境条件的变化自表向里呈现多层次结构。例如磨光的多晶固体，在表层结晶粒子微细化。对表面 1.0nm 厚度层进行电子绕射分析，发现为微细的晶群结构。而位于表面 10^{-5}～10^{-6}m 间的某晶轴与研磨方向一致成为纤维组织。金属表面的组成也比较复杂，大多数金属都在大气中生成氧化膜，氧化膜的组成和环境条件密切相关。例如，铜和铁在不同温度下的表面组成如下。

表 11-1 一些机械加工金属表面的平均粗度

机械加工种类	$\bar{h}/10^{-7}$m
抛光	2～25
搪磨	10～25
冲切	40～400
研磨	50～250
研削	300～600

铜：1100℃以上　Cu_2O/Cu　　1100℃以下　$CuO/Cu_2O/Cu$

铁：570℃以上　$Fe_2O_3/Fe_3O_4/FeO/Fe$　570℃以下　$Fe_2O_3/Fe_3O_4/Fe$

表面组成复杂化的原因不仅仅是氧化，大气中的其他物质在固体表面上的吸附造成的污染，也能使固体表面组成及结构复杂化。

大多数固体都是晶体物质，而各种实际晶体一般都不具备完整的结晶结构，往往带着各种缺陷，这些缺陷的存在又极大地影响着固体表面的性质，例如，10 亿个原子中混入 1 个杂原子，就足以使其电学性质发生显著的变化。

常见的表面晶格缺陷有点缺陷、面缺陷和线缺陷（或位错）。上述各种缺陷并非独立，而是相伴发生的。例如，位错常常以综合形式出现。这种位错恰似地壳上的岩层在地球运动中产生的位错，正如岩层位错产生巨大能量将以“地震形式”释放出来一样，结晶位错产生的能量不均匀分布终究也会以一定的形式体现出来。例如，在界面上发生的吸附、催化作用等。有人通过使用不同机械加工方式发现，冷轧（增加位错）使催化活性增加，退火（位错减少）使活性降低。

对固体表面形状、表面组织和组成、表面晶格缺陷等的研究表明，固体表面是一个与原子结构、晶体结构、几何形状、电荷密度等物理、化学性质密切相关的综合性场所，而这些因素之间的相互交错，就构成了固体表面极其复杂而多变的特点。而这些不均匀性，对固体表面的吸附、催化、润湿等性质都有显著的影响，在讨论这些内容时，一定要考虑表面不均匀因素。

11.1.2　固体的表面能

固体表面和液体表面的共同之处是两者的力场都是不饱和的，由于固体的不流动性，使得固体表面从宏观上看似均匀，而在微观上却是布满峰谷，粗糙不平。固体表面的几何不均匀性引起能量的分布也是不均匀的。例如，人们以表面上不同位置处碳原子的燃烧为例做过如下实验：

$$C(峰) + O_2 \rightarrow CO_2 \qquad \Delta_c H_m^{\ominus} = 937.22 kJ \cdot mol^{-1}$$

$$C(谷) + O_2 \rightarrow CO_2 \qquad \Delta_c H_m^{\ominus} = 209.20 kJ \cdot mol^{-1}$$

$$C(固) + O_2 \rightarrow CO_2 \qquad \Delta_c H_m^{\ominus} = -403.76 kJ \cdot mol^{-1}$$

$$C(气) + O_2 \rightarrow CO_2 \qquad \Delta_c H_m^{\ominus} = -1588.46 kJ \cdot mol^{-1}$$

上述实验结果说明，峰碳原子的燃烧热更接近气态碳原子的燃烧热，这说明峰、棱处的分子或原子，比位于谷面上的分子或原子的活性大得多。因此，峰、棱处碳原子的化学势大于谷面上碳原子的化学势，$\mu_{C(峰)} > \mu_{C(谷)}$。

由于固体表面能量分布的不均匀性，这就使得高度分散的固体颗粒和大块固体物质比较将表现出不同的特性。

对于小颗粒固体的蒸气压与大块固体之间的关系，可近似用开尔文公式表示，即

$$RT\ln\frac{p_r}{p_0} = \frac{2\gamma_{s\text{-}g}M}{r\rho} \tag{11-2}$$

这里需要说明的是：①因为固体颗粒表面的不均匀性，其曲率半径不可能是完全一样；②对于不同的晶面应有不同的 γ 值，这就使开尔文公式的实验验证极为困难。但是作为定性结论，即颗粒越小其蒸气压越大是正确的。

和蒸气压情形相似，固体小颗粒在溶剂中的溶解度也和大块固体不同，它们也可用开尔文公式描述，即

$$RT\ln\frac{a_r}{a_0}=\frac{2\gamma_{s-l}M}{r\rho} \tag{11-3a}$$

或

$$RT\ln\frac{c_r}{c_0}=\frac{2\gamma_{s-l}M}{r\rho} \tag{11-3b}$$

式中，γ_{s-l} 为固体与饱和溶液的界面张力。

除了上述讨论的表面能及其分布不均匀引起的后果外，还有许多实验事实与表面能有关，如熔化、吸附、催化、润湿等。

11.2 润湿现象

润湿是与人类生活和生产密切相关的重要现象之一，许多生产过程都是以润湿作用为基础的。例如，矿物浮选、喷洒农药、注水采油、洗涤、印染都离不开润湿作用。有时根据要求需要形成不润湿的条件。例如，防水雨布、抗黏涂层等。那么液体在什么情况下可以润湿固体，如何改善液体对固体的润湿性质，以增强或减弱润湿作用以适应人们的需求，就是本节讨论的中心内容。

11.2.1 润湿现象的分类

液体对固体的润湿，实质上是系统的吉布斯函数减少所致。润湿过程分为三类，即沾湿、浸湿和铺展。

(1) 沾湿

沾湿是指液体与固体从未接触到接触，变液-气界面和固-气界面为液-固界面的过程，如图 11-2 所示。从热力学角度来看，在等温等压下，进行一可逆过程时，若以单位面积考虑，则该过程中系统的吉布斯函数的变化为

$$\Delta G=\gamma_{l-s}-(\gamma_{g-s}+\gamma_{g-l}) \tag{11-4}$$

式中，γ_{l-s}、γ_{g-s}、γ_{g-l} 分别表示液-固、气-固、气-液的界面张力。当过程自发进行时，系统的吉布斯函数减少而对外做功 W_a 为

$$W_a=\Delta G=\gamma_{l-s}-(\gamma_{g-s}+\gamma_{g-l}) \tag{11-5}$$

W_a 是液-固界面黏附时，系统对外所做的最大功，称为黏附功。显然 $|W_a|$ 愈大，系统亦愈稳定，即液-固界面黏合得愈牢，故 $W_a\leqslant 0$ 是液体沾湿固体的热力学条件。

对于两个同种液体的液-气表面转化为一个液相的整体过程，系统对外所做的功，称为黏结功或内聚功，以 W_c 表示：

$$W_c=-2\gamma_{g-l} \tag{11-6}$$

W_c 是对两个同种液体结合牢固程度的一个度量。

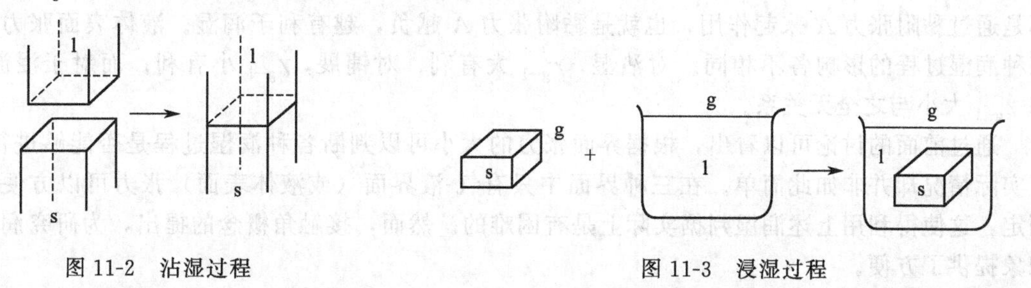

图 11-2 沾湿过程　　图 11-3 浸湿过程

(2) 浸湿

浸湿是指气-固界面转变为液-固界面的过程。这里气-液界面本身并没有变化（图 11-3)。

洗衣服时把衣服泡在水中就是浸湿的典型例子。在等温等压下，若浸湿面积为单位面积，则该过程的吉布斯函数变化为

$$\Delta G=\gamma_{l-s}-\gamma_{g-s}=W_i \tag{11-7}$$

W_i 称为浸湿功，它反映液体在固体表面上取代气体（或另一种与之不相混溶的液体）的能力，$W_i\leqslant 0$ 是液体浸湿固体的热力学条件。

(3) 铺展

多种工业生产中应用涂布工艺，其目的在于在固体基底上均匀地形成一流体薄层。这时不但要求液体能附着于固体表面，而且希望能自行铺展成为均匀的薄膜。农药喷雾时也有类似要求，即不仅能附着于植物枝叶上产生药效，而且能自行铺展，以便覆盖面积最大，达到最好的植物保护效果。铺展过程实际上是以固-液界面代替固-气界面的同时还扩大了气-液界面（图 11-4）。

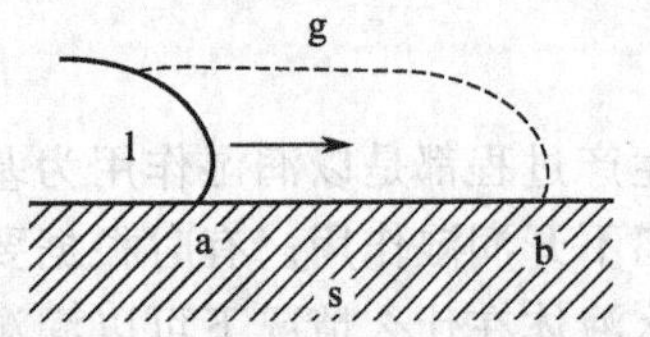

图 11-4 液体在固体上的铺展

等温等压条件下，当铺展面积为单位面积时，系统吉布斯函数的变化为：

$$\Delta G=\gamma_{l-s}+\gamma_{g-l}-\gamma_{g-s} \tag{11-8}$$

定义液体在固体上的铺展系数：

$$S=-\Delta G=\gamma_{g-s}-\gamma_{l-s}-\gamma_{g-l} \tag{11-9}$$

式中，S 称为铺展系数。显然，只有 S 为正值，相应地 ΔG 为负值时，铺展方能产生。以上讨论可推广至一种液体在另一种液体上的铺展。

将式 (11-9) 与式 (11-7) 结合可得

$$S=-(W_i+\gamma_{g-l}) \tag{11-10}$$

式 (11-10) 说明若要铺展系数 S 大于零，则 W_i 必须是负值且绝对值大于 γ_{g-l}，γ_{g-l} 是液体的表面张力，表征液体收缩表面的能力。与之相应，W_i 则体现了固体与液体间的黏附能力，因此又称为黏附张力，用符号 A 来代表：

$$A=\gamma_{l-s}-\gamma_{g-s} \tag{11-11}$$

三种润湿过程自发进行的条件皆可用黏附张力来表示：

$$W_a=A-\gamma_{g-l}<0 \tag{11-12}$$

$$W_i=A<0 \tag{11-13}$$

$$-S=(A+\gamma_{g-l})<0 \tag{11-14}$$

由于液体的表面张力总是正值，对于同一系统 $W_a<W_i<-S$，故凡是能自动铺展的系统其它润湿过程都可自动进行。因而常以铺展系数为系统润湿性指标。

从式 (11-12)、式 (11-13)、式 (11-14) 还可看出，固体表面能对系统润湿特性的影响都是通过黏附张力 A 来起作用，也就是黏附张力 A 越负，越有利于润湿。液体表面张力对三种润湿过程的影响各不相同。对沾湿，γ_{g-l} 大有利；对铺展，γ_{g-l} 小有利；而对于浸湿，则 γ_{g-l} 大小与之全无关系。

通过前面的讨论可以看出，根据界面张力的大小可以判断各种润湿过程是否能够进行；但实际情况却并非如此简单。在三种界面中只有气-液界面（或液体表面）张力可以方便地测定，这使得利用上述润湿判据实际上是有困难的。然而，接触角概念的提出，为研究润湿现象提供了方便。

11.2.2 接触角与润湿方程

液体在固体表面上的润湿程度一般可以用接触角来衡量。例如，水银滴在干净的玻璃上几乎缩成一个小球，而水滴在玻璃上却能铺展。

当系统达成平衡时，在气、液、固三相交界处液体会自然形成一定大小的接触角 θ（图 11-5），从气液界面经过液体内部到达气固界面之间的夹角 θ 称为接触角。

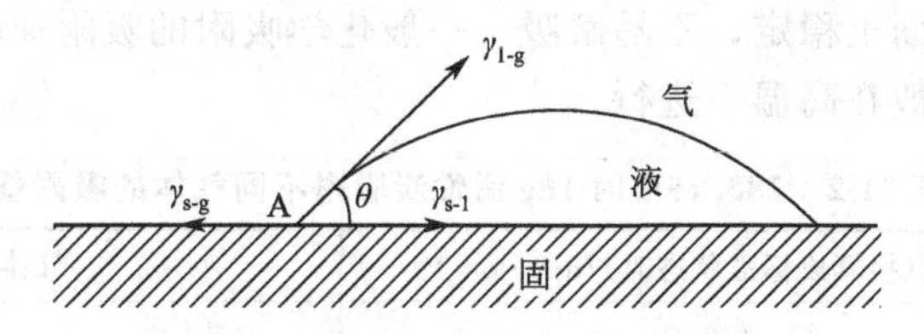

图 11-5　接触角与各界面张力的关系

按照热力学平衡的观点，三个界面张力在 A 点达平衡时，合力为零。故界面张力与接触角 θ 间有如下关系：

$$\gamma_{g-s}=\gamma_{l-s}+\gamma_{g-l}\cos\theta \tag{11-15a}$$

或

$$\cos\theta=\frac{\gamma_{g-s}-\gamma_{l-s}}{\gamma_{g-l}} \tag{11-15b}$$

式（11-15）称为润湿方程。最早是 T. Young 在 1805 年提出的，又称为杨氏方程。它是润湿的基本公式，用以判断各种系统的润湿情况。很明显，接触角 θ 愈小，润湿情况愈好，习惯上常将 $\theta=90^{\circ}$ 定为润湿与否的标准。$\theta>90^{\circ}$为不润湿；$\theta<90^{\circ}$为润湿；接触角等于 0°则为铺展。

11.3　固体表面对气体的吸附

固体表面与液体表面一样，处于表面的分子受到不平衡力场的作用，因而固体表面也具有表面吉布斯函数（又称表面能）。但它不能像液体那样通过改变形状缩小表面积来降低吉布斯函数，但可利用表面分子的剩余力场来捕获气相或液相中的分子，以达到系统的相对稳定。通常把气体分子在固体表面上相对聚集，密度增大的现象称为气体在固体表面上的吸附，被吸附的气体称为吸附质，具有吸附能力的固体称为吸附剂。

吸附作用可以发生在不同的界面上，如气-固、液-固、气-液、液-液等界面上均可发生吸附作用，本节着重讨论气体在固体表面上的吸附作用。

根据吸附质与吸附剂之间的作用力性质不同，可将吸附分为物理吸附和化学吸附两种类型。

11.3.1　物理吸附

物理吸附的作用力是范德华力。因任何互相接触的物质之间普遍存在着短程的范德华力，所以一种吸附剂可以吸附不同种类的气体，这使得物理吸附没有选择性。但是由于不同气体和吸附剂之间的范德华力大小的不同，因此，吸附量会随着气体种类不同而变化。表 11-2 列出 1kg 活性炭对不同气体的吸附量。

从表 11-2 中的数据可看出，不同气体在活性炭上的吸附量数值可相差很大，而且越易液化的气体，越易被吸附。物理吸附与气体在固体表面上凝聚很相似，其吸附热的数值与气体液化热接近。由于范德华力的广泛存在，被吸附在固体表面上的气体仍可以发生吸附，所以，物理吸附既可发生单分子层吸附，也可发生多分子层吸附。另外，物理吸附不需要活化能，吸附速率快，易于达到吸附平衡状态。以上都属于物理吸附的特征。

11.3.2　化学吸附

化学吸附的作用力是化学键力。在化学吸附过程中，可以发生电子的转移、原子的重排、化学键的破坏与形成等过程。此类吸附有明显的选择性，即某一种吸附剂只对某种气体才会发生吸附作用。由于吸附过程有化学键生成，故只发生单分子层吸附。化学吸附类似于化学反应，吸附热较大，一般在 40～400kJ，接近于化学反应热，化学吸附作用力较强，所以被吸附物质在固体表面上稳定，不易解吸。一般化学吸附的吸附速率都很小，且不易达到吸附平衡。化学吸附一般在高温下进行。

表 11-2　288.15K 时 1kg 活性炭吸附不同气体的吸附量

气体	吸附量(换算成标准状态时)/$dm^3 \cdot kg^{-1}$	气体临界温度/K
H_2	4.7	33
N_2	8.0	126
CO	9.3	134
CH_4	16.2	190
CO_2	48	304
HCl	72	324
H_2S	99	373
NH_3	181	406
Cl_2	235	417
SO_2	380	430

为了便于比较物理吸附与化学吸附的特点，表 11-3 中列出了它们发生吸附的一些性能。

表 11-3　物理吸附与化学吸附比较

吸附类型	物理吸附	化学吸附
吸附力	范德华力	化学键力
吸附热	较小，接近于凝聚热	较大，接近于化学反应热
选择性	无选择性	有选择性
吸附稳定性	不稳定，易解吸	比较稳定，不易解吸
吸附分子层	单分子层或多分子层	单分子层
吸附速率	较快，不受温度影响	较慢，升温速率加快

应当指出，物理吸附与化学吸附的区别不是绝对的，在某些条件下，可以同时发生在同一固体表面上，也可以一先一后发生。

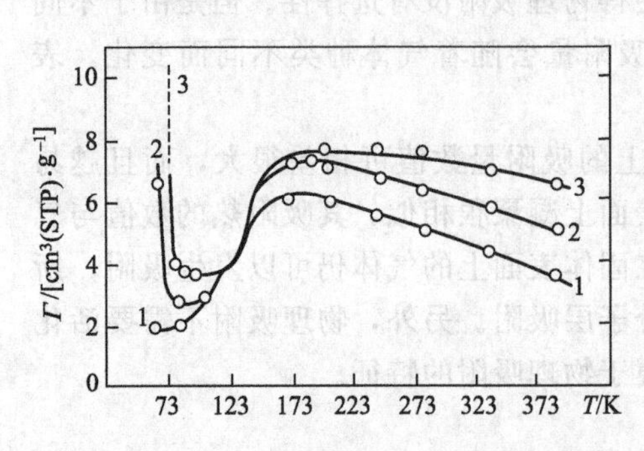

图 11-6　氢在镍上的吸附等温线

1. 3.333kPa；2. 26.66kPa；3. 79.99kPa

例如，氢在镍粉上的吸附（图 11-6），图中三条曲线的变化规律相似。低温时，吸附量随温度升高而急剧下降，该表面在低温时，氢主要是物理吸附，故温度上升吸附量减少。当温度升至曲线的最低点后，这时可以使氢分子活化，开始出现化学吸附。温度进一步升高，被活化的分子迅速增加，吸附量也随之显著增大。在曲线最高点时，表明化学吸附已达到吸附平衡。由于化学吸附是放热过程，所以随着温度的继续上升，平衡向解吸方向移动，吸附量也逐渐下降。

11.3.3　吸附曲线

在吸附研究中，人们最关心的是在一定条件下，一定量吸附剂对某种气体的吸附量大小。吸附量可用单位质量吸附剂吸附某气体的物质的量或体积数来表示，即

$$\Gamma=\frac{n}{m}\quad 或\quad \Gamma=\frac{V}{m} \tag{11-16}$$

式中，m 表示吸附剂的质量；n 表示被吸附气体的物质的量；V 是被吸附气体标准状态下的体积。实验表明，对于给定的系统达到平衡时，气体的吸附量与温度及气体的平衡压力有关，即

$$\Gamma=f(T,p) \tag{11-17}$$

式（11-17）中共有三个变量，为了寻找它们之间的规律，常固定其中一个变量，测定其他两个变量之间的关系。在一定温度下，改变气体压力并测定相应压力下的平衡吸附量，作 Γ-p 关系曲线，此曲线称为吸附等温线，如图 11-7。同样，在一定压力下，改变吸附温度并测定相应温度下的平衡吸附量，作 Γ-T 曲线，此曲线称为吸附等压线，如图 11-8。若吸附量固定不变，测定吸附压力和温度之间的关系，并作 p-T 曲线，此曲线称为吸附等量线，如图 11-9。这三种吸附曲线相互联系，其中任何一种曲线都可以用来描述吸附作用的规律，实际工作中使用最多的是吸附等温线。

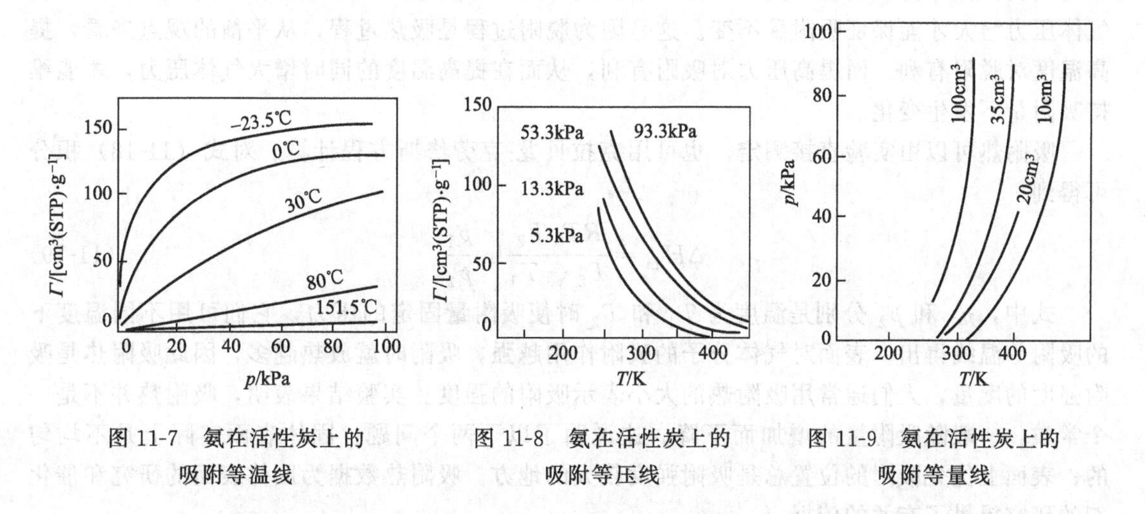

图 11-7　氨在活性炭上的吸附等温线　　图 11-8　氨在活性炭上的吸附等压线　　图 11-9　氨在活性炭上的吸附等量线

前已述及，吸附等温线是描述一定温度下吸附量和吸附平衡压力之间的关系。在许多情况下，吸附等温线都有如图 11-7 中 0℃附近那样的形状。但实验证明，不同吸附系统的吸附等温线形状很不一样，布鲁瑙尔把它们分为五类（图 11-10）。这五种吸附等温线反映了五种不同吸附剂表面性质、孔径分布性质以及吸附质与吸附剂相互作用的性质。

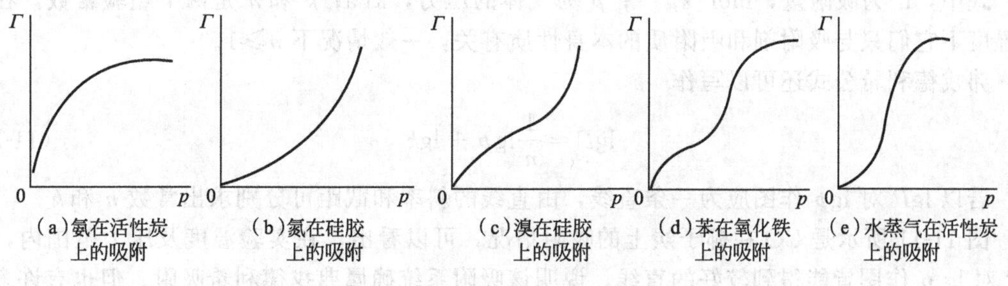

（a）氨在活性炭上的吸附　（b）氮在硅胶上的吸附　（c）溴在硅胶上的吸附　（d）苯在氧化铁上的吸附　（e）水蒸气在活性炭上的吸附

图 11-10　吸附等温线的类型

第一类型吸附等温线［图 11-10（a）］，朗格缪尔（Langmuir）称为单分子层吸附类型，也称 Langmuir 型。室温下氨、乙烷等在活性炭上的吸附及氮在细孔硅胶上的吸附表现为第一类型。化学吸附通常也是这种等温线。从吸附剂的孔径大小来看，当孔径在 1.0～1.5nm 以下时常表现为第一类型。其他四种类型较为少见。

11.3.4 吸附热

在一定温度和压力下，吸附均为自发过程，故吸附过程 $\Delta G<0$。而且，当气体分子被吸附在固体表面时，气体分子由原来的三维空间运动变为二维空间运动，有序程度增加，伴随着熵的减少，即 $\Delta S<0$。根据热力学公式 $\Delta G=\Delta H-T\Delta S$ 可知，吸附过程的 $\Delta H<0$，此结果说明吸附过程是放热过程。一般来说，气体的吸附过程相当于蒸气的液化，所以总是放热的。但也有少数例外情况，吸附是吸热的，比如，氢在 Cu、Ag、Au、Co 上的吸附就是吸热的。

吸附平衡可以看做是空间中气体与表面上被吸附气体的平衡。在吸附量恒定的情况下，这一平衡服从克拉贝龙-克劳修斯方程，即

$$\left(\frac{\partial \ln p}{\partial T}\right)_{\Gamma}=\frac{\Delta H_{\mathrm{m}}}{RT^{2}} \tag{11-18}$$

式中，p 和 T 分别为平衡压力和平衡温度；ΔH_{m} 是等量吸附热，单位为 $\mathrm{J\cdot mol^{-1}}$。式（11-18）表明，在保持吸附量不变的条件下，温度升高时压力增大，即当温度升高之后，只有将气体压力增大才能保证吸附量不变。这是因为脱附过程是吸热过程，从平衡的观点来看，提高温度对脱附有利。而提高压力对吸附有利，从而在提高温度的同时增大气体压力，才能维持吸附量不发生变化。

吸附热可以由实验直接测定，也可用克拉贝龙-克劳修斯方程计算。对式（11-18）积分可得到

$$\Delta H_{\mathrm{m}}=\frac{RT_{1}T_{2}}{T_{2}-T_{1}}\ln\frac{p_{1}}{p_{2}} \tag{11-19}$$

式中，p_1 和 p_2 分别是温度为 T_1 和 T_2 时使吸附量固定的压力，它们可用不同温度下的吸附等温线得出。表面对气体分子的吸附作用越强，吸附时就放热越多，因此吸附热是吸附强度的度量，人们通常用吸附热的大小表示吸附的强度。实验结果表明，吸附热并不是一个常数，一般随吸附量的增加而下降。这说明了以下两个问题：固体表面实际上是不均匀的；表面上优先吸附的位置总是吸附强度较大的地方。吸附热数据为固体表面的研究和催化剂的研究提供了有益的依据。

11.3.5 弗戎德利希吸附等温式

弗戎德利希（Freundlich）通过大量实验数据归纳总结出下列经验方程，即

$$\Gamma=kp^{\frac{1}{n}} \tag{11-20}$$

式中，Γ 为吸附量，$\mathrm{mol\cdot kg^{-1}}$；$p$ 为气体的压力，kPa；k 和 n 是两个经验常数，在一定温度下它们只与吸附剂和吸附质的本身性质有关，一般情况下 $n\geqslant1$。

弗戎德利希公式还可以写作

$$\lg\Gamma=\frac{1}{n}\lg p+\lg k \tag{11-21}$$

若以 $\lg\Gamma$ 对 $\lg p$ 作图应为一条直线，由直线的斜率和截距可分别求出常数 n 和 k。

图 11-11 所示是 CO 在椰子炭上的吸附情况，可以看出，在实验温度及压力范围内，以 $\lg\Gamma$ 对 $\lg p$ 作图皆能得到较好的直线，说明该吸附系统确属弗戎德利希吸附。但也有许多实验事实不符合经验方程，尤其是在压力很高或很低的情况下，偏差较大。通常弗戎德利希经

验方程只适用于中压范围。

尽管弗戎德利希方程的形式简单，计算方便，其应用范围也相当广泛，但该方程式中的两个经验常数没有明确的物理意义，在该方程的适用范围内，仅能概括表达一部分实验事实，尚不能说明吸附作用的机理。

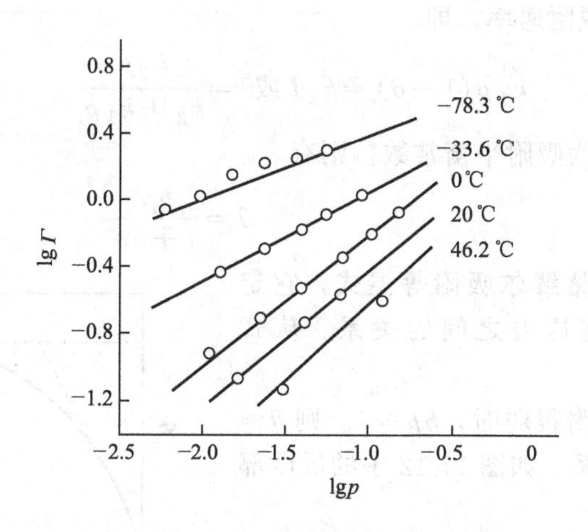

图 11-11 CO 在椰子炭上的吸附

11.4 单分子层吸附理论

11.4.1 朗格缪尔吸附等温式

1916 年朗格缪尔从动力学观点出发，提出固体对气体的吸附理论，称为单分子吸附理论。他认为当气体分子碰撞到固体表面时，有的是弹性碰撞，有的是非弹性碰撞。若是弹性碰撞，则气体分子跃回气相，且与固体表面无能量交换。若为非弹性碰撞，则气体分子就“逗留”在固体表面上，经过一段时间又可能跃回气相。气体分子在固体表面上的这种“逗留”就是吸附。根据单分子层吸附模型，在推导吸附方程时作了如下假设。

① 气体分子碰撞在已被固体表面吸附的分子上是弹性碰撞，只有碰撞在空白表面上时才能被吸附，这就是说吸附是单分子层的。

② 被吸附的气体分子从固体表面跃回气相的概率不受周围气体的影响，即不考虑气体分子间的作用力。

③ 固体吸附剂表面是均匀的，即表面上各吸附位置的能量相同。

④ 吸附平衡是动态平衡。所谓动态平衡是指吸附达到平衡时，吸附仍在进行，相应的脱附也在进行，只是吸附速率等于脱附速率而已。上述过程可表示为

$$\text{气体分子（空间）} \underset{\text{脱附}}{\overset{\text{吸附}}{\rightleftharpoons}} \text{气体分子（被吸附在固体表面上）}$$

设固体表面上共有 S 个吸附位置，当有 S_1 个位置被吸附质分子占据时，空白位置数为 $S_0=S-S_1$。令 $[\theta]=S_1/S$，称 θ 为固体表面覆盖度，表示被吸附分子覆盖表面积占固体总表面积的分数。如果表面盖满一单分子层，则 $\theta=1$，因此 $(1-\theta)$ 表示空白表面积分数。根据分子运动论可知，单位时间内碰撞到单位面积上的分子数与气体压力成正比，故气体在表面上的吸附速率 r_1 为

$$r_1=k_1p(1-\theta) \tag{11-22}$$

另外，气体分子从表面上脱附的速率 r_2 为

$$r_2=k_2\theta \tag{11-23}$$

式中，k_1 和 k_2 为比例常数，分别称为吸附速率常数和脱附速率常数。

在吸附过程中，θ 逐渐增大，所以吸附速率不断减小，脱附速率不断增加，当达到动态平衡时，吸附速率等于脱附速率，即

$$k_1p(1-\theta)=k_2\theta \text{ 或 } \theta=\frac{k_1p}{k_2+k_1p} \tag{11-24}$$

若令 $b=k_1/k_2$，称为吸附平衡常数，则有

$$\theta=\frac{bp}{1+bp} \tag{11-25}$$

式（11-25）就是朗格缪尔吸附等温式，它定量描述了覆盖率与平衡压力之间的关系。从式（11-25）可以看出：

① 当压力很低或吸附很弱时，$bp\ll1$。则 $\theta\approx bp$，即 θ 与 p 呈直线关系，如图 11-12 中的低压部分。

② 当压力足够高或吸附作用很强时，$bp\gg1$，则 θ 与 p 无关，表面吸附已达单分子层饱和。如图 11-12 中的高压部分。

③ 当压力适中时，θ 与 p 为曲线关系。如图 11-12 中的弯曲部分。

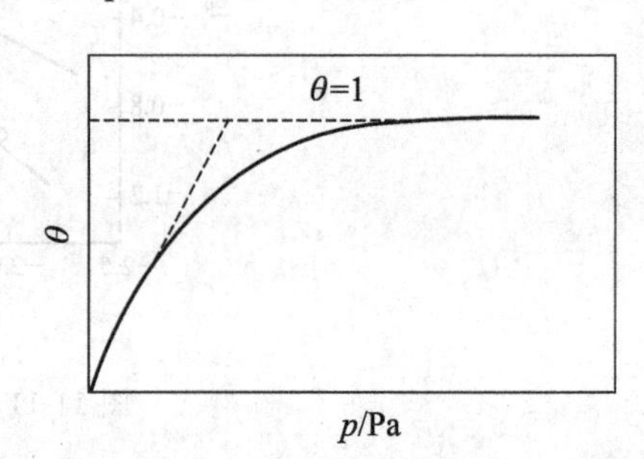

图 11-12　朗格缪尔吸附等温式示意图

11.4.2　朗格缪尔吸附等温式的应用

在式（11-25）中，p 是达到吸附平衡时的气体压力，而 θ 是达到吸附平衡时的表面覆盖率，吸附量 Γ 当然与 θ 成正比。若 Γ_∞ 表示表面上吸满单分子层时的吸附量，即饱和吸附量。则覆盖率可表示为

$$\theta=\frac{\Gamma}{\Gamma_\infty}$$

将上式代入式（11-25）可得

$$\Gamma=\Gamma_\infty\frac{bp}{1+bp} \tag{11-26}$$

或

$$\frac{p}{\Gamma}=\frac{1}{b\Gamma_\infty}+\frac{p}{\Gamma_\infty} \tag{11-27}$$

若以 $\frac{p}{\Gamma}$ 对 p 作图可得一直线，其斜率为 $\frac{1}{\Gamma_\infty}$，截距为 $\frac{1}{b\Gamma_\infty}$，从而求得 Γ_∞ 和 b。由 Γ_∞ 值可进一步求算吸附剂的比表面积 S_m，即

$$S_m=\Gamma_\infty LA_m \tag{11-28a}$$

式中，Γ_∞ 为单位质量吸附剂在盖满单分子层时所吸附的吸附质的量，$mol\cdot kg^{-1}$；A_m 为每个吸附质子的截面积，m^2；L 为阿伏伽德罗常数。

若 Γ_∞ 为每千克吸附剂在盖满单分子层时所吸附的吸附质的标准体积（$m^3\cdot kg^{-1}$），则式（11-28a）改写为

$$S_m=\frac{\Gamma_\infty LA_m}{22.40\times10^{-3}} \tag{11-28b}$$

【例 11-1】 当活性炭吸附氯仿（$CHCl_3$）时，已知 273.15K 时的饱和吸附量为 $93.80\times10^{-3}m^3\cdot kg^{-1}$。测知氯仿的分压为 0.066×10^5Pa 的平衡吸附量为 $73.06\times10^{-3}m^3\cdot kg^{-1}$。试求：

（1）朗格缪尔吸附等温方程中的吸附系数 b。

（2）氯仿的分压为 0.15×10^5Pa 时的平衡吸附量。

解　（1）求吸附系数 b：由 $\theta=\dfrac{\Gamma}{\Gamma_\infty}=\dfrac{bp}{1+bp}$，得

$$b=\frac{\dfrac{\Gamma}{\Gamma_\infty}}{\left(1-\dfrac{\Gamma}{\Gamma_\infty}\right)p}=\frac{\dfrac{73.06\times10^{-3}m^3\cdot kg^{-1}}{93.80\times10^{-3}m^3\cdot kg^{-1}}}{\left[1-\left(\dfrac{73.06\times10^{-3}m^3\cdot kg^{-1}}{93.80\times10^{-3}m^3\cdot kg^{-1}}\right)\right]\times0.066\times10^5Pa}$$

$$=5.37\times10^{-5}Pa^{-1}$$

（2）$p=0.15\times10^5Pa$ 时，氯仿的平衡吸附量为

$$\Gamma=\Gamma_\infty\frac{bp}{1+bp}$$

$$=93.80\times10^{-3}m^3\cdot kg^{-1}\times\frac{53.37\times10^{-5}Pa^{-1}\times0.150\times10^5Pa}{1+53.37\times10^{-5}Pa^{-1}\times0.150\times10^5Pa}$$

$$=83.38\times10^{-3}m^3\cdot kg^{-1}$$

11.4.3 解离吸附

若一个粒子被吸附时解离成两个粒子，并各占一个吸附中心，称为解离吸附，则吸附速率为

$$r_a=k_1p(1-\theta)^2$$

而脱附时，因为两个粒子都可以脱附，所以脱附速率为

$$r_d=k_2\theta^2$$

吸附达平衡时，$r_a=r_d$，所以

$$\theta=\frac{b^{\frac{1}{2}}p^{\frac{1}{2}}}{1+b^{\frac{1}{2}}p^{\frac{1}{2}}}\tag{11-29}$$

式中，$b=k_1/k_2$，在低压下，$b^{\frac{1}{2}}p^{\frac{1}{2}}<<1$，上式可简化为 $\theta=b^{\frac{1}{2}}p^{\frac{1}{2}}$，即覆盖率 θ 与 $b^{\frac{1}{2}}p^{\frac{1}{2}}$ 成正比，这一点可以用作判断是否发生解离吸附的标准。

11.4.4 混合吸附

若气相中含有 A、B 两种气体，且均能被吸附，或被吸附的 A 分子在表面上发生反应后生成的产物 B 也能被吸附，这些都可以认为是混合吸附，各占一个吸附中心，此时

A 分子的吸附速率　$r_a=k_1p_A(1-\theta_A-\theta_B)$

A 分子的脱附速率　$r_d=k_2\theta_A$

吸附达到平衡时，$r_a=r_d$，得

$$\frac{k_1}{k_2}=\frac{\theta_A}{p_A(1-\theta_A-\theta_B)}$$

令 $k_1/k_2=b_A$，则

$$\frac{\theta_A}{(1-\theta_A-\theta_B)}=b_Ap_A\tag{11-30}$$

同样，B 分子的吸附速率　$r_a'=k_1'p_B(1-\theta_A-\theta_B)$

B 分子的脱附速率 $r'_d = k'_2 \theta_B$

吸附达到动态平衡时，$r'_a = r'_d$，则得

$$\frac{k'_1}{k'_2} = \frac{\theta_B}{p_B(1-\theta_A-\theta_B)}$$

令 $k'_1/k'_2 = b_B$，则

$$\frac{\theta_B}{(1-\theta_A-\theta_B)} = b_B p_B \tag{11-31}$$

将式（11-30）和式（11-31）联立求解，得

$$\theta_A = \frac{b_A p_A}{1+b_A p_A + b_B p_B} \tag{11-32}$$

$$\theta_B = \frac{b_B p_B}{1+b_A p_A + b_B p_B} \tag{11-33}$$

式（11-32）和式（11-33）中的 p_A 和 p_B 分别为 A 和 B 的吸附平衡分压。由式可以看出，p_B 增加使 A 变小，即气体 B 存在可使 A 吸附受到抑制作用。同样气体 A 存在也影响到 B 的吸附。从式（11-32）和式（11-33），很容易推广到多种气体在同一固体表面上的吸附情况。对于分压为 p_i 的第 i 种气体，其朗格缪尔吸附等温式为

$$\theta_i = \frac{b_i p_i}{1+b_1 p_1 + b_2 p_2 + \cdots + b_i p_i +} = \frac{b_i p_i}{1+\sum_{i=1}^{n} b_i p_i} \tag{11-34}$$

朗格缪尔吸附等温式不乏有许多实验根据，但仔细分析实验结果，大多与理论计算有偏差，温度越低、压力越高，偏差越大。这些偏差的部分原因可能是由于表面的不均匀性，使得随着吸附量的增加，发生吸附位置的活性就越来越低，造成与朗格缪尔等温式不符合。因此，只有那些基本符合朗格缪尔假设的系统才能用该等温式处理，从而得到满意的结果。

11.5 多分子层吸附理论简介

从实验测得的许多等温线看，大多数固体对气体的吸附并不是单分子层的，尤其物理吸附基本上都是多分子吸附层，因而大多数吸附曲线不能用朗格缪尔理论予以说明。1938 年，布鲁瑙尔（Brunauer)、埃米特（Emmett）和泰勒（Teller）三人在朗格缪尔单分子层吸附理论的基础上，提出了多分子层吸附理论，简称 BET 吸附理论。

11.5.1 BET 吸附等温式

布鲁瑙尔、埃米特、泰勒三位科学家在推导多分子层吸附等温方程式时，保留了朗格缪尔吸附理论假设中除单分子层外的全部内容，又增加了四条假条：①气体可发生多分子层吸附；②除了第一层吸附热为通常说的吸附热外，其他各层的吸附热均为气体（或吸附质）的液化热；③气体（或吸附质）分子的蒸发和凝聚只发生在暴露于气相的表面上；④吸附达到动态平衡时，各种吸附层的面积保持不变。图 11-13 为多分层吸附示意图。

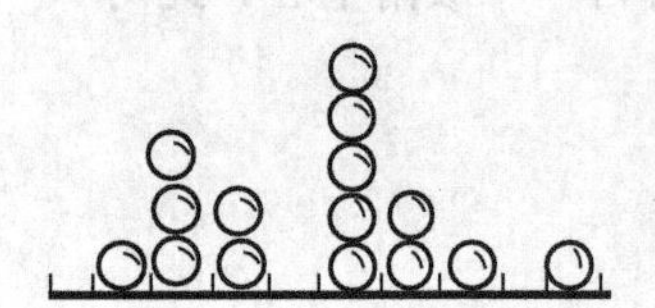

图 11-13 多分子层吸附示意图

根据上述假设，通过复杂的数学推导（推导从略），可得到 BTE 吸附等温方程式如下：

$$\frac{p}{V(p_0-p)} = \frac{1}{V_m C} + \frac{C-1}{V_m C}\left(\frac{p}{p_0}\right) \tag{11-35}$$

式中，p 为吸附量 V 时吸附平衡分压；V_m 为固体吸附剂吸满一层分子的吸附量，也称

为饱和吸附量；p_0 为蒸气凝结时的饱和蒸气压；C 是一个常数。

11.5.2 BET 方程的应用

BET 方程的实际应用之一就是测定固体吸附剂的比表面积。根据式 (11-35)，测定一系列平衡压力下的吸附量，以 $\dfrac{p}{V(p_0-p)}$ 对 $\dfrac{p}{p_0}$ 作图为一条直线。求出截距和斜率，显然

$$V_m=\frac{1}{\text{斜率}+\text{截距}} \tag{11-36}$$

比表面可由下式求得

$$S_m=\frac{V_mLA_m}{0.0224m} \tag{11-37}$$

式中，L 是阿伏伽德罗常数；A_m 为被吸附分子的截面积，m^2；V_m 是饱和吸附量，m^3；m 是吸附剂的质量，kg。

【例 11-2】 在 80.75K 时，用硅胶吸附氮气 (N_2)，在不同的平衡压力下，在标准状况下每 1kg 硅胶吸附 N_2 的体积如下表：

p/kPa	8.866	13.93	20.62	27.73	33.77	37.30
V/dm^3	33.55	36.56	39.80	42.61	44.66	45.92

已知 80.75K 时，N_2 的饱和蒸气压 $p_0=147.05kPa$，N_2 分子的截面积 $A_m=16.2\times10^{-20}m^2$。求所用硅胶的比表面。

解 根据题给数据，$\dfrac{p}{V(p_0-p)}\times10^3$ 和 $\dfrac{p}{p_0}$ 的数值如下表：

$\dfrac{p}{V(p_0-p)}\times10^3$	1.917	2.863	4.099	5.454	6.675	7.402
$\dfrac{p}{p_0}$	0.06043	0.09474	0.1403	0.1886	0.2296	0.2537

以 $\dfrac{p}{V(p_0-p)}\times10^3$ 对 $\dfrac{p}{p_0}$ 作图，得直线如图 11-14 所示。

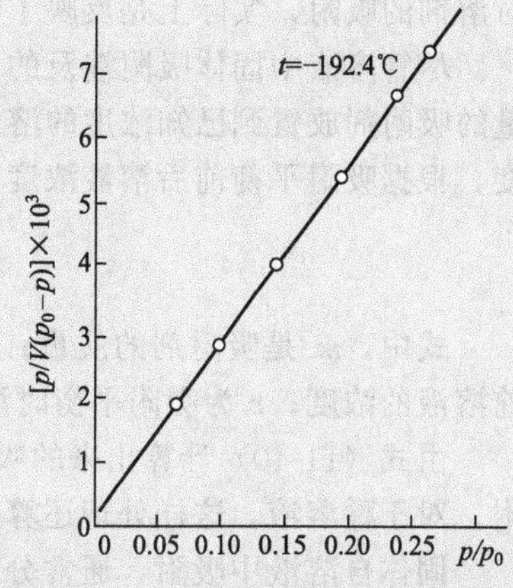

图 11-14 N_2 在硅胶表面上的吸附

$$\text{斜率}=\frac{(6.675-2.863)\times10^{-3}}{0.2296-0.09474}=28.27\times10^{-3}$$

$$\text{截距}=0.13\times10^{-3}$$

$$V_m=\frac{1}{\text{斜率}+\text{截距}}=\frac{1}{0.13\times10^{-3}+28.27\times10^{-3}}$$

$$=35.21dm^3=3.521\times10^{-2}m^3$$

故，所用硅胶的比表面为

$$S_m=\frac{V_mLA_m}{0.0224m}$$

$$=\frac{3.521\times10^{-2}m^3\times6.02205\times10^{23}\times16.2\times10^{-20}m^2}{0.0224m^3\times1kg}$$

$$=153.3\times103m^2\cdot kg^{-1}$$

BET 法测定比表面的误差，在个别情况下甚至可以达±10%，有人曾对作图方法进行了一些改进，以减少误差。将式（11-35）改写为

$$\frac{1}{V(1-p/p_0)}=\frac{1}{V_\mathrm{m}}+\frac{1}{V_\mathrm{m}C}\left(\frac{1-p/p_0}{p/p_0}\right) \tag{11-38}$$

然后以 $\frac{1}{V(1-p/p_0)}$ 对 $\left(\frac{1-p/p_0}{p/p_0}\right)$ 作图，从直线截距可直接得到 $\frac{1}{V_\mathrm{m}}$，而且图线的截距较式（11-35）中的大。所以可减少作图所引起的误差。从吸附等温线求单分子层饱和吸附量的方法很多，上述方法是较常用的，此外还有一点法、B 点法。“一点法”与“多点法”作图所得的结果相比较，误差一般不超过 5%。

在推导 BET 方程时，曾假定吸附层数可以无限的增加。倘若吸附的层数有一定的限制（如在多孔固体上的吸附），设仅有 n 层吸附，则可得到包含三个常数的 BET 方程。

$$V=\frac{V_\mathrm{m}Cp}{(p_0-p)}\left[\frac{1+(n+1)(p/p_0)^n+n(p/p_0)^{n+1}}{1+(C-1)(p/p_0)-C(p/p_0)^{n+1}}\right] \tag{11-39}$$

如果 $n=1$，即为单分子层吸附，上式可简化为朗格缪尔方程。如果 $n=\infty$，即吸附层可以无限多的增加，则从式（11-39）可以得到式（11-35）。显然式（11-39）的适用范围更广。

大量实验结果表明，多数吸附系统，当相对压力在 0.05～0.35 范围内，以 $\frac{p}{V(p_0-p)}$ 对 $\frac{p}{p_0}$ 作图都是直线，即在 $0.05<p/p_0<0.35$ 范围内，吸附实验结果都符合 BET 理论。

BET 理论在 $p/p_0<0.05$ 时失效，这可能是表面的不均匀性所致；而 $p/p_0>0.35$ 失效，则可能由于小孔隙限制了吸附层的厚度。也有人认为，把第一层以外的吸附质看做是液体性质就与事实不符，因为吸附剂在吸附质饱和蒸气压中吸附量并不是无限增加的。

11.6 固-液界面吸附

固体自溶液中吸附涉及的系统比较复杂，这时既要考虑吸附剂对溶质的吸附，又要考虑对溶剂的吸附，实际上是反映了溶质、溶剂和吸附剂表面三者分子间的相互作用情况。

尽管溶液中固体吸附涉及的系统比较复杂，但测定吸附量的实验方法却比较简单。把定量的吸附剂放置到已知浓度的溶液中，在等温条件下进行振摇平衡，达平衡时测定其平衡浓度，根据吸附平衡前后溶液浓度的变化，利用下式就可计算出吸附量 Γ，即

$$\Gamma=\frac{n}{m}=\frac{V(c_0-c)}{m} \tag{11-40}$$

式中，m 是吸附剂的质量；n 是被吸附溶质的物质的量；V 是溶液的体积；c_0 为吸附前溶液的浓度；c 为吸附平衡时溶液的浓度。

由式（11-40）计算出来的吸附量，实际上是表观吸附量，因为它没有考虑对溶剂的吸附。对于稀溶液，这样处理还算合理，对浓溶液将会产生很大的误差。

固体自溶液中吸附，通常分为非电解质溶液中吸附和电解质溶液中吸附两大类。前者又可分为稀溶液和浓溶液两种。在电解质溶液中吸附，主要是考虑固体表面上双电层的变化和形成及离子交换吸附。

11.6.1 固体自稀溶液中吸附

固体自非电解质稀溶液中的吸附等温线有三种主要类型：一种是单分子层吸附等温线，一种是指数形式的吸附等温线，还有一种是多分子层吸附等温线。现分述如下。

(1) 单分子层吸附等温线

固体自稀溶液中的吸附等温线与气体在固体表面上的吸附等温线相似，图 11-15 所示是炭黑从己烷溶液中吸附苯的吸附等温线。由图可以看出，此吸附等温线与朗格缪尔等温线属同一类型，因此可用朗格缪尔模型来描述。但应该指出，固体自溶液中吸附的朗格缪尔吸附模型与气体吸附有所不同。在溶液中，固体表面的吸附位，对溶质和溶剂分子都有吸附力，只是程度不同，且吸附作用力仅限于固体表面的吸附位与被吸附溶质或溶剂分子间的作用力，而被吸附分子间相互作用很小，故可看作是单分子层吸附，并认为这种吸附层是二维空间的理想溶液。这一类型的吸附等温方程可用下式描述：

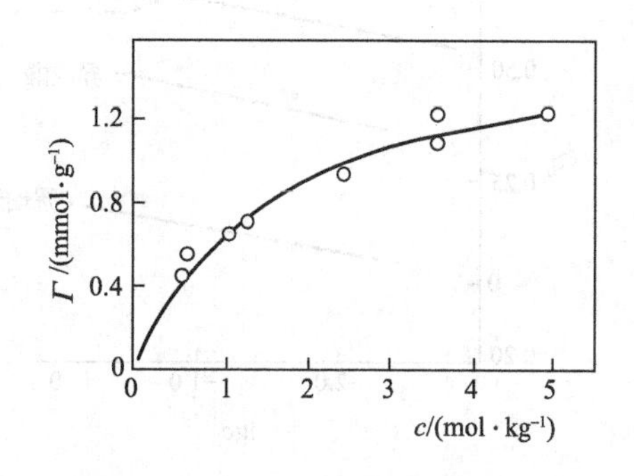

图 11-15　炭黑从己烷溶液中吸附苯的等温线

$$\Gamma = \frac{\Gamma_{\infty} bc}{1 + bc} \tag{11-41}$$

此式与式 (11-26) 相似，只是用浓度代替了压力。由式 (11-41) 可以看出，b 值增大，吸附量 Γ 也增加，b 值的大小表征了吸附的强弱，同时还可看出 Γ 随 c 增大而增大，但当浓度很大时，Γ 接近于极限值 Γ_{∞}，所以 Γ_{∞} 表征吸附剂的吸附能力。

将式 (11-41) 改写为线性形式，即

$$\frac{c}{\Gamma} = \frac{c}{\Gamma_{\infty}} + \frac{1}{\Gamma_{\infty} b} \tag{11-42}$$

即以 $\frac{c}{\Gamma}$ 对 c 作图可得一条直线，直线的斜率为 $\frac{1}{\Gamma_{\infty}}$，截距为 $\frac{1}{\Gamma_{\infty} b}$，由斜率和截距可求得常数 Γ_{∞} 及 b。

(2) 指数型吸附等温线

人们在长期的实践中，发现有些固体自溶液中吸附的等温线为指数形式，服从弗戎德利希方程，即

$$\Gamma = kc^{\frac{1}{n}} \tag{11-43}$$

和固体吸附气体一样，k、n 均为经验常数，其值与温度、吸附剂和溶质的性质有关。c 是吸附平衡时溶质的浓度，如将式 (11-43) 两边取对数，可得

$$\lg\Gamma = \lg k + \frac{1}{n}\lg c \tag{11-44}$$

以 $\lg\Gamma$ 对 $\lg c$ 作图，得到如图 11-16 所示的直线，从直线的斜率和截距可求出 k 和 n 值。

(3) 多分子层吸附等温线

固体自溶液中吸附的等温线，大多数都可以用朗格缪尔或弗戎德利希等温式描述。但是还有一些吸附系统呈现多分子层吸附的特点，即在低浓度时，溶质的吸附量不大，随着浓度增大，吸附量略有增加；当接近饱和浓度时，吸附量显著增加，等温线呈 S 型。例如，硅胶从己醇溶液中吸附水的等温线 (图 11-17)。当 c/c_0 在 0.8 以上时，吸附量急剧增加。相对浓度 c/c_0 相当于固体对气体吸附的 p/p_0。这一类吸附等温线常用类似于 BET 的公式来表示，即

$$\Gamma = \frac{Bc\Gamma_{\infty}}{(c_0 - c)[1 + (B+1)c/c_0]} \tag{11-45}$$

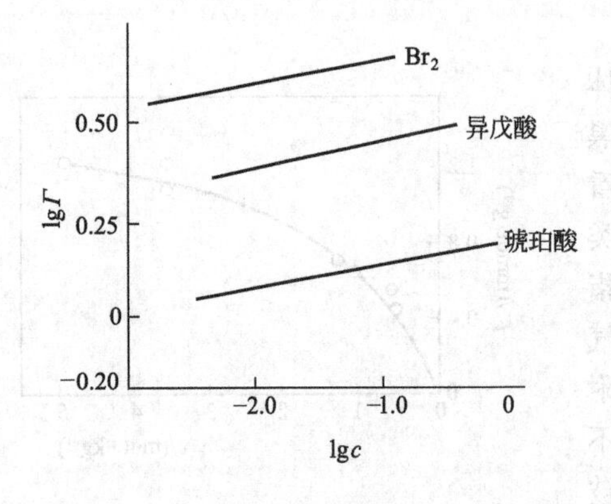

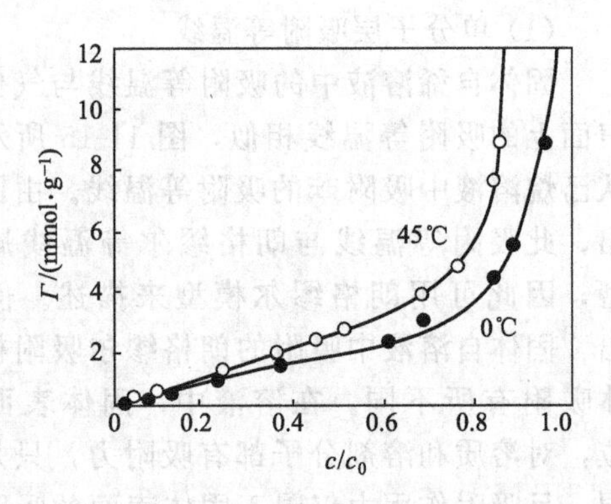

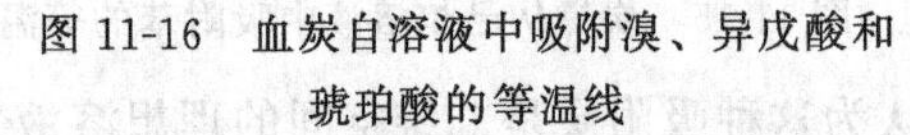

图 11-16 血炭自溶液中吸附溴、异戊酸和琥珀酸的等温线

图 11-17 硅胶在已醇溶液中吸附水的吸附等温线

式中，B 是常数；Γ 是平衡吸附量；Γ_{∞} 是饱和吸附量；c_0 是该温度下的饱和浓度；c 是平衡浓度。关于固体自浓溶液中的吸附由于篇幅所限，不在此赘述。

11.6.2 影响固体自非电解质溶液吸附的因素

对固体自溶液中吸附虽然已开展了广泛研究，但由于溶液中吸附涉及吸附剂、溶剂和溶质，三者之间的相互关系比较复杂，至今还没有完善的理论加以描述，仅总结出一些经验规律，现讨论如下。

(1) 吸附剂、溶剂、溶质三者极性不同对吸附量的影响

实验表明，在极性（非极性）溶剂中，非极性（极性）吸附剂易于吸附非极性（极性）强的溶质。特劳贝（Traube）规则就是对这种规律的描述。特劳贝规则是指有机同系物的吸附，总是有规律地随 —CH_2—链的增长而有规律地变化（增加或减小）。例如，活性炭是非极性吸附剂，在极性的水中，溶质的极性依次为甲酸＞乙醇＞丙酸＞丁酸，故活性炭对它们的吸附量依次增加（图 11-18）。同理，硅胶在甲苯溶液中，对各种脂肪酸吸附量的次序是乙酸＞丙酸＞丁酸＞辛酸（图 11-19）。

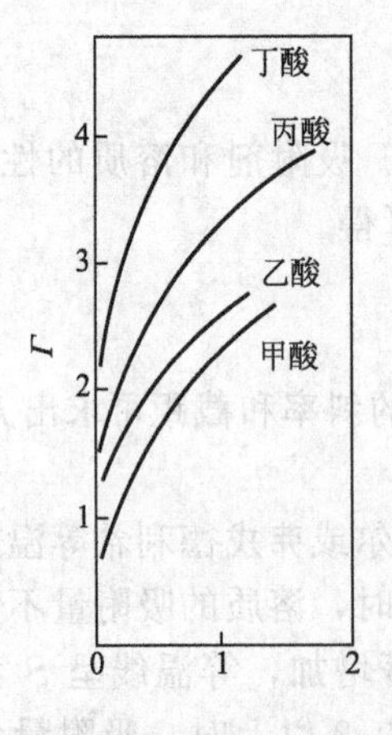

图 11-18 活性炭自水溶液中吸附脂肪酸的吸附规律

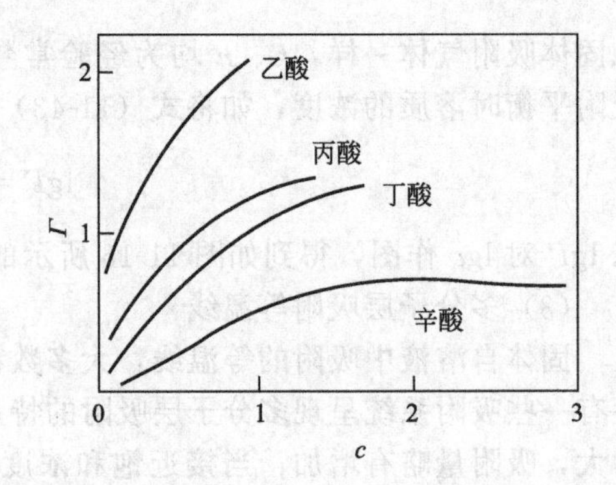

图 11-19 硅胶自甲苯溶液中吸附脂肪酸的规律

(2) 溶质在溶剂中的溶解度对吸附量的影响

经实验验证，溶解度越小的溶质，越易被吸附。这是因为溶解度越小，溶质与溶剂分子间作用力越弱，被吸附剂吸附的可能性就越大。例如，脂肪酸的碳氢链越长，在水中溶解度

越小，则被活性炭吸附的量也就越大。反之，在四氯化碳中的溶解度越大，则被活性炭吸附的量也就越小。

(3) 温度对吸附量的影响

由于大多数吸附是放热过程，故升高温度，吸附量常常下降。一般情况下，温度升高会增加溶解度，这种因素也会使吸附量下降。但是某些溶质在升温时，溶解度反而下降，比如丁醇、戊醇、己醇、庚醇、辛醇等，在水中的溶解度即是如此。故其吸附量随温度升高反而增加。

(4) 吸附剂的表面状态对吸附量的影响

纯净活性炭吸附量的大小常因表面的活化条件不同而各异。例如，多数活性炭的表面有部分被氧化，如 Spheron-6 就具有氧化的表面，它对醇的吸附超过苯，但把它加热到 2973K，可以得到半石墨化的 Graphon，就变成对苯的吸附超过醇。

另一方面，孔结构的不同，也会影响吸附能力。例如，5A 型分子筛容易吸附正己烷，不能吸附苯，而 10X 型分子筛、13X 型分子筛就能很强烈地吸附苯。

11.6.3　固体自电解质溶液中吸附

(1) 离子交换吸附

离子交换吸附是指离子交换剂或某些黏土在电解质溶液中吸附某种离子时，必然有等数量同电荷的离子从固体中交换出来。例如，某阳离子交换剂 RNa（R 代表交换剂的一个结构单位），在溶液中吸附 H^+ 时，交换反应为

$$RNa + H^+ \rightleftharpoons RH + Na^+$$

离子交换作用，实际起因于离子的静电力，但它有交换平衡，符合质量作用定律。而离子交换速率则决定于离子的扩散速率、静电作用力以及离子交换剂的选择性和溶胀作用等。在上述交换反应中，交换平衡常数 $K^\ominus$ 和标准摩尔吉布斯函数的变化关系如下：

$$\Delta G_m^\ominus = -RT\ln K^\ominus \tag{11-46}$$

$$K^\ominus = \frac{\Gamma(H^+)[Na^+]}{\Gamma(Na^+)[H^+]} \tag{11-47}$$

式中，Γ 表示交换平衡时固体表面上吸附的某种离子的表面浓度，[ ] 表示吸附平衡时溶液中某离子的浓度。令 Γ_m 表示固体的饱和吸附量，即

$$\Gamma_m = \Gamma(Na^+) + \Gamma(H^+) \tag{11-48a}$$

或

$$\Gamma(Na^+) = \Gamma_m - \Gamma(H^+) \tag{11-48b}$$

将式 (11-48) 代入式 (11-47)，得

$$K^\ominus = \frac{\Gamma(H^+)[Na^+]}{[\Gamma_m - \Gamma(H^+)][H^+]} \tag{11-49}$$

式 (11-49) 就是加朋 (Gapon) 离子交换吸附公式。此式也可以写成直线形式，即

$$\frac{1}{\Gamma(H^+)} = \frac{1}{\Gamma_m} + \frac{1}{K^\ominus \Gamma_m}\frac{[Na^+]}{[H^+]} \tag{11-50}$$

以 $\frac{1}{\Gamma(H^+)}$ 对 $\frac{[Na^+]}{[H^+]}$ 作图可得一直线，由直线的斜率和截距便可求得 Γ_m 和 $K^\ominus$ 值。若已知固体的表面积，式 (11-50) 可直接应用，否则就按单位质量的吸附量进行计算。

(2) 离子晶体对溶液中电解质的吸附

在由 $AgNO_3$ 和 KBr 溶液混合后制备 AgBr 沉淀时，若 KBr 溶液过量，则 AgBr 晶体表面将选择性吸附 Br^- 从而使 AgBr 晶体带负电；若 $AgNO_3$ 溶液过量，则 AgBr 选择性吸附

Ag^+，这时 AgBr 晶体带正电。此例即为离子晶体对电解质离子的选择吸附。

当然晶体选择吸附某种离子后，则反离子较多地分布在表面附近形成所谓施特恩(Stern) 吸附。产生施特恩吸附层的原因，既有静电吸引力，也有特异性的化学作用力。离子在固体表面上的吸附常常是朗格缪尔型吸附。

如果吸附剂是非极性的，则在电解质溶液中的吸附规律与吸附剂组成和表面性质有关。例如，无灰分和未吸附气体的活性炭对于强酸和强碱都不吸附，但若活性炭吸附了一些 O_2，在碳的作用下氧原子可从碳原子获得两个电子变成氧原子 O^{2-}，一个氧离子与一个水分子作用在表面上生成两个 OH^-，因此它们能吸附强酸，而不吸附强碱；若遇中性盐，此碳能使盐水解，水解生成的酸被吸附掉一些，于是溶液呈碱性。若活性炭吸附一些 H^+，则表面上就形成一层氢离子，因此也会发生"水解"吸附，使溶液 pH 值降低。离子交换吸附在分析化学中经常遇到，大家最熟悉的例子就是分析卤化物时常用到的法扬斯 (Fanjans) 吸附指示剂方法。

思 考 题

11-1 为什么气体吸附在固体表面一般总是放热的？而有些吸附却是吸热的（如氢在玻璃上的吸附），如何解释这种现象？

11-2 朗格缪尔等温方程式适用的对象如何？

11-3 物理吸附与化学吸附的主要区别是什么？

11-4 试推导出球形颗粒的溶解度 c_r 与其颗粒半径 r 的关系为

$$RT\ln\frac{c_r}{c_0}=\frac{2\gamma_{s\text{-}l}M}{r\rho}$$

式中，c_0 为大块固体的溶解度；ρ 和 M 分别为固体的密度和分子量；$\gamma_{s\text{-}l}$ 为固液界面张力。

习 题

11-1 773 K 时，已知 $CaCO_3$ 的表面张力为 $1210\times10^{-3}N\cdot m^{-1}$，密度为 $3.9\times103kg\cdot m^{-3}$，现把分解压由 101.325kPa 增加到 139.830kPa。问至少要将此 $CaCO_3$ 研磨至多大半径的粉末才有可能？

11-2 已知 298.15K 时，$CaSO_4$ 在水中的正常溶解度为 $15.33mol\cdot m^3$，半径为 $3\times10^{-7}m$ 的 $CaSO_4$ 细晶溶解度为 $18.2mol\cdot m^3$，ρ ($CaSO_4$) $=2960kg\cdot m^{-3}$，试求 $CaSO_4$ 与水之间的界面张力。从计算出的数据看，固体的比表面能比液体的大还是小？

11-3 293.15K 水的表面张力为 $0.07288N\cdot m^{-1}$，汞的表面张力为 $0.485N\cdot m^{-1}$，而汞-水界面张力为 $0.375N\cdot m^{-1}$，请问水能否在汞的表面上铺展？

11-4 在 351.3 K 时，用焦炭吸附氨气获如下数据：

$p\times10^{-2}$/Pa	7.13	12.9	17.0	28.6	38.8	74.3	99.7
$\Gamma/dm^3\cdot kg^{-1}$	10.2	14.7	17.3	23.7	28.4	41.9	50.1

试利用图解法求弗戎德利希公式中的常数 n 和 k 值。

11-5 已知 273.1K 时，用活性炭吸附 $CHCl_3$ 的分压为 13.37kPa，其平衡吸附量为 $82.5dm^3\cdot kg^{-1}$。求：

(1) 朗格缪尔吸附等温式中的 b 值。

(2) $CHCl_3$ 的分压为 6.6672kPa 时，平衡吸附量为若干？

11-6 473K 时，测定氧在某催化剂表面上的吸附作用，当平衡压力为 10^5Pa 及 10^6Pa 时，1kg 催化剂表面吸附氧的量分别为 $2.5\times10^{-3}m^3$ 及 $4.2\times10^{-3}m^3$（已换算成标准状况），设该吸附服从朗格缪尔公式，试计算当吸附量为饱和吸附量 Γ_∞ 的一半时氧的平衡压力。

11-7 在 77.2K 时，用微球型硅铝酸盐催化剂吸附 N_2，在不同的平衡压力下，测得 1kg 催化剂吸附的 N_2

在标准状况下的体积如下表：

p/kPa	8.699	13.638	22.111	29.924	38.910
V/$dm^3 \cdot kg^{-1}$	115.58	126.30	150.69	166.38	184.42

已知 77.2K 时，N_2 的饱和蒸气压为 99.124kPa，每个 N_2 分子的截面积为 $A_m = 16.2\times10^{-20}m^2$。试用 BET 方程计算该催化剂的比表面。

11-8　77.2K 时测得 N_2 在 TiO_2 上的吸附数据如下：

p/p_0	0.01	0.04	0.1	0.2	0.4	0.6	0.8
V/cm^3	1.0	2.0	2.5	2.9	3.6	4.3	5.0

p_0 为液态 N_2 在 77.2K 时的饱和蒸气压，p 为吸附达到平衡时 N_2 的压力，V 为 1g TiO_2 所吸附 N_2 的体积（标准体积）。已知 N_2 分子的截面积为 $16.2\times10^{-20}m^2$，试用 BET 公式计算 1g TiO_2 固体的表面积。

11-9　N_2 在活性炭上的吸附数据如下：

吸附气体的体积/cm^3(STP)	0.145	0.894	3.468	12.042
194K 时的平衡压力/$p^\ominus$	1.5	4.6	12.5	66.4
273K 时的平衡压力/$p^\ominus$	5.6	35.4	150	694

试计算 N_2 在活性炭上的吸附热。

11-10　在 291.15K 时，用血炭从苯溶液中吸附苯甲酸，实验测出 1kg 血炭的吸附量（Γ）与苯甲酸的平衡浓度（c）的数据如下：

$c/10^{-3}mol\cdot dm^{-3}$	2.82	6.17	25.7	50.1	121	282	742
$\Gamma/mol\cdot kg^{-1}$	0.269	0.355	0.631	0.776	1.21	1.55	2.19

试利用图解法求弗戎德利希吸附等温式中的常数 n 和 k。

11-11　在 291.15K 的等温条件下，用骨炭从醋酸水溶液中吸附醋酸。在不同的醋酸平衡浓度下，1kg 骨炭吸附醋酸的量列表如下：

$c\times10^3/mol\cdot dm^{-3}$	2.02	2.46	3.05	4.10	5.81	12.8	100	200	500
$\Gamma/mol\cdot kg^{-1}$	0.202	0.244	0.299	0.394	0.541	1.05	3.38	4.03	4.57

将上述关系用朗格缪尔关系式表示出来，并求 Γ_∞ 及 b。

胶 体 篇

“胶体”一词最早由英国科学家格莱姆（Graham）提出，它根据物质在水溶液中的扩散及通过半透膜的渗析情况，将物质分为晶体和胶体两类。但这种分类方法并不全面，经韦曼（Weimarn）对大量物质在水溶液中表现出来的性能进行系统研究之后，认为胶体并不是一种特殊物种，而是物质存在的一种特殊状态，是一种或几种物质以一定的分散度分散于另一种物质中构成的分散系统。

胶体系统的高度分散性和巨大界面能的存在，使其表现出许多独特性质，系统地研究这些独特性质的学科已发展成为现代化学的一门重要分支——胶体化学。

第 12 章　胶体分散系统

12.1　分散系统概述

12.1.1　分散系统的研究内容

分散系统是研究胶体分散系统、粗分散系统及其界面现象的科学，主要研究胶体的制备方法、物理化学性质及其变化规律的理论和应用问题。在自然界以及工业、农业生产中，常常会遇到一种或几种物质分散在另一种物质中所形成的系统，其中被分散的物质叫分散相，另一种物质叫分散介质。例如，尘埃或水滴分散在空气中便形成了烟和雾，天然原油中常含有微量分散的水，牛奶是由奶油分散在水中形成的分散系统。

一般来说，分散相粒子的线性大小为 $10^{-9}\sim10^{-7}$ m 的分散系统称为胶体分散系统，包括溶胶和高分子溶液。分散相更大的一些系统叫粗分散系统；反之，分散相粒子小于 10^{-9} m 的系统便是低分子分散系统。在溶胶和粗分散系统中的分散相粒子，都是由许多分子的聚集体（如金溶胶、乳状液等）组成；在高分子溶液中，分散相粒子是由一个或几个高分子组成（如蛋白质、橡胶、尼龙等溶液）。前者具有高分散度、多相和聚结不稳定的共同特征，后者具有同样的高分散度。而低分子分散系统则不具有胶体的特征，而具有极高的分散度、均相和热力学稳定性。

如果只把分散相粒子大小介于 $10^{-9}\sim10^{-7}$ m 的系统作为胶体的研究对象，那是不全面的，因为这一界限不包括与溶胶性质有相似之处而分散相粒子较大的悬浮体、乳状液等。一般以溶胶所具有的三个主要特征，即多相、高分散度以及聚结不稳定性作为胶体的辨别标准。这样又把高分子溶液排除在外，但由于高分子的质点大小在胶体范围之内，且具有一些与溶胶相类似的性质，所以，仍把高分子化合物溶液的部分性质归入胶体的研究范围之内。

界面现象是溶胶和粗分散系统的重要特征，胶体化学家也把界面的有关性质作为胶体化学的研究内容之一。

综上所述，分散系统的研究内容分为三个方面，即胶体分散系统、粗分散系统和界面现象（前已介绍）。

12.1.2 分散系统的分类

分散系统的概念是奥斯特瓦尔德（Ostwald）提出的，它是一个很广泛的概念，并非所有分散系统都是胶体系统。与粒子大小成反比的量叫分散度，因此分散相粒子越小，则分散度越大，根据分散度的大小来划分分散系统，奥斯特瓦尔德将分散系统分为粗分散系统、胶体分散系统和分子分散系统，见表 12-1。

表 12-1 分散系统的类型和特征

类型	粒子的大小范围	特 征
粗分散系统	$>10^{-7}$m	不能穿过滤纸和半透膜；无扩散能力；在显微镜下可以看见
胶体分散系统	$10^{-9}\sim10^{-7}$m	能穿透滤纸，但不能穿过半透膜；稍有扩散能力；在显微镜下不能分辨，但在超显微镜下可以分辨
分子分散系统	$<10^{-9}$m	能通过滤纸和半透膜；扩散能力大；在显微镜和超显微镜下均不能分辨

另一种分类的方法，是按照分散相和分散介质的聚集状态不同，将分散相粒子大于 10^{-9}m 的分散系统分为八类，见表 12-2。

表 12-2 按聚集状态进行分类

分散相	分散介质	名 称	实 例
固	液	溶胶	金溶胶、硫溶胶
液	液	乳状液	牛奶、豆浆
气	液	泡沫	啤酒泡沫、灭火泡沫
固	固	固溶胶	合金、宝石
液	固	固态乳状液	珍珠
气	固	固态泡沫	泡沫玻璃、泡沫塑料
固	气	固态气溶胶	烟、尘
液	气	液态气溶胶	云、雾

奥斯特瓦尔德的分类只适合于具有球形对称的粒子，但是斯陶丁格（Staudinger）等人提出：有些胶（体）粒（子）（实际上是指高分子）形状很特殊，长可达数千纳米，而厚度只有苯环那样薄，从长度上看应属粗分散系统，从厚度上看应属低分子分散系统。因此他们认为，对于这种情况不能根据粒子的线性大小，而应以粒子中所含原子数目的多少作为分类标准。斯陶丁格规定胶粒区域上、下限的原子数目为 $10^3\sim10^9$。具体分类见表 12-3。

表 12-3 斯陶丁格分类法

类型	粒子中含原子数目	特 征
粗分散系统	$>10^9$ 个	在普通显微镜下可以看到粒子，粒子可为滤纸阻挡，粒子不能渗析或扩散
胶体分散系统	$10^3\sim10^9$ 个	粒子在电子显微镜下可见，在超显微镜下能够觉察，在普通显微镜下看不到，粒子能穿过滤纸但不能通过超滤膜，扩散很慢，只有最小的粒子能渗析但很慢
低分子分散系统	$<10^3$ 个	分子在电子显微镜下可以看见，能穿过超滤膜；扩散迅速，并能通过膜渗析

12.1.3 胶体系统的分类

关于胶体系统的分类方法也是多种多样的，除了前面按分散相和分散介质的聚集状态分类外，还可按化学成分、形状、结构和介质的性质进行分类。

(1) 无机胶体和有机胶体

此种分类方法是根据它们的化学组成来分类的，其分类如下。

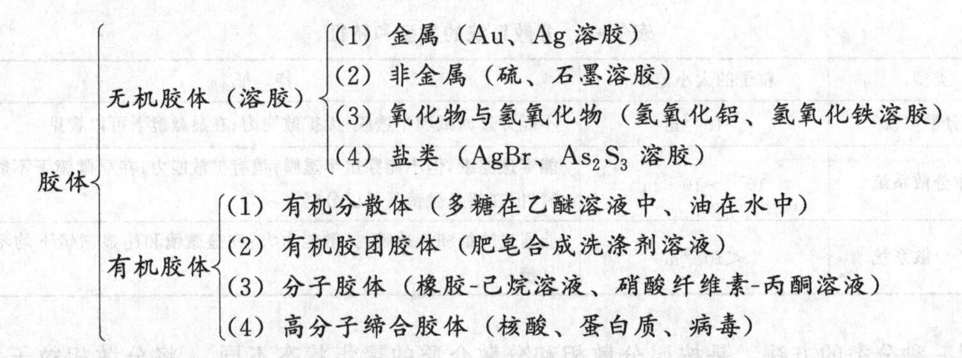

胶体
无机胶体（溶胶）
(1) 金属（Au、Ag 溶胶）
(2) 非金属（硫、石墨溶胶）
(3) 氧化物与氢氧化物（氢氧化铝、氢氧化铁溶胶）
(4) 盐类（AgBr、As_2S_3 溶胶）
有机胶体
(1) 有机分散体（多糖在乙醚溶液中、油在水中）
(2) 有机胶团胶体（肥皂合成洗涤剂溶液）
(3) 分子胶体（橡胶-己烷溶液、硝酸纤维素-丙酮溶液）
(4) 高分子缔合胶体（核酸、蛋白质、病毒）

上述有机胶体的分类法是斯陶丁格提出来的。其中有机分散体又可进一步分为悬浮体和乳状液；有机胶团胶体和高分子缔合胶体二者相似，都是分子缔合体，缔合力为分子间作用力，二者的区别仅在于分子大小不同而已。分子胶体即高分子溶液，这是有机胶体中最重要的一种。

(2) 球形胶体和线形胶体

该种分类方法也是斯陶丁格等人根据胶体质点（或分子）的形状而分类的。这种分类对于有机胶体特别有意义，因为质点的形状在许多方面强烈地影响胶体的物理化学性质。一些重要的天然和合成的橡胶、纤维 、塑料都是由线形胶体所组成，它们的力学性能，如抗张强度和塑性等，都取决于线形分子的结构和长度。有时同一物质，既可以是球形的，也可以是线形的，如天然蛋白质是球形胶体，当它变性后即变为线形胶体。

实际上，球形和线形结构只是两种极端情况。由于高分子碳链的内旋转和链上各基团的相互作用，分子的形态是各种各样的，有细长的刚性棒，也有柔性的无规线团，还有带支链的分子等。

(3) 分子胶体和胶团胶体

路米亚（Lumiere）和斯陶丁格根据胶体质点的结构不同，将胶体分为分子胶体和胶团胶体。分子胶体的基本特征是胶体质点是单个高分子，高分子中的各原子之间均以化学键相连接，如纤维素、橡胶、蛋白质等都属于这一类。胶团胶体却是许多小分子或原子借分子间作用力连接在一起的聚集体，许多溶胶、乳状液等属于这一类。

这里需要说明的是，前述划分方法并不是绝对的和无条件的，例如，肥皂在水中能生成胶团，而在乙醚中溶解为分子分散的溶液；同样，对分子胶体也有类似情况，如在很稀的橡胶溶液中，主要是单个的橡胶分子，而在较浓的橡胶溶液中，高分子就有缔合的趋势。

(4) 疏液胶体和亲液胶体

根据溶胶的稳定性及胶体质点与溶剂（或分散介质）的关系，贝林（Perrin）和弗戎德利希将胶体分为疏液胶体和亲液胶体。大多数无机胶体属疏液胶体，而绝大部分有机胶体则属亲液胶体。例如，金溶胶是疏液胶体，因为金对其分散介质是无亲和力的；而淀粉等对水的亲和性很好，所以，水可以作为它们的溶剂而形成亲液胶体。

从前面的讨论可知，疏液胶体是热力学不稳定的多相系统，究竟什么原因使其暂时稳定呢？经大量研究认为，胶体质点所带的电荷和表面的溶剂化层，是两个主要的稳定因素。而亲液胶体却是热力学稳定的均相系统，所以，它比疏液胶体要稳定得多。

由于胶体系统是一个复杂系统，综观前述的各种分类，都是以胶体的某种特性作为分类依据，多少都带有片面性。这些分类是在本学科发展过程中逐步形成的。目前，根据科学的发展，人们将胶体系统分为下列三个大类：

① 溶胶。由于它们具有很大的界面能，在热力学上是不稳定的。当它们相分离后，不易恢复原状，所以是不可逆系统，属于这方面的有溶胶、悬浮液、泡沫、气溶胶等。

② 高分子（天然的或合成的）溶液。因为没有界面，系统无界面能存在，所以，它们是热力学稳定的均相系统。又因为在溶剂被分离后又能自动地溶解成原来的分散系统，所以，它们是热力学可逆系统。

③ 缔合胶体（或胶体电解质）。它们也是热力学稳定系统，是由表面活性剂在溶剂中形成的一种胶团。一般需要表面活性剂达到一定浓度后才能大量形成。能生成缔合胶体的物质有肥皂、合成洗涤剂等。

上述分类方法是从热力学的角度来考虑的，也反映了它们的本质区别，特别是认识到高分子系统是热力学稳定系统这一点，因而可利用传统的溶液热力学来处理高分子溶液，推动这方面的工作发展。至于历史上的分类方法，以及它们中的术语、名称，特别是目前文献和教科书中仍在使用的那些，了解后会对我们今后的工作和学习带来方便，而这些分类中对胶体和高分子溶液所描述的特性仍是正确的，也是我们需要熟悉的。

12.2 胶体的制备及净化

12.2.1　胶体的制备

根据前面的讨论可知，胶体并不是一种特殊的物质，而是物质存在的一种特殊状态，胶粒的线性大小要求在 $10^{-9}\sim10^{-7}$ m 之间。根据分散度的大小，制备胶体的途径不外乎两条，其一是将大块物质分割成胶体颗粒，其二是使小于胶体颗粒的分子或离子聚集成胶体颗粒。对溶胶来说，前一种方法叫分散法，后一种方法叫凝聚法。

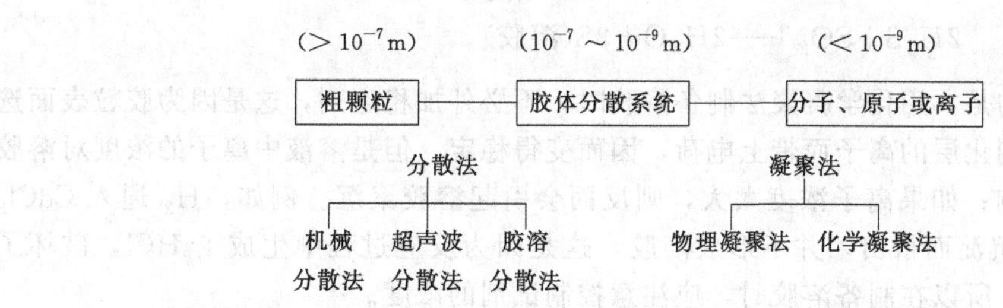

(1) 分散法

使大块物质在有稳定剂存在时分散成胶体粒子，通常有下面几种方法：机械研磨法、超声波分散法、电弧分散法和胶溶法。

机械研磨法使用球磨机或胶体磨，利用两片靠得很近的坚硬的磨盘或磨刀高速反向运转时产生的剪切力，使物质被磨细。

超声波法是利用频率高于 16000Hz 的声波传入介质，可使介质产生相同频率的疏密交替，对被分散物质产生很大的撕碎力，从而得到均匀分散的分散相，制成溶胶或乳状液。

电弧法主要用于制备金属水溶胶，例如，金、银、铂、钯等贵金属水溶胶。将要被分散的金属作电极浸在冷却水中，接上直流电源，调节两个电极间的距离使之产生电弧。在高温下电极表面的金属气化，遇水冷却凝结成胶粒。如果预先在水中加入少量碱作稳定剂，便可得到稳定的溶胶。

胶溶法是把暂时聚集在一起的胶粒重新分开而制成溶胶。许多刚形成的沉淀，例如，氢氧化铁、氢氧化铝等，实际上是胶体质点聚集体。由于制备时缺少稳定剂，故胶粒聚结在一起形成沉淀。此时若加入少量电解质，胶粒因吸附离子而带电使之变得稳定，沉淀在适当地搅拌下会重新分散成溶胶。

有时粒子聚集成沉淀是因为电解质过量，设法洗去过剩的电解质就会使沉淀转成溶胶。利用这种方法使沉淀转化成溶胶的过程称为胶溶作用。胶溶作用只发生于新鲜的沉淀，如果沉淀放置较长，小粒子经老化作用会出现粒子间连接或变成大粒子，就不能利用胶溶作用来达到重新分散的目的。

(2) 凝聚法

按照过饱和溶液的形成过程，凝聚法又可分为物理法和化学法两类。

物理凝聚法是利用适当的物理过程使分子（或离子）分散系统凝聚成溶胶。例如将汞的蒸气通入冷却水中可得到汞溶胶，此时高温下的汞蒸气与水生成的少量的氧化汞起稳定剂作用。又如，将松香的乙醇溶液滴加到水中，由于松香在水中的溶解度很低，溶质以胶粒大小析出，生成松香的水溶胶。

化学凝聚法是利用化学反应在适宜的反应条件（如反应物的浓度、溶剂、温度、pH值、搅拌等）下，造成物质的过饱和状态，生成的不溶物由分子分散状态逐步凝聚而生成溶胶的方法。在利用该法制备溶胶时，必须使反应物的浓度很低，并且缓慢地混合，而不至于生成沉淀，凡是能生成难溶盐的各种化学反应，都可以用来制备溶胶。例如：

水解反应 $FeCl_3(\text{稀})+3H_2O \xrightarrow{\text{煮沸}} Fe(OH)_3(\text{溶胶})+3HCl$

复分解反应 $2H_3AsO_3(\text{稀})+3H_2S \longrightarrow As_2S_3(\text{溶胶})+6H_2O$

氧化还原反应 $2HAuCl_4(\text{稀})+3HCHO(\text{少量})+11KOH \xrightarrow{\text{加热}} 2Au(\text{溶胶})+3HCOOK+8HCl+8H_2O$

$2H_2S+SO_2 \longrightarrow 2H_2O+3S(\text{溶胶})$

这里需要说明的是，用化学凝聚法制备溶胶时，不必外加稳定剂，这是因为胶粒表面选择性吸附了具有溶剂化层的离子而带上电荷，因而变得稳定。但是溶液中离子的浓度对溶胶的稳定性有直接影响；如果离子浓度太大，则反而会引起溶胶聚沉。例如，H_2 通入 $CdCl_2$ 溶液中，形成 CdS 沉淀而析出，并不形成溶胶，这是因为反应过程中生成了 HCl，破坏了 CdS 溶胶的稳定性。所以在制备溶胶时，应注意控制试剂的浓度。

12.2.2 胶体的净化及应用

未经净化的溶胶，往往含有很多电解质或其他杂质。少量的电解质使胶粒因吸附离子而带电，这些电解质与胶粒表面被吸附的离子维持着平衡，可以作为溶胶的稳定剂，因而对稳定溶胶是必要的；但是，过量电解质的存在反而会破坏溶胶的稳定性，对溶胶的稳定形成不利。因此，要想制得比较稳定的溶胶，必须经过净化处理。常用的方法是简单渗析法和电渗析法。

简单渗析法是利用胶粒不能透过半透膜，而离子或小分子能透过半透膜的性质，将多余的电解质或低分子杂质从胶体中除去。渗析时将装有溶胶的膜袋浸入水中，因膜内外存在浓度差，膜内的粒子或小分子向膜外迁移，这样就可降低溶胶中电解质等杂质的含量。不时更

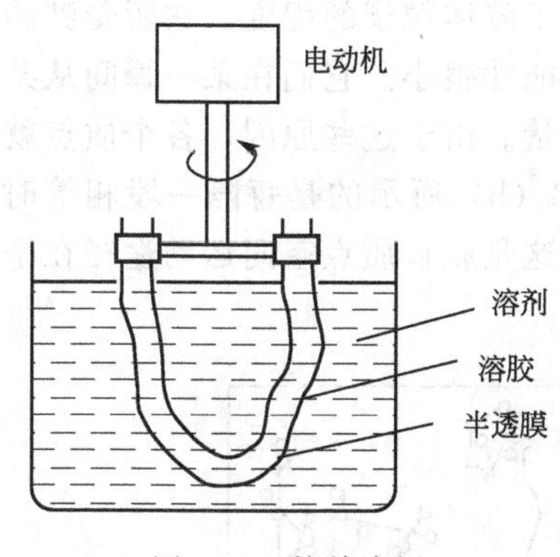

图 12-1 简单渗析

换膜外的水，经较长时间的渗析，即可达到纯化溶胶的目的。简单的渗析装置如图 12-1。

常用的半透膜有火棉胶膜、醋酸纤维素膜、赛璐玢膜、羊皮膜等。在选择半透膜材料时，应特别注意所用半透膜不能与溶胶发生化学反应，不生成吸附物，也不能溶于分散介质中。例如，通常用于渗析的赛璐玢膜在水中能溶胀，其含水量甚至可高达 80%。膜溶胀得越厉害，其平衡孔径也越大。这种含水膜只能用来渗析水溶胶，不能用来处理含油的系统。其他亲油溶剂的半透膜，则适用于相应的亲油系统的渗析。

膜骨架的化学性质也与渗析有很大的关系。例如，由酸性蛋白质（即蛋白质的羧基多于氨基）组成的膜本身带负电，它选择性地只让阳离子透过；反之，亦如此。如果是中性蛋白质组成的膜，则膜的荷电情况取决于介质的 pH 值，所以，对透过性的选择也取决于介质的 pH 值。

渗析过程一般很慢，其速率视半透膜两边的电解质或杂质的浓度差而定，也与半透膜的透过面积、渗析温度有关。所以，可以通过适当的加热、随时更换半透膜溶剂等方法来提高渗析速率。

另一种能有效提高渗析速率的方法称为电渗析法（图 12-2）。它利用外加电场来增加离子的迁移速率，所以，对除去电解质杂质很有效。

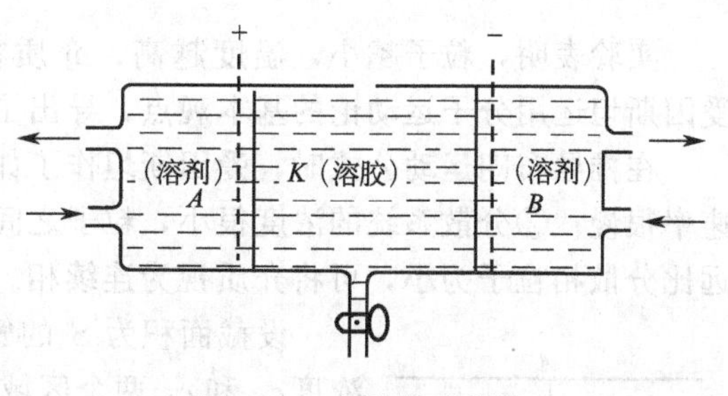

图 12-2 电渗析示意图

在该装置中两个垂直固定的半透膜将容器分为三个部分 A、K、B。待渗析的溶胶被放在中间部分 K 内，两旁 A 部分和 B 部分盛放流动状态的纯介质（如水），并插入电极。通电后，在电场作用下，溶胶中的电解质离子分别向带异电荷的电极迁移，加速了渗析的进行。膜的电化学性质对电渗析有较大的影响，若将荷正电的膜放在阳极区，荷负电的膜放在阴极区，则可进一步促进电渗析作用。

12.3 胶体的运动性质

12.3.1 布朗运动

1827 年，英国植物学家布朗（Brown）在显微镜下，观察悬浮在液体中的花粉颗粒时，发现这些粒子做永不停息的无规则运动。后来还发现所有足够小的颗粒，如煤、化石、矿石和金属等无机物粉粒，也有同样的现象。这种现象系布朗发现，故称布朗运动。

尽管布朗运动现象发现得很早，但是人们一直没有找到解释这一问题的方法。直到布朗运动发现近 80 年后的 1905 年和 1906 年，爱因斯坦（Einstein）和斯莫鲁霍夫斯基（Smoluchowski）先后独立地提出了权威性的结论。认为悬浮在液体中的胶体质点即胶粒之所以能不断地运动，是由于周围介质分子处在无序的热运动状态，不断撞击这些质点的缘故。在任一分散系统的悬浮体中，比较大的质点每一瞬间可以从各个方向受到几百万次的撞击，结果这些撞击都相互抵消。但一个较大的质点受到一次撞击时，由于它的质量较大，它所发生的运动要比质点小的发生的运动小得多。如果质点很小，达到了胶体粒子的程度，它所受到的撞击次数比大质点少得多，因此各次撞击彼此完全抵消的可能性很小。它们在某一瞬间从某一方向得到冲量，而在另一瞬间又从另一方向得到不同的冲量。由于这些原因，各个质点就发生了不断改变着方向的无序运动，如图 12-3（a）。图 12-3（b）所示的是每隔一段相等时间，在超显微镜下观察并记录的一个胶体粒子质点的位置。这是胶粒质点空间运动途径在平面上的投影。

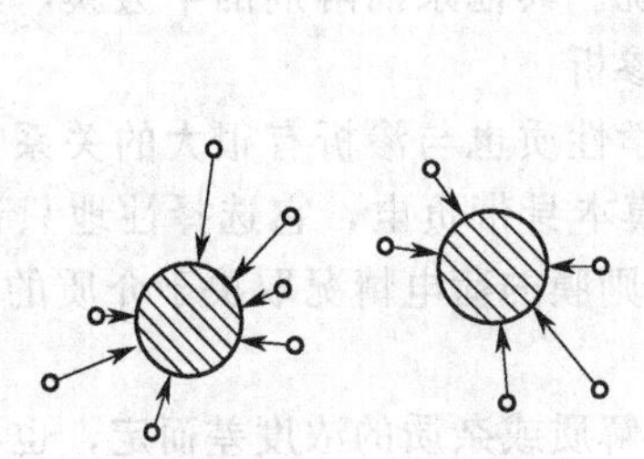

(a) 胶体粒子受介质分子撞击

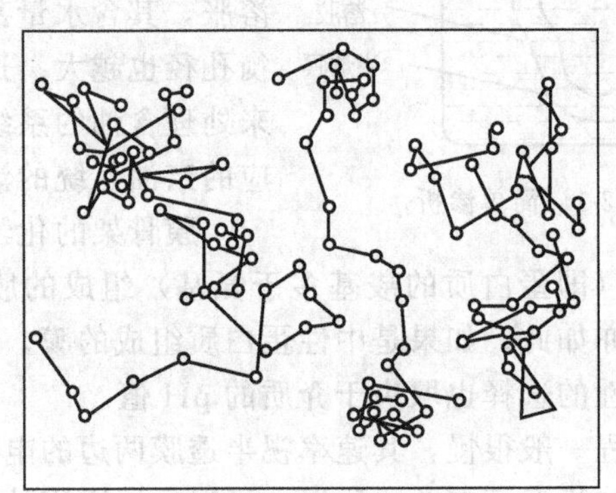

(b) 超显微镜下胶粒的布朗运动

图 12-3　布朗运动示意图

实验表明，粒子越小，温度越高，介质黏度越小，布朗运动越剧烈。据此，1905 年，爱因斯坦运用分子运动论的基本观点，导出了布朗运动公式。

在推导布朗运动公式时，爱因斯坦作了如下的假定：①粒子为球形（半径为 r），且运动速率很慢；②分散系统的浓度很小，粒子之间距离很远，彼此互不影响；③分散介质的分子远比分散相粒子为小，可将介质视为连续相。

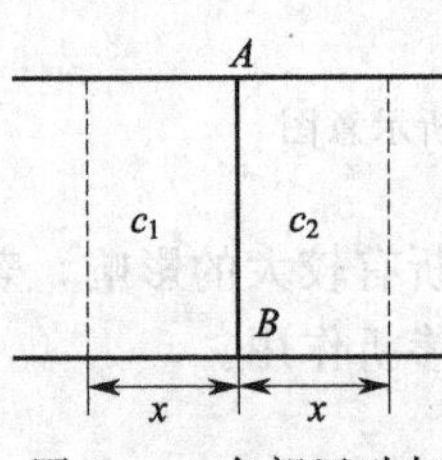

图 12-4　布朗运动与扩散过程

设截面积为 S 的管中装有胶体溶液，截面 AB 将胶体溶液分为浓度 c_1 和 c_2 两个区域，且 $c_1 > c_2$，如图 12-4 所示。若垂直于 AB 平面的某胶体质点在时间 t 内，经过平面 AB 移向右方的质点的量为 $\frac{1}{2}c_1\bar{x}S$，经过平面 AB 移向左方的质点的量为 $\frac{1}{2}c_2\bar{x}S$，所以在时间 t 内，由左向右通过 AB 截面单位面积上的净迁移量 m 为 $m=\frac{1}{2}(c_1-c_2)\bar{x}S$，通常 $\bar{x}$ 值很小，故 c_1、c_2 间的浓度梯度为

$$\frac{c_1-c_2}{\bar{x}}=-\frac{\mathrm{d}c}{\mathrm{d}x}$$

故

$$m=-\frac{1}{2}\bar{x}^2\frac{\mathrm{d}c}{\mathrm{d}x}S$$

与菲克（Fick）第一扩散定律 $m=-D\frac{\mathrm{d}c}{\mathrm{d}x}t$ 相比较，得

$$\bar{x}^2=2Dt \tag{12-1}$$

D 为扩散系数。爱因斯坦证明

$$D=\frac{RT}{L}\cdot\frac{1}{6\pi\eta r}$$

故
$$\bar{x}=\left(\frac{RT}{L}\cdot\frac{1}{3\pi\eta r}t\right)^{1/2} \tag{12-2}$$

式（12-2）就是著名的爱因斯坦-布朗运动位移公式。其中，L 为阿伏伽德罗常数，T 为绝对温度，R 为气体常数，η 为介质黏度系数，r 为球形粒子半径。

对爱因斯坦理论更好的验证是贝林在 298.15K 时，利用半径为 0.212μm 的藤黄粒子的水溶胶（水的黏度为 0.0011Pa·s）进行实验，经 30s 后，测得粒子在 x 轴方向上的平均位移为 7.09cm·s^{-1}，根据这些数据算得阿伏伽德罗常数 $L=6.2\times10^{23}\,mol^{-1}$。

对于高分子溶液，其分子不是球形，而是无规线团，它们溶于溶剂中，除通常的布朗运动外，由于其链节的柔顺性，分子链本身各个部位有撞击或接触，此种现象称为链状分子的“内”布朗运动。

12.3.2　溶胶的渗透压

通过前面的讨论可知，溶胶中的布朗运动使胶粒具有扩散性。对分散介质而言，当被半透膜隔开的溶胶两部分有浓差存在时，介质分子可从较稀的一方，透过膜进入较浓的一方，形成渗透压使浓度趋于均匀。由于溶胶的布朗运动与真溶液分子的热运动无原则差异，故溶胶也呈现依数性，毕竟胶粒比单个分子大得多，即同量的物质形成胶粒的个数，比其形成溶液时溶质分子数目少得多，这将使溶胶的依数性偏小。加之溶胶中杂质对依数性的干扰，致使溶胶的蒸气压下降、凝固点下降和沸点上升均难以测准。惟其渗透压可借用稀溶液渗透压的范特霍夫公式计算出来。

【例 12-1】 以 273.15K、100kPa 时，以 1% 的 As_2S_3 溶液为例，设胶粒呈球形，直径为 2×10^{-8}m，粒子的密度为 2.8 kg·m^{-3}，求该溶胶的渗透压。

解　由式（3-81 ）可知，

$$\pi=\frac{n}{V}RT=\frac{WRT}{V\,M}=c\times\frac{RT}{M}$$

故
$$\pi=0.01\times\frac{8.314\text{J}\cdot\text{mol}^{-1}\cdot\text{K}^{-1}\times273.15\text{K}}{(4/3)\times3.142\times(10^{-8}\text{m})3\times2.8\text{kg}\cdot\text{m}^{-3}\times6.023\times1023\text{mol}^{-1}}$$
$$=3.123\text{Pa}$$

由上例看出，溶胶的渗透压很小，实验上较难予以准确测定。基于此点，π 值的测定常用于高分子溶液研究中。

12.3.3　扩散现象

在浓度不均一的系统中，溶质分子（或胶粒）存在着自发地由高浓度区域移向低浓度区域的现象称为扩散。产生扩散的微观因素是分子的热运动或胶粒的布朗运动，从宏观角度来看，是渗透压力的不均一所致。正如爱因斯坦所说：有半透膜存在时，反映为溶剂分子的渗透力，无半透膜存在时，则反映为溶质分子的扩散力，二者大小相等，方向相反。渗透是溶剂分子逃走趋势的表现，而扩散则是溶质分子逃走趋势的表现。

关于扩散现象的定量处理，首先是由菲克（Fick）提出的，即菲克第一扩散定律：

$$m=-D\left(\frac{\partial c}{\partial x}\right)t \tag{12-3}$$

式中，m 是 t 时间内通过单位面积物质的量；（$\partial c/\partial x$）是沿 x 方向的浓度梯度；比例常数 D 为扩散系数，在一定温度和压力下是一个与浓度无关，仅决定于物质本性的常数。扩散系数越大，质点的扩散能力越大。爱因斯坦曾推导出扩散系数 D 与质点在介质中运动时阻力系数 f 之间的关系，即

$$D=\frac{RT}{Lf} \tag{12-4}$$

式中，f 为摩擦阻力系数；L 为阿伏伽德罗常数。

对于球形粒子，根据斯托克斯（Stokes）定律知，$f=6\pi\eta r$，则

$$D=\frac{RT}{L}\frac{1}{6\pi\eta r} \tag{12-5}$$

式中，η 为黏度系数，r 为球形粒子的半径。对于一定的系统，η 一定，在某温度下测定了 D，便可根据式（12-5）计算球形粒子的半径。其胶团量 M 可通过下式计算，即

$$M=\frac{4}{3}\pi\left(\frac{RT}{6\pi\eta L}\right)^3\rho L=\frac{\rho}{162(L\pi)^2}\left(\frac{RT}{\eta D}\right)^3 \tag{12-6}$$

式中，ρ 为粒子密度，η 为介质的黏度。

对于不对称分子，斯韦德伯格认为它的摩擦阻力系数 f_n 一般大于球形粒子的摩擦阻力系数 f，根据式（12-4）摩擦阻力系数与扩散系数呈反比关系，得

$$Df=D_nf_n$$

而

$$D=\frac{RT}{L}\cdot\frac{1}{6\pi\eta r}$$

这样

$$D_n\frac{f}{f_n}=\frac{RT}{L}\frac{1}{6\pi\eta r}$$

或

$$r=\frac{RT}{L}\frac{1}{6\pi\eta D_n}\frac{f}{f_n}$$

故

$$M=\frac{4}{3}\pi r^3L\rho=\frac{\rho}{162(L\pi)^2}\left(\frac{RT}{\eta D_n}\right)^3\left(\frac{f_n}{f}\right)^3 \tag{12-7}$$

$\frac{f_n}{f}$称为不对称因子，故只要测定了$\frac{f_n}{f}$及 D_n 值，即可计算出不对称分子的分子量。

另外，根据$\frac{f_n}{f}$的值也可以推测分子形状是否对称。对于没有溶剂化的球形粒子，$\frac{f_n}{f}=1$；而溶剂化或分子形状不对称，都能使 f_n 值增大，所以$\frac{f_n}{f}>1$。

【例 12-2】 293.15K，测得人血朊水溶液中人血朊扩散系数 $D_n=6.9\times10^{11}\ \mathrm{m^2\cdot s^{-1}}$。密度 $\rho=1.34\times10^3\mathrm{kg\cdot m^{-3}}$，摩尔质量 $M=62.3\ \mathrm{kg\cdot mol^{-1}}$。求其摩擦阻力系数比$\frac{f_n}{f}$，并说明分子的对称情况。

解 首先利用式（12-4）求摩擦阻力系数 f_n，即

$$f_n=\frac{RT}{LD_n}=\frac{8.314\mathrm{J\cdot K^{-1}\cdot mol^{-1}}\times293.15\mathrm{K}}{6.02\times10^{23}\mathrm{mol^{-1}}\times6.9\times1011\mathrm{m^2s^{-1}}}=5.86\times10^{-11}\mathrm{kg\cdot s^{-1}}$$

为了求得 f，先求一个分子的体积 V，即

$$V=\frac{M}{\rho L}=\frac{62.3\text{kg}\cdot\text{mol}^{-1}}{6.02\times10^{23}\text{mol}^{-1}\times1.34\times10^{3}\text{m}^{-3}}=7.72\times10^{-26}\text{m}^{3}$$

人血朊分子的等当半径 r 为

$$r=\left(\frac{3V}{4\pi}\right)^{1/3}=\left(\frac{3\times7.72\times10^{-26}\text{m}^{3}}{4\times3.142}\right)^{1/3}=2.64\times10^{-9}\text{m}$$

将 r 值及水在 293.15K 下的黏度 $\eta=1.009\times10^{-3}\text{Pa}\cdot\text{s}$ 代入斯托克斯方程式，求得

$$f=6\pi\eta r=6\times3.142\times1.009\text{Pa}\cdot\text{s}\times2.64\times10^{-9}\text{m}=5.02\times10^{-11}\text{kg}\cdot\text{s}^{-1}$$

计算摩擦阻力系数比 $\frac{f_n}{f}$ 为

$$\frac{f_n}{f}=\frac{5.86\times10^{-11}\text{kg}\cdot\text{s}^{-1}}{5.02\times10^{-11}\text{kg}\cdot\text{s}^{-1}}=1.17$$

由计算结果可知，不对称因子接近于 1，说明人血朊分子为近似球形。

12.3.4　沉降与沉降平衡

在外力场作用下，分散相和分散介质发生相对分离的现象称为沉降。悬浮液及胶体中的胶粒，高分子溶液中的分子，由于其具有一定的大小，因此，在外力场的作用下，会产生沉降现象，利用此现象可研究系统的某些性质。一般采用沉降速率与沉降平衡两种方法。沉降条件包括重力场下的沉降和超离心场下的沉降。

(1) 重力场中的沉降作用

① 重力场中的沉降速率法。若胶体粒子为球形，粒子半径为 r，密度为 ρ，介质分子的密度为 ρ_0，则粒子沉降的重力为

$$f_1=\frac{4}{3}\pi r^3(\rho-\rho_0)g$$

式中，g 为重力加速率。粒子以速率 v 下沉，根据斯托克斯定律，受到介质的阻力为

$$f_2=6\pi\eta rv$$

当 $f_1=f_2$ 时，粒子以匀速下降，则

$$\frac{4}{3}\pi r^3(\rho-\rho_0)g=6\pi\eta rv$$

这样

$$v=\frac{2}{9}\left(\frac{\rho-\rho_0}{\eta}\right)gr^2 \tag{12-8a}$$

或

$$r=\left[\frac{9}{2}\frac{\eta}{(\rho-\rho_0)g}v\right]^{1/2} \tag{12-8b}$$

使用上述公式必须满足以下三个条件：a. 球形粒子的运动要十分缓慢，周围液体呈层流分布；b. 粒子间的距离无限远，即粒子间没有作用力，粒子与容器壁间也无作用力；c. 液相（即介质相）是连续的。

从式 (12-8a) 可以看到，沉降速率与粒子半径的平方成正比，半径大一倍的粒子，沉降速率大四倍。这说明粒子的大小对沉降速率影响很大，而沉降速率这个参数在实际工作中很重要，它可用于确定某些工艺流程，计算合理的沉降时间。另外，从式 (12-8b) 还可看出，若 η、ρ_0、ρ 已知，则通过测定沉降速率便可知道粒子的半径。若粒子不是球形，得到的 r 不是粒子的真实半径，只是具有此沉降速率的粒子，想象它为球形时的半径，称之为“等当半径”。

② 重力场中的沉降平衡法。地球表面的大气，一方面受到重力场的作用而沉降，另一

方面由于分子热运动有向上扩散的能力，这两种作用力的平衡，表现为气体的压力随离地面的距离增高而降低，它们的关系可用下式表示：

$$RT\ln\frac{p_2}{p_1}=-Mg(h_2-h_1) \tag{12-9}$$

式中，p_1、p_2 为高度 h_1 及 h_2 的气体压力；M 为大气的平均分子量；g 为重力加速度；R 为气体常数；T 为绝对温度。此公式适用于上下温度相同的理想气体。

爱因斯坦认为胶粒的动力行为与普通分子没有本质区别。根据这个观点，贝林(Perrin) 认为胶粒在重力场中的沉降，受到布朗运动而产生的扩散所反抗，在系统达到平衡时，这两种力大小相等、方向相反，由此他导出了与大气压分布公式类似的数学表达式，

即
$$RT\ln\frac{n_2}{n_1}=-\frac{4}{3}\pi r^3(\rho-\rho_0)gL(h_2-h_1) \tag{12-10a}$$

或
$$n_2=n_1\exp\left\{-\frac{4}{3}\pi r^3(\rho-\rho_0)gL(h_2-h_1)/(RT)\right\} \tag{12-10b}$$

式中，n_1、n_2 分别为高度 h_1 和 h_2 时相同体积溶胶的粒子浓度；ρ、ρ_0 分别为胶粒和分散介质的密度；r 为胶粒的半径；L 为阿伏伽德罗常数；R 为气体常数；T 为绝对温度；g 为重力加速度。式（12-10）称为胶体溶液在重力场下达到沉降平衡时的高度分布定律。由此定律可以看出：a. 若 $h_1>h_2$，则 $n_1<n_2$，即液层越高，粒子浓度越小；b. 当温度一定时，对于一定的(n_2/n_1)值，则粒子的重量［即$\frac{4}{3}\pi r^3(\rho-\rho_0)g$］越大，则高度差（$h_2-h_1$）越小。因此对分散度相同的胶体系统，由于密度差不同，降低一半浓度所需的高度差也可能相差极大。高度分布定律也得到了实验验证，最主要的是确定阿伏伽德罗常数（L）。若 r、ρ 已知，从实验测定相应于高度差（h_2-h_1）的粒子浓度 n_1 和 n_2，便可根据高度分布定律计算出 L。

【例 12-3】 已知某溶胶粒子的半径为 6.25×10^{-8}m，在 298.15K 下，容器内达到沉降平衡。当用超显微镜在两个不同高度观察，测得 $\Delta h=4.4\times10^{-5}$m，并得到每立方米中胶粒的数目 $n_1=9.9\times10^8$ 个，$n_2=1.35\times10^8$ 个。已知水的密度为 $1.0\times10^3\text{kg}\cdot\text{m}^{-3}$，胶粒的密度为 $19.32\times10^3\text{kg}\cdot\text{m}^{-3}$，试求 L。

解 $R=8.314\ \text{J}\cdot\text{mol}^{-1}\cdot\text{K}^{-1}$，$\text{J}=\text{m}\cdot\text{N}=\text{m}^2\cdot\text{kg}\cdot\text{s}^{-2}$，$g=9.80\ \text{m}\cdot\text{s}^{-1}$，代入高度分布定律公式

$$V=\frac{4}{3}\pi r^3=\frac{4}{3}\times3.142\times(6.25\times10^{-8})^3\text{m}^3=1.023\times10^{-21}\text{m}^3$$

$$\ln\frac{n_2}{n_1}=-\frac{LV}{RT}\times(\rho-\rho_0)(h_2-h_1)g$$

$$L=-\ln\frac{n_2}{n_1}\times\left\{\frac{RT}{V(\rho-\rho_0)(h_2-h_1)g}\right\}$$

$$=-\ln\frac{1.35\times10^8}{9.9\times10^8}\times\left[\frac{8.314\times298.15}{1.023\times10^{-21}\times(19.32-1.0)\times10^3\times4.40\times10^{-5}\times9.8}\right]\text{mol}^{-1}$$

$$=6.06\times10^{23}\text{mol}^{-1}$$

计算结果表明，所得 L 值与阿伏伽德罗常数非常接近，证实了测试的准确性。

应当指出，通常的胶体系统，含有大小不一的各种微粒，这类分散系统称为多级分散系统。当系统达到平衡时，大粒子其浓度随高度的变化较之小粒子明显，因而在沉降平衡状

态，粒子上部的粒子，其平均粒径总是小于底部的粒子。

(2) 超离心力场中的沉降作用

在重力场中的沉降，只能用来研究粒子较大的粗分散系统，对于粒子较小的溶胶或高分子溶液，由于经常受到介质分子热运动的影响，它的运动很少受到重力影响，但是在超离心场的作用下，这些系统仍能发生沉降现象。

超离心机是1925～1935年斯韦德伯格发明的，它能产生较重力场下大几十万倍的离心力。超离心机一般可分为两类：一类转速低于 $20000 r \cdot min^{-1}$；另一类转速为 $150000 r \cdot min^{-1}$。前者用于沉降平衡法，后者用于沉降速率法。应用超离心机不仅可以测定高分子的分子量，还可以研究分子量的分布。

超离心场与重力场相似，如果遇到的系统是均匀分散系统，在超离心场作用下，沉降过程中有明显的界面，由界面的移动速率即可算出粒子的大小，这种方法称为超离心场下的沉降速率法。另一类胶体系统，其粒子的大小虽然是均匀分散的，但太小，在超离心场作用下还不足以使粒子沉降到底部，所以没有明显的界面，在超离心场作用下，胶体系统形成大气分布沉降。通过沉降平衡状态的研究，也可得到胶体粒子的大小，这种方法称为超离心场下的沉降平衡法。

① 超离心场下的沉降速率法。在超离心场下，设一个粒子的质量为 m，体积为 V，离开转动中心的距离为 x。若转动角速度为 ω，则粒子在沉降时受到三种力的作用：a. 粒子的离心力 $F_c = m\omega^2 x$；b. 浮力，等于粒子同体积被置换溶剂的质量 m_0 的离心力，$F_b = m_0\omega^2 x$；c. 粒子移动时所受到的摩擦阻力，$F_d = -fv$，v 为粒子的运动速度，f 为摩擦阻力系数，如果粒子匀速下沉，则

$$F_c + F_b + F_d = 0$$

将各项代入后，得

$$\omega^2 x(m - m_0) = fv \tag{12-11}$$

若令 $\bar{V}$ 为胶体粒子的比容，则 $m_0 = m\rho_0\bar{V}$，ρ_0 为介质的密度，所以式 (12-11) 变为

$$\omega^2 xm(1 - \rho_0\bar{V}) = f\frac{dx}{dt} \tag{12-12}$$

令 S 为沉降系数比，且

$$S = \frac{dx/dt}{\omega^2 x} \tag{12-13}$$

S 的物理意义是每单位离心力作用下的沉降速率。若按 C·G·S 制，它的单位是 s，因为 $cm \cdot s^{-1}/cm \cdot s^{-2}$。通常为 10^{-13}s，故 10^{-13}s 的单位称为 1 Svedberg，用符号 S 来表示，将 S 代入式 (12-12)，得

$$m\left(\frac{1-\rho_0\bar{V}}{f}\right) = S \tag{12-14}$$

若假设粒子沉降阻力系数与扩散阻力系数相同，将式 (12-4) 代入式 (12-14)，则可得

$$m = \frac{RTS}{LD(1-\bar{V}\rho_0)} \tag{12-15}$$

若用分子量代替粒子的质量，则式 (12-15) 可写成

$$M = L \cdot m = \frac{RTS}{D(1-\bar{V}\rho_0)} \tag{12-16}$$

若测定了 D 及 S，便可根据上式计算出胶团的胶团量或高分子的分子量。

另外，根据 S 的定义，积分式 (12-13)，可得到不同的时间分界面位置，即

$$\omega^2 S\int_{t_1}^{t_2} dt = \int_{x_1}^{x_2} dx$$

上式积分结果为

$$S=\frac{\ln(x_2/x_1)}{\omega^2(t_2-t_1)}$$

这样式（12-16）可改写为

$$M=\frac{RT\ln(x_2/x_1)}{D(1-V\rho_0)(t_2-t_1)\omega^2} \tag{12-17}$$

沉降速率法必须要有清晰的界面移动，所以对单分散系统比较合适。而多分散系统由于有一很宽的分界面，当胶体粒子相差较大时，在 dc/dx 对 x 图上可以有几个峰高，经过处理还能得到粒子大小分布曲线，这是本方法的最大优点。

② 超离心场下的沉降平衡法。当在不是很大的超离心场中，系统有两种力的作用，一种是增大浓度梯度的离心力，一种是减少浓度梯度的扩散力，当此二力相等时，系统达到平衡，有一定的浓度分布。在离心力不变的情况下，此种分布不随时间而变化，此即沉降平衡。

在离心管内，假设横截面积为 A，管内盛一胶体溶液，在离心场作用下，胶体粒子经过某截面 A 的流量速率为（dm/dt）$_s$，此处的浓度为 c，用单位体积内的粒子数表示，浓度梯度为（dc/dx）$_d$。由于离心力作用的沉降速率为

$$\left(\frac{dm}{dt}\right)_s=cA\frac{dx}{dt}$$

又由于浓度差的作用，使粒子产生扩散。根据菲克第一扩散定律，通过截面 A 的扩散速率为

$$\left(\frac{dm}{dt}\right)_d=-DA\frac{dc}{dx}$$

沉降达到平衡时，$(dm/dt)_s=-(dm/dt)_d$。于是，得

$$cA\frac{dx}{dt}=DA\frac{dc}{dx}\text{ 或 }c\frac{dx}{dt}=D\frac{dc}{dx}$$

前式中下标 s 代表沉降，d 代表扩散。由式（12-12）和式（12-4）得

$$\frac{dx}{dt}=\frac{mD(1-\bar{V}\rho_0)\omega^2xL}{RT}$$

积分上式，得

$$m=\frac{2RT\ln(c_2/c_1)}{L\omega^2(1-\bar{V}\rho_0)(x_2^2-x_1^2)} \tag{12-18}$$

式中，c_1 为距转动中心 x_1 处的浓度；c_2 为距转动中心 x_2 处的浓度；ω 为离心机的转动角速度。若要求粒子的分子量，则式（12-18）可写成

$$M=\frac{2RT\ln(c_2/c_1)}{\omega^2(1-\bar{V}\rho_0)(x_2^2-x_1^2)} \tag{12-19}$$

由上式可知，只要能测定出距转动轴 x_1 和 x_2 处的浓度 c_1 和 c_2，便可求出分子量。

沉降平衡法的优点是，该法与粒子的形状和溶剂化无关，要比沉降速率法方便得多，而且也无需求出浓度的绝对值，只要相对值就可以，如光密度、折射率等。该法的另一优点是可以求得很微小粒子的质量，甚至连蔗糖一类的小分子化合物的分子量也可由该法求得。但是该法还存在一些缺点，例如，要使溶胶沉降达到平衡，需要离心数天，并保持离心速率不变，这不仅使操作手续十分麻烦，而且要在那么长的时间内避免环境干扰也很困难。另外，

前面讨论的公式，仅适用于不带电荷的粒子。

12.4 胶体的光学性质

12.4.1 丁铎尔效应

用肉眼观察一般的胶体溶液，它往往是均匀而透明的，与真溶液没什么区别。但是如果在较暗的地方，将一束强光通过胶体溶液，在与入射光垂直的方向观察，便可以看到溶液中出现一条明显的乳白色光柱，此种现象是 1869 年由英国的物理学家丁铎尔（Tyndall）发现的，故称为丁铎尔效应，如图 12-5 所示。

丁铎尔效应是胶粒对光产生散射作用的宏观表现。光散射是胶体的重要性质之一。根据光的电磁理论，当一束波长远离任何吸收带的光照射某一溶液时，分子可以被极化，它们的电荷分布在电场作用下产生位移，形成了电偶极子，这种振荡电荷使每个分子像小天线一样，向各个方向发射振动频率与入射光频率相同的光，这就是散射光。如果介质完全均匀，则所有电偶极子的散射光因相互干涉而完全抵消，结果没有散射光。如果介质的光学均匀性遭到破坏，则入射光在某些电偶极子上产生的散射光将与周围介质的不同，散射光将不会被抵消，结果有散射光存在。例如，由于空气中灰尘的散射作用，可以从光束垂直方向看到阳光中灰尘的存在；高分子溶液和溶胶表观清晰透明，但光束通过时有光散射作用而呈现浑浊，甚至纯溶液中的密度涨落和小分子溶液中的浓度涨落，也都有微弱的光散射现象。可见丁铎尔效应并非胶体所特有的性质，但在各种分散系统中，胶体的光散射最为显著。所以，丁铎尔效应是区别胶体溶液和小分子真溶液的最简单方法之一。

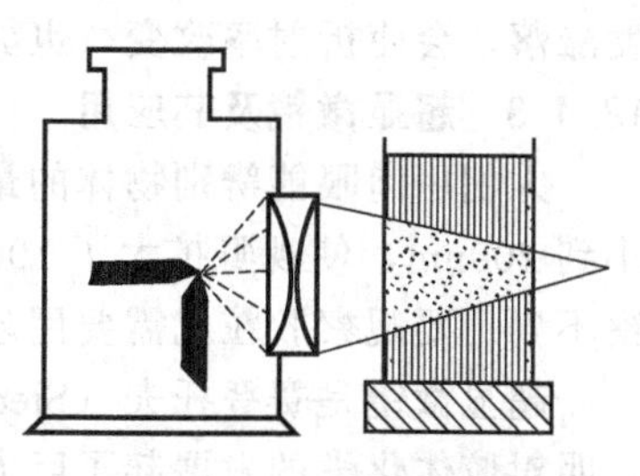

图 12-5　丁铎尔效应

定量地表示分散系统光散射能力的物理量称为浊度，它表示在光源强弱、光波波长和粒子大小等相同条件下，通过不同浓度的分散系统，将得到不同的透射光强度。类似于溶液的消光系数，浊度的定义为

$$I_t = I_0 \exp(-\tau l) \tag{12-20}$$

式中，I_0 和 I_t 分别是入射光和透射光的强度，l 是试样池的长度，τ 是浊度。浊度的物理意义是，使入射光强度降低为原始值 1/e 所需试样系统长度的倒数，对纯水来说，此长度为 900m。

12.4.2 瑞利公式

1871 年，瑞利（Rayleigh）研究了光的散射作用，提出了计算胶体系统散射光强度 I 的公式。

$$I = \frac{24\pi^2 A^2 \nu V^2}{\lambda^4} \times \left(\frac{n_2^3 - n_1^2}{2n_2^2 + n_1^2}\right)^2 I_0 \tag{12-21}$$

式中，ν 为单位体积内的粒子数；λ 为入射光的波长；V 为单个粒子的体积；n_1、n_2 分别为分散介质和分散相的折射率；I_0 为入射光强度。由瑞利公式可以看出：

① 散射光强度与入射光波长的四次方成反比。即入射光波长越短，所引起的散射光强度越强。如果入射光是白光，则散射光呈蓝色、紫色，而透射光呈红色、棕色，正好两者互为补色。这个事实，较好地说明了晴朗的天空呈蔚蓝色，而日出日落时太阳呈红棕色的原因。

② 散射光强度与粒子体积的平方成正比。实验证明，这适合于粒径为 5～100nm 范围

的颗粒。当粒径大于100nm时，散射光很弱，主要是反射和折射现象。粒径小于入射光波长的高度分散系统均有散射现象。不过，在胶体范围内的粒子散射光最强。

③ 散射光强度与单位体积内的粒子数，即分散相粒子的浓度成正比。若在相同条件下，比较两种同一物质形成的溶胶，其中一种溶胶的浓度已知，则可以求出另一种溶胶的浓度。这种测定仪器称为浊度计。其原理和比色计相似，不同之处在于浊度计的光源是从侧面射入溶胶，而观察到的应是散射光的强度。

④ 散射光与系统的折射率有关。分散相和分散介质的折射率相差越大，则散射光越强，若分散相和分散介质之间界面明显，散射光就很强。否则，若两者之间界面模糊，且颗粒表面的亲液性较强，则散射光就弱，不能显示出丁铎尔效应。但应注意，气体和纯液体由于密度涨落，会使折射率改变，也能产生光散射现象。

12.4.3 超显微镜及其应用

人们用肉眼能辨别物体的最小极限为0.2mm。有了显微镜之后，所能辨别的极限可以小到200nm，使视野扩大了1000倍。物体再小，由于光的干涉和衍射作用，用显微镜也观察不到。要观察胶粒就需要用超显微镜。

超显微镜是赛登托夫（Siedentopf）和齐格蒙第（Zsigmondy）于1903年发明的。它的发明对胶体化学的发展起了巨大的推动作用。它的原理非常简单，在暗室内，将一束强光侧向射入观察系统内，在与入射光垂直的方向上用普通显微镜观察，这样就避免了光线直接照射物镜，避免了光的干涉作用。但是我们看到的不是真实粒子，而是粒子散射的光点。因此在超显微镜下观察胶体系统，是以黑暗为背景，闪烁出一个个光点，犹如漆黑夜晚太空中的繁星。换句话说，超显微镜就是利用普通显微镜观察溶胶的丁铎尔现象。

超显微镜的结构很简单，装置如图12-6所示。使用的光源是弧光灯，它的光线较强，光线经过一组透镜聚光后射入盛溶胶的器皿中，在与入射光的垂直方向上用显微镜观察。由于光线没有入射物镜，只有溶胶粒子的散射。散射光的强弱取决于分散相与分散介质间的折射率差别，疏液溶胶的差别比较大，散射光点较亮。如果胶粒表面被溶剂化，发光点就较弱。超显微镜虽然能看到胶粒发光点，但不能直接观察粒子的形状和大小。尽管如此，它在研究胶体系统的性质上仍是一种非常有用的工具。

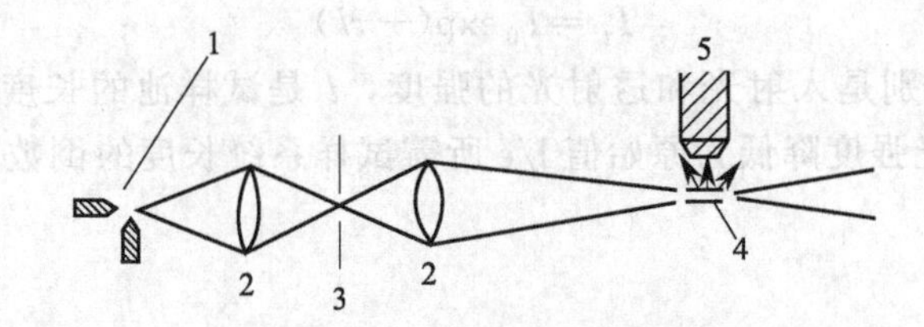

图12-6 超显微镜示意图

1—电弧光源；2—聚光透镜；3—光栏；4—溶胶；5—显微镜

(1) 测定胶粒平均半径

在超显微镜的视野中观察出胶粒的数目，并确定观察到的溶胶体积，然后可算出每单位体积溶胶的胶粒数目 n。这样单位体积溶胶中胶粒的总质量为

$$m = nV\rho$$

式中，ρ 是胶粒的密度；V 是胶粒的体积；m 则可通过测定分散物质的浓度 c 及在单位体积中的粒子数 n 所得。

$$m = \frac{c}{n}$$

所以

$$V=\frac{4}{3}\pi r^{3}=\frac{m}{n\rho}$$

则

$$r=\left(\frac{3m}{4\pi n\rho}\right)^{\frac{1}{3}} \tag{12-22}$$

(2) 确定粒子的形状

在一定的分散度内，胶粒的散射光强度与粒子的向光面大小有关，向光面越大，则光点越强。假定粒子有大小不同的几个面，在布朗运动过程中，时而大的面向光，时而小的面向光。在超显微镜下观察，可以看到时而变亮、时而变弱的闪光现象。胶体粒子的形状一般有三种。第一类如球形、正方体、正八面体等，它们的三个长轴相等。在超显微镜下观察，看到的是不闪光的亮点。第二类是一个长轴、两个短轴的棒状结构，静止时看到有闪光现象，但在流动时闪光现象消失。第三类是两个长轴、一个短轴的片状结构，不论是静止状态或是流动状态都有闪光现象发生，借助于超显微镜观察，可区别上述粒子形状。

(3) 估计溶胶的分散程度

超显微镜下如果观察到所有的散射光点的亮度差不多，那就是均匀分散系统。如果光点差别较大，说明是多级分散系统。因为较大的粒子散射光较强。

超显微镜除了上述主要应用之外，还可用它观察布朗运动和涨落现象，研究聚沉动力学过程和沉降平衡过程。另外，配合电泳仪，可用来测定粒子的电泳速率，确定粒子的带电性质。

12.5 胶体的电学性质

胶体的电学性质主要讨论“静电现象”和“电动现象”两部分。前者主要讨论在没有外电场或外力作用下，固液接触面的电现象；而后者主要讨论在外电场或外力作用下的运动现象及电现象。

12.5.1 电动现象

早在 1809 年，俄国科学家列斯（Peŭce）就发现了电泳现象，见图 12-7 (a)。他将两根管子插入黏土中，在管里放了电极和一些水，通电之后发现黏土粒子向正极移动。

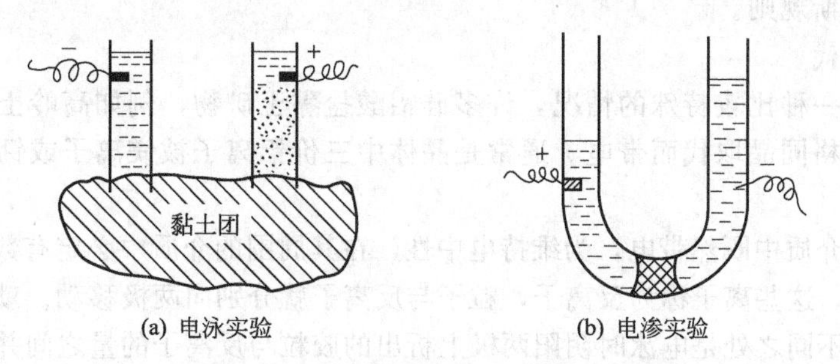

图 12-7 电泳、电渗实验示意图

后来实验证明，不仅黏土，其他悬浮粒子也有这种在电场中做定向移动的现象，这就是电泳。它说明胶体粒子在液体介质中带电，其电荷符号依胶粒移向何种电极来判断。

列斯还发现，若设法将固相固定，还可观察到液相在电场中移动，他将这种现象称为电渗。后来魏德曼（Wiedemann）等发现，不用泥土而用毛细管或多孔瓷片也有电渗发生，见图 12-7 (b)。电泳和电渗都是在电场作用下，带电的固体表面与液体发生相对运动的现象。

可以想见，如果在外力作用下，使带电的表面与液体发生相对运动，则应在液体内形成电场。1861年，昆克（Quincke）发现，若用压力将液体挤过毛细管或粉末压成的多孔片，则在毛细管或多孔片两端形成电势差，此即所谓的流动电势。它是电渗的反面。1880年，道恩（Dorn）又发现了电泳的反面，即粉末在液相中下坠可以产生电势，这就是沉降电势。

电泳、电渗、沉降电势和流动电势统称电动现象，它们或是因为电场而产生固、液（或不混溶的二液相）之间相对运动，或是因为固、液的相对运动而产生电势，这些现象都表明固相质点是带电的。胶粒表面为什么会带电呢？将在下面介绍。

12.5.2 胶粒表面电荷的来源

电动现象表明胶粒是带电的，其电荷来源由以下几个方面。

（1）电离作用

有些胶粒本身就是一个可离解的大分子，例如，蛋白质分子可离解成羧基（$—COO^-$）或氨基（$—NH_3^+$），从而使整个大分子带电。有的胶粒是许多可离解的小分子缔合而成的缔合胶体，例如肥皂等一类表面活性剂，在水中形成胶团，由于$RCOO^-Na^+$的离解，而使整个胶团（团）表面上带有大量的负电荷。

典型的疏液溶胶也有类似现象。例如，硅溶胶质点（SiO_2）随溶液中pH值的变化可以带正电荷或负电荷：

$$SiO_2 + H_2O \rightleftharpoons H_2SiO_3 \longrightarrow H_2SiO_3^- + H^+$$
$$\longrightarrow SiO_3^{2-} + 2H^+$$
$$\longrightarrow HSiO_2^+ + OH^-$$

（2）吸附作用

有些胶粒如石墨、纤维、油珠等，虽不能离解，但可以从水中吸附H^+、OH^-或其他离子而带电。根据所吸附离子的正、负，粒子的电荷也就有正、负。通常阳离子的水化能力比阴离子大得多，因此，悬浮于水中的胶粒容易吸附阴离子而带负电。

对于由难溶的离子晶体构成的胶粒，法扬斯（Fajans）指出，凡是与胶粒的组成相同的离子最容易被吸附。例如，用$AgNO_3$和KBr制备AgBr溶胶时，AgBr胶粒表面容易吸附Ag^+或Br^-，而对K^+和NO_3^-的吸附就很弱，这是因为AgBr晶粒表面上容易吸附继续形成结晶格子的离子。至于AgBr胶粒的带电性质，取决于溶液中Ag^+或Br^-的过量情况。这种规律称法扬斯规则。

（3）晶格取代

晶格取代是一种比较特殊的情况，许多硅铝酸盐黏土矿物，例如高岭土和蒙脱土，常因黏土晶体中的晶格同晶取代而带电。通常是晶体中三价铝离子被镁离子或钙离子取代，因而质点带负电。

胶粒在液体介质中既然带电，为维持电中性，在其周围的介质中必定有数量相等而符号相反的小离子存在，这些离子称为反离子，粒子与反离子就分别向两极移动。就此而言，电泳和电解十分相似，不同之处是电泳时阴阳两极上析出的胶粒与反离子的量之间并无定量关系。

由于胶粒仅表面带电，所以二者析出重量悬殊。以As_2S_3溶胶电泳为例，反离子为H^+。如果在阳极上析出0.67g As_2S_3，则在阴极上仅析出10^{-15}g H_2而已。

带电表面与介质内部的电势差称为表面电势（或热力学电势）。表面电势的大小取决于溶液中决定电势离子的浓度。金属及某些离子晶体与其盐溶液相接触时的表面电势，可用构成电极的方法测定。对于胶粒却只能利用电动现象来测定溶液中起作用的粒子与溶液间的电势。这种电势称电动电势或ζ电势（ζ-potential）。电动电势和表面电势并不相等，这将在后面讨论。

12.5.3 胶体双电层模型

前已述及，胶粒表面带有数量相等但符号相反的异电荷离子，这些异电荷离子是如何分布呢？随着科学的不断发展，人们相继提出一些数学模型来定量地说明粒子表面的电荷及异电离子的分布情况。

(1) 亥姆霍兹模型

昆克在说明电动现象时，提出以下假说，即固体与液体接触时，固液两相带相反符号的电荷，这是由于固体表面在溶液中可以有选择地吸附离子，也可能由于固体表面分子电离，电离后有正离子或负离子分散到液体中去，两相分别带有数量相等而符号相反的电荷。

1879 年，亥姆霍兹（Helmholtz）从数学上推论了昆克假说，首先提出了双电层的概念。他认为双电层的结构类似于平板电容器（图 12-8），介质的表面电荷构成双电层的一层，反离子平行地排列在介质中，构成双电层的另一层。两层之间的距离很小，约等于离子半径。

在双电层内，电势 ψ_0 直线下降（见图 12-8）。根据亥姆霍兹双电层模型，在外加电场作用下，带电质点和溶液中的反离子分别向不同的电极运动，于是发生电动现象。这一模型对于早期的电动现象研究起过一定作用，但它无法区分表面电势 ψ_0 与 ζ 电势，亦称电动电势。另外，后来的研究表明，质点在运动中总是携带一结合水层一起运动，此水层的厚度远比亥姆霍兹模型中的双电层厚度为大。因为存在这些问题，还需要提出新的理论予以说明。

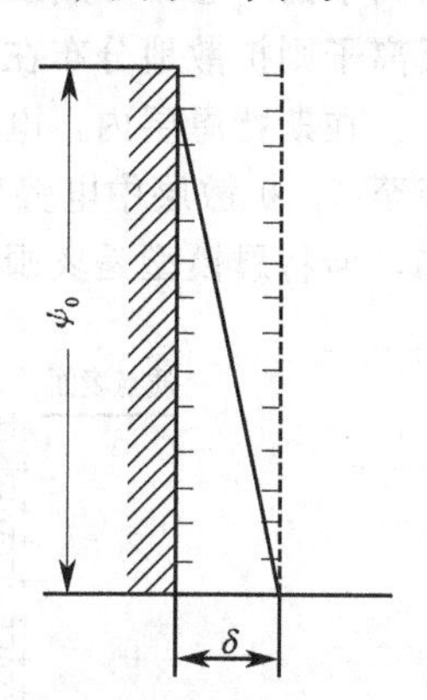

图 12-8 亥姆霍兹平板双电层模型

(2) 古依-查普曼模型

针对亥姆霍兹模型中存在的问题，古依（Gouy，1910 年）和查普曼（Chapman，1913 年）认为，溶液中反离子要受到两种相对抗的作用，质点表面电荷的静电引力将反离子拉向表面，而布朗运动的扩散力使反离子向溶液内部扩散，反离子如何分布要看此二力的作用情况。它们不会规规矩矩地排列在质点表面附近，而是扩散地分布在质点周围的空间里，由于静电吸引，质点表面附近的反离子浓度要大些，越远离质点，电场的作用越小，反离子过剩情况也逐渐减小，直到某一距离与同号离子浓度相等，其情形如图 12-9 所示，图中所画只是过剩的反离子。

质点运动时，总是带着一层结合水，故电泳时固液之间相对移动的滑动面 AB，应在双电层内距表面某位置处，该处与溶液内部的电势差即 ζ 电势。由图 12-10 可以看出，ζ 电势只是表面电势的一部分，二者数值不等。因而扩散双电层模型克服了平板双电层模型的缺点，区分了 ψ_0 电势和 ζ 电势。

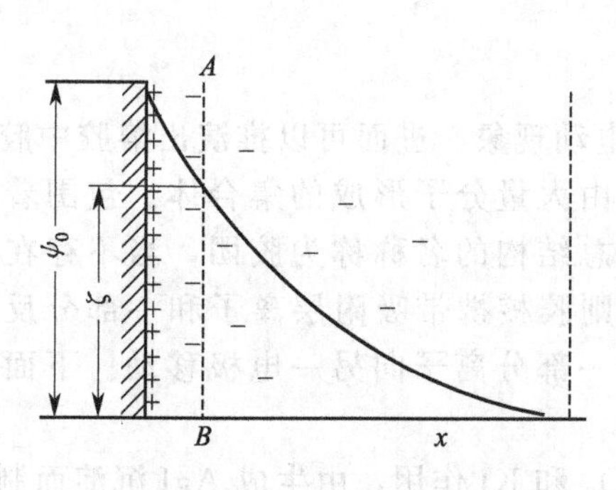

图 12-9 扩散双电层模型

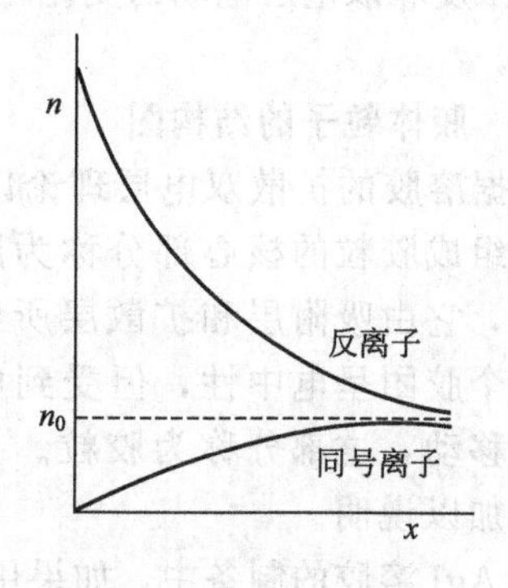

图 12-10 扩散层中的离子分布

古依-查普曼模型克服了亥姆霍兹模型的缺陷，区分了表面电势 ψ_0 与 ζ 电势，而且得到双电层中电势与电荷分布的定量关系。ζ 电势对离子浓度和价数十分敏感的实验现象，也得到了解释。这些都是该理论的成功之处。但仍有不少实验现象得不到解释，ζ 电势的物理意义也不很明确。

(3) 斯特恩模型

斯特恩（Stern）认为，古依-查普曼模型的问题在于将溶液中的离子看作没有体积的点电荷。他假设：①离子有一定大小，离子中心与质点表面的距离不能小于离子半径；②离子与质点表面除静电作用外，还存在着短程的范德华吸引作用。并提出将古依-查普曼模型的扩散层再分为两部分，邻近表面一两个分子厚的区域内，反离子受静电引力和范德华引力的双重作用，与质点表面牢固地结合在一起，形成了与亥姆霍兹模型类似的平板结构，这些吸附离子的中心，形成了斯特恩面，斯特恩面与质点表面之间的区域构成了斯特恩层。其余的反离子则扩散地分布在斯特恩层之外构成双电层的扩散部分。

在斯特恩层内，电势由 ψ_0 迅速下降到 ψ_d，ψ_d 称斯特恩电势。在扩散层中，电势由 ψ_d 降至 0，扩散层中电势变化的规律服从古依-查普曼模型，只需将 ψ_d 代替 ψ_0 即可。由此可知，斯特恩模型是亥姆霍兹模型和古依-查普曼模型的结合（图 12-11）。

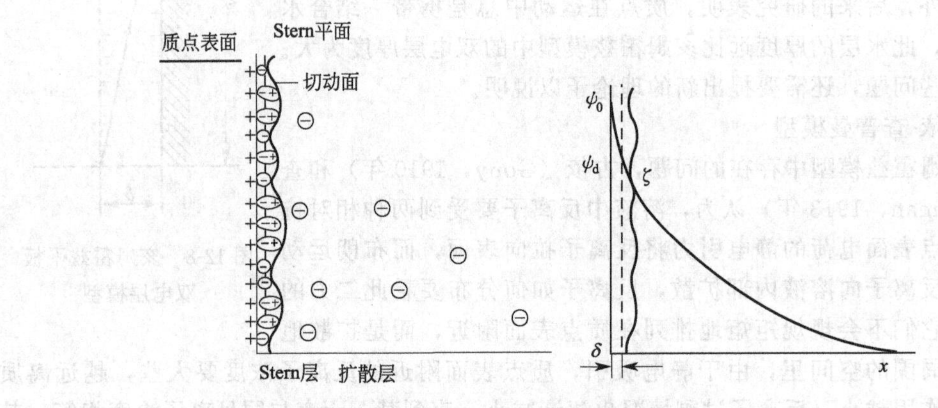

图 12-11 双电层的斯特恩模型

综合上述内容，斯特恩理论不仅区分了表面电势和电动电势，而且赋予 ζ 电势以明确的物理意义，对于古依-查普曼理论不能解释的其他现象，也能由斯特恩模型作出合理的说明。不过由于定量计算过于复杂，其扩散部分仍按古依-查普曼理论处理。只是将 ψ_0 换成 ψ_d 而已。另外，斯特恩理论也还有许多问题未解决。例如，吸附层的详细结构，介质的介电常数随离子浓度和双电层电场的变化，离子大小对溶液中离子分布的影响以及表面电荷的不均匀分布等。

12.5.4 胶体粒子的结构图

根据溶胶的扩散双电层理论以及溶胶的电动现象，进而可以推演出溶胶中胶体粒子的结构。组成胶粒的核心部分称为胶核，它是由大量分子形成的集合体。包围着胶核的是双电层，它由吸附层和扩散层所组成。这样总结构的名称称为胶团，当不存在电场作用时，整个胶团呈电中性，但受到电场影响，则胶核携带吸附层离子和一部分反离子向某一电极移动，这部分称为胶粒。扩散层中另一部分离子向另一电极移动。下面以 AgI 溶胶为例加以说明。

在 AgI 溶胶的制备中，如果用等量 $AgNO_3$ 和 KI 作用，由生成 AgI 沉淀而制得的溶胶是不稳定的。这是因为反应所得的电解质溶液中，K^+ 和 NO_3^- 不能作为电势离子而被吸附，进而形成 AgI 晶格。假若在电解质 $AgNO_3$ 和 KI 中，只要其中任何一种过量，则可形成稳定的 AgI 溶胶。这时，处于内层的胶核，是由 m 个 AgI 分子聚集而成。固相胶核具有很大的比表面，有选择性吸附离子的能力。当 $AgNO_3$ 过量时，吸附 Ag^+；在 KI 过量时，吸附 I^-，同时使之带电，随即与周围水化了的反离子（NO_3^- 或 K^+）发生静电吸引作用，使其中部分反离子与带电胶核牢固地束缚在一起。换言之，这部分水化的反离子与胶核表面上吸附的电势离子一起构成紧密层，电泳时亦与胶核一起移动。这样，胶核与紧密层及其所束缚的溶剂化层就构成了胶粒。剩余的反离子则分布在紧密层以外，组成扩散层。胶核、紧密层和扩散层构成了胶团。胶团呈电中性。

现将负 AgI 溶胶的胶团结构表示如图 12-12 所示。

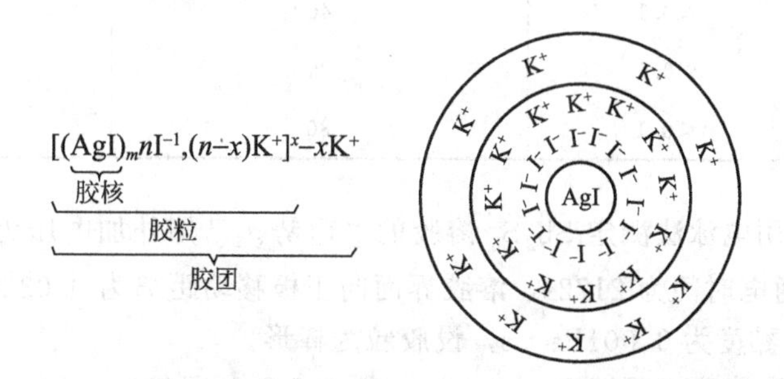

图 12-12　碘化银胶团结构示意图（KI 为稳定剂）

此处 AgI 形成胶核，m 表示胶核中物质的分子数，n 为胶核所吸附的离子数（即决定电势的离子数），通常情况下，$n \ll m$，$(n-x)$ 为紧密层内的反离子数，x 为扩散层内的反离子数。

应该指出，m 是一个不定的数值，即使是同一溶胶的胶核大小也有不同，故相应的 n、x 值亦有不同。胶核成长的大小，是以其吸附层的形成而告终的。

胶团结构式还可以说明 ζ 电势的变化关系。当加入电解质时，胶团扩散层中部分反离子进入紧密层，则使 x 减少，而使 $(n-x)$ 值相对增大，即 ζ 电势变小。若 x 值变为零，则紧密层的正、负离子数相等，此时 ζ 电势等于零，溶胶达到等电状态。胶团结构成为

$$\{[AgI]_m \cdot nAg^+,\ nNO_3^-\} \text{或} \{[AgI]_m \cdot nI^-,\ nK^+\}$$

处于等电状态的溶胶，完全失去其稳定性。

12.5.5　ζ 电势计算

ζ 电势的大小可以作为衡量溶胶稳定性的指标，若能测定 ζ 电势，对溶胶稳定性的研究是很有意义的。根据胶团的双电层模型，由电学理论可导出胶粒的 ζ 电势与其电泳速率的关系式，即

$$\zeta = \frac{K\pi\eta u}{E\varepsilon} \text{ 或 } u = \frac{\xi\varepsilon E}{K\pi\eta} \tag{12-23}$$

式 (12-23) 表示电泳速率与电动电势 ζ、电势梯度 E 和介电常数 ε 成正比，与介质的黏度 η 成反比。K 是一个常数，其值与胶粒的形状有关。球形粒子 $K=6$；棒状粒子 $K=4$。当用式 (12-23) 计算 ζ 电势时，必须乘一个与单位换算有关的因子 (9×10^9)，即

$$\zeta = \frac{K\pi\eta u}{E\varepsilon} \times 9 \times 10^9 \tag{12-24}$$

电泳速率、介电常数和黏度都能从实验测得，将有关数据代入式 (12-24) 即能求出胶

粒的 ζ 电势。一般溶胶和悬浮粒子的 ζ 电势为几十毫伏，见表 12-4。ζ 电势的正负与决定电势离子带电符号相同。

表 12-4 一些溶胶和悬浮粒子的电泳速率与 ζ 电势

分散相粒子	粒子大小 $d/\mu m$	电泳速率 $u\times10^3/cm\cdot s^{-1}$	电动电势 ζ/mV
油滴	2	32	−46
石蜡颗粒	0.72	22.4	−57.4
石英颗粒	1	30	−44
泥土悬浮体	1	19.9	−48.8
金溶胶	<0.1	40	−58
铂溶胶	<0.1	30	−44
氢氧化铁溶胶	<0.1	30	+44

【例 12-4】 求用电泳法测定 Sb_2S_3 溶胶的 ζ 电势。已知外加电压为 210V，二电极间距离为 0.385m，通电时间为 2172s，溶胶界面向正极移动距离为 0.032m，溶胶的介电常数为 81.1，溶胶的黏度为 0.001Pa·s，设胶粒为棒形。

解 因为粒子为棒形，所以 $K=4$，由公式（12-24）可知

$$\zeta=\frac{K\pi\eta u}{E\varepsilon}\times9\times10^9$$

$$=\frac{4\times\pi(0.00103\text{m}^{-1}\cdot\text{kg}\cdot\text{s}^{-1})\times\left(\frac{0.032\text{m}}{2172\text{s}}\right)}{81.1\times\left(\frac{210\text{V}}{0.385\text{m}}\right)}\times9\times10^9$$

$$=3.88\times10^{-3}\text{V}=38.8\text{mV}$$

因此，胶粒的 ζ 电势应为 38.8mV。

电泳及 ζ 电势的测定在实际工作中很有意义。如生化研究中就是利用电泳技术来分离各种蛋白质（带负电的亲液溶胶），医疗上也利用电泳来化验病毒，陶瓷工业上曾用电泳方法获得质量很好的黏土。

12.6 电解质对胶体的稳定与聚沉

溶胶质点因有强烈的布朗运动，故能保持其动力稳定性而不沉淀。但是从热力学角度来看，由于溶胶是高度分散系统，质点很小，其系统的比表面积很大，能量较高，质点有自发聚结以降低能量的趋势。因此，溶胶的稳定性是暂时性的，一旦外界条件改变，溶胶将发生聚沉。这些外界条件包括添加电解质、高分子化合物，或其他一些物理因素，如光、电、热效应等。本章主要讨论保持胶体稳定的条件和引起胶体聚沉的因素等内容。

12.6.1 电解质的聚沉作用

溶胶质点吸附离子带电可增加其稳定性，但是若加入电解质量过大，反而会使质点聚结后析出，当然电解质也可以使高分子溶液聚沉，但对溶胶来说，它们对电解质特别敏感，少量电解质便可以使其聚沉。

表示聚沉能力的方法有两种：①聚沉值，即临界聚沉浓度，指在指定条件下能使溶胶沉

淀所需电解质的最低浓度，以 $mmol \cdot dm^{-3}$ 或 $mol \cdot dm^{-3}$ 或 $mol \cdot m^{-3}$ 表示；②聚沉率，用聚沉值的倒数来衡量，即聚沉值越大，聚沉能力越小。

12.6.2　聚沉作用的实验规律

(1) 苏采-哈迪 (Schulze-Hardy) 规则

早在 18 世纪末到 19 世纪初，苏采和哈迪就分别研究过电解质离子的价数及浓度对溶胶聚沉的影响。其结论结如下：发生聚沉作用的实质是与胶粒带相反电荷的离子，其离子的价数越高，其效率越高。表 12-5、表 12-6 列出了一些电解质对胶体的聚沉值。

表 12-5　电解质对带负电胶体的聚沉值　单位：$mmol \cdot dm^{-3}$

电解质	$As_2S_3(-)$	Au(-)	电解质	$As_2S_3(-)$	Au(-)
LiCl	58	/	$BaCl_2$	0.69	0.35
NaCl	51	24	$UO_2(NO_3)_2$	0.64	2.8
KNO_3	50	25	$MgSO_4$	0.81	/
$\frac{1}{2}K_2SO_4$	65.5	23	$\frac{1}{2}Al_2(SO_4)_3$	0.096	0.009
HCl	31	5.5	$Ce(NO_3)_2$	0.080	0.003
$CaCl_2$	0.65	0.41			

表 12-6　电解质对带正电胶体的聚沉值　单位：$mmol \cdot dm^{-3}$

电解质	$Fe(OH)_3(+)$	$Al(OH)_3(+)$	电解质	$Fe(OH)_3(+)$	$Al(OH)_3(+)$
NaCl	9.25	43.5	K_2SO_4	0.205	0.30
KCl	9.0	4.6	$K_2Cr_2O_7$	0.195	0.63
$\frac{1}{2}Ba(NO_3)_2$	14	/	$MgSO_4$	0.22	
KNO_3	12	60	$K_3Fe(CN)_6$	/	0.080

一般来说，一价反离子的聚沉值在 20～150$mmol \cdot dm^{-3}$ 之间，二价的在 0.5～2$mmol \cdot dm^{-3}$ 之间，三价的在 0.01～0.1$mmol \cdot dm^{-3}$ 之间。三类离子的聚沉值之比大致为 $\left(\frac{1}{1}\right)^6 : \left(\frac{1}{2}\right)^6 : \left(\frac{1}{3}\right)^6$，即聚沉值与反离子价数的六次方成反比。此规则对于估计电解质聚沉值的大小十分有用。但是应该说明，这些比例仅能代表数量级，有时连数量级也不能正确表示。例如，若以三价离子的浓度为 1，则二价的浓度可为三价的 7～200 倍，一价离子浓度可为三价的 500～10000 倍。此种现象不难理解，因为除了反离子的价数之外，还需要考虑它们的化学性质及半径的大小，相似离子（即电荷与胶体相同的离子）的性质及价数等等的影响。若仅仅考虑反离子的电荷就将问题过于简单化了。

(2) 离子大小的影响

同价数的反离子的聚沉效率虽然相近，但仍有差别，一价离子的聚沉值相差特别大，若将各种离子依其聚沉能力排一个次序，则对一价正离子大致是

$$H^+ > Cs^+ > Rb^+ > NH_4^+ > K^+ > Na^+ > Li^+$$

对于一价负离子是

$$F^- > IO_3^- > H_2PO_4^- > BrO_3^- > Cl^- > ClO_3^- > I^- > CNS^-$$

离子的这一序列与它们的水化半径由小到大的排列顺序基本一致。通常把这一同价离子聚沉能力的次序称为感胶离子序 (lyotropic series)。

(3) 法扬斯规则

反离子的作用可能是与胶粒上的离子形成不溶解（或不电离）的化合物或将胶体质点表面的双电层压缩的结果，前面提到的法扬斯规则自然也适用于反离子，即能与胶体形成不溶物的反离子特别容易被吸附。例如，Ag^+与负的 AgI（—）溶胶上的I^-形成碘化银，于是胶粒上的电荷大大减小，因此易于聚沉。而 K^+、Na^+等正离子则只靠压缩双电层影响胶体稳定性，故其效率不及前一类离子。和其他一价离子相比，氢离子的聚沉能力特别强，这可以是因为生成了不电离的化合物，也可能是氢离子的半径特别小，能与胶粒靠得很近的缘故。

(4) 相似离子的影响

虽然苏采-哈迪规则强调反离子效应，但相似离子不是毫无作用的。有些离子，特别是大的有机物离子，可不加选择地被吸附，因而改变了质点的性质。表 12-7 为不同电解质对 As_2S_3 溶胶的聚沉值。一般来说，二价或高价的负离子对负胶体有一些稳定作用，高价正离子对正胶体也有同样的作用。

表 12-7 不同电解质对 As_2S_3 溶胶的聚沉值

电解质	KCl	KNO_3	HCOOK	CH_3COOK	$\frac{1}{3}$柠檬酸钾
聚沉值/($mmol \cdot dm^{-3}$)	49.5	50	86	110	240

12.6.3 胶体稳定的 DLVO 理论

DLVO 理论是 20 世纪 40 年代，由俄罗斯科学家德加根（Derjaguin）、朗道（Landau）和荷兰科学家威尔韦（Verwey）、奥威毕克（Overbeek）四人提出来的。该理论的基本要点是，决定胶体稳定性的因素有两种作用力，一种是相互吸引的范德华力，一种是胶体质点相互接近时，由于双电层重叠而产生的斥力，胶体的稳定性如何，取决于两种作用力的平衡。若吸引力大于斥力则胶体相互靠近最终引起聚沉；若斥力大于吸引力则胶体稳定存在。由于影响引力和斥力的因素很多，所以推导引力势能（V_A）和斥力势能（V_R）的表示式较为复杂，这里只引出经过简化处理的结果，具体推导过程可参阅有关专著。

对两个体积相等的球形粒子，当两球表面之间的距离 H 比粒子半径 r 小得多时，可以近似得到两个粒子之间的相互引力势能 V_A 为：

$$V_A = -\frac{Ar}{12H} \tag{12-25}$$

式中，A 称为哈马克（Hamaker）常数，与粒子性质（如单位体积内的原子数、极化率等）有关，是物质的特性常数，约在 $10^{-19} \sim 10^{-20}$ J 之间。

具有相同电荷的粒子之间的相斥能 V_R 的大小取决于粒子的电荷的数目和相互间的距离，固体表面电势分布情况不同，则相斥势能的表示式也不同。对于距离为 H 的平板之间的相斥势能为

$$V_R = \frac{64n_0kT}{\kappa}\gamma_0^2\exp(-\kappa H) \tag{12-26}$$

式（12-26）表示平板双电层相斥能与距离的关系。必须注意，V_R 是通过 γ_0 与 ψ_0 发生关系的。式中，κ 是与电解质浓度有关的物理量，k 是波耳兹曼常数，ψ_0 是表面电势。

对于两个相距 H 的球形质点，假定表面电势很低，其相斥能可近似表示为

$$V_R = \frac{64n_0kT}{\kappa}\pi r\gamma_0^2\exp(-\kappa H) \tag{12-27}$$

式中，r 为质点半径；H 为两球间的最近距离。

质点间的总势能为吸引能和排斥能之和，即由式（12-25）和式（12-27）的代数和表示：

$$V_T = V_A + V_R = -\frac{Ar}{12H} + \frac{64n_0kT}{\kappa}\pi r\gamma_0^2\exp(-\kappa H) \tag{12-28}$$

以 V_T 对距离 H 作图，即得总势能曲线。为了更清楚地说明问题，需进一步分析 V_A、V_R 随距离变化的情形。当距离逐渐变小时，V_A 的绝对值无限增大，而 V_R 却趋于一极限值，$V_R=\frac{64n_0kT}{\kappa}\pi r\gamma_0^2$。因此可以推断，在 H 很小时，必定是吸引大于排斥，总势能为负值。当距离很大时，V_R 随距离指数下降，而 V_A 却只随距离平方下降，因而必然是 $|V_A|>V_R$，总势能 V_T 为负值；若距离再增大，V_T 自然趋近于零。在中间地段，即质点间距与双电层厚度同数量级时，V_R 有可能超过 V_A，从而得到 V_T-H 曲线峰值，将此峰看作是一个势垒，阻止质点接近，防止胶体聚沉。当然，V_R也可能在所有距离上都小于 V_A。若是如此，则质点的相互接近没有任何障碍，胶体很快聚沉。这里还应指出，虽然在 H 很小时吸引大于排斥，但当 $H\rightarrow 0$ 时，由于电子云的相互作用，会产生排斥能，总势能又会急剧上升为正。总势能曲线的一般形式，如图 12-13 所示。在 $H\rightarrow 0$ 与 H 较大时，各有一极小值出现，分别称为第一极小值与第二极小值。在中等距离，则可能出现势垒，势垒的大小是胶体能否稳定的关键。

决定势能曲线的形状，有以下三个方面的影响。

① A 的影响。这里指的是有效哈马克常数 A_{131}，是由分散相和分散介质的化学性质所决定的。在分散相很少时，溶剂对分散相的作用可以忽略不计。一般来说，势垒高度随 A 的增加而减少。

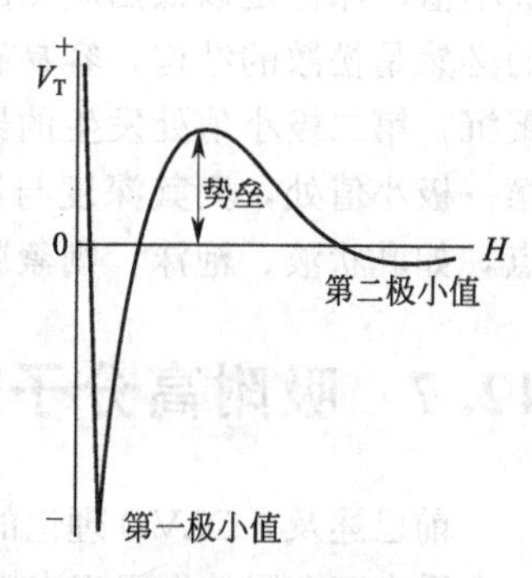

图 12-13　总势能曲线的一般形状

② ψ_0 的影响。在 A 和 κ 相同情况下，ψ_0 对相互间势能曲线的影响。一般情况下，曲线上势垒高度随 ψ_0 的增加而升高。通常用 ζ 电势作为讨论胶体稳定性的依据，因为 ζ 电势是通过电动现象，测得溶胶电性质的唯一数据。因此，这里用 ζ 电势来讨论似乎不够严格，因为溶胶粒子的滑动面随实验条件而变，所以 ζ 电势不是一个定值。

③ 电解质浓度的影响。在 ψ_0 和 A 固定不变时，不同 κ 值对势能曲线形状的影响是 κ 值越小，则势垒越高，系统越稳定。κ 应包括两项变数，即电解质的浓度及其离子价数。

12.6.4　苏采-哈迪规则的定量说明

用电解质的临界聚沉浓度来衡量溶胶的稳定性，不仅是简单易行的方法，还具有定量的意义。但是电解质的临界聚沉浓度受到电解质的加入方式、等待聚沉时间、溶胶本身固有的特性、表面电势、哈马克常数 A 以及离子的价数等诸因素的影响，所以要用临界聚沉浓度来说明胶体的稳定性或比较各电解质的聚沉能力，上述各种条件要尽可能接近。

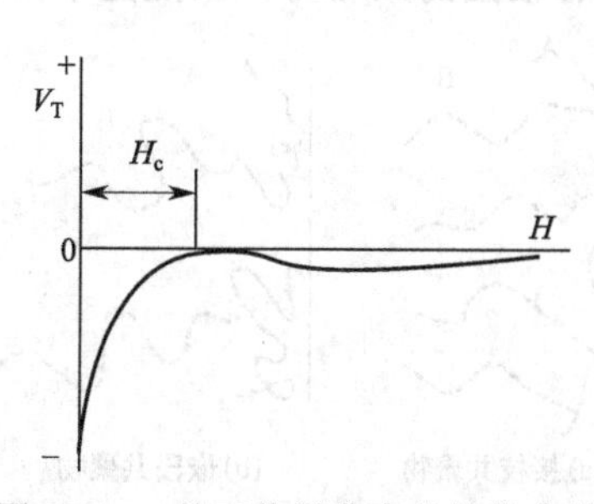

图 12-14　处于临界状态的势能曲线

在溶胶的势能曲线中，势垒是决定溶胶稳定的一种标志，当势垒高度为零时（图 12-14），溶胶将变为不稳定状态（临界聚沉状态）。但是，κ（即电解质浓度的影响）是决定势垒的重要因素。图 12-14 中，在电解质对势

垒的影响上，对势垒刚刚是零的曲线，它的最高点必须满足下列两个条件，即

$$V_T = V_A + V_R = 0 \qquad \frac{dV_T}{dH} = \frac{dV_R}{dH} + \frac{dV_A}{dH}$$

由式（12-25）与式（12-27）得

$$\frac{64 n_0 kT}{\kappa} \pi r \gamma_0^2 \exp(-\kappa H_c) - \frac{Ar}{12 H_c} = 0$$

$$\frac{64 n_0 kT}{\kappa} \pi r \gamma_0^2 \exp(-\kappa H_c) - \frac{Ar}{12 H_c^2} = 0$$

两式相除得到 $\kappa H_c = 1$。将此条件经相应的处理即可得到发生临界聚沉时的 n_0 及相应的聚沉值，也就是临聚沉值，即

$$c = B \frac{\varepsilon^3 (kT)^5 \gamma_0^4}{A^2 Z^6} \tag{12-29}$$

式中，B 为常数。由式（12-29）可以看出，发生临界聚沉值的电解质浓度，也即聚沉值 c 与反离子价数的六次方成反比。这一理论结论与苏采-哈迪的实验规则是一致的，从而证明了 DLVO 理论的正确性。

通常聚沉均发生在势垒为零或很小时，此时质点能足以克服势垒的障碍。一旦越过势垒，质点间相互作用能随彼此接近而降低，最后在势垒曲线的第一极小值处聚沉，但其第二极小值却深得足以抵挡质点的动能，则质点可以在第二极小值处聚结，由于距离较远，形成的必然是松散的结构，容易破坏与复原。习惯上，将第一级小值处发生的质点间的聚结称为聚沉；第二极小值处发生的聚结称为絮凝。从式（12-25）和式（12-27）可以看出，若处在第一极小值处，则其深度与质点大小成正比，对于小质点，其深度不会很深；而对于大质点，如乳状液、泡沫，则絮凝是其不稳定的重要现象。

12.7 吸附高分子对胶体的稳定作用

前已述及，DLVO 理论的出发点之一是胶体质点双电层重叠而产生的排斥作用。但是在非水介质中双电层的作用相当模糊，即便是在水系统中，大量的实验表明，加入非离子表面活性剂或高分子能使胶体稳定性大大提高，虽然质点的ζ电势常因这些物质的加入而降低。这些事实表明，除了电因素之外，还有一种稳定机制在起作用，这主要是由于大分子吸附在质点表面上，形成了保护层，阻止了质点的聚结。这一类稳定作用通常称为空间稳定作用。

12.7.1 空间稳定作用的实验规律

(1) 高分子稳定剂的结构特点

作为有效的稳定剂，要求高分子一方面必须和胶体质点有很强的亲和力，以便能牢固地吸附在质点表面上；另一方面又必须与溶剂有良好的亲和力，以便形成厚的吸附层，达到保护质点不聚结的目的。对于一种物质而言，这两种性能往往是矛盾的。解决此问题的方法是设法使高分子长链中含有两种性能不同的基团。这样，高分子稳定剂本身应该包括两部分：①停靠基团。对质点有很强的结合力。②稳定基团。对溶剂有很强的结合力。满足上述要求的高分子通常是具有图 12-15 所示结构的共聚物。A 为停靠基团，B 为稳

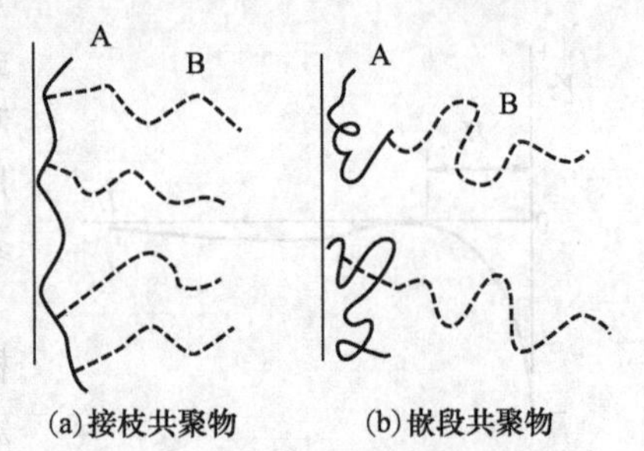

图 12-15 高分子稳定剂的结构

定基团。A、B 的分子量比例要适当，以达到吸附作用与稳定作用的最优搭配。一般来说，M_A 应大致等于 nM_B，n 是附着在 A 骨架上的 B 链数。

(2) 高分子分子量和浓度的影响

一般来说，分子量越大，高分子质点表面上形成的吸附层就越厚，稳定效果也越好。海勒(Heller) 研究了聚乙二醇对金溶胶的保护作用，发现 KCl 的聚沉值随聚乙二醇分子量的增大而增加，但有一临界分子量（即 $4\times10^3\sim9\times10^3$ 之间)，低于此分子量，聚乙二醇无保护作用。关于高分子浓度的影响，一般要求吸附的高分子至少能盖住溶胶粒子表面才能起保护作用，即需要在胶粒表面形成一个包围层，再多的高分子也不能再增加它的保护作用，这种趋势由 AgBr 溶胶的聚沉程度与溶胶浓度的关系中可以清楚地看出。若高分子浓度过低不足以覆盖质点表面，则不但不起保护作用，往往还会使溶胶的稳定性降低，这一现象将在后面讨论。

(3) 介质的性质影响

若胶体中的分散介质是作为稳定剂的高分子的优良溶剂，那么高分子化合物分子得以充分伸展，可形成较厚的吸附层，有较强的稳定作用。若是不良溶剂，则高分子化合物失去柔性，容易发生絮凝。这时的高分子化合物分子自身的稳定性都很差，更谈不上对胶体的稳定作用。对于指定的溶剂，其性质往往随温度而变化，所以用高分子化合物作稳定剂的系统，其稳定性随温度而变化。

(4) 稳定剂和聚沉剂的加入方式

实验证明，加入聚沉剂和高分子化合物稳定剂的方式不同时，稳定作用不同。例如，用明胶保护 $Fe(OH)_3$ 胶体的实验。若先把明胶加到 $Fe(OH)_3$ 中再加入 $NH_3\cdot H_2O$，则无聚沉现象，这意味着先加入的明胶分子已被吸附在 $Fe(OH)_3$ 胶体粒子表面形成了保护层。若先把 $NH_3\cdot H_2O$ 和明胶混合，再把该混合物加到胶体中，则立即出现浑浊，这说明加进去的明胶尚来不及附着到 $Fe(OH)_3$ 粒子上 $NH_3\cdot H_2O$ 已使之聚沉。

12.7.2 空间稳定效应理论

(1) 两种稳定机制

虽然经过几十年的研究，关于空间效应理论仍未形成一个统一的理论。目前提出的稳定机制主要有两个（图 12-16)。①体积限制效应理论。该理论的出发点是吸附在高分子表面上的高分子长链有多种可能构型，若另一质点向其接近，由于存在空间限制，高分子长链可能采取的构型数将减少，从而使构型熵降低。熵减少引起吉布斯函数增大，由此产生排斥作用。这一理论把另一质点的存在使吸附在表面上的高分子链构型熵的限制作为产生排斥的原因，故只适用于质点相距较近的情况。由于完全忽略了焓变在吉布斯函数变化中的作用，它只能用于无热溶液或热效应很小的情形。②混合效应理论。混合效应理论是将高分子吸附层的交联看做是两个一定浓度的高分子溶液的混合过程。从高分子溶液理论和统计热力学出发，可以分别计算混合过程的熵变，从而知道吸附层交联时吉布斯函数变化的大小与符号。若吉布斯函数变化为正，则起保护作用，质点相互排斥；若吉布斯函数变化为负，则起絮凝作用。吸附层存在使质点聚结。

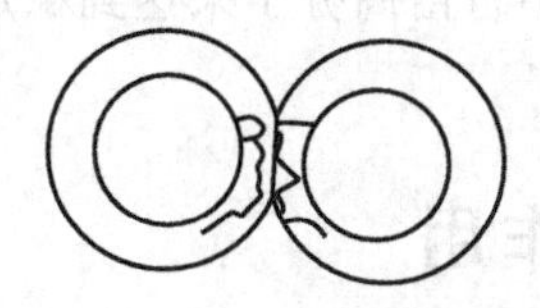

(a) 体积限制效应（压缩而不穿透）

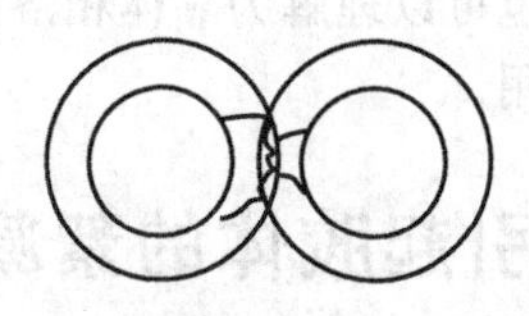

(b) 混合效应（穿透而不压缩）

图 12-16 两种稳定机构示意图

混合效应理论较好地解释了溶剂对高分子稳定效应的影响。但是未考虑第二质点对高分子构型熵的限制，故适用于吸附层交联程度不高的情况。

体积限制效应理论和混合效应理论适用于不同的条件，所得的结论也不尽相同。虽有人设法将它们统一成一个理论，但二者依据的模型相差太大，所以尚未得到满意的结果。

由于空间稳定效应的存在，质点间的总相互作用能应写为

$$V_T = V_A + V_R + V_S \tag{12-30}$$

式中 V_S 表示空间稳定效应产生的排斥能。总势能曲线的形状如图 12-17 所示。由于质点间距很近时，V_S 趋于无穷大，故在第一极小值处的聚沉不大可能发生，质点的聚结多表现为较远距离上的絮凝。与双电层排斥作用相比，空间稳定作用受电解质浓度的影响很小，它在水系统和非水系统中均可起作用，能够稳定很浓的分散系统，这些都是空间稳定作用的优点。

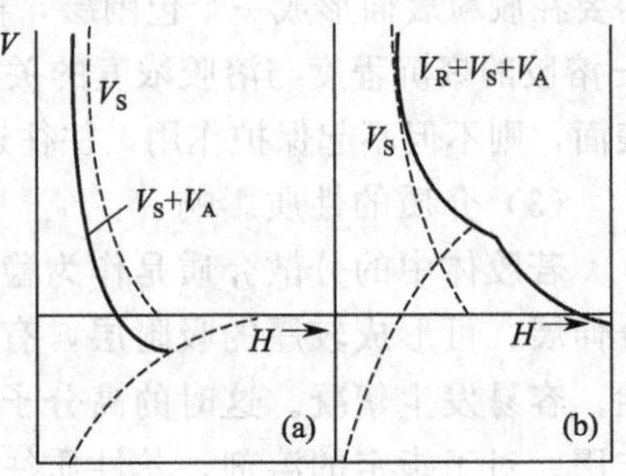

(a) 无双电层排斥能 (b) 有双电层排斥能

图 12-17 空间稳定势能曲线

(2) 稳定性的判断

从热力学观点来看，不管排斥作用产生的机制如何，我们总可以将两质点接近时因吸附层而产生的吉布斯函数变化 ΔG_R 分成熵变和焓变两个部分，即

① $\Delta G_R = \Delta H_R - T\Delta S_R$

系统稳定的必要条件是 $\Delta G_R > 0$，满足此条件有三种途径，即：

ΔH_R 与 ΔS_R 皆为正，但 $\Delta H_R \gg \Delta S_R$，焓变起稳定作用，熵变相反，故称为焓稳定。

② ΔH_R 与 ΔS_R 皆为负值，但 $\Delta H_R < \Delta S_R$，熵变起稳定作用，焓变相反，故称为熵稳定。

③ ΔH_R 为正，ΔS_R 为负值，无论熵、焓皆使系统稳定。自热力学原理知道，$\left[\frac{\partial\ (\Delta G_R)}{\partial T}\right] = -\Delta S_R$，该式说明，由系统的稳定性随温度的变化可以判定 ΔS_R 的符号，从而推断稳定机制属何种类型。

12.8 自由高分子对胶体的稳定作用简介

高分子对胶体的稳定分为两种类型。一种是上一节介绍的由于胶体粒子吸附高分子使其表面上形成一种吸附层，依靠吸附层重叠时产生的斥力而起稳定作用。另一种刚好相反，它是由于高分子不被胶体粒子吸附，使得胶体粒子表面层高分子溶液的浓度低于本体相溶液的浓度。由于这种负吸附现象导致胶粒表面形成一空缺层，而当空缺层发生重叠时，产生引力势能或斥力势能，从而使系统的势能曲线发生变化。在低浓度的溶液中，空缺层的重叠会导致在该层中溶液浓度增加而产生引力势能，使胶体聚沉。相反，在高浓度的溶液中，空缺层的重叠会导致层中溶液浓度降低，斥力能垒增大，使胶体稳定。由于这种稳定作用是靠空缺层的形成来实现的，也可以理解为靠体相溶液中自由高分子来达到稳定的目的，故称自由高分子对胶体的稳定作用。

12.9 高分子引起胶体的絮凝作用

人们在研究胶体稳定性时，很早就发现，当加入的高分子数量小于起保护作用所必需的量时，不但对胶体没有保护作用，而且往往使溶胶对电解质的敏感性大大增加，这就是高分

子的敏化作用。后来研究证明，许多高分子能直接导致溶胶聚沉。前面已经提到，在高分子存在时，质点不大可能在势能第一极小值处聚结，因此高分子的聚沉作用是发生在较远距离上的絮凝作用。

12.9.1 高分子对胶体絮凝作用的机理

过去曾认为，若是高分子所带电荷与胶体所带电荷相反，则发生简单的互沉作用。但后来发现，敏化或絮凝并不限于电荷与胶体相反的高分子电解质，一些非离子型高分子（例如聚氧化乙烯、聚乙烯醇），甚至一些与胶体带相同电荷的高分子电解质，对于胶体也起敏化作用，甚至絮凝作用，因此，静电吸引并非高分子絮凝的唯一原因。

现在一般认为，高分子通过氢键或范德华力吸附在质点表面上，它可以通过“搭桥”的方式将两个或更多的质点拉在一起，大大增加了质点间相互碰撞的机会，甚至直接导致絮凝（图 12-18）。倘若所加的高分子较多，则容易在每个质点表面形成保护层，起到保护作用。

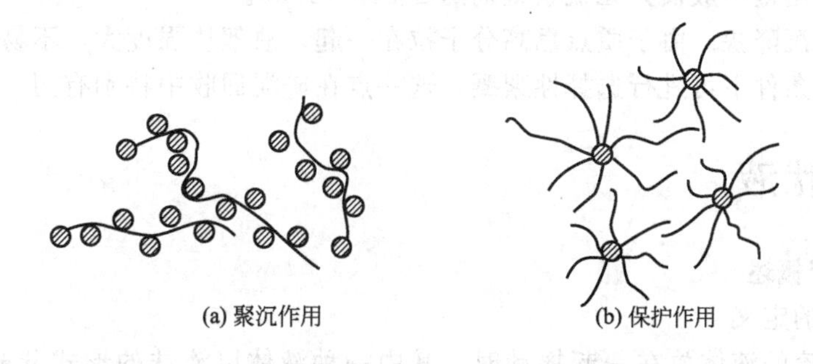

图 12-18　高分子化合物对溶胶聚沉和保护作用示意图

12.9.2 影响高分子对胶体絮凝的因素

影响高分子絮凝作用的主要因素如下。

① 加入量。如果用絮块的沉降速率表示絮凝结果，则高分子与悬浮质点的质量比有一最佳值，此时效果最好。超过此值絮凝效果下降（图 12-19）；若超出很多，反而起保护作用。实验证明，最佳絮凝区大约相当于质点表面的一半吸附了高分子。实际作用时，从经济上考虑，投药量应为最佳值的 1/5～1/10。

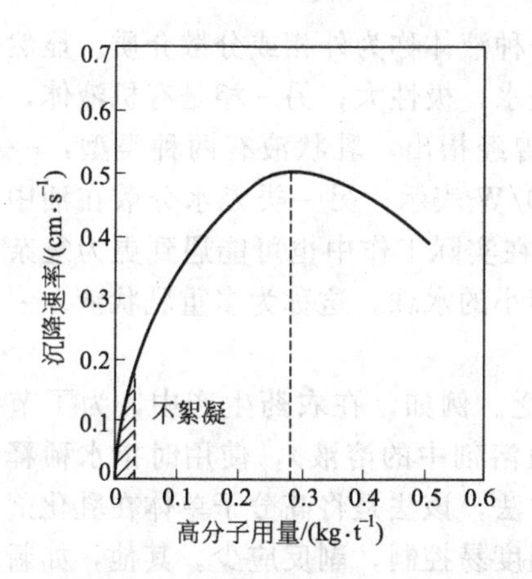

图 12-19　用聚丙烯酰胺絮凝 3～5 目硅胶悬体

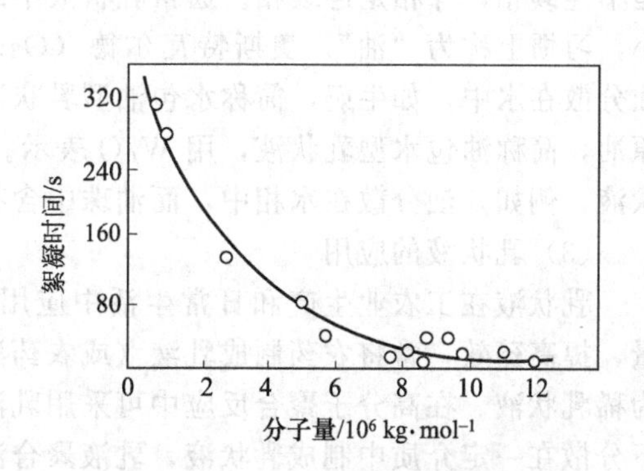

图 12-20　分子量与絮凝时间的关系

② 分子量。高分子的分子量越大，“搭桥”能力越强，絮凝效率也越高。图 12-20 是将 $2cm^3$ 0.025%的不同分子量的聚苯乙烯磺酸钠加入到 $100cm^3$ 蒙脱土悬浮液中的絮凝作用，由此可以看出高分子分子量的影响。

③ 质点的颗粒大小。用颗粒大小不同的石英悬浮液做实验，发现最佳值与颗粒表面积成正比，这与高分子吸附导致絮凝的机理是一致的。

④ 质点带电。若质点带电，则它们不易相互靠近，影响高分子的聚沉效果。在水中悬浮的质点通常带负电，其 ζ 电势受 pH 值和电解质的影响。利用调节 pH 值或加入高价正离子的方法可以提高高分子的絮凝效果。

12.9.3 高分子絮凝剂的优点

高分子絮凝广泛应用于净水、污水处理，近年来发展很快，与无机絮凝剂相比，它有以下优点。

① 效率高。用量一般仅为无机絮凝剂的 1/200～1/30。

② 絮块大、沉降快。由于质点靠高分子拉在一起，故絮块强度大，不易散开。

③ 在合适的条件下可进行选择性絮凝，这一点在矿泥回收中特别有用。

12.10 乳状液

12.10.1 乳状液概述

(1) 乳状液的定义

将两种不相溶的液体放在一起摇动时，其中一种液体以液珠的形式分散于另一种液体中，此分散系统即所谓的乳状液。一旦停止摇动，一方面液珠要上浮或下沉；另一方面，液珠相互碰撞时，立即凝并成大液珠，不需多久分散系统就完全破坏而分成两液层。若加入乳化剂并一起摇动，会使液体的分散变容易，生成的液珠细小，其上浮或下沉的速率减慢，相碰撞时凝并的几率大为减弱。尽管如此，乳状液经长期放置后，最终将分成两层，其存在时间，视系统大小和乳化剂而异，短则几分钟，长则数日甚至数年。

综上所述，可以给出乳状液一个比较完整的定义：乳状液是一个多相分散系统，其中至少有一种液体以液珠的形式均匀地分散在另一不相混溶的液体中。液珠的直径一般大于 10^{-5} m。此种系统有一最低稳定度，此稳定度可因第三者（乳化剂）的存在而大大增强。

(2) 乳状液的类型

乳状液中被分散的液体称为内相或分散相，另一种液体称为外相或分散介质。显然内相是不连续相，外相是连续相。通常乳状液中的一相是水，极性大；另一相是有机液体，极性小，习惯上称为“油”。奥斯特瓦尔德（Ostwald）曾经指出，乳状液有两种类型：一类是油分散在水中，如牛奶，简称水包油型乳状液，用 O/W 表示；另一类是水分散在油中，如原油，简称油包水型乳状液，用 W/O 表示。另外，在实际工作中也可能遇到更为复杂的乳状液，例如，油分散在水相中，而油珠中含有许多细小的水珠，这称为多重乳状液。

(3) 乳状液的应用

乳状液在工农业生产和日常生活中应用非常广泛。例如，在农药生产中，为了节省药量，提高药效，常将农药制成乳液（或农药溶于有机溶剂中的溶液），使用时掺水稀释变成为稀乳状液。在高分子聚合反应中可采用乳液聚合方法，该法是将高分子单体在乳化剂作用下分散在一定介质中制成乳状液，乳液聚合法反应温度易控制，副反应少。其他，如新型的高速切削冷却液，甚至油脂在人体内输送以及消化作用等都与乳状液有关。通常把生成乳状液的过程称乳化作用。

有时乳状液的形成不仅无利反而有害。如原油中的水是油包水型乳状液，在加工之前必须设法除去这些水分。许多工业污水也是乳状液，排放之前必须进行破乳处理，以免引起污染，因此，乳状液的破坏也是一个重要的研究课题。

12.10.2　影响乳状液类型的因素

油和水混合形成的乳状液类型，一般认为量大的液体为外相，量小的液体为内相。但事实证明，这种看法是片面的，现在可以制备内相达到 90％的乳状液。影响乳状液类型的因素是多方面的，乳状液的类型应是各种影响因素共同作用的结果。

(1) 相体积理论

该理论是奥斯特瓦尔德于 1910 年从纯几何观点提出来的。如果分散相均为大小一致的球形液珠，如图 12-21 (a)，根据立体几何计算，任何大小的球形，最紧密堆积的液珠体积只占总体积的 74.02％，如果分散相大于 74.02％，乳状液就会变型。如水的体积占总体积的 26％～74％时，O/W 和 W/O 型的两种乳状液都有形成的可能。若小于 26％时，只能形成 W/O 型乳状液，若大于 74％时，则只能形成 O/W 型乳状液，橄榄油在 KOH 水溶液中的乳状液就遵循这个规律。

在大多数情况下，分散相液珠大小不一，如图 12-21 (b) 所示，甚至是多面体，如图 12-21 (c)。在这种情况下，相体积和乳状液类型的关系就不符合上述规律。对于图 12-21 (b) 和图 12-21 (c) 的情况，内相体积可以大大超过 74％，有时内相体积可以达 99％。当然，制备这种高内相的乳状液并非易事，它需要量大且乳化能力极强的乳化剂。

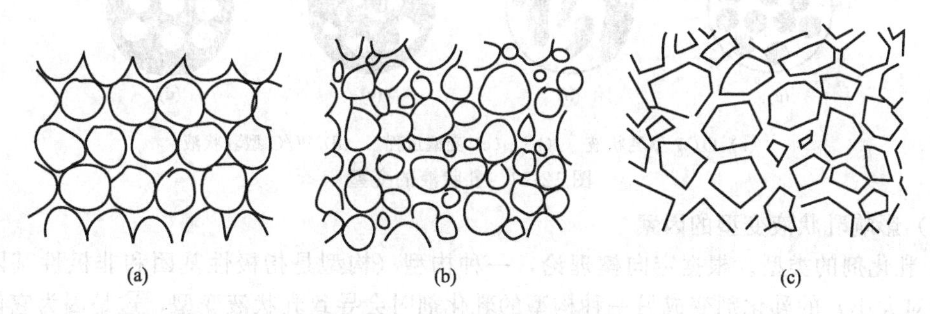

图 12-21　乳状液的几种形态

(2) 定向楔理论

乳化剂在界面上吸附时，其极性基总是和水接触，非极性基总是和油接触。因此，乳化剂分子在界面上形成了定向排列的吸附层。当乳化剂量足够大时，界面上乳化剂分子排列得非常紧密，形成的表面膜也最牢固。那么，当此表面膜将油和水隔开后，究竟是形成 W/O 型乳状液还是形成 O/W 型乳状液？根据经验，由一价金属皂作乳化剂，易使系统形成 O/W 型乳状液，而二价金属皂作乳化剂，则易使系统形成 W/O 型乳状液，见图 12-22 (a) 和图 12-22 (b)。这说明乳化剂分子的空间构型对乳状液的生成类型起着很重要的作用。定向楔型理论比较形象地说明形成乳状液类型的因素，但也常有例外，像用银皂作乳化剂时，按定向楔型理论应得 O/W 型乳状液，而实际上得到 W/O 型乳状液。

(3) 乳化剂溶解度与乳状液类型

乳状液的类型也与乳化剂的水溶性和油溶性有关。实验表明，使用易溶于水的乳化剂，易形成 O/W 型乳状液；反之，使用易溶于油的乳化剂，易得到 W/O 型乳状液。这一溶解度规则比定向楔理论更具有普遍意义。例如，一价银皂作为乳化剂，按照定向楔理论会形成 O/W 型乳状液，而实际形成的是 W/O 型乳状液，但按溶解度规则，银皂作为 W/O 型乳化

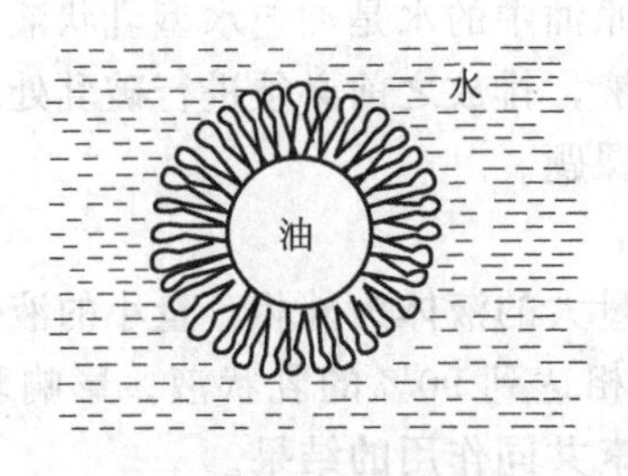

(a) 一元皂对O/W的稳定作用

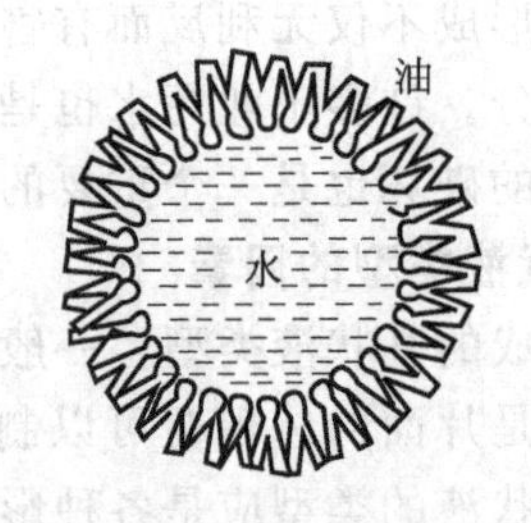

(b) 二元皂对W/O型的稳定作用

图 12-22 皂类稳定的乳状液示意图

剂形成 W/O 型乳状液却是必然的。

12.10.3 乳状液的变型与破坏

(1) 变型

一种乳状液在某种因素的作用下，可以突然由 W/O（O/W）型变成 O/W（W/O）型，这种现象称为乳状液的变型（图 12-23）。变型过程实质上是原来乳状液的分散相液滴的聚结和分散介质被分散的过程，即原来的分散相变成了分散介质，而原来的分散介质变成了分散相。

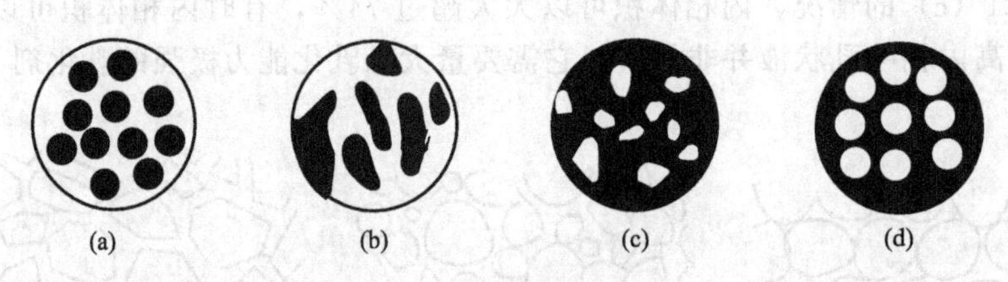

(a) O/W 型乳状液 (b)、(c) 变型过程 (d) W/O 型乳状液

图 12-23 乳状液的变型

(2) 影响乳状液变型的因素

① 乳化剂的类型。根据定向楔理论，一种构型（构型是指极性基团和非极性基团截面积的相对大小）的乳化剂变成另一种构型的乳化剂时会导致乳状液变型，这是因为它们各自稳定的乳状液的类型不同。

例如，在钠皂稳定的 O/W 型乳状液中加入钙、镁或钡等二价正离子（M^{2+}），便能使乳状液变成 W/O 型乳状液，因为钠皂和 M^{2+} 反应生成另一种构型的二价金属皂，即

$$2\,钠皂 + M^{2+} \rightleftharpoons 二价金属皂 + 2Na^{+}$$

显然，当 M^{2+} 的数量不够多时，钠皂占优势，乳状液不会变型，只有当 M^{2+} 数量相当大（即二价金属皂占优势）时，才能使乳状液变型。当钠皂数量与二价金属数量不相上下时，乳状液是不稳定的。

② 相体积。前面已经讲过，对许多系统，内相体积占总体积的 74%以下时是稳定的，若不断加入内相物质使其体积超过 74%，内相将变成外相，乳状液发生变型。

③ 温度的影响。改变温度时，乳化剂分子的亲油性质和亲水性质可能改变。对于非离子表面活性剂，温度升高时水化减弱，因而亲水性变差，亲油性增加，离子型表面活性剂与之相反。这种亲水与亲油性质的变化，自然会影响形成乳状液的类型。以皂作乳化剂的苯水乳状液在较高温度下是 O/W 型，降低温度可得 W/O 型。

④ 电解质的影响。实验证明，一定量电解质的加入可使乳状液变型。例如，以油酸钠为乳化剂的苯水系统的 O/W 型乳状液，当加入 $0.5\text{mol}\cdot\text{dm}^{-3}$ NaCl 时变成 W/O 型。用其

他系统和乳化剂也观察到类似现象。这是因为在电解质浓度很大时，离子型皂的离解度大大下降，亲水性也因之降低，甚至以固体皂的形式析出，实验中发现电解质的加入使水相中的皂大量向油相中迁移，便是皂分子亲水性下降的证明。这种亲水亲油性质的改变最终导致了乳状液的变型。

（3）破乳的方法

对一些有害的乳状液，例如，W/O 型的原油乳状液，O/W 型的工业污水等，我们希望其两相完全分离，即破乳。常用的破乳方法有两种。

① 物理方法。静电破乳是常用的方法，在高压电场作用下，带电的液珠因放电而聚结成大液珠，沉降后即达到两相分离的目的。原油破乳常用此法。利用超声波加速质点间的聚结或利用离心、过滤的方法使内外相分离，也是工业上常用的破乳方法。

② 化学方法。利用化学方法破乳的原理是破坏吸附在界面上的乳化剂，使其失去乳化能力。例如，用金属皂稳定的乳状液加入酸，能使皂变成脂肪酸，后者的乳化作用远小于皂类，因而乳状液被破坏，此法称酸化法。更常用的是加入破乳剂，破乳剂是一种表面活性剂，它具有较高的表面活性，因此能将界面上存在的原来的乳化剂顶替。但破乳剂一般都带有支链，因此在界面上不能紧密排列成牢固的界面膜，从而使乳状液的稳定性大大降低。例如，现在常用的原油破乳剂多为聚醚型的表面活性剂。自分子结构上考虑，此类物质吸附于界面上时，由于分子分支较多，极性基团（聚氧化乙烯）较大，而且用于破乳的剂量不大，吸附分子大约是平躺在界面上，分子间相互吸附不强，因此界面膜强度很差，水珠容易凝并而破坏。

12.10.4　乳化剂的分类与选择

前面讨论过各种类型的乳状液之所以能够稳定存在，毫无例外地是由于使用了乳化剂。但是由于乳化剂种类繁多，有必要在对它们性能了解的基础上，有效地进行选择和利用。

（1）乳化剂的分类

乳化剂的种类很多，前已述及可按乳状液的类型将乳化剂分成 W/O 型和 O/W 型两类。在此仅按乳化剂性能和化学性质的差异分类如下。

① 表面活性剂类。这是最为重要且使用最多的乳化剂。它又包括阴离子型、阳离子型和非离子型三类。尤其是非离子型表面活性剂型的乳化剂，因在使用上不受水的硬度影响，也不受溶液 pH 值的限制，故是一种性能优良的乳化剂。同时，由于表面活性类乳化剂可以按照乳状液性质的需要进行合成，因此它们的应用前景非常广阔。

② 高分子乳化剂。高分子乳化剂有天然的动物胶、植物胶及合成的聚乙烯醇等。因为它们分子量较大，不能在界面上整齐的定向排列，故不具有显著降低界面张力的作用。但由于它们在界面上的吸附，一方面可在界面上形成力学强度较高的界面膜，另一方面又可以增强分散相与分散介质的亲和力，这便有助于乳状液的稳定。

③ 天然乳化剂。天然乳化剂是使用最早的一类乳化剂，其成分较为复杂。可以用作 O/W 型乳化剂的主要有磷脂类（如卵磷脂）、动物胶和植物胶（如阿拉伯胶、明胶）、海藻胶类（如藻元酸钠）等。可以用作 W/O 型乳化剂的主要有羊毛脂和固醇类（如胆固醇）等。因为天然乳化剂的乳化性能较差，故常与其他乳化剂混合使用。此外，由于天然乳化剂无毒，故常用于人造食品乳状液和药物乳剂的制备。

④ 固体粉末。不同类型的乳状液，要以不同的固体粉末作为乳化剂，用作 O/W 型乳化剂的固体粉末有黏土（主要有蒙脱土）、二氧化硅、金属的氢氧化物等。用作 W/O 型乳化剂的固体粉末主要有石墨、炭黑等。固体粉末乳化剂的特点是能使较大液珠的乳状液相当稳定。

(2) 乳化剂的选择

对于指定的油水系统，只有在合适的乳化剂存在下，才能形成稳定的乳状液。而如何从种类繁多的乳化剂中选择出最为理想的，的确是乳状液制备中的一个关键问题。由 HLB 值的概念知道，乳化剂的 HLB 值越低，其亲油性越强，越容易形成 W/O 型乳状液的乳化剂；而 HLB 值越高，亲水性越强，越容易形成 O/W 型乳状液的乳化剂。

① 乳化剂与分散相的亲和性。乳化剂的亲油基团和油的化学结构越相似越好。这是因为结构越相近，二者的亲和力越强，更易将油分散，并且乳化剂的用量亦少。

② 乳化剂的混合使用。在稳定的乳状液中，不仅要求乳化剂与作为分散相的物质亲和力强，而且要求与分散介质也有较强的亲和力。很显然，单靠一种乳化剂同时满足这两方面的要求是困难的。故在实际应用中，常将 HLB 值小的和 HLB 值大的乳化剂混合使用。

③ 对乳化剂的一些特殊要求。食品乳状液的乳化剂必须无毒，无特殊气味。在纺织工业中所用的乳化剂必须不影响织物的染色和后处理。作为农药的乳化剂应对人畜无害。

12.11　泡沫

在含有表面活性剂的溶液中，吹入空气可形成许多小气泡，若气泡之间距离较远，彼此的相互影响可忽略不计，由于附加压力的作用，每个单独存在的小气泡为圆球形。但当许多小气泡堆积在一起时，由于重力场的作用，将有一部分液体从气泡之间渗流而出，使气泡之间的隔膜各处厚薄不一，如仍不破裂，则成为泡沫。由于附加压力的影响，泡沫中的小气泡的形状一般不能保持原球状，而变成大小不等、形状各异的气泡。气泡的线度一般在 100nm 以上，用肉眼就可观察到。

若分散介质为熔融体，由于它具有很高的黏度，使其中分散的小气泡既不易破裂，又难于互相靠近，降温凝固后可得到固体泡沫，如浮石、泡沫玻璃、泡沫塑料皆属此类。若分散介质为液体，则称为液体泡沫。要得到比较稳定的液体泡沫必须加入起泡剂，起泡剂实质上就是表面活性剂，它们在气-液界面上发生正吸附，形成定向排列的吸附膜。

如图 12-24 所示，这样既可明显地降低气-液界面张力，又可增加界面膜的力学强度，使泡沫能比较稳定的存在。液体泡沫一般存在的时间都较短，它具有较大的气-液界面，液体易蒸发，或者是受到振动皆可使泡沫破裂。

某些不易被水润湿的固体粉末，对泡沫也能起到稳定作用。例如，在水中加入一些粉末状的烟煤，经强烈的振荡，可形成三相泡沫。煤粉末排列在气泡的周围，类似于形成牢固的固体膜，使泡沫变得更加稳定。

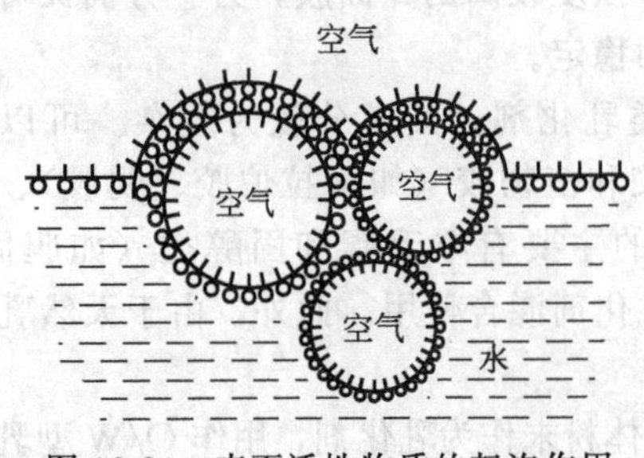

图 12-24　表面活性物质的起泡作用

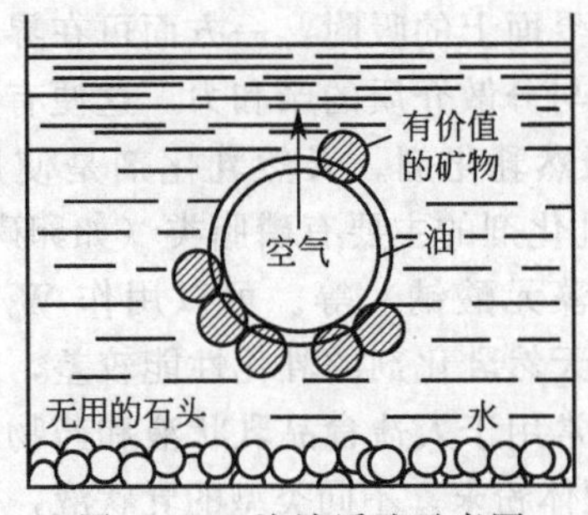

图 12-25　泡沫浮选示意图

泡沫技术的应用也很广泛，矿物的浮选就是其中的一例。先将矿石粉碎成尺寸在0.1mm 以下的颗粒，加入足量的水、适量的浮选剂及少量的起泡剂，再强烈鼓入空气，即形成大量气泡。这时憎水性强的有用矿物附着在气泡上并随之上浮至液面，而被水润湿的长石、石英等废石则沉于水底，如图 12-25 所示。加入浮选剂的目的是为了增加矿物的憎水性。

一般当水对矿物的接触角在 50°～70°以上时即能达到浮选的效果。浮选后提高了矿物的品位而利于冶炼。此外，在泡沫灭火剂、泡沫杀虫剂、泡沫除尘及泡沫陶瓷等方面皆用到泡沫技术。

但在发酵、精馏、造纸、印染及污水处理等工艺过程中，泡沫的出现将会给操作带来诸多不便，因此在这类工艺操作中，必须设法防止泡沫的出现或破坏泡沫。

思 考 题

12-1　为什么说溶胶是热力学不稳定系统，而实际上又常能相当稳定地存在？

12-2　胶体分散系统分为几类？分类依据是什么？

12-3　制备胶体的方法有哪些？其特点是什么？

12-4　哪些物质可用作乳化剂？它们的性质与乳状液类型有什么样的关系？

12-5　普通乳状液和微乳状液在乳化剂使用方面有何不同？

12-6　复合乳化剂为什么比单一乳化剂形成的乳状液稳定？

12-7　什么是起泡剂、稳泡剂和消泡剂？

12-8　简述使泡沫稳定的因素，并指出起关键作用的因素是什么？

12-9　试比较溶胶、乳状液和泡沫在分散相和分散介质上的差别。

习 题

12-1　当温度为 298.15K，介质黏度 $\eta=0.001\text{Pa·s}$，胶粒半径 $r=2\times10^{-7}\text{m}$ 时，假定粒子只有扩散运动，计算球形胶粒移动 $4.00\times10^{-4}\text{m}$ 时，所需时间是多少？

12-2　当实验温度 $T=290.2\text{K}$，溶胶粒子半径 $r=2.12\times10^{-7}\text{m}$，溶液的黏度 $\eta=1.10\times10^{-3}\text{Pa·s}$ 时，观察布朗运动，经实验得出平均观察时间 $t=60\text{s}$，粒子平均位移 $\bar{x}=10.44\times10^{-6}\text{m}$，求阿伏伽德罗常数 L。

12-3　用汞溶胶做沉降平衡实验，以超显微镜观察，在高度 $5\times10^{-2}\text{m}$ 处，1dm^3 中有 4×10^5 个胶粒，而在比它高 $2\times10^{-4}\text{m}$ 处，1dm^3 中含有 2×10^3 个胶粒，实验时温度 293.2K，汞的密度 $\rho=13.6\times10^3\text{kg·m}^{-3}$，设粒子为球形，求汞粒子平均半径。

12-4　蔗糖颗粒（假定为球形）在 293.15K 的水中扩散系数 $D=0.36\times10^{-2}\text{dm}^2/(24\times3600\text{s})$，黏度 $\eta=1.01\times10^{-3}\text{Pa·s}$。蔗糖的密度 $\rho=1.59\text{kg·dm}^{-3}$，求蔗糖颗粒半径 r 和分子量 M。

12-5　在 293.15K 时，肌红朊的比容（密度的倒数）为 $\bar{V}=0.749\text{dm}^3\text{·kg}^{-1}$，在水中的扩散系数 $D=1.24\times10^{-11}\text{m}^2\text{·s}^{-1}$，水的黏度 $\eta=0.001005\text{Pa·s}$，计算肌红朊的平均分子量。

12-6　某金溶胶的胶粒半径 $r=3.0\times10^{-8}\text{m}$，在 293.15K 时，在重力场中沉降平衡后，在高度相距 $0.1\times10^{-3}\text{m}$ 的某指定体积内，粒子个数分别为 277 和 166。已知金的密度 $\rho=19.3\text{kg·dm}^{-3}$，分散介质密度 $\rho_0=1\text{kg·dm}^{-3}$，试计算阿伏伽德罗常数 L。

12-7　实验中利用丁铎尔现象，测得两份硫溶胶的散射光强度之比 $I_1/I_2=10$。已知它们分散介质和分散相的折射率、胶粒体积以及入射光的频率、强度皆相同，第一份硫溶胶的浓度 $c_1=0.10\text{mol·dm}^{-3}$，试求第二份硫溶胶的浓度 c_2 是多少？

12-8　在 As_2S_3 负溶胶的电泳实验中，外加电压为 110V，两极相距 $2.0\times10^{-1}\text{m}$，通电时间 40.0min，测得溶胶界面向正极移动 $4\times10^{-2}\text{m}$。已知分散介质的介电常数 $\varepsilon=81.1$，黏度 $\eta=1.01\times10^{-3}\text{Pa·s}$，设粒子为球形。求溶胶的 ζ 电势为多少？

12-9 电泳法求得某溶胶粒子的 ζ 电势为 4.27×10^{-2}V，外加电压为 110V，两极相距 2.0×10^{-1}m，通电时间为 2372s，测得溶胶界面向正极移动 4.0×10^{-2}m，黏度为 1.01×10^{-3}Pa·s，设胶粒为棒形，求分散介质的介电常数。

12-10 三个烧杯中各装有 $Fe(OH)_3$ 溶胶 $2.01\times10^{-5}m^3$，分别加入 NaCl、Na_2SO_4、Na_3PO_4 使其聚沉，最少需加的电解质数量为：(1) 1.0×10^3 mol·m^{-3} NaCl，$2.1\times10^{-6}m^3$；(2) 10 mol·m^{-3} Na_2SO_4，$1.25\times10^{-5}m^3$；(3) 10 mol·m^{-3} Na_3PO_4，7.4×10^{-6} m^{-3}。试计算各电解质的聚沉值，并指出溶胶的带电符号。

12-11 对于等体积的 80 mol·m^{-3} KI 与 100 mol·m^{-3} $AgNO_3$ 溶液相混合制成的 AgI 溶胶，试问下列电解质中何者聚沉能力最强？何者最弱？为什么？
(1) $CaCl_2$；(2) Na_2SO_4；(3) $MgSO_4$。

12-12 将 $1.2\times10^{-5}m^3$、20mol·m^{-3} 的 KCl 溶液和 $1.0\times10^{-4}m^3$、5mol·m^{-3} 的 $AgNO_3$ 溶液混合以制备 AgCl 溶胶，写出溶胶的胶团结构式。

第13章 高分子溶液与凝胶

13.1 高分子化合物的结构特征与平均分子量

13.1.1 高分子化合物的结构特征

高分子化合物，它的分子量高达几百到几千万千克每摩尔，分子的大小为10^{-9}～10^{-7}m。根据来源可分为天然高分子化合物（如蛋白质、天然橡胶等）和合成高分子化合物（如聚乙烯、聚氯乙烯等）。高分子化合物一般是无定形物质，有时也有晶体，但很少全部是晶体。

高分子化合物是由几百到几万个碳原子以共价键重复连接而成的长链。高分子长链有弹性，容易改变形状。例如，线性高分子很容易弯曲，有时还会卷曲，甚至卷曲成致密小球，如图13-1所示，这种性质称为高分子链的柔韧性。

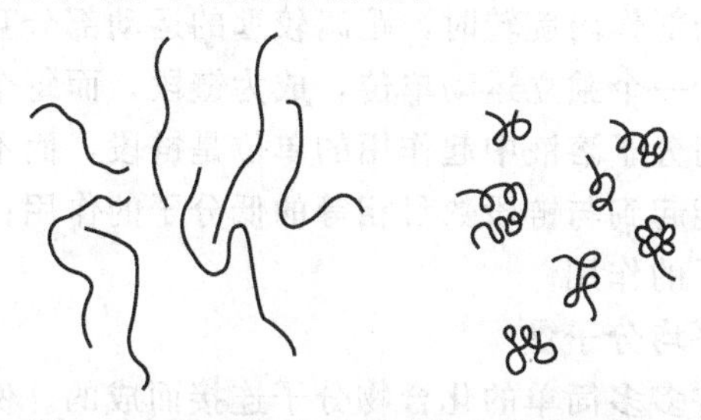

图13-1 线型高分子在溶液中的卷曲情况

高分子链的柔韧性来源于长链的结构。以高级饱和烷烃的长链为例，由于碳原子的四个价键具有方向性，键角互成109°28′，所以碳链实际上并不是一条简单的直链，而是曲折地分布在三维空间里。碳链上的每一个单链都能在键角不变的情况下以邻键为轴心在空间做旋转运动，这种旋转称为分子的内旋转。若链上的碳原子不连接任何其他原子或基团，内旋转就不需要消耗能量，是完全自由的。图13-2表示长链上的一小端作内旋转时的情况，其中包含着四个碳原子C_1、C_2、C_3和C_4，θ为键角，内旋转时必须保持109°28′。C_4旋转时就是C_3—C_4键以邻键C_2—C_3为轴心作圆周运动。在内旋转不消耗能量的情况下，C_4处于圆周上的任何位置，如C_4'、C_4''等位置时，势能保持不变。随着C_4的位置不同，碳链形状就要改变。以此类推，C_3也要在键角不变的情况下，以C_1—C_2键为轴心作内旋转运动。图13-3表示长链上的每个碳原子都要作内旋转运动，故链上碳原子的位置瞬息万变。分子的每一个具体形状，就是一个构象。高分子长链上有几千个碳原子，所以高分子的构象多得无法估计。因为高分子化合物具有这样的动态结构，所以就有高度的柔韧性。

实际情况中，高分子化合物的链上每个碳原子都要接上一些原子和基团，内旋转时，这些原子和基团也跟着旋转，对内旋转产生一定的阻力。因此，内旋转不可能不消耗能量。使碳原子内旋转需要的能量称为旋转势垒。旋转势垒的大小取决于连接在碳原子上的原子或基团的大小、极性和它们在空间的位置。旋转势垒在碳原子上连接小原子时比连接大原子时为小；反式比顺式小；连接非极性基团时比连接极性基团（—Cl、—OH、—CN、—COOH等）时为小。高分子长链的旋转势垒越小，分子越柔韧；旋转势垒越大，分子越刚硬。天然橡胶和丁二烯橡胶分子都是碳氢化合物长链构成的，旋转势垒较小，故它们有优良的弹性；聚乙烯醇和聚氯乙烯因分子中分别含有—OH和—Cl等极性基团，故常温下没有弹性。

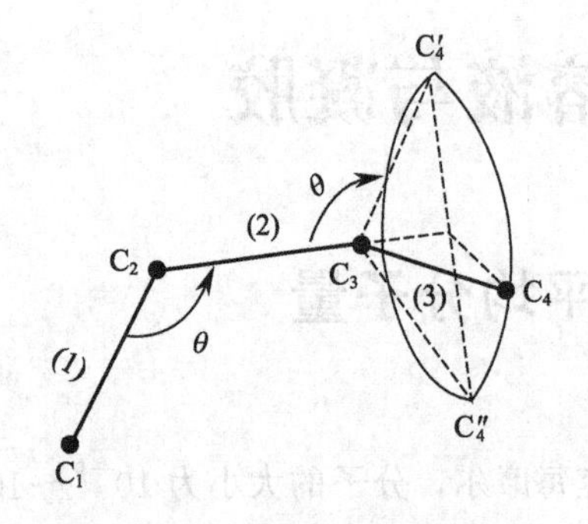

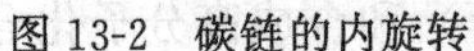

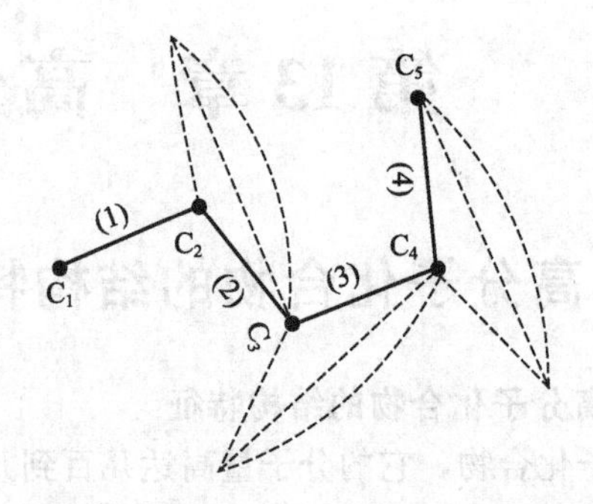

图 13-2 碳链的内旋转　　　　图 13-3 碳链上各个碳原子的内旋转

在较高温度下，高分子的动能增大到比旋转势垒还大，内旋转很容易，整个分子就好像一根柔韧的细线，能自动卷曲或伸展。但是在温度较低时高分子动能降低，内旋转比较困难，高分子就变得刚硬。塑料制品夏季柔软，冬季硬脆，就是温度影响高分子柔韧性的一个例子。

同一个高分子的各个局部作内旋转时，距离较远的运动部分互不相关。因此，每一个这样的独立运动部分就相当于一个独立运动单位，成为链段，而每个高分子长链就可以看作是由若干个链段组成的。在高分子溶液中起作用的单位是链段，而不是整个长链。一个高分子长链含有多少链段，它就能起到与链段数目相等的低分子的作用；换句话说，一个高分子能够起到相当于几个普通分子的作用。

13.1.2 高分子化合物的平均分子量

高分子化合物是由许许多多简单的化合物分子连接而成的。例如，天然橡胶分子就是许多异戊二烯分子连接而成的，分子式为$\mathrm{+C_5H_8+_n}$，$-\mathrm{C_5H_8}-$称为链节，n 称为聚合度，表示链节数。天然橡胶的聚合度为 2000～20000。高分子化合物都是组成相同而聚合度不同的同系物的混合物。

高分子化合物的分子量只是一种统计平均值，随着测定分子量方法的不同，平均值的意义也不同。三种主要平均分子量是数均分子量（M_n）、质均分子量（M_m）和黏均分子量 M_η。

数均分子量是高分子化合物样品中各种分子的数目乘以它的分子量，然后加和起来，除以分子的总数所得的商。以数学式表示，即为

$$\overline{M}_\mathrm{n}=\frac{N_1M_1+N_2M_2+\cdots}{N_1+N_2+\cdots}=\frac{\sum_i N_iM_i}{\sum_i N_i} \tag{13-1}$$

式中，N_i 为样品中第 i 种分子的个数；M_i 为相应的分子量。用渗透压法或电子显微镜测得的分子量，属于数均分子量。

质均分子量，是由各种分子的质量 m_i 乘以它的分子量 M_i，然后加和起来，除以总质量所得的商，用数学式表示，即为

$$\overline{M}_\mathrm{m}=\frac{m_1M_1+m_2M_2+\cdots}{m_1+m_2+\cdots}=\frac{\sum_i m_iM_i}{\sum_i m_i}=\frac{\sum_i N_iM_i^2}{\sum_i N_iM_i} \tag{13-2}$$

由光散射法或超离心沉降法测出的分子量是质均分子量。

用黏度法可测得黏均分子量，黏均分子量的定义为

$$\overline{M}_{\eta}=\left[\frac{\sum_{i}N_{i}M_{i}^{\alpha+1}}{\sum_{i}N_{i}M_{i}}\right]^{\frac{1}{\alpha}} \tag{13-3}$$

式中，α 为经验常数，一般为 0.5～1。当 $\alpha=1$ 时，黏均分子量等于数均分子量。

对同一个高分子样品，质均分子量总是大于数均分子量（$M_m>M_n$），样品越不均匀，M_m 和 M_n 之间相差就越大，常用 M_m/M_n 的比值来表示样品的分散性。黏均分子量的大小介于 M_m 和 M_n 之间，黏均分子量的计算值取决于经验常数 α，而 α 值又取决于所用的溶剂，如果高分子化合物样品为单分散系统，则 $M_m=M_n=M_\eta$。

高分子化合物样品中各种分子的分子量是多大，各种分子在全部分子中占多少，可用分子量分布曲线来表示。分子量分布曲线可用不同的实验方法测定。例如，分级沉淀法，是根据同一种高分子化合物样品中，分子量越大在溶剂中溶解度越小的性质，将样品分成若干个分子量接近的部分，每一这样的部分称为级分。分级时，先将高分子样品溶解制成溶液。在溶液中逐次加入沉淀剂，例如，硝化纤维素在丙酮中的溶液可用水作沉淀剂。在硝化纤维素的丙酮溶液中边搅拌边加入水，则分子量较高的级分首先沉淀出来。再向剩下的溶液中加入水，沉淀出分子量稍小的第二部分，如此继续加水直到分离出 6～12 个级分。分别测出各级分的质量和平均分子量。

高分子化合物的分子量分布常用累积重量分布曲线和微分重量分布曲线来表示。各级分的高分子化合物含量可将溶剂除去后，直接称重，就可以作出累积重量分布曲线，如图 13-4（a）所示。再从曲线的各点求出斜率，用斜率与相应的分子量作图，可以得到微分重量分布曲线图，如图 13-4（b）所示。

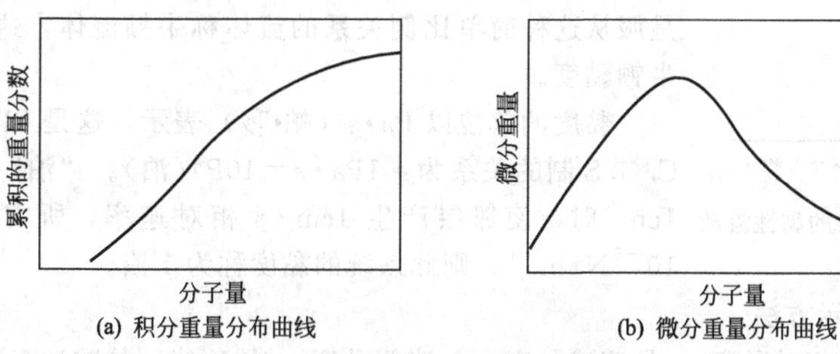

图 13-4　分子量分布曲线

【例 13-1】 某一高分子物质样品中含有分子量为 $1.0\times10^4\,g\cdot mol^{-1}$ 的高分子物质 5mol 和分子量为 $1.0\times10^5\,g\cdot mol^{-1}$ 的高分子物质 7mol，计算并比较两种物质平均分子量 M_n、M_m 的大小。

解

$$M_n=\frac{\sum_{i}N_iM_i}{\sum_{i}N_i}=\frac{5\times1.0\times10^4+7\times1.0\times10^5}{5+7}=6.25\times10^4(g\cdot mol^{-1})$$

$$M_m=\frac{\sum_{i}m_iM_i}{\sum_{i}m_i}=\frac{\sum_{i}N_iM_i^2}{\sum_{i}N_iM_i}=\frac{5\times(1.0\times10^4)^2+7\times(1.0\times10^5)^2}{5\times1.0\times10^4+7\times1.0\times10^5}$$

$$=9.4\times10^4(g\cdot mol^{-1})$$

所以 $M_m>M_n$。

这是多级分分散系统的特点，因此可以用 M_m/M_n 比值的大小来衡量样品分散性的程度，只有 $M_m/M_n=1$ 的样品，才是单分散系统。

13.2 高分子溶液的流变性质

研究高分子溶液的黏度可以帮助了解质点的大小与形状、质点与介质间的相互作用。黏度法测量既简便、又精确，因此，它广泛地应用于高分子系统的研究中。从实用的观点出发，更为常见的是浓的高分子分散系统，其中大多数是非牛顿系统，其性质远比简单的牛顿系统复杂。非牛顿系统涉及面极广，包括非时间依赖系统（塑流体、胀型），时间依赖系统（触变型、震凝型）以及黏弹体等。

13.2.1 流体的黏度

（1）黏度的定义

黏度是流体流动时内摩擦力的反映，在平稳流动的流体中，我们可以设想无数平行流动的液层，其中层与层的流动速率不一样，这样就出现了速率梯度，如图 13-5 所示。dy 为层间距离，dv 为邻层流速差，$\frac{dv}{dy}$为层速梯度（又称切变速度），在平稳流动的情况下，所施加力 F 与层间面积 A 及层速梯度$\frac{dv}{dy}$有下列正比关系，即

$$F=\eta A\frac{dv}{dy} \tag{13-4}$$

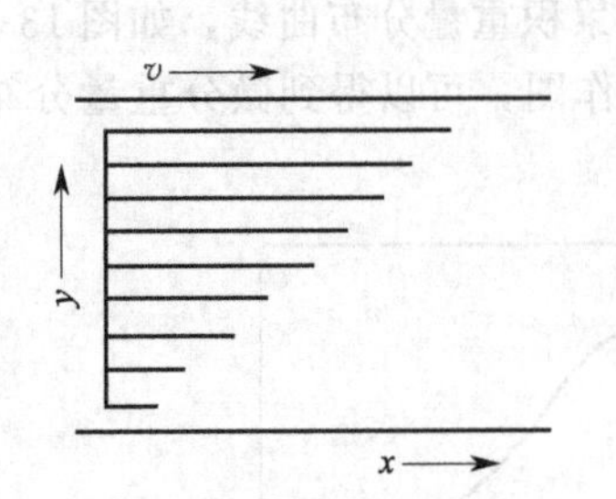

图 13-5　两平行流层的黏性流动

式中，η 为内摩擦系数，又称黏度系数，简称黏度。凡是服从这种简单比例关系的流体称牛顿流体，这种黏度称为牛顿黏度。

黏度的单位以 Pa·s（帕·秒）表示，这是 SI 单位，SI 与 C.G.S 制的关系为：1Pa·s＝10P（泊）。“泊”即液层面积 $1cm^2$ 时，使邻层产生 1cm·s 相对速率，所需切力恰好是 $10^{-5}N\cdot m^{-1}$，则此系统的黏度称为 1 泊。

（2）黏度的表示方法

① 相对黏度。相对黏度 η_r 是溶液黏度 η 与溶剂黏度 η_0 的比值，其数学表达式为

$$\eta_r=\frac{\eta}{\eta_0} \tag{13-5}$$

式中，因 η 总是大于 η_0，所以 η_r 总是大于 1 的数值。

② 增比黏度。增比黏度以 η_{sp} 表示之，它反映了以溶剂黏度为准，溶液黏度增长的分数，即

$$\eta_{sp}=\frac{\eta_0-\eta}{\eta_0}=\eta_r-1 \tag{13-6}$$

③ 比浓黏度与比浓对数黏度。η_{sp} 的数值是与浓度有关的，斯陶丁格曾倡议用单位浓度的增比黏度即比浓黏度（η_{red}）作为分子量的量度，后来便发现了$\frac{\eta_{sp}}{c}$-c 呈线性关系。除此之外，比浓对数黏度（η_{int}）也与浓度呈线性关系。即

$$\eta_{red}=\frac{\eta_{sp}}{c} \tag{13-7}$$

$$\eta_{\text{int}}=\frac{\ln\eta_{\text{r}}}{c} \tag{13-8}$$

④ 特性黏度。在求算高分子化合物的分子量时，常以$\frac{\eta_{\text{sp}}}{c}$-$c$ 或以$\frac{\ln\eta_{\text{r}}}{c}$-$c$ 作图，应用外推法求 $c\rightarrow 0$ 时的截距，即

$$[\eta]=\lim_{c\rightarrow 0}\frac{\eta_{\text{sp}}}{c}=\lim_{c\rightarrow 0}\frac{\ln\eta_{\text{r}}}{c} \tag{13-9}$$

式中，$[\eta]$ 称为特性黏度（或极限黏度）。它是测定高分子化合物分子量的重要物理量。

(3) 黏度与浓度的关系

高分子溶液的比浓黏度随浓度增大而增加，见图 13-6。这是三个不同级分的硝化纤维素$\frac{\eta_{\text{sp}}}{c}$-$c$ 的关系，从图中可以看出，分子量越大，$\frac{\eta_{\text{sp}}}{c}$随 c 增大越快，对分子量小的级分，$\frac{\eta_{\text{sp}}}{c}$与 c 呈直线关系；对分子量较大的级分，只有浓度较小时$\frac{\eta_{\text{sp}}}{c}$与 c 才出现近似的直线关系。

对于稀溶液，胡金斯（Huggins）和莫德（Meod）及佛斯（Fous）提出了两个公式，即

$$\frac{\eta_{\text{sp}}}{c}=[\eta]+K[\eta]^2c \tag{13-10}$$

$$\frac{\ln\eta_{\text{r}}}{c}=[\eta]-\beta[\eta]^2c \tag{13-11}$$

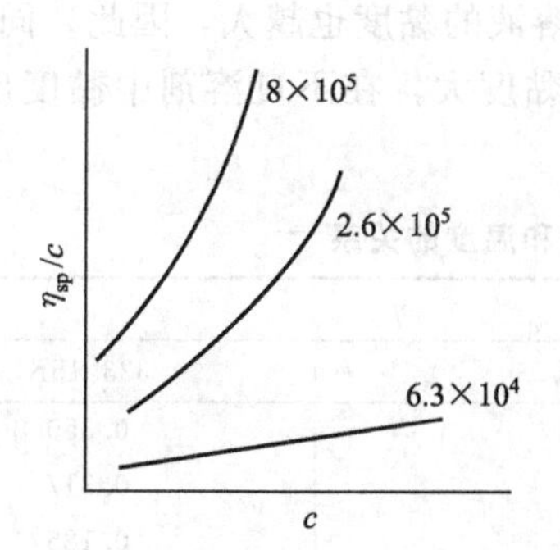

图 13-6 高分子溶液比浓黏度随浓度的变化关系

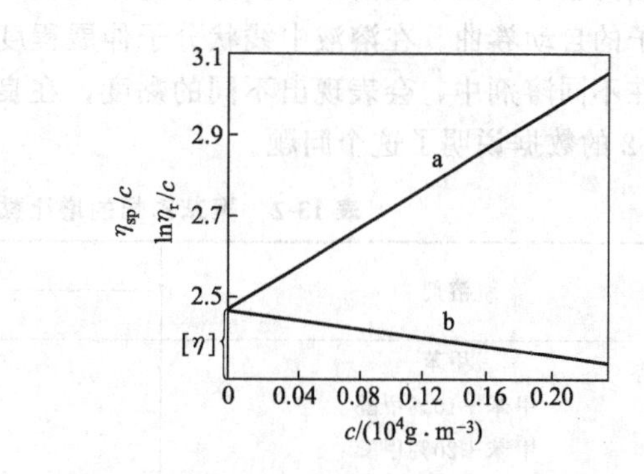

图 13-7 聚苯乙烯苯溶液的黏度和浓度的关系

从式（13-10）、式（13-11）可以看出，以$\frac{\eta_{\text{sp}}}{c}$、$\frac{\ln\eta_{\text{r}}}{c}$对 c 作图为直线，二直线的截距均为 $[\eta]$（图 13-7），二直线交于一点，$[\eta]$ 是用黏度法测定高分子化合物分子量必备的数据。

(4) 黏度与分子量的关系

1930 年斯陶丁格提出了一个黏度与聚合度 P 或分子量 M 之间的经验公式，即

$$\frac{\eta_{\text{sp}}}{c}\bigg|_{c\rightarrow 0}=K_{\text{m}}P \tag{13-12a}$$

或

$$\frac{\eta_{\text{sp}}}{c}\bigg|_{c\rightarrow 0}=K'_{\text{m}}M \tag{13-12b}$$

式中，$K_m(K'_m)$ 是经验常数，随物质种类及溶剂而异，c 是溶液浓度，$K_m(K'_m)$ 是用已知分子量的物质，并测定黏度而确定的。后来许多人的工作都证明 K'_m 在分子量很大范围内，并不是常数，于是对式（13-12）进行了修正，提出下列公式：

$$[\eta]=\frac{\eta_{sp}}{c}\bigg|_{c\to 0}=KM^{\alpha} \tag{13-13}$$

常数 K、α 对于一定的高分子化合物溶剂系统是常数。确定 K、α 的方法，是将高分子化合物尽可能分级，测定各级分的 $[\eta]$，并用其他方法测定各级分的 M。将式（13-13）两边取对数，即

$$\lg[\eta]=\lg K+\alpha\lg M \tag{13-14}$$

以 $\lg[\eta]$ 对 $\lg M$ 作图应为一直线，其斜率为 α，截距为 $\lg K$，故可求出 K、α 值。表 13-1 列出一些常见的高分子化合物溶剂系统的 K、α 值。

表 13-1　一些高分子化合物溶剂系统的 K、α 值

系统	$K/kg\cdot dm^{-3}$	α
聚苯乙烯在苯中(298.15K)	9.5×10^{-3}	0.74
在环己烷中(307.15K)	81×10^{-3}	0.50
醋酸纤维素在丙酮中(298.15K)	9.0×10^{-3}	0.90
聚苯乙烯在环己酮中(298.15K)	1.1×10^{-3}	1.0

（5）黏度与溶剂、温度的关系

对于溶胶，没有什么溶剂问题，只有分散介质，对于高分子系统不仅有溶剂，而且有良溶剂和不良溶剂之分。所谓良溶剂，就是与分子链作用很强，高分子在溶剂中舒展，本身聚结的倾向也小，而不良溶剂与高分子链作用较弱，高分子链节间显示强大的内聚力，因而发生分子的自动卷曲。在溶液中线状分子伸展程度越大，溶液的黏度也越大，因此，同一种高分子在不同溶剂中，会表现出不同的黏度，在良溶剂中黏度大，在不良溶剂中黏度反而小，表 13-2 的数据说明了这个问题。

表 13-2　聚苯乙烯的增比黏度与溶剂和温度的关系

溶剂	η_{sp}	
	298.15K	333.15K
甲苯	0.370	0.350
甲苯＋10%甲醇	0.320	0.317
甲苯＋20%甲醇	0.160	0.185
甲苯＋10%戊醇	0.336	0.340
甲苯＋33%戊醇	0.170	0.210

温度对高分子溶液黏度的影响可以从两个方面来考虑，一是温度与黏度的一般规律，即温度升高黏度下降；二是温度对分子形态的影响，在良溶剂中，高分子链舒展，温度升高，对其形态的影响不大，因此主要反映了温度与黏度的一般规律。但是在不良溶剂中，温度升高，加强了链节中的热运动，使原来卷曲的分子逐渐舒展，因此黏度反而有所上升，表 13-2 也说明了温度的影响。此外，根据黏度的测定，也可了解高分子的形态。

（6）聚电解质的黏度

有许多高分子物质带着能电离的基团，如聚丙烯酸钠等，它们的黏度显示出不正常的行为，即当浓度很小时，$\frac{\eta_{sp}}{c}$反而上升，但在中性盐中却没有这种现象。为什么会产生此种现

象呢？可能是当溶液中浓度稍大时，分子彼此靠得较紧，不能伸展，基本上具有正常的增比黏度，因而$\frac{\eta_{sp}}{c}$逐步增大。若加入中性盐，降低了高分子链段间的静电斥力，抑制链舒展，因而符合$\frac{\eta_{sp}}{c}$-c 的一般规律。

13.2.2　流变曲线与流型

研究不同系统的切变速率与切力的关系，可以得到图 13-8 所示不同类型的曲线，称为不同的流型。流型可分为以下四类。

(1) 牛顿型

只要对系统施力，不管力如何小，均会引起流动，其特征为切变速率与切力成正比，如图 13-8 中的 a 线，直线的斜率越小，液体的黏度越大，属于这类流型的有纯物质（如甘油、水等），油类（高黏性除外）。

(2) 塑型

当所施切力不超过某一极小值以前，物质不发生流动，此种切力极小值称为屈服值。如图 13-8 中的 b 线，即为塑型流体的流变曲线，f_B 即为屈服值。塑性流体的一般特性是曲线不通过原点，其公式为

$$f-f_B=\eta\text{（塑）}\frac{dv}{dy} \tag{13-15}$$

式中，η（塑）为塑性黏度；f 为流动切力。当切力高于屈服值时，整个物质呈现牛顿流体性质；而低于屈服值时，物质呈现不均匀的形变，形成塞流区。

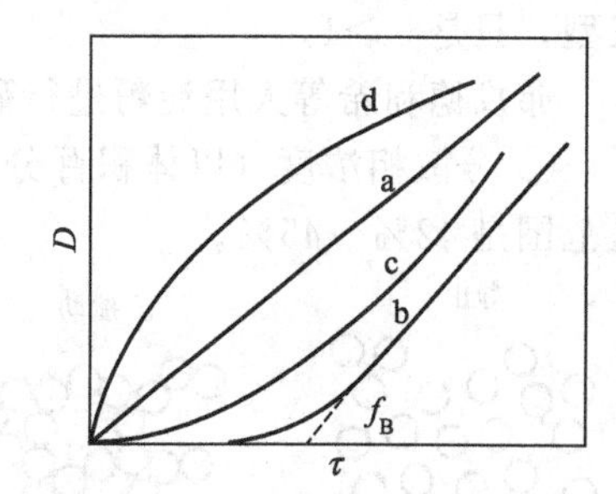

a. 牛顿型；b. 塑型；c. 假塑型；d. 胀型

图 13-8　几种主要流型的曲线

宾海姆（Bingham）对于悬浮体塑性流体作了解释，认为塑性流系统中粒子必须互相接触搭成“拱架”，这些“拱架”有分散切力和增大内摩擦作用。欲使流动发生，需施加切力以拆散接触或破坏拱架，故切力必须增大至一定值才能发生流动。

塑性流动总是与系统的内部结构相连接，搅动或摇动时，结构会遭到暂时破坏，但静置时结构又自动恢复，此种性质称为触变性质。一般认为，触变是凝胶→溶胶→凝胶转变的等温可逆过程，但弗戎德利希指出，悬浮体也显示出不同程度的触变性。

(3) 假塑型

某些高分子溶液显现一种特殊的性质，那就是当切力增大时，流速比塑型增大更快，因而随着切变速率的增大，系统的黏度越来越低，见图 13-8 中 c 线，假塑型的流动切力自零开始，这是它与塑性流型的主要区别之一。

用转筒黏度计研究假塑流体，切变速率与切力关系一般为

$$f=KD^n\quad(0<n<1) \tag{13-16}$$

K、n 均为常数，视不同流体而异，D 为切变速率，K 是液体稠度的量度，K 值越大，液体越黏，当 $n=1$ 时，则为牛顿型，对于假塑型，n 在 0～1 之间，n 值的大小是非牛顿性的量度，与 1 相差越大，则非牛顿性越显著。

假塑型流体的流动特点可以这样解释。例如，一些高分子化合物分子都是不对称质点，液体静止时，可能有各种取向。切变速率增加时，质点将其长轴转向流动方向，因此降低了流动阻力。另外，在切变速率作用下，质点的溶剂化层也可变形，同样也能减少阻力，切变速率越大，定向与变形程度越大，表观黏度随切变速率的增加而降低。当切变速率很高时，定向已趋向完全，黏度就不再变化了，故切力与切变速率又呈直线关系，奥斯特瓦尔德及其

学生在相当大的切速范围内，测定橡胶-甲苯溶液的流出速率与压力的关系，得到图 13-9 所示曲线。

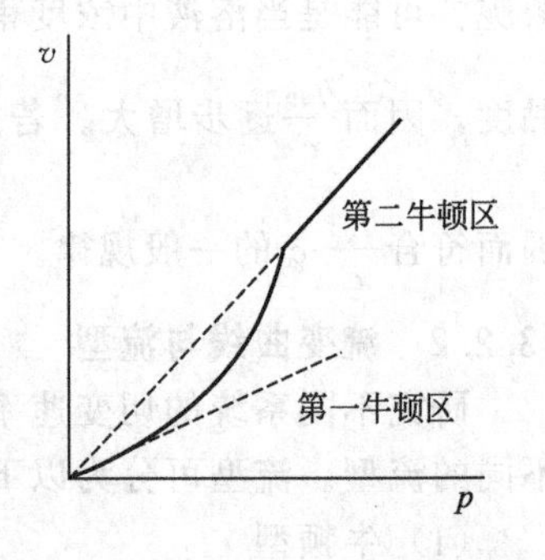

图 13-9　橡胶-甲苯溶液流变曲线

在完全不定向和完全定向的极低切速区和极高切速区，流动为牛顿型，在中间相当大的切速范围内，表观黏度随切应力的增加而下降。

（4）胀型

胀型流体有这样的特性，即流动阻力（黏度）随切变速率的增大而增大，如图 13-8 中的 d 线所示，也就是扰动时黏度增高，但扰动停止后，黏性降低，又恢复其流动性，并且此过程可以任意反复。1885 年雷纳德（Reynald）作出如下解释：胀型流体在静止时，粒子间的空隙最小，扰动引起粒子的重排，结果造成较大的空隙体积，因而使系统的总体积显著增大，所以称为胀型。前面假塑型流体中的指数公式也适用于胀型，只是 $n>1$。

弗戎德利希等人用淀粉进行研究，认为胀型流体需满足两个条件。

① 分散相浓度（以体积百分数计）必须相当大，且应在一定的狭小范围内。它们的实验范围是 42%～45%。

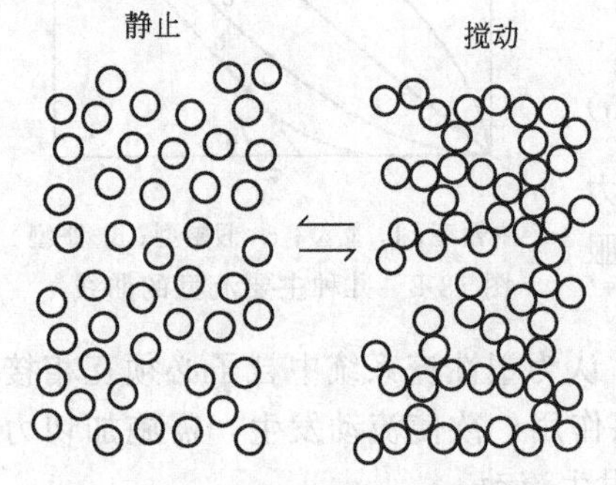

图 13-10　胀性型系统机理示意图

② 颗粒必须是分散的，而不是聚结的。这两个条件是可以理解的。当切力不太大时，粒子是全散开的，如图 13-10 所示。当切力增大后有许多粒子被搅在一起，虽然此种结合并不稳定，但是增加流动阻力是完全可能的，搅动越剧热，这种暂时结合自然也越多，阻力也越大。如果分散相浓度太小，这种暂时性结构当然不易形成，也就没有胀型流体的性质。浓度太大，粒子本来已经接触，搅动时内部变化不多，故胀流现象也不显著。

属于胀型流体的一般是细分散固体的浓悬浮液，如生淀粉浆（40%～50%）、某些黏土浆等。

许多工农业生产过程的控制和产品质量的鉴定，都与物质的流变性质有关，其中主要有油漆、涂料、润滑油脂、塑料、橡胶、奶油、人造奶油、牙膏、药膏、食品等。因此，进行这方面的研究，与国民经济中的许多工业部门都有广泛密切的联系。

13.3　高分子溶液的电学性质

高分子电解质是在溶液中能电离出大离子的物质，又称为聚电解质。根据大离子所带的电荷符号不同，可分为阳离子型大离子、阴离子型大离子以及两性型大离子。例如，聚-4-乙烯-*N*-正丁基吡啶溴可电离出阳离子型大离子。

$$\cdots\cdots CH_2—CH—CH_2—CH\cdots\cdots$$
$$\quad C_5H_4N^+—C_4H_9 \quad C_5H_4N^+—C_4H_9$$
$$\quad Br^- \qquad\qquad Br^-$$

又如，聚丙烯酸钠可电离出阴离子型大离子：

$$\cdots\cdots CH_2—CH—CH_2—CH\cdots\cdots$$
$$COO^-\ Na^+ \quad COO^-\ Na^+$$

再如，蛋白质可电离出两性型大离子，又称为两性聚电解质。

$$H_3^+N-\underset{R_1}{\underset{|}{CH}}-\underbrace{CO-NH}_{\text{肽键}}-\underset{R_2}{\underset{|}{CH}}-CO-NH-\underset{R_3}{\underset{|}{CH}}-COO^-$$

以蛋白质为代表的两性型大离子的性质以及蛋白质溶液的性质，对医药、食品科学有着重要意义，故在此以蛋白质为例来探讨高分子电解质溶液的电学性质。

在蛋白质分子末端和侧链上都有羧基和氨基，为简便起见，用一个—COOH 和一个—NH_2 分别代表蛋白质分子结构式中的全部氨基和羧基，用 P 代表蛋白质分子中除羧基和氨基以外的其他部分。这样，蛋白质分子可简写为 $P\begin{matrix}\diagup COOH\\ \diagdown NH_2\end{matrix}$。

蛋白质分子在水溶液中有下列平衡：

$$P\begin{matrix}\diagup COOH\\ \diagdown NH_2\end{matrix}$$

$$\Updownarrow$$

$$P\begin{matrix}\diagup COO^-\\ \diagdown NH_2\end{matrix} \underset{OH^-}{\overset{H^+}{\rightleftharpoons}} P\begin{matrix}\diagup COO^-\\ \diagdown NH_3^+\end{matrix} \underset{H^+}{\overset{OH^-}{\rightleftharpoons}} P\begin{matrix}\diagup COOH\\ \diagdown NH_3^+\end{matrix}$$

上述关系式仅仅是简单式意义，务必注意，式中—COO^- 和—NH_3^+，只是象征性代表着许多个—COO^- 和—NH_3^+，甚至还可有其他可电离的基团，所以，蛋白质分子带正、负电荷，实际上是正、负电荷在蛋白质分子上占优势，其净电荷符号为正、负而已。

蛋白质在溶液中存在着酸碱平衡。在酸性环境中，—COO^- 少，—NH_3^+ 多，结果蛋白质分子上正电荷数比负电荷数多，于是整个分子带正电。在碱性环境中相反，—COO^- 多，—NH_3^+ 少，结果整个蛋白质带负电，因此，蛋白质分子带电状态受溶液 pH 值的制约。

当蛋白质分子上所带正、负电荷数目相等时的介质 pH 值称为蛋白质的等电点（pI）。溶液的 pH<pI 时，蛋白质两性离子上的—NH_3^+ 多于—COO^-，蛋白质带正电，电泳是向负极移动；pH>pI 时，—COO^- 多于—NH_3^+，蛋白质带负电，电泳时向正极移动，蛋白质的电性、电泳方向与溶液 pH 值的关系，可示意如下：

	蛋白质$^{\oplus}$ $\rightleftharpoons$	蛋白质$^{\oplus}$ $\rightleftharpoons$	蛋白质$^{\ominus}$
溶液的 pH 值：	酸性 ⟵	pI	⟶ 碱性
电泳方向：	向负极	不动	向正极

由于各种蛋白质分子上酸性基团和碱性基团的数目及强度不同，蛋白质的等电点也不同。表 13-3 列举了几种蛋白质的等电点，大多数蛋白质的等电点在酸性范围内，当水溶液的 pH>pI，蛋白质带负电，少数蛋白质的等电点在碱性范围内，当水溶液的 pH<pI，蛋白质带正电，要使蛋白质处于等电状态，必须配制 pH=pI 的缓冲溶液，把蛋白质保持在其中。蛋白质的电性对其影响很大，如以蛋白质的某些性质（黏度、渗透压、导电性）的大小为纵坐标对 pH 值作图，可得图 13-11 所示的曲线。这些性质在等电点时出现最

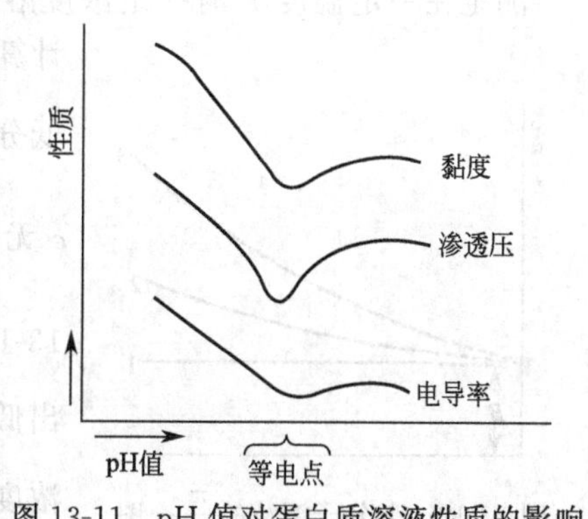

图 13-11　pH 值对蛋白质溶液性质的影响

低点，无论 pH 小于或大于等电点，这些性质都增强。这与蛋白质的电性、水化程度以及柔性变化等因素有关。

利用蛋白质的电学性质，用电泳法可分离不同的蛋白质。

表 13-3　几种蛋白质的等电点

蛋白质	pI	蛋白质	pI
胃蛋白酶	2.5～3.3	血纤维蛋白朊	5.4
动物胶	4.6～4.7	γ-球蛋白	6.4
血清蛋白	4.6～4.7	氧络血红蛋白	6.8
酪蛋白	4.7	羰络血红蛋白	7.1
α-球蛋白	4.8	球蛋白(男)	7.25～7.35
血纤维蛋白	5.0	球蛋白(女)	7.15～7.25
β-球蛋白	5.2	鱼精蛋白	12.0～12.4

13.4　高分子溶液的渗透压

13.4.1　不带电荷高分子溶液的渗透压

一般溶液的渗透压可用范特霍夫公式计算，即

$$\pi = c'RT \tag{13-17}$$

式中，c' 代表溶液的物质的量浓度。如果溶质的分子量为 M，并改用质量浓度 c 作为浓度计算单位，则 $c'=c/M$，代入 (13-17)，得到

$$\pi = \frac{c}{M}RT \tag{13-18}$$

一个高分子有许多链段，因此，一个高分子可以起到几个普通分子的作用。如以相同浓度的高分子溶液和普通溶液的渗透压进行比较，前者比后者大得多。要使范特霍夫公式适用于计算高分子溶液的渗透压，必须加一个校正项 Ac^2，即

$$\pi = \frac{c}{M}RT + Ac^2 \tag{13-19a}$$

或

$$\frac{\pi}{c} = \frac{RT}{M} + Ac \tag{13-19b}$$

式中的 A 是一个实验常数。不同高分子溶液的 A 值不同。

测定在一定温度 T 时一定浓度溶液的渗透压，即可用式 (13-17) 和式 (13-19b) 分别计算低分子溶液和高分子溶液中的溶质分子量。对普通的低分子溶液来说，$\frac{\pi}{c}=\frac{RT}{M}=B$（常数），即 $\frac{\pi}{c}$ 之值与浓度 c 无关。如以 $\frac{\pi}{c}$-c 对 c 作图，即得平行于横轴的直线 1（图 13-12）。在纵坐标上的截距 $B=\frac{RT}{M}$，量取截距，即可算出低分子溶质的分子量；对高分子溶液来说，测定一系列浓度不同的渗透压，然后以 $\frac{\pi}{c}$ 对 c 作图，即可得到斜率等

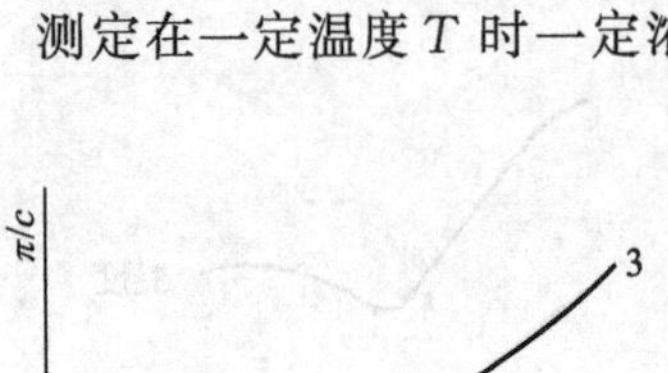

图 13-12　高分子溶液的 $\frac{\pi}{c}$-c 图

于 A 的直线，如图 13-12 中的直线 2 和直线 3 等（事实上，由于高分子化合物复杂结构的影响，只能得到接近直线的曲线），并外推到 $c=0$ 处，所得的截距 $B=\frac{RT}{M}$，由此即可算出高分子溶质的平均分子量 M。此法适用于分子量 1 万～50 万的高分子化合物，因为分子量太小时不易制备合适的半透膜，分子量太大时，又因液柱升高太少，不易准确测定。

高分子溶液的渗透压与低分子溶液之间的偏差程度，与高分子溶液的柔韧性有关，故影响柔韧性的因素如温度等也能影响渗透压。线形高分子的偏差较大，当它卷曲成球状时，偏差也就随之消失。

A 值的物理意义是它代表了高分子链段间和高分子与溶剂分子间相互作用的一种量度。它反映了溶剂化能力。在良溶剂中高分子链伸展，链段之间相互作用主要表现为相斥，这时 A 值为正，在不良溶剂中高分子紧缩成团，链段之间吸引力增加，A 也就减小。当链段之间相斥相吸成平衡，即净作用等于零时，$A=0$，这时高分子溶液的表现与理想溶液一样。

【例 13-2】 在 298.15K 时，测得牛血清蛋白的渗透压数据为：

牛血清蛋白浓度/$g \cdot m^{-3}$	18000	30000	50000	56000
渗透压/Pa	746.76	1357.76	2563.52	2958.69

计算牛血清蛋白的数均分子量 M_n

解 根据式 (13-18)，当 $c \to 0$ 时，改写成

$$\frac{1}{M}=\left(\frac{\pi}{cRT}\right)_{c\to 0} \qquad R=8.314\mathrm{J \cdot K^{-1} \cdot mol^{-1}}$$

代入渗透压 π 及其相对应的浓度数据 c，计算 $\left(\frac{\pi}{cRT}\right)$ 之值，并以 $\frac{\pi}{cRT}$ 对 c 作图，得一直线，然后外推至 $c=0$ 处，纵坐标上的截距即为 $\frac{1}{M}$。

$\frac{\pi}{cRT}$ 的计算方法：在 SI 制中，$\mathrm{Pa=N \cdot m^{-2}}$，$\mathrm{J=N \cdot m}$，则

$$\frac{\pi}{cRT}=\frac{746.76\mathrm{N \cdot m^{-1}}}{18000\mathrm{g \cdot m^{-3}} \times 8.314\mathrm{N \cdot m \cdot K^{-1} \cdot mol^{-1}} \times 298.15\mathrm{K}}=1.67\times 10^{-5}\mathrm{mol \cdot g^{-1}}$$

其他数据的计算法相同，结果如下：

牛血清蛋白浓度/$10^3 g \cdot m^{-3}$	18	30	50	56
$(\pi/cRT)/10^{-5} mol \cdot g^{-1}$	1.67	1.83	2.07	2.13

利用以上四对数据，以 $\frac{\pi}{cRT}$ 对 c 作图，即得图 13-13 中所示的直线。截距为 1.47×10^{-5}，亦即

$$\frac{1}{M}=1.47\times 10^{-5}$$

$$M=68027\mathrm{g \cdot mol^{-1}}$$

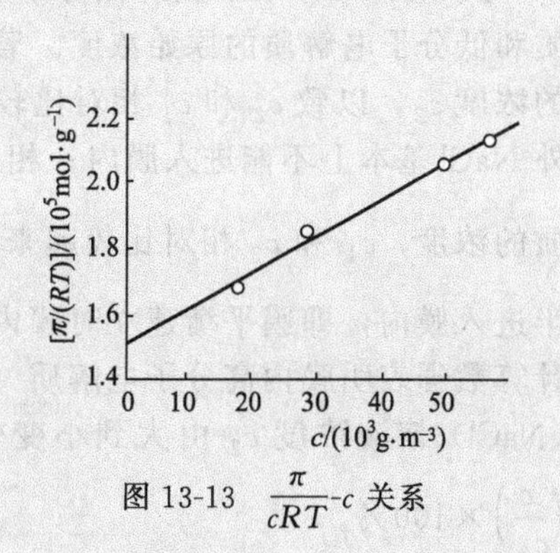

图 13-13 $\frac{\pi}{cRT}$-c 关系

13.4.2　高分子电解质溶液的渗透压——唐南平衡

(1) 唐南平衡第一类型

用合适的半透膜把一种高分子电解质溶液（如刚果红 Na^+R^-）和一种低分子电解质溶液（如 Na^+Cl^-）隔开，而这种半透膜只能让小离子 Na^+ 和 Cl^- 自由通过，而刚果红大离子 R^- 则不通过。如果半透膜两边（假定左边是膜内，右边是膜外）溶液的浓度原来是刚果红为 c_1，氯化钠为 c_2，如图 13-14 (a) 所示。放置一定时间，让膜内外小离子互相渗透，最后建立平衡，这种平衡称为唐南平衡（Donnan equilibrium）的第一类型。在建立平衡过程中，膜外 Cl^- 可以通过半透膜进入膜内，而膜内大离子 R^- 却不能通过半透膜来到膜外。当膜外 Cl^- 进入膜内时，必须有相等数量的 Na^+ 一起进入膜内，才能保持两边溶液的电中性，若从膜外进入膜内的 Na^+ 和 Cl^- 浓度都是 x，则建立平衡时膜内、外各种离子的浓度即如图 13-14 (b) 所示。

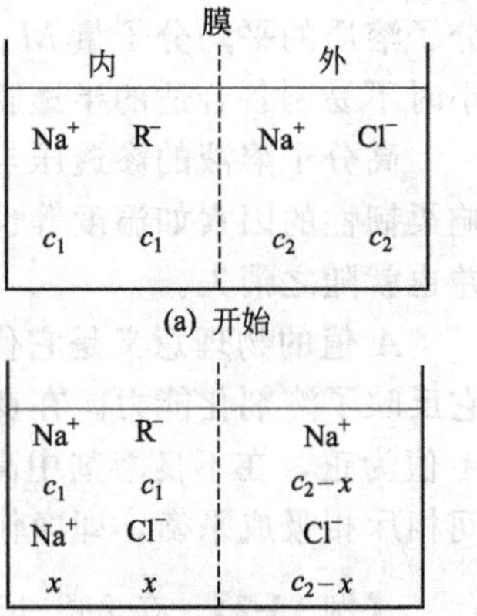

膜
内　外
Na^+ R^- | Na^+ Cl^-
c_1 c_1 | c_2 c_2
(a) 开始

Na^+ R^- | Na^+
c_1 c_1 | c_2-x
Na^+ Cl^- | Cl^-
x x | c_2-x
(b) 平衡

图 13-14　唐南平衡第一类型示意图

$[Na^+]_{内}=c_1+x$，$[R^-]_{内}=c_1$，$[Cl^-]_{内}=x$，$[Na^+]_{外}=c_2-x$，$[Cl^-]_{外}=c_2-x$

根据热力学原理，当膜平衡建立时，半透膜两边各种低分子电解质的化学势（μ）相等，而每种电解质的化学势等于它含有的正、负离子化学势的总和，用数学式表示，即为

$$\mu^{\ominus}(Na^+)+RT\ln[Na^+]_{内}+\mu^{\ominus}(Cl^-)+RT\ln[Cl^-]_{内}$$
$$=\mu^{\ominus}(Na^+)+RT\ln[Na^+]_{外}+\mu^{\ominus}(Cl^-)+RT\ln[Cl^-]_{外}$$

整理后，得

$$\ln\frac{[Na^+]_{内}}{[Na^+]_{外}}=\ln\frac{[Cl^-]_{外}}{[Cl^-]_{内}}$$

或

$$[Na^+]_{内}[Cl^-]_{内}=[Na^+]_{外}[Cl^-]_{外}$$
$$(c_1+x)x=(c_2-x)(c_2-x)$$

解上述方程式得

$$x=\frac{c_2^2}{c_1+2c_2} \qquad (13\text{-}20)$$

式 (13-20) 表示膜外低分子电解质进入膜内的数量，其值决定于膜内外高分子电解质和低分子电解质的原始浓度。若膜内高分子电解质的浓度 c_1 远大于膜外低分子电解质的浓度 c_2，以致 c_2 和 c_1 相对比较起来可以小到略去不计，则根据式 (13-20)，$x=0$，膜外 NaCl 基本上不能进入膜内；相反，若膜外低分子电解质的浓度远大于膜内高分子电解质的浓度，c_1 和 c_2 相对比较起来可以略去不计，则 $x\approx\frac{1}{2}c_2$，膜外 NaCl 基本上可以有一半进入膜内，即膜平衡建立时膜内外低分子电解质的浓度基本上相等。表 13-4 列出一些计算数据表明膜内高分子电解质（Na^+R^-）溶液浓度 c_1 由小到大，和膜外低分子电解质 (NaCl) 溶液浓度 c_2 由大到小变化时，进入膜内的 NaCl 数量占原始数量的百分率，即 $\left(\frac{x}{c_2}\right)\times100\%$。

表 13-4 Na^+R^- 和 NaCl 在各种原始浓度下的膜平衡数据

原始浓度			平衡时 NaCl 的浓度			NaCl 从膜外到膜内进入量的百分率
c_1	c_2	c_1/c_2	膜内	膜外	膜外/膜内	
0	1.00	—	0.500	0.500	1.00	50.0
0.01	1.00	0.01	0.497	0.503	1.01	49.7
0.10	1.00	0.10	0.476	0.524	1.1	47.6
1.00	2.00	0.50	0.400	0.60	1.5	40.0
1.00	1.00	1.00	0.333	0.667	2.0	33.3
1.00	0.10	10.00	0.0083	0.0917	11.0	8.30
1.00	0.01	100.00	0.000029	0.009901	99.0	0.99

从表 13-4 可以看出，在平衡系统中，一种非透过性大离子的存在，可以使透过性离子在膜内外的分布不均匀。细胞膜是一种半透膜，同一种离子在膜内和膜外的浓度不等，这种生理现象可以用膜平衡原理作出部分说明。

测定高分子电解质溶液的渗透压时，由于膜平衡，低分子离子在膜内外分布不均匀，测得的渗透压不能代表高分子电解质溶液的渗透压。要测得比较正确的渗透压，要求在膜内外低分子电解质浓度基本相等的情况下进行；因此，在膜外的低分子电解质溶液应具有相当高的浓度。测定蛋白质的渗透压时，最好调节溶液的 pH 值到等电点附近进行测定。

(2) 唐南平衡第二类型

膜内外不存在同名离子，是唐南平衡第二类型的特点。若膜内是大分子电解质溶液（Na^+R^-），膜外是小分子电解质溶液（K^+Cl^-），其原始浓度和平衡浓度分别如图 13-15 (a)、图 13-15 (b) 所示，平衡时

$$[Na^+]_{内}=c_1-z, [R^-]_{内}=c_1, [K^+]_{内}=x, [Cl^-]_{内}=y=x-z,$$

$$[Na^+]_{外}=z, [K^+]_{外}=c_2-x, [Cl^-]_{外}=c_2-y=c_2-(x-z)$$

根据膜平衡原理，应有

$$[Na^+]_{内}[Cl^-]_{内}=[Na^+]_{外}[Cl^-]_{外}$$

$$[K^+]_{内}[Cl^-]_{内}=[K^+]_{外}[Cl^-]_{外}$$

代入各离子的浓度，得

$$\begin{cases}(c_1-z)(x-z)=z(c_2-x+z)\\ x(x-z)=(c_2-x)(c_2-x+z)\end{cases}$$

解联立方程式，得

$$x=\frac{c_2(c_1+c_2)}{c_1+2c_2}; z=\frac{c_1c_2}{c_1+2c_2}; y=x-z=\frac{c_2^2}{c_1+2c_2} \tag{13-21}$$

当 $c_2 \ll c_1$ 时，c_2 可忽略不计，则

$$x=[K^+]_{内}=c_2, y=[Cl^-]_{内}\approx 0, z\approx[Na^+]\approx c_2$$

由此可见，膜内高分子蛋白质（Na^+R^-）浓度远大于膜外小分子电解质（K^+Cl^-）浓度时，在平衡之后，电性与膜内大离子 R^- 相同的膜外离子 Cl^-，受大离子的排斥，基本上不能透过膜内。而电性与大离子 R^- 不同的膜外离子 K^+，几乎全部与膜内同号离子 Na^+ 进行交换。在生物细胞膜外的电解质，一种离子全部透过膜内，而另一种离子却几乎不能透过膜内的现象，可由此得到解释。

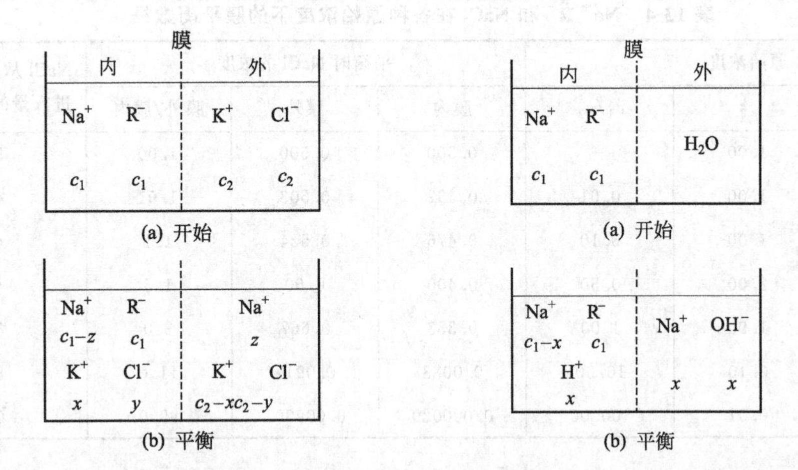

图 13-15　唐南平衡第二类型示意图　　图 13-16　唐南平衡第三类型示意图

(3) 唐南平衡第三类型

膜内是大离子电解质（Na^+R^-）溶液，膜外是纯水，这是唐南平衡第三类型，如图 13-16 所示。在平衡过程中，x mol 的 Na^+ 和等量的 OH^- 扩散到膜外，而在膜内留下 x mol 的 H^+ 和 $\frac{K_w}{[H^+]}$ 的 OH^-。

平衡时各离子的浓度是：

$$[H^+]_内=x, [OH^-]_内=\frac{K_w}{x}, [Na^+]_内=c_1-x, [R^-]_内=c_1, [Na^+]_外=x, [OH^-]_外=x$$

根据膜平衡原理得

$$[Na^+]_内[Cl^-]_内=[Na^+]_外[Cl^-]_外$$

把浓度代入后得

$$(c_1-x)\ \frac{K_w}{x}=x^2$$

或

$$x^3=(c_1-x)K_w$$

在一般情况下，$x \ll c_1$，x 可忽略不计，上式可简化成为

$$x=\sqrt[3]{c_1K_w} \tag{13-22}$$

如果膜内大分子电解质的浓度 c_1 已知，可用上式计算膜内外的 $[H^+]$ 和 $[OH^-]$，进而计算膜内外溶液的 pH 值。在图 13-16 所示的情况下，膜平衡之后，膜内为酸性，膜外为碱性，这类平衡也称为膜水解。在生物的细胞膜内外体液具有不同酸碱性的现象，由此可得到解释。

(4) 唐南平衡对渗透压的影响

由于渗透压是因半透膜两边粒子数不同而引起的，所以，对唐南平衡的第一类型，其渗透压的计算为

$$\begin{aligned}\pi &=\{2(c_1+x)_内-2(c_2-x)_外\}RT\\ &=2(c_1-c_2+2x)RT\end{aligned} \tag{13-23}$$

将式(13-20)中的 x 代入式(13-23)，得

$$\pi=2c_1\left(\frac{c_1+c_2}{c_1+2c_2}\right)RT \tag{13-24}$$

上式即为一种以 1-1 价型聚电解质存在时渗透压力的计算公式。

如果膜外为纯溶剂，即 $c_1 \gg c_2$，式（13-24）可变为

$$\pi = 2c_1RT \tag{13-25}$$

若膜外小分子电解质的浓度很大，即 $c_1 \ll c_2$，式（13-24）可变为

$$\pi = c_1RT \tag{13-26}$$

由唐南平衡讨论得出三条结论：

① 平衡时，小分子离子在膜内外的浓度不相等；

② 膜两边小分子离子的不均匀分布，会产生额外的渗透压，这是唐南平衡的必然后果，测定高分子电解质的渗透压时应予注意；

③ 从膜平衡讨论中可知，只有当 $c_2 \gg c_1$ 时，才能使膜两边 NaCl 浓度之比接近 1，这时膜两边的分布才趋于均匀。由式（13-20）可知：

$$x = \frac{c_2^2}{c_1 + 2c_2} \quad 或 \quad \frac{x}{c_2} = \frac{c_2}{c_1 + 2c_2}$$

把上式颠倒后，等式两边减 1，得

$$\frac{c_2 - x}{x} = \frac{c_1 + c_2}{c_2} = \frac{c_1}{c_2} + 1$$

因为 $c_2 - x$ 是膜外 NaCl 溶液的浓度，x 是膜内 NaCl 溶的浓度，因此

$$\frac{[\mathrm{NaCl}]_{外}}{[\mathrm{NaCl}]_{内}} = 1 + \frac{c_1}{c_2} \tag{13-27}$$

此式对测定高分子电解质溶液的渗透压具有指导性意义。

当 $c_2 \gg c_1$ 时，$c_1/c_2 = 0$，使膜内外 NaCl 浓度相等，这时就能消除由于 NaCl 所引起的影响。因此，在测定高分子电解质溶液的渗透压时，在膜外应当放置高浓度的 NaCl 溶液，而不要放置纯水。在实际测定时，对 $100\mathrm{cm}^3$ 含有 2～3g 的蛋白质溶液来说，膜外用 $0.1\mathrm{mol \cdot cm}^{-3}$ 的 NaCl 溶液就足以达到上述目的。另外，待测溶液是高分子电解质溶液，则最好将溶液的 pH 值调节到等电点，在等电点时可以消除由于大离子吸引小离子引起的膜平衡效应所带来的误差。但是高分子电解质在等电点时最不稳定，为了避免发生沉淀，故在实际工作中，常把 pH 值调节到等电点附近（而不是调节在等电点），这样，既可以避免由于离子吸引引起的误差，又可保持溶液的稳定性。

13.5 影响高分子溶液稳定性的因素

高分子溶液比较稳定，这主要得益于高分子的溶剂化，其次是解离或吸附带电。实验表明，1g 明胶溶于 $100\mathrm{cm}^3$ 水中，溶剂化以后占有容积为 $43.2\mathrm{cm}^3$，而干明胶 1g 容积只有 $0.7\mathrm{cm}^3$，因此，1g 明胶溶剂化时结合了 $42.5\mathrm{cm}^3$ 水。可以看出，高分子化合物的溶剂化是很强的。

高分子溶液中加入适当的物质或经过适当的物理方法处理后，出现沉淀或漂浮物的现象称为絮凝作用。絮凝作用是高分子溶液稳定性被破坏的表现。

在高分子溶液中，当高分子结构对称性较差或线型链状结构卷曲成球状时，亦发生絮凝。溶液的浓度越高对絮凝越有利，这是因为浓度越大，分子碰撞的机会越多的缘故。

13.5.1 盐析作用

溶胶对电解质是很敏感的，但对于高分子溶液来说，加入少量电解质时，它的稳定性并不受到影响，到了等电点也不会絮凝，直到加入大量的电解质，才能发生絮凝。盐析作用就是在高分子溶液中加入大量的中性盐时，可使高分子从溶液中絮凝析出的作用。盐析所需盐

的最小量称为盐析浓度，盐析浓度越小，表示电解质的盐析能力越大。故使一般高分子溶液产生絮凝所需电解质的量较溶胶聚沉所需的量要大好多倍。例如，溶胶的聚沉所需1-1型电解质溶液的浓度一般不超过20～80mol·m^{-3}，而高分子溶液和血浆中各种蛋白质的絮凝所需的盐一般不少于1300～2500mol·m^{-3}。

盐析作用的原因主要是使高分子与溶剂间的相互作用被破坏，脱溶剂化，溶剂被电解质夺去，使高分子沉淀析出。盐类的水化能力越强，其盐析作用越强。

实验证明，盐析蛋白质溶液时，中性盐中的负离子的种类对盐析能力的影响较大，负离子的价数越高，这种盐的盐析能力越强。当然，正离子也对盐析有一定影响。

各种负离子对蛋白质溶液的盐析浓度，见表13-5。

表13-5 各种负离子对蛋白质溶液的盐析浓度＊

电解质	盐析浓度/mol·dm^{-3}	电解质	盐析浓度/mol·dm^{-3}
$Na_3C_6H_5O_7$	0.56	NaCl	3.62
$Na_2C_4H_4O_6$	0.76	$NaNO_3$	5.40
Na_2SO_4	0.80	NaI	∞
CH_3COONa	1.69	NaCNS	∞

注：＊表示在弱碱性介质中。

用同种盐盐析不同蛋白质时，盐析所需浓度往往不同，因此，可以通过控制浓度来分离混合蛋白质，这种方法称为分段盐析。例如，室温下把等体积血清与饱和硫酸铵溶液混合时，可使球蛋白沉降析出，离心分离球蛋白后，在上层清液中再加入更多的硫酸铵时，又析出清蛋白，这样通过分段盐析，把球蛋白和清蛋白分离，再进一步控制浓度，可把γ-球蛋白和α,β-球蛋白相分离。

如果溶质分子的化学组成相似，则分子量较小的高分子抗盐析能力较大，以蛋白质为例，下列蛋白质分子量的次序是肌红蛋白＜白蛋白＜血清球蛋白＜血纤维蛋白原。而它们的盐析所需的电解质的量恰好是相反的次序。

另外，温度、光、空气等对高分子溶液的絮凝也有很大影响。例如，促肾上腺皮质激素溶于稀醋酸中，在310.15K时，只可保存三周完全不破坏，而在298.15K时，则可保存一年不破坏。因此高分子制剂应在避光、密闭、阴凉处保存。

13.5.2 外加絮凝剂

与高分子极性相差较远的溶剂，絮凝作用比较强。例如，有机溶剂乙醇、甲醇、丙酮等絮凝剂，可用来除去中草药提取液中的高分子杂质。这是由于加入一些有机溶剂降低水的介电常数，使高分子杂质在水中的溶解度降低而絮凝出来的。用乙醇分离蛋白质时，必须注意蛋白质变性。另外，蛋白质溶液中加入有机溶液后，其溶解度随温度下降而降低。因此，可控制温度，用少量有机溶剂达到絮凝的目的。絮凝作用主要是脱溶剂化，破坏高分子的水化膜，使高分子化合并成大粒子而絮凝析出。

13.5.3 pH值对絮凝的影响

两性高分子电解质的稳定性与溶液的pH值有关，如蛋白质在等电点时稳定性最差，最易絮凝。因此，除掉蛋白质时，先调到等电点，再降温后加电解质盐析。

13.5.4 高分子电解质溶液的相互作用

电性不同的两种高分子溶液混合时可相互絮凝，而电性相同的两种高分子溶液混合时不会絮凝。例如，血清蛋白和谷类蛋白的等电点分别为4.6～4.7和6.5，如果把pH值调节在

5～6 之间，使血清蛋白带负电，谷类蛋白带正电，它们混合就能絮凝。若 pH 值在 4 以下或 pH 值在 7 以上，两种蛋白质带同种电荷，混合时不会絮凝。但是，电性不同的同一种蛋白质混合时不发生絮凝。

微生物体内含有某些蛋白质，可通过调节 pH 值，控制微生物体的带电性，使其与染料大离子的带电性相反，相互絮凝，即能用此染料给微生物染色。

13.5.5 乳粒积并作用

用血清蛋白来絮凝烟草斑纹病毒是一个奇特的例子。这两种高分子离子都是带负电荷的，当它们相遇时，烟草斑纹病毒从原来的溶液中被挤出，成为另一液相，而血清蛋白则留在原溶液中，这种现象称为乳粒积并作用。这种作用也可发生在带相反电荷的高分子离子之间。如带正电荷的明胶离子与带负电荷的阿克西亚胶离子，在溶液中能中和形成乳粒积并物而丧失乳化、起泡等表面活性。在此过程中无化学反应发生。

13.6 凝胶

在一定条件下，使高分子溶质或溶胶粒子相互交联成空间网状结构作为骨架，而溶剂小分子充满到网架的空隙中，成为失去流动性的半固体状态系统，称为凝胶(gel)或称冻胶，这种凝胶化的过程称为胶凝。凝胶的网状结构如图 13-17 所示。

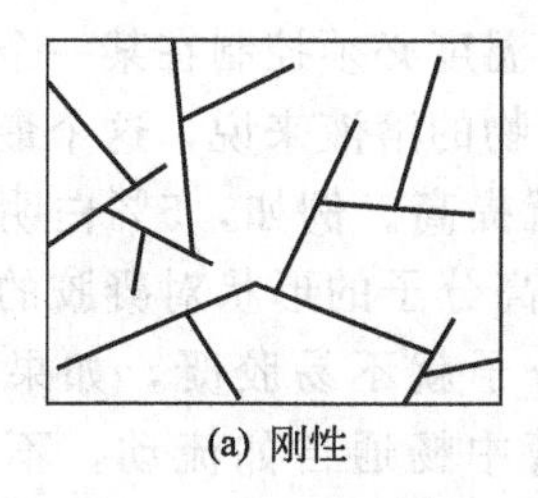

(a) 刚性

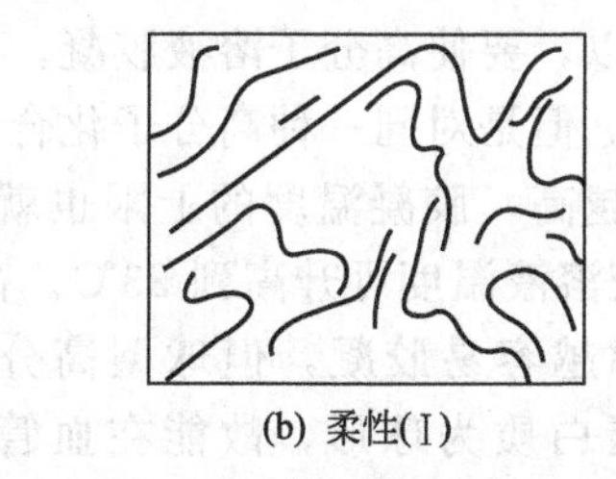

(b) 柔性(Ⅰ)

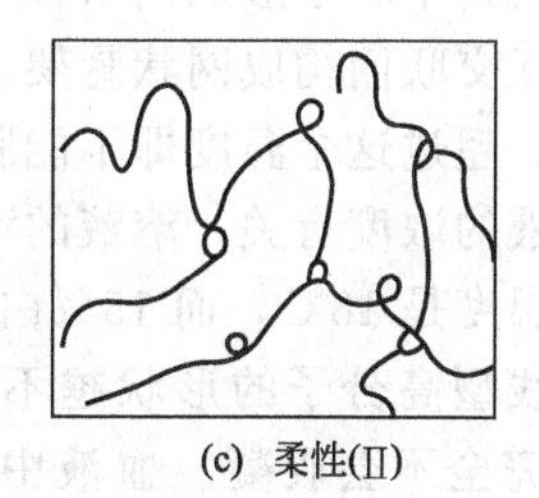

(c) 柔性(Ⅱ)

图 13-17 凝胶的网状结构

凝胶可分为刚性凝胶和弹性凝胶两大类。无机凝胶，例如硅胶、$Fe(OH)_3$、V_2O_5 等，属于刚性凝胶。这类凝胶是由一些刚性结构的分散颗粒所构成。刚性凝胶脱水后，不能重新成为凝胶，溶胶与凝胶不能相互逆转，故称为不可逆凝胶。刚性凝胶对液体种类无多大选择性。

弹性凝胶是由柔性的线型大分子所形成，在适当的条件下高分子溶液与凝胶之间可以相互逆转，故称为可逆凝胶。例如，明胶、琼脂、肉冻、橡胶等属于此类。由于组成骨架的大分子的柔性，所以，当用干燥法排除液体介质时，弹性凝胶体积明显缩小，如果把这种干燥凝胶放到适当的液体介质中时，体积会明显变大，这说明有明显的弹性。弹性凝胶对液体是有选择性的。例如，橡胶在水中并不吸水而膨胀(成溶胀)，但在苯中却吸收苯而溶胀，明胶却相反，在水中能吸水而溶胀，在苯中不能溶胀。含液体很多，溶剂量大大超过骨架量的弹性凝胶，比较柔软，富有弹性，故也称软胶。例如，琼脂软胶的含水量可达 99%以上。

当凝胶脱去大部分溶剂，使凝胶中液体含量少得多，或者凝胶中充满的介质为气体，外表完全成固体状，称干凝胶，简称干胶。例如，阿拉伯胶、毛发、指甲等。

13.6.1 胶凝作用

高分子溶液或溶胶变成凝胶的过程称为胶凝作用。胶凝作用主要是高分子溶液或凝胶中的分散相相互交联形成网状骨架，其中包围了全部介质而成为半固态的凝胶。影响凝胶的因素有电解质、高分子溶液的浓度和温度以及高分子本身的形状等。

电解质对溶胶的胶凝作用，主要是像 $Fe(OH)_3$、$Al(OH)_3$、V_2O_5 等胶粒形状不对称，而且亲水性较强的溶胶中加入电解质时，因压缩双电层使胶粒带电量减少，水化膜变薄，胶粒相互连接而形成网状骨架。但电解质对高分子溶液的胶凝作用比较复杂，其主要作用是使高分子溶质脱水而降低溶解度，电解质对高分子溶液的胶凝作用同盐析一样主要是阴离子起主要作用。其胶凝能力有下列次序：

$$SO_4^{2-} > \text{酒石酸根}^{2-} > CH_3COO^- > Cl^- > NO_3^- > I^- > CNS^-$$

加速　　　　　　减慢　　　　　　阻碍

Cl^- 以前的离子使高分子脱水而容易交联成网状骨架。Cl^- 以后水化程度较弱，并且可能被高分子吸附，结果反而引起稳定作用，使高分子不易交联，甚至起阻碍作用。对蛋白质水溶液来说，等电点时最有利于胶凝，偏离等电点时，由于蛋白质分子间同号电荷的相斥作用必然阻碍胶凝。

高分子溶液的浓度增大促进胶凝，每一种高分子溶液都有一个胶凝最小浓度，如果浓度太小，则不能形成凝胶。高分子溶液的浓度越大，高分子之间的距离越近，越容易交联成网状骨架而成为凝胶。

温度对高分子溶液胶凝的影响是必须注意的一个问题，把高分子化合物用适当溶剂加热溶解后，静置，冷却，即自动胶凝成冻。这是因为温度升高时，高分子的热运动加剧，溶解度也较大，不利于形成网状骨架，冷却时随温度下降，溶解度变小，线性高分子之间在部分点上相互交联而构成网状骨架。所以，要使高分子溶液胶凝，温度必须控制在某一个最高温度以下，超过这个温度即不能胶凝。但是对同一种高分子化合物的溶液来说，这个最高温度又与溶液的浓度有关。溶液的浓度越高，胶凝温度的上限也就提高。例如，5%白明胶溶胶的最高温度是18℃，而15%白明胶溶液温度可升高到23℃。高分子的形状对凝胶的影响也很大。线型高分子的形状越不对称越容易胶凝，但球型高分子就不易胶凝，如果浓度不大，则完全不会胶凝。血液中的蛋白质为球形，故能在血管中畅通自如流动，不致阻塞血管。

另外，有一些高分子溶液，通过化学反应而胶凝。例如，卵清蛋白是一种球形大分子，它的水溶液加热后，分子内靠近链端的一些氢键开始断裂，蛋白分子结构逐渐松散，最后变成线型分子，这些线型分子又杂乱地相互交联构成网状结构而胶凝。这个过程亦即蛋白质受热发生变性。

13.6.2 凝胶的结构

凝胶系统中存在着凝胶骨架和充斥在其中的液体介质，其中骨架的存在是主要因素。因此，不同凝胶结构上的差别，也就是凝胶骨架的差别。凝胶骨架的差别主要是由：① 组成骨架的颗粒形状；② 组成骨架的颗粒刚、柔性；③ 组成骨架的颗粒间联结力的不同来决定。颗粒形状和凝胶所需最低浓度有关，球形颗粒发生胶凝所需的最低浓度较大，线性颗粒所需浓度较小。颗粒的刚、柔性决定这种凝胶是刚性凝胶还是弹性凝胶。

组成凝胶骨架的颗粒间的联结力大体可分为三类：① 以范德华力相结合；② 以氢键、盐键相结合；③ 以化学桥键相结合。以上只是大体的划分，实际情况往往是交叉复杂的。

以范德华力结合而形成的结构。如 $Fe(OH)_3$、$Al(OH)_3$、石墨等凝胶，其颗粒间是靠范德华力相吸而形成骨架。由于这种作用力是物理吸引，因此，其结构不牢固，一旦受到外力作用或充分溶胀，网状结构即被破坏而形成溶胶。

以氢键、盐键结合而形成的结构。有一些高分子（例如蛋白质分子）之间依靠氢键、盐键等作用力而形成凝胶骨架，这一类凝胶所含液体量较大，有一定的弹性，在加热时往往变成溶液。动物胶就是一例。网状结构依靠大分子之间的氢键、盐键来维持的凝胶称为介稳定凝胶。

以化学桥键结合而形成的结构。像葡萄糖凝胶、硫化橡胶等凝胶，是依靠共价键把大分子连接而成网状结构的，这一类凝胶骨架很牢固，伸缩性小，属于稳定凝胶。

$$\begin{array}{l}\cdots\!\!-\!CH_2\!-\!C(CH_3)\!-\!CH\!-\!CH_2\!-\!\cdots\!\!-\!CH_2\!-\!C(CH_3)\!=\!CH\!-\!CH_2\!-\!\cdots \\ \qquad\qquad\quad |\qquad\quad\ \ | \\ \qquad\qquad\quad S\qquad\quad\ \ S \\ \qquad\qquad\quad |\qquad\quad\ \ | \\ \cdots\!\!-\!CH_2\!-\!C(CH_3)\!-\!CH\!-\!CH_2\!-\!\cdots\!\!-\!CH_2\!-\!C(CH_3)\!=\!CH\!-\!CH_2\!-\!\cdots\end{array}$$

硫化橡胶的结构

13.6.3 凝胶的性质

凝胶性质的特殊性主要来自结构上的特殊性——凝胶的网状骨架。

(1) 溶胀

干凝胶吸收溶剂或蒸气，使凝胶体积和质量增加的现象称为凝胶的溶胀作用（或称膨胀作用）。溶胀分为有限溶胀（形成凝胶）和无限溶胀（形成高分子溶液）两类。溶胀的第一阶段为溶剂化过程，溶剂分子进入凝胶中，并与凝胶大分子形成溶剂化层，由于溶剂化作用的结果：①使溶剂分子的活度降低，因而液体的蒸气压很低；②凝胶吸收液体后所增加的体积小于所吸收的液体体积，说明溶剂分子紧密排列；③由于溶剂化的结果，每克液体放出几十到几百焦耳热量，称为溶胀热。溶胀的第二阶段为渗透作用，在第一阶段进入凝胶结构内的溶液与留在凝胶结构外部的溶液之间，由于溶剂活度之差而形成渗透压，促使大量溶剂继续进入凝胶结构中，这时凝胶产生很大的压力，这种溶胀物质对外界施加的压力称为溶胀压，而溶胀压与凝胶浓度之间的关系可用下面的经验式表示：

$$p=kc^n \tag{13-28}$$

式中，p 代表溶胀压，c 代表干凝胶浓度，即 $1m^3$ 溶胀凝胶中所含干物质的千克数，k 和 n 都是经验常数。每种干胶都有自己的经验常数。明胶的经验常数 $k=2.704\times10^{-5}$，$n=2.9715$。表 13-6 表示含水量不同的干明胶的溶胀压实验数据，说明干胶的含水量越少，溶胀压越大，亦即干胶的吸水力越强。干胶在水中有限溶胀时，溶胀后的体积比溶胀前可增大几倍至几百倍，但是比骨架和液体介质的总体积要小一些。这是因为干胶溶胀后有两种不同性质的水，一种是使大分子水化的水叫结合水，一种是自由水。自由水（普通水）一旦变成结合水，就与凝胶结合得很牢固，定向排列得很紧密。显然，结合水分子所占的空间比普通水分子占的空间小些，故溶胀后凝胶的体积小于溶胀前骨架和液体介质的总体积。

表 13-6 明胶的溶胀与干胶浓度的关系

$p/10^4$Pa	c/kg·m^3	$p/10^4$Pa	c/kg·m^3
5.10	306.3	30.58	504.4
10.98	361.3	50.18	613.3

溶胀时被干胶吸收液体的质量与总体积缩小的关系，可用下面的经验式来表示：

$$c=\frac{i\alpha}{\beta+i} \tag{13-29}$$

式中，c 代表总体积缩小的立方分米数，i 代表被 1kg 干胶所吸收的液体千克数，α、β 为经验常数。溶胀作用可用溶胀度来衡量。溶胀度是指 1g 凝胶吸收的液体量。设溶胀前后

凝胶的重量分别为 m_1 和 m_2，其溶胀度 φ 为

$$\varphi=\frac{m_2-m_1}{m_1} \tag{13-30}$$

影响干胶溶胀度的因素：一个是凝胶内部因素；另一个是除温度和溶剂外，还有介质pH值和电解质等外因。大分子柔性大小以及大分子间联结力的性质和强弱等都与溶胀度有关。例如，葡聚糖凝胶，由于是以化学桥键结合而成的，这类凝胶只能作有限溶胀，而且交联度越大，溶胀度越小。以范德华力相结合的弹性凝胶，在适当条件下就易发生无限溶胀。当然，凝胶内部结构是比较复杂的。温度升高时，凝胶的溶胀度变大，这是由于热运动加强会削弱颗粒间的联合强度的结果，甚至可完全破坏骨架而发生无限溶胀。例如，动物胶在冷水中只作有限溶胀，而在热水中可作无限溶胀。

介质的pH值对蛋白质的溶胀度影响很大，介质的pH值等于蛋白质等电点时的溶胀度最小，加酸或加碱使pH值离开等电点，溶胀度均增大。

溶胀作用可看作是胶凝的逆过程，各种负离子对溶胀作用由大到小的次序恰好与盐析作用强弱的感胶离子序相反，即

$$CNS^- > I^- > Br^- > NO_3^- > Cl^- > CH_3COO^- > SO_4^{2-}$$

$\longleftarrow$促进溶胀　　抑制溶胀$\longrightarrow$

溶胀作用对生理过程起重要作用。种子发芽只有在溶胀后才能进行。

(2) 离浆（脱液收缩）

液体自动而缓慢地从凝胶中分离出来的同时，凝胶体积也逐渐缩小的现象称为离浆（或称为脱液收缩）。例如，琼脂凝胶放在密闭容器中，若干时间后会分离出液体来。离浆后，虽然体积变小，但仍保持原来的几何形状（图13-18）。

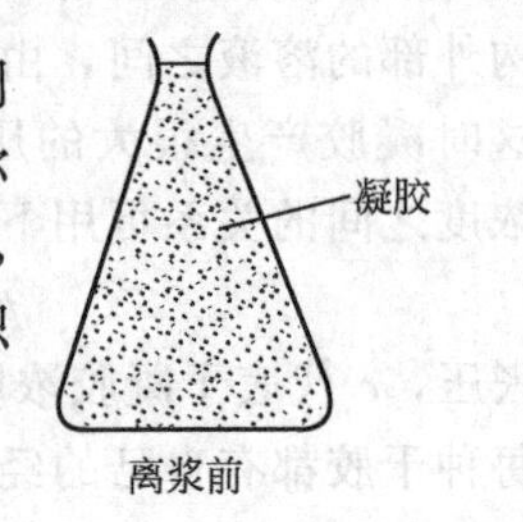

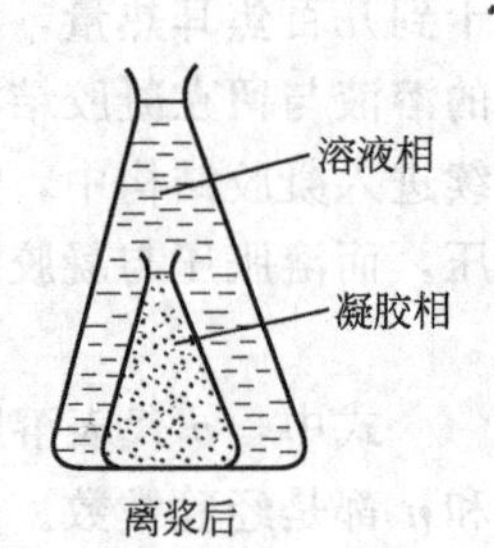

图 13-18　离浆现象

(3) 触变

凝胶受外力作用时，网状结构被破坏而成流体；若去掉外力静置一定时间后，又恢复成半固态凝胶结构，这种凝胶与溶液之间反复互变的现象，称为触变。

实验证明，形成不对称的分散相之间靠范德华力结合而成的结构，既易形成，也易被外力所破坏。含有这种结构的凝胶都具有触变性。许多具有触变性的凝胶药物，使用时，只要振摇几下，就立即变成液体。这种剂型已被用作滴眼剂等。

(4) 凝胶中的扩散和反应

凝胶系统内部的液体不能自由流动，所以没有对流现象，但是凝胶和液体相似，也可作为扩散、导电以及化学反应的介质。

小分子物质在低浓度凝胶中的扩散速率和在纯水中的速率无甚差别，随着凝胶浓度增大，由于网孔变小，使小分子物质的扩散速率降低，亦即凝胶越浓，扩散速率越小。高分子溶质在凝胶中的扩散速率比小分子溶质慢得多，尤其是在浓度较大的凝胶中几乎不扩散。

浓度小的凝胶的导电作用和在水溶液中的导电作用差不多，所以，在电化学实验中常用含KCl的琼脂凝胶作盐桥来联通电路。

凝胶也可作为各种化学反应的介质。当在凝胶中起沉淀反应时，会出现一种特殊现象，使生成的沉淀在凝胶中出现周期分布。

例如，把明胶溶于热的 $K_2Cr_2O_7$ 溶液后倒入试管中冷却而得稀凝胶，若在凝胶上面中心部位加上一滴浓 $AgNO_3$ 溶液或一小粒 $AgNO_3$ 结晶，过一定时间后在试管中可见红褐色的 $Ag_2Cr_2O_7$ 沉淀从上到下分若干层，这个现象称李塞根（Liesegang）环，如图 13-19 所示。$AgNO_3$ 向下扩散与 $K_2Cr_2O_7$ 向上扩散相遇，使两者反应的产物 $Ag_2Cr_2O_7$ 累积到达饱和浓度析出。在第一个环的邻近，由于 $K_2Cr_2O_7$ 浓度小，与向下扩散的 $AgNO_3$ 反应，不足以达到 $Ag_2Cr_2O_7$ 沉淀浓度，因而无沉淀，出现空白带。通过空白带，$AgNO_3$ 继续向下扩散与 $K_2Cr_2O_7$ 向上扩散相遇，使两者反应产物 $Ag_2Cr_2O_7$ 又达到过饱和析出浓度，于是出现第二个沉淀环带，接着又出现无沉淀空白带，依此类推。

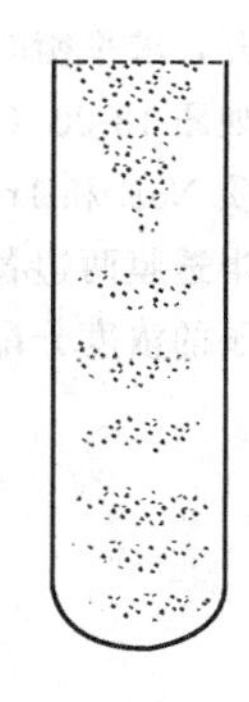

图 13-19　李塞根环

思　考　题

13-1　高分子溶液的主要特征是什么？

13-2　高分子化合物有哪几种常用的分子量？这些量之间的大小关系如何？如何用渗透压法较准确地测定蛋白质（不在等电点）的分子量？

13-3　高分子溶液和（增液）溶胶有哪些异同点？

13-4　如何用黏度法测定高分子的分子量？如何确定马氏常数 K、α？

13-5　凝胶的类型有几种？有哪些重要性质？

习　题

13-1　某大分子物质是由分子量为 $1\times10^4\,kg\cdot mol^{-1}$ 和 $1\times10^5\,kg\cdot mol^{-1}$ 的两种分子组成，它们的物质的量分数分别为 0.0167 和 0.9833。计算此样品的质均分子量和数均分子量的比值。

13-2　用黏度法测定聚苯乙烯在甲苯中的黏度求分子量，得到下列数据：

浓度 $c/kg\cdot m^{-3}$	1.70	2.12	2.52	2.95	3.40	溶剂
流出时间 t/s	115.1	120.2	124.5	129.8	134.9	47.6

已知 $K=1.7\times10^{-5}$，$\alpha=0.69$。

13-3　卡斯特（Caster）、斯考特（Scott）和麦根特（Magat）研究天然橡胶在甲苯中的特性黏度，得到如下一组数据，试计算 $[\eta]=KM^{\alpha}$ 式中的常数 K 和 α；具有特性黏度 2.33 的样品的分子量是多少？

$[\eta]\times10^2/cm^3\cdot g^{-1}$	0.011	0.085	0.040	0.308	3.84
$M\times10^{-3}/g\cdot mol^{-1}$	0.111	2.241	4.652	15.23	669.1

13-4　从 $0.5g/(100cm^3)$ 的醋酸纤维丙酮溶液中测得下列黏度数据：

$M\times10^{-3}$	85	138	204	302
$\eta/(10^{-4}Pa\cdot s)$	5.45	6.51	7.73	9.40

在上述这些测定温度下丙酮的黏度为 $3.2\times10^{-4}\,Pa\cdot s$，试推导出适用于测定醋酸纤维素试样分子量的表达式。

13-5　动物胶的等电点是 4.7。如把动物胶溶解在由 $0.09dm^3$、$0.1mol\cdot dm^{-3}$ 醋酸钠溶液与 $0.01dm^3$、$0.09mol\cdot dm^{-3}$ 醋酸溶液组成的缓冲溶液中，此动物胶带什么电（醋酸的 $pK_a=4.73$）？

13-6　图 13-20（a）是浓度为 c 的高分子电解质 NaR 水溶液和浓度为 b 的 NaCl 水溶液，中间有半透膜隔开，求平衡时 Na^+ 和 Cl^- 在膜两边的浓度。

13-7　如图 13-20（b），298.15K 时在一容器内的半透膜两边分别放入浓度为 0.01mol·dm^{-3} 的高分子电解质 NaR 和 1mol·dm^{-3} 的 NaCl 溶液，试求平衡时半透膜两边溶液中各自的离子浓度。

13-8　半透膜两边各种离子的原始浓度（以 mol·dm^{-3} 为单位）如图 13-20（c）所示。计算平衡时各种离子的浓度分配情况。

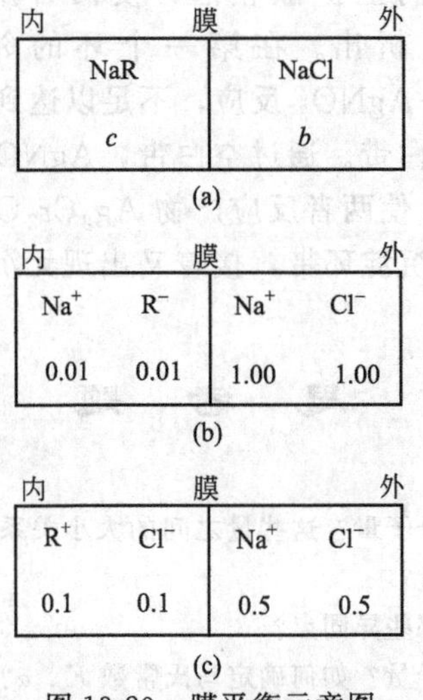

图 13-20　膜平衡示意图

13-9　在 298.15K 时，高分子 NaR 浓度 0.1mol·dm^{-3}，置于半透膜内，膜外放置 KCl 水溶液浓度为 0.4mol·dm^{-3}，试计算唐南平衡后，膜两边离子分布。

13-10　$R^-Na^+ \mid H_2O$，求膜平衡时膜内外的酸碱度（R^-Na^+ 浓度为 c，以 mol·dm^{-3} 为单位）。

13-11　试用热力学方法证明，当达到膜平衡时，对系统任一电解质来说（如 NaCl），其组成离子在膜内部的浓度乘积等于外部的浓度乘积，即 $[Na^+]_{内}[Cl^-]_{内}=[Na^+]_{外}[Cl^-]_{外}$。

13-12　在膜内高分子电解质 R^-Na^+ 浓度为 c_1，膜外为纯水时，测其渗透压 π（实）$=2c_2RT$。若膜外放浓度为 c_2 的 NaCl 溶液，试证明：实验测定的渗透压 π（测）$=2c_1\left[\dfrac{c_1+c_2}{c_1+2c_2}\right]RT$，而当 $c_1 \gg c_2$ 时，则 π（测）$=\pi$（实）；而当 $c_2 \ll c_1$ 时，则 π（测）$=\dfrac{1}{2}\pi$（实），即在此情况下测得的渗透压仅为真实渗透压的一半。

13-13　于质量分数 0.10 的 0.1dm^3 糖溶液中，加入 1.0255g 干胶，待干胶充分吸收后，测得糖溶液的质量分数变成 0.1035，问 1g 干胶中有多少克结合水（糖溶液的密度为 1000kg·m^{-3}）?

附　　录

附录一　国际单位制

国际单位制是我国法定计量单位的基础，一切属于国际单位制的单位都是我国的法定计量单位。

国际单位制的构成为：

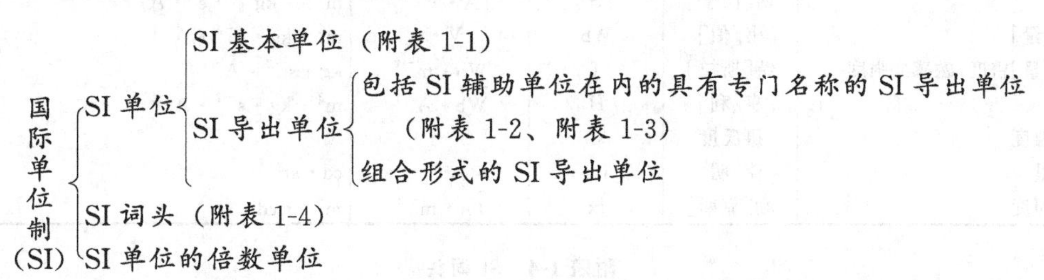

附表 1-1　SI 基本单位

量的名称	单位名称	单位符号
长度	米	m
质量	千克(公斤)	kg
时间	秒	s
电流	安[培]	A
热力学温度	开[尔文]	K
物质的量	摩[尔]	mol
发光强度	坎[德拉]	cd

注：

1. 圆括号中的名称，是它前面的名词的同义词，下同。
2. 无方括号的量的名称与单位名称均为全称，方括号中的字，在不致引起混淆、误解的情况下，可以省略。去掉方括号中的字即为其名称的简称，下同。
3. 本标准所称的符号，除特殊指明外，均指我国法定计量单位中所规定的符号以及国际符号，下同。
4. 日常生活和贸易中，质量惯称为重量。

附表 1-2　SI 辅助单位

量的名称	单位名称	单位符号
[平面]角	弧度	rad
立体角	球面度	sr

附表 1-3　具有专门名称的 SI 导出单位

量的名称	SI导出单位			
	名称	符号	其他表示式	
			用SI单位示例	用SI基本单位
频率	赫[兹]	Hz	—	s^{-1}
力，重力	牛[顿]	N	—	$m \cdot kg \cdot s^{-2}$
压力，压强，应力	帕[斯卡]	Pa	$N \cdot m^{-2}$	$m^{-1} \cdot kg \cdot s^{-2}$

续表

量的名称	SI 导出单位			
	名称	符号	其他表示式	
			用 SI 单位示例	用 SI 基本单位
能[量],功,热量	焦[耳]	J	N · m	$m^2 \cdot kg \cdot s^{-2}$
功率,辐[射能]通量	瓦[特]	W	$J \cdot s^{-1}$	$m^2 \cdot kg \cdot s^{-3}$
电荷[量]	库[仑]	C	—	s · A
电压,电动势,电位(电势)	伏[特]	V	$W \cdot A^{-1}$	$m^2 \cdot kg \cdot s^{-3} \cdot A^{-1}$
电容	法[拉]	F	$C \cdot V^{-1}$	$m^{-2} \cdot kg^{-1} \cdot s^4 \cdot A^2$
电阻	欧[姆]	Ω	$V \cdot A^{-1}$	$m^2 \cdot kg \cdot s^{-3} \cdot A^{-2}$
电导	西[门子]	S	$A \cdot V^{-1}$	$m^{-2} \cdot kg^{-1} \cdot s^3 \cdot A^2$
磁通[量]	韦[伯]	Wb	V · s	$m^2 \cdot kg \cdot s^{-2} \cdot A^{-1}$
磁通[量]密度,磁感应强度	特[斯拉]	T	$Wb \cdot m^{-2}$	$kg \cdot s^{-2} \cdot A^{-1}$
电感	亨[利]	H	$Wb \cdot A^{-1}$	$m^2 \cdot kg \cdot s^{-2} \cdot A^{-2}$
摄氏温度	摄氏度	℃	—	K
光通量	流[明]	lm		cd · sr
[光]照度	勒[克斯]	lx	$lm \cdot m^{-2}$	$m^{-2} \cdot cd \cdot sr$

附表 1-4　SI 词头

因数	词头名称		符号
	原文(法)	中文	
10^{18}	exa	艾[可萨]	E
10^{15}	peta	拍[它]	P
10^{12}	téra	太[拉]	T
10^{9}	giga	吉[咖]	G
10^{6}	mèga	兆	M
10^{3}	kilo	千	k
10^{2}	hecto	百	h
10^{1}	déca	十	da
10^{-1}	déci	分	d
10^{-2}	centi	厘	c
10^{-3}	milli	毫	m
10^{-6}	micro	微	μ
10^{-9}	nano	纳[诺]	n
10^{-12}	pico	皮[可]	p
10^{-15}	femto	飞[母托]	f
10^{-18}	arto	阿[托]	a

附录二　元素的相对原子质量表（IUPAC 2005）

原子序数	元素名称	元素符号	相对原子质量	原子序数	元素名称	元素符号	相对原子质量
1	氢	H	1.00794(7)	7	氮	N	14.0067(2)
2	氦	He	4.002602(2)	8	氧	O	15.9994(3)
3	锂	Li	6.941(2)	9	氟	F	18.9984032(5)
4	铍	Be	9.012182(3)	10	氖	Ne	20.1797(6)
5	硼	B	10.811(7)	11	钠	Na	22.98976928(2)
6	碳	C	12.017(8)	12	镁	Mg	24.3050(6)

续表

原子序数	元素名称	元素符号	相对原子质量	原子序数	元素名称	元素符号	相对原子质量
13	铝	Al	26.9815386(8)	51	锑	Sb	121.760(1)
14	硅	Si	28.0855(3)	52	碲	Te	127.60(3)
15	磷	P	30.973762(2)	53	碘	I	126.90447(3)
16	硫	S	32.065(5)	54	氙	Xe	131.293(6)
17	氯	Cl	35.453(2)	55	铯	Cs	132.9054519(2)
18	氩	Ar	39.948(1)	56	钡	Ba	137.327(7)
19	钾	K	39.0983(1)	57	镧	La	138.90547(7)
20	钙	Ca	40.078(4)	58	铈	Ce	140.116(1)
21	钪	Sc	44.955912(6)	59	镨	Pr	140.90765(2)
22	钛	Ti	47.867(1)	60	钕	Nd	144.242(3)
23	钒	V	50.9415(1)	61	钷	Pm	[145]
24	铬	Cr	51.9961(6)	62	钐	Sm	150.36(2)
25	锰	Mn	54.938045(5)	63	铕	Eu	151.964(1)
26	铁	Fe	55.845(2)	64	钆	Gd	157.25(3)
27	钴	Co	58.933195(5)	65	铽	Tb	158.92535(2)
28	镍	Ni	58.6934(2)	66	镝	Dy	162.500(1)
29	铜	Cu	63.546(3)	67	钬	Ho	164.93032(2)
30	锌	Zn	65.409(4)	68	铒	Er	167.259(3)
31	镓	Ga	69.723(1)	69	铥	Tm	168.93421(2)
32	锗	Ge	72.64(1)	70	镱	Yb	173.04(3)
33	砷	As	74.92160(2)	71	镥	Lu	174.967(1)
34	硒	Se	78.96(3)	72	铪	Hf	178.49(2)
35	溴	Br	79.904(1)	73	钽	Ta	180.94788(2)
36	氪	Kr	83.798(2)	74	钨	W	183.84(1)
37	铷	Rb	85.4678(3)	75	铼	Re	186.207(1)
38	锶	Sr	87.62(1)	76	锇	Os	190.23(3)
39	钇	Y	88.90585(2)	77	铱	Ir	192.217(3)
40	锆	Zr	91.224(2)	78	铂	Pt	195.084(9)
41	铌	Nb	92.90638(2)	79	金	Au	196.966569(4)
42	钼	Mo	95.94(2)	80	汞	Hg	200.59(2)
43	锝	Tc	[97.9072]	81	铊	Tl	204.3833(2)
44	钌	Ru	101.07(2)	82	铅	Pb	207.2(1)
45	铑	Rh	102.90550(2)	83	铋	Bi	208.98040(1)
46	钯	Pd	106.42(1)	84	钋	Po	[208.9824]
47	银	Ag	107.8682(2)	85	砹	At	[209.9871]
48	镉	Cd	112.411(8)	86	氡	Rn	[222.0176]
49	铟	In	114.818(3)	87	钫	Fr	[223]
50	锡	Sn	118.710(7)	88	镭	Re	[226]

续表

原子序数	元素名称	元素符号	相对原子质量	原子序数	元素名称	元素符号	相对原子质量
89	锕	Ac	[227]	104	𬬻	Rf	[261]
90	钍	Th	232.03806(2)	105	𬭊	Db	[262]
91	镤	Pa	231.03588(2)	106	𬭳	Sg	[266]
92	铀	U	238.02891(3)	107	𬭛	Bh	[264]
93	镎	Np	[237]	108	𬭶	Hs	[277]
94	钚	Pu	[244]	109	鿏	Mt	[268]
95	镅	Am	[243]	110	𫟼	Ds	[271]
96	锔	Cm	[247]	111	𬬭	Rg	[272]
97	锫	Bk	[247]	112		Uub	[285]
98	锎	Cf	[251]	113		Uut	[284]
99	锿	Es	[252]	114		Uuq	[289]
100	镄	Fm	[257]	115		Uup	[288]
101	钔	Md	[258]	116		Uuh	[292]
102	锘	No	[259]	117		Uus	[291]
103	铹	Lr	[262]	118		Uuo	[293]

注：本相对原子质量表按照原子序数排列，数据源自 2005 年 IUPAC 元素周期表（IUPAC 2005 standard atomic weights)，以^{12}C=12 为标准；本表方括号内的原子质量为放射性元素的半衰期最长的同位素质量数，相对原子质量末位数的不确定度加注在其后的括号内，112～118 号元素数据未被 IUPAC 确定。

附录三　基本常数

常　数	符　号	数　值
原子质量单位	*amu*	1.66057×10^{-27}kg
真空中的光速	*c*	2.99792×10^{8}m·s^{-1}
元电荷	*e*	1.60219×10^{-19}C
法拉第常数	*F*	9.64846×10^{4}C·mol^{-1}
普朗克常数	*h*	6.62618×10^{-34}J·s
玻耳兹曼常数	*k*	1.38066×10^{-23}J·K^{-1}
阿伏伽德罗常数	*L*	6.02205×10^{23}mol^{-1}
气体常数	*R*	8.31441J·mol^{-1}·K^{-1}

附录四　换算系数

1. 压力

	帕斯卡(Pa)	巴(bar)	标准大气压(atm)	毫米汞柱(托) mmHg(Torr)
帕斯卡 Pa	1	1×10^{-5}	9.86923×10^{-6}	7.50062×10^{-3}
巴 bar	10^{5}	1	0.986923	750.062
标准大气压 atm	101325	1.01325	1	760
毫米汞柱(托)mmHg(Torr)	133.322	1.33322×10^{-3}	1.31579×10^{-3}	1

2. 能量

	焦耳(J)	大气压·升(atm·L)	热化学卡(cal_{th})	国际蒸气表卡(cal_{IT})
焦耳 J	1	9.86923×10^{-3}	0.239006	0.238846
大气压·升 atm·L	101.325	1	24.2173	24.2011
热化学卡 cal_{th}	4.184	4.12929×10^{-2}	1	0.999331
国际蒸气麦卡 cal_{IT}	4.1868	4.13205×10^{-2}	1.00067	1

附录五　某些物质的临界参数

物质		临界温度	临界压力	临界密度	临界压缩因子
分子式	名称	t_c/℃	p_c/MPa	ρ/kg·m^{-3}	Z_c
He	氦	−267.96	0.227	69.8	0.301
Ne	氖	−228.70	2.76	483	0.312
Ar	氩	−122.4	4.87	533	0.291
H_2	氢	−239.9	1.297	31.0	0.305
F_2	氟	−128.84	5.215	574	0.288
Cl_2	氯	144	7.7	573	0.275
Br_2	溴	311	10.3	1260	0.270
O_2	氧	−118.57	5.043	436	0.288
N_2	氮	−147.0	3.39	313	0.290
HCl	氯化氢	51.5	8.31	450	0.25
H_2O	水	373.91	22.05	320	0.23
H_2S	硫化氢	100.0	8.94	346	0.284
NH_3	氨	132.33	11.313	236	0.242
SO_2	二氧化硫	157.5	7.884	525	0.268
CO	一氧化碳	−140.23	3.499	301	0.295
CO_2	二氧化碳	30.98	7.375	468	0.275
CS_2	二硫化碳	279	7.62	368	0.344
CCl_4	四氯化碳	283.15	4.558	557	0.272
CH_4	甲烷	−82.62	4.596	163	0.286
C_2H_6	乙烷	32.18	4.872	204	0.283
C_3H_8	丙烷	96.59	4.254	214	0.285
C_4H_{10}	正丁烷	151.90	3.793	225	0.277
C_5H_{12}	正戊烷	196.46	3.376	232	0.269
C_2H_4	乙烯	9.19	5.039	215	0.281
C_3H_6	丙烯	91.8	4.62	233	0.275
C_4H_8	1-丁烯	146.4	4.02	234	0.277
C_4H_8	顺-2-丁烯	162.40	4.20	240	0.271
C_4H_8	反-2-丁烯	155.46	4.10	236	0.274
C_2H_2	乙炔	35.18	6.139	231	0.271
C_3H_4	丙炔	129.23	5.628	245	0.276
C_6H_6	苯	288.95	4.898	306	0.268
$C_6H_5CH_3$	甲苯	318.57	4.109	290	0.266
CH_3OH	甲醇	239.43	8.10	272	0.224
C_2H_5OH	乙醇	240.77	6.148	276	0.240
C_3H_7OH	正丙醇	263.56	5.170	275	0.253
C_4H_9OH	正丁醇	289.78	4.413	270	0.259
$(C_2H_5)O$	二乙醚	193.55	3.638	265	0.262
$(CH_3)_2CO$	丙酮	234.95	4.700	269	0.240
CH_3COOH	乙酸	321.30	5.79	351	0.200
$CHCl_3$	氯仿	262.9	5.329	491	0.201

附录六　某些气体等压热容与温度的关系

$$C_p = a + bT + cT^2 + dT^3$$

物质		a/J·mol^{-1}·K^{-1}	$b\times10^3$/J·mol^{-1}·K^{-2}	$c\times10^3$/J·mol^{-1}·K^{-3}	$d\times10^3$/J·mol^{-1}·K^{-4}	温度范围/K
分子式	名　称					
H_2	氢	26.88	4.347	−0.3265		273～3800
F_2	氟	24.433	29.701	−23.759	6.6559	273～1500
Cl_2	氯	31.696	10.144	−4.038		300～1500
Br_2	溴	35.241	4.075	−1.487		300～1500
O_2	氧	28.17	6.297	−0.7494		273～3800
N_2	氮	27.32	6.226	−0.9502		273～3800
HCl	氯化氢	28.17	1.810	1.547		300～1500
H_2O	水	29.16	14.49	−2.022		273～3800
H_2S	硫化氢	26.71	23.87	−5.063		298～1500
NH_3	氨	27.550	25.627	9.9006	−6.6865	273～1500
SO_2	二氧化硫	25.76	57.91	−38.09	8.606	273～1800
CO	一氧化碳	26.537	7.6831	−1.172		300～1500
CO_2	二氧化碳	26.75	42.258	−14.25		300～1500
CS_2	二硫化碳	30.92	62.30	−45.86	11.55	273～1800
CCl_4	四氯化碳	38.86	213.3	−239.7	94.43	273～1100
CH_4	甲烷	14.15	75.496	−17.99		298～1500
C_2H_6	乙烷	9.401	159.83	−46.229		298～1500
C_3H_8	丙烷	10.08	239.30	−73.358		298～1500
C_4H_{10}	正丁烷	18.63	302.38	−92.943		298～1500
C_5H_{12}	正戊烷	24.72	370.07	−114.59		298～1500
C_2H_4	乙烯	11.84	119.67	−36.51		298～1500
C_3H_6	丙烯	9.427	188.77	−57.488		298～14500
C_4H_8	1-丁烯	21.47	258.40	−80.843		298～1500
C_4H_8	顺-2-丁烯	6.799	271.27	−83.877		298～1500
C_4H_8	反-2-丁烯	20.78	250.88	−75.927		298～1500
C_2H_2	乙炔	30.67	52.810	−16.27		298～1500
C_3H_4	丙炔	26.50	120.66	−39.57		298～1500
C_4H_6	1-丁炔	12.541	274.170	−154.394	34.4786	298～1500
C_4H_6	2-丁炔	23.85	201.70	−60.580		298～1500
C_6H_6	苯	−1.71	324.77	−110.58		298～1500
$C_6H_5CH_3$	甲苯	2.41	391.17	−130.65		298～1500
CH_3OH	甲醇	18.40	101.56	−28.68		273～1000
C_2H_5OH	乙醇	29.25	166.28	−48.898		298～1500
C_3H_7OH	正丙醇	16.714	270.52	−87.3841	−5.93232	273～1000
C_4H_9OH	正丁醇	14.6739	360.174	−132.970	1.47681	273～1000
$(C_2H_5)_2O$	二乙醚	−103.9	1417	−248		300～400
$HCHO$	甲醛	18.82	58.379	−15.61		291～1500
CH_3CHO	乙醛	31.05	121.40	−36.58		298～1500
$(CH_3)_2CO$	丙酮	22.47	205.97	−63.521		298～1500
$HCOOH$	甲酸	30.7	89.20	−34.54		300～700
CH_3COOH	乙酸	8.5404	234.573	−142.624	33.557	300～1500
$CHCl_3$	氯仿	29.51	148.94	−90.734		273～773

附录七　某些物质的标准摩尔生成热、标准摩尔生成吉布斯函数、标准熵及热容数据（298.15K）

（标准态压力 $p^{\ominus}$＝100kPa）

物质		$\Delta_f H_m^{\ominus}$/kJ · mol^{-1}	$\Delta_f G_m^{\ominus}$/kJ · mol^{-1}	$S_m^{\ominus}$/J · mol^{-1} · K^{-1}	$C_{p,m}^{\ominus}$/J · mol^{-1} · K^{-1}
分子式	名　称				
Ag(s)	银	0	0	42.55	25.345
AgCl(s)	氯化银	−127.07	−109.78	96.2	50.79
Ag_2O(s)	氧化银	−31.0	−11.2	121	65.86
Al(s)	铝	0	0	28.3	24.4
Al_2O_3(α,刚玉)	氧化铝	−1676	−1582	50.92	79.04
Br_2(l)	溴	0	0	152.23	75.689
Br_2(g)	溴	30.91	3.11	245.46	36.0
HBr(g)	溴化氢	−36.4	−53.45	198.70	29.14
Ca(s)	钙	0	0	41.6	26.4
CaC_2(s)	碳化钙	−62.8	−67.8	70.3	
$CaCO_3$(方解石)	碳酸钙	−1206.8	−1128.8	92.9	
CaO(s)	氧化钙	−635.09	−604.2	40	
$Ca(OH)_2$(s)	氢氧化钙	−986.59	−896.69	76.1	
C(s)	石墨	0	0	5.740	8.527
C(s)	金刚石	1.897	2.900	2.38	6.1158
CO(g)	一氧化碳	−110.52	−137.17	197.67	29.12
CO_2(g)	二氧化碳	−393.51	−394.36	213.7	37.1
CS_2(l)	二硫化碳	89.70	65.27	151.3	75.7
CS_2(g)	二硫化碳	117.4	67.12	237.4	83.05
CCl_4(l)	四氯化碳	−135.4	−65.20	216.4	131.8
CCl_4(g)	四氯化碳	−103	−60.60	309.8	83.30
HCN(l)	氰化氢	108.9	124.9	112.8	70.63
HCN(g)	氰化氢	135	125	201.8	35.9
Cl_2(g)	氯气	0	0	223.07	33.91
Cl(g)	氯	121.67	105.68	165.20	21.84
HCl(g)	氯化氢	−92.307	−95.299	186.91	29.1
Cu(s)	铜	0	0	33.15	24.43
CuO(s)	氧化铜	−157	−130	42.63	42.30
Cu_2O(s)	氧化亚铜	−169	−146	93.14	63.64
F_2(g)	氟	0	0	202.3	31.3
HF(g)	氟化氢	−271	−273	173.78	29.13
Fe(α)	铁	0	0	27.3	25.1
$FeCl_2$(s)	二氯化铁	−341.8	−302.3	117.9	76.65
$FeCl_3$(s)	三氯化铁	−399.5	−334.1	142	96.65
FeO(s)	氧化亚铁	−272			
Fe_2O_3(赤铁矿)	三氧化二铁	−824.2	−742.2	87.40	103.3
Fe_3O_4(磁铁矿)	四氧化三铁	−1118	−1015	146	143.4
$FeSO_4$(s)	硫酸亚铁	−928.4	−820.8	108	100.6
H_2(g)	氢气	0	0	130.68	28.82
H(g)	氢	217.97	203.24	114.71	20.786
H_2O(l)	水	−285.83	−237.13	69.91	75.291
H_2O(g)	水	−241.82	−228.57	188.83	33.58

续表

物质		$\Delta_f H_m^{\ominus}$/kJ·mol^{-1}	$\Delta_f G_m^{\ominus}$/kJ·mol^{-1}	$S_m^{\ominus}$/J·mol^{-1}·K^{-1}	$C_{p,m}^{\ominus}$/J·mol^{-1}·K^{-1}
分子式	名称				
$I_2(s)$	碘	0	0	116.14	54.438
$I_2(g)$	碘	62.438	19.33	260.7	36.9
$I(g)$	碘	106.84	70.267	180.79	20.79
$HI(g)$	碘化氢	26.5	1.7	206.59	29.16
$Mg(s)$	镁	0	0	32.5	
$MgCl_2(s)$	氯化镁	−641.83	−592.3	89.5	
$MgO(s)$	氧化镁	−601.83	−569.55	27	
$Mg(OH)_2(s)$	氢氧化镁	−924.66	−833.68	63.14	
$Na(s)$	钠	0	0	51.0	
$Na_2CO_3(s)$	碳酸钠	−1131	−1048	136	
$NaHCO_3(s)$	碳酸氢钠	−947.7	−851.8	102	
$NaCl(s)$	氯化钠	−411.0	−384.0	72.38	
$NaNO_3(s)$	硝酸钠	−466.68	−365.8	116	
$Na_2O(s)$	氧化钠	−416	−377	72.8	
$NaOH(s)$	氢氧化钠	−426.73	−379.1		
$Na_2SO_4(s)$	硫酸钠	−1384.5	−1266.7	149.5	
$N_2(g)$	氮	0	0	191.6	29.12
$NH_3(g)$	氨气	−46.11	−16.5	192.4	35.1
$N_2H_4(l)$	肼	50.63	149.3	121.2	98.87
$NO(g)$	一氧化氮	90.25	86.57	210.76	29.84
$NO_2(g)$	二氧化氮	33.2	51.32	240.1	37.2
$N_2O(g)$	一氧化二氮	82.05	104.2	219.8	38.5
$N_2O_3(g)$	三氧化二氮	83.72	139.4	312.3	65.61
$N_2O_4(g)$	四氧化二氮	9.16	97.89	304.3	77.28
$N_2O_5(g)$	五氧化二氮	11	115	356	84.5
$HNO_3(g)$	硝酸	−135.1	−74.72	266.4	53.35
$HNO_3(l)$	硝酸	−173.2	−79.83	155.6	
$NH_4HCO_3(s)$	碳酸氢铵	−849.4	−666.0	121	
$O_2(g)$	氧气	0	0	205.14	29.35
$O(g)$	氧	249.17	231.73	161.06	21.91
$O_3(g)$	臭氧	143	163	238.9	39.2
$P(\alpha)$	白磷	0	0	41.1	23.84
P	红磷	−18	−12	22.8	21.2
$P_4(g)$	磷	58.91	24.5	280.0	67.15
$PCl_3(g)$	三氯化磷	−287	−268	311.8	71.84
$PCl_5(g)$	五氯化磷	−375	−305	364.6	112.8
$POCl_3(g)$	三氯氧化磷	−558.48	−512.93	325.4	84.94
$H_3PO_4(l)$	磷酸	−1279	−1119	110.5	106.1
S	正交硫	0	0	31.8	22.6
$S(g)$	硫	278.81	238.25	167.82	23.67
$S_8(g)$	硫	102.3	49.63	430.98	156.4
$H_2S(g)$	硫化氢	−20.6	−33.6	205.8	34.2
$SO_2(g)$	二氧化硫	−296.83	−300.19	248.2	39.9
$SO_3(g)$	三氧化硫	−395.7	−371.1	256.7	50.67
$H_2SO_4(l)$	硫酸	−813.989	−690.003	156.90	138.9
$Si(s)$	硅	0	0	18.8	20.0
$SiCl_4(l)$	四氯化硅	−687.0	−619.83	240	145.3
$SiCl_4(g)$	四氯化硅	−657.01	−616.98	330.7	90.25

续表

物质		$\Delta_f H_m^\ominus$/kJ ·	$\Delta_f G_m^\ominus$/kJ ·	$S_m^\ominus$/J ·	$C_{p,m}^\ominus$/J ·
分子式	名 称	mol^{-1}	mol^{-1}	$mol^{-1} \cdot K^{-1}$	$mol^{-1} \cdot K^{-1}$
SiH_4(g)	硅烷	34	56.9	204.6	42.84
SiO_2(石英)	二氧化硅	−910.94	−856.64	41.84	44.43
SiO_2(s,无定形)	二氧化硅	−903.49	−850.70	46.9	44.4
Zn(s)	锌	0	0	41.6	25.4
$ZnCO_3$(s)	碳酸锌	−394.4	731.52	82.4	79.71
$ZnCl_2$(s)	氯化锌	−415.1	−369.40	111.5	71.34
ZnO(s)	氧化锌	−348.3	−318.3	43.64	40.3
CH_4(g)	甲烷	−74.81	−50.72	188.0	35.31
C_2H_6(g)	乙烷	−84.68	−32.8	229.6	52.63
C_3H_8(g)	丙烷	−103.8	−23.4	270.0	
C_4H_{10}(g)	正丁烷	−124.7	−15.6	310.1	
C_2H_4(g)	乙烯	52.26	68.15	219.6	43.56
C_3H_6(g)	丙烯	20.4	62.79	267.0	
C_4H_8(g)	1-丁烯	1.17	72.15	307.5	
C_2H_2(g)	乙炔	226.7	209.2	200.9	43.93
C_6H_6(l)	苯	48.66	123.1		
C_6H_6(g)	苯	82.93	129.8	269.3	
$C_6H_5CH_3$(g)	甲苯	50.00	122.4	319.8	
CH_3OH(l)	甲醇	−238.7	−166.3	127	81.6
CH_3OH(g)	甲醇	−200.7	−162.0	239.8	43.89
C_2H_5OH(l)	乙醇	−277.7	−174.8	161	111.5
C_2H_5OH(g)	乙醇	−235.1	−168.5	282.7	65.44
C_4H_9OH(l)	正丁醇	−327.1	−163.0	228	177
C_4H_9OH(g)	正丁醇	−274.7	−151.0	363.7	110.0
$(CH_3)_2O$(g)	二甲醚	−184.1	−112.6	266.4	64.39
HCHO(g)	甲醛	−117	−113	218.8	35.4
CH_3CHO(l)	乙醛	−192.3	−128.1	160	
CH_3CHO(g)	乙醛	−166.2	−128.9	250	57.3
$(CH_3)_2CO$(l)	丙酮	−248.2	−155.6		
$(CH_3)_2CO$(g)	丙酮	−216.7	−152.6		
HCOOH(l)	甲酸	−424.72	−361.3	129.0	99.04
CH_3COOH(l)	乙酸	−484.5	−390	160	124
CH_3COOH(g)	乙酸	−432.2	−374	282	66.5
$(CH_2)_2O$(l)	环氧乙烷	−77.82	−11.7	153.8	87.95
$(CH_2)_2O$(g)	环氧乙烷	−52.63	−13.1	242.5	47.91
$CHCl_2CH_3$(l)	1,1-二氯乙烷	−160	−75.6	211.8	126.3
$CHCl_2CH_3$(g)	1,1-二氯乙烷	−129.4	−72.52	305.1	76.23
CH_2ClCH_2Cl(l)	1,2-二氯乙烷	−165.2	−79.52	208.5	129
CH_2ClCH_2Cl(g)	1,2-二氯乙烷	−129.8	−73.86	308.4	78.7
$CCl_2=CH_2$(l)	1,1-二氯乙烯	−24	24.5	201.5	111.3
$CCl_2=CH_2$(g)	1,1-二氯乙烯	2.4	25.1	289.0	67.07
CH_3NH_2(l)	甲胺	−47.3	36	150.2	
CH_3NH_2(g)	甲胺	−23.0	32.2	243.4	53.1
$(NH_2)_2CO$(s)	尿素	−332.9	−196.7	104.6	93.14

注：数据摘自 Lange's Handbook of Chemistry，11th ed.，并按 1cal＝4.184J 加以换算。标准态压力 $p^\ominus$ 已由 101.325kPa 换算至 100kPa。

附录八 某些有机化合物的标准摩尔燃烧热（298.15K）

物质		$-\Delta_c H_m^\ominus$	物质		$-\Delta_c H_m^\ominus$
分子式	名 称	$/kJ \cdot mol^{-1}$	分子式	名 称	$/kJ \cdot mol^{-1}$
$CH_4(g)$	甲烷	890.31	$C_5H_{10}(l)$	环戊烷	3290.9
$C_2H_6(g)$	乙烷	1559.8	$C_5H_{12}(l)$	环己烷	3919.9
$C_3H_8(g)$	丙烷	2219.9	$C_6H_6(l)$	苯	3267.5
$C_5H_{12}(g)$	正戊烷	3536.1	$C_{10}H_8(s)$	苯	5153.9
$C_6H_{14}(l)$	正己烷	4163.1	$CH_3OH(l)$	甲醇	726.51
$C_2H_4(g)$	乙烯	1411.0	$C_2H_5OH(l)$	乙醇	1366.8
$C_2H_2(g)$	乙炔	1299.6	$C_3H_7OH(l)$	正丙醇	2019.8
$C_3H_6(g)$	环丙烷	2091.5	$C_4H_9OH(l)$	正丁醇	2675.8
$C_4H_8(l)$	环丁烷	2720.5	$(C_2H_5)_2O(l)$	二乙醚	2751.1
$HCHO(g)$	甲醛	570.78	$C_6H_5OH(s)$	苯酚	3053.5
$CH_3CHO(l)$	乙醛	1166.4	$C_6H_5CHO(l)$	苯甲醛	3528
$C_2H_5CHO(l)$	丙醛	1816	$C_6H_5COCH_3(l)$	苯乙酮	4148.9
$(CH_3)_2CO(l)$	丙酮	1790.4	$C_6H_5COOH(s)$	苯甲酸	3226.9
$HCOOH(l)$	甲酸	254.6	$C_6H_4(COOH)_2(s)$	邻苯二甲酸	3223.5
$CH_3COOH(l)$	乙酸	874.54	$C_6H_5COOCH_3(l)$	苯甲酸甲酯	3958
$C_2H_5COOH(l)$	丙酸	1527.3	$C_{12}H_{22}O_{11}(s)$	蔗糖	5640.9
$CH_2CHCOOH(l)$	丙烯酸	1368	$CH_3NH_2(l)$	甲胺	1061
$C_3H_7COOH(l)$	正丁酸	2183.5	$C_2H_5NH_2(l)$	乙胺	1713
$(CH_3CO)_2O(l)$	乙酸酐	1806.2	$(NH_2)_2CO(s)$	尿素	631.66
$HCOOCH_3(l)$	甲酸甲酯	979.5	$C_5H_5N(l)$	吡啶	2782

注：数据摘自 Handbook of Chemistry and Physics，55th ed. 并按 1cal＝4.184J 加以换算。

部分习题参考答案

第 1 章　热力学第一定律及应用

1-1　-3.689kJ

1-2　(1) 89.69dm^3；(2) 1093K

1-3　(1) -6.20kJ；(2) -8.59kJ

1-4　(1) $Q=4.302\text{kJ}$，$W=-4.302\text{kJ}$，$\Delta U=0$，$\Delta H=0$；

(2) $Q=0$，$W=0$，$\Delta U=0$，$\Delta H=0$；

(3) $Q=3.102\text{kJ}$，$W=-3.102\text{kJ}$，$\Delta U=0$，$\Delta H=0$；

(4) $Q=2.327\text{kJ}$，$W=-2.327\text{kJ}$，$\Delta U=0$，$\Delta H=0$

1-5　$Q=17.16\text{kJ}$，$W=-1214J$，$\Delta H=17.16\text{kJ}$，$\Delta U=15.95\text{kJ}$

1-6　$Q=22.7\text{kJ}$，$W=-5.82\text{kJ}$，$\Delta U=16.9\text{kJ}$，$\Delta H=22.7\text{kJ}$

1-7　$Q=-438\text{J}$，$W=438\text{J}$，$\Delta U=0$，$\Delta H=0$

1-8　$W=17.73\text{kJ}$，$Q=-16265.6\text{J}$，$\Delta H=2046\text{J}$，$\Delta U=1464.4\text{J}$

1-9　(1) $T=225.84\text{K}$，$p=115.185\text{kPa}$；(2) $\Delta U=-258.70\text{J}$，$\Delta H=-363.69\text{J}$

1-10　(1) $C_{V,\text{m}}=20.785\text{J}\cdot\text{K}^{-1}\cdot\text{mol}^{-1}$；(2) $Q_V=25922.2\text{J}$

1-11　(1) -12.1kJ；(2) -6.45kJ

1-12　$-4814\text{kJ}\cdot\text{mol}^{-1}$

1-13　$-5.15\times10^3\text{kJ}\cdot\text{mol}^{-1}$

1-14　$-488.1\text{kJ}\cdot\text{mol}^{-1}$

1-15　$-24.3\text{J}\cdot\text{mol}^{-1}$

1-16　$\Delta U=59.42\text{kJ}$，$\Delta H=64.96\text{kJ}$

1-17　$C_{p,\text{m}}=30.144\text{J}\cdot\text{K}^{-1}\cdot\text{mol}^{-1}$，$C_{V,\text{m}}=21.830\text{J}\cdot\text{K}^{-1}\cdot\text{mol}^{-1}$

1-18　$-45.55\text{kJ}\cdot\text{mol}^{-1}$

1-19　$-485.22\text{kJ}\cdot\text{mol}^{-1}$

1-20　2880K

1-21　$-243.4\text{kJ}\cdot\text{mol}^{-1}$

1-22　(1) $T_2=136\text{K}$，$V_2=5.58\text{dm}^3$

(2) $Q=-3.99\text{kJ}$，$W=2.28\text{kJ}$，$\Delta U=-1.71\text{kJ}$，$\Delta H=-2.85\text{kJ}$

1-23　298K 时，$Q=-90.18\text{kJ}\cdot\text{mol}^{-1}$，$W=4.96\text{kJ}\cdot\text{mol}^{-1}$，$\Delta H=-90.18\text{kJ}\cdot\text{mol}^{-1}$，$\Delta U=-85.22\text{kJ}\cdot\text{mol}^{-1}$

400K 时，$Q=-94.55\text{kJ}\cdot\text{mol}^{-1}$，$W=6.65\text{kJ}\cdot\text{mol}^{-1}$，$\Delta H=-94.55\text{kJ}\cdot\text{mol}^{-1}$，$\Delta U=-87.90\text{kJ}\cdot\text{mol}^{-1}$

第 2 章　热力学第二定律

2-1　$Q=200\text{kJ}$，$W=-100\text{kJ}$

2-2　(1) $Q=nRT_1\ln\left(\frac{V_2}{V_1}\right)+nC_{V,\text{m}}(T_2-T_1)$，$\Delta S=nC_{V,\text{m}}\ln\left(\frac{T_2}{T_1}\right)+nR\ln\left(\frac{V_2}{V_1}\right)$；

(2) $Q=nC_{V,\text{m}}(T_2-T_1)+nRT_2\ln\left(\frac{V_2}{V_1}\right)$，$\Delta S=nC_{V,\text{m}}\ln\left(\frac{T_2}{T_1}\right)+nR\ln\left(\frac{V_2}{V_1}\right)$

2-3　(1) $Q=1728.8\text{J}$，$W=-1728.8\text{J}$，$\Delta U=0$，$\Delta H=0$，$\Delta S=5.76\text{J}\cdot\text{K}^{-1}$；

(2) $Q=864.4\text{J}$，$W=-864.4\text{J}$，$\Delta U=0$，$\Delta H=0$，$\Delta S=5.76\text{J}\cdot\text{K}^{-1}$；

(3) $Q=0$，$W=0$，$\Delta U=0$，$\Delta H=0$，$\Delta S=5.76\text{J}\cdot\text{K}^{-1}$；

2-4　$\Delta S=-112.21\text{J}\cdot\text{K}^{-1}$

2-5　$\eta=14.6\%$，$W=-146\text{J}$，ΔS(总)$=0$

2-6　(1) $11.53\text{J}\cdot\text{K}^{-1}$；(2) 0

2-7 (1) $5.76J \cdot K^{-1}$；(2) $5.76J \cdot K^{-1}$；(3) 0；(4) $5.76J \cdot K^{-1}$

2-8 $W=0$，$\Delta U=46.024kJ$，$\Delta H=49.125kJ$，$\Delta S=141.6J \cdot K^{-1}$，$\Delta G=-3962.7J$

2-9 ΔS(系)$=-20.66J \cdot K^{-1}$，ΔS(环)$=21.48J \cdot K^{-1}$ 自发

2-10 $198.13J \cdot K^{-1} \cdot mol^{-1}$

2-11 $149.87J \cdot K^{-1} \cdot mol^{-1}$

2-12 $\Delta H=4157J$，$\Delta S=7.33J \cdot K^{-1}$，$\Delta G=-27.91kJ \cdot mol^{-1}$，不能判断

2-13 $Q=-4444.2J$，$W=4444.2J$，$\Delta U=0$，$\Delta H=0$，$\Delta A=4444.2J$，$\Delta G=4444.2J$，ΔS(系)$=-14.90J \cdot K^{-1}$，ΔS(环)$=14.90J \cdot K^{-1}$，ΔS(总)$=0$

2-14 $\Delta H_m=-1371J \cdot mol^{-1}$，$\Delta S_m=-7.57J \cdot K^{-1} \cdot mol^{-1}$，$\Delta G_m=6449J \cdot mol^{-1}$

2-15 $\Delta U=374.1J$，$\Delta H=623.52J$，$\Delta S=-3.60J \cdot K^{-1} \cdot mol^{-1}$，$\Delta A=-1045J$，$\Delta G=-796J$

2-16 $Q=2.04kJ$，$W=-2.04kJ$，$\Delta S=19.14J \cdot K^{-1}$，$\Delta U=0$，$\Delta H=0$，$\Delta G=-5.23kJ$

2-17 $Q=650J$，$W=-306J$，$\Delta S=-4.50J \cdot K^{-1}$，$\Delta U=-956J$，$\Delta H=-1590J$

2-18 $\Delta A=-28.54kJ$，$\Delta G=-28.54kJ$

2-19 $\Delta U=3.76\times10^4J$，$\Delta H=4.07\times10^4J$，$\Delta S=114.76J \cdot K^{-1}$，$\Delta A=-5.25\times10^3J$，$\Delta G=-2.14\times10^3J$

2-20 ΔS(系)$=-21.32J \cdot K^{-1}$，$\Delta H=-5824J$，$\Delta G=-110.24J$，自发进行

2-21 $\Delta G=-320J$，$\Delta H=-9874J$

2-22 $\Delta U=-8970.23kJ$，$\Delta H=-8970.23kJ$，$\Delta S=716.90J \cdot K^{-1}$，$\Delta G=-9183.87kJ$，$\Delta A=-9183.87kJ$

2-23 (1) 25.62kPa； (2) $\Delta H=0$，$\Delta S=0$，$\Delta G=0$； (3) $\Delta H=2.510kJ$，$\Delta S=9.279J \cdot K^{-1}$，$\Delta G=-347.93J$

2-24 灰锡稳定

2-25 $-25383.72J \cdot mol^{-1}$

2-26 (1) $Q=-61.54kJ$，$W=5.87kJ$，$\Delta U=-55.67kJ$，$\Delta S=-174.3J \cdot K^{-1}$，$\Delta G=0$，$\Delta H=-61.54kJ$；

(2) $Q=\Delta H=67.20kJ$，$W=-4.99kJ$，$\Delta U=62.21kJ$，$\Delta S=191.7J \cdot K^{-1}$，$\Delta G=9.69kJ$；

(3) $\Delta H=69.23kJ$，$\Delta U=62.57kJ$

第3章 多组分系统热力学与溶液

3-1 $b_B=1.067mol \cdot kg^{-1}$，$c_B=1.024mol \cdot m^{-3}$，$x_B=0.0188$

3-2 $V=26.01cm^3$，$\Delta_{mix}V=-1.00cm^3$

3-3 $1.62\times10^{-2}dm^3 \cdot mol^{-1}$

3-4 (1) $5.75\times10^3dm^3$；(2) $1.53\times10^4dm^3$

3-5 y(苯)$=0.763$，y(甲苯)$=0.237$

3-6 (1) $V_1=18.040-0.01598n_2^{3/2}-0.00215n_2^2$；

(2) $V_1=18.034cm^3 \cdot mol^{-1}$，$V_2=18.6261cm^3 \cdot mol^{-1}$

3-7 (1) 103.733kPa；(2) $0.02593dm^3$

3-8 $\Delta_{mix}V=0$，$\Delta_{mix}H=0$，$\Delta_{mix}S=5.76J \cdot K^{-1}$，$\Delta_{mix}G=-1.72kJ$

3-9 y(甲醇)$=0.72$，y(乙醇)$=0.28$

3-10 p(苯)$=11556.4Pa$，p(甲苯)$=1304.8Pa$，p(总)$=12861.2Pa$

3-11 $p_A^*=3.74\times10^4Pa$，$p_B^*=8.51\times10^4Pa$

3-12 $V=0.0411dm^3$，$y(O_2)=0.344$，$y(N_2)=0.656$

3-13 55.23kPa

3-15 $C_{12}H_{20}O_4$，$M=228$

3-16 195

3-17 (1) 6.19×10^5Pa；(2) 62.23m

3-18 (1) 373.62K；(2) 3122.7Pa；(3) 2.00×10^6Pa

3-19 (1) 182；(2) 0.634

3-20 一次 95.4%；二次 99.9%

第 4 章 化学平衡

4-1 (1) $K_c=0.04150$，$K_y=3.45$，$\Delta_r G_m=-10.30\text{kJ}$；
(2) $K=1.857$，$\Delta_r G_m=-5.146\text{kJ}\cdot\text{mol}^{-1}$；
(3) $\Delta_r G_m=-10.30\text{kJ}$，$p(SO_3)=10.77\text{kPa}$

4-2 (1) $\Delta_r G_m=3.96\text{kJ}\cdot\text{mol}^{-1}>0$，不能形成；(2) $p>161.1\text{kPa}$

4-3 $\Delta G=-228.6\text{kJ}\cdot\text{mol}^{-1}$

4-4 $K^{\ominus}=2.42$

4-5 转化率 $a=0.293$，$x(C_2H_4)=0.414$，$x(H_2O)=0.414$，$x(C_2H_5OH)=0.172$

4-6 (1) 36.7%；(2) 26.8%

4-7 (1) 77.7kPa；(2) $p(H_2S)>166\text{kPa}$

4-8 $x=0.826\text{mol}$

4-9 $K^{\ominus}=5.93\times10^4$

4-10 $5.94\times10^{-13}\text{mol}\cdot\text{dm}^{-3}$

4-11 (1) 15.5kPa；(2) 可以氧化；(3) 不是

4-12 (1) $-144.6\text{kJ}\cdot\text{mol}^{-1}$；(2) 4400K

4-13 (2) $K^{\ominus}=1.52$

4-14 (1) 77.6%；(2) 96.8%；(3) 94.9%

第 5 章 相平衡

5-1 (1) $K=1$，$\Phi=2$，$f=1$；(2) $K=1$，$\Phi=2$，$f^*=0$；(3) $K=2$，$\Phi=3$，$f=1$；(4) $K=1$，$\Phi=2$，$f=1$；(5) $K=2$，$\Phi=2$，$f=2$；

5-2 $48.21\times10^5\text{Pa}$

5-3 (1) $\Delta_{sub}H_m^{\ominus}=109\text{kJ}\cdot\text{mol}^{-1}$，$\Delta_v H_m^{\ominus}=70.8\text{kJ}\cdot\text{mol}^{-1}$，$\Delta_f H_m^{\ominus}=38.2\text{kJ}\cdot\text{mol}^{-1}$；
(2) $T=445\text{K}$，$p=2293\text{Pa}$；(3) $p=19.08\text{kPa}$

5-4 (1) $\ln(p^*/\text{Pa})=-4888/(T/K)+24.61$
(2) $\ln(p^*/\text{Pa})=-6671/(T/K)-4.78\ln(T/K)+57.70$
(3) $\ln(p^*/\text{Pa})=6.80\times10^{-4}(T/K)-5.43\ln(T/K)-6821/(T/K)+61.69$

5-5 (1) $5.13\times10^5\text{Pa}$；(2) 不能；(3) $\lg(p^*/\text{Pa})=-918.2/(T/K)+9.952$

5-7 (1) $p=27.763\text{kPa}$；(2) $M=106$

5-8 (1) y(甲苯)$=0.45$，$m(H_2O)=23.9\text{kg}$

5-12 (2) 383.2K；(3) 386K；(4) $x=0.554$，$y=0.417$；(5) $m(g)=12.3\text{kg}$，$m(l)=126.7\text{kg}$

第 6 章 电解质溶液理论

6-1 0.2079A

6-2 $t(Ag^+)=0.474$，$t(NO_3^-)=0.526$；

6-3 $t(K^+)=0.490$，$t(Cl^-)=0.510$

6-4 $t(H^+)=0.825$

6-5 $0.01270\text{S}\cdot\text{m}^2\cdot\text{mol}^{-1}$

6-6 $\kappa(K_2SO_4)=69.9\times10^{-3}\text{S}\cdot\text{m}^{-1}$，$\lambda_m(K_2SO_4)=28.0\times10^{-3}\text{S}\cdot\text{m}^2\cdot\text{mol}^{-1}$

6-7 $\lambda_m^{\infty}(NH_4^+)=7.35\times10^{-3}\text{S}\cdot\text{m}^2\cdot\text{mol}^{-1}$，$\lambda_m^{\infty}(Cl^-)=7.62\times10^{-3}\text{S}\cdot\text{m}^2\cdot\text{mol}^{-1}$
$U_m^{\infty}(NH_4^+)=7.62\times10^{-8}\text{m}^2\cdot\text{V}^{-1}\cdot\text{s}^{-1}$，$U_m^{\infty}(Cl^-)=7.91\times10^{-8}\text{m}^2\cdot\text{V}^{-1}\cdot\text{s}^{-1}$

6-8 $\alpha=0.01884$，$K^{\ominus}=1.809\times10^{-5}$

6-9 $5.500\times10^{-6}\text{S}\cdot\text{m}^{-1}$

6-10 $c=8.39\times10^{-4}\text{mol}\cdot\text{m}^{-3}$

6-11 $CuSO_4$：$b_{\pm}=b$；K_2SO_4：$b_{\pm}=4^{\frac{1}{3}}b$；Na_3PO_4：$b_{\pm}=27^{\frac{1}{4}}b$

6-12 (1) $0.025\text{mol}\cdot\text{kg}^{-1}$；(2) $0.1\text{mol}\cdot\text{kg}^{-1}$；(3) $0.15\text{mol}\cdot\text{kg}^{-1}$

6-13 $\gamma(Ca^{2+})=0.6955$，$\gamma(Cl^{-})=0.9132$，$\gamma_{\pm}=0.8340$

第7章 电池电动势及极化现象

7-1 (2) $Z=1$ 时，$\Delta_r G^{\ominus}_m=-93.08\text{kJ}\cdot\text{mol}^{-1}$，$\Delta_r S^{\ominus}_m=16.79\text{J}\cdot\text{K}^{-1}\cdot\text{mol}^{-1}$；$\Delta_r H^{\ominus}_m=-88.07\text{kJ}\cdot\text{mol}^{-1}$，$Q_R=5.005\text{kJ}\cdot\text{mol}^{-1}$

7-2 (2) $Z=1$ 时，$\Delta_r G_m=-35.93\text{kJ}\cdot\text{mol}^{-1}$，$\Delta_r S_m=14.64\text{J}\cdot\text{K}^{-1}\cdot\text{mol}^{-1}$；$\Delta_r H_m=-31.57\text{kJ}\cdot\text{mol}^{-1}$，$Q_R=4.365\text{kJ}\cdot\text{mol}^{-1}$

7-3 $E=0.04611\text{V}$，$\left(\frac{\partial E}{\partial T}\right)_p=3.346\times10^{-4}\text{V}\cdot\text{K}^{-1}$

7-4 (1) $E=1.8380\text{V}$，$Z=2$，$\Delta_r G_m=354.7\text{kJ}\cdot\text{mol}^{-1}$，$K^{\ominus}=3.42\times10^{59}$；

(2) $E=0.9259\text{V}$，$Z=2$，$\Delta_r G_m=-178.7\text{kJ}\cdot\text{mol}^{-1}$，$K^{\ominus}=1.92\times10^{31}$；

(3) $E=0.4400\text{V}$，$Z=1$，$\Delta_r G_m=-84.91\text{kJ}\cdot\text{mol}^{-1}$，$K^{\ominus}=1.51\times10^{12}$

7-5 $E=0.1183\text{V}$

7-6 $E=0.1749\text{V}$

7-7 (1) $\Delta_r G^{\ominus}_m=-154.3\text{kJ}\cdot\text{mol}^{-1}$，$K^{\ominus}=1.08\times10^{27}$；

(2) $\Delta_r G_m=-143.3\text{kJ}\cdot\text{mol}^{-1}$，$K^{\ominus}=1.30\times10^{25}$；

(3) $\Delta_r G_m=53.32\text{kJ}\cdot\text{mol}^{-1}$，$K^{\ominus}=4.56\times10^{-10}$

7-8 (1) $K^{\ominus}=3.165$；(2) $c(Ag^{+})=0.0439\text{mol}\cdot\text{dm}^{-3}$

7-9 (1) 1.229V；(2) 1.229V；(3) $8.46\times10^{-4}\text{V}\cdot\text{K}^{-1}$

7-10 (1) 0.0715V；(2) $-95.88\text{kJ}\cdot\text{mol}^{-1}$

第8章 基础化学反应动力学

8-1 (1) 0.0102min^{-1}；(2) 157.48min；(3) 10.32min；(4) 67.95min

8-2 (1) $3.54\times10^{-3}\text{min}^{-1}$；(2) 195min

8-3 11.2%

8-4 (1) $6.788\times10^{-5}\text{s}^{-1}$；(2) 10211s

8-5 0.0436min^{-1}

8-6 (1) 二级；(2) $8.13\times10^{-5}\text{m}^3\cdot\text{mol}^{-1}\cdot\text{s}^{-1}$；(3) 252s

8-7 $n=2$

8-8 (1) 6.25%；(2) 14.29%

8-9 15.07min

8-10 $29.09\text{kJ}\cdot\text{mol}^{-1}$

8-11 (1) $7.9\times10^4\text{dm}^3\cdot\text{mol}^{-1}$，$1.60\times10^4\text{dm}^3\cdot\text{mol}^{-1}$；

(2) $\Delta_r U_m=-114\text{kJ}\cdot\text{mol}^{-1}$，$\Delta_r H_m=-119\text{kJ}\cdot\text{mol}^{-1}$；

(3) $E_a=-1.2\text{kJ}\cdot\text{mol}^{-1}$，$E'_a=113\text{kJ}\cdot\text{mol}^{-1}$

8-12 13.28min

8-13 $E_a=9.71\times10^4\text{J}\cdot\text{mol}^{-1}$，$A=8.9\times10^{13}\text{s}^{-1}$

8-14 2.32×10^{-2}

8-15 $9.08\times10^4\text{J}\cdot\text{mol}^{-1}$

8-16 $E=1.63\times10^5\text{J}\cdot\text{mol}^{-1}$；

$k(563.15\text{K})=7.08\times10^{-5}\text{dm}^3\cdot\text{s}^{-1}$；

$k(715.15\text{K})=0.113\text{dm}^3\cdot\text{mol}^{-1}\cdot\text{s}^{-1}$

第9章 复杂反应及特殊反应动力学

9-1 0.375mol

9-2 (1) 137.32min；(2) 1.42

9-3 1045K

9-4 $k_1=1.667\times10^{-2}\mathrm{min}^{-1}$，$k_2=2.778\times10^{-2}\mathrm{min}^{-1}$

9-5 (1) 6.93min；(2) 0.5，0.25，$0.25\mathrm{mol\cdot dm^{-3}}$

9-10 33.5mol

第10章 液体的表面现象

10-1 $A=4.84\times10^{-4}\mathrm{m}^2$ $\Delta G=-3.48\times10^{-5}\mathrm{J}$

10-2 $W=74.24\times10^{-7}\mathrm{J}$，$\Delta G=74.24\times10^{-7}\mathrm{J}$ $\Delta U=75.64\times10^{-7}\mathrm{J}$，$\Delta H=75.64\times10^{-7}\mathrm{J}$ $\Delta S=4.95\times10^{-10}\mathrm{J\cdot K^{-1}}$

10-3 $\Delta p=16.0\mathrm{Pa}$

10-4 $\gamma=23.8\times10^{-3}\mathrm{N\cdot m^{-1}}$

10-5 $h=0.0735\mathrm{m}$.

10-6 $p_r^*=3.171\times10^3\mathrm{Pa}$，

10-7 $\dfrac{p_r^*-p^*}{p^*}=0.2\%$

10-8 $p_r^*=99.89\mathrm{kPa}$，不能

10-9 (1) $W'=215\mathrm{J}$，(2) $p_r^*=4701.6\mathrm{Pa}$ (3) $\Delta p=1.43\times10^7\mathrm{Pa}$

10-10 $\Delta T=T_2-T_1=1.77K$

10-11 $p_r^*=9.17\times10^3\mathrm{Pa}$

10-12 (1) $\Gamma=-\dfrac{c}{RT}\left(\dfrac{\partial\gamma}{\partial c}\right)_T=\dfrac{Bc}{RT}$，(2) $\Gamma=-\dfrac{c}{RT}\left(\dfrac{\partial\gamma}{\partial c}\right)_T=\dfrac{B}{RT}$

10-13 $\Gamma=6.05\times10^{-8}\mathrm{mol\cdot m^{-2}}$

10-14 $\Gamma=1.21\times10^{-6}\mathrm{mol\cdot m^{-2}}$

10-15 HLB=7+1.9−16×0.475=1.3

第11章 固体的表面现象

11-1 $r=3.0\times10^{-8}\mathrm{m}$

11-2 $\gamma=1.98\mathrm{N\cdot m^{-1}}$

11-3 能

11-4 $k=12.39\mathrm{dm}^3$，$n=1.661$

11-5 $b=0.5459\mathrm{kPa}^{-1}$，$\Gamma=73.58\mathrm{dm^3\cdot kg^{-1}}$

11-6 p (平) $=8.17\times10^4\mathrm{Pa}$

11-7 $S_m=4.98\times10^5\mathrm{m^2\cdot kg^{-1}}$

11-8 $S_m=9.68\mathrm{m^2\cdot g^{-1}}$

11-9 $Q_1=-7342\mathrm{J\cdot mol^{-1}}$，$Q_2=-11374\mathrm{J\cdot mol^{-1}}$，$Q_3=-13850\mathrm{J\cdot mol^{-1}}$，$Q_4=13080\mathrm{J\cdot mol^{-1}}$

11-10 $n=2.60$，$k=0.1757\mathrm{mol\cdot kg^{-1}}$

11-11 $\Gamma_\infty=5.26\mathrm{mol\cdot kg^{-1}}$，$b=19.8\mathrm{dm^3\cdot mol^{-1}}$

第12章 胶体分散系统

12-1 $t=7.34\times10^4\mathrm{s}$

12-2 $L=6.04\times10^{23}\mathrm{mol}^{-1}$

12-3 $r=5.92\times10^{-8}\mathrm{m}$

12-4 $r=5.19\times10^{-10}\mathrm{m}$，$M=0.532\mathrm{kg\cdot mol^{-1}}$

12-5 $M=1.72\times10^4\mathrm{kg\cdot mol^{-1}}$

12-6 $L=6.26\times10^{23}\mathrm{mol}^{-1}$

12-7 $c_2=0.01\mathrm{mol\cdot dm^{-3}}$

12-8 $\zeta=6.41\times10^{-2}$V

12-9 $\varepsilon=81$

12-10 NaCl：512mol · m^{-3}，Na_2SO_4：8.6mol · m^{-3}，Na_3PO_4：2.7mol · m^{-3}

12-11 $Na_2SO_4>MgSO_4>CaCl_2$

第13章 高分子溶液与凝胶

13-1 $\bar{M}_m/\bar{M}_n=1.014$

13-2 $M_r=2.6\times10^8$

13-3 $K=4.69\times10^{-6}$，$\alpha=0.68$，$M_r=2.96\times10^8$

13-4 $[\eta]=3.9\times10^{-4}M^{0.8}\text{m}^3\cdot\text{kg}^{-1}$

13-5 负电

13-6 以 mol · dm^{-3} 计，膜内：$[Na^+]=c+\dfrac{b^2}{c+2b}$，$[Cl^-]=\dfrac{b^2}{c+2b}$

膜外：$[Na^+]=[Cl^-]=\dfrac{bc+b^2}{c+2b}$

13-7 以 mol · dm^{-3} 计，膜内：$[Na^+]=0.51$，$[Cl^-]=0.50$；

膜外：$[Na^+]=0.50$，$[Cl^-]=0.50$

13-8 以 mol · dm^{-3} 计，膜内：$[R^+]=0.1$；$[Na^+]=0.227$；$[Cl^-]=0.327$；

膜外：$[Na^+]=0.273$；$[Cl^-]=0.273$

13-9 以 mol · dm^{-3} 计，膜内：$[Na^+]=0.0556$，$[R^+]=0.1$，$[K^+]=0.2222$；$[Cl^-]=0.1778$

膜外：$[Na^+]=0.0444$，$[K^+]=0.1778$；$[Cl^-]=0.2222$

13-10 pH（内）$=-\lg(cK_w)^{1/3}$；pH（外）$=pK_w-\lg(cK_w)^{1/3}$

13-13 3.305g

主要参考文献

1 傅献彩，沈文霞，姚天扬. 物理化学（上、下）. 第 5 版. 北京：高等教育出版社，2006
2 张玉军，物理化学. 北京：化学工业出版社，2008
3 印永嘉，奚正楷，张树永. 物理化学简明教程. 第 4 版. 北京：高等教育出版社，2011
4 天津大学物理化学教研室编. 物理化学（上、下）. 第 5 版. 北京：高等教育出版社，2006
5 傅玉普，郝策. 多媒体 CAI 物理化学. 第 5 版. 大连：大连理工大学出版社，2010
6 胡英，物理化学（上、中、下）. 第 5 版. 北京：高等教育出版社，2008
7 程兰征，章燕豪. 物理化学. 第 3 版. 上海：上海科学技术出版社，2006
8 周祖康等. 胶体化学基础. 北京：北京大学出版社，1987
9 陈宗淇，王光信，李桂英. 胶体与界面化学. 北京：高等教育出版社，2001
10 赵国玺. 表面活性剂物理化学. 北京：北京大学出版社，1983
11 朱文涛. 物理化学（上、下）. 北京：清华大学出版社，1996
12 颜肖慈，罗明道，周晓海. 物理化学. 武汉：武汉大学出版社，2004
13 化学名词审定委员会. 化学名词. 北京：科学出版社，1991
14 肖衍繁，李文斌编. 物理化学. 第 2 版. 天津：天津大学出版社，2004
15 吴越. 催化化学. 北京：科学出版社，1990
16 韩德刚，高盘良. 化学动力学基础. 北京：北京大学出版社，1987
17 董元彦，路福绥，唐树戈. 物理化学. 北京：科学出版社，2008
18 王文清等. 物理化学习题精解. 北京：科学出版社，1999
19 朱传征，褚莹，徐海涵. 物理化学. 第 2 版. 北京：科学出版社，2001
20 吕瑞东等. 物理化学教学指南. 上海：华东理工大学出版社，1999
21 李文斌. 物理化学习题解析. 天津：天津大学出版社，2004
22 沈钟，赵振国，王果庭. 胶体与表面化学. 第 3 版. 北京：化学工业出版社，2004
23 韩德刚，高执棣著，化学动力学，北京：高等教育出版社，1997